환경화학

Environmental Chemistry

김동석 · 박영식 지음

도서출판 동화기술

머리말

환경화학은 환경 분야에서 기초가 되는 중요한 과목으로서, 환경 분야의 각종 자격증을 공부하는 데에도 절대적으로 필요할 뿐만 아니라, 상·하수처리, 폐기물 처리 등의 선행 과목으로서 반드시 필요하다고 할 수 있다. 오염원 물질의 해명에 의한 제거 방법의 확립, 폐기물의 재자원화 기술 및 유해물질의 제거 등은 모두 환경화학의 큰 분야로서, 오염된 환경을 회복시키고 깨끗한 환경을 유지시키기 위해서는 환경화학에 대한 이해와 지식이 절대적으로 필요하다.

또한, 환경화학은 화학의 한 분야라기보다는 환경에 필요한 화학을 조합한 교과목으로 화학의 한 응용 분야라고 볼 수 있다. 그러므로 환경화학에는 저자의 성향에 따라 여러 가지 상이한 내용이 들어가기도 한다.

본 교재의 "1장 반응속도론"과 "2장 화학평형론"에서는 환경화학의 기초 지식을 설명하고 있는데, 환경 분야에서 매우 기초적이면서 중요한 내용을 다루고 있다. 이 분야는 기초이므로 반응속도와 평형에 대한 이해도가 높은 학생들은 생략해도 무방할 것으로 판단되나, 저자의 경험상 이 분야를 제대로 이해하고 있는 학생들이 거의 없으므로 오히려 더 중요하게 다루어야 할 것으로 보인다.

3장 이후부터 환경화학의 진정한 시작이라고 할 수 있다. 주로 "3장 산-염기 화학", "4장 침전-용해 화학", "5장 산화-환원 화학", "6장 착물 화학"으로 구성되어 있는데, 환경 분야에서 주로 많이 응용되는 분야 순으로 기술하였다.

다음 장부터는 환경화학의 응용 분야로서, "7장 수질관리와 환경화학"과 "8장 폐기물관리와 환경화학"으로 구성하여 주로 수질 분야와 폐기물 분야에 응용되는 환경화학을 소개하고 있다. 대기 분야에 응용되는 환경화학은 주로 연소공학으로서 폐기물관리와 중복되므로 8장에 기술하였다.

처음 이 교재의 기획 단계에서는 수질화학으로 제작하고자 하였으나, 보다 폭 넓은 환경관련학과 학생들에게 도움을 주고자 환경화학으로 범위를 확대하였다. 환경화학을 다루고 있는 교재들은 많으나, 본 교재는 타 교재와 다음과 같은 점에서 차별화된다.

본 교재의 내용은 “환경화학” 분야에만 국한된 것이 아니라, 환경 전반에 걸쳐 학생들이 궁금해 할 만한 용어의 의미와 개념들을 “참조”나 “쉼터” 부분으로 설명하고 있다. 그러므로 수업 시간에 일부러 이 부분을 설명하지 않더라도 학생들이 개인적으로 읽어서 충분히 이해할 수 있도록 제작하여, 교재에 대한 흥미를 갖도록 유도하였다.

가능한 많은 문제들을 다루고 있다. 특히, 타 교재에 비해 월등히 많은 예제 문제와 연습 문제를 다루고 있으며, 각 문제의 풀이들을 생략없이 체계적으로 정리하여 수업의 진행에 도움이 되도록 하였다. 많은 문제를 접한다는 것은 단순히 많은 문제를 통해 문제 해결 능력을 증진시킨다는 의미가 아니라, 이론적인 개념을 체계화하기 위한 도구로서 문제가 필요하다고 판단되어 가능한 다양한 종류의 문제를 소개하려고 노력하였다.

화학의 중심에서 환경 문제를 보기보다는 환경 분야에서 화학을 이용한다는 관점으로 교재를 작성하였다.

이 책은 연구 목적이나 대학원 학생을 대상으로 제작된 것이 아니라 학부 학생용으로 만들어졌다. 그러므로 가능한 쉽게 이해할 수 있고 학부 수업과정에서 1학기 또는 2학기 내에 소화할 수 있는 교재를 만들려고 노력하였다.

끝으로 이 책을 나오기까지 교재 내 그림을 그리고 교정을 봐 준 실험실 가족을 비롯하여 도서출판 동화기술 회장님과 편집부 여러분께 감사드리며, 사랑하는 가족(난희, 은지, 준현)과 모든 환경 가족에게도 감사를 표한다.

가능한 쉽고 재미있는 교재를 만들려고 노력하였으나, 초판이다 보니 다소 오류가 있으리라 예상되므로 이 점 널리 이해해 주시기 바랍니다. 오류 발견 시 언제든지 주저자(kimds@cu.ac.kr)에게 연락주시면 충실하게 수정·보완할 것을 약속드립니다.

2022년 8월 물빛마을에서

목 차

1

반응속도론

1.1 서론

환경화학에서 기초적으로 알아야 할 가장 중요한 부분은 반응속도론과 화학평형론이라고 할 수 있다.

반응속도론(reaction kinetics)은 물질이 반응하여 평형상태에 도달하는 반응의 속도와 메커니즘(mechanism, 기작)을 연구하는 물리화학의 일부분이다. 반응의 속도는 반응의 빠르기이고 메커니즘은 반응이 일어나는 원리와 구조를 의미한다. 메커니즘의 의미에 대해 좀 더 설명하면 다음 그림 1.1.과 같다.

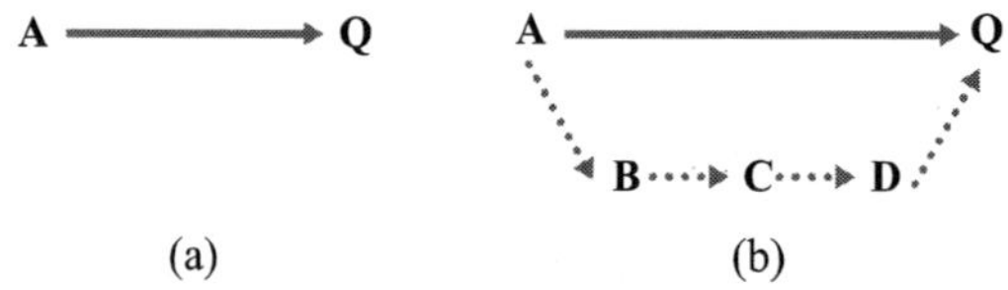

그림 1.1. 반응 메커니즘의 의미

표면적으로 반응을 분석해 보면, (a)와 같이 간단한 반응으로 볼 수 있으나, 실제로는 반응 (b)와 같이 복잡한 경로가 숨어 있는 경우가 많다. 이러한 숨어 있는 반응의 경로를 메커니즘이라고 한다.

특히, 반응속도론은 수질, 대기, 폐기물 분야를 전공하는 모든 환경전공자에게는 중요하나, 수질 분야 전공자에게 더 중요한 것으로 인식되고 있다.

환경전공자들이 반응속도론을 배워서 어떤 이점이 있을까? 반응속도론을 어떻게 이용할 수 있을까?

반응속도론은 특정 조건에서의 실험결과를 속도식으로 표현함으로써 처리 공정의 설계와 운전에 중요한 자료를 제공해 준다.

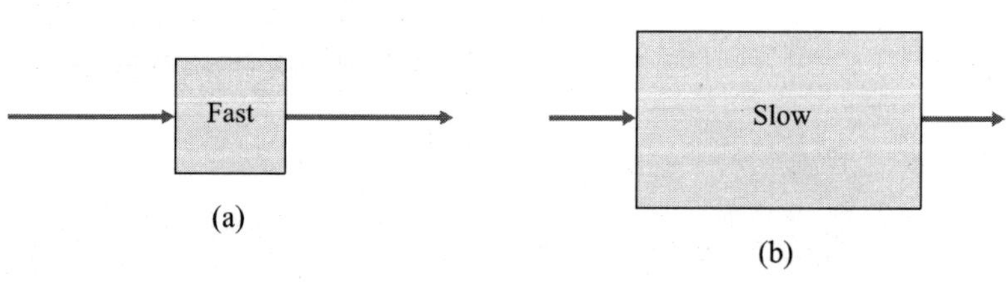

그림 1.2. 반응기 설계에 미치는 반응속도의 영향

즉, 그림 1.2의 (a)와 같이 반응속도가 빠른 공정에서는 반응조의 크기를 작게 설계하여 초기 건설비를 줄일 수 있으며, (b)와 같이 반응속도가 느린 경우에는 반응조 크기를 크게 하면 충분한 반응을 유도할 수 있다.

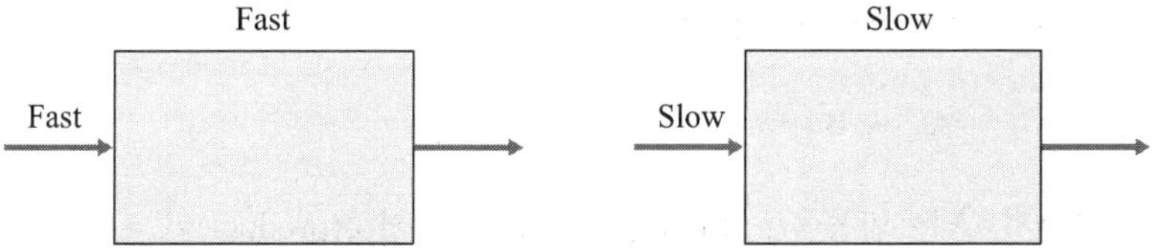

(a) 반응속도가 빠른 반응기 (b) 반응속도가 느린 반응기

그림 1.3. 반응기 운전에 미치는 반응속도

반응기가 이미 설계된 경우, 반응속도가 빠른 반응기(그림 1.3(a))는 유량을 많이 유입시켜 체류시간을 줄이는 운전 조건을 선택할 수 있으나, (b)와 같이 반응속도가 느린 반응기에서는 유입 유량을 적게 운전하여 체류시간을 늘리는 등 운전상의 변화를 꾀할 수 있다.

또한, 반응속도론을 통하여 반응계의 변화를 정확하게 알 수 있고 반응 메커니즘을 규명할 수도 있다.

1.2 반응종의 충돌

반응이 일어나기 위해서는 반응종의 충돌이 꼭 필요하다. 그러므로 당연히 충돌 횟수가 많을수록 반응속도는 증가한다.

기체의 경우는 분자의 활동이 활발하므로 반응속도가 당연히 빠를 수밖에 없다. 액체의 경우에는 기체의 경우보다 반응속도가 느릴 수밖에 없으므로 반응종의 충돌을 활발하게 하려면 교반과 같은 혼합과정이 필수적이다. 일단, 혼합이 완전하게 잘 된 상태에서는 반응종들이 충돌 후 액체 내에서 반사되어 재충돌할 기회가 크게 된다. 이러한 효과를 바구니 효과(cage effect)라고 한다. 이러한 효과에 힘입어 액체 내에서의 반응속도도 비교적 높게 유지된다.

(1) 단분자 반응

단분자 반응은 단일 분자반응 또는 이성화반응의 경우이다.

A → B

여기서, A는 반응물(reactant), B는 생성물(product)라고 한다.

또는 분해 반응의 경우는 다음과 같다.

A → B + C

여기서, A는 반응물(reactant), B와 C는 생성물(product)이 된다.

참조 이성화반응(isomerization)

산이나 염기 그 밖의 화학적 작용에 의하거나 온도·압력의 변화 및 빛의 작용이라는 물리적 작용에 의해 화합물을 구성하는 원자 또는 원자단의 결합 상태가 변함으로써 하나의 이성질체에서 다른 이성질체로 변하는 반응을 말한다. 여기서 이성질체란 분자식은 같으나 분자 내에 있는 구성원자의 연결방식이나 공간배열이 동일하지 않은 화합물을 말한다.

(2) 2분자 반응

2분자 반응은 같은 종류의 두 분자 또는 다른 종류의 두 분자가 반응하여 단일 생성물 또는 여러 개의 생성물이 생성되는 반응이며, 분해반응의 역반응과 치환반응 등이 여기에 속한다.

A + B → C

A + A → C

A + B → C + D

A + A → C + D

(3) 3분자 반응

3분자 반응은 3분자가 동시에 충돌하여 1분자 또는 여러 분자를 생성하는 반응으로서 비교적 발생하기 어려운 반응이다.

A + B + C → D

A + B + C → D + E + F + ⋯

단분자 반응보다 다분자 반응으로 갈수록 충돌반응이 복잡해지므로 충돌기회는 감소하게 되고 반응속도는 느려지게 된다.

1.3 반응종의 구조와 방향

반응종의 구조에 따라 반응속도가 달라진다. 다음과 같이 구조가 비교적 간단한 분자들은 구조와 관계없이 쉽게 반응함으로써 반응속도가 빨라질 수 있다.

$$Ag^{+} + Cl^{-} \rightarrow AgCl_{(s)}$$

그러나 다음과 같이 복합한 구조를 가진 분자들은 반응할 수 있는 활성자리(active site)가 있어, 이 활성자리에 반응물이 충돌해야만 반응이 유발되므로 반응속도는 상대적으로 느릴 수밖에 없다.

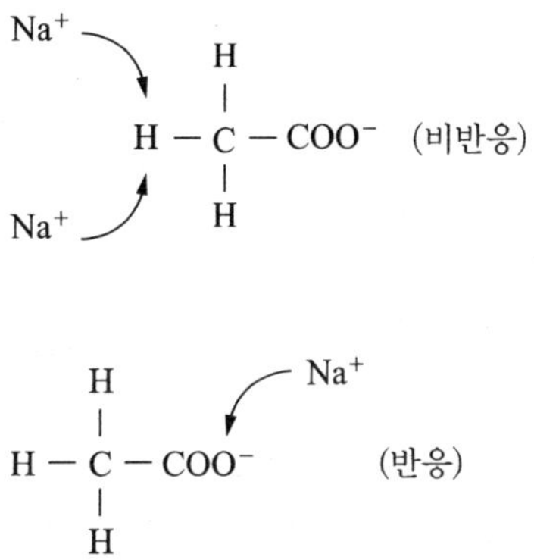

그림 1.4. 반응종의 구조와 방향

1.4 반응의 분류

반응은 다음과 같이 기본반응과 비기본반응, 균일계반응과 불균일계반응, 가역반응과 비가역반응 등으로 나뉜다.

(1) 기본반응(elementary reaction)과 비기본반응(non-elementary reaction)

기본반응은 화학양론식에 의해 반응차수가 결정되는 단순반응이고, 비기본반응은 화학양론식에 의해 반응차수가 결정되지 않는 복합반응이라 할 수 있다.

화학양론식은 $aA + bB \rightarrow cC + dD$의 반응과 같이 A의 a몰과 B의 b몰이 반응하여 C의 c몰과 D의 d몰이 형성되는 반응물과 생성물의 양적관계에 관한 관계식으로, 기본반응에서 반응차수는 a, b, c, d가 된다.

또한, 기본반응은 충돌이론을 따르는 반응으로써, 전체 반응을 조립하고 있는 요소가 되는 반응 과정이라고 할 수 있다. 일반 반응이 1개의 기본반응으로 되는 단순반응은 드물고, 몇 개의 기본반응이 잇달아 진행하여 전 반응이 완결하는 복합반응이 대부분이다. 전 반응을 구성하는 개개의 기본반응을 찾아내려면 각 단계 반응의 중간적 생성물을 결정할 필요가 있다.

(2) 균일계반응(homogeneous reaction)과 불균일계반응(heterogeneous reaction)

균일계반응이란 하나의 균일한 상(phase, 고체 - 액체 - 기체) 내에서 진행하는 반응으로서, 기체상 반응은 모두 여기에 속하는데 액체상 반응에서는 용액을 만드는 경우로 한정되고 고체상에서는 균일계반응이 존재하지 않는다.

불균일계반응이란 반응계의 물질이 2개 이상의 다른 상에 있는 경우의 반응으로서, 기체상과 액체상, 기체상과 고체상, 서로 혼합하지 않는 2개의 액체상 및 고체상이 그 예이다. 반응은 일반적으로 이들 상의 계면에서 진행하므로, 반응속도는 계면의 크기에 관계한다. 또한, 반응 조건에 따라서는 반응물질의 계면으로의 확산 혹은 생성물의 계면으로부터의 확산 과정이 속도를 지배하는 원인이 되는 수가 있다. 고체 촉매에 의한 기체상 및 액체상 물질의 반응이 전형적인 예로서, 이 경우는 촉매 표면상의 흡착 상태에 있는 물질이 반응에 중요한 역할을 하는 것으로 알려져 있다.

대학생 수준에서 다루는 반응은 대부분 균일계반응이므로, 본 교재에서는 균일계반응에 대해서만 언급할 것이다.

(3) 가역반응(reversible reaction)과 비가역반응(irreversible reaction)

가역반응이란 화학반응이 발생할 때 정반응이 일어남과 동시에 역반응이 일어나는 반응을 말한다. 가역반응이란 화학평형이 유지되고 있는 반응이라고도 할 수 있으며 대부분의 반응은 가역반응이라고도 할 수 있다.

보통 정반응과 역반응이 동시에 진행되나 정량적으로 이동되는 변화량을 기준으로 정반응이나 역반응으로 표현된다. 대부분 화학평형 농도가 존재하며 이 평형농도는 조건에 따라 변동되는데 평형상수는 표준상태에서 평형상태의 값이다. 화학반응식으로 나타낼 때는 화살표 $\rightleftarrows$를 사용하여 다음과 같이 표시한다.

$$A \underset{\text{역반응}}{\overset{\text{정반응}}{\rightleftarrows}} B$$

역반응이란 화학평형이 유지되지 못하고 있는 조건에서 생성물질 농도가 반응물질보다 과도하게 큰 상태에서 나타나는 반응이라고도 할 수 있다. 엄밀히 말하면 완전하게 정반응만 진행되어 원래의 반응물질을 남기지 않는 반응은 없다. 다만, 반응이 하나의 방향으로만 진행되는 것으로 보이는 것은 정반응과 역반응의 차이가 큰 경우이다. 따라서 역반응이 상대적으로 작은 경우를 비가역반응이라 한다.

비가역반응이란 화학반응 중 뚜렷하게 생성물의 농도가 낮아 역반응이 일어나기 어려운 반응이다. 또한, 비가역반응은 정반응만 일어나며 한 번 반응이 일어나면 돌이킬 수 없는 반응을 말한다. A → B인 정반응에 대하여 B → A인 역반응이 극히 일어나기 어려운 반응, 즉 가역반응이 아닌 반응이다. 역반응의 활성화 에너지가 극히 크거나, 또는 그 활성화 엔트로피가 극히 작은 경우가 이에 해당한다.

비가역반응의 예를 구체적으로 살펴보면, 연소반응, 기체발생반응, 침전물이 생기는 반응, 강산과 강염기의 중화반응 등이 있다.

① **연소반응** : 종이를 태우면 다시 종이로 되돌아오는 반응이 일어나지 않기 때문에 연소는 비가역반응이다.

$$\text{종이} + O_2 \rightarrow CO_2 + H_2O$$

② **기체발생반응** : 아연(Zn)에 염산(HCl)을 반응시키면 수소 기체가 발생하고 염화아연이 생기지만, 이때 수소와 염화아연이 반응하여도 아연과 염산은 생기지 않는다. 그러나 밀폐 용기 안에서 일어나는 반응일 때는 가역반응인 경우도 있다.

$$Zn_{(s)} + 2HCl \rightarrow H_{2(g)}\uparrow + ZnCl_2$$

③ **침전물(고형화)이 생기는 반응** : 염화나트륨(NaCl) 수용액에 질산은($AgNO_3$) 수용액을 반응시키면 흰색의 염화은(AgCl)이 침전물로 생기는데, 염화은은 물에 거의 녹지 않고, 고체 상태로 존재하므로 역반응이 일어나지 않는다.

$$NaCl + AgNO_3 \rightarrow AgCl_{(s)}\downarrow + NaNO_3$$

④ **강산과 강염기의 중화반응** : 염산(HCl)과 수산화나트륨(NaOH)을 반응시키면 염화나트륨(NaCl)과 물(H_2O)이 생기는 중화반응이 일어난다. 그러나 염화나트륨과 물을 섞어도 염산과 수산화나트륨은 생기지 않는다.

$$HCl + NaOH \rightarrow NaCl(salt, 염) + H_2O$$

실제 반응은 가역적인 경우가 많으나, 편의상 비가역이라고 가정하는 경우가 많다. 또한, 가역반응이라고 하더라도 아주 짧은 기간은 정반응만 발생하므로 비가역반응이라고 간주할 수 있다.

1.5 반응속도식

반응속도식(reaction rate equation)이란 반응속도(reaction rate)를 식으로 표현한 것을 말한다.

다음과 같이 설탕(sucrose, 자당)과 물이 반응하여 글루코오스(glucose, 포도당)와 프락토스(fructose, 과당)를 형성하는 비가역반응을 생각해 보자.

$$(C_6H_{11}O_5)_2O + H_2O \rightarrow C_6H_{11}O_5OH + C_6H_{11}O_5OH$$

이 반응은 설탕에 물이 관여해서 분해되기 때문에 일반적으로 가수분해(hydrolysis) 반응이라 한다.

이런 화학반응이 어느 정도의 속도로 진행되는지 조사하는 방법에는 여러 가지가 있다. 예를 들면, 반응물인 설탕의 농도가 감소하는 것을 일정 시간동안 추적하여 시간의 변화에 대한 반응물(설탕) 농도의 변화를 측정하는 방법과 시간마다 생성물인 글루코오스와 프락토스의 생성 농도를 측정하여 시간의 변화에 대한 생성물의 농도변화를 계산하는 방법이 있다.

참조 가수분해(hydrolysis) 반응

화학반응의 한 가지 형식으로, 어떤 화합물에 물 분자가 화합한 형태에서 2개의 분자로 분해하는 반응을 말한다. 그리스어로 물을 의미하는 "hydro"와 용균, 용해, 분해를 뜻하는 "lysis"가 합해진 말로서, 물이 들어가서 분해된다는 의미이다.

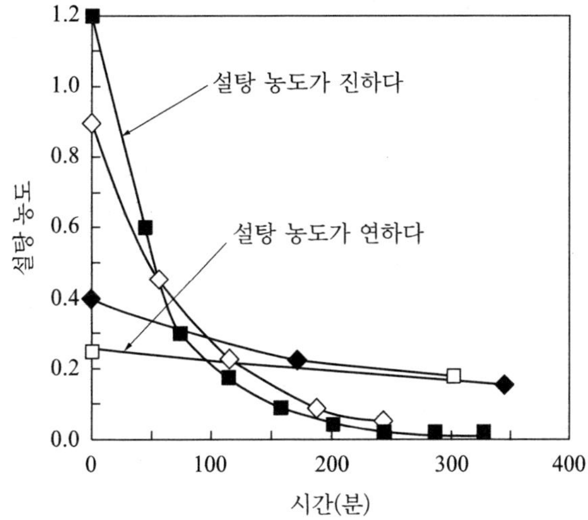

그림 1.5. 설탕의 가수분해속도에 미치는 설탕 농도의 영향

그림 1.5는 온도나 pH 등의 주변 환경의 조건을 일정하게 한 상태에서 설탕의 농도를 변화시켰을 때 시간과 함께 감소되는 설탕의 농도를 측정한 결과이다. 초기 설탕의 농도가 높은 경우에는 설탕 농도가 감소하는 속도, 즉 반응속도가 빠르고 초기 설탕 농도가 낮은 경우에는 반응속도가 느리다는 것을 알 수 있다. 그러므로 반응속도는 설탕의 농도에 비례한다는 것을 알 수 있다. 다르게 표현하면 반응속도는 반응물의 농도에 비례한다는 것을 알 수 있다.

$$
\begin{aligned}
\text{반응속도} &\propto \text{설탕 농도} \\
&= \text{설탕 농도의 감소 속도} \\
&= \text{비례상수} \times (\text{설탕 농도})
\end{aligned}
$$

이 비례상수를 반응속도상수라고 부르고, 여러 가지 반응속도를 비교하는 척도가 된다. 위 식에서 보더라도 반응속도 자체는 농도에 따라 변화하므로 기준이 될 수가 없다.

위 반응을 일반화시킨 비가역반응으로 표현하면 다음과 같다.

$$aA + bB \rightarrow pP + qQ \tag{1.5.1}$$

반응물 A에 대한 반응속도를 표시하면, 다음과 같이 농도와 비례상수의 곱으로 표현할 수 있고, 기본반응이라고 가정하면 반응차수가 화학양론적으로 결정되므로 반응속도식은 다음과 같다.

$$r_A = -\frac{d[A]}{dt} = k[A]^a[B]^b[P]^p[Q]^q \tag{1.5.2}$$

여기서, r_A는 A에 대한 반응속도(reaction rate)이고, $\frac{d[A]}{dt}$는 시간에 대한 화학종 A의 변화율, "−" 부호는 반응물이 감소하는 음의 반응속도라는 의미이며, k는 비례상수로서 반응속도상수(reaction rate constant), a, b, p, q는 상수로서 반응차수(reaction order), $a+b+p+q$는 총괄반응차수(overall reaction order)이다. [ ]는 몰농도(mol/L)를 나타낸다.

만약, $a=1$, $b=2$, $p=1$, $q=2$라면

$$A + 2B \rightarrow P + 2Q \tag{1.5.3}$$

$$r_A = -\frac{d[A]}{dt} = k[A]^1[B]^2[P]^1[Q]^2 \tag{1.5.4}$$

이 경우 A의 반응차수는 1차, B의 반응차수는 2차, P의 반응차수는 1차, Q의 반응차수는 2차라고 하며, 총괄반응차수는 $1+2+1+2=6$으로 6차가 된다.

그러나 기본반응이 아닌 비기본반응(실제 반응)에서는 실험결과에 의해 반응차수를 결정하여야 한다.

반응속도상수는 비례상수로서 특정 온도에서 반응속도의 측정에 매우 중요하다. 반응속도상수의 단위는 항상 일정한 것이 아니라 반응차수에 따라 달라진다. 즉 반응속도상수의 단위만 잘 관찰하면 반응차수를 알 수 있다는 의미이다.

예를 들어, $A \rightarrow P$의 간단한 반응에서 0차 반응이라고 가정하면,

$$r_A = -\frac{d[A]}{dt} = k[A]^0 = k \tag{1.5.5}$$

이 식에서 좌변, $-\frac{d[A]}{dt}$의 단위는 $\frac{\text{mol}}{\text{L}\cdot\text{sec}}$이므로 반응속도상수($k$)의 단위도 $\frac{\text{mol}}{\text{L}\cdot\text{sec}}$가 된다.

그러나 1차 반응의 경우,

$$r_A = -\frac{d[A]}{dt} = k[A]^1 = k[A] \tag{1.5.6}$$

$$-\frac{d[A]}{dt}\Big/[A] = k \tag{1.5.7}$$

이 관계에서 좌변, $-\frac{d[A]}{dt}\Big/[A]$의 단위는 $\frac{\text{mol/L}}{\text{sec}\cdot\text{mol/L}} = \frac{1}{\text{sec}}$이므로 반응속도상수($k$)의 단위도 $\frac{1}{\text{sec}}$이 된다.

2차 반응에서는,

$$r_A = -\frac{d[A]}{dt} = k[A]^2 \tag{1.5.8}$$

$$-\frac{d[A]}{dt}\Big/[A]^2 = k \tag{1.5.9}$$

이 관계에서 좌변, $-\frac{d[A]}{dt}\Big/[A]^2$의 단위는 $\frac{\text{mol/L}}{\text{sec}\cdot(\text{mol/L})^2} = \frac{\text{L}}{\text{mol}\cdot\text{sec}}$이므로 반응속도상수($k$)의 단위도 $\frac{\text{L}}{\text{mol}\cdot\text{sec}}$이 된다.

n차 반응에 대한 반응속도상수는 (농도)$^{-(n-1)}$(시간)$^{-1}$의 단위를 갖는다.

다음 표 1.1에 각 반응 차수에 따른 반응속도상수의 단위를 정리하였으니, 기억해두면 편리하게 이용할 수 있다.

표 1.1. 여러 반응속도상수의 단위

	반응속도상수 단위	예
0차 반응	(농도)·(시간)$^{-1}$	$\frac{\text{mol}}{\text{L}\cdot\text{sec}}$
1차 반응	(시간)$^{-1}$	$\frac{1}{\text{sec}}$
2차 반응	(농도)$^{-1}$·(시간)$^{-1}$	$\frac{\text{L}}{\text{mol}\cdot\text{sec}}$
n차 반응	(농도)$^{-(n-1)}$(시간)$^{-1}$	$(\text{mol/L})^{-(n-1)}\cdot(\text{sec})^{-1}$

$$aA + bB \rightarrow pP + qQ \tag{1.5.1}$$

위와 같은 반응에서, 역반응이 없는 비가역반응의 경우에는 다음과 같이 되고,

$$r_A = -\frac{d[A]}{dt} = k[A]^a[B]^b[P]^0[Q]^0 = k[A]^a[B]^b \tag{1.5.10}$$

만약 생성물 P에 대해 반응속도식을 표현하면 다음과 같다. 시간의 변화에 따라 생성물 농도는 증가하므로 시간에 따른 생성물의 변화량을 "+"로 한다.

$$r_P = \frac{d[P]}{dt} = k[A]^a[B]^b \tag{1.5.11}$$

만약 다음과 같은 반응이라면,

$$1A + 2B \rightarrow 1P + 2Q \tag{1.5.12}$$

기본반응이라고 가정하고 반응물 A에 대해 반응속도식을 표현하면,

$$r_A = -\frac{d[A]}{dt} = k[A]^a[B]^b = k[A]^1[B]^2 \tag{1.5.13}$$

위 반응에서 A 1몰과 B 2몰이 반응하므로 B가 감소되는 속도는 A가 감소되는 속도의 2배로 볼 수 있다.

A의 감소속도 × 2 = B의 감소속도

$$-2\frac{d[A]}{dt} = -\frac{d[B]}{dt} \tag{1.5.14}$$

$$-\frac{1}{1}\frac{d[A]}{dt} = -\frac{1}{2}\frac{d[B]}{dt} \tag{1.5.15}$$

위 관계를 식 (1.5.1)의 일반 반응식에 대입하여 등가속도(equivalent rate)를 표시하면 다음과 같다. 여기서, 등가속도란 반응속도가 동일하다는 의미이다.

$$-\frac{1}{a}\frac{d[A]}{dt} = -\frac{1}{b}\frac{d[B]}{dt} = \frac{1}{p}\frac{d[P]}{dt} = \frac{1}{q}\frac{d[Q]}{dt} \tag{1.5.16}$$

예제 1.1

Q&A

N_2O_5가 NO_2와 O_2로 분해되는 반응이 다음과 같을 때, N_2O_5의 분해속도, NO_2의 생성속도 및 O_2의 생성속도를 기술하고 각 반응속도상수(k_1, k_2, k_3)를 비교하시오. 단, 이 반응은 비가역 기본반응이라고 가정한다.

$$2N_2O_5 \rightarrow 4NO_2 + O_2$$

Solution

N_2O_5의 분해속도 $r_{N_2O_5} = -\dfrac{d[N_2O_5]}{dt} = k_1[N_2O_5]^2$

NO_2의 생성속도 $r_{NO_2} = \dfrac{d[NO_2]}{dt} = k_2[N_2O_5]^2$

O_2의 생성속도 $r_{O_2} = \dfrac{d[O_2]}{dt} = k_3[N_2O_5]^2$

등가속도는 다음과 같다.

$$-\frac{1}{2}\frac{d[N_2O_5]}{dt} = \frac{1}{4}\frac{d[NO_2]}{dt} = \frac{1}{1}\frac{d[O_2]}{dt}$$

$\dfrac{1}{2}k_1[N_2O_5]^2 = \dfrac{1}{4}k_2[N_2O_5]^2 = \dfrac{1}{1}k_3[N_2O_5]^2$이므로

$$\frac{1}{2}k_1 = \frac{1}{4}k_2 = \frac{1}{1}k_3$$

$$k_1 = \frac{1}{2}k_2 = 2k_3$$

1.6 반응속도상수와 반응차수의 결정

이 장에서는 실제 실험결과로부터 반응속도상수와 반응차수를 결정하는 방법에 대해 알아본다. 가장 간단한 비가역반응의 경우를 보자.

$$A(\text{반응물}) \rightarrow P(\text{생성물}) \tag{1.6.1}$$

이 경우 반응속도식은 다음과 같이 표현할 수 있다.

$$r_A = -\frac{d[A]}{dt} = k[A]^n \tag{1.6.2}$$

만약, 이 반응이 기본반응이라고 가정하면 다음과 같이 간단히 된다.

$$r_A = -\frac{d[A]}{dt} = k[A] \tag{1.6.3}$$

그러나 본 장에서는 일반적인 반응으로 비기본반응이라고 가정한다.

그러므로 이 반응속도식을 완성하기 위해서는 반응속도상수(k)와 반응차수(n)을 알아야 한다. 반응속도상수와 반응차수를 구하는 방법은 크게 단일실험방법과 반복실험방법이 있다.

1.6.1. 단일실험방법

단일실험방법은 한 번의 회분식 실험을 통하여 반응차수와 반응속도상수를 결정하는 방법이다. 단일실험방법에는 크게 미분속도해석법과 적분법이 있다.

(1) 미분속도해석법

미분속도해석법은 미분상태의 반응속도식을 그대로 이용하여 반응속도상수와 반응차수를 구하는 방법이다. 식 (1.6.2)의 양변에 자연로그를 취하면,

$$\ln\left(-\frac{d[A]}{dt}\right) = \ln k + n\ln([A]) \tag{1.6.4}$$

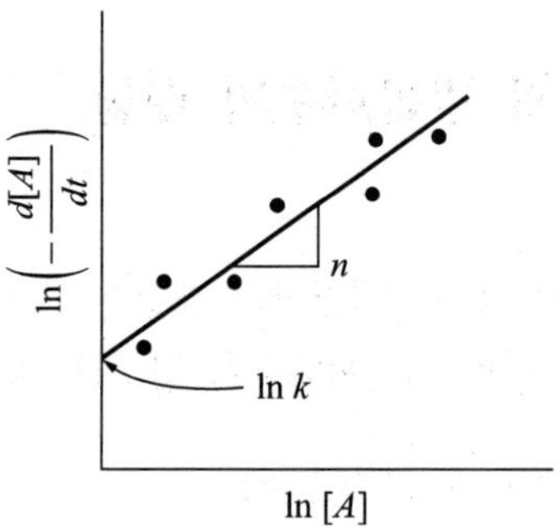

그림 1.6. 미분법에 의한 반응차수와 반응속도상수 결정

식 (1.6.4)의 $\ln[A]$와 $\ln\left(-\frac{d[A]}{dt}\right)$의 관계를 도식적으로 나타낸 것이 그림 1.6이며, 그림 1.6으로부터 기울기와 절편을 구할 수 있다. 기울기 $= n$, 절편 $= \ln k$의 관계로부터, 반응차수(n)와 반응속도상수(k)를 계산할 수 있다.

$\left(-\frac{d[A]}{dt}\right)$는 시간($t$)에 대한 농도($[A]$)의 순간변화율으로서 그림 1.7과 같이 표현할 수 있다.

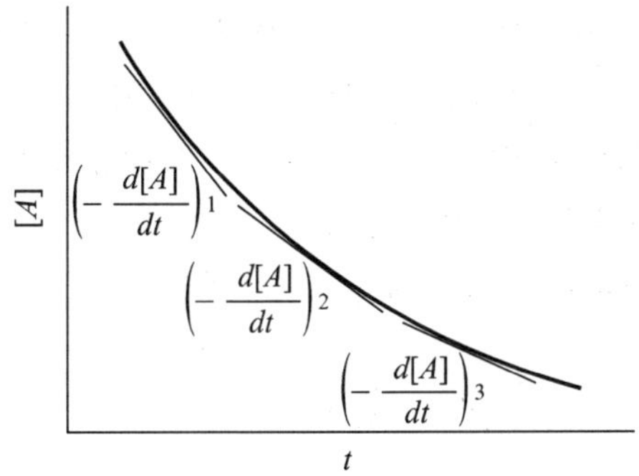

그림 1.7. 시간에 대한 농도의 순간변화율

그러나 $\left(-\frac{d[A]}{dt}\right)$를 계산하는 것이 쉬운 과정이 아니다. $\left(-\frac{d[A]}{dt}\right)$를 계산하기 위해서는 농도 - 시간 자료를 수치적 또는 도식적 방법으로 구하여야 한다. 수치적 방법으로는 차분공식(differentiation formulas)이나 다항식 맞춤법(polynominal fitting) 등을 사용할 수 있고, 도식적 방법으로는 등면적미분법(equal-area differentiation)을 사용할 수 있으나, 이 과정 또한 다소 복합하다.

그러므로 미분법은 1회의 실험만으로 반응차수와 반응속도를 쉽게 구할 수 있는 장점이 있으나, $\left(-\frac{d[A]}{dt}\right)$를 계산하는 것이 까다로운 단점도 가지고 있어 많이 사용하지 않고 적분법을 많이 이용한다.

(2) 적분법

적분법은 반응속도상수와 반응차수를 구하기 위해 가장 보편적으로 이용되는 방법으로서, 적분법은 반응속도식을 적분함으로써 반응속도상수와 반응차수를 구하는 방법이다.

적분법에 의해 반응차수를 구하려면, 먼저 반응차수를 0차, 1차, 2차, ⋯, n차라고 가정하고, 가정된 반응차수에 관한 반응속도식(미분식)을 적분한다. 만약 가정한 반응차수가 올바르다면 실험자료를 적분한 시간 - 농도 관계식에 잘 부합할 것이다. 그 결과가 잘 부합하지 않는다면 다른 반응차수를 가정하여 다시 실험자료를 대입하여 부합성을 살펴보아야 한다.

이러한 시행착오법(trial and error method)을 반복하여 가장 부합되는 반응차수를 결정하고, 결정된 반응차수에서의 속도상수를 반응속도식의 반응속도상수로 결정한다.

적분법은 보통 반응차수를 알고, 활성화 에너지를 구하기 위하여 서로 다른 온도에서의 반응속도를 계산할 필요가 있을 때 많이 사용된다.

적분법은 미분법보다 상대적으로 적용이 쉽고 편리하여 활용도가 높은 방법이다. 그러나 적분법은 반응차수를 가정하여 각 반응차수에 적합한 관계식에 실험자료를 모두 대입하여야 하므로 상대적으로 번거로운 측면이 있고, 반응차수가 반드시 정수(0, 1, 2, …)로만 결정된다는 단점이 있다.

다음과 같은 반응속도식에서

$$r_A = -\frac{d[A]}{dt} = k[A]^n \tag{1.6.2}$$

$$\frac{d[A]}{dt} = -k[A]^n \tag{1.6.3}$$

먼저 0차 반응을 가정한다.

0차 반응

위 반응속도식 (1.6.3)에서 반응차수를 0차라고 가정하면 $n=0$이다. 이는 반응속도(r_A) 또는 시간 - 농도 변화율$\left(\frac{d[A]}{dt}\right)$은 농도에 무관하다는 의미이다.

$$\frac{d[A]}{dt} = -k[A]^0 = -k \tag{1.6.5}$$

$$d[A] = -k \cdot dt \tag{1.6.6}$$

이를 적분하면,

$$\int d[A] = -k\int dt \tag{1.6.7}$$

여기서, 반응속도상수(k)는 시간과 무관한 상수이다.

이 식에 초기조건($t=0$일 때, $[A]=[A]_o$)과 경계조건($t=t$일 때, $[A]=[A]_t$)을 대입하면 다음과 같다.

$$\int_{[A]_o}^{[A]_t} d[A] = -k\int_{t=0}^{t=t} dt \tag{1.6.8}$$

식 (1.6.8)을 적분하면,

$$([A]_t - [A]_o) = -k(t-0) = -kt$$

$$[A]_t = [A]_o - kt \tag{1.6.9}$$

이처럼 0차 반응에서 시간에 따른 농도변화는 위 식 (1.6.9)와 같이 표현할 수 있으며, 시간(t)과 농도($[A]_t$)의 관계로부터 기울기를 구하면 반응속도상수를 계산할 수 있다 (그림 1.8). 그림 1.8에서 점들은 실험결과이고, 선은 선형회귀법으로 구한 계산값을 연결한 것이다.

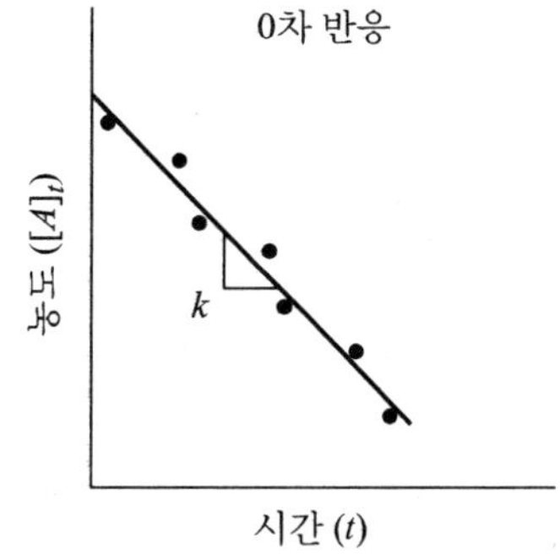

그림 1.8. 0차 반응에서 반응속도상수(k)를 구하는 방법($[A]_t \backsim t$, 식 (1.6.9))

참조 초기조건(Initial condition)과 경계조건(Boundary condition)

초기조건 : 물리적인 시스템에서 시간에 따른 미분방정식 해를 정확히 구하기 위해서는 $-\infty$부터 t_0 시점까지 과거 시간 동안의 모든 정보를 알거나, $t = t_0$에서의 초기상태를 알아야 한다. 이를 통하여 t_0 이후의 시점에 대한 상태를 구할 수 있다. 초기조건은 초기시간으로 지정된 특정 시점에서 변수의 값으로, 일반적으로 $t = 0(t_0)$일 때의 값이다.

경계조건 : 미분방정식의 일반해(일반해)에 존재하는 상수 값을 결정하기 위해 필요한 조건으로, 보통 영역의 경계에 부여하는 일정한 조건을 말한다.

반응속도의 변화를 손쉽게 알아볼 수 있는 하나의 방법은 반감기의 변화를 살펴보는 것이다. 반감기(half life)란 화학반응에서 반응물질의 농도가 초기농도의 반으로 감소하기까지의 시간을 의미한다.

$$[A]_t = \frac{1}{2}[A]_o \text{일 때, } t = t_{1/2}$$

이 관계를 식 (1.6.9)에 대입하면

$$\frac{1}{2}[A]_o = [A]_o - kt_{1/2}$$

$$t_{1/2} = \frac{0.5[A]_o}{k} \tag{1.6.10}$$

위 반감기 식 (1.6.10)을 보면, 0차 반응에서 초기농도가 증가하면 반감기는 증가하며, 반응속도상수가 증가하면 반감기는 감소한다는 것을 알 수 있다. 초기농도와 반응속도상수의 변화가 반감기에 미치는 영향을 식 (1.6.10)을 이용하여 그릴 수 있으며, 그림 1.9를 통하여 알 수 있다.

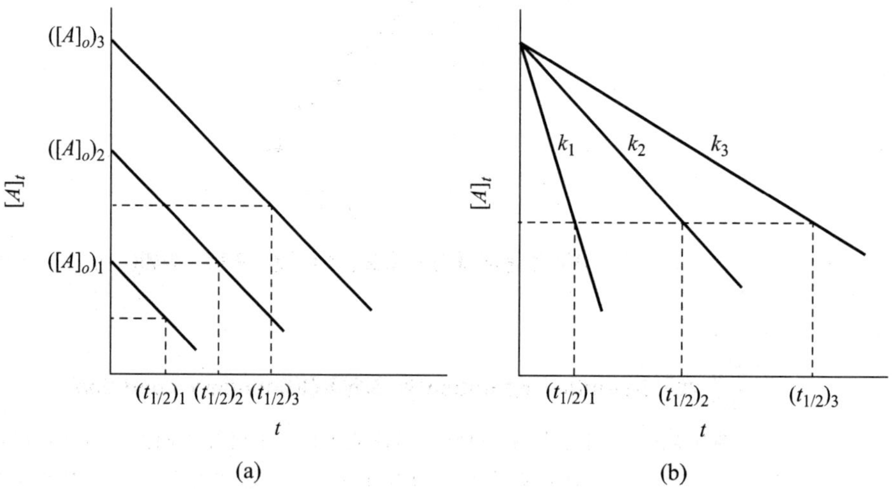

그림 1.9. 0차 반응에서 초기농도(a)와 반응속도상수(b)의 변화가 반감기에 미치는 영향

1차 반응

반응차수를 1차라고 가정하면 $n=1$이다. 이는 반응속도$\left(\frac{d[A]}{dt}\right)$는 농도의 1차에 비례한다는 의미이다. $n=1$을 식 (1.6.3)에 대입하여 정리하면,

$$\frac{d[A]}{dt} = -k[A]^1 = -k[A] \tag{1.6.11}$$

$$\frac{1}{[A]}d[A] = -k\,dt \tag{1.6.12}$$

이를 적분하면,

$$\int \frac{1}{[A]}d[A] = -k\int dt \tag{1.6.13}$$

이 식에 초기조건($t=0$일 때, $[A]_t=[A]_o$)과 경계조건($t=t$일 때, $[A]_t=[A]_t$)을 대입하면 다음과 같다.

$$\int_{[A]_o}^{[A]_t} \frac{1}{[A]} d[A] = -k \int_{t=0}^{t=t} dt \tag{1.6.14}$$

식 (1.6.14)를 적분하면,

$$(\ln [A]_t - \ln [A]_o) = -k(t-0) = -kt$$

$$\ln [A]_t = \ln [A]_o - kt \tag{1.6.15}$$

$$\ln \frac{[A]_t}{[A]_o} = -kt, \qquad \ln \frac{[A]_o}{[A]_t} = kt \tag{1.6.16}$$

$$\frac{[A]_t}{[A]_o} = e^{-kt}, \qquad [A]_t = [A]_o e^{-kt} \tag{1.6.17}$$

이와 같이 1차 반응에서 시간에 따른 농도변화는 식 (1.6.17)과 같이 표현된다.

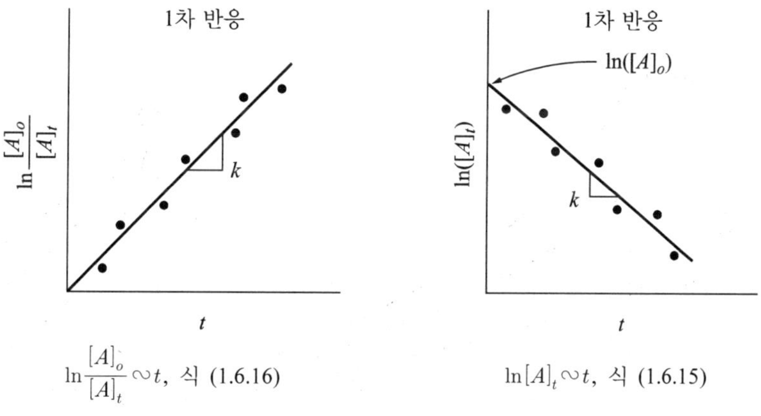

그림 1.10. 1차 반응에서 반응속도상수(k)를 구하는 방법

그림 1.10과 같이 시간(t)과 $\ln\frac{[A]_o}{[A]_t}$ 또는 $\ln[A]_t$와의 그래프의 기울기에서 반응속도상수(k)를 구할 수 있다.

1차 반응에서의 반감기는 다음과 같다.

$$[A]_t = \frac{1}{2}[A]_o \text{일 때, } t = t_{1/2}$$

이 관계를 식 (1.6.15)에 대입하면

$$\ln\left(\frac{1}{2}[A]_o\right) = \ln[A]_o - kt_{1/2}$$

$$kt_{1/2} = \ln[A]_o - \ln\left(\frac{1}{2}[A]_o\right) = \ln\left(\frac{[A]_o}{\frac{1}{2}[A]_o}\right) = \ln 2 = 0.693$$

$$t_{1/2} = \frac{0.693}{k} \tag{1.6.18}$$

식 (1.6.18)을 보면, 1차 반응에서 반감기는 초기농도에 무관하며, 반응속도상수가 증가하면 반감기는 감소한다는 것을 알 수 있다. 초기농도와 반응속도상수의 변화가 반감기에 미치는 영향을 식 (1.6.18)을 이용하여 그릴 수 있으며, 그림 1.11을 통하여 알 수 있다.

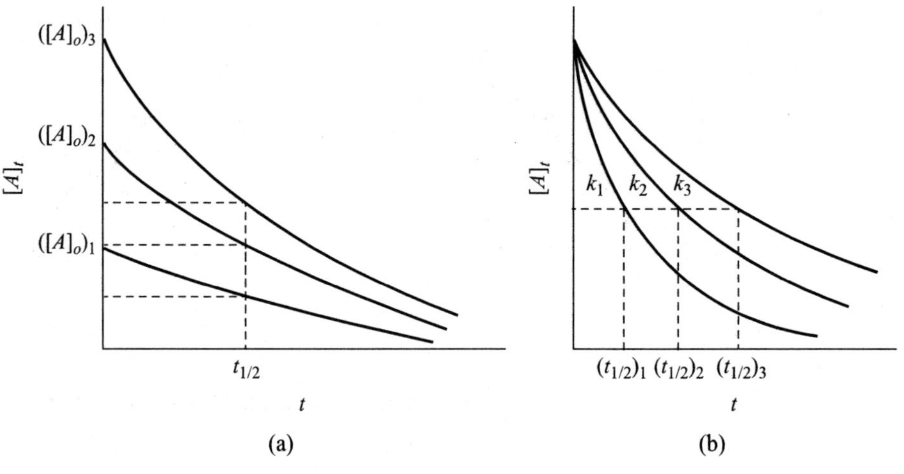

그림 1.11. 1차 반응에서 초기농도(a)와 반응속도상수(b)의 변화가 반감기에 미치는 영향

2차 반응

반응차수를 2차라고 가정하면, $n=2$이고 반응속도$\left(\frac{d[A]}{dt}\right)$는 농도의 제곱에 비례한다는 의미이다.

$$\frac{d[A]}{dt} = -k[A]^2 \tag{1.6.19}$$

$$\frac{1}{[A]^2}d[A] = -k\,dt$$

이를 적분하면,

$$\int \frac{1}{[A]^2}d[A] = -k\int dt \tag{1.6.20}$$

2차 이상의 적분은 동일하므로 n차에 대한 적분방법을 이용한다. 또한, 초기조건($t=0$일 때, $[A]=[A]_o$)과 경계조건($t=t$일 때, $[A]=[A]_t$)을 대입하면 다음과 같다.

$$\int_{[A]_o}^{[A]_t} \frac{1}{[A]^n}d[A] = \int_{[A]_o}^{[A]_t}[A]^{-n}d[A] = -k\int_0^t dt \tag{1.6.21}$$

$$\frac{1}{1-n}\left([A]_t^{1-n} - [A]_o^{1-n}\right) = -k(t-0) = -kt$$

$$\frac{-1}{n-1}\left(\frac{1}{[A]_t^{n-1}} - \frac{1}{[A]_o^{n-1}}\right) = -kt$$

$$\frac{1}{n-1}\left(\frac{1}{[A]_o^{n-1}} - \frac{1}{[A]_t^{n-1}}\right) = -kt \tag{1.6.22}$$

식 (1.6.22)에 $n=2$를 대입하면,

$$\frac{1}{2-1}\left(\frac{1}{[A]_o^{2-1}} - \frac{1}{[A]_t^{2-1}}\right) = \left(\frac{1}{[A]_o} - \frac{1}{[A]_t}\right) = -kt$$

$$\frac{1}{[A]_t} = \frac{1}{[A]_o} + kt \tag{1.6.23}$$

이와 같이 2차 반응에서 시간에 따른 농도변화는 식 (1.6.23)과 같이 표현된다.

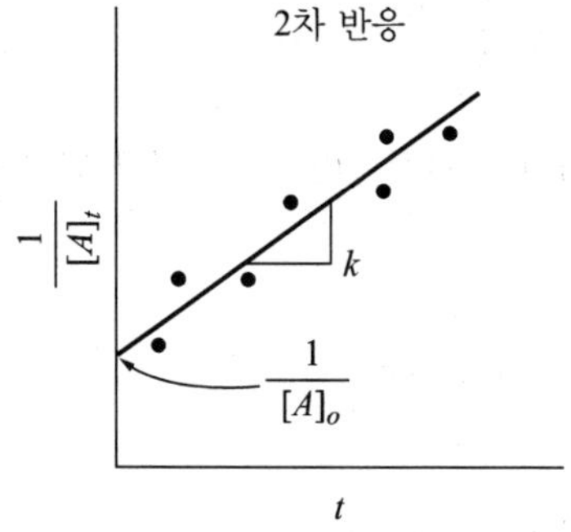

그림 1.12. 2차 반응에서 반응속도상수, k를 구하는 방법

그림 1.12에서 보는 바와 같이 시간 t와 $\frac{1}{[A]_t}$ 그래프의 기울기에서 반응속도상수(k)를 구할 수 있다.

1차 반응과 2차 반응의 특성을 알기 위해서는 그림 1.13과 같은 도식적 표현이 도움이 된다. 이 그림은 시간 - 농도 변화 그래프로서 1차 반응과 2차 반응의 차이를 잘 나타내고 있다. 시간의 눈금은 반감기가 같도록 조절하였다. 2차 반응은 반응 초기에는 1차 반응에 비해 빠르게 진행되다가 점차 느리게 진행되나, 반응 후기에는 1차 반응이 2차 반응에 보다 반응속도가 빠르다는 것을 알 수 있다.

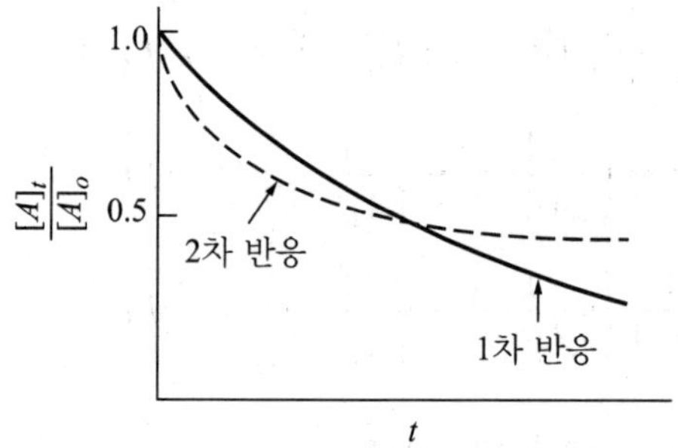

그림 1.13. 1차 반응과 2차 반응의 비교

3차 반응은

$$\frac{1}{3-1}\left(\frac{1}{[A]_o^{3-1}} - \frac{1}{[A]_t^{3-1}}\right) = \frac{1}{2}\left(\frac{1}{[A]_o^2} - \frac{1}{[A]_t^2}\right) = -kt$$

$$\frac{1}{[A]_t^2} = \frac{1}{[A]_o^2} + 2kt \tag{1.6.24}$$

4차 반응은

$$\frac{1}{[A]_t^3} = \frac{1}{[A]_o^3} + 3kt \tag{1.6.25}$$

이와 같은 방법으로 계속 구할 수 있다.
2차 반응에서의 반감기는 다음과 같다.

$$\frac{1}{\frac{1}{2}[A]_o} = \frac{1}{[A]_o} + kt_{1/2}$$

$$kt_{1/2} = \frac{1}{\frac{1}{2}[A]_o} - \frac{1}{[A]_o} = \frac{2}{[A]_o} - \frac{1}{[A]_o} = \frac{1}{[A]_o}$$

$$t_{1/2} = \frac{1}{k[A]_o} \tag{1.6.26}$$

0차, 1차, 2차 반응에서 시간 - 농도 관계식과 반감기를 정리하면 다음 표 1.2와 같다.

표 1.2. 다양한 반응 차수에서의 시간 – 농도 관계식과 반감기

	시간 – 농도 관계식	반감기
0차	$[A]_t = [A]_o - kt$	$t_{1/2} = \frac{0.5[A]_o}{k}$
1차	$[A]_t = [A]_o e^{-kt}$	$t_{1/2} = \frac{0.693}{k}$
2차	$\frac{1}{[A]_t} = \frac{1}{[A]_o} + kt$	$t_{1/2} = \frac{1}{k[A]_o}$

2차 반응에서 반감기는 초기농도와 반응속도상수에 반비례한다는 것을 알 수 있다.

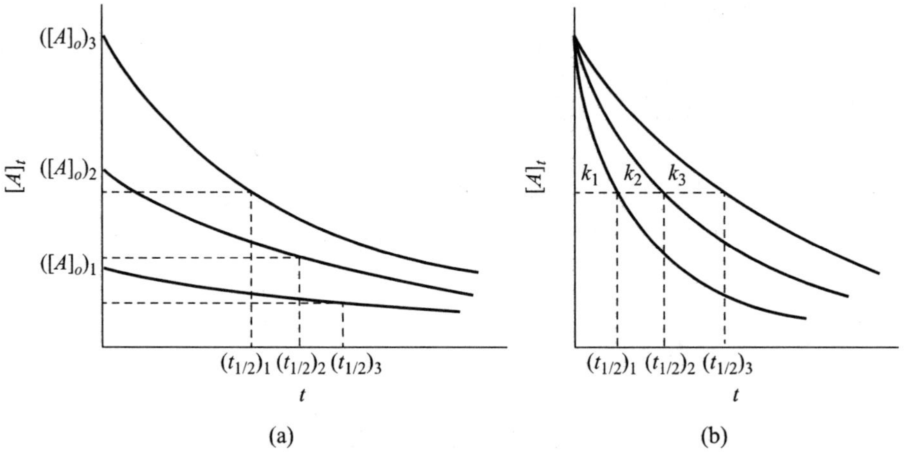

그림 1.14. 2차 반응에서 (a)초기농도와 (b)반응속도상수의 변화가 반감기에 미치는 영향

예제 1.2

다음은 물속에서 미생물에 의한 포도당 분해 실험을 통하여 얻은 결과이다. 이 반응의 반응차수와 반응속도상수를 적분법으로 계산하라. 또한, 반감기는 몇 분인가?

시간, t (min)	0	45	120	240	480
포도당 농도, $[A]$ (mg/L)	56	52	45	40	35

Solution

0차 반응으로 가정하면 시간과 농도의 변화로부터 반응차수와 반응속도상수를 구할 수 있다.

시간, t (min)	0	45	120	240	480
$[A]$	56	52	45	40	35

최소제곱법을 이용하여 기울기와 절편을 구하면,

기울기 = − 0.0421

절편 = 53.045

상관계수 제곱, $r^2 = 0.8917$

1차 반응으로 가정하면 시간, t와 $\ln[A]_t$의 관계를 이용하기 위해 실험결과를 다음과 같이 변형시킨다.

시간, t (min)	0	45	120	240	480
$\ln[A]_t$	4.025	3.951	3.807	3.689	3.555

기울기 = − 0.001

절편 = 3.9748
$r^2 = 0.928$

2차 반응에서는 시간, t와 $1/[A]_t$의 관계를 이용하기 위해 실험결과를 다음과 같이 변형시킨다.

시간, t (min)	0	45	120	240	480
$1/[A]_t$	0.0179	0.0192	0.0222	0.0250	0.0286

기울기 = +0.000022
절편 = 0.0187
$r^2 = 0.959$

0차, 1차, 2차 반응의 실험결과들을 선형화시킨 결과, 2차 반응의 r^2 값이 0.959로 1에 가장 가까운 것으로 나타나, 2차 반응이 가장 적합한 것으로 판단할 수 있다.
반응속도상수는 2차 반응의 기울기 값이므로 $k = 0.000022$ L/mg · min이다.
이 경우 반감기는 2차 반응의 반감기를 이용하면,

$$t_{1/2} = \frac{1}{k[A]_o} = \frac{1}{(0.000022)(56)} = 812\text{에서 } t_{1/2} = 812\text{ min}$$

예제 1.3

Q&A

수중에서 박테리아에 의한 유기물 분해속도가 1차 반응속도를 따르고, 반응속도상수가 $4.76 \times 10^{-4}\,\text{sec}^{-1}$일 때 다음 물음에 답하라.
(1) 초기 유기물 농도의 3/4이 분해되는 데 필요한 시간(sec)은?
(2) 초기 유기물 농도의 1/4에서 1/8로 감소되는 데 필요한 시간(sec)은?

Solution

(1) 만약 초기 유기물의 3/4이 분해되었다면, 남아있는 유기물 농도는 초기 유기물 농도의 1/4이다.

$$[A]_t = \frac{1}{4}[A]_o, \qquad \text{즉 } \frac{[A]_t}{[A]_o} = \frac{1}{4}$$

1차 반응속도식에서 시간 - 농도관계식은 다음과 같다.

$$\ln\frac{[A]_t}{[A]_o} = -kt$$

$$t = -\frac{1}{k}\ln\frac{[A]_t}{[A]_o} = -\frac{1}{4.76\times10^{-4}}\ln\left(\frac{1}{4}\right) = 2{,}912\text{ sec}$$

(2) 초기 유기물의 1/4에서 1/8로 감소되었다는 것은 절반으로 되었다는 의미이므로 반감기를 구하면 된다. 1차 반응에서 반감기는 다음과 같이 표현된다.

$$t_{1/2} = \frac{0.693}{k} = \frac{0.693}{4.76 \times 10^{-4}} = 1{,}456 \text{ sec}$$

예제 1.4

Q&A

A → P의 반응에서 A의 초기농도를 51 mg/L에서 102 mg/L로 변화시켰을 때 반감기는 150초에서 75초로 감소하였다. 이 반응의 반응차수와 반응속도상수는 얼마인가? 만약, 동일한 초기농도 변화조건에서 반감기가 100초로 일정하여 변화가 없었다면, 반응차수와 반응속도상수는?

Solution

초기농도의 증가가 반감기의 감소를 가져왔으므로 초기농도와 반감기는 반비례하고 있다. 이는 2차 반응속도를 의미한다.
2차 반응속도에서 반감기는 다음과 같다.

$$t_{1/2} = \frac{1}{k[A]_o}$$

$$k = \frac{1}{t_{1/2}[A]_o} = \frac{1}{150 \text{ s} \cdot 51 \text{ mg/L}} = 1.3 \times 10^{-4} \text{ L/mg} \cdot \text{s}$$

반감기가 초기농도변화와 무관하다면 1차 반응이므로,

$$t_{1/2} = \frac{0.693}{k}$$

$$k = \frac{0.693}{t_{1/2}} = \frac{0.693}{100 \text{ s}} = 0.00693 \text{ s}^{-1}$$

예제 1.5

Q&A

A → P의 분해 반응에서 반응속도상수가 2.0×10^{-5} s^{-1}이었다. 만약 이 반응이 90분 동안 계속되었다면, 초기 A의 몇 %가 분해되었는가?

Solution

이 반응의 반응차수를 아는 것이 중요하다. 반응속도상수의 단위가 s^{-1}이므로 이 반응은 1차 반응속도라는 것을 알 수 있다. 1차 반응속도의 시간-농도 관계식은 다음과 같다.

$$\ln\frac{[A]_t}{[A]_o} = -kt$$

$$\frac{[A]_t}{[A]_o} = e^{-kt} = e^{-2.0\times10^{-5}\times90\times60} = 0.898$$

즉 89.8%가 잔류해 있고, 10.2%가 분해되었다는 것을 알 수 있다.

예제 1.6

Q&A

물속에서 유기물의 분해반응이 1차 반응으로, 초기 BOD 농도 100 mg/L일 때 반감기가 1.0×10^4 s이었다. 이 유기물의 20%와 80%가 각각 분해되는데 소요되는 시간(h)은? 만약, 동일한 조건에서 이 반응이 2차 반응이었다면 소요시간은 1차 반응에 비해 길어지는가? 아니면 짧아지는가?

Solution

이 반응이 1차 반응이므로 1차 반응의 반감기를 이용하면 반응속도상수를 구할 수 있다.

$$t_{1/2} = \frac{0.693}{k}$$

$$k = \frac{0.693}{t_{1/2}} = \frac{0.693}{1\times10^4\ \mathrm{s}} = 6.93\times10^{-5}\ \mathrm{s}^{-1}$$

초기 유기물의 20%가 분해된다는 말은 80%가 잔존해 있다는 의미이다. 그러므로 $[A]_t = 0.8[A]_o$이다.

$$\ln\frac{[A]_t}{[A]_o} = -kt$$

$$t = -\frac{1}{k}\ln\frac{0.8[A]_o}{[A]_o} = -\frac{1}{6.93\times10^{-5}\ \mathrm{s}}\ln 0.8 = 3{,}219\ \mathrm{s} = 0.89\ \mathrm{h}$$

또한, 초기 유기물의 80%가 분해되었다는 것은 $[A]_t = 0.2[A]_o$이다.

$$\ln\frac{[A]_t}{[A]_o} = -kt$$

$$t = -\frac{1}{k}\ln\frac{0.2[A]_o}{[A]_o} = -\frac{1}{6.93\times10^{-5}\ \mathrm{s}}\ln 0.2 = 23{,}224\ \mathrm{s} = 6.45\ \mathrm{h}$$

만약, 이 반응이 2차 반응이라면, 2차 반응의 반감기를 이용해야 한다.

$$t_{1/2} = \frac{1}{k[A]_o}$$

$$k = \frac{1}{t_{1/2}[A]_o} = \frac{1}{(1 \times 10^4\,\mathrm{s})(100\,\mathrm{mg/L})} = 1 \times 10^{-6}\,\mathrm{L/mg \cdot s}$$

$[A]_t = 0.8[A]_o$이므로,

$$\frac{1}{[A]_t} = \frac{1}{[A]_o} + kt$$

$$\frac{1}{0.8[A]_o} = \frac{1}{[A]_o} + kt$$

양변에 0.8를 곱하고 정리하면,

$$\frac{1}{[A]_o} = \frac{0.8}{[A]_o} + 0.8kt$$

$$t = \frac{0.2}{0.8k[A]_o} = \frac{0.2}{0.8(1 \times 10^{-6}\,\mathrm{L/mg \cdot s})(100\,\mathrm{mg/L})} = 2{,}500\,\mathrm{s} = 0.69\,\mathrm{h}$$

또한, 유기물 80% 분해에서는 $[A]_t = 0.2[A]_o$이므로

$$\frac{1}{[A]_t} = \frac{1}{[A]_o} + kt$$

$$\frac{1}{0.2[A]_o} = \frac{1}{[A]_o} + kt$$

양변에 0.2를 곱하고 정리하면,

$$\frac{1}{[A]_o} = \frac{0.2}{[A]_o} + 0.2kt$$

$$t = \frac{0.8}{0.2k[A]_o} = \frac{0.8}{0.2(1 \times 10^{-6}\,\mathrm{L/mg \cdot s})(100\,\mathrm{mg/L})} = 40{,}000\,\mathrm{s} = 11.11\,\mathrm{h}$$

	20% 분해 소요시간	80% 분해 소요시간
1차 반응	0.89 h	6.45 h
2차 반응	0.69 h	11.11 h

표에서 보는 바와 같이, 20% 분해 소요시간은 2차 반응이 짧고, 80% 분해 소요시간은 2차 반응이 더 길게 나타났다. 이는 그림 1.13의 결과와 동일하다.

예제 1.7 Q&A

$A \rightarrow P$ 반응에서 A에 대한 n차 반응일 때의 반감기는? 단, 시간과 $[A]_o^{n-1}$과의 관계로 표시하라.

Solution

$[A]$에 대한 변화율은 다음과 같다.

$$\frac{d[A]}{dt} = -k[A]^n$$

이 식을 시간과 농도에 대해 적분하면

$$\frac{1}{n-1}\left(\frac{1}{[A]_o^{n-1}} - \frac{1}{[A]_t^{n-1}}\right) = -kt$$

$$kt = \frac{1}{n-1}\left(\frac{1}{[A]_t^{n-1}} - \frac{1}{[A]_o^{n-1}}\right)$$

$[A]_t = \frac{1}{2}[A]_o$일 때 $t = t_{1/2}$

$$kt_{1/2} = \frac{1}{n-1}\left(\frac{2^{n-1}}{[A]_o^{n-1}} - \frac{1}{[A]_o^{n-1}}\right)$$

$$t_{1/2} = \frac{1}{k}\frac{1}{[A]_o^{n-1}}\left(\frac{2^{n-1}-1}{n-1}\right)$$

예제 1.8

어떤 유기물의 분해반응이 2차 반응이었다. 만약 초기 유기물의 농도가 50% 감소하였다면, 초기반응속도는 원래의 초기반응속도에 비해 어떻게 되겠는가?

Solution

2차 반응이므로 원래의 초기반응속도는 다음과 같다.

$$\frac{d[A]}{dt} = -k[A]^2 = -k([A]_o)^2$$

만약 유기물의 농도를 50% 감소하였다면, $[A] = 0.5[A]_o$

$$\frac{d[A]}{dt} = -k[A]^2 = -k(0.5[A]_o)^2 = -0.25k([A]_o)^2$$

그러므로 초기반응속도는 원래의 1/4로 감소된다.

예제 1.9

하수처리장에서 물속의 암모늄이온(NH_4^+)은 산소와 반응하여 질산이온(NO_3^-)과 물(H_2O)

을 형성하는 질산화 반응을 생성할 수 있다.

$$NH_4^+ + 2O_2 \rightarrow NO_3^- + H_2O + 2H^+$$

하수처리장에 들어오는 암모늄이온의 양은 150 kmol/h이고, 공급되는 산소의 양은 200 kmol/h이었다. 반응물(암모늄이온과 산소) 중 제한인자(limiting factor)가 되는 것은? 즉 완전 반응하고 남는 것이 없는 물질은?

Solution

다음과 같은 물질수지를 세워야 한다. 반응 후 유출되는 질산이온 양을 z라 하고 기준점으로 삼는다.

유입(kgmol/h)	150	200	0	0	
반응	NH_4^+ +	$2O_2$ →	NO_3^- +	H_2O +	$2H^+$
유출(kgmol/h)	$150-z$	$200-2z$	z	z	$2z$

만약 암모늄이온이 모두 반응한다면, $150-z=0$

$z=150$ kmol/h

유출되는 산소의 양은 $200-2(150)=-100$ kgmol/h

산소가 −값이 되므로 산소가 부족하다는 것을 의미한다. 산소가 제한인자가 된다.

만약 산소가 모두 반응한다면, $200-2z=0$

$z=100$ kmol/h

유출되는 암모늄이온의 양은 $150-z=150-100=+50$ kmol/h

마찬가지로 유출수 중에 암모늄이온이 남는다는 것을 알 수 있다.

그러므로 확정적으로 산소가 제한인자가 된다.

1.6.2. 반복실험방법

반복실험방법은 여러 번의 반복실험을 통하여 반응차수와 반응속도상수를 결정하는 방법으로서, 초기속도법과 반감기법이 대표적이다.

(1) 초기속도법

초기속도법은 미분해석법의 한 종류이다. 기본적인 미분해석법은 1회의 실험만으로 반응차수와 반응속도상수를 구할 수 있으므로 빠른 방법 중의 하나이다. 그러나 현저한 역반응이 존재할 경우 미분해석법이 적절하지 않을 수 있는데, 이런 경우에는 역반응이 발생하지 않는 아주 짧은 시간 내에 반응속도를 여러 번 반복하여 측정함으로써 이 문제를 해결할 수 있다.

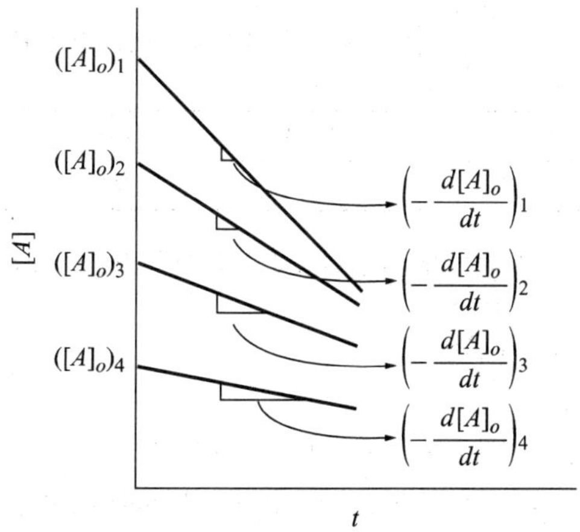

그림 1.15. 초기속도법에 의한 반응속도 결정 방법

그러므로 미분해석법에서의 식 (1.6.4)를 그대로 이용할 수 있다.

$$\ln\left(-\frac{d[A]_o}{dt}\right) = \ln k + n\ln([A]_o) \tag{1.6.4}$$

시간에 따른 농도의 순간변화율, 즉 $\left(-\frac{d[A]_o}{dt}\right)$는 초기순간변화율로 대체된다. 초기속도법에서는 1회의 실험으로 완성되는 것이 아니라 초기농도를 변화시키는 다수의 실험과정을 통해서 각각의 $\left(-\frac{d[A]_o}{dt}\right)$를 구함으로써, 반응차수와 반응속도상수를 구할 수 있다. 그러므로 초기속도법은 역반응의 영향을 줄일 수 있는 장점이 있지만, 여러 농도의 실험을 다수 반복해야 한다는 단점도 있다.

예제 1.10

Q&A

한 반응의 초기속도가 다음과 같이 A의 초기농도, $[A]_o$에 의존한다. A에 대한 반응차수와 반응속도상수를 구하라.

$[A]_o$ (mol/L)	5.0	8.2	17	30
초기속도, r_A (mol/L·s)	3.6	9.6	41	131

Solution

식 (1.6.4) $\ln\left(-\frac{d[A]_o}{dt}\right) = \ln k + n\ln([A]_o)$를 이용하기 위하여 $\ln[A]_o$와 $\ln(r_A)$를 구한다.

$\ln[A]_o$	1.609	2.104	2.833	3.401
$\ln(r_A)$	1.281	2.262	3.714	4.875

위 자료를 이용하여 최소제곱법으로 기울기와 절편을 구하면,

기울기 $= n = 2.05 \fallingdotseq 2$

절편 $= \ln k = -2.092$

$r^2 = 0.9996$

기울기가 2에 근접하므로 반응차수는 2차이다.

2차 반응이므로 반응속도상수의 단위는 L/mol · s이고, $\ln k = -2.092$이므로 $k = 0.123$ L/mol · s이다.

(2) 반감기법

앞에서 기술한 바와 같이, 반감기($t_{1/2}$)는 반응물의 농도가 초기농도의 절반으로 줄어들 때까지 걸리는 시간으로 정의된다. 초기농도를 변화시키면 변화된 반감기를 구할 수 있는데, 초기농도와 변화된 반감기의 관계로부터 반응속도상수와 반응차수를 구하는 방법으로써, 여러 번의 실험이 필요하다. 초기속도법은 매우 짧은 시간 동안의 반응속도를 이용하게 되므로 역반응이 없는 이론적인 반응의 경우를 설명하는 데 비해, 반감기법은 역반응도 발생할 수 있는 긴 시간 동안의 반응을 유도함으로써 실제적인 반응을 설명하고 있다는 특징이 있다. 또한, 초기속도법은 초기속도를 아주 짧은 시간 중 어느 부분을 설정하느냐에 따라 오차가 발생할 수도 있다.

$$r_A = -\frac{d[A]}{dt} = k[A]^n \tag{1.6.3}$$

초기조건($t=0$, $[A]=[A]_o$)과 경계조건($t=t$, $[A]=[A]_t$)에 따라 적분을 하면 앞의 적분법에서 n차 경우의 적분결과와 같으며, 이를 시간, t에 대해 정리하면,

$$\frac{1}{n-1}\left(\frac{1}{[A]_o^{n-1}} - \frac{1}{[A]_t^{n-1}}\right) = -kt$$

$$t = \frac{1}{k(n-1)}\left(\frac{1}{[A]_t^{n-1}} - \frac{1}{[A]_o^{n-1}}\right)$$

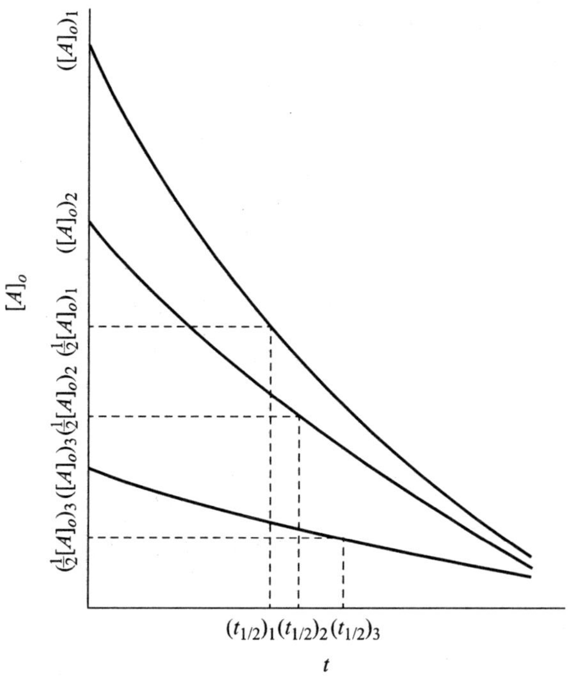

그림 1.16. 반감기법에서의 반감기

$$t = \frac{1}{k[A]_o^{n-1}(n-1)}\left(\left(\frac{[A]_o}{[A]_t}\right)^{n-1} - 1\right) \tag{1.6.27}$$

반감기는 $[A] = \frac{1}{2}[A]_o$일 때 $t = t_{1/2}$이므로, 식 (1.6.27)을 반감기에 관한 식으로 변형하면 다음과 같다.

$$t_{1/2} = \frac{1}{k[A]_o^{n-1}(n-1)}\left(\left(\frac{[A]_o}{\frac{1}{2}[A]_o}\right)^{n-1} - 1\right)$$

$$t_{1/2} = \frac{(2^{n-1}-1)}{k(n-1)}\frac{1}{[A]_o^{n-1}} \tag{1.6.28}$$

식 (1.6.28)을 선형화시키기 위해 양변에 자연로그를 취하여 정리하면 다음과 같다.

$$\ln t_{1/2} = \ln\frac{(2^{n-1}-1)}{k(n-1)} + (1-n)\ln[A]_o \tag{1.6.29}$$

그림 1.17의 기울기를 알면 반응차수(n)를 계산할 수 있고, 반응차수와 절편값을 알

면 반응속도상수(k)를 계산할 수 있다.

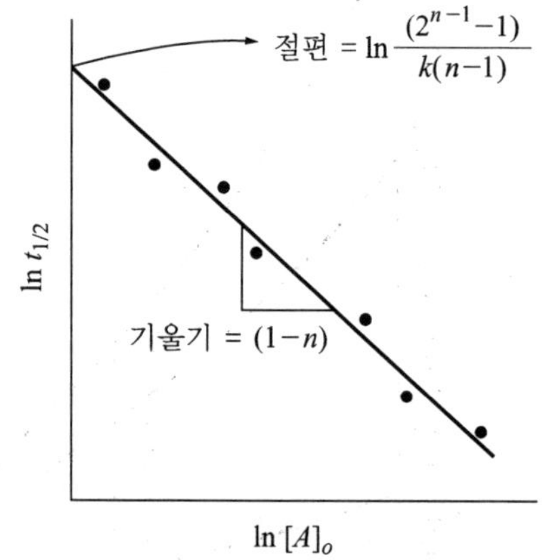

그림 1.17. 반감기법에 의한 반응속도상수와 반응차수 결정

1.7 2분자 2차 반응

단분자 반응은 수처리 공정의 분해반응이 대부분이다. 수질 분야에서 2분자 이상의 반응이 일어나는 경우는 산화 반응, 응집반응, 착물반응 등이 있는데, 단분자 반응에 비해 다소 복잡한 특징을 나타낸다.

2개의 반응물이 생성물을 형성하는 비가역반응은 다음과 같이 표현할 수 있다.

$$A + B \rightarrow P \tag{1.7.1}$$

이때의 반응속도는

$$\frac{d[A]}{dt} = \frac{d[B]}{dt} = -k[A]^a[B]^b \tag{1.7.2}$$

여기서, 이 반응이 기본반응이면, 즉 반응차수 $a=1$, $b=1$이면 총괄반응차수는 2차이며 A와 B 각각에 대해서는 1차 반응이다.

$$\frac{d[A]}{dt} = \frac{d[B]}{dt} = -k[A]^1[B]^1 = -k[A][B] \tag{1.7.3}$$

이 반응속도식에서 시간-농도 관계식의 해는 2가지로 생각해 볼 수 있다.

첫 번째는 $[A]_o = [B]_o$

두 번째는 $[A]_o \neq [B]_o$

(1) $[A]_o = [B]_o$인 경우

반응식을 보면 A와 B가 1 : 1로 반응하므로, 초기 반응물의 농도가 동일하고 같은 속도로 줄어든다면 시간이 지난 다음에도 남아 있는 A와 B의 농도가 동일할 것이다.

$$[A] = [B]$$

그러므로 위 식 (1.7.3)은 간단하게 다음과 같은 단분자 2차 반응으로 정리될 수 있다.

$$\frac{d[A]}{dt} = -k[A][B] = -k[A]^2 \tag{1.7.4}$$

단분자 2차 반응에 관한 것은 앞장에서 많이 다루었기 때문에 생략한다.

(2) $[A]_o \neq [B]_o$인 경우

$$\frac{d[A]}{dt} = -k[A][B] \tag{1.7.3}$$

이 경우 독립변수는 t 하나이나, 종속변수가 A와 B 2개가 되므로 종속변수를 하나로 통일하는 과정이 필요하다. 이 경우 초기농도는 다르나 반응하여 감소하는 양은 1 : 1로 동일하므로 반응하여 소멸하는 물질의 농도를 X로 하여 A와 B의 농도를 다시 설정할 수 있다.

$$[A] = [A]_o - X \tag{1.7.5}$$

$$[B] = [B]_o - X \tag{1.7.6}$$

여기서, X는 반응하여 소멸하는 물질의 농도이다. 그러므로 $\frac{d[A]}{dt}$는 다음과 같이 전환된다.

$$\frac{d[A]}{dt} = \frac{d([A]_o - X)}{dt} = \frac{d[A]_o}{dt} - \frac{dX}{dt} = 0 - \frac{dX}{dt} = -\frac{dX}{dt} \tag{1.7.7}$$

그러므로 식 (1.7.5), (1.7.6), (1.7.7)을 식 (1.7.3)에 대입하여 정리하면,

$$-\frac{dX}{dt} = -k([A]_o - X)([B]_o - X) \tag{1.7.8}$$

$$\frac{dX}{dt} = k([A]_o - X)([B]_o - X) \tag{1.7.9}$$

$$\frac{dX}{([A]_o - X)([B]_o - X)} = k\,dt \tag{1.7.10}$$

$$\int \frac{dX}{([A]_o - X)([B]_o - X)} = k\int dt \tag{1.7.11}$$

왼쪽 항의 적분을 하기 위해 다음과 같은 부분분수로의 전환이 필요하다.

$$\begin{aligned}\frac{1}{([A]_o - X)([B]_o - X)} &= \frac{\alpha}{([A]_o - X)} + \frac{\beta}{([B]_o - X)} \\ &= \frac{\alpha([B]_o - X) + \beta([A]_o - X)}{([A]_o - X)([B]_o - X)}\end{aligned} \tag{1.7.12}$$

식 (1.7.12)가 성립되기 위해서는 다음 식을 만족하여야 한다.

$$\alpha([B]_o - X) + \beta([A]_o - X) = 1 \tag{1.7.13}$$

식 (1.7.13)이 만족하기 위해서는 2가지의 경우가 있을 수 있다.

만약, $X = [B]_o$라면

$$\alpha([B]_o - [B]_o) + \beta([A]_o - [B]_o) = 1$$

$$\beta([A]_o - [B]_o) = 1$$

$$\beta = \frac{1}{([A]_o - [B]_o)}$$

만약, $X = [A]_o$라면

$$\alpha([B]_o - [A]_o) + \beta([A]_o - [A]_o) = 1$$

$$\alpha([B]_o - [A]_o) = 1$$

$$\alpha = \frac{1}{([B]_o - [A]_o)}$$

α와 β를 원 식에 대입하여 정리하면,

$$\frac{1}{([B]_o-[A]_o)}\frac{1}{([A]_o-X)}+\frac{1}{([A]_o-[B]_o)}\frac{1}{([B]_o-X)}$$
$$=\frac{1}{([B]_o-[A]_o)}\frac{1}{([A]_o-X)}-\frac{1}{([B]_o-[A]_o)}\frac{1}{([B]_o-X)}$$
$$=\frac{1}{([B]_o-[A]_o)}\left\{\frac{1}{([A]_o-X)}-\frac{1}{([B]_o-X)}\right\} \tag{1.7.14}$$

식 (1.7.14)를 적분식에 대입하고, 반응 초기에는 $X=0$이나 시간이 경과되어 반응이 진행됨에 따라 X가 증가하므로 초기조건($t=0$, $X=0$)과 경계조건($t=t$, $X=X$)을 주면,

$$\int_{X=0}^{X=X}\frac{1}{([B]_o-[A]_o)}\left\{\frac{1}{([A]_o-X)}-\frac{1}{([B]_o-X)}\right\}dX=k\int_{t=0}^{t=t}dt \tag{1.7.15}$$

$$\frac{1}{([B]_o-[A]_o)}\left\{\ln\frac{[A]_o}{[B]_o}-\ln\frac{[A]_o-X}{[B]_o-X}\right\}=kt \tag{1.7.16}$$

$$\left\{\ln\frac{[A]_o}{[B]_o}-\ln\frac{[A]_o-X}{[B]_o-X}\right\}=([B]_o-[A]_o)kt \tag{1.7.17}$$

$$-\ln\frac{[A]_o-X}{[B]_o-X}=-\ln\frac{[A]_o}{[B]_o}+([B]_o-[A]_o)kt \tag{1.7.18}$$

식 (1.7.17)에서

$$\frac{1}{([B]_o-[A]_o)}\ln\frac{[A]_o([B]_o-X)}{[B]_o([A]_o-X)}=kt \tag{1.7.19}$$

$$\frac{1}{([A]_o-[B]_o)}\ln\frac{[B]_o([A]_o-X)}{[A]_o([B]_o-X)}=kt \tag{1.7.20}$$

또는 식 (1.7.18)에서 $[A]=[A]_o-X$이고, $[B]=[B]_o-X$이므로

$$\ln\frac{[B]}{[A]}=\ln\frac{[B]_o}{[A]_o}+([B]_o-[A]_o)kt \tag{1.7.21}$$

kt에 대해 기술하면 다음과 같다.

$$([B]_o - [A]_o)kt = \ln\frac{[A]_o}{[B]_o} - \ln\frac{[A]}{[B]} = \ln[A]_o - \ln[B]_o - \ln[A] + \ln[B]$$
$$= \ln\frac{[A]_o[B]}{[B]_o[A]}$$

$$kt = \frac{1}{([B]_o - [A]_o)}\ln\frac{[A]_o[B]}{[B]_o[A]} \tag{1.7.22}$$

참조 부분분수(partial fraction)의 적용

다항식의 분모형태로 표현되는 유리함수(분수함수와 다항함수)의 분모가 인수분해될 때, 이 분수나 유리함수를 분모가 더 간단한 분수나 유리함수의 합이나 차로 나타내는 것을 부분분수 분해 또는 부분분수 전개라고 한다. 유리함수를 부분분수로 분해하는 것은 유리함수의 적분에 아주 유용하다.

$$\frac{1}{AB} = \frac{1}{B-A}\left(\frac{1}{A} - \frac{1}{B}\right) \quad (\text{단, } A \neq B,\ A \neq 0,\ B \neq 0)$$

그러므로

$$\frac{1}{6} = \frac{1}{3-2}\left(\frac{1}{2} - \frac{1}{3}\right) = \frac{1}{2} - \frac{1}{3}$$

또는,

$$\frac{1}{x^2-1} = \frac{1}{(x+1)-(x-1)}\left(\frac{1}{x-1} - \frac{1}{x+1}\right) = \frac{1}{2}\left(\frac{1}{x-1} - \frac{1}{x+1}\right)$$

이와 같이 부분분수 공식은 분모의 차수를 낮추는 데 사용된다.

예제 1.11 Q&A

다음과 같은 반응에서 총괄반응차수가 2차이고, A와 B에 대해서는 각각 1차이다. 만약 초기에 A와 B의 농도가 동일하게 주어졌을 때, 90초가 지난 시점에서 반응의 10%가 완료되었다. 추가로 반응의 50%가 완료되기까지 추가로 소요되는 시간(s)은? 만약 초기농도가 2배로 주어졌다면 반응의 총 50%가 완료되기까지 소요되는 시간(s)은?

$$A + B \rightarrow C + D$$

Solution

$[A]=[B]$이므로 단분자 2차 반응으로 정리될 수 있다.

$$\frac{d[A]}{dt}=-k[A][B]=-k[A]^2$$

$$\frac{1}{[A]_t}=\frac{1}{[A]_o}+kt$$

90초가 경과된 시점에서 반응의 10%가 완료되었다는 말은 반응물 농도의 90%가 잔존하고 있다는 의미이다.

$$[A]_t=0.9[A]_o$$

$$\frac{1}{0.9[A]_o}=\frac{1}{[A]_o}+k(90\ \mathrm{s})$$

양변에 $0.9[A]_o$를 곱하면

$$1=0.9+0.9[A]_o k(90\ \mathrm{s})$$

$$k[A]_o=0.001234=1.234\times10^{-3}$$

추가로 반응의 50%가 완료되었다는 말은 50%가 남아있다는 의미이다.

$$[A]_t=0.5[A]_o$$

$$\frac{1}{0.5[A]_o}=\frac{1}{[A]_o}+kt$$

양변에 $0.5[A]_o$를 곱하면

$$1=0.5+0.5[A]_o kt$$

$k[A]_o=0.001234=1.234\times10^{-3}$이므로, 위 식에 대입하여 정리하면, $t=810\ \mathrm{s}$
그러므로 10%가 완료된 시점부터 계산하면,

$$t(50\%)-t(10\%)=810\ \mathrm{s}-90\ \mathrm{s}=720\ \mathrm{s}$$

여기서 810 s는 주어진 농도에서의 반감기로 볼 수 있다. 2차 반응에서의 반감기는 다음과 같이 초기농도와 반감기는 반비례의 관계에 있다.

$$t_{1/2}=\frac{1}{k[A]_o}$$

초기농도가 2배로 증가하면 반감기는 2배로 짧아진다는 것을 알 수 있다. 그러므로 50%가 되는 시간은 (810 s)/2 = 405 s이다.

예제 1.12

액상 분해반응 $2A \rightarrow B$를 조사하여 다음과 같은 결과를 얻었다.

시간 (min)	0	10	20	30	40	∞
$[B]$ (mol/L)	0	0.089	0.153	0.200	0.230	0.312

이 경우 반응차수와 반응속도상수를 구하라. 단, $[A]_o = 0.624$ M, $[A]_o = 2[B]_o$이다.

Solution

$[A]_o = 0.624$ M를 알고 있고, $[B]$ 1 M이 생성됨에 따라 $[A]$는 2 M이 분해되므로 위 표를 다음과 같이 다시 정리할 수 있다.

시간 (min)	0	10	20	30	40	∞
$[B]$ (mol/L)	0	0.089	0.153	0.200	0.230	0.312
$[A]$ (mol/L)	0.624	0.446	0.318	0.224	0.164	0

시간에 따른 $[A]$의 결과를 적분법에 의해 0차, 1차, 2차 반응에 적용하여 살펴보면, 1차 반응이 가장 적합한 것으로 나타난다. 편의상, 여기서는 1차 반응의 결과만 기술하기로 한다.

$$\ln\frac{[A]_t}{[A]_o} = -kt$$

시간 (min)	0	10	20	30	40
$\ln\frac{[A]_t}{[A]_o}$	0	−0.3358	−0.6741	−1.0245	−1.3363

기울기 $= -0.0336$

절편 $= -0.00188 \fallingdotseq 0$

$r^2 = 0.9996$

기울기가 -0.0336이므로 $-k = -0.0336\ \text{min}^{-1}$, 그러므로 $k = 0.0336\ \text{min}^{-1}$

$$\frac{d[A]}{dt} = -k[A] = -0.0336[A]$$

$[B]$에 대한 반응속도는

$$-\frac{1}{2}\frac{d[A]}{dt} = \frac{d[B]}{dt}$$

$$\frac{d[B]}{dt} = 0.0168[A]$$

그러므로 반응차수는 1차이고, 반응속도상수는 $0.0168\ \text{min}^{-1}$이다.

쉼터 화학(Chemistry)의 어원

드라마나 영화 속 주인공들이 실제로도 잘 어울릴 때 사용하는 신조어로 "케미(chemi)"라는 말이 있는데, 화학을 의미하는 chemistry의 줄임말이 사용되고 있으나, 의외로 chemistry의 어원에 대해서는 잘 모르고 있는 것 같다.

chemistry라는 용어의 어원은 몇 가지가 있다.

1. 립프만(Lippmann) 설

"chemi"는 이집트 말인데, 본뜻은 "검정"(black)이라고 한다. 이집트의 젖줄이라고 일컬어지는 나일강 유역의 땅은 워낙 비옥하고 흙색이 검은색을 나타내어 검은 땅으로 불렸을 뿐만 아니라, 이집트를 의미하게 되었다. 오늘날 화학의 기본이 되는 연금술은 이집트에서 발달하였는데, 이 연금술을 검정기술(black technique)이라고 불렀으며, 이 말이 그리스 말인 chemeia, chymeia로 변하게 되었다.

2. 딜스(Diels) 설

중요한 금속 주물을 이집트 말로 cheuma(chyma)라고 하는데, 화학기술의 중심을 이루었던 금속주조기술을 chyma라고 부르게 된 데서 chemistry, chemie, chimie 등이 나오게 되었다는 주장이다.

1.8 의사1차 반응

2분자 2차 반응에서 보는 바와 같이, 2분자 이상의 반응으로 해석할 경우 매우 복잡한 식의 형태로 표현된다. 그러므로 이러한 복잡한 문제를 단순화하기 위하여 의사1차 반응(pseudo first order reaction)이라는 개념을 생각하게 되었다. 다음과 같은 2분자 2차 반응을 생각해보자.

$$A + B \rightarrow P \tag{1.8.1}$$

이 반응의 반응속도식은 다음과 같다.

$$\frac{d[A]}{dt} = -k[A][B] \tag{1.8.2}$$

만약 반응시간 동안 B의 농도가 A의 농도에 비해 매우 커서 A의 농도변화는 관찰되나 B의 농도변화는 초기농도에 비해 무시할 수 있을 정도로 적을 경우, B의 농도,

즉 $[B]$를 상수로 간주할 수 있다.

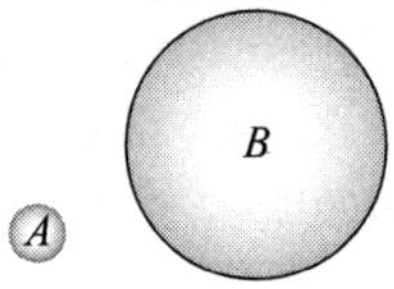

그림 1.18. 의사1차 반응($[B] \gg [A]$)

$$\frac{d[A]}{dt} = -k[B][A] = -k'[A] \tag{1.8.3}$$

여기서, $k' = k[B]$이며, k'을 의사일차 반응속도상수(pseudo 1st order reaction rate constant)라고 한다.

이 반응속도식을 시간에 대해 적분하여 풀면, 1차 반응속도식과 같은 방법으로 전개된다.

$$\ln\frac{[A]_t}{[A]_o} = -k't \tag{1.8.4}$$

$$[A]_t = [A]_o e^{-k't} \tag{1.8.5}$$

여기서, 주의해야 할 것은 반응속도상수(k)와 의사1차 반응속도상수(k')은 완전히 다른 의미이고 다른 값이라는 것이다.

반응속도법칙이 다음과 같이 매우 복잡하게 나타날 때도 적용할 수 있다.

$$\frac{d[A]}{dt} = -\frac{k_1[A]^2[B]}{k_2[B]+k_3} \tag{1.8.6}$$

이 경우 $[B]$를 과량으로 사용하면,

$$\frac{d[A]}{dt} = -k'[A]^2, \qquad \text{여기서 } k' = \frac{k_1[B]}{k_2[B]+k_3} \tag{1.8.7}$$

이와 같은 경우는 의사2차 반응이라 하고, k'은 의사2차 반응속도상수가 된다.

2분자 또는 3분자 이상의 여러 물질이 반응하는 복잡한 반응의 경우, 반응속도를 연구할 때 흔히 사용하는 방법은 번갈아 가면서 한 물질의 농도를 제외한 다른 물질들의 농도를 과량으로 투입하여 의사1차 반응을 만들어 관심이 있는 물질의 농도에 집중하는 방법이다. 성분을 차례로 바꾸어 가면서 분리법을 이용하면 속도법칙의 모든 반응물에 대한 의존 관계를 구할 수 있고, 전체적인 속도법칙의 개념을 얻을 수 있다. 예를 들어 다음 그림과 같은 세 분자의 반응도 의사1차 반응으로 가정할 수 있다.

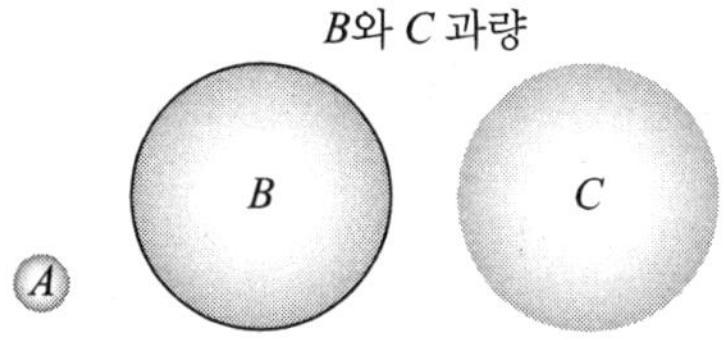

그림 1.19. *B*와 *C*가 과량인 3분자 반응의 의사1차 반응

참조 pseudo란?

거짓말을 의미하는 그리스어에서 유래된 접두어로, "비슷한, 관련이 있는"이라는 뜻으로 사용된다. 이성질체를 명명할 때 많이 이용된다. 우리말로는 "의사" 또는 "유사"라는 표현으로 불린다. 예를 들면, pseudopod는 원생동물의 한 종류인 아메바(amoeba)의 이동에 사용되는 위족(가짜 다리)을 의미한다. 그런데, 재미있는 점은 가짜는 진짜와 유사해야 가짜라고 할 수 있다. 진짜와 완전히 다르면 가짜라고도 할 수 없다.

1.9 가역반응

A에서 B가 생성되는 정반응과 B에서 다시 A가 생성되는 역반응이 동시에 발생하는 가역반응을 생각해 보자. 편의상 정반응과 역반응 모두 1차 반응이라고 가정해 보자.

$$A \underset{k_{-1}}{\overset{k_1}{\rightleftharpoons}} B \tag{1.9.1}$$

$$\text{정반응 속도, } \frac{d[A]}{dt} = -k_1[A] \tag{1.9.2}$$

$$\text{역반응 속도, } \frac{d[B]}{dt} = -k_{-1}[B] \tag{1.9.3}$$

그러므로 $[A]$는 정반응에 의해 감소하고 역반응에 의해 증가한다. 그러므로 실제 $[A]$의 변화율은 다음과 같이 생각해 볼 수 있다.

$$\frac{d[A]}{dt} = -k_1[A] + k_{-1}[B] \tag{1.9.4}$$

만약, A의 처음 농도가 $[A]_o$이고, 초기 $[B]_o = 0$이었다고 가정하면,

$$[A] + [B] = [A]_o \tag{1.9.5}$$

그러므로, $[B] = [A]_o - [A]$이므로, 이를 식 (1.9.4)에 대입하면,

$$\frac{d[A]}{dt} = -k_1[A] + k_{-1}([A]_o - [A]) = -(k_1 + k_{-1})[A] + k_{-1}[A]_o \tag{1.9.6}$$

이는 미분방정식의 형태이므로 이의 해는 다음과 같이 매우 복잡한 형태로 나타난다.

$$[A] = \frac{k_{-1} + ke^{-(k_1 + k_{-1})t}}{k_1 + k_{-1}} \times [A]_o \tag{1.9.7}$$

실제 반응의 형태는 대부분 비가역반응이 아니라 가역반응의 형태로 진행되나, 가역반응의 해석이 복잡하므로 간단한 비가역반응으로 해석하기 위해 반응조건을 조절하여 비가역이라는 가정이 성립하게 만든다. 가장 대표적인 조절방법은 반응물을 혼합한 후 역반응이 일어나지 않는 아주 짧은 시간 동안만 반응을 유도하여 속도자료를 수집하거나 생성물을 연속적으로 제거해 주는 방법을 사용한다.

반응이 가역반응이라고 하더라도 아주 짧은 시간 동안은 생성물의 양이 소량이므로 역반응이 거의 발생하지 않는 것으로 생각해 볼 수 있다. 이와 같은 방법으로 반응속도를 해석하여 반응차수와 반응속도상수를 구하는 방법이 앞 장에서 설명한 초기속도법이다.

1.10 반응메커니즘(reaction mechanism)

반응에 따라서는 연속적 반응과 같이 중간체를 거쳐서 형성되거나, 여러 반응이 복합적으로 발생하는 경우가 많다. 이런 경우 반응차수가 화학양론적으로 결정되는 기본

반응이라고 볼 수 없다.

수소가스와 브롬가스가 반응하여 브롬화수소를 형성하는 다음과 같은 반응을 보자.

$$H_{2(g)} + Br_{2(g)} \rightarrow 2HBr_{(g)} \quad (1.10.1)$$

이 경우 간단히 2분자 2차 반응을 생각해 볼 수 있으나, 실제 반응속도식은 다음과 같이 복잡한 형태로 표현된다.

$$\frac{d[\mathrm{HBr}]}{dt} = \frac{2k[\mathrm{H}_{2(g)}][\mathrm{Br}_{2(g)}]^{0.5}}{1+k'[\mathrm{HBr}_{(g)}]/[\mathrm{Br}_{2(g)}]} \quad (1.10.2)$$

그러므로 이 반응은 겉으로 드러나지 않는 반응 단계가 많이 있다는 것을 알 수 있다.

위와 같이 아무리 복잡한 반응이라고 하더라도 그 경로를 세세히 살펴보면 기본반응의 조합으로 이루어져 있다는 것을 알 수 있다. 그러므로 각각의 기본반응을 이해하면 전체 반응의 메커니즘, 즉 어떤 반응이 발생하는 원리, 기작, 기전 등을 알 수 있다.

예를 들면, A와 B가 반응하여 P를 형성하는 반응을 가정해 보자. 간단하게 보면 2분자 2차 반응으로 생각해 볼 수 있으나, 실제 실험결과를 분석해보면 간단하게 2분자 2차 반응으로 표현되지 않는 경우가 많다. 이 경우 각 반응 단계((1)~(4))를 분석해 보면 다음과 같은 기본반응의 복합단계로 생각해 볼 수 있다.

$A + B \rightarrow P$	(전체 반응)	
$A + B \rightarrow C$	(단계 반응, 빠른 반응)	(1)
$A + C \rightarrow AC$	(단계 반응, 매우 느린 반응)	(2)
$AC + B \rightarrow BC + A$	(단계 반응, 느린 반응)	(3)
$BC \rightarrow P$	(단계 반응, 조금 느린 반응)	(4)

이러한 연속적이고 복합적인 반응에서, 각 단계의 기본반응에서 생성되는 생성물과 중간물질들(C, AC, BC)이 있다. 생성된 중간물질들은 분리가 가능하고 수명이 짧은 특성이 있다.

이들 각 단계반응에는 빠른 반응과 느린 반응이 있으며, 이 중에서 가장 느린 단계의 반응을 전체 반응의 속도 결정단계 또는 율속단계(rate limiting step)라고 한다. 위 단계에서 보면 가장 느린 반응인 (2)단계 반응이 율속단계가 된다. 즉 전체 반응속도는 (2)단계 반응이 느리기 때문에 반응속도가 느려질 수밖에 없다는 것이다. 그러므로 전체적인 반응속도를 빠르게 하기 위해서는 (1)과 (3), (4)단계의 반응을 촉진하는 것은 의미가 없고 율속단계인 (2)단계 반응을 빠르게 하는 방안을 강구해야 한다는 것이다.

또 하나 중요한 것은 율속단계가 무조건 어느 한 단계로 고정된 것이 아니라 변화한다는 것이다. 위 반응에서는 (2)단계 반응이 율속 반응이지만, 만약 (2)단계의 반응을 촉진시켜 (3)단계 반응보다 빠르게 변화되었다면 율속 반응은 (2)단계 반응에서 (3)단계 반응으로 바뀐다.

참고 율속단계(rate limiting step)

율속단계(rate limiting step)의 정의는 다음과 같다.

$$A \underset{①}{\overset{\text{fast}}{\rightarrow}} B \underset{②}{\overset{\text{slow}}{\rightarrow}} C \underset{③}{\overset{\text{fast}}{\rightarrow}} D$$

A라는 물질에서 D라는 물질로 반응해 가는 단계에서 ①단계와 ③단계의 반응속도는 매우 빠르다 하더라도 ②단계의 속도가 매우 느려 전체 반응속도는 느릴 수 밖에 없다. 이와 같이 ②단계의 속도가 전체 반응속도를 좌지우지하게 되는데, 전체 반응의 속도를 지배하는 단계를 율속단계라고 한다. 이를 보면, 전체 반응속도를 지배하는 단계는 빠른 반응이 아니라 느린 반응이라는 것을 알 수 있다.

화학 분야에서 언급되는 한계반응물(limiting reactant)과 생물 분야의 제한인자(limiting factor)도 비슷한 개념으로 이해할 수 있다.

이러한 개념은 우리 사회에서도 많이 볼 수가 있다.

여러 과목의 시험을 치르는 자격증 시험의 경우, 성적이 아무리 좋아도 한 과목이 과락되면 모두 불합격이 된다. 그러므로 한 과목만 집중적으로 공부하는 것은 자격증 시험에는 큰 의미가 없다. 골고루 잘하는 것이 필요하다.

교육적인 측면에서 보더라도, 전 교과목을 골고루 가르치고 배우는 것이 매우 중요하다.

부의 양극화 측면에서도 마찬가지이다. 우리 사회 전체가 잘살고 행복하기 위해서는 소외되는 부분이 없도록 신경 쓰는 것이 매우 필요하다는 것을 알 수 있다. 한때 부의 낙수효과(trickle down effect)라는 말이 많이 회자되던 시절이 있었다. 이는 부유층의 투자·소비 증가가 저소득층의 소득 증대로까지 영향을 미쳐 전체 국가적인 경기부양효과로 나타나는 현상을 말하는 것으로, 전체적으로 잘사는 사람이 많으면 그 영향이 가난한 사람에게도 미친다는 뜻인데, 잘 사는 사람 위주의 정책을 펴면 가난한 사람도 잘살 수 있다는 것이다. 이는 부의 양극화를 더 초래하는 정책이라고 할 수 있다. 그러므로 최근 들어서는 가난한 사람을 잘살게 하는 복지 정책을 쓰는 것이 전체 사회가 발전하는 길이라는 개념이 확산되어 복지에 관심을 많이 기울이고 있는 것 같다.

모자란 과목에 더 신경을 쓰는 것이 자격증 시험에 도움이 되듯이 가난한 사람들에게 더 신경을 쓰는 것이 사회의 발전에 필요하다는 것을 한계반응물의 의미를 보면서 생각해 볼 수 있다.

"우리 사회의 부족한 모습이 우리 사회의 참모습이다."

반응메커니즘을 설명하는 가장 대표적인 반응으로 효소-기질반응이 있다.

Michalis와 Menten은 효소와 반응물이 결합하는 가역 결합단계와 효소-기질 복합체로부터 생성물이 생성되는 비가역 촉매반응단계의 두 단계를 제안하였다.

$$E + S \underset{k_{-1}}{\overset{k_1}{\rightleftarrows}} ES \overset{k_2}{\longrightarrow} E + P \tag{1.10.3}$$

여기서, E는 효소(enzyme), S는 기질(substrate), ES는 효소-기질 복합체(enzyme-substrate complex), P는 생성물(product)을 의미한다.

참조 효소(enzyme)

생물체의 대사과정(metabolism)에 관여하는 생물촉매라고 할 수 있다. 생물세포에는 수천 종류의 효소가 존재하며, 각각의 효소는 DNA 정보에 의해 생합성되는 단백질로 구성되어 있다.

효소라는 용어는 1878년 독일의 유기화학자 퀴네(Kuhne)가 처음 사용한 것으로 알려져 있다. 당시는 발효에 배양하기 쉽고 값싼 효모를 많이 사용하였는데, 효소의 기능이 잘 밝혀지지 않은 상태에서 효소는 효모에서 추출한 물질 정도로 인식되었다. 그래서 그리스어로 'in yeast'라는 의미로 enzyme이라는 용어가 사용되게 되었다.

대표적인 효소의 종류는 다음과 같다.

전분(amylose) 분해효소 amylase, 단백질(protein) 분해효소 protease,
설탕분해효소 invertase, cellulose 분해효소 cellulase, 지질(lipid) 분해효소 lipase

위와 같이 효소의 이름은 효소와 반응하는 물질의 이름 뒤에 "−ase"를 더해서 사용되고 있다.

많은 단계로 구성된 위 반응의 경우, 해를 얻기 매우 어려울 것으로 손쉽게 예상된다. 이렇게 복잡한 반응의 경우 해를 얻는 방법은 (1) 속도 법칙의 해를 수치 계산하는 것과 (2) 간단한 수식으로 변형하여 해를 구하는 근사법이 있는데, 대부분 근사법이 널리 사용되고 있다. 대표적인 근사법으로 정류상태 근사법 또는 정상상태 근사법(steady state approximation method)이 있다. 이 방법에서는 중간생성물이 어떤 일정한 값을 가지며, 그 값 이상으로는 시간에 따라 변하지 않는다(정상상태)는 가정을 한다.

위 반응에서 생성물이 생성되기 위해서는 반드시 중간 생성물로서 효소-기질 복합체(enzyme-substrate complex), ES가 반드시 생성되어야 한다.

정상상태 근사법에 의하면, 다음과 같은 식이 성립된다.

$$\frac{d[\text{중간체}]}{dt} = \frac{d[ES]}{dt} \cong 0 \tag{1.10.4}$$

중간체인 ES의 농도가 일정하다는 것은, ES 생성속도 = ES 소멸속도

$$ES \text{ 생성속도} = k_1[E][S]$$

$$ES \text{ 소멸속도} = k_2[ES] + k_{-1}[ES]$$

그러므로 ES 생성속도 = ES 소멸속도이므로,

$$k_1[E][S] = k_2[ES] + k_{-1}[ES] \tag{1.10.5}$$

여기서, $[E]$는 정상상태에서 독립적인 상태로 존재하는 효소의 농도로서, 초기에 투입한 효소 초기농도($[E]_o$)에서 기질과 복합체를 형성한 효소의 농도를 뺀 값으로 정의된다. 그러므로 $[E] = [E]_o - [ES]$

$$k_1([E]_o - [ES])[S] = k_2[ES] + k_{-1}[ES] \tag{1.10.6}$$

식 (1.10.6)을 효소기질 복합체($[ES]$)에 대해 정리하면,

$$k_1[E]_o[S] = k_1[ES][S] + k_2[ES] + k_{-1}[ES] = [ES](k_1[S] + k_2 + k_{-1})$$

$$[ES] = \frac{k_1[E]_o[S]}{(k_1[S] + k_2 + k_{-1})} \tag{1.10.7}$$

식 (1.10.3)에서 생성물의 반응속도는

$$\frac{d[P]}{dt} = k_2[ES] = \frac{k_1k_2[E]_o[S]}{(k_1[S] + k_2 + k_{-1})} \tag{1.10.8}$$

우변의 분모와 분자를 k_1으로 나누면,

$$\frac{d[P]}{dt} = \frac{k_2[E]_o[S]}{\left([S] + \dfrac{k_2 + k_{-1}}{k_1}\right)} \tag{1.10.9}$$

여기서, $\frac{d[P]}{dt}$를 반응속도, V라 두면, $\frac{d[P]}{dt} = k_2[ES]$이므로 만약 초기 효소농도, $[E]_o$가 모두 반응에 관여한다면 최대속도, $V_{\max}$가 될 수 있다.

그러므로 $V_{max} = k_2[E]_o$로 둘 수 있다. 또한 $\dfrac{k_2 + k_{-1}}{k_1}$을 K_m으로 둔다(K_m을 Michaelis-Menten 상수라고 한다). 경우에 따라서는 $k_2 \ll k_{-1}$이므로 k_2를 무시하면 $K_m = \dfrac{k_{-1}}{k_1}$으로 둘 수 있다.

$$V = \frac{V_{max}[S]}{K_m + [S]} \tag{1.10.10}$$

위 식 (1.10.10)을 Michaelis-Menten 식이라고 한다.

이 식 (1.10.10)을 그림으로 표현하면 다음과 같다.

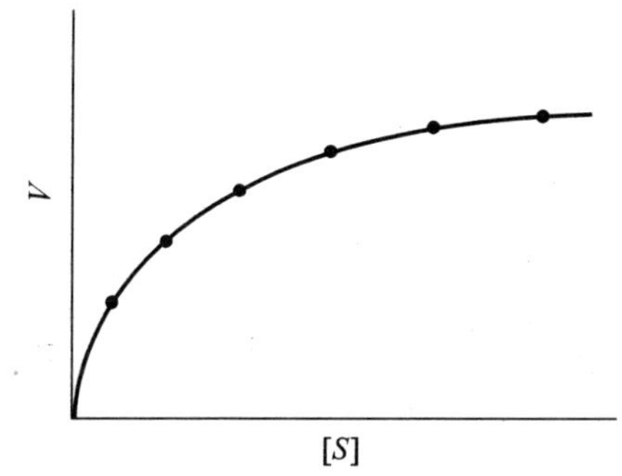

그림 1.20. 기질 – 반응속도 그래프

이 식을 완성하기 위해서는 실험결과로부터 최대속도, V_{max}와 Michaelis-Menten 상수, K_m을 구해야 한다. V_{max}와 K_m을 구하는 방법은 Lineweaver-Burk 플롯, Dixon 플롯, Eadie-Hofstee 플롯 등이 있으나, Lineweaver-Burk 플롯을 이용하는 방법이 많이 사용되고 있다. Lineweaver-Burk 플롯은 Michaelis-Menten 식을 역수화하여 선형화시킴으로써 다음과 같이 구할 수 있다.

$$\frac{1}{V} = \frac{K_m + [S]}{V_{max}[S]} = \frac{K_m}{V_{max}}\frac{1}{[S]} + \frac{1}{V_{max}} \tag{1.10.11}$$

다음 그림 1.21과 같이 선형화한 다음, 절편과 기울기로부터 V_{max}와 K_m을 구할 수 있다.

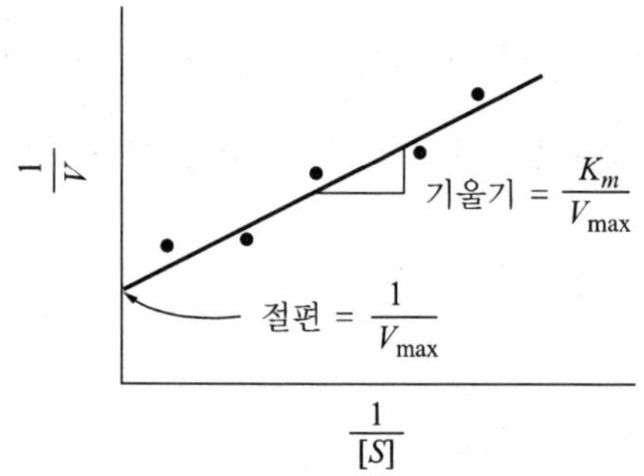

그림 1.21. V_{max}와 K_m을 구하는 방법

참조 V_{max}와 K_m을 구하는 방법 정리

1. Lineweaver–Burk 플롯

$$\frac{1}{V} = \frac{K_m}{V_{max}}\frac{1}{[S]} + \frac{1}{V_{max}}$$

$1/V$ 대 $1/[S]$

2. Dixon 플롯

Lineweaver-Burk 플롯의 양변에 $[S]$를 곱하여 정리한다. 효소활성의 pH 의존성을 해석하기 위해 많이 이용된다.

$$\frac{[S]}{V} = \frac{K_m}{V_{max}} + \frac{1}{V_{max}}[S]$$

$[S]/V$ 대 $[S]$

3. Eadie–Hofstee 플롯

Lineweaver-Burk 플롯의 양변에 V_{max}와 V를 곱하여 정리한다. 오차에 민감하고, V_{max}와 K_m의 정밀한 값을 결정하는 데 유용하다.

$$V = -K_m\frac{V}{[S]} + V_{max}$$

V 대 $V/[S]$

실험에 의해 위 실험결과를 얻기 위해서는 먼저 기질농도($[S]$)에 따른 반응속도(V)를 구해야 한다.

반응속도를 측정하는 방법은 앞에서 살펴본 바와 같이 초기속도법, 미분법, 적분법 등이 있으나, 효소 반응의 경우 기질량을 변화시키면서 반응속도를 측정하는 것이 쉬우므로 다음과 같은 초기속도법이 널리 사용되고 있다.

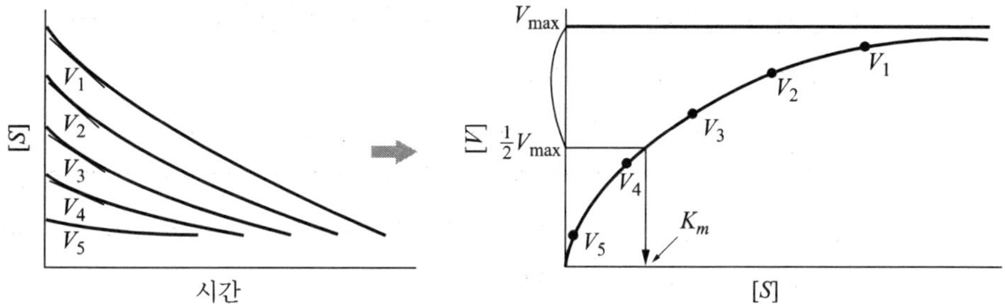

그림 1.22. **초기속도법에 의한 반응속도 측정**

Michaelis-Menten 식에서 $[S]$를 증가시키면서 실험하면 최대반응속도, V_{max}에 도달하는데, 이 V_{max}는 실험에 의해 직접 구할 수 있는 값이 아니라 위 식 (1.10.11)에 의해 계산할 수 있는 값이다. 또한, Michaelis-Menten 상수, K_m은 반최대속도상수(half-maximum rate constant) 또는 반포화속도상수라고도 불리며, V_{max}의 절반에 해당하는 기질의 농도를 의미한다. 그러므로 K_m의 단위는 기질의 농도 단위이며, 효소와 기질의 친화도(affinity), 즉 친한 정도를 나타내고 있다. 다음 그림 1.23을 보면 K_{m1}의 경우가 효소-기질 친화도가 가장 높고 K_{m3}의 경우가 효소-기질 친화도가 가장 낮다는 것을 알 수 있으므로, K_m 값이 낮을수록 효소-기질 친화도가 높고 K_m 값이 높을수록 효소-기질 친화도가 낮다는 것을 알 수 있다.

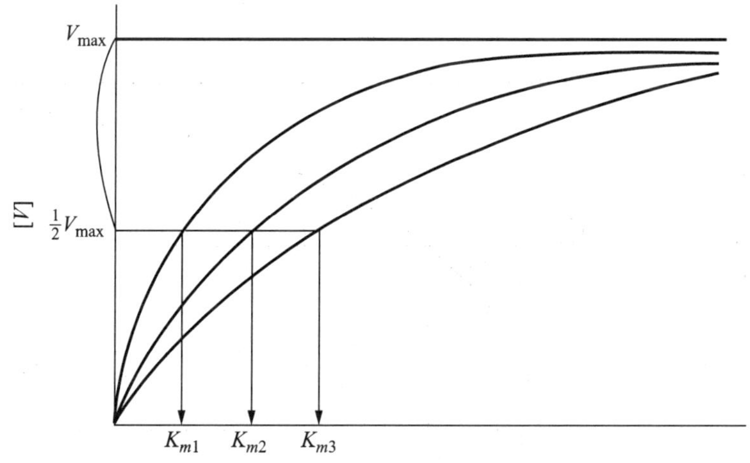

그림 1.23. **기질-효소 친화도를 나타내는** K_m

또한, Michaelis-Menten 식을 보면, 기질 농도의 범위에 따라 반응차수가 달라진다는 것을 알 수 있다(그림 1.24).

만약, 기질 농도가 Michaelis-Menten 상수에 비해 매우 큰 농도 범위에 있다면, 즉 $[S] \gg K_m$, 상대적으로 K_m을 무시할 수 있으므로 Michaelis-Menten 식은 다음과 같이 된다. 이는 반응속도는 기질 농도, $[S]$에 무관한 0차 반응이고 항상 최대반응속도에 도달해 있다는 것을 알 수 있다.

$$V = \frac{V_{\max}[S]}{K_m + [S]} \approx \frac{V_{\max}[S]}{[S]} = V_{\max} \tag{1.10.12}$$

또한, 기질 농도가 Michaelis-Menten 상수보다 매우 낮다면, 즉 $[S] \ll K_m$, 상대적으로 $[S]$를 무시할 수 있으므로 Michaelis-Menten 식은 다음과 같이 된다. 이 경우 반응속도는 기질농도, $[S]$에 대한 1차 반응이라는 것을 의미한다.

$$V = \frac{V_{\max}[S]}{K_m + [S]} \approx \frac{V_{\max}[S]}{K_m} = \frac{V_{\max}}{K_m} \cdot [S] \tag{1.10.13}$$

중간 농도범위는 0차 반응과 1차 반응 사이의 복잡한 반응차수를 가진다는 것을 알 수 있다. 그러므로 Michaelis-Menten 식은 기질 농도에 따라 반응차수가 0차가 될 수도 있고 1차도 될 수 있을 뿐만 아니라, 0차와 1차 사이의 반응차수를 가지는 복잡한 반응형태를 나타낸다는 것을 알 수 있다.

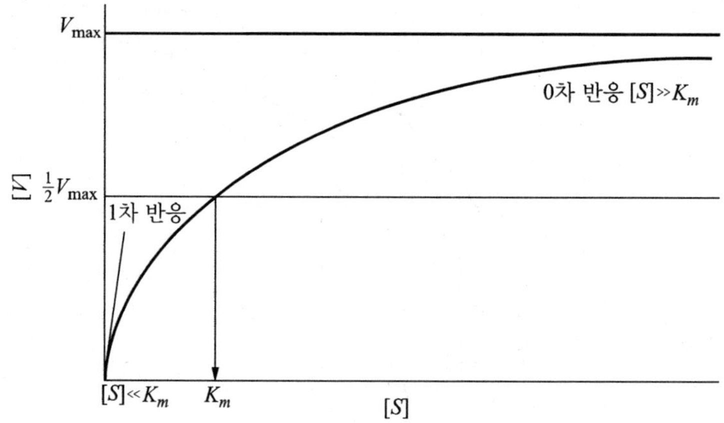

그림 1.24. 기질 농도의 변화에 따른 Michaelis-Menten 식의 반응차수 변화

예제 1.13

Michaelis–Menten 식에서 V가 $V_{\max}$의 80%에 도달하는 기질의 농도는 K_m의 몇 배인가?

Solution

Michaelis-Menten 식에서

$$V = \frac{V_{\max}[S]}{K_m + [S]}$$

V가 $V_{\max}$의 80%이므로

$$0.8\,V_{\max} = \frac{V_{\max}[S]}{K_m + [S]}$$

$$0.8(K_m + [S]) = [S]$$

$$0.2[S] = 0.8K_m$$

$$[S] = 4K_m$$

그러므로 V가 $V_{\max}$의 80%에 도달하는 기질의 농도는 K_m의 4배이다.

예제 1.14

다음과 같이 기질의 농도에 따른 생성물의 생성속도를 측정하였다. 이 경우 최대속도 ($V_{\max}$)와 Michaelis–Menten 상수(K_m)를 계산하라.

기질 농도 (mg/L)	생성속도 (mg/L · h)
16.7	0.1
33.5	0.2
59.6	0.3
101	0.4
124	0.5

Solution

Michaelis-Menten 식을 다음과 같이 변형하여 선형화한다.

$$\frac{1}{V} = \frac{K_m + [S]}{V_{\max}[S]} = \frac{K_m}{V_{\max}}\frac{1}{[S]} + \frac{1}{V_{\max}} \tag{1}$$

위 실험결과를 다음과 같이 변형시킨다.

$1/[S]$	$1/V$
0.05988	10
0.02985	5
0.01678	3.33
0.00990	2.5
0.00806	2

변형된 자료를 식 (1)에 대입하여 최소제곱법을 이용하여 기울기와 절편을 구하면,

기울기 $= K_m / V_{\max} = 151.68$

절편 $= 1 / V_{\max} = 0.79$

$r^2 = 0.9962$

절편값으로부터 $V_{\max} = 1.266$ (mg/L · h)

기울기로부터 $K_m / V_{\max} = K_m / 1.266 = 151.68$, $K_m = 192.03$ mg/L

예제 1.15

HBr이 에틸알코올(C_2H_5OH)과 반응하여 C_2H_5Br을 생성할 때 다음과 같은 반응 메커니즘을 가진다.

$$C_2H_5OH + H^+ \underset{k_{-1}}{\overset{k_1}{\rightleftharpoons}} C_2H_5OH_2^+ \quad \text{(빠른 평형)} \quad (1)$$

$$C_2H_5OH_2^+ + Br^- \xrightarrow{k_2} C_2H_5Br + H_2O \quad \text{(늦은 반응)} \quad (2)$$

C_2H_5Br를 형성하는 데 필요한 실험 반응속도식을 제시하라.

Solution

C_2H_5Br를 형성하는 식은 간단하게 식 (2)에서 쉽게 구할 수 있다.

$$\frac{d[C_2H_5Br]}{dt} = k_2[C_2H_5OH_2^+][Br^-] \quad (3)$$

그러나 위 식은 식 (1)의 상황을 전혀 고려하지 않은 반응식이다. 위 식이 성립하기 위해서는 중간물인 $C_2H_5OH_2^+$의 농도를 정확하게 측정해야 하나, 실제로는 매우 어려운 일이다. 그러므로 중간생성물인 $C_2H_5OH_2^+$에 대한 반응속도식을 세우면, $C_2H_5OH_2^+$의 생성속도에서 소멸속도를 뺀 속도로 계산할 수 있다.

$$\frac{d[C_2H_5OH_2^+]}{dt} = r_1 - r_{-1} - r_2 \tag{4}$$

여기서, r_2는 느린 반응이므로 상대적으로 무시할 수 있다. 그러므로,

$$\frac{d[C_2H_5OH_2^+]}{dt} = r_1 - r_{-1} \tag{5}$$

이 식에서 $\frac{d[C_2H_5OH_2^+]}{dt} = 0$인 정상상태 근사법을 도입하면

$$r_1 = r_{-1} \tag{6}$$

$$r_1 = k_1[C_2H_5OH][H^+], \qquad r_{-1} = k_{-1}[C_2H_5OH_2^+] \tag{7}$$

$$k_1[C_2H_5OH][H^+] = k_{-1}[C_2H_5OH_2^+] \tag{8}$$

식 (8)을 $C_2H_5OH_2^+$에 대해 정리하면,

$$[C_2H_5OH_2^+] = \frac{k_1}{k_{-1}}[C_2H_5OH][H^+] \tag{9}$$

식 (9)를 식 (3)에 대입하여 정리하면,

$$\frac{d[C_2H_5Br]}{dt} = \frac{k_1k_2}{k_{-1}}[C_2H_5OH][H^+][Br^-] = k_{exp}[C_2H_5OH][H^+][Br^-]$$

여기서, $k_{exp} = \frac{k_1k_2}{k_{-1}}$로서 실험에 의해 구할 수 있는 속도상수이다.

예제 1.16

Q&A

2개의 A가 결합하여 중간체를 형성한 다음, 불활성화 물질 X와 반응하여 생성물 A_2를 형성하는 반응 메커니즘은 다음과 같다.

$$2A \underset{k_{-1}}{\overset{k_1}{\rightleftharpoons}} A_2^* \tag{1}$$

$$A_2^* + X \xrightarrow{k_2} A_2 + X \tag{2}$$

(a) 중간생성물, A_2^*를 포함하지 않는 A_2 생성 속도식을 표현하라.

(b) 만약 식 (2)의 속도가 식 (1)의 역반응속도보다 매우 크다면, (a)의 반응속도식은 어떻게 변화하는가?

Solution

(a)
$$-\frac{1}{2}\frac{d[A]}{dt}=k_1[A]^2-k_{-1}[A_2^*] \tag{3}$$

중간생성물에 대한 정상상태 근사법에 의해 중간생성물의 농도변화가 없다고 가정하면, $\frac{d[A_2^*]}{dt}=0$. 그러므로,

$$\frac{d[A_2^*]}{dt}=k_1[A]^2-k_{-1}[A_2^*]-k_2[A_2^*][X]=0 \tag{4}$$

중간생성물, $[A_2^*]$에 대하여 정리하면,

$$[A_2^*]=\frac{k_1[A]^2}{(k_{-1}+k_2[X])} \tag{5}$$

식 (5)를 식 (3)에 대입하여 정리하면,

$$-\frac{d[A]}{dt}=2k_1[A]^2-\frac{2k_{-1}k_1[A]^2}{(k_{-1}+k_2[X])}=\frac{2k_1k_2[A]^2[X]}{(k_{-1}+k_2[X])} \tag{6}$$

(b) 식 (2)의 속도식 $=k_2[A_2^*][X]$, 식 (1)의 역반응속도식 $=k_{-1}[A_2^*]$

$$k_2[A_2^*][X]\gg k_{-1}[A_2^*] \tag{7}$$

$$k_2[X]\gg k_{-1} \tag{8}$$

그러므로 식 (6)은 다음과 같이 간단하게 정리된다.

$$-\frac{d[A]}{dt}=2k_1[A]^2 \tag{9}$$

효소 - 기질 반응속도식인 Michaelis-Menten 식과 미생물의 생장속도식은 유사하다. 미생물의 생장속도(증식속도, growth rate)는 다음과 같이 표현할 수 있다.

$$\frac{dX}{dt}=\mu X \tag{1.10.14}$$

여기서, X는 미생물 농도, 개체수 또는 질량, μ는 비례상수 또는 비증식속도이다.

미생물의 비증식속도는 미생물의 생장속도를 그때의 미생물 농도로 나눈 값으로 다음과 같이 정의된다.

$$\mu=\frac{1}{X}\frac{dX}{dt} \tag{1.10.15}$$

비증식속도(μ)는 미생물 농도와 무관한 상수로 정의되나 비증식속도는 기질의 농도에 따라 변화한다는 것을 Monod가 발견하였으며, Monod 식은 다음과 같다.

$$\mu = \frac{\mu_{max} S}{K_s + S} \tag{1.10.16}$$

여기서, μ_{max}는 최대비증식속도, S는 생장제한 기질의 농도, K_s는 반포화속도상수

Monod 식을 보면 형태적으로나, 식의 인자들이 의미하는 것은 Michaelis-Menten 식과 매우 유사하다. 그러나 식의 근원에 있어서는 큰 차이가 있다. 앞에서 설명한 바와 같이 Michaelis-Menten 식은 효소와 기질이 효소 - 기질복합체를 형성하는 반응 메커니즘으로부터 유도된 이론식인 반면, Monod 식은 Michaelis-Menten 식을 모방하여 1949년에 발표한 경험식이다.

그러나 식의 형태가 유사하므로 각 식의 상수들을 구하는 방법도 동일하다.

1.11 반응속도에 미치는 온도의 영향

가장 간단한 $A \rightarrow P$ 반응을 보자. 이 경우 반응속도식은 다음과 같다.

$$r_A = -\frac{d[A]}{dt} = k[A]^n \tag{1.11.1}$$

반응속도식을 살펴보면 반응속도는 농도, 반응속도상수, 반응차수로 구성되어 있으므로, 반응속도(r_A)는 반응속도상수(k), 농도($[A]$), 반응차수(n)에 의해 변할 수 있다는 것을 알 수 있다. 지금까지 우리는 반응속도상수는 일정한 값을 가지며 농도에 의해 반응속도가 달라진다고만 배웠다. 반응차수는 반응의 형태에 따라 결정되고, 반응 형태(0차, 1차, 2차 등)에 따라 반응속도는 변한다. 즉 0차 반응은 농도에 무관하고, 1차 반응에서는 농도의 1승에 비례하고, 2차 반응에서는 농도의 2승에 비례한다.

$$r_A = -\frac{d[A]}{dt} = k[A]^0 \qquad \text{(0차 반응, 농도에 무관)}$$

$$r_A = -\frac{d[A]}{dt} = k[A]^1 \qquad \text{(1차 반응, 농도의 1승에 비례)}$$

$$r_A = -\frac{d[A]}{dt} = k[A]^2 \qquad \text{(2차 반응, 농도의 2승에 비례)}$$

지금까지 반응속도상수는 농도와는 무관하여 항상 일정한 것으로 배웠는데, 반응속도상수도 변한다는 것을 본 장에서 배울 것이다.

대부분의 반응은 온도가 올라가면 반응속도가 증가한다. 왜 그럴까?

위 반응속도식 식 (1.11.1)을 보면 온도를 변화시킴에 따라 농도가 변하지는 않는다. 또한, 반응차수는 반응의 형태에 따라 결정된다. 그러므로 온도를 변화시키면 농도나 반응차수가 변하는 것이 아니라 반응속도상수가 변화함으로써 반응속도가 변한다는 것을 알 수 있다.

반응속도상수에 대한 온도의 영향은 Arrhenius 경험식에 의해 설명된다.

$$k = Ae^{\left(-\frac{E_a}{RT}\right)} \tag{1.11.2}$$

여기서, A는 빈도인자(frequency factor), E_a는 활성화 에너지(activation energy) (cal), R은 이상기체 상수(1.987 cal/mol · K), T는 절대온도(K).

참조 경험식과 이론식

여기서 언급하는 경험식은 화학에서 주로 언급되는 empirical formula(경험식)이라기 보다는 empirical relationship(경험관계식)이라고 표현하는 것이 적절하다. 환경 분야에서 주로 언급하는 경험식이란 대부분 경험관계식을 말한다.

경험관계식은 물리나 화학에서 언급되는 기본원리와는 별개로 실험을 통해 확정된 실험자료를 통해 만들어진 관계식을 말한다. 가끔 이론적인 식들도 경험관계식에 출발하는 경우가 많은데, 이후에 이론적으로 설명이 가능해지면 이제는 경험식이 아니라 이론식이라 불리게 된다.

이러한 경험식의 대표적인 예는 다음과 같은 것들이 있다.

Arrhenius **경험식** : 온도와 반응속도와의 관계를 설명한 식

$$k = Ae^{\left(-\frac{E_a}{RT}\right)}$$

Manning **공식** : 상하수도 공학에서 관수로의 유속을 측정하는 데 사용되는 공식으로서, 대부분의 유속공식은 경험식이다.

$$V = \frac{1}{n} R^{2/3} I^{1/2}$$

여기서, V는 유속(m/s), n은 조도(표면 거칠기)계수, R은 수리경심(m), I는 동수구배이다.

경험식들의 특징은 대부분 식의 좌변과 우변의 차원과 단위가 일치하지 않는 경우가 많다. 위의 식들에서 보더라도 전혀 차원이 맞지 않는다. 그러나 이론식은 식 내에서 차원과 단위가 반드시 일치한다.

Arrhenius 경험식의 기초는 van't Hoff의 법칙으로부터 유래된다. van't Hoff의 법칙은 다음과 같다.

$$\frac{d(\ln K)}{dT} = \frac{\Delta E}{RT^2} \tag{1.11.3}$$

여기서, K는 평형상수(equilibrium constant), ΔE는 에너지 변화로서 엔탈피 변화 (ΔH^o)와 동일

만약 다음과 같은 반응을 생각할 경우,

$$A + B \underset{k_{-1}}{\overset{k_1}{\rightleftharpoons}} C + D \tag{1.11.4}$$

$$\text{정반응속도} = k_1[A][B]$$

$$\text{역반응속도} = k_{-1}[C][D]$$

만약, 평형에 도달하게 되면 정반응속도와 역반응속도는 동일하게 된다.

$$k_1[A][B] = k_{-1}[C][D] \tag{1.11.5}$$

그러므로 평형상수, K는 다음과 같이 정의된다.

$$K = \frac{[C][D]}{[A][B]} = \frac{k_1}{k_{-1}} \tag{1.11.6}$$

이 평형상수를 van't Hoff의 법칙에 대입하면 다음과 같다.

$$\frac{d\left(\ln \dfrac{k_1}{k_{-1}}\right)}{dT} = \frac{\Delta E_a}{RT^2} \tag{1.11.7}$$

여기서, ΔE_a는 정반응의 활성화 에너지에서 역반응의 활성화 에너지를 뺀 값으로, 다음과 같이 정의된다.

$$\Delta E_a = E_{a1} - E_{a-1} \tag{1.11.8}$$

여기서, E_{a1}은 정반응에서의 활성화 에너지이고, E_{a-1}는 역반응에서의 활성화 에너지이다.

그러므로 위 식은 다음과 같은 2개의 식으로 표현할 수 있다.

$$\frac{d(\ln k_1)}{dT} = \frac{E_{a1}}{RT^2} \tag{1.11.9a}$$

$$\frac{d(\ln k_{-1})}{dT} = \frac{E_{a-1}}{RT^2} \tag{1.11.9b}$$

위 식을 적분하여 정리하면 다음과 같다.

$$\ln k_1 = -\frac{E_{a1}}{RT} + A \tag{1.11.10}$$

여기서, A는 적분 상수이고, 이를 정리하여 일반화하면 다음과 같은 Arrhenius 경험식을 얻을 수 있다.

$$k = Ae^{\left(-\frac{E_a}{RT}\right)} \tag{1.11.11}$$

쉼터

1. van' t Hoff

화학분야에는 van't Hoff라는 표현이 자주 언급되는데, van't Hoff라는 것은 어느 특정인의 이름을 말하는 것이 아니고 네덜란드 지명의 한 성(姓)으로서 "(특히 농장의 건물과 땅이 딸린) 주택으로부터(from the homestead)"라는 의미이다. 화학분야에서 언급되는 van't Hoff는 네덜란드 화학자인 Jacobus Henricus van't Hoff(1852~1991)를 지칭한다.

2. Arrhenius

스웨덴 과학자로서 Svante August Arrhenius를 의미한다. 그는 물리학자로 출발했으나, 화학자 또는 물리화학자로 언급된다. 1903년 노벨화학상을 수행했다.

식 (1.11.11)에서 상수로 사용되는 A와 E_a를 계산하기 위해서는 식 (1.11.11)을 선형화하여야 한다. 식 (1.11.11)과 같은 지수형 식을 선형화하기 위해서는 다음과 같이 자연로그를 취해주는 경우가 많다.

$$\ln(k) = \ln A - \frac{E_a}{R}\frac{1}{T} \tag{1.11.12}$$

$\ln(k)$를 종속변수로 생각하고 $1/T$를 독립변수로 생각하여 실험결과를 선형화하면, 기울기와 절편으로부터 A와 E_a를 계산할 수 있다.

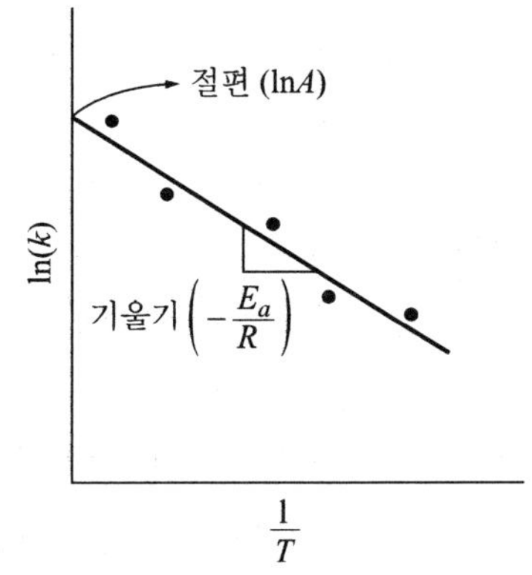

그림 1.25. Arrhenius 식에서 A와 E_a를 계산하는 방법

위 식 (1.11.11)에서 보는 바와 같이 실험적으로 반응속도에 미치는 온도의 영향을 살펴보면, 정반응의 에너지 준위 변화(활성화 에너지)를 계산할 수 있다.

식 (1.11.4)와 같은 반응에서 정반응의 경우 활성화된 상태(활성복합체)를 거친 다음 반응이 진행된다.

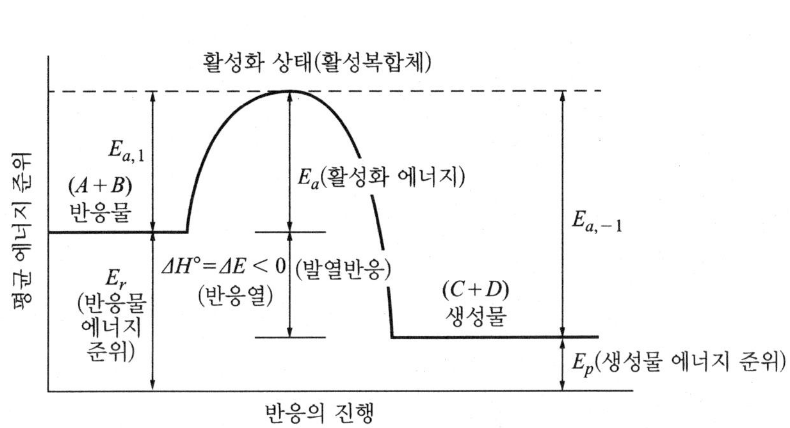

그림 1.26. 반응의 진행 상태에 따른 에너지 준위의 변화

그림 1.26은 반응의 진행 상태에 따른 에너지 준위의 변화를 나타낸 것으로, 정반응의 경우에서 반응열 ΔH^o는 다음과 같다. 여기서, Δ는 변화(반응의 진행정도에서 반응 후 − 반응 전), H는 엔탈피, ^{o}는 표준상태를 의미한다. 표준상태는 25℃, 1기압의 상태를 나타낸다.

$$\Delta H^o = \text{생성물의 에너지 준위}(E_p) - \text{반응물의 에너지 준위}(E_r)$$

그림 1.26에서 보는 바와 같이 생성물의 에너지 준위가 반응물의 에너지 준위보다 낮으므로 $\Delta H^o < 0$으로 나타나고, 이는 열이 외부로 방출되었다는 것을 의미하므로 발열반응이다.

그러나 활성복합체를 형성하기 위해서는 활성화 에너지, $E_{a,1}$ 투입이 절대적으로 필요하고, 이후 활성복합체가 분해될 때는 활성화 에너지와 반응열이 방출된다. 그러므로 전체적으로 방출되는 것은 반응열뿐이나, 반응이 유발되기 위해서는 반드시 활성화 에너지의 투입이 필요하다.

역반응의 경우, 활성복합체를 형성하기 위해서는 $E_{a,-1}$의 에너지 투입이 필요하고, 이는 $E_{a,-1} = \Delta H^o + E_a$로서 정반응의 활성화 에너지보다 크므로, 역반응은 정반응보다 발생하기 어렵다는 것을 알 수 있다. 또한, 활성복합체 이후에는 E_a만 방출되고 ΔH^o는 방출되지 않고 계 내에 존재하므로 흡열반응이다. 이는 에너지 준위의 변화를 살펴보아도 알 수 있다.

반응물에 미치는 온도의 영향을 이해하려면, 주어진 온도 변화에서 반응물 분자들의 에너지 분포 변화를 면밀하게 살펴보아야 한다.

어느 화학종에 미치는 온도의 영향은 Maxwell-Botzman 통계 열역학으로 잘 설명되는데, 이는 주어진 에너지 준위와 동등하거나 보다 높은 에너지 준위를 가진 분자수를 절대온도의 함수로 표현하고 있다.

$$N = N_o D \exp(-E/kT) \tag{1.11.13}$$

여기서, E : 지정된 에너지 준위(활성화 에너지)
N_o : 총 분자수
N : E와 동일하거나 E보다 큰 에너지 준위를 가진 분자의 수
k : Boltzman 상수
T : 절대온도
D : 상수

그림 1.27과 식 (1.11.13)에서 보는 바와 같이, 일정한 분자 분포에서 기준 에너지(활

성화 에너지)가 증가하면 N은 감소하는 것을 알 수 있다. 또한, 흡열반응의 경우, 온도가 증가하게 되면 기준 에너지(활성화 에너지)를 뛰어넘는 분자수가 증가하게 되고, 그에 따라 Arrhenius 경험식에 언급하고 있는 반응속도상수가 증가함에 따라 전체적인 반응속도가 증가하게 된다. 물론, 발열반응의 경우에서는 온도를 증가시키게 되면 반대 효과가 발생하게 된다.

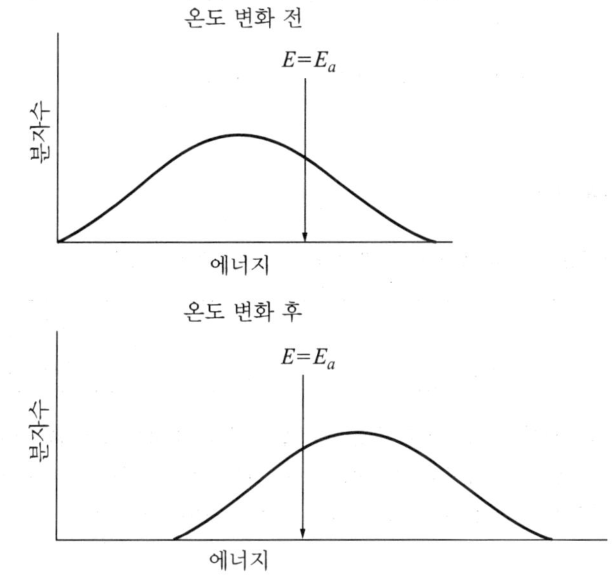

그림 1.27. 온도변화에 따른 에너지 준위 분포의 변화

예제 1.17

$A \rightarrow P$ 반응에서 A의 분해반응은 2차 반응으로 판명되었으며, 그 반응속도를 절대온도 700~1000 K에서 측정하여 다음과 같은 반응속도상수 값을 구했다. 이때 활성화 에너지(kJ/mol)와 빈도인자(L/mol·s)는? 단, 이상기체상수, $R = 8.3145$ J/K·mol

T (K)	700	750	800	850	900	1,000
k (L/mol·s)	0.011	0.105	0.789	2.17	20.0	145

Solution

식 (1.11.12)를 이용하기 위해 실험결과를 $1/T$와 $\ln(k)$로 전환한다.

$$\ln(k) = \ln A - \frac{E_a}{R}\frac{1}{T}$$

$(1/T)\times10^3$	1.429	1.333	1.250	1.176	1.111	1.000
$\ln(k)$	−4.51	−2.254	−0.237	0.775	2.996	4.977

$r^2=0.994$

기울기 $=-22{,}209.5=(-E_a/R)$

여기서, $R=8.3145$ J/K · mol

$E_a=(22{,}209.5\text{ K})\times(8.3145\text{ J/K}\cdot\text{mol})=184{,}660\text{ J/mol}\fallingdotseq185\text{ kJ/mol}$

절편 $=27.31=\ln(A)$

$A=7.254\times10^{11}$ L/mol · s (A의 단위는 k와 동일)

예제 1.18

Q&A

두 오염물 사이의 반응에서 반응속도상수를 계산하였다.

T (℃)	0	20	40	60	80	100
k (L/mol · s)	5.20	12.0	21.0	39.0	60.0	83.0

40℃와 100℃에서의 k를 이용하여 활성화 에너지(cal/mol)와 빈도인자(L/mol · h)를 계산하라. 또한, 75℃에서의 k(L/mol · h)를 계산하라. 단, 실험 자료들이 거의 선형상에 일치한다고 가정하고, 이상기체상수, $R=1.987$ cal/mol · K이다.

Solution

Arrhenius 식을 변형한 다음 식을 이용한다.

$$\ln(k)=\ln A-\frac{E_a}{R}\frac{1}{T} \tag{1}$$

실험 자료들이 거의 선형상에 일치한다고 가정하므로,

$T=40℃=313$ K

$$\ln(21)=\ln A-\frac{E_a}{1.987}\frac{1}{313} \tag{2}$$

$T=100℃=373$ K

$$\ln(83)=\ln A-\frac{E_a}{1.987}\frac{1}{373} \tag{3}$$

식 (2) − 식 (3)

$$\ln(21)-\ln(83)=-\frac{E_a}{1.987}\left(\frac{1}{313}-\frac{1}{373}\right)$$

$$E_a = 5{,}314\ \text{cal/mol}$$

활성화 에너지 값을 식 (2)나 식 (3)에 대입하여 빈도인자를 구하면,

$$A = 107{,}882\ \text{L/mol}\cdot\text{h}$$

계산한 E_a와 A를 Arrhenius 식에 대입하여 75℃에서의 반응속도상수(k)를 구하면,

$$k = Ae^{\left(-\frac{E_a}{RT}\right)} = (107{,}882)e^{\left(-\frac{5{,}314}{(1.987)(348)}\right)} = 49.59\ \text{L/mol}\cdot\text{h}$$

예제 1.19

Q&A

$A + B \rightarrow P$에서 이 반응이 2차 반응이고 각 반응 물질의 농도가 0.5 M이었을 때, 20℃와 30℃에서의 반응속도는 각각 1.5 mol/L·s와 3 mol/L·s였다. 이 반응의 활성화 에너지(kcal/mol)와 빈도인자(L/mol·s)는? 단, 이상기체상수, $R = 1.987$ cal/mol·K

Solution

각 물질의 초기농도가 동일한 2차 반응이므로,

$$r_A = -\frac{d[A]}{dt} = k[A][B] = k[A]^2$$

20℃에서의 반응속도상수는

$1.5\ \text{mol/L}\cdot\text{s} = k(0.5\ \text{mol/L})^2$

$k_{20℃} = 6\ \text{L/mol}\cdot\text{s}$

30℃에서의 반응속도상수는

$3\ \text{mol/L}\cdot\text{s} = k(0.5\ \text{mol/L})^2$

$k_{30℃} = 12\ \text{L/mol}\cdot\text{s}$

두 온도의 반응속도상수를 알고 있으므로

$$\ln(k_1) = \ln A - \frac{E_a}{R}\frac{1}{T_1} \tag{1}$$

$$\ln(k_2) = \ln A - \frac{E_a}{R}\frac{1}{T_2} \tag{2}$$

식 (1) − 식 (2)

$$\ln(k_1) - \ln(k_2) = -\frac{E_a}{R}\left(\frac{1}{T_1} - \frac{1}{T_2}\right)$$

$R = 1.987$ cal/mol·K,

$T_1 = 20℃ = 293$ K, $\quad k_1 = 6$ L/mol·s,

$T_2 = 30℃ = 303\ \text{K}, \qquad k_2 = 12\ \text{L/mol} \cdot \text{s}$

$$\ln\left(\frac{k_1}{k_2}\right) = -\frac{E_a}{R}\left(\frac{1}{T_1} - \frac{1}{T_2}\right)$$

$$\ln\left(\frac{6}{12}\right) = -\frac{E_a}{1.987}\left(\frac{1}{293} - \frac{1}{303}\right)$$

$$E_a = 12{,}227\ \text{cal/mol} = 12.227\ \text{kcal/mol}$$

20℃나 30℃의 결과를 Arrhenius 식에 대입하여 빈도인자를 구하면,

$$k = Ae^{\left(-\frac{E_a}{RT}\right)}$$

$$6 = Ae^{\left(-\frac{12.227}{(1.987)(293)}\right)}$$

$$A = 7.9 \times 10^9\ \text{L/mol} \cdot \text{s}$$

예제 1.20

다음과 같은 1차 반응이 연속적으로 일어나고 있다.

$A \rightarrow B \qquad (k_{20℃} = 1.7 \times 10^{-5}\ \text{s}^{-1},\ E_a = 22.6\ \text{kcal/mol}) \qquad (1)$

$B \rightarrow C \qquad (k_{20℃} = 1.8 \times 10^{-4}\ \text{s}^{-1},\ E_a = 8.3\ \text{kcal/mol}) \qquad (2)$

반응의 반응속도상수가 동일한 시점에서의 온도(℃)는? 동일한 반응물 농도에서 동일한 반응속도를 나타내는 온도(℃)는? 단, 이상기체상수, $R = 1.987\ \text{cal/mol} \cdot \text{K}$

Solution

동일 온도에서 반응속도상수와 활성화 에너지가 다르게 나타나고 있다.

$$\ln(k_1) = \ln A_1 - \frac{E_{a1}}{R}\frac{1}{T}$$

위 식에서 온도, 반응속도상수, 활성화 에너지, 이상기체상수 값을 모두 알고 있으므로 빈도인자, A_1을 쉽게 알 수 있다.

$$\ln(1.7 \times 10^{-5}) = \ln A_1 - \frac{22{,}600\ \text{cal/mol}}{1.987\ \text{cal/mol} \cdot \text{K}}\frac{1}{293\ \text{K}}$$

$$\ln A_1 = 27.84$$

마찬가지로 두 번째 반응에 적용하면, 이 반응은 반응속도상수, 빈도인자, 활성화 에너지 모두 첫 번째 반응과 다르다.

$$\ln(1.8\times10^{-4}) = \ln A_2 - \frac{8{,}300\ \text{cal/mol}}{1.987\ \text{cal/mol}\cdot\text{K}}\frac{1}{293\ \text{K}}$$

$$\ln A_2 = 5.63$$

이제 반응속도상수가 동일한 경우의 온도는,

$$\ln k_1 = \ln k_2$$

$$\ln A_1 - \frac{22{,}600\ \text{cal/mol}}{1.987\ \text{cal/mol}\cdot\text{K}}\frac{1}{T} = \ln A_2 - \frac{8{,}300\ \text{cal/mol}}{1.987\ \text{cal/mol}\cdot\text{K}}\frac{1}{T}$$

위에서 계산한 $\ln A_1$와 $\ln A_2$를 대입하면,

$$27.84 - \frac{22{,}600\ \text{cal/mol}}{1.987\ \text{cal/mol}\cdot\text{K}}\frac{1}{T} = 5.63 - \frac{8{,}300\ \text{cal/mol}}{1.987\ \text{cal/mol}\cdot\text{K}}\frac{1}{T}$$

$$T = 324\ \text{K} = 51℃$$

반응속도식을 표현하면 $r_A = k_1[A]$으로 표현할 수 있는데, 농도와 반응속도가 같다면 반응속도상수가 같을 수밖에 없다. 그러면 반응속도상수가 일치하는 앞의 경우와 같은 문제이므로

$$T = 51℃$$

예제 1.21

$A + B \xrightarrow{k_1} P$의 1차 반응에서 B를 대신하여 C, D를 사용하였더니 반응속도가 변화하였다. 온도 변화에 따른 반응속도상수의 변화가 다음과 같을 때, 각 B, C, D를 사용한 경우의 활성화 에너지(kcal/mol)를 구하라. 또한, 50℃에서의 반응속도상수, k_1(s^{-1})을 각 조건에서 계산하라.

	25℃에서의 k_1 (s^{-1})	40℃에서의 k_1 (s^{-1})
B 사용	2.82×10^{-2}	9.54×10^{-2}
C 사용	7.65×10^{-4}	3.20×10^{-3}
D 사용	4.28×10^{-4}	2.43×10^{-3}

Solution

25℃ = 298 K, 40℃ = 313 K

$$\ln(k_1) = \ln A - \frac{E_a}{R}\frac{1}{T_1} \tag{1}$$

$$\ln(k_2) = \ln A - \frac{E_a}{R}\frac{1}{T_2} \tag{2}$$

식 (1)－식 (2)

$$\ln(k_1) - \ln(k_2) = -\frac{E_a}{R}\left(\frac{1}{T_1} - \frac{1}{T_2}\right)$$

$$\ln\left(\frac{k_1}{k_2}\right) = \frac{E_a}{R}\left(\frac{1}{T_2} - \frac{1}{T_1}\right)$$

B를 사용한 경우의 E_a는,

$$\ln\left(\frac{2.82 \times 10^{-2}}{9.54 \times 10^{-2}}\right) = \frac{E_a}{1.987}\left(\frac{1}{313} - \frac{1}{298}\right)$$

$$E_a = 15{,}061 \text{ cal/mol} \fallingdotseq 15.1 \text{ kcal/mol}$$

$$\ln(k_1) = \ln A - \frac{E_a}{R}\frac{1}{T_1}$$

위 식에서 계산한 E_a와 온도조건 및 반응속도상수 조건을 대입하면 빈도 인자를 계산할 수 있다.

$$\ln(2.82 \times 10^{-2}) = \ln A - \frac{15100}{1.987}\frac{1}{298}$$

$$A = 3.39 \times 10^{9} \text{ s}^{-1}$$

그러므로 50℃에서의 k_1은,

$$k_1 = A\exp\left(-\frac{E_a}{R}\frac{1}{T}\right) = (3.39 \times 10^{9})\exp\left(-\frac{15100}{1.987}\frac{1}{323}\right)$$

$$k_1(50℃) = 0.205 \text{ s}^{-1}$$

C를 사용한 경우의 E_a는,

$$\ln\left(\frac{7.65 \times 10^{-4}}{3.20 \times 10^{-3}}\right) = \frac{E_a}{1.987}\left(\frac{1}{313} - \frac{1}{298}\right)$$

$$E_a = 17.7 \text{ kcal/mol}$$

$$\ln(7.65 \times 10^{-4}) = \ln A - \frac{17700}{1.987}\frac{1}{298}$$

$$A = 7.32 \times 10^{9} \text{ s}^{-1}$$

그러므로 50℃에서의 k_1은,

$$k_1 = A\exp\left(-\frac{E_a}{R}\frac{1}{T}\right) = (7.32 \times 10^{9})\exp\left(-\frac{17700}{1.987}\frac{1}{323}\right)$$

$$k_1(50℃) = 7.71 \times 10^{-3} \text{ s}^{-1}$$

D를 사용한 경우의 E_a는,

$$\ln\left(\frac{4.28\times10^{-4}}{2.43\times10^{-3}}\right)=\frac{E_a}{1.987}\left(\frac{1}{313}-\frac{1}{298}\right)$$

$$E_a=21.5\ \text{kcal/mol}$$

$$\ln(4.28\times10^{-4})=\ln A-\frac{21500}{1.987}\frac{1}{298}$$

$$A=2.51\times10^{12}\ \text{s}^{-1}$$

그러므로 50℃에서의 k_1은,

$$k_1=A\exp\left(-\frac{E_a}{R}\frac{1}{T}\right)=(2.51\times10^{12})\exp\left(-\frac{21500}{1.987}\frac{1}{323}\right)$$

$$k_1(50℃)=7.09\times10^{-3}\ \text{s}^{-1}$$

위 결과들을 보면 일정 온도에서 반응물을 B, C, D로 변화시킴으로써 활성화 에너지가 각각 15.1, 17.7, 21.5 kcal/mol로 증가하였고, 활성화 에너지가 증가할수록 반응속도상수가 작아지고 반응속도는 느려진다는 것을 알 수 있다.

1.12 반응속도에 미치는 촉매의 영향

촉매란 반응에 참여하여 반응속도를 증가 또는 감소시키는 물질로서, 반응이 종료된 후 원래의 상태로 존재할 수 있는 물질을 말한다. 대부분의 경우, 촉매가 존재할 경우 반응속도가 빨라지는데, 그 이유는 촉매가 활성화 에너지에 미치는 영향 때문이다. 그러므로 그림 1.28에서 보는 바와 같이 촉매는 반응과정에서 활성복합체의 성질을 변화시켜 보다 낮은 활성화 에너지를 가진 활성복합체를 형성하게 하여 반응속도를 증가시킨다.

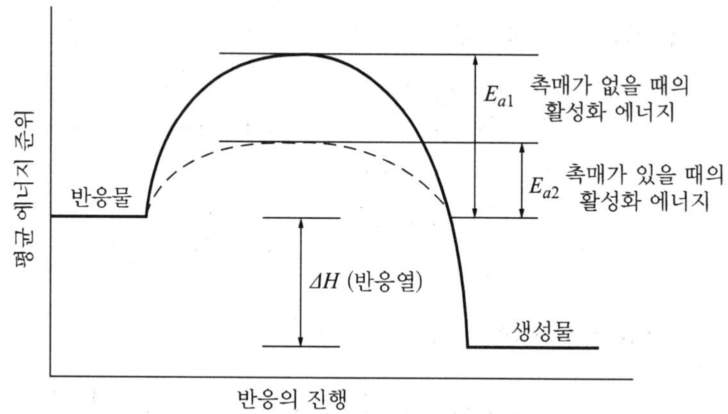

그림 1.28. 촉매에 의한 활성화 에너지의 변화

앞 장에서 설명한 활성화 에너지와 반응속도상수와의 관계를 촉매에도 그대로 이용할 수 있다. 촉매를 사용하면 반응속도를 변화시킬 수 있는데, 이러한 반응속도의 변화는 농도나 반응차수의 변화보다는 반응속도상수의 변화에 기인한다. 그러므로 촉매를 사용하게 되면, 활성화 에너지를 변화시키고, 변화된 활성화 에너지는 반응속도상수의 변화를 유발함으로써 반응속도를 변화시킨다는 것을 알 수 있다.

촉매 개입 → 활성화 에너지 변화 → 반응속도상수 변화 → 반응속도 변화

또한, 1.11절에서 살펴본 Maxwell-Boltzman 에너지 준위 분포의 변화를 촉매의 유무에 따라 표시하면 그림 1.29와 같다.

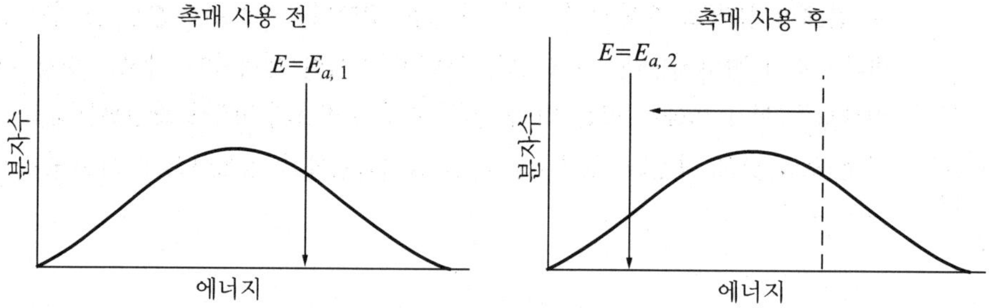

그림 1.29. 촉매 사용에 따른 에너지 분포

그림 1.29에서 보는 바와 같이 촉매를 사용한다고 전체적인 에너지 분포는 변화하는 것이 없다. 다만, 에너지 장벽을 의미하는 활성화 에너지가 $E_{a,1}$에서 $E_{a,2}$로 감소함으로써 활성화 에너지를 뛰어넘는 분자수가 증가하는 것을 보여 주고 있다.

그러므로 온도와 촉매가 반응속도에 미치는 영향을 설명하기 위해 높이뛰기의 예를

들 수 있다(그림 1.30).

5명이 한 팀인 높이뛰기 선수들이 있다고 가정을 해 보자. 각 개인의 평균 높이뛰기 성적이 2 m, 2.1 m, 2.3 m, 2.4 m, 2.6 m로 측정되었다.

만약 높이뛰기 바(bar)의 높이가 2.5 m라면 한 선수만 높이뛰기에 성공하고 나머지 선수들은 실패할 것이다. 그러므로 모든 선수가 이 바를 뛰어넘기 위해서는 두 가지 방법을 생각해 볼 수 있다.

첫째, 이 선수들에게 특별 훈련과 좋은 음식을 제공하여 체력을 키우게 하면, 모든 선수가 2.5 m의 바를 통과할 수 있을 것이다. 이러한 방법으로 바를 통과하는 것은 온도를 증가시켜 반응속도를 증가시키는 것과 동일하게 생각해 볼 수 있다.

둘째, 이 바의 높이는 인간이 넘기가 매우 어려우므로 바의 높이를 1.9 m로 낮추게 되면, 모든 선수가 큰 노력을 하지 않더라도 모두 통과할 수 있을 것이다. 이러한 방법은 촉매를 사용하여 활성화 에너지를 낮춤으로써 반응속도를 증가시키는 것에 비유할 수 있다.

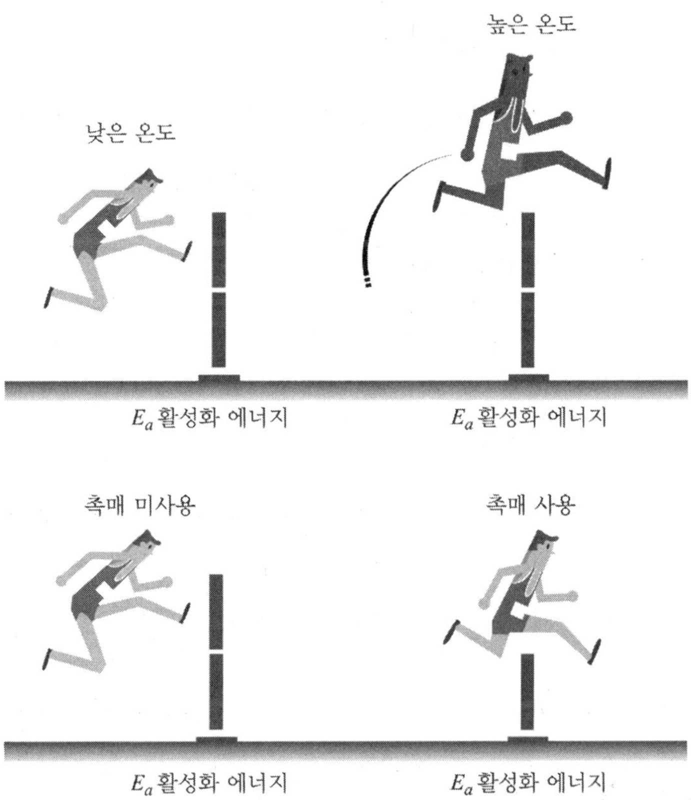

그림 1.30. 온도와 촉매가 활성화 에너지에 미치는 영향

예제 1.22

25℃ 기체상에서 촉매를 사용하여 원래의 반응속도보다 반응속도가 2배로 증가하였다면, 25℃ 온도에서 촉매를 사용하지 않은 경우와 촉매를 사용한 경우의 활성화 에너지 차이는? 단, 이상기체상수, $R = 1.987$ cal/K·mol

Solution

촉매를 사용하면, 온도와 빈도인자는 변화가 없으나, 활성화 에너지는 변한다는 점에 착안하여야 한다.
촉매를 사용하지 않을 경우,

$$\ln k_1 = \ln A - \frac{E_{a,1}}{RT}$$

촉매를 사용할 경우,

$$\ln k_2 = \ln A - \frac{E_{a,2}}{RT}$$

그 차이를 구하면 다음과 같다.

$$\ln k_1 - \ln k_2 = -\frac{1}{RT}(E_{a,1} - E_{a,2}) = \frac{1}{RT}(E_{a,2} - E_{a,1})$$

만약, 25℃ 기체상에서 촉매를 사용하여 원래의 반응속도보다 2배로 증가하였다면, 이는 반응속도상수가 2배가 되었다는 의미이므로, $k_2 = 2k_1$
이를 위 식에 대입하여 정리하면,

$$\ln\left(\frac{k_1}{k_2}\right) = \frac{1}{RT}(E_{a,2} - E_{a,1})$$

$$\ln\left(\frac{k_1}{2k_1}\right) = \frac{1}{RT}(E_{a,2} - E_{a,1})$$

$$E_{a,2} - E_{a,1} = RT\ln\left(\frac{1}{2}\right) = (1.987\ \mathrm{cal/mol \cdot K})(298\ \mathrm{K})\ln\left(\frac{1}{2}\right)$$
$$= -410\ \mathrm{cal/mol}$$

이는 활성화 에너지가 몰당 410 cal 감소한다는 의미이다.

위의 예제에서 알 수 있듯이 촉매가 반응에 관여할 경우, 활성화 에너지는 변화하나 전체 반응열은 변화하지 않는다. 또한, 촉매의 농도는 반응 전과 후를 비교할 때 변하지 않는다.

읽을거리 촉매(catalyst)의 어원

옛 철학자들은 제조과정에서 소진됨이 없이 함께 존재하는 것만으로 금속류를 황금으로 전환할 수 있는 물질이 없을까 하고 고민을 많이 했다. 물론 존재하지는 않지만 이런 물질이라고 생각하여 이를 "선석(仙石)"이라고 불렀다. 우리말로는 "신선의 돌"이라고 할 수 있는데, 당시에는 philosopher's stone(철학자의 돌)이라는 뜻으로 통하였다. 그러던 중 상상했던 것보다 훨씬 유용한 다양한 선석이 발견되기도 하였다.

대표적인 것으로, 1750년 질소산화물을 사용하여 이산화황(SO_2)과 물로부터 대량의 황산(H_2SO_4)을 만들었는데, 이때 질소산화물이 촉매로 작용하였다. 녹말이 설탕으로 분해될 때, 산의 역할도 중요한 촉매 작용이다.

1836년 스웨덴 화학자 Jöns Jakob Berzelius는 화학 반응에 관여하면서 변하지 않는 물질의 이름을 제안하였다. 이 "선석" 공정을 "catalysis"라고 명명했는데, 그리스어 "katalysis"가 분해 혹은 파괴를 의미하는 데서 취한 것으로 "kata"는 "down"을, "lysis"는 "breaking"을 뜻한다. 여기에 관여하는 물질을 "catalyst"라고 하였다.

Chapter 1 연습문제

문제 1.1. 과산화수소(H_2O_2)는 소규모 정수과정에서 사용되는 소독제로 이산화망간(MnO_2) 촉매 하에 빠르게 산소와 물로 분해된다. 과산화수소의 분해속도, 물의 생성속도 및 산소의 생성속도를 기술하고 각 반응속도상수를 비교하시오. 단, 이 반응은 비가역 기본반응이라고 가정한다.

$$2H_2O_2 \xrightarrow{MnO_2} 2H_2O + O_2$$

문제 1.2. 다음 표의 실험결과를 이용하여 조사한 결과, 이 반응은 1차 반응속도식을 따른다는 것을 알았다. 이 반응의 반응속도상수(min^{-1})는?

시간, t (min)	0	3.08	5.32	8.76	14.4	20.0
$[A]$ (mol/L)	2.34	2.10	1.90	1.66	1.36	1.12

문제 1.3. 50분이 경과된 시점에서 반응의 40%가 완료되었다고 할 때, 이 반응의 70%가 완료되는 데 필요한 시간은? 단, 이 반응은 1차 반응이라고 가정한다.

문제 1.4. $A \rightarrow P$의 반응에서 A의 초기농도를 50 mg/L에서 100 mg/L로 변화시켰을 때 반감기는 100초에서 200초로 증가하였다. 이 반응의 반응차수와 반응속도상수는 얼마인가?

문제 1.5. 물속에서 유기물의 분해반응이 0차 반응으로, 초기 BOD 농도가 200 mg/L일 때 반감기가 2.0×10^4 s이었다. 이 유기물의 60%가 분해되는데 소요되는 시간(h)은?

문제 1.6. 초기 BOD 농도가 200 mg/L인 하수가 있다. 미생물을 이용하여 이 하수를 분해했을 경우, 4시간 경과 후 BOD가 35 mg/L로 되었다. 반응 시작 1시간 후의 BOD 농도(mg/L)는? 단, BOD 분해반응은 1차 반응이라고 가정한다. 만약, 이 반응이 2차 반응이라고 가정하면 반응 시작 1시간 후 BOD 농도(mg/L)는?

문제 1.7. 물속의 암모니아성 질소(NH_4^+-N)가 질산화되어 질산성 질소(NO_3^--N)가 되는 반응은 다음과 같다.

$$NH_4^+ + 2O_2 \rightarrow NO_3^- + H_2O + 2H^+$$

초기 암모니아성 질소의 농도가 절반으로 줄어드는 데 소요되는 시간이 12시간이라면, 초기 암모니아성 질소 농도의 40%가 전환되어 질산성 질소가 되는 데 소요되는 시간(h)은? 단, 이 반응은 1차 반응이라고 가정한다.

문제 1.8. $A \rightarrow P$의 비가역 1차 반응에서 A의 반감기가 30분이라면, A의 80%가 분해될 때 소요되는 시간(min)은?

문제 1.9. $2A \rightarrow P$와 같이 2차 반응에 따라 A가 분해되는 경우, 생성물이 생성되는 속도상수가 3.5×10^{-4} L/mol · s였다. A의 농도가 0.25 mol/L에서 0.1 mol/L까지 감소하는 데 소요되는 시간(h)은?

문제 1.10. 다음 반응에 대한 2차 반응속도상수는 0.11 L/mol · s이다. A와 B의 초기농도가 각각 0.05 mol/L와 0.1 mol/L일 때, (1) 10 s 후 A와 B의 농도는? (2) 10 min 후 A와 B의 농도는?

$$A + B \rightarrow C + D$$

문제 1.11. Michaelis-Menten 식에서 V가 $V_{\max}$의 50%에 도달하는 기질의 농도는 K_m의 몇 배인가?

문제 1.12. 효소와 기질이 효소 - 기질 복합체를 형성하는 가역반응과 생성물 P를 이탈시키는 비가역 분해과정인 다음의 반응식에서 Michaelis-Menten 상수 K_m은? 단, 각 반응속도상수는 $k_1 = 1.0 \times 10^7\ \mathrm{M^{-1}s^{-1}}$, $k_{-1} = 1.0 \times 10^2\ \mathrm{s^{-1}}$, $k_2 = 3.0 \times 10^2\ \mathrm{s^{-1}}$이다.

$$E + S \underset{k_{-1}}{\overset{k_1}{\rightleftharpoons}} ES \overset{k_2}{\longrightarrow} E + P$$

문제 1.13. 25℃, 0.004 M ~ 0.01 M의 농도를 가지는 anisole이라는 방향족 화합물을 차아염소산(HOCl)으로 분해하려고 한다. 이 반응은 2가지 경로의 반응이 지배적이며, 전체 반응속도는 다음과 같이 표현할 수 있다.

$$r = k[\mathrm{HOCl}] + k'[\mathrm{HOCl}][\mathrm{H}^+]$$

여기서, $k = 7.5\times10^{-3}\ \text{min}^{-1}$이고 $k' = 0.71$ L/mol · min이었다.
2가지 경로의 반응속도가 동일한 지점의 pH 값은?

문제 1.14. 식 (1)과 같은 반응이 일어나기 위해서 식 (2)~식 (4)의 반응 기작이 발생한다고 가정한다.

$$3Ce^{4+} + Cr^{3+} \rightarrow 3Ce^{3+} + Cr^{6+} \quad (1)$$

$$Ce^{4+} + Cr^{3+} \underset{k_{-1}}{\overset{k_1}{\rightleftharpoons}} Ce^{3+} + Cr^{4+} \text{ (빠른 반응)} \quad (2)$$

$$Ce^{4+} + Cr^{4+} \xrightarrow{k_2} Ce^{3+} + Cr^{5+} \text{ (느린 반응)} \quad (3)$$

$$Ce^{4+} + Cr^{5+} \xrightarrow{k_3} Ce^{3+} + Cr^{6+} \text{ (빠른 반응)} \quad (4)$$

각 Ce^{4+}, Cr^{3+}, Ce^{3+}의 농도를 이용하여 Cr^{6+}의 생성반응속도를 표현하라.

문제 1.15. 다음과 같은 반응에서 주어진 실험자료를 이용하여 활성화 에너지와 빈도인자를 계산하라. 단, 이상기체상수, $R = 1.987$ cal/K · mol

$$A + B \rightarrow C$$

T (℃)	317	327	337	347	357	367
$k\times10^2$ (mL/mol · s)	0.63	1.20	2.09	3.80	6.46	11.48

문제 1.16. 30℃의 물속에서 초기 벤젠의 99.99%가 분해되는데 필요한 시간(h)을 구하라. 여기서, 빈도인자 $A = 3.3\times10^{22}\ \text{s}^{-1}$, 활성화 에너지 $E_a = 35{,}900$ cal/mol, 이상기체상수 $R = 1.987$ cal/K · mol, 벤젠의 분해반응은 1차 반응이라고 가정한다.

문제 1.17. 20℃와 50℃에서 측정한 반응속도상수가 각각 $9.6\times10^{-3}\ \text{s}^{-1}$과 $6.3\times10^{2}\ \text{s}^{-1}$일 때, 이 1차 반응의 활성화 에너지(kcal/mol)는? 단, 이상기체상수, $R = 1.987$ cal/K · mol

문제 1.18. 온도를 25℃에서 35℃로 증가시켰을 때, 반응속도가 2배로 증가되었다. 이때의 활성화 에너지(kcal/mol)는? 또한, 동일한 온도변화에서 활성화 에너지가 1, 10, 20, 50 kcal/mol로 증가했을 때, 활성화 에너지 1 kcal/mol일 때의 반응속도상수를 기준으로 한 각 반응속도상수의 증가비율(%)은? 단, 이상기체상수, $R = 1.987$ cal/K · mol

2

화학평형론

2.1 서론
2.2 화학평형론
2.3 르 샤틀리에의 원리
2.4 공통이온 효과
2.5 화학평형의 열역학
2.6 평형상수의 온도 의존성
2.7 이온과 분자의 비이상적 거동
2.8 비전해질의 활동도계수

2.1 서론

환경화학에서 기초적으로 알아야 할 가장 중요한 부분은 반응속도론과 화학평형론이라고 앞 장에서 언급한 바 있다.

반응속도론(reaction kinetics)은 반응의 속도와 메커니즘(mechanism, 기작)을 연구하는 학문이라고 했으며, 처리 공정의 설계와 운전에 중요한 자료를 제공받을 수 있다고 했다.

이에 비해 화학평형론은 반응의 진행 여부와 진행 정도에 관한 정보를 제공해 준다. 즉 한 반응에 대해 이 반응이 정반응 방향으로 반응이 진행할 것인가 아니면 역반응 방향으로 반응이 진행될 것인가에 관한 정보를 얻음으로써, 공정의 계획에 있어 매우 중요한 도움을 받는다.

본 장에서 다루고자 하는 화학평형론의 기초는 열역학(thermodynamics)인데, 열역학은 매우 방대하고 복잡한 학문이므로 본 교재에서는 직접적으로 화학평형에 관련되는 부분만 언급하여 소기의 목적을 달성하고자 한다.

2.2 화학평형론

앞 장의 반응속도론에서는 편의상 반응의 형태를 비가역반응으로 많이 다루었으나, 실제 반응은 비가역반응보다는 가역반응의 형태가 일반적이다. 이에 대한 예로서 암모니아(NH_3)의 생성 반응을 생각해 보자.

식물의 생장을 위해서는 탄소(C), 질소(N), 인(P) 성분이 절대적으로 필요하다. 탄소 성분은 식물이 독립영양체(autotroph)이므로 대기 중의 이산화탄소(CO_2)를 이용하여 획득할 수 있으며, 인 성분으로는 흙이나 물속에 있는 정인산(PO_4^{3-})을 흡수하여 이용할 수 있다. 그러면 질소 성분은 어떻게 이용할 수 있을까? 공기 중에는 질소(N_2)가 79%, 산소(O_2)가 21%가 존재하므로, 풍부하게 존재하는 질소를 바로 이용할 수 있지 않을까? 불행하게도 식물은 질소 기체를 직접적으로 이용할 수 없고, 암모늄 이온성 질소(NH_4^+-N)나 질산성 질소(NO_3^--N)의 형태가 절대적으로 필요한데, 대부분의 비료는 암모늄 이온성 질소(NH_4^+-N)의 형태를 가지고 있다.

인류의 급격한 인구 증가는 농업혁명을 통해 이루어졌는데, 농업혁명을 위해서는 합성비료의 생산이 절대적으로 필요했다. 1906년 독일의 화학자 하버(F. Haber)와 보슈

(C. Bosch)는 질소(N_2) 기체와 수소(H_2) 기체로부터 암모니아(NH_3) 기체를 공업적으로 대량 생산하는 공정을 개발하였다.

질소 기체와 수소 기체의 혼합물을 약 500℃와 200기압의 조건으로 반응시키면, 다음과 같은 암모니아 생성 반응이 된다.

$$N_2 + 3H_2 \rightarrow 2NH_3$$

그러나 이 반응을 촉진하기 위해 촉매를 사용하지 않으면 위의 반응은 이루어지지 않는다. 엄격히 말하면 반응은 일어나지만, 반응이 발생하는 데 많은 시간이 소요되어 이루어지지 않는 것처럼 보인다. 그러므로 하버와 보슈도 이 반응에 유효한 촉매를 찾는 데 많은 시간과 노력을 쏟았다. 현재 가장 유용한 촉매로 작용하는 것은 철(Fe)에 알루미나(알루미늄의 산화물)와 산화칼륨(K_2O)을 첨가한 것이다.

그러나 촉매를 넣은 반응용기 속에 질소와 수소를 1 : 3의 비율로 넣고, 500℃의 고온과 200기압의 고압 조건에서 반응을 시켜도 원료의 100%가 암모니아로 전환되는 것이 아니라 25%만 암모니아로 전환된다.

또한, 촉매가 없는 동일 조건(500℃, 200기압)에서는 암모니아가 오히려 질소와 수로로 분해되는 역반응이 발생한다.

$$N_2 + 3H_2 \leftarrow 2NH_3$$

그러므로 암모니아 합성 반응과 분해 반응을 동시에 나타내면 다음과 같다.

$$N_2 + 3H_2 \rightleftarrows 2NH_3$$

위 반응식에서 →의 방향을 정반응(forward reaction)이라 하면 ←의 방향을 역반응(backward reaction)이라 할 수 있다.

이론적으로 모든 화학반응은 위와 같은 가역반응(reversible reaction)이라 할 수 있으나, 편의상 정반응 또는 역반응만 발생하는 비가역반응(irreversible reaction)으로 간주하는 경우도 있다. 이러한 비가역반응에 대해서는 "1장 반응속도론"에서 많이 다루었다.

비가역반응이 발생하는 경우는 주로 정반응의 생성물이 배출되어 없어짐으로써 역반응이 발생할 수 없는 경우가 대부분으로, 대부분의 비가역반응에는 다음과 같은 경우가 대표적이다.

(1) 기체의 발생

발포성 목욕제는 베이킹파우더(baking powder)의 주원료가 되는 탄산수소나트륨(중

탄산소다, 중탄산나트륨, 중조, $NaHCO_3$)과 고체 유기산(구연산, 주석산 등)을 혼합하여 굳힌 것으로, 욕조 속에 넣으면 물에 용해되어 다음과 같은 반응이 생성된다.

$$HCO_3^- + H^+ \rightarrow H_2O + CO_2\uparrow$$

이 반응에서 이산화탄소 기체가 발생하게 되고, 이산화탄소 기체는 욕조로부터 빠져나가 역반응은 일어날 수 없다.

(2) 침전의 생성

X선 조영제로 많이 사용되는 황산바륨($BaSO_4$)의 생성반응은 다음과 같은 침전반응을 동반한다.

$$BaCl_2 + Na_2SO_4 \rightarrow BaSO_4\downarrow + 2NaCl$$

위의 반응에 따라 황산바륨이 백색 침전으로 생성되는데, 생성된 황산바륨은 물에 녹지 않는 침전물이기 때문에 수용액 밖으로 빠져나가 역반응이 발생하지 않는다.

(3) 매우 해리되기 어려운 공유결합물질의 생성

산과 알칼리의 중화반응이 이 경우에 속한다.

$$HCl + NaOH \rightarrow NaCl + H_2O$$

참조 베이킹파우더(baking powder), 구연산(citric acid), 주석산(tartaric acid)

베이킹파우더는 빵을 반죽한 뒤 가스(이산화탄소)를 발생시켜 빵을 부풀게 하는 물질로서, 가스발생제(중탄산소다), 산성제(가스발생촉진제), 완화제(주로 건조전분)로 구성되어 있으며, 반응을 통하여 이산화탄소를 발생시킨다. 이때 동시에 생성된 주석산나트륨은 중성이므로 제품의 색을 황갈색으로 변하게 하지 않으며, 쓴맛과 비누 냄새가 없다. 전분은 수분을 흡수하여 베이킹파우더가 덩어리지지 않도록 하고 수분에 의해 산과 알칼리가 반응하여 이산화탄소가 생성되는 것을 막아주며, 이산화탄소의 생성량을 12% 정도가 되도록 조절하는 역할을 한다.

구연산은 $-OH$기를 가지는 다염기(多鹽基) 카복실산($-COOH$)의 하나로 화학식 $C_6H_8O_7$이다. 많은 식물의 씨나 과즙 속에 유리 상태의 산으로 함유되어 있다. 구연이란 시트론(citron)의 한자명이며, 레몬이나 덜 익은 감귤 등 감귤류의 과일에 특히 많이 함유된 데에서 연유한다. 영어명인 citric acid의 citric도 감귤류를 뜻하는 그리스어인 citrus에서 유래한 것이다. 물에서 결정시키면 1분자의 결정수를 지닌 큰 주상 결정이 생긴다. 가열하면 무수물(無水物)이 되는데, 이것은 녹는점이 153℃이다. 물과 에탄올에 잘 녹는 특징이 있다. 당류를 기질로 하여 미생물을 배양했을 때, 배양액 속에 구연산이 축적되는 현상을 볼 수 있는데 이것을 시트르산(구연산)발효라 한다. 여러 배양 방법이 연구되어 지금은 세계에서 생산되는 시트르산 총량의 90%가 이 발효법에 의해서 만들어진다. TCA(tricarboxylic acid) 회로를 구성하는 한 요소로 시트르산은 고등동물의 물질대사에서 중요한 구실을 한다. 또한, 체내의 칼슘 흡수를 촉진하는 작용도 알려져 있다. 용도로는 과즙·청량음료에 첨가하거나, 의약품·이뇨성 음료에 신맛을 내는 외에 분석 시약으로도 사용된다. 또, 혈액 응고에는 칼슘이온이 필요한데, 시트르산은 칼슘이온을 포착하므로 혈액응고저지제로 사용된다.

주석산(tartaric acid)

(1) 사과산(malic acid)과 함께 포도에 자연적으로 들어 있는 중요한 산이다. 따뜻한 곳에서 재배된 포도에 더 많이 들어 있으며, 사과산과는 달리 익을수록 감소되지 않는다.
(2) 포도주를 만들 때 침전하는 주석에 함유되어 있어 주석산이라고도 하며, 디옥시숙신산(dihydroxyl succinic acid, 타르타르산)이라고도 한다. 화학식 $C_4H_6O_6$이다. 유리 상태의 산·칼슘염 및 칼륨염으로서 식물계에 널리 분포한다.

화학평형에 대한 일반적인 표현은 다음과 같다.

$$aA + bB \underset{k_{-1}}{\overset{k_1}{\rightleftharpoons}} pP + qQ$$

여기서, k_1과 k_{-1}는 각각 정반응 속도상수와 역반응 속도상수이다.

이 반응은 정반응으로 a몰의 A와 b몰의 B가 반응하면 p몰의 P와 q몰의 Q가 생성되며, 이후 역반응이 발생한다는 것을 나타내고 있다.

만약, 초기에 반응물 A와 B만 존재할 경우, 반응물과 생성물의 농도변화는 다음 그림 2.1과 같다. 초기에 정반응이 발생함에 따라 반응물 A와 B의 농도는 감소하고 생성물 P와 Q의 농도는 증가하게 된다. 어느 정도 반응이 진행되면 반응물의 농도 감소가 둔화하고 생성물의 농도 증가도 느려지다가, 어느 시간 이후로는 반응물의 농도변화와 생성물의 농도변화가 거의 없는 상태, 즉 정상상태(steady state)에 도달하게 된다. 이 상태가 평형상태(equilibrium state)이고 이때의 시간이 평형에 도달하는 시간이 된다.

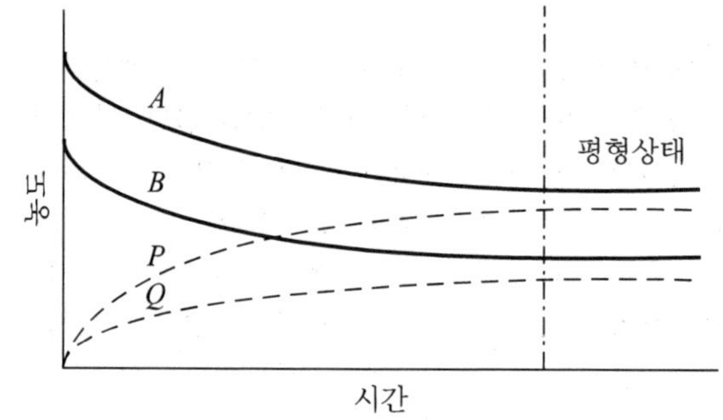

그림 2.1. 시간에 따른 반응물과 생성물의 농도변화

만약 반응물과 생성물의 농도비를 C_R(concentration ratio)이라고 하면, C_R은 다음과 같이 표현할 수 있다.

$$\frac{\text{생성물의 농도곱}}{\text{반응물의 농도곱}} = \frac{[P]^p[Q]^q}{[A]^a[B]^b} = C_R$$

반응이 시작됨에 따라, 반응물의 농도는 점차 감소하고 생성물의 농도는 점점 증가하게 된다. 그러므로 반응이 진행됨에 따라 C_R값은 증가하게 된다. 반응시간이 어느 정도 지나 반응물의 농도와 생성물의 농도가 일정해 지면, 즉 평형상태에 도달하게 되면 C_R값도 일정하게 된다. 이때 일정하게 된 C_R값을 평형상수(equilibrium constant)라고 하고 기호로 K를 쓴다. 정리하면, 평형상수(K)는 반응물과 생성물의 농도비(C_R)의 특별한 경우라고 할 수 있다.

그러므로 평형상수는 "평형상태에서의 반응물과 생성물의 농도비"라고 정의할 수 있고 다음 식과 같이 표현할 수 있다. 이 식에서 농도는 움직임이 없는 어느 지점의 값을 나타내므로 "평형상수의 정적(靜的) 표현"이라 할 수 있다.

$$\frac{[P]^p[Q]^q}{[A]^a[B]^b} = K$$

여기서, [ ]는 몰농도로서 mol/L로 표시한다.

또한, 평형상수에 대한 다른 표현으로 반응속도를 이용할 수 있다. 평형상태에 도달했다는 것은 시간의 변화와 관계없이 반응물의 농도와 생성물의 농도가 일정해졌다는 것인데, 이는 정반응 속도와 역반응 속도가 같아졌다는 표현과 같다.

$$\text{정반응 속도} = \text{역반응 속도}$$

$$정반응\ 속도 = r_f = -\frac{d[A]}{dt} = k_1[A]^a[B]^b$$

$$역반응\ 속도 = r_r = -\frac{d[P]}{dt} = k_{-1}[P]^p[Q]^q$$

여기서, r_f과 r_r는 각각 정반응 속도와 역반응 속도를 나타낸다.

그러므로 정반응 속도와 역반응 속도를 같게 놓으면,

$$k_1[A]^a[B]^b = k_{-1}[P]^p[Q]^q$$

$$\frac{[P]^p[Q]^q}{[A]^a[B]^b} = \frac{k_1}{k_{-1}} = K$$

즉, 평형상수는 평형상태에서의 역반응 속도상수에 대한 정반응 속도상수의 비로 정의할 수 있다. 이 식은 반응속도상수라는 동적 움직임을 이용하여 평형상수를 표현하고 있으므로 "평형상수의 동적(動的) 표현"이라 할 수 있다.

위 식에서 K값의 크기는 중요한 의미를 가진다. "평형상수의 정적(靜的)표현"에 따라 K값이 크다는 것은 생성물의 농도가 높은 상태에서 평형에 도달한다는 의미이므로, 반응물 간의 친밀도가 높다는 것을 의미한다. 즉 쉽게 반응이 일어나서 평형에 도달할 수 있다는 뜻이다. "평형상수의 동적(動的)표현"에 따라 K값이 증가하였다는 것은 역반응 속도상수보다 정반응 속도상수가 크다는 의미이며, 즉 온도나 촉매의 조건에 따라 역반응 속도상수와 정반응 속도상수가 변화하여, 정반응 속도상수가 역반응 속도상수보다 커졌다는 것을 의미한다.

다음과 같은 2종류의 반응이 있다고 가정해 보자. 만약 수용액 상에 A, B, C의 3가지 종류의 물질이 있다면 (a)와 (b) 반응 중 어느 형태의 정반응이 용이하게 발생하겠는가?

$$A + B \rightleftarrows P \qquad (K = 10^{-2}) \qquad \text{(a)}$$

$$A + C \rightleftarrows Q \qquad (K = 10^{-4}) \qquad \text{(b)}$$

A와 B가 반응할 경우의 평형상수($K = 10^{-2}$)가 A와 C가 반응할 경우의 평형상수($K = 10^{-4}$)보다 크므로 A와 B가 반응할 가능성이 크다. 이처럼 평형상수의 상대적인 크기를 보고 정반응의 가능성을 예측할 수 있다. 물론, 역반응이 발생할 가능성은 (b)의 경우가 더 크다.

$A \rightleftarrows B + C$ 반응의 경우, 평형상태에서 각 물질의 농도를 $[A] = 5$ mol/L, $[B] = 1$ mol/L, $[C] = 0.25$ mol/L로 가정하면, 평형상수는 다음과 같이 계산된다.

$$K = \frac{[B][C]}{[A]} = \frac{(1\ \text{mol/L})(0.25\ \text{mol/L})}{(5\ \text{mol/L})} = 0.05\ \text{mol/L}$$

만약, 동일한 농도 조건에서 반응이 반대 방향이라면, 평형상수는 변화하게 된다.

$B + C \rightleftarrows A$

$$K = \frac{[A]}{[B][C]} = \frac{(5\ \text{mol/L})}{(1\ \text{mol/L})(0.25\ \text{mol/L})} = 20\ \text{L/mol}$$

그러므로 우리는 위의 예에서 다음과 같은 두 가지를 알 수 있다. 첫째, 평형상수도 단위를 가지고 있다. 둘째, 정반응을 기준으로 한 평형상수와 역반응을 기준으로 한 평형상수는 역수의 관계를 맺는다.

참조 평형상수의 종류

반응속도상수는 소문자 k, 평형상수는 대문자 K로 표시하는 것이 일반적이다. 또한, 평형상수는 반응의 종류나 의미에 따라 표시하는 방식이 약간의 차이가 있다.

- K_a(equilibrium constant for acid) : 산을 반응물로 한 반응을 정반응으로 한 평형상수
- K_b(equilibrium constant for base) : 염기를 반응물로 한 반응을 정반응으로 한 평형상수
- K_c(equilibrium constant for concentration) : 일반적인 몰농도에 사용되는 평형상수로서 단순히 K로 표기
- K_i(equilibrium constant for ionization) : 물질이 이온화되는 정도를 표시하는 평형상수, 이온화되기 전 물질을 반응물로 한 반응을 정반응으로 한 평형상수
- K_p(equilibrium constant for pressure) : 압력을 기준으로 한 평형상수
- K_{sp}(equilibrium constant for solubility product) : 용해도곱이라고 표현하며, 고형물이 용해되는 정도를 표현한다. 고형물을 반응물로 한 반응을 정반응으로 한 평형상수
- K_W(equilibrium constant for water) : 물의 이온화에 관한 평형상수, 물을 반응물로 한 반응을 정반응으로 한 평형상수

예제 2.1 Q&A

다음 반응의 평형상태에서 각 물질의 농도는 다음과 같았다.

$$A + B \rightleftarrows C$$

$[A] = 9\times10^{-5}$ M, $[B] = 0.1$ M, $[C] = 6\times10^{-3}$ M

만약, $[A]$와 $[B]$의 초기농도가 각각 0.1 M의 같은 농도로 녹아 있다면, 평형상태에서 $[A]$,

$[B]$, $[C]$의 농도는?

Solution

평형상태에서 각 물질의 농도를 알고 있으므로 평형상수를 계산할 수 있다. 이 반응의 평형상수는 다음과 같다.

$$K = \frac{[C]}{[A][B]} = \frac{(6\times10^{-3}\,\mathrm{M})}{(9\times10^{-5}\,\mathrm{M})(0.1\,\mathrm{M})} = 667\ \mathrm{L/mol}$$

$[A]$와 $[B]$의 초기농도가 0.1 M의 동일한 농도로 녹아 있고, 평형상태에서 생성된 $[C]$의 mol 분율을 x라고 가정하면, mol 분율은 각각 $[A]=0.1(1-x)\,\mathrm{M}$, $[B]=0.1(1-x)\,\mathrm{M}$, $[C]=0.1x\ \mathrm{M}$이다.

여기서 가장 중요한 점은 평형상수는 초기농도와 무관하다는 것이다.

그러므로 초기농도가 바뀌어도 평형상수는 항상 일정하므로,

$$K = \frac{[C]}{[A][B]} = \frac{0.1x}{0.1(1-x)\times0.1(1-x)} = 667\ \mathrm{L/mol}$$

이를 정리하면 2차 방정식의 형태로 표현되고, 이를 근의 공식으로 x에 대해서 풀면, x는 1.13과 0.885가 구해진다. x는 mol 분율로서 1보다 클 수 없으므로 $x=0.885$. 그러므로 각 물질의 농도는 다음과 같다.

$$[A]=[B]=0.1(1-x)\,\mathrm{M}=0.1(1-0.885)=0.0115\ \mathrm{M}$$
$$[C]=0.1x=0.1\times0.885=0.0885\ \mathrm{M}$$

위 문제에서 초기농도를 변화시키면 평형농도는 변화하나, 평형상수는 항상 일정하다는 것을 알 수 있다.

예제 2.2

에탄올($C_2H_5OH_{(l)}$)과 초산($CH_3COOH_{(l)}$)은 다음과 같이 반응하여 평형에 도달했다.

$$C_2H_5OH_{(l)} + CH_3COOH_{(l)} \rightleftarrows CH_3COOC_2H_{5(l)} + H_2O_{(l)}$$

만약, 2.25 mol의 에탄올(C_2H_5OH)와 1.5 mol의 초산(CH_3COOH)이 반응 초기에 투입되었고, 평형상태에서 1.17 mol의 H_2O가 존재한다면, 평형상태에서 각 물질은 몇 mol인가? 또한, 이때 반응의 평형상수 값은?

Solution

mol 분율이 아니라 mol 농도를 직접적으로 이용하여 계산할 수도 있다.

반응 초기에는 H_2O가 없었으나, 반응이 경과되어 평형상태가 되면 위 반응에서 보는 바와 같이 1.17 mol의 H_2O가 생성된다는 것을 알 수 있다. 화학양론적 계수에 의해 $CH_3COOC_2H_5$도 1.17 mol이 생성되고, C_2H_5OH와 CH_3COOH는 초기농도에서 1.17 mol이 감소한다는 것을 알 수 있다.

C_2H_5OH는 $2.25 - 1.17 = 1.08$ mol
CH_3COOH는 $1.5 - 1.17 = 0.33$ mol

그러므로 이때의 평형상수는 다음과 같다.

$$K = \frac{[CH_3COOC_2H_5][H_2O]}{[C_2H_5OH][CH_3COOH]} = \frac{1.17 \times 1.17}{1.08 \times 0.33} = 3.84$$

예제 2.3

Q&A

다음과 같은 평형반응에서 평형상수가 8이었다. 만약, 1 mol의 A와 1 mol의 B가 1 L의 용액에 투입되었다면 각 성분의 농도(M)는? 또한, 5 L의 용액에 투입된 경우, 성분의 농도(M)는?

$$A_{(aq)} + B_{(aq)} \rightleftarrows C_{(aq)}$$

Solution

만약 1 L의 용액 속에 있다면, 생성되는 C의 농도를 x M이라고 할 수 있고 A와 B는 모두 $(1-x)$ M이 된다. 이를 평형상수와 연계하면,

$$K_c = \frac{[C]}{[A][B]} = \frac{x}{(1-x)\times(1-x)} = 8.0$$

x는 0.704이므로
$[C] = 0.704$ M
$[A] = [B] = 1 - 0.704 = 0.296$ M
또한, 만약 5 L의 용액 속에 있다면 농도는 1/5로 감소하므로, 생성되는 C의 농도는 $0.2x$ M이라고 할 수 있고 A와 B는 모두 $0.2(1-x)$ M이 된다.
농도는 바뀌어도 평형상수는 변화하지 않는다는 것에 항상 주목해야 한다. 이를 평형상수와 연계하면,

$$K_c = \frac{[C]}{[A][B]} = \frac{0.2x}{0.2(1-x)\times 0.2(1-x)} = 8.0$$

x는 0.463이므로
$[C] = 0.2x = 0.0926$ M
$[A] = [B] = 0.2(1-x) = 0.2(1-0.463) = 0.1074$ M

예제 2.4

폐수 중의 Ni^{2+}을 철 금속($Fe_{(s)}$)을 이용하여 침전 제거하고자 할 때, 이용하는 식은 다음과 같다. 이때 평형상수 K_c는 2.7×10^6이다.

$$Ni^{2+}{}_{(aq)} + Fe_{(s)} \rightleftarrows Ni_{(s)} + Fe^{2+}{}_{(aq)}$$

만약 500 mL 폐수 중에 있는 0.8 M Ni^{2+}을 제거하기 위해 과량의 $Fe_{(s)}$을 투입하였을 때, 평형상태에서의 Ni^{2+}농도(M)는 얼마인가? 또한, 침전 제거된 $Ni_{(s)}$의 질량(g)은? 단, Ni의 원자량은 58.69 g/mol이다.

Solution

먼저 이 반응의 평형상수를 살펴보면 다음과 같다.

$$K_c = \frac{\{Ni_{(s)}\}\{Fe^{2+}{}_{(aq)}\}}{\{Ni^{2+}{}_{(aq)}\}\{Fe_{(s)}\}}$$

위 식에서 순수한 고형물의 활동도는 1이므로 $\{Ni_{(s)}\} = 1$이고 $\{Fe_{(s)}\} = 1$, 묽은 용액에서는 활동도 대신에 몰농도를 사용할 수 있으므로 평형상수는 아래와 같이 쓸 수 있다.

$$K_c = \frac{[Fe^{2+}{}_{(aq)}]}{[Ni^{2+}{}_{(aq)}]}$$

또한, 평형상태에 존재하는 Ni^{2+} 농도를 x라 두면, Fe^{2+} 농도는 $(0.8 - x)$로 둘 수 있다. 또한, 평형상수가 매우 큰 값이므로 실제 남아 있는 Ni^{2+} 농도는 매우 낮을 것으로 예상되므로 $0.8 \gg x$, 즉 $0.8 - x \cong 0.8$로 둘 수 있다.

$$K_c = \frac{[Fe^{2+}{}_{(aq)}]}{[Ni^{2+}{}_{(aq)}]} = \frac{0.8 - x}{x} \cong \frac{0.8}{x} = 2.7 \times 10^6$$

$x = 2.96 \times 10^{-7}$ M

굳이 $0.8 \gg x$의 가정을 하지 않더라도 계산이 가능하지만, 이러한 가정을 통해 계산을 편리하게 할 수 있다. 실제로 0.8 M 보다 2.96×10^{-7} M는 매우 작아 무시할 수 있고, Ni^{2+} 농도는 모두 제거된 것으로 볼 수 있다. 그러므로 실제 침전되어 제거된 Ni^{2+} 질량은 다음과 같다.

500 mL	0.8 mol $Ni^{2+}{}_{(aq)}$	1 L	1 mol $Ni_{(s)}$	58.69 g $Ni_{(s)}$	= 23.47 g Ni
	L	1000 mL	1 mol $Ni^{2+}{}_{(aq)}$	1 mol $Ni_{(s)}$	

예제 2.5

탄산(H_2CO_3)의 1차 이온화상수는 4.0×10^{-7}이다. 0.2 M 탄산 용액에서 pH는?

Solution

탄산(H_2CO_3)의 이온화반응은 다음과 같다.

$$H_2CO_3 \rightleftarrows H^+ + HCO_3^- \quad (1차)$$
$$HCO_3^- \rightleftarrows H^+ + CO_3^{2-} \quad (2차)$$

1차 이온화반응식에서 이온화된 수소이온과 중탄산이온의 농도는 화학양론적으로 동일하다는 것을 알 수 있다. 또한, 0.2 M 탄산용액이란 말은 탄산의 초기농도가 0.2 M이라는 의미이다.

평형상태에서 H^+와 HCO_3^-의 각 농도를 x로 두면,

$$[H^+]=[HCO_3^-]=x\ M$$
$$[H_2CO_3]=(0.2-x)\ M$$

$$K_i=\frac{[HCO_3^-][H^+]}{[H_2CO_3]}=\frac{x^2}{(0.2-x)}=4.0\times10^{-7}$$

이온화상수가 4×10^{-7}로 매우 낮으므로 반응이 잘 일어나지 못하고 반응물 대부분이 잔존하고 있다고 생각할 수 있다. 그러므로 계산 편의상 $0.2-x\cong0.2$이라고 가정한다.

$$x=[H^+]=[HCO_3^-]=2.83\times10^{-4}\ M$$

실제로 2.83×10^{-4} M는 0.2에 비해 무시할 수 있을 정도로 작다.

$$pH=-\log[H^+]=-\log[2.83\times10^{-4}]=3.55$$

예제 2.6

사이안화수소(HCN)는 속칭 청산이라고 불리는 약품으로, 이온화상수는 2.0×10^{-9}로 매우 낮다. 0.01%가 이온화될 때의 수소이온 농도와 사이안화수소 농도는?

Solution

사이안화수소(HCN)의 이온화반응은 다음과 같다.

$$HCN \rightleftarrows H^+ + CN^-$$

초기 용액의 사이안화수소 농도를 x로 두고 0.01%가 이온화되므로, 평형상태에서의 각 농도는 다음과 같다.

$$[H^+]=[CN^-]=10^{-4}x\ M$$
$$[HCN]=(1-10^{-4})x\cong x$$ (10^{-4}은 1에 비해 매우 작으므로 무시할 수 있다.)

$$K_i = \frac{[CN^-][H^+]}{[HCN]} = \frac{(10^{-4}x)^2}{x} = 2.0\times10^{-9}$$

$x = [HCN] = 0.2$ M

$[H^+] = [CN^-] = 10^{-4}x = 2\times10^{-5}$ M

참조

1. **사이안산, 사이안화수소**

	영문명	화학식	특징
사이안산	cyanic acid	HOCN	사이안화수소가 산화한 것
사이안화수소	hydrogen cyanide	HCN	청화수소, 청산, 무색 맹독성

2. **염소산, 아염소산, 차아염소산**

	영문명	화학식	특징
염소산	chloric acid	$HClO_3$	수용액, 강산화제, 폭발 위험
아염소산	chlorous acid	$HClO_2$	수용액, 강산화제
차아염소산	hypochlorous acid	HClO	강산화제, 살균제

예제 2.7

염소산($HClO_3$)의 이온화상수는 1.0×10^{-2}이다. 0.2 M 염소산 수용액의 수소이온(H^+), 염소산이온(ClO_3^-) 및 염소산($HClO_3$)의 평형상태 농도(M)는?

Solution

염소산($HClO_3$)의 이온화반응은 다음과 같다.

$$HClO_3 \rightleftarrows H^+ + ClO_3^-$$

$[H^+] = [ClO_3^-] = x$ M

$[HClO_3] = (0.2 - x)$ M

$$K_i = \frac{[ClO_3^-][H^+]}{[HClO_3]} = \frac{x^2}{0.2-x} = 1.0\times10^{-2}$$

근의 공식으로 x에 대해서 풀면, x는 -0.05와 0.04가 구해지고, 음의 값은 제외한다.

$x = [H^+] = [ClO_3^-] = 0.04$ M

$[HClO_3] = 0.2 - x = 0.2 - 0.04 = 0.16$ M

예제 2.8

0.1 M 아질산(HNO_2) 용액 50 mL와 0.2 M 아질산 용액 25 mL를 혼합하였다. 만약 아질산의 이온화상수가 4.0×10^{-4}라면, 이 혼합용액에서 아질산이온과 아질산의 농도(M)는? 또한, 이 혼합용액의 이온화 분율은?

Solution

각 용액의 아질산 mol 수는 다음과 같다.

$$\frac{50\text{ mL}}{} \left| \frac{0.1\text{ mol HNO}_2}{\text{L}} \right| \frac{1\text{ L}}{1000\text{ mL}} = 0.005\text{ mol HNO}_2$$

$$\frac{25\text{ mL}}{} \left| \frac{0.2\text{ mol HNO}_2}{\text{L}} \right| \frac{1\text{ L}}{1000\text{ mL}} = 0.005\text{ mol HNO}_2$$

그러므로 혼합용액의 mol은 $0.005+0.005=0.01$ mol HNO_2이고, 용량은 75 mL이므로, 혼합용액의 농도는

$$\frac{0.01\text{ mol}}{75\text{ mL}} \left| \frac{1000\text{ mL}}{1\text{ L}} \right. = 0.133\text{ mol/L} = 0.133\text{ M HNO}_2$$

아질산(HNO_2)의 이온화반응은 다음과 같다.

$$HNO_2 \rightleftarrows H^+ + NO_2^-$$

$[H^+]=[NO_2^-]=x$ M으로 두면,
$[HNO_2]=0.133-x$

$$K_i = \frac{[NO_2^-][H^+]}{[HNO_2]} = \frac{x^2}{0.133-x} = 4.0\times10^{-4}$$

$x=[H^+]=[NO_2^-]=0.007$ M
$[HNO_2]=0.133-x=0.133-0.007=0.126$ M

$$\text{이온화 분율} = \frac{[NO_2^-]}{[HNO_2]+[NO_2^-]} = \frac{0.007}{0.133} = 0.0526$$

참조 아질산과 질산의 차이

환경 분야에서 질산과 아질산은 생각보다 많이 사용된다. 질산은 HNO_3이고 아질산은 HNO_2로 기술된다. 여기서 차이는 "아(亞)"가 있느냐 없느냐에 있다. "아(亞)"는 버금간다는 한자어로서, 버금간다는 말은 비슷하지만 약간 모자란다는 표현과 같다. 즉, 질산에서 산소

하나가 모자란다는 말이다. 또한, 질산이온은 NO_3^-, 아질산이온은 NO_2^-로서 산소 하나는 부족하나 전하수는 같다. 이와 유사한 것으로 황산이온(SO_4^{2-})과 아황산이온(SO_3^{2-})이 있다.

또한, 질산과 질산이온을 혼동하거나 혼용하는 경우가 많은데, 질산은 HNO_3으로 수소이온이 붙어 있는 상태이고, 질산이온은 NO_3^-로 수소이온이 떨어져 나간 상태를 말한다. 이를 정리하면 다음과 같은데, 기억하면 공부하는 데 많은 도움이 될 것이다.

	명칭	영어명
HNO_3	질산	nitric acid
NO_3^-	질산이온	nitrate
HNO_2	아질산	nitrous acid
NO_2^-	아질산이온	nitrite
H_2SO_4	황산	sulfuric acid
SO_4^{2-}	황산이온	sulfate
H_2SO_3	아황산	sulfurous acid
SO_3^{2-}	아황산이온	sulfite

2.3 르 샤틀리에의 원리

르 샤틀리에의 원리(Le Chatelier principle)는 1884년, 프랑스의 화학자인 르 샤틀리에(H. L. Le Chatelier)가 발견한 화학 평형 이동의 법칙으로, "어떤 열역학적 평형상태에 있는 계가 외부로부터의 작용으로 평형이 깨어지는 경우, 이 작용에 기초하는 효과를 약화시키기 위한 방향으로 그 계의 상태가 변화한다"고 하는 것이 일반적 표현이다.

그러므로 르 샤틀리에의 원리는 열역학적으로 평형상태에 있는 계에 온도 또는 압력을 바꾸었을 때 그 평형상태가 어떻게 이동하는가를 보여주는 원리이다. 하나의 가역반응이 평형상태에 있을 때 평형에 관계하는 물질의 농도, 온도, 압력 등을 변경하면 그 평형은 정반응 방향이나 역반응 방향 중 어느 한 방향으로 반응이 진행된다. 그 결과 좌, 우 양쪽의 물질의 양의 비율이 변하여 새로운 평형에 도달한다. 즉, 반응이 평형상태에 있을 때 농도, 온도, 압력 등 평형의 조건을 변화시키면 그 변화를 없애고자 하는 방향으로 반응이 이동하여 새로운 평형에 도달한다. 이를 르 샤틀리에의 원리라고 한다. 이 원리를 통하여 물질계의 평형이 조건의 변화에 따라서 어떠한 방향으로 이동하는지 알 수 있다.

먼저, 농도의 경우를 살펴보면, 반응 물질을 첨가하고 생성 물질을 제거하면 정반응 쪽으로 평형이 이동하며, 반응 물질을 제거하고 생성 물질을 첨가하면 역반응 쪽으로 평형이 이동한다.

만약, 물속에 암모니아 기체($NH_{3(g)}$)가 물에 녹아 있을 때 pH를 높여주면 암모니아 기체는 암모늄이온(NH_4^+)의 상태로 존재할까? 아니면 암모니아 기체($NH_{3(g)}$)의 형태로 존재할까? 이 의문을 해결하기 위해 다음과 같은 평형식을 생각해 볼 수 있다.

$$NH_{3(g)} + H_2O \rightleftarrows NH_4^+ + OH^-$$

pH를 증가시킨다는 것은 전체 용액 속에서 H^+ 이온의 농도를 감소시키거나 OH^- 이온을 증가시키는 것으로 생각할 수 있다. OH^- 이온의 농도가 증가하게 되면 오른쪽 생성물의 농도가 많아진 것이므로, 생성물의 농도를 감소시켜 다른 평형에 도달해야 하므로 역반응이 진행된다. 그러므로 pH가 증가하게 되면 $NH_{3(g)}$의 농도가 증가하여 대기 중으로 방출된다. 이러한 방식으로 수중의 암모늄 이온성 질소를 제거하는 방법을 "암모니아 탈기(ammonium stripping)"이라고 한다. 또한, 암모니아 기체는 pH 10 이상의 높은 pH에서만 존재하므로, 자연 상태의 pH 조건(pH 7 부근)에서 수중에 존재하는 암모니아는 암모니아 기체가 아니라 암모늄이온의 형태이므로 암모니아성 질소라는 표현보다는 암모늄 이온성 질소라고 표현해야 적절하다.

압력의 경우에는 압력을 높이면 기체의 몰수가 큰 쪽에서 작은 쪽으로 반응이 진행되며, 압력을 낮추면 기체의 몰수가 작은 쪽에서 큰 쪽으로 반응이 진행된다. 질소 1 mol과 수소 3 mol을 혼합하여 2 mol의 암모니아를 합성하는 반응($N_2 + 3H_2 \rightleftarrows 2NH_3$)의 평형에서 온도를 일정하게 하고 압력을 증가시키면, 외부로부터의 영향을 약화하려고 이 계의 압력이 감소하는 방향으로 평형이 이동한다. 즉, 존재하는 몰수(數)는 좌변(4 mol)보다 우변(2 mol)이 작으므로 반응은 우변 쪽으로 이동한다. 암모니아 합성반응은 고압하에서 행하는 것이 유리하다.

정반응이 발열반응의 경우, 온도의 평형 이동에서 온도를 높이면 역반응이, 온도를 낮추면 정반응이 진행된다. 그러나 정반응이 흡열반응의 경우에는 온도를 높이면 정반응이 진행되고 온도를 낮추면 역반응이 진행된다. 온도를 증가시키는 것은 열을 가하는 것과 같은 것으로 생각할 수 있고, 흡열반응의 경우 열을 흡수하는 것이 반응에 유리하므로 온도를 증가시키면 정반응이 효과적으로 발생한다. 참고로 정반응이 흡열반응이면 그 역반응은 발열반응이다.

참조 과학은 점진적으로 발전하는가? 아니면 급진적으로 발전하는가?

아이작 뉴턴의 유명한 '거인의 어깨' 표현이다. "내가 더 멀리 보았다면 이는 거인들의 어깨 위에 올라 서 있었기 때문이다"고 표현함으로써 기존 연구자들의 연구경험 축적의 중요성을 언급했다. 또한, 조지 허버트는 "거인 위에 올라선 난쟁이는 거인보다 더 멀리 본다"고 하였다. 우리는 거인들의 어깨 위에 있는 난쟁이와 같아서 거인보다 더 많이, 더 멀리 있는 사물을 볼 수 있지만, 이는 우리가 시력이 좋아서도 아니고 우리가 거인보다 키가 커서도 아니라, 거인의 거대한 몸집이 우리를 들어 올려 높은 위치로 올려주었기 때문이다. 그러므로 난쟁이와 같은 기존의 업적을 토대로 과학은 거대한 거인을 만들어 왔다는 것을 알 수 있다.

가스통 바슐라르(Gaston Bachelard)는 본체의 현상을 중요시하는 현상학적 시인처럼 알려져 있으나, 그는 과학사가 또는 과학철학자라고 하는 것이 적절할 것이다. 그는 과학적 업적들이 어느 특정 시기에 집중해서 나온다는 점을 지적하면서, 이를 '인식론적 단절'로 설명했다. 이는 과학이 기존의 과학적 성과들을 계승하여 발전한 것이 아니라, 기존의 성과를 부정하면서 비약적으로 발전했다는 것을 의미한다. 예를 들면, 뉴턴의 절대적 개념을 부정함으로써 아인슈타인의 상대성 이론이 있었다는 것을 알 수 있다. 바로 이런 점에서 '인식론적 단절'이 존재한다는 것이다.

예제 2.9 Q&A

압력을 고정한 평형상태에서 온도를 증가시키면 어느 방향(오른쪽, 왼쪽)으로 반응은 진행될 것인가? 또한, 온도를 고정한 상태에서 압력을 증가시킬 경우, 반응의 진행 방향(오른쪽, 왼쪽)은?

(1) $PCl_{5(g)} \rightleftarrows PCl_{3(g)} + Cl_{2(g)}$, $\Delta H^o = 30$ kcal/mol

(2) $2SO_{2(g)} + O_{2(g)} \rightleftarrows 2SO_{3(g)}$, $\Delta H^o = -45$ kcal/mol

(3) $N_{2(g)} + 3H_{2(g)} \rightleftarrows 2NH_{3(g)}$, $\Delta H^o = -24$ kcal/mol

Solution

(1) $PCl_{5(g)} \rightleftarrows PCl_{3(g)} + Cl_{2(g)}$, $\Delta H^o = 30$ kcal/mol

① $\Delta H^o > 0$이므로 이 정반응은 흡열반응이라는 것을 알 수 있다. 흡열반응에서 온도를 증가시키면 르 샤틀리에의 원리에 의해 정반응이 촉진되므로 반응은 오른쪽으로 진행된다. 새로운 평형에 도달하면 생성물인 $PCl_{3(g)}$와 $Cl_{2(g)}$의 양은 많아지고 반응물인 $PCl_{5(g)}$의 양은 줄어든다.

② 반응물은 1 mol이고 생성물은 2 mol로 생성물의 mol 수가 높은 상태이다. 르 샤틀리에의 원리에 의해 압력을 높이면 기체의 몰수가 큰 쪽에서 작은 쪽으로 반응이 진행되므로 반응은 왼쪽으로 진행된다. 새로운 평형에 도달하면 생성물인 $PCl_{3(g)}$와

$Cl_{2(g)}$의 양은 줄어들고 반응물인 $PCl_{5(g)}$의 양은 많아진다.

(2) $2SO_2 + O_2 \rightleftarrows 2SO_3$, $\Delta H^o = -45$ kcal/mol

① $\Delta H^o < 0$이므로 이 정반응은 발열반응이다. 발열반응에서 온도를 증가시키면 르 샤틀리에의 원리에 의해 역반응이 촉진되므로 반응은 왼쪽으로 진행된다.

② 반응물은 3 mol이고 생성물은 2 mol로 반응물의 mol 수가 높은 상태이다. 르 샤틀리에의 원리에 의해 압력을 높이면 기체의 몰수가 큰 쪽에서 작은 쪽으로 반응이 진행되므로 반응은 오른쪽으로 진행된다.

(3) $N_{2(g)} + 3H_{2(g)} \rightleftarrows 2NH_{3(g)}$, $\Delta H^o = -24$ kcal/mol

① $\Delta H^o < 0$이므로 이 정반응은 발열반응이다. 발열반응에서 온도를 증가시키면 르 샤틀리에의 원리에 의해 역반응이 촉진되므로 반응은 왼쪽으로 진행된다.

② 반응물은 4 mol이고 생성물은 2 mol로 반응물의 mol 수가 높은 상태이다. 르 샤틀리에의 원리에 의해 압력을 높이면 기체의 몰수가 큰 쪽에서 작은 쪽으로 반응이 진행되므로 반응은 오른쪽으로 진행된다.

2.4 공통이온 효과(common ion effect)

어느 이온종 A를 포함하는 용액에 그것과 공통인 이온종 A를 방출하는 물질을 외계에서 첨가하면 르 샤틀리에(Le Chatelier)의 원리에 의해 첨가된 공통이온의 반대 이온 농도를 감소시키려고 하는 방향으로 계 전체의 평형이 이동하는 현상이 발생한다. 이 현상을 공통이온 효과(common ion effect)라고 한다.

예제 2.10

0.2 M $NaHSO_4$과 0.1 M Na_2SO_4이 함유된 용액에서, $[H^+]$, $[SO_4^{2-}]$, $[HSO_4^-]$는 몇 M인가? 만약, Na_2SO_4가 포함되지 않았을 때, 각 이온의 농도는 어떻게 달라지는가? 여기서, HSO_4^-의 이온화상수는 $K_i = 2.0 \times 10^{-2}$이다.

Solution

Na_2SO_4는 염이므로 Na^+와 SO_4^{2-}로 완전히 이온화된다고 생각할 수 있다.

$$Na_2SO_4 \rightarrow 2Na^+ + SO_4^{2-}$$

염의 경우에는 완전히 이온화되므로 정반응(→)만 있는 것으로 생각한다.
한편, $NaHSO_4$도 염이므로 Na^+와 HSO_4^-로 완전히 이온화되고, 이후 HSO_4^-는 약한 산이므로 다음과 같이 이온화된다.

$$NaHSO_4 \rightarrow Na^+ + HSO_4^-$$
$$HSO_4^- \rightleftarrows H^+ + SO_4^{2-}, \qquad K_i = 2.0\times10^{-2}$$

0.2 M $NaHSO_4$에서 0.2 M의 Na^+와 HSO_4^-가 생성되고, 0.2 M의 HSO_4^-에서 x몰이 이온화된다면, $[H^+] = x$ M, $[HSO_4^-] = 0.2 - x$.
그러나 SO_4^{2-}는 공통이온으로서 $NaHSO_4$에서 나오기도 하고 Na_2SO_4에서 나오기도 한다.
그러므로 $[SO_4^{2-}] = 0.1 + x$.

$$K_i = \frac{[SO_4^{2-}][H^+]}{[HSO_4^-]} = \frac{(0.1+x)x}{(0.2-x)} = 2.0\times10^{-2}$$
$$x = [H^+] = 0.027\text{ M}, \qquad [SO_4^{2-}] = 0.1 + x = 0.127\text{ M},$$
$$[HSO_4^-] = 0.2 - x = 0.173\text{ M}$$

만약, Na_2SO_4가 없다면, $[H^+] = [SO_4^{2-}] = x$ M, $[HSO_4^-] = 0.2 - x$이므로

$$K_i = \frac{[SO_4^{2-}][H^+]}{[HSO_4^-]} = \frac{x^2}{(0.2-x)} = 2.0\times10^{-2}$$
$$x = [H^+] = [SO_4^{2-}] = 0.054\text{ M}, \qquad [HSO_4^-] = 0.2 - x = 0.146\text{ M}$$

예제 2.11

초산(CH_3COOH)의 이온화상수가 $K_i = 1.8\times10^{-5}$일 때, 0.2 M의 초산(CH_3COOH)과 0.1 M의 초산나트륨(CH_3COONa)이 함께 혼합되어 있는 경우의 $[H^+]$와 초산나트륨(CH_3COONa)이 없는 경우의 $[H^+]$는?

Solution

초산의 평형식은 다음과 같다.

$$CH_3COOH \rightleftarrows CH_3COO^- + H^+$$

물의 해리로 인해 생성되는 H^+를 무시하면, 이 경우 H^+는 초산의 이온화에 의해서만 발생하는 것으로 생각할 수 있다. 충분한 양의 초산나트륨(CH_3COONa)이 함께 혼합되어 0.1 M의 초산이온(CH_3COO^-)이 있는 경우, 0.2 M의 초산에서 이온화되는 $[H^+]$를 x로 두면,
$x = [H^+]$
$[CH_3COOH] = 0.2 - x$
$[CH_3COO^-] = 0.1 + x$

$$K_i = \frac{[CH_3COO^-][H^+]}{[CH_3COOH]} = \frac{(0.1+x)x}{(0.2-x)} \cong \frac{0.1x}{0.2} = 1.8\times10^{-5}$$

여기서, 이온화상수가 매우 낮으므로 이온화되는 $[H^+]$가 매우 작다고 생각하여, $0.1 \gg x$, $0.2 \gg x$라고 두면 x는 무시할 수 있다. 위 식을 계산하면,

$x = [H^+] = 3.6\times10^{-5}$ M

초산나트륨(CH_3COONa)이 없는 경우는

$[H^+] = [CH_3COO^-] = x$

$[CH_3COOH] = 0.2 - x$

$$K_i = \frac{[CH_3COO^-][H^+]}{[CH_3COOH]} = \frac{x^2}{(0.2-x)} = 1.8\times10^{-5}$$

$x = [H^+] = 1.9\times10^{-3}$ M

2.5 화학평형의 열역학

화학평형에 있어 중요한 한 부분은 화학평형을 파악함으로써 반응의 진행 여부를 판단할 수 있다는 것이다. 즉, 아직 평형에 도달하지 않았다면 정반응이 역반응보다 활발하게 발생할 것이고, 평형에 도달하면 정반응과 역반응의 진행 속도가 동일하여 정반응 또는 역반응과 같이 한 쪽 방향으로의 진행이 불가능할 것이다. 또한 평형을 지났다고 가정하면(실제로는 평형을 지났다는 것은 없다), 역반응이 정반응보다 활발하게 발생한다.

그러므로 어느 반응 시점이 평형에 도달했느냐 또는 그렇지 못하냐를 판단하는 것은 매우 중요하다. 평형에 도달했는지 또는 못했는지를 판단할 수 있는 하나의 방법은 실제 농도의 변화를 측정하는 것이다. 즉 그림 2.1과 같이 반응물의 농도가 계속 감소하고 생성물의 농도가 계속 증가하고 있으면, 정반응 속도가 역반응 속도보다 빨라 계속 정반응이 계속 진행된다는 것을 알 수 있다. 반응의 진행 중에 반응물의 농도와 생성물의 농도변화가 발생하지 않으면 평형에 도달했다는 것을 알 수 있다. 이 방법이 평형의 도달 여부에 대한 가장 확실한 방법이나, 실제 실험을 통해 계속 자료를 분석해 봐야 알 수 있으므로 시간과 노력이 많이 소요되는 불편함이 있다.

반응의 진행 여부를 판단할 수 있는 또 하나의 방법은 이론적으로 화학평형에 대한

열역학적 판단을 하는 것이다.

정온·정압 시스템에서 다음과 같은 자유에너지에 관한 식을 사용할 수 있다.

$$G = H - TS \tag{2.1}$$

여기서, G : Gibbs 자유에너지(Gibbs free energy), kcal
H : 엔탈피(enthalpy), kcal
T : 절대 온도(absolute temperature), K
S : 엔트로피(entropy), kcal/T

Gibbs 자유에너지는 이용할 수 있는 유용한 에너지(available energy)를 의미하는데, 이는 어떤 열역학적 계가 가역적 과정을 지나갈 때 가지고 있는 내부에너지와 외부에서 받는 열량과 관계가 있다.

엔탈피는 열역학적 계가 지닌 열에너지를 뜻하며, 한 원소나 화합물이 가지고 있는 총 에너지 함량이다. 엔탈피는 엔트로피와 더불어 물질계의 안정성과 변화의 방향, 그리고 화학평형의 위치와 이동을 결정하는 핵심요소이다.

엔탈피는 다음과 같이 표현되는데, 즉 내부에너지(U)와 압력과 부피의 곱(PV)의 합으로 정의된다.

$$H = U + PV$$

여기서, U : 내부에너지(internal energy), kcal
P : 압력(pressure), atm
V : 부피(volume), m^3

내부에너지는 물체 내부에 축적된 에너지를 말한다.

엔트로피는 어떤 계에 주어진 열이 일로 전환될 수 있는 정도를 나타내는 것으로, 엔트로피가 최대일 때 열에너지가 일로 전환될 가능성은 최소이고, 반대로 엔트로피가 최소일 때 열에너지가 일로 전환될 가능성이 최대가 된다. 엔트로피는 전체 에너지 중에서 사용 불가능한 에너지를 그 계의 온도로 나눈 물리량으로, 어떤 계의 전체 에너지 중에서 사용 불가능한 에너지와 밀접한 관계가 있지만, 엄밀하게는 에너지가 아니다. 엔트로피의 단위는 에너지를 온도로 나눈 kcal/K로, 에너지와는 다른 물리량이므로 엔트로피에 온도를 곱하면 에너지의 단위를 얻을 수 있다. 여기서 온도는 절대 온도이며 켈빈(Kelvin) 온도를 사용한다.

이와 같은 관계에 따라 위 식 (2.1)을 다시 정의하면

G	=	H	−	TS
일을 할 수 있는 에너지, 즉 유용한 에너지		총 에너지		유용한 일을 할 수 없는 에너지 또는 불필요한 에너지

닫힌계의 일정한 온도와 압력 하에서 평형은 계의 유용한 에너지, 즉 총 Gibbs 자유에너지(G_T)가 최소인 상태가 된다.

다음과 같은 가역반응을 살펴보면, 반응물(A와 B)과 생성물(C와 D)의 Gibbs 자유에너지의 총합인 총 Gibbs 자유에너지는 반응이 진행될수록 감소할 수밖에 없다.

$$aA + bB \rightleftarrows cC + dD \tag{2.2}$$

열역학 제2법칙에 따르면 총 엔트로피(무질서도)의 변화는 항상 증가하거나 일정하며 절대로 감소하지 않는다. 그러므로 앞에서 설명한 계와 같이 일정한 온도와 압력 하에서, 즉 자발적인 상태에서 총 엔트로피는 증가한다. 식 (2.1)에서 엔탈피가 일정하고 온도가 일정한 상태에서 엔트로피는 자발적으로 증가하므로 Gibbs 자유에너지가 증가하는 경우는 없으며 반드시 감소할 수밖에 없다.

총 Gibbs 자유에너지(G_T)는 반응계 각 성분의 Gibbs 자유에너지의 합으로 다음과 같이 표시할 수 있다.

$$G_T = n_A\overline{G}_A + n_B\overline{G}_B + n_C\overline{G}_C + n_D\overline{G}_D \tag{2.3}$$

여기서, n_A, n_B, n_C, n_D는 각각 A, B, C, D의 몰수(mol)이고, $\overline{G}_A$, $\overline{G}_B$, $\overline{G}_C$, $\overline{G}_D$는 몰당 Gibbs 자유에너지(kcal/mol)이다.

그림 2.2에서 보는 바와 같이, G_T가 감소하는 동안 반응이 자발적으로, 즉 외부의 도움 없이 진행된다. 그러므로 그림의 왼쪽 경우에는 정반응 속도가 역반응 속도보다 빨라서 정반응이 자발적으로 진행되나, 그림의 오른쪽 경우에는 역반응 속도가 정반응 속도보다 빨라서 역반응이 자발적으로 진행된다는 것을 알 수 있다.

반응이 어느 정도 진행되면 G_T가 최소가 되는 지점에 도달하게 되는데, 이 지점이 계의 평형상태로 이 지점에서는 정반응 속도와 역반응 속도가 같을 뿐만 아니라 반응물과 생성물의 농도변화가 없다.

그림 2.2에서 보는 바와 같이 G_T가 감소하는 것은 자발적이지만, G_T가 증가하는 반응은 비자발적인 것으로 닫힌계에서는 발생할 수 없다. 그 이유는 엔트로피가 닫힌계에서 감소하는 경우는 없기 때문이다. 정반응에서 G_T가 감소하는 것은 정반응이 일어나고 있다는 것을 의미하고, 역반응에서 G_T가 감소하는 것은 역반응이 일어나고 있다

는 것을 나타낸다.

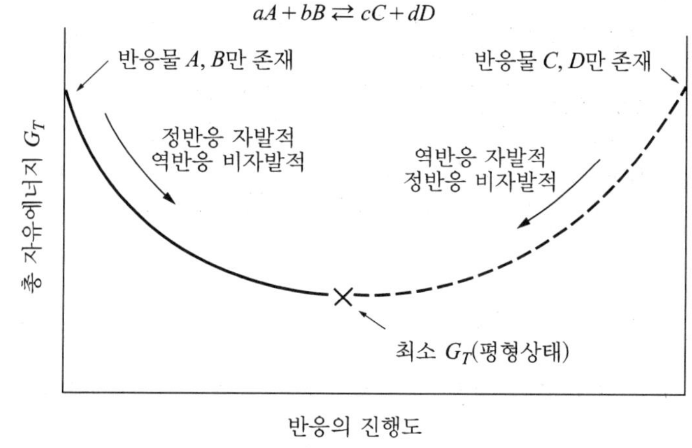

그림 2.2. 반응의 진행도에 따른 총 Gibbs 자유에너지 변화

총 Gibbs 자유에너지(G_T)는 Gibbs 자유에너지의 변화량(ΔG)에 비례한다. 즉 ΔG가 음의 값으로 나타난다는 것은 반응물의 Gibbs 자유에너지가 생성물의 Gibbs 자유에너지보다 크다는 의미로서, G_T가 감소한다는 것이다. 또한 ΔG가 음수로서 음의 값이 크면 클수록 G_T의 감소도 급격하게 이루어진다.

$$\Delta G = \left(\sum \nu_i \overline{G}_i\right)_{\text{생성물}} - \left(\sum \nu_i \overline{G}_i\right)_{\text{반응물}} \tag{2.4}$$

여기서, ν_i는 화학양론적 계수로서 식 (2.2)의 a, b, c, d에 해당한다. $\overline{G}_i$는 몰당 Gibbs 자유에너지로서 나타낸다.

반응의 진행 방향을 알아보기 위해서는 크게 반응물과 생성물의 농도변화, 정반응 속도와 역반응 속도, G_T 그리고 ΔG가 있다. 반응물과 생성물의 농도변화 및 정반응 속도와 역반응 속도를 통한 진행 방향 판단은 실제 실험 결과를 통해서 판단하는 방법이다. 또한 G_T의 감소 여부를 계산하여, 반응의 진행 방향을 파악할 수 있으나, 각 물질의 $\overline{G}_i$를 측정한다는 것은 현실적으로 어려우므로, ΔG를 계산하여 반응의 진행 여부를 판단하는 것이 가장 효율적이다.

표 2.1. **반응의 진행 방향을 판단할 수 있는 4가지 지표**

	농도변화	속도	G_T	ΔG
정반응 진행	반응물 농도 감소 생성물 농도 증가	정반응 속도 > 역반응 속도	정방향 감소	$\Delta G<0$
역반응 진행	반응물 농도 증가 생성물 농도 감소	정반응 속도 < 역반응 속도	역방향 감소	$\Delta G>0$
평형상태	농도 변화 없음	정반응 속도 = 역반응 속도	최소	$\Delta G=0$

$$aA + bB \rightleftarrows cC + dD \tag{2.2}$$

식 (2.2)의 경우, 반응의 ΔG는 다음 식으로 계산할 수 있다.

$$\Delta G = \Delta G^o + RT\ln\frac{\{C\}^c\{D\}^d}{\{A\}^a\{B\}^b}$$

여기서, ΔG^o는 표준상태(1기압, 25℃)에서의 ΔG로서, ΔG의 특별한 경우라 할 수 있다. 모든 기호 위에 "^{o}"가 있으면 표준상태의 경우라는 것을 의미한다.

ΔG^o는 식 (2.4)와 마찬가지로 다음과 같이 정의된다.

$$\Delta G^o = \left(\sum\nu_i\overline{G}_i^o\right)_{생성물} - \left(\sum\nu_i\overline{G}_i^o\right)_{반응물} \tag{2.5}$$

여기서, ν_i는 화학양론적 계수이고, $\overline{G}_i^o$는 표준상태에서 화학종 i의 몰당 Gibbs 자유에너지를 나타낸다.

참조 표준상태(standard state)

표준상태는 상태에 따라 변화하는 물질의 여러 가지 성질을 기술하기 위하여 기준으로 정한 상태이다. 기체의 경우는 흔히 1기압(atm)일 때의 상태를 표준상태라고 한다.

온도는 표준상태의 정의에 포함되지 않는다. 기체의 표준상태는 온도와 무관하게 1기압일 때이지만, 대부분의 열역학적 계산에서 기체의 표준상태는 특정한 온도를 명시한다. 주로 실내 기온인 25℃(298 K)를 많이 사용하며, 때에 따라 물이 어는 온도인 0℃(273 K)를 사용하기도 한다. 통상적으로 열역학적 상태변수들이 1기압, 25℃를 기준으로 표준값으로 제시되기 때문에 표준상태에 온도 조건이 포함된다는 오해를 하기도 한다.

표준상태에서 각 물질의 몰당 Gibbs 자유에너지를 측정하는 것은 어려우므로, 기준점을 잡고 그 기준점으로부터 몰당 Gibbs 자유에너지가 얼마나 큰지 작은지를 통해 각 물질의 표준상태 몰당 Gibbs 자유에너지를 계산한다.

예를 들면, 표준상태에서 모든 원소($H_{2(g)}$, $O_{2(g)}$, $C_{(s)}$ 등)의 몰당 Gibbs 자유에너지는 0 kcal/mol로 설정하고 이를 기준점으로 삼는다. 또한, 용액 중의 이온 물질에 대해서는, 표준상태에서 1 mol/L의 H^+의 몰당 Gibbs 자유에너지를 0 kcal/mol로 정한다.

이를 기반으로 하여 각 물질의 Gibbs 자유에너지의 절대값 측정은 불가능하나, 기준점에 대한 상대값 측정은 가능하다. 이러한 상대값을 $\Delta \overline{G}_f^o$, 즉 표준생성 자유에너지(standard free energy of formation)라고 한다. 이 표준생성 자유에너지는 표준상태에서 각 물질이 생성되는 데 필요한 Gibbs 자유에너지를 의미한다. 환경 분야에서 대표적으로 사용되는 $\Delta \overline{G}_f^o$를 표 2.2에 나타내었다.

표 2.2. 환경화학에서 중요한 화학종들의 열역학적 상수

화학종	$\Delta \overline{H}_f^o$ (kcal/mol)	$\Delta \overline{G}_f^o$ (kcal/mol)
$Ba^{2+}{}_{(aq)}$	−128.31	−133.85
$BaSO_{4(s)}$	−351.62	−325.13
$Br^-{}_{(aq)}$	−29	−24.82
$C_{(s)}$, 흑연	0	0
$Ca(OH)_{2(s)}$	−235.48	−214.04
$Ca^{2+}{}_{(aq)}$	−129.7	−132.18
$CaCO_{3(s)}$, 석회석	−288.45	−269.78
$CaF_{2(s)}$	−293.1	−280.59
$CaO_{(s)}$	−151.9	−144.4
$CaSO_{4(s)}$	−342.39	−315.54
$CaSO_4 \cdot 2H_2O_{(s)}$	−482.4	−428.6
CH_3COO^-	−116.84	−89
$CH_{4(g)}$	−17.889	−12.14
$Cl^-{}_{(aq)}$	−39.91	−31.34
$Cl_{2(aq)}$	−5.59	1.65
$Cl_{2(g)}$	0	0
$ClO^-{}_{(aq)}$	−25.56	−8.78
$ClO_{2(aq)}$	17.88	28.07
$ClO_2^-{}_{(aq)}$	−15.87	4.08
$ClO_3^-{}_{(aq)}$	−23.68	−0.81
$ClO_4^-{}_{(aq)}$	−30.86	−2.05
$CO_{(g)}$	−26.38	−32.77
$CO_{2(aq)}$	−98.69	−92.31

화학종	$\Delta\overline{H_f}^o$ (kcal/mol)	$\Delta\overline{G_f}^o$ (kcal/mol)
$CO_{2(g)}$	−94.05	−94.26
$CO_3{}^{2-}{}_{(aq)}$	−161.63	−126.22
$Cr_2O_7{}^{2-}{}_{(aq)}$	−355.63	−310.52
$Cr^{3+}{}_{(aq)}$	−61.1	−51.44
$CrO_4{}^{2-}{}_{(aq)}$	−210.3	−173.74
$Cu^{2+}{}_{(aq)}$	15.47	15.63
$F^-{}_{(aq)}$	−79.39	−66.54
$Fe(OH)_{2(s)}$	−135.62	−115.41
$Fe(OH)_{3(s)}$	−197	−166
$Fe^{2+}{}_{(aq)}$	−21	−20.3
$Fe^{3+}{}_{(aq)}$	−11.4	−2.52
$FeS_{(s)}$	−23.87	−23.96
$FeS_{2(s)}$	−42.53	−39.84
$H^+{}_{(aq)}$	0	0
$H_{2(aq)}$	−1	4.19
$H_{2(g)}$	0	0
$H_2CO_{3(aq)}$	−167	−149
$H_2O_{(aq)}$	−68.3174	−56.69
$H_2O_{(g)}$	−57.7979	−54.6357
$H_2O_{2(aq)}$	−45.62	−32.01
$H_2PO_4{}^-{}_{(aq)}$	−309.4	−269.8
$H_2S_{(aq)}$	−9.4	−6.54
$H_2S_{(g)}$	−4.815	−7.892
$H_2Se_{(aq)}$	18.07	18.38
$H_2SO_{4(l)}$	−194.29	−164.69
$H_3PO_{4(aq)}$	−307.49	−272.72
$HCO_3{}^-{}_{(aq)}$	−165.18	−140.31
$HCrO_4{}^-{}_{(aq)}$	−209.61	−182.54
$Hg^{2+}{}_{(aq)}$	41.15	36.66
$HNO_{2(aq)}$	−28.45	−10.26
$HNO_{3(aq)}$	−49.372	−26.41
$HPO_4{}^{2-}{}_{(aq)}$	−308.4	−259.99
$HS^-{}_{(aq)}$	−4.2	3.01
$I^-{}_{(aq)}$	−13.17	−12.31
$I_{2(s)}$	0	0
$IO_3{}^-{}_{(aq)}$	−52.82	−30.55
$Mg(OH)_{2(s)}$	−221	−199.27
$Mg^{2+}{}_{(aq)}$	−110.41	−108.99

화학종	$\Delta\overline{H_f}^o$ (kcal/mol)	$\Delta\overline{G_f}^o$ (kcal/mol)
$Mn^{2+}{}_{(aq)}$	−53.3	−54.4
$MnO_{2(s)}$	−124.2	−111.1
$Na^{+}{}_{(aq)}$	−57.31	−62.51
$NH_{3(aq)}$	−19.32	−6.37
$NH_{3(g)}$	−11.04	−3.976
$NH_4^{+}{}_{(aq)}$	−31.74	−19
$NO_2^{-}{}_{(aq)}$	−24.97	−8.88
$NO_3^{-}{}_{(aq)}$	−49.372	−26.43
$O_{2(aq)}$	−3.9	3.93
$O_{2(g)}$	0	0
$O_{3(g)}$	33.89	39.55
$OH^{-}{}_{(aq)}$	−54.957	−37.595
$PO_4^{3-}{}_{(aq)}$	−304.89	−243.14
$S_{(s)}$	0	0
$S^{2-}{}_{(aq)}$	7.18	22.11
$S_2O_3^{2-}{}_{(aq)}$	−155.69	−122.54
$Se_{(s)}$	0	0
$SeO_3^{2-}{}_{(aq)}$	−122.23	−89.22
$SeO_4^{2-}{}_{(aq)}$	−145.09	−105.28
$SO_3^{2-}{}_{(aq)}$	−151.68	−116.14
$SO_4^{2-}{}_{(aq)}$	−216.9	−177.34
$Zn^{2+}{}_{(aq)}$	−36.73	−35.11
$ZnS_{(s)}$	−49.17	−48.05

환경 분야에서 많이 사용되는 석회석($CaCO_3$)을 예로 들면, 석회석을 구성하는 원소들은 칼슘, 탄소, 산소이므로 다음과 같이 표현할 수 있다.

$$Ca_{(s)} + C_{(s)} + 3/2\ O_{2(s)} \rightarrow CaCO_{3(s)} \quad (\Delta\overline{G_f^o} = -269.78\ \text{kcal/mol}) \quad (2.6)$$

석회석($CaCO_3$)의 $\Delta\overline{G_f^o}$는 표 2.2에 의하면 −269.78 kcal/mol로서, − 부호를 나타내어 석회석이 생성되는 것은 자발적으로 이루어지며 자유에너지가 방출된다는 것을 알 수 있다. 그러므로 역으로 석회석이 분해되어 칼슘, 탄소, 산소가 되기 위해서는 269.78 kcal/mol의 에너지가 공급되어야 한다는 것을 알 수 있다.

그럼 다음 예에서 $\Delta\overline{G_f^o}$를 이용하여 어떻게 ΔG^o를 계산하는지 알아보도록 하자.

석회석은 산(acid)에 잘 용해되어 칼슘이온(Ca^{2+})과 중탄산이온(HCO_3^-)으로 분해된다. 이를 반응식으로 표현하면 다음과 같다.

$$CaCO_{3(s)} + H^+ \rightarrow Ca^{2+} + HCO_3^- \qquad (2.7)$$

이 반응을 각 구성 원소에 대한 생성반응으로 정리하면 다음과 같다.

$$CaCO_{3(s)} \rightarrow Ca_{(s)} + C_{(s)} + 3/2\ O_{2(g)} \qquad (2.8)$$

$$H^+ \rightarrow H^+ \qquad (2.9)$$

$$Ca_{(s)} \rightarrow Ca^{2+} \qquad (2.10)$$

$$H^+ + C_{(s)} + 3/2\ O_{2(g)} \rightarrow HCO_3^- \qquad (2.11)$$

각 $CaCO_{3(s)}$, H^+, Ca^{2+}, HCO_3^-의 $\Delta \overline{G}_f^o$를 표 2.2에서 구하여 각 식에 대입하여 정리하면 다음과 같다.

		$\Delta \overline{G}_f^o$ (kcal/mol)
$CaCO_{3(s)}$	$\rightarrow \cancel{Ca}_{(s)} + \cancel{C}_{(s)} + 3/2\cancel{O}_{2(g)}$	+269.78
H^+	$\rightarrow \cancel{H^+}$	0
$\cancel{Ca}_{(s)}$	$\rightarrow Ca^{2+}$	−132.18
$\cancel{H^+} + \cancel{C}_{(s)} + 3/2\cancel{O}_{2(g)}$	$\rightarrow HCO_3^-$	−140.31
$CaCO_{3(s)} + H^+$	$\rightarrow Ca^{2+} + HCO_3^-$	− 2.71 kcal

특히, $CaCO_{3(s)}$에 관한 식은 생성되는 것이 아니라 분해되는 것이므로, 생성되는 반응의 −269.78 kcal/mol이 아니라 역의 값인 +269.78 kcal/mol을 사용해야 한다는 것에 주의해야 한다. 네 식을 더하면 원래 구하고자 했던 $CaCO_{3(s)} + H^+ \rightarrow Ca^{2+} + HCO_3^-$ 반응식의 자유에너지 변화 값을 구하게 된다.

그러므로 ΔG^o를 구하기 위해서는 각 물질의 $\overline{G}_i^o$를 구하여야 하나, $\overline{G}_i^o$를 구하기 않고 $\Delta \overline{G}_{f,i}^o$를 계산함으로써 ΔG^o를 계산할 수 있다는 것을 알 수 있다.

ΔG^o를 계산하기 위해서 식 (2.5) 대신에 다음과 같은 식 (2.12)를 사용한다.

$$\Delta G^o = \left(\sum \nu_i \Delta \overline{G}_{f,i}^o\right)_{생성물} - \left(\sum \nu_i \Delta \overline{G}_{f,i}^o\right)_{반응물} \qquad (2.12)$$

여기서, ν_i는 화학양론적 계수이고, $\Delta \overline{G}_{f,i}^o$는 표준상태에서 화학종 i의 몰당 표준생성 자유에너지를 나타낸다.

식 (2.7)의 ΔG^o를 식 (2.12)의 형태로 표현하면 다음과 같다.

$$\Delta G^o = \left(\nu_{Ca^{2+}}\right)\left(\Delta \overline{G}^o_{f,Ca^{2+}}\right) + \left(\nu_{HCO_3^-}\right)\left(\Delta \overline{G}^o_{f,HCO_3^-}\right) - \left(\nu_{CaCO_{3(s)}}\right)\left(\Delta \overline{G}^o_{f,CaCO_{3(s)}}\right) - \left(\nu_{H^+}\right)\left(\Delta \overline{G}^o_{f,H^+}\right) \quad (2.13)$$

예제 2.12

표준상태에서 H_2O가 H^+와 OH^-로 해리되는 경우와 H^+와 OH^-가 결합하여 H_2O가 생성되는 경우의 ΔG^o(kcal)는?

Solution

H_2O가 해리되는 반응은 다음과 같다.

$$H_2O_{(l)} \rightarrow H^+ + OH^-$$

$\Delta G^o = \left(\sum \nu_i \Delta \overline{G}^o_{f,i}\right)_{생성물} - \left(\sum \nu_i \Delta \overline{G}^o_{f,i}\right)_{반응물}$에서

화학종	$\Delta \overline{G}_f^o$ (kcal/mol)
H_2O	−56.69
H^+	0
OH^-	−37.60

$$\begin{aligned}\Delta G^o &= (1\ \text{mol})(0\ \text{kcal/mol}) + (1\ \text{mol})(-37.60\ \text{kcal/mol}) - (1\ \text{mol})(-56.69\ \text{kcal/mol}) \\ &= +19.09\ \text{kcal}\end{aligned}$$

H_2O로 결합하는 반응은 다음과 같다.

$$H^+ + OH^- \rightarrow H_2O_{(l)}$$

그러므로

$$\begin{aligned}\Delta G^o &= (1\ \text{mol})(-56.69\ \text{kcal/mol}) - (1\ \text{mol})(0\ \text{kcal/mol}) + (1\ \text{mol})(-37.60\ \text{kcal/mol}) \\ &= -19.09\ \text{kcal}\end{aligned}$$

반응의 방향이 반대로 됨에 따라 ΔG^o의 크기는 같으나 부호가 반대로 나타난다. 그리고 H_2O로 결합하는 반응은 (−)로 나타나 자발적이고, H_2O가 분해되는 반응은 (+)로 나타나 비자발적이라는 것을 알 수 있다. 이는 물은 표준상태에서 이온 상태로 존재하는 것이 아니라 분자 상태로 존재한다는 것을 의미한다. 그러므로 순수한 물의 상태에서는 이온이 거의 존재하지 않아 전기가 잘 통하지 않는다.

ΔG^o는 표준상태(1기압, 25℃)에서의 ΔG로서, ΔG의 특별한 조건(표준 상태)에

서만 적용할 수 있다. 그러므로 일반적인 상태에서 어떤 물질의 자유에너지는 다음과 같이 표준상태에서의 자유에너지에 일반적인 조건의 값을 더한 것으로 정의할 수 있다.

$$\Delta \overline{G}_i = \Delta \overline{G}^o_{f,i} + RT\ln\{i\} \tag{2.14}$$

여기서, $\Delta \overline{G}_i$: 비표준상태에서 화학종 i의 몰당 자유에너지, kcal/mol

$\{i\}$: 화학종 i의 활동도(activity)

R : 이상기체상수(1.987 cal/mol · K)

T : 절대온도(켈빈온도)

이상 용액에서는 활동도 대신 몰농도를 사용할 수 있으나, 실제 용액에서는 활동도와 몰농도가 일치하지 않는 경우가 많다. 이는 분자 간의 상호작용이 활동도에는 영향을 미치나 몰농도에는 영향을 미치지 않는 경우가 있기 때문이다. 활동도는 실제 반응에 활동한 정도를 나타낸 값이나, 몰농도는 활동 정도와는 관계없이 존재하는 농도만을 의미한다. 그러므로 몰농도가 높아질수록 실제 반응에 관여하는 정도가 낮아질 수 있다. 마치 여러 명의 학생을 한 팀으로 묶어 하나의 과제를 제시하면, 그 과제에 실제 참여하는 학생 수는 감소할 수 있다. 이 경우 전체 학생 수는 몰농도, 실제 과제에 참여한 학생 수는 활동도로 생각할 수 있다. 만약 한 사람에게 하나의 과제를 주면, 그 학생은 과제에 100% 참여할 것이다. 이 경우는 활동도와 몰농도를 일치할 때와 유사하며, 몰농도가 아주 묽을 때다.

물질의 활동도를 결정하는 기준은 다음과 같다.

(1) 용액 중의 이온과 분자의 경우

$$\{i\} = \gamma_i [i]$$

여기서, γ_i는 화학종 i의 활동도계수(activity coefficient)로서, 용액이 묽어져 화학종 i의 농도가 낮아지면 γ_i는 증가하여 1에 접근하고, γ_i가 1이 되면 $\{i\} = [i]$가 된다. 즉 활동도 대신 몰농도를 사용할 수 있다.

(2) 용액 중의 용매인 경우

$$\{i\} = \gamma_i X_i$$

여기서, X_i는 용매로서 i의 몰분율이다. 마찬가지로 용액이 묽을수록 γ_i는 증가하여 1에 접근한다. 일반적으로 용매의 활동도는 용액이 묽으므로 1로 본다.

(3) 용액과 평형을 이루고 있는 순수한 고형물 또는 액체의 경우

$$\{i\} = 1$$

(4) 용액과 평형을 이루고 있는 기체의 경우

$$\{i\} = \gamma_i P_i$$

여기서, P_i는 가스의 부분압력이다.

(5) 액체 혼합물의 경우

$$\{i\} = X_i$$

여기서, X_i는 몰분율이다.

그러므로 다음 식의 관계에서

$$\Delta G = \left(\sum \nu_i \overline{G}_i\right)_{\text{생성물}} - \left(\sum \nu_i \overline{G}_i\right)_{\text{반응물}}$$

앞에서 다룬, 석회석($CaCO_3$)이 산(H^+)에 용해되어 칼슘이온(Ca^{2+})과 중탄산이온(HCO_3^-)으로 분해되는 반응을 예로 이용하면,

$$CaCO_{3(s)} + H^+ \rightarrow Ca^{2+} + HCO_3^-$$

$$\begin{aligned}
\Delta G &= \left(\sum \nu_i \overline{G}_i\right)_{\text{생성물}} - \left(\sum \nu_i \overline{G}_i\right)_{\text{반응물}} \\
&= \left(\Delta \overline{G}^o_{f,\mathrm{HCO_3^-}} + RT\ln\{\mathrm{HCO_3^-}\}\right) + \left(\Delta \overline{G}^o_{f,\mathrm{Ca^{2+}}} + RT\ln\{\mathrm{Ca^{2+}}\}\right) \\
&\quad - \left(\Delta \overline{G}^o_{f,\mathrm{CaCO_{3(s)}}} + RT\ln\{\mathrm{CaCO_{3(s)}}\}\right) - \left(\Delta \overline{G}^o_{f,\mathrm{H^+}} + RT\ln\{\mathrm{H^+}\}\right) \\
&= \left(\Delta \overline{G}^o_{f,\mathrm{HCO_3^-}} + \Delta \overline{G}^o_{f,\mathrm{Ca^{2+}}} - \Delta \overline{G}^o_{f,\mathrm{CaCO_{3(s)}}} - \Delta \overline{G}^o_{f,\mathrm{H^+}}\right) \\
&\quad + \left(RT\ln\{\mathrm{HCO_3^-}\} + RT\ln\{\mathrm{Ca^{2+}}\} - RT\ln\{\mathrm{CaCO_{3(s)}}\} - RT\ln\{\mathrm{H^+}\}\right)
\end{aligned} \tag{2.15}$$

$\Delta G^o = \left(\Delta \overline{G}^o_{f,\mathrm{HCO_3^-}} + \Delta \overline{G}^o_{f,\mathrm{Ca^{2+}}} - \Delta \overline{G}^o_{f,\mathrm{CaCO_{3(s)}}} - \Delta \overline{G}^o_{f,\mathrm{H^+}}\right)$이므로, 위 식을 정리하면,

$$\Delta G = \Delta G^o + RT\ln\frac{\{HCO_3^-\}\{Ca^{2+}\}}{\{CaCO_{3(s)}\}\{H^+\}} \tag{2.16}$$

순수한 고형물 $CaCO_{3(s)}$의 활동도는 1이고, 묽은 용액이라고 가정하면 각 이온의 활동도계수는 1이 되므로 각 이온의 활동도 대신 몰농도를 사용할 수 있다. 그러므로 식 (2.16)은 다음과 같이 전환된다.

$$\Delta G = \Delta G^o + RT\ln\frac{[HCO_3^-][Ca^{2+}]}{[H^+]} \tag{2.17}$$

식 (2.17)에서 오른쪽 대수항은 반응지수(reaction quotient, Q)라고 정의된다.

$$Q = \frac{\{HCO_3^-\}\{Ca^{2+}\}}{\{CaCO_{3(s)}\}\{H^+\}} \tag{2.18}$$

반응지수는 반응에 관여하는 생성물의 활동도 곱에 대한 반응물의 활동도 곱의 비로써, 전체적인 형태는 평형상수와 동일하다. 그러나 반응지수는 반응이 진행됨에 따라 반응물과 생성물의 활동도는 계속 변하므로 그에 따라 반응지수도 계속 변한다. 계속된 반응으로 인해 정반응 속도와 역반응 속도가 같은 평형상태에 도달되는데, 그때의 반응지수를 평형상수(equilibrium constant)라고 한다. 즉 평형상태에서의 반응지수를 평형상수라고 부른다.

마찬가지로 묽은 용액에서는 활동도계수가 1이므로 활동도 대신 몰농도를 사용할 수 있다.

$$Q = \frac{[HCO_3^-][Ca^{2+}]}{[H^+]} \tag{2.19}$$

여기서, { }는 활동도를 표시하는 데 사용되고, [ ]는 몰농도를 표시하는 데 사용된다. 그러므로 식 (2.17)은 다음과 같이 정리된다.

$$\Delta G = \Delta G^o + RT\ln Q \tag{2.20}$$

다음과 같은 일반 반응에서

$$aA + bB \rightleftarrows cC + dD$$

반응지수는 다음과 같이 정의된다.

$$Q = \frac{\{C\}^c\{D\}^d}{\{A\}^a\{B\}^b} = \frac{\text{생성물의 활동도곱}}{\text{반응물의 활동도곱}} \tag{2.21}$$

묽은 용액에서는

$$Q = \frac{[C]^c[D]^d}{[A]^a[B]^b} = \frac{\text{생성물의 농도곱}}{\text{반응물의 농도곱}} \tag{2.22}$$

여기서, Q는 2장 초반에서 언급한 C_R과 같은 의미이다.

식 (2.22)를 ΔG를 정의하는 식 (2.20)에 대입하여 정리할 수 있다.

식 (2.20)에서 계가 평형상태에 도달하면, 평형상수의 정의에 따라 $Q=K$가 되고 $\Delta G=0$이 된다.

$$0 = \Delta G^o + RT\ln K \tag{2.23}$$

위 식 (2.23)을 ΔG^o에 대해 정리하면

$$\Delta G^o = -RT\ln K \tag{2.24}$$

이 식은 매우 중요한 의미가 있는데, ΔG^o를 계산하면 평형상수 K를 손쉽게 구할 수 있다는 것이다. 즉 어떤 물질들의 표준생성 자유에너지($\Delta \overline{G_f^o}$)를 계산하면, ΔG^o를 계산할 수 있고, ΔG^o를 계산하면 평형상수 K를 계산할 수 있다.

식 (2.24)를 식 (2.20)에 대입하여 정리하면,

$$\Delta G = -RT\ln K + RT\ln Q = RT\ln\frac{Q}{K} \tag{2.25}$$

위 식 (2.25)에서 이상기체상수 R과 절대온도 T(절대온도 0 K 제외)는 항상 양(+)의 값을 가지므로, ΔG의 부호를 결정하는 것은 Q/K, 즉 평형상수에 대한 반응지수의 비이다.

정반응을 기본으로 하여 살펴보면, 반응 초기에는 생성물이 거의 없으므로 반응지수는 0에 가깝다. 반응이 진행되어 생성물의 농도가 증가함에 따라 반응지수는 점차 증가하게 된다. 이때 평형상수는 고정된 값이므로 Q/K는 점차 증가하게 되고 그 값은 1보다 작다. 평형상태에 도달하게 되면 $Q=K$가 되어 Q/K는 1이 된다. 정반응이 진행 방향인 경우 Q/K가 1보다 클 수는 없으므로, Q/K가 1보다 크다는 것은 정반응이 아니고 역반응이 자발적으로 진행된다는 것을 의미한다. 이를 정리하면 다음과 같다.

표 2.3. **반응의 진행 방향 판단 방법**

	ΔG	Q/K 비	Q와 K 관계
정반응 진행	$\Delta G<0$	$Q/K<1$	$Q<K$
역반응 진행	$\Delta G>0$	$Q/K>1$	$Q>K$
평형상태	$\Delta G=0$	$Q/K=1$	$Q=K$

예제 2.13

Q&A

25℃에서 묽은 초산 용액의 $K_a=1.8\times10^{-5}$이다. 다음 반응의 ΔG^o(kcal/mol)는? 또한, 표준상태에서 이 반응의 진행 방향은? 단, 이상기체상수, $R=1.987$ cal/mol·K

$$CH_3COOH_{(aq)} + H_2O \rightleftarrows CH_3COO^-_{(aq)} + (H_2O)H^+_{(aq)}$$

Solution

$\Delta G^o=-RT\ln K_a$에서

$$\Delta G^o=-RT\ln K_a = -(1.987\times10^{-3}\text{ kcal/mol}\cdot\text{K})(298\text{ K})\cdot\ln(1.8\times10^{-5})$$
$$= +6.47\text{ kcal/mol}$$

ΔG^o가 +6.47 kcal/mol로 양의 값을 가지므로 이 반응은 표준상태에서 역반응 방향으로 진행된다.

예제 2.14

Q&A

표준상태에서 1몰의 초산이온(CH_3COO^-)이 미생물에 의해 다음과 같이 산화되어 분해될 때, 미생물이 획득하는 자유에너지(ΔG^o, kcal)는?

$$CH_3COO^- + 2O_{2(aq)} \rightarrow HCO_3^- + CO_{2(aq)} + H_2O_{(l)}$$

Solution

각 화학종의 $\Delta\overline{G_f^o}$는 다음과 같다.

화학종	$\Delta\overline{G_f}^o$ (kcal/mol)
CH_3COO^-	−89.0
$O_{2(aq)}$	+3.93
HCO_3^-	−140.31
$CO_{2(aq)}$	−92.31
$H_2O_{(l)}$	−56.69

$$\Delta G^o = \left(\sum \nu_i \Delta \overline{G}_f^o\right)_{생성물} - \left(\sum \nu_i \Delta \overline{G}_f^o\right)_{반응물}$$

$= [(1\text{ mol})\times(-140.31\text{ kcal/mol}) + (1\text{ mol})\times(-92.31\text{ kcal/mol}) + (1\text{ mol})\times(-56.69\text{ kcal/mol})] - [(1\text{ mol})\times(-89.0\text{ kcal/mol}) + (2\text{ mol})\times(3.93\text{ kcal/mol})]$

$= -208.17\text{ kcal}$

음의 값을 나타내므로 자유에너지가 방출되고, 방출된 208.17 kcal를 미생물이 획득한다.

예제 2.15

다음과 같은 기체 반응이 발생하였다.

$$A_{(g)} + 2B_{(g)} \rightarrow 2C_{(g)}$$

25℃, 평형상태에서 각 성분의 분압이 $P_A = 0.12$ atm, $P_B = 0.75$ atm, $P_C = 0.53$ atm로 측정되었을 때, 이 반응의 ΔG^o(kcal/mol)는? 단, 이상기체상수, $R = 1.987$ cal/mol·K

Solution

기체 반응의 평형상태이므로 K_c 대신 K_P를 사용한다.

$$K_P = \frac{P_C^2}{P_A \cdot P_B^2} = \frac{(0.53\text{ atm})^2}{0.12\text{ atm} \times (0.75\text{ atm})^2} = 4.16\text{ atm}^{-1}$$

이상기체 반응에서

$$\Delta G^o = -RT\ln K_P$$
$$= -(1.987\times10^{-3}\text{ kcal/mol}\cdot\text{K})(298\text{ K})\cdot\ln(4.16) = -0.844\text{ kcal/mol}$$

예제 2.16

25℃, pH 5에서 석회석($CaCO_{3(s)}$)이 아래 반응식과 같이 반응할 때, 석회석은 산에 용해되어 칼슘이온(Ca^{2+})과 중탄산이온(HCO_3^-)으로 분해되는가, 되지 않는가? 만약 50℃, pH 6에서 각 생성물의 농도가 10^{-2} M일 때, 이 반응은 자발적으로 발생하는가? 단, 이상기체상수, $R = 1.987$ cal/mol·K

$$CaCO_{3(s)} + H^+ \rightarrow Ca^{2+} + HCO_3^-$$

Solution

$\Delta G = \Delta G^o + RT\ln Q$에서 ΔG^o를 먼저 계산한다.

$$\Delta G^o = \left(\sum \nu_i \Delta \overline{G}_f^o\right)_{생성물} - \left(\sum \nu_i \Delta \overline{G}_f^o\right)_{반응물}$$

화학종	$\Delta\overline{G_f}^o$ (kcal/mol)
$CaCO_{3(s)}$	−269.78
H^+	0
Ca^{2+}	−132.18
HCO_3^-	−140.31

ΔG^o를 계산하기 위해 각 화학종의 $\Delta\overline{G_f^o}$를 조사해 보면 다음과 같다.

$$\begin{aligned}\Delta G^o &= [(1\text{ mol})\times(-132.18\text{ kcal/mol})+(1\text{ mol})\times(-140.31\text{ kcal/mol})] \\ &\quad - [(1\text{ mol})\times(-269.78\text{ kcal/mol})+(1\text{ mol})\times(0\text{ kcal/mol})] \\ &= -2.71\text{ kcal}\end{aligned}$$

ΔG^o는 표준상태(25℃)에서의 ΔG를 의미하고 ΔG^o는 음의 값인 −2.71 kcal이므로, 표준상태에서 이 반응은 표시된 정반응 방향대로 자발적으로 발생한다.

그러나 50℃, pH 6에서 각 반응물의 농도와 생성물의 농도가 모두 10^{-2} M인 조건을 고려하면 다음과 같다. pH=6이므로 $-\log[H^+]=6$, $[H^+]=10^{-6}$ M이고 순수한 고형물인 $CaCO_{3(s)}$의 경우, $\{CaCO_{3(s)}\}=1$이다.

$$Q=\frac{\{Ca^{2+}\}\{HCO_3^-\}}{\{CaCO_{3(s)}\}\{H^+\}}=\frac{[Ca^{2+}][HCO_3^-]}{[H^+]}=\frac{(10^{-2})(10^{-2})}{(10^{-6})}=10^2$$

$\Delta G=\Delta G^o+RT\ln Q$에서 각 값을 대입하면,

$$\begin{aligned}\Delta G &= \Delta G^o+RT\ln Q \\ &= -2.71\text{ kcal}+(1.987\times10^{-3}\text{ kcal/mol}\cdot\text{K})(323\text{ K})\cdot\ln(10^2) \\ &= -2.71\text{ kcal}+2.95\text{ kcal} = 0.24\text{ kcal}\end{aligned}$$

표준상태에서는 반응이 자발적으로 발생하였으나, 온도가 증가하고 pH 및 농도가 제시된 상태에서는 ΔG가 +0.24 kcal로 작은 값이지만 양의 값을 가지므로 이 반응은 정반응 방향의 자발적인 진행이 어렵다.

실제 반응의 진행 여부를 알기 위해서는 ΔG^o가 아니라 반드시 ΔG의 값을 살펴보아야 한다.

예제 2.17

Q&A

25℃에서 다음 반응의 평형상수 K_P는? 단, $\Delta G^o_{f,Cl_{2(g)}}$ 와 $\Delta G^o_{f,HCl_{(g)}}$ 는 각각 0 kcal/mol와 −22.74 kcal/mol이다. 단, 이상기체상수는 1.987 cal/mol·K

$$H_{2(g)} + Cl_{2(g)} \rightleftarrows 2HCl_{(g)}$$

Solution

$$\Delta G^o = \left(\sum \nu_i \Delta \overline{G}_f^o\right)_{\text{생성물}} - \left(\sum \nu_i \Delta \overline{G}_f^o\right)_{\text{반응물}}$$

$$\Delta G^o = 2\Delta \overline{G}^o_{f,\mathrm{HCl}_{(g)}} = (2\ \mathrm{mol})(-22.74\ \mathrm{kcal/mol}) = -45.58\ \mathrm{kcal}$$

$\Delta G^o = -RT\ln K_P$에서

$$-45.58\ \mathrm{kcal} = -(1.987\times10^{-3}\ \mathrm{kcal/mol\cdot K})(298\ \mathrm{K})\cdot \ln K_P$$

$$K_P = 2.76\times10^{33}$$

여기서 단위는 $K_P = \dfrac{P^2_{\mathrm{HCl}}}{P_{\mathrm{H}_2}\cdot P_{\mathrm{Cl}_2}} = \dfrac{\mathrm{atm}^2}{\mathrm{atm}^2} = -$

그러므로 평형상수의 단위는 고정되는 것이 아니라 반응의 종류에 따라 달라진다는 것을 알 수 있다.

예제 2.18

Q&A

25℃, 표준상태에서 다음 평형이 이루어졌다.

$$N_{2(g)} + 3H_{2(g)} \rightleftarrows 2NH_{3(g)} \qquad \Delta G^o = -7.95\ \mathrm{kcal}$$

$P_{\mathrm{N}_2} = 0.05$ atm, $P_{\mathrm{H}_2} = 0.10$ atm, $P_{\mathrm{NH}_3} = 0.60$ atm일 때, 반응의 진행방향은? 또한, 각 성분의 분압이 10배가 될 때의 진행방향은? 단, 이상기체상수, $R = 1.987$ cal/mol·K

Solution

$\Delta G^o = -RT\ln K_P$에서

$$-7.95\ \mathrm{kcal} = -(1.987\times10^{-3}\ \mathrm{kcal/mol\cdot K})(298\ \mathrm{K})\cdot \ln K_P$$

$$K_P = 6.8\times10^5\ \mathrm{atm}^{-2}$$

여기서, 단위는 $K_P = \dfrac{P^2_{\mathrm{NH}_3}}{P_{\mathrm{N}_2}\cdot P^3_{\mathrm{H}_2}} = \dfrac{\mathrm{atm}^2}{\mathrm{atm}^4} = \mathrm{atm}^{-2}$

압력의 변화가 발생하면 평형상태가 아니므로, 반응지수(Q_P)도 변화한다.

$$Q_P = \frac{P^2_{\mathrm{NH}_3}}{P_{\mathrm{N}_2}\cdot P^3_{\mathrm{H}_2}} = \frac{(0.6\ \mathrm{atm})^2}{(0.05\ \mathrm{atm})(0.10\ \mathrm{atm})^3} = 7200\ \mathrm{atm}^{-2}$$

$$\frac{Q_P}{K_P} = \frac{7200}{6.8\times10^5} = 0.0106 < 1$$

그러므로 이 경우 정반응 방향으로 진행한다.

또한, 각 성분의 압력이 10배 감소하면,

$$Q_P = \frac{P_{NH_3}^2}{P_{N_2} \cdot P_{H_2}^3} = \frac{(0.06\ \text{atm})^2}{(0.005\ \text{atm})(0.01\ \text{atm})^3} = 7.2\times10^5\ \text{atm}^{-2}$$

$$\frac{Q_P}{K_P} = \frac{7.2\times10^5}{6.8\times10^5} = 1.06 > 1$$

이 경우는 역반응 방향으로 진행한다.

예제 2.19

1,000℃에서 각 반응의 평형상수를 측정하였더니 다음과 같았다.

$$C_{(s)} + 2H_2O_{(g)} \rightleftarrows CO_{2(g)} + 2H_{2(g)} \qquad K_P = 3.85\ \text{atm} \qquad (1)$$

$$H_{2(g)} + CO_{2(g)} \rightleftarrows H_2O_{(g)} + CO_{(g)} \qquad K_P = 0.71 \qquad (2)$$

다음 반응의 평형상수는? 단, 이상기체상수, $R = 1.987$ cal/mol·K

$$C_{(s)} + CO_{2(g)} \rightleftarrows 2CO_{(g)} \qquad (3)$$

Solution

식 (1)과 식 (2)의 관계로부터 우리가 찾고자 하는 식 (3)을 구해야 한다.
식 (1)+2×식 (2)를 하면 식 (3)이 도출됨을 알 수 있다.
화학 반응에서 반응열은 그 반응의 시작과 끝 상태만으로 결정되며, 도중의 경로에는 관계하지 않는다는 Hess의 법칙에 의하면,
식 (3)의 ΔG^o = 식 (1) ΔG^o + 2×식 (2) ΔG^o
식 (1)의 ΔG^o는 $\Delta G^o = -RT\ln K_P$의 관계에서 구한다.

$$\begin{aligned}\Delta G^o &= -RT\ln K_P \\ &= -(1.987\times10^{-3}\ \text{kcal/mol}\cdot\text{K})(1{,}273\ \text{K})\cdot\ln(3.85\ \text{atm}) \\ &= -3.408\ \text{kcal/mol}\end{aligned}$$

식 (2)의 ΔG^o도 마찬가지로 구한다.

$$\begin{aligned}\Delta G^o &= -RT\ln K_P \\ &= -(1.987\times10^{-3}\ \text{kcal/mol}\cdot\text{K})(1{,}273\ \text{K})\cdot\ln(0.71\ \text{atm}) \\ &= +0.866\ \text{kcal/mol}\end{aligned}$$

식 (3)의 ΔG^o는
식 (3) ΔG^o = 식 (1) ΔG^o + 2×식 (2) ΔG^o
= $(-3.408\ \text{kcal/mol}) + 2\times(+0.866\ \text{kcal/mol})$ = -1.676 kcal/mol

식 (3)의 K_P는 $\Delta G^o = -RT\ln K_P$에서

$$-1.676\ \text{kcal/mol} = -(1.987\times10^{-3}\ \text{kcal/mol}\cdot\text{K})(1{,}273\ \text{K})\cdot\ln(K_P)$$

$$K_P = 1.94\ \text{atm}$$

여기서, $\{C_{(s)}\} = 1$이므로 단위는

$$K_P = \frac{\{CO_{(g)}\}^2}{\{C_{(s)}\}\{CO_{2(g)}\}} = \frac{[CO_{(g)}]^2}{[CO_{2(g)}]} = \frac{\text{atm}^2}{\text{atm}} = \text{atm}$$

예제 2.20

Q&A

소석회(lime, $Ca(OH)_2$)는 수처리 응집 공정에서 자주 이용되거나 독성 중금속을 침전 제거하기 위해서도 자주 사용된다. 만약 25℃, 500 L의 물이 있는 반응기에 과잉의 고형 소석회가 있다고 가정할 때, 각각 10^{-8} M의 Ca^{2+}와 OH^-가 용해되어 있다면, 소석회는 계속 용해될 것인가? 평형상태인가? 아니면 소석회가 침전하는가? 단, 이상기체상수, $R=$ 1.987 cal/mol·K

Solution

소석회의 용해반응은 다음과 같다.

$$Ca(OH)_2 \rightleftarrows Ca^{2+} + 2OH^-$$

먼저, $\Delta G = \Delta G^o + RT\ln Q$에서 ΔG^o를 먼저 계산한다.

$$\Delta G^o = \left(\sum \nu_i \Delta \overline{G}_f^o\right)_{생성물} - \left(\sum \nu_i \Delta \overline{G}_f^o\right)_{반응물}$$

ΔG^o를 계산하기 위해 표 2.2를 이용하여 각 화학종의 $\Delta \overline{G}_f^o$를 조사해 보면 다음과 같다.

화학종	$\Delta \overline{G}_f^o$ (kcal/mol)
$Ca^{2+}_{(aq)}$	−132.18
$OH^-_{(aq)}$	−37.595
$Ca(OH)_{2(s)}$	−214.04

$$\begin{aligned}\Delta G^o &= [(1\ \text{mol})\times(-132.18\ \text{kcal/mol}) + (2\ \text{mol})\times(-37.595\ \text{kcal/mol})] \\ &\quad - [(1\ \text{mol})\times(-214.04\ \text{kcal/mol})] \\ &= +6.67\ \text{kcal}\end{aligned}$$

순수한 고형물인 $Ca(OH)_{2(s)}$의 활동도는 1이므로, $\{Ca(OH)_{2(s)}\} = 1$

$$Q = \frac{\{Ca^{2+}\}\{OH^-\}^2}{\{Ca(OH)_{2(s)}\}} = [Ca^{2+}][OH^-]^2 = (10^{-8})(10^{-8})^2 = 10^{-24}$$

반응지수 Q 값이 10^{-24}로 매우 낮다는 것은 정반응 방향의 용해반응이 거의 발생하지 않는다는 것을 의미한다. 그러나 정확한 것은 ΔG를 계산해 봐야 알 수 있다.
$\Delta G = \Delta G^o + RT\ln Q$에서 각 값을 대입하면,

$$\begin{aligned}\Delta G &= \Delta G^o + RT\ln Q \\ &= +6.67\text{ kcal} + (1.987\times10^{-3}\text{ kcal/mol}\cdot\text{K})(298\text{ K})\cdot\ln(10^{-24}) \\ &= +6.67\text{ kcal} + (-32.72\text{ kcal}) = -26.05\text{ kcal}\end{aligned}$$

ΔG 값이 음의 값을 나타내므로 이 반응은 오른쪽으로 진행된다. 즉 소석회는 계속 용해된다. 그러므로 ΔG^o 값이 양의 값이고 Q 값이 매우 낮아서 정반응이 이루어지지 않을 것으로 판단했으나, 실제 ΔG를 계산해 보니 음의 값으로 나타나 정반응이 진행한다는 것을 알 수 있다. 그러므로 반드시 ΔG를 계산하여 반응의 진행 여부를 판단하여야 한다.

예제 2.21

25℃, 오염된 강물의 용존산소 농도는 4 mg/L였다. 대기 중의 산소가 물속에 녹아들어 갈 것인가, 아니면 물속의 용존산소가 대기 중으로 방출될 것인가? 단, 이상기체상수, R = 1.987 cal/mol · K

Solution

이에 대한 해답은 ΔG를 계산하여 구할 수 있다. 물속의 용존산소가 대기 중의 산소로 전환되는 반응은 다음과 같이 표시할 수 있다.

$$O_{2(aq)} \rightleftarrows O_{2(g)}$$

$\Delta G = \Delta G^o + RT\ln Q$에서 ΔG^o를 먼저 계산한다.

$$\Delta G^o = \left(\sum \nu_i \Delta \overline{G}_f^o\right)_{\text{생성물}} - \left(\sum \nu_i \Delta \overline{G}_f^o\right)_{\text{반응물}}$$

ΔG^o를 계산하기 위해 표 2.2를 이용하여 각 화학종의 $\Delta \overline{G}_f^o$를 조사해 보면 다음과 같다.

화학종	$\Delta \overline{G}_f^o$ (kcal/mol)
$O_{2(g)}$	0
$O_{2(aq)}$	3.93

$$\Delta G^o = [(1\text{ mol})\times(0\text{ kcal/mol}) - (1\text{ mol})\times(3.93\text{ kcal/mol})] = -3.93\text{ kcal}$$

$$\Delta G = \Delta G^o + RT\ln Q = \Delta G^o + RT\ln\frac{\{O_{2(g)}\}}{\{O_{2(aq)}\}}$$

일반적으로 가스의 활동도를 표시하는 대표적인 방법은 가스의 부분압을 표시하는 것이다. 그러므로 $[O_{2(g)}]$는 공기 중 산소의 부분압(P_{O_2})으로 표시한다. 공기 중 산소의 부분압(P_{O_2})은 0.209 atm이다. 물속에 용해된 용존산소의 농도는 적다고 가정할 수 있어 용존산소의 활동도는 몰농도로 생각할 수 있다. 그러므로 위 식은 다음과 같이 전개된다.

$$\Delta G = \Delta G^o + RT\ln\frac{P_{O_2}}{[O_{2(aq)}]}$$

물속의 용존산소 농도, $[O_{2(aq)}]$는

$$[O_{2(aq)}] = \frac{4\text{ mg }O_2}{\text{L}}\left|\frac{1\text{ g }O_2}{1{,}000\text{ mg }O_2}\right|\frac{1\text{ mol }O_2}{32\text{ g }O_2} = 1.25\times10^{-4}\text{ M }O_2$$

$$\begin{aligned}\Delta G &= \Delta G^o + RT\ln\frac{P_{O_2}}{[O_{2(aq)}]}\\ &= -3.93\text{ kcal} + (1.987\times10^{-3}\text{ kcal/mol}\cdot\text{K})(298\text{ K})\cdot\ln(0.209\text{ atm}/1.25\times10^{-4}\text{ M})\\ &= -3.93\text{ kcal} + 4.39\text{ kcal} = 0.46\text{ kcal}\end{aligned}$$

이 경우 $\Delta G>0$이므로 역반응이 자발적으로 일어난다. 즉 공기 중의 산소가 물속으로 용해된다.

예제 2.22

Q&A

25℃, 물속에서 산소가 용해될 때의 Henry 상수(K_H)는? 계산된 Henry 상수를 인터넷 상에서 구한 Henry 상수와 비교하시오. 단, 이상기체상수, $R = 1.987$ cal/mol · K

Solution

Henry 상수(K_H)는 기체가 액체에 용해되는 경우의 평형상수이므로, 대기 중의 산소가 물속의 용존산소로 전환되는 반응은 다음과 같이 표시할 수 있다.

$$O_{2(g)} \rightleftarrows O_{2(aq)}$$

평형상태에서 $\Delta G^o = -RT\ln K_H$이다.

ΔG^o를 먼저 계산한다.

$$\Delta G^o = \left(\sum\nu_i\Delta\overline{G}_f^o\right)_{\text{생성물}} - \left(\sum\nu_i\Delta\overline{G}_f^o\right)_{\text{반응물}}$$

ΔG^o를 계산하기 위해 표 2.2.에서 제시된 각 화학종의 $\Delta\overline{G}_f^o$를 조사해 보면 다음과 같다.

화학종	$\Delta \overline{G_f}^o$ (kcal/mol)
$O_{2(g)}$	0
$O_{2(aq)}$	3.93

$$\Delta G^o = [(1 \text{ mol})\times(3.93 \text{ kcal/mol}) - (1 \text{ mol})\times(0 \text{ kcal/mol})] = +3.93 \text{ kcal}$$

$\Delta G^o = -RT\ln K_H$

$$+3.93 \text{ kcal} = -(1.987\times10^{-3} \text{ kcal/mol}\cdot\text{K})(298 \text{ K})\cdot\ln K_H$$

$$K_H = 1.31\times10^{-3} \text{ mol/L}\cdot\text{atm}$$

이는 인터넷 상에서 구한 Henry 상수, $K_H = 1.26\times10^{-3}$ mol/L · atm와 유사하다. 여기서, K_H의 단위는

$$K_H = \frac{\{O_{2(aq)}\}}{\{O_{2(g)}\}} = \frac{[O_{2(aq)}]}{P_{O_2}} = \frac{\text{mol/L}}{\text{atm}} = \text{mol/L}\cdot\text{atm}$$

예제 2.23

Q&A

Gibbs 자유에너지를 이용하여 다음 탄산(H_2CO_3)의 이온화반응에서 탄산(H_2CO_3)의 이온화 상수(K_i)는? 또한, 부록에 있는 산의 평형상수(K_a)와 비교한 결과는? 단, 표준상태라고 가정하고, 이상기체상수, $R = 1.987$ cal/mol · K

$$H_2CO_3 \rightleftarrows H^+ + HCO_3^-$$

Solution

$\Delta G^o = -RT\ln K_i$에서 K_i를 계산하기 위하여 ΔG^o를 먼저 계산한다.

$$\Delta G^o = \left(\sum \nu_i \Delta \overline{G}_f^o\right)_{\text{생성물}} - \left(\sum \nu_i \Delta \overline{G}_f^o\right)_{\text{반응물}}$$

ΔG^o를 계산하기 위해 표 2.2.에서 각 화학종의 $\Delta \overline{G}_f^o$를 조사해 보면 다음과 같다.

화학종	$\Delta \overline{G_f}^o$ (kcal/mol)
$H^+_{(aq)}$	0
$HCO_3^-{}_{(aq)}$	−140.31
$H_2CO_{3(aq)}$	−149.00

$$\Delta G^o = [(1 \text{ mol})\times(0 \text{ kcal/mol}) + (1 \text{ mol})\times(-140.31 \text{ kcal/mol})] - [(1 \text{ mol})\times(-149.00 \text{ kcal/mol})]$$

$$= +8.69 \text{ kcal}$$

$$\Delta G^o = -RT\ln K_i$$

$$+8.69 \text{ kcal} = -(1.987\times10^{-3} \text{ kcal/mol}\cdot\text{K})(298 \text{ K})\cdot\ln K_i$$

$$K_i = 4.23\times10^{-7} \text{ mol/L}$$

이는 부록에 있는 탄산의 평형상수 $pK_a = 6.3$에서 $-\log K_a = 6.3$,

$$K_a = 10^{-6.3} = 10^{+0.7}\times10^{-7} = 5.01\times10^{-7} \text{ mol/L}$$

이는 탄산의 이온화상수와 유사하다.
탄산을 이온화반응으로 계산할 때는 아래 식을 이용한다.

$$H_2CO_3 \rightleftarrows H^+ + HCO_3^-$$

$$K_i = \frac{\{H^+\}\{HCO_3^-\}}{\{H_2CO_3\}} = \frac{[H^+][HCO_3^-]}{[H_2CO_3]}$$

또한, 탄산을 산-염기 반응으로 계산할 때는 산의 평형상수 식을 사용한다.
$\{H_2O_{(l)}\} = 1$이므로

$$\underset{\text{산}}{H_2CO_3} + \underset{\text{염기}}{H_2O} \rightleftarrows (H_2O)H^+ + HCO_3^-$$

$$K_a = \frac{\{H^+\}\{HCO_3^-\}}{\{H_2CO_3\}\{H_2O_{(l)}\}} = \frac{[H^+][HCO_3^-]}{[H_2CO_3]}$$

그러므로 이 경우, 이온화상수(K_i)와 산의 평형상수(K_a)는 같은 것으로 간주할 수 있다.

예제 2.24

Gibbs 자유에너지를 이용하여 다음 석회석($CaCO_3$)의 용해반응에서 석회석의 용해도곱(K_{sp})은? 또한, 부록에 있는 용해도곱과 비교한 결과는? 단, 표준상태라고 가정하고, 이상기체상수, $R = 1.987$ cal/mol·K

$$CaCO_{3(s)} \rightleftarrows Ca^{2+}{}_{(aq)} + CO_3^{2-}{}_{(aq)}$$

Solution

$\Delta G^o = -RT\ln K_{sp}$에서

ΔG^o를 먼저 계산한다.

$$\Delta G^o = \left(\sum \nu_i \Delta \overline{G}_f^o\right)_{\text{생성물}} - \left(\sum \nu_i \Delta \overline{G}_f^o\right)_{\text{반응물}}$$

ΔG^o를 계산하기 위해 표 2.2에 있는 각 화학종의 $\Delta \overline{G}_f^o$를 조사해 보면 다음과 같다.

화학종	$\Delta \overline{G}_f^o$ (kcal/mol)
$Ca^{2+}{}_{(aq)}$	− 132.18
$CO_3^{2-}{}_{(aq)}$	− 126.22
$CaCO_{3(s)}$	− 269.78

$$\begin{aligned}\Delta G^o &= [(1\ \text{mol})\times(-132.18\ \text{kcal/mol}) + (1\ \text{mol})\times(-126.22\ \text{kcal/mol})] \\ &\quad - [(1\ \text{mol})\times(-269.78\ \text{kcal/mol})] \\ &= +11.38\ \text{kcal}\end{aligned}$$

$$\Delta G^o = -RT\ln K_{sp}$$

$$+11.38\ \text{kcal} = -(1.987\times10^{-3}\ \text{kcal/mol}\cdot\text{K})(298\ \text{K})\cdot\ln K_{sp}$$

$$K_{sp} = 4\times10^{-9}\ \text{mol/L}$$

이는 부록에 있는 석회석($CaCO_3$)의 용해도곱 $K_{sp} = 5\times10^{-9}$ mol/L와 유사하다.

예제 2.25

연수화 과정은 물속에 존재하는 Ca^{2+}과 Mg^{2+} 등의 2가 양이온을 제거하는 공정이다. 이 과정 중에 탄산칼슘($CaCO_3$)의 슬러지가 발생하는데, 이 슬러지를 폐기물로 처리하는 것보다는 이 슬러지를 재활용하기 위해 재생석회화 과정을 거친다. 재생석회화 과정은 다음 반응과 같이 높은 온도로 가열하여 생석회(CaO)와 CO_2로 분해하는 과정이다.

$$CaCO_{3(s)} \rightleftarrows CaO_{(s)} + CO_{2(aq)}$$

만약 이 슬러지($CaCO_3$)를 $P_{CO_{2(g)}} = 10^{-3.5}$ atm인 25℃ 대기 중에 방치한다면, 탄산칼슘이 분해되는가? 단, 이상기체상수는 1.987 cal/mol·K이고 $CO_{2(g)}$의 Henry 상수는 1.71×10^{-6} mol/L·Pa이다.

Solution

탄산칼슘의 분해 여부를 알기 위해서는 ΔG 또는 Q/K를 계산해야 한다. ΔG를 계산하기 위해서는 ΔG^o를 먼저 계산해야 한다.

$$\Delta G^o = \left(\sum \nu_i \Delta \overline{G}_f^o\right)_{생성물} - \left(\sum \nu_i \Delta \overline{G}_f^o\right)_{반응물}$$

표 2.2를 통해 각 화학종의 $\Delta \overline{G}_f^o$를 알 수 있다.

화학종	$\Delta \overline{G_f^o}$ (kcal/mol)
$CaCO_{3(s)}$	−269.78
$CaO_{(s)}$	−144.4
$CO_{2(aq)}$	−92.31

$$\begin{aligned}\Delta G^o &= [(1\ \text{mol})\times(-144.4\ \text{kcal/mol}) + (1\ \text{mol})\times(-92.31\ \text{kcal/mol})] \\ &\quad - [(1\ \text{mol})\times(-269.78\ \text{kcal/mol})] \\ &= 33.07\ \text{kcal}\end{aligned}$$

$\Delta G^o = -RT\ln K$에서

$$33.07\ \text{kcal} = -(1.987\times10^{-3}\ \text{kcal/mol}\cdot\text{K})(298\ \text{K})\cdot\ln(K)$$
$$K = 5.55\times10^{-25}$$

평형상수가 5.55×10^{-25}로 매우 낮은 값이므로 자발적인 정반응이 일어나기 어렵다는 것을 짐작할 수 있으나, 정확한 것은 Q/K 비에 의해 구할 수 있다.

$$Q = \frac{\{CaO_{(s)}\}\{CO_{2(aq)}\}}{\{CaCO_{3(s)}\}} = \frac{(1)\{CO_{2(aq)}\}}{(1)}$$

$\{CO_{2(aq)}\}$를 알기 위해서는 $\{CO_{2(g)}\}$의 관계를 통한 Henry 상수를 알아야 한다.

$$CO_{2(g)} \rightleftarrows CO_{2(aq)}$$

$$K_H = \frac{\{CO_{2(aq)}\}}{\{CO_{2(g)}\}}$$

$$K_H = \frac{1.71\times10^{-6}\ \text{mol/L}}{\text{Pa}}\left|\frac{100\ \text{Pa}}{1\ \text{hPa}}\right|\frac{1{,}013\ \text{hPa}}{1\ \text{atm}} = 0.173\ \text{mol/L}\cdot\text{atm}$$

$$\{CO_{2(aq)}\} = K_H\times\{CO_{2(g)}\} = (0.173\ \text{mol/L}\cdot\text{atm})(10^{-3.5}\ \text{atm}) = 5.5\times10^{-5}\ \text{mol/L}$$

$$Q = \frac{\{CaO_{(s)}\}\{CO_{2(aq)}\}}{\{CaCO_{3(s)}\}} = \frac{(1)(5.5\times10^{-5})}{(1)} = 5.5\times10^{-5}$$

$$Q/K = (5.5\times10^{-5})/(5.55\times10^{-25}) = 9.9\times10^{19} > 1$$

그러므로 역반응이 일어나므로 탄산칼슘의 분해가 발생하지 않는다.

예제 2.26

Q&A

과망간산이온(MnO_4^-)은 산성 용액에서 다음과 같은 침전반응을 유발할 수 있다. 단, 공기 중 산소의 부분압(P_{O_2})은 0.209 atm이다.

$$4MnO_4^- + 4H^+ \rightleftarrows 4MnO_{2(s)} + 2H_2O + 3O_{2(g)} \qquad K = 10^{68}$$

(1) 만약 $[MnO_4^-] = 10^{-9}$ M, pH 6이면, 위 반응은 어느 방향으로 진행되겠는가?
(2) $[MnO_4^-] = 10^{-9}$ M에서 평형에 도달하려면 그때의 pH는?

Solution

(1) $K = 10^{68}$는 매우 큰 값이므로 자발적인 정반응이 잘 일어날 것으로 짐작할 수 있으나, 정확한 것은 Q/K 비에 의해 구할 수 있다.
pH 6은 $-\log[H^+] = 6$이므로, $[H^+] = 10^{-6}$ M

$$Q = \frac{\{MnO_{2(s)}\}^4\{H_2O\}^2\{O_{2(g)}\}^3}{\{MnO_4^-\}^4\{H^+\}^4} = \frac{[1]^4[1]^2(P_{O_{2(g)}})^3}{[MnO_4^-]^4[H^+]^4} = \frac{(0.209)^3}{(10^{-9})^4(10^{-6})^4} = 9.13 \times 10^{57}$$

위에서 $\{MnO_{2(s)}\}$는 순수한 고체이므로 1로 보고, $\{H_2O\} = 1$이다. 기체의 활동도는 압력으로 표현하고, 공기의 압력이 1 atm이므로 공기 중 산소의 분압은 0.209 atm으로 본다.

$Q/K = (9.13 \times 10^{57})/(10^{68}) = 9.13 \times 10^{-11} < 1$

그러므로 반응은 예상한 것과 마찬가지로 자발적인 정반응이 발생한다.

(2) 평형상태에서는 $Q = K$

$$K = \frac{\{MnO_{2(s)}\}^4\{H_2O\}^2\{O_{2(g)}\}^3}{\{MnO_4^-\}^4\{H^+\}^4} = \frac{[1]^4[1]^2(P_{O_{2(g)}})^3}{[MnO_4^-]^4[H^+]^4} = \frac{(0.209)^3}{(10^{-9})^4(H^+)^4} = 10^{68}$$

$[H^+] = 3 \times 10^{-9}$ M $= 10^{-8.52}$ M
$-\log[H^+] = -\log[10^{-8.52}] = 8.52$

예제 2.27

Q&A

하수를 채취하여 분석하였더니 혐기성 상태로서 pH 8.5이었고, 하수 중 Mn^{2+} 농도는 0.6 mg/L였다. 채취한 하수를 대기 중에서 10일간 자연 포기(aeration)하였더니 아래와 같은 반응이 발생하여 망간 침전물이 생성되었으며, Mn^{2+} 농도가 0.4 mg/L로 감소하였다. 단, 이상기체상수는 1.987 cal/mol·K이고, 산소의 Henry 상수 K_H는 25℃에서 1.29×10^{-3} mol/L·atm, Mn 원자량은 55 g/mol이다.

$$Mn^{2+} + 1/2\,O_{2(aq)} + H_2O \rightarrow MnO_{2(s)} + 2H^+$$

(1) 만약 포기 중에 pH 변화가 없었다면, 망간 침전물은 계속 생성될 것인가?
(2) 평형상태에서 Mn^{2+}의 농도(mg/L)는?

Solution

(1) 침전반응의 진행 여부를 알기 위해서는 반드시 ΔG를 계산하여 살펴보아야 한다. ΔG를 알기 위해서는 먼저 ΔG^o를 계산해야 한다. ΔG^o는 표 2.2에 제시된 반응물과 생성물의 $\Delta \overline{G}_f^o$을 이용하여 구할 수 있다.

$$\Delta G^o = \left(\sum \nu_i \Delta \overline{G}_f^o\right)_{생성물} - \left(\sum \nu_i \Delta \overline{G}_f^o\right)_{반응물}$$

화학종	$\Delta \overline{G}_f^o$ (kcal/mol)
Mn^{2+}	-54.4
$O_{2(aq)}$	3.93
$H_2O_{(l)}$	-56.690
$MnO_{2(s)}$	-111.1
H^+	0

$$\begin{aligned}\Delta G^o &= [(1\text{ mol})\times(-111.1\text{ kcal/mol})+(2\text{ mol})\times(0\text{ kcal/mol})] - [(1\text{ mol})\times(-54.4\text{ kcal/mol})+(1/2\text{ mol})\times(3.93\text{ kcal/mol})+(1\text{ mol})\times(-56.690\text{ kcal/mol})]\\ &= -1.975\text{ kcal}\end{aligned}$$

대기 중에서 포기한 후 수중의 산소 농도는

$$K_H = \frac{\{O_{2(aq)}\}}{\{O_{2(g)}\}} = \frac{[O_{2(aq)}]}{P_{O_2}} = \frac{[O_{2(aq)}]}{0.209\text{ atm}} = 1.29\times10^{-3}\text{ mol/L}\cdot\text{atm}$$

$$[O_{2(aq)}] = 2.7\times10^{-4}\text{ mol/L}$$

Mn^{2+}의 농도는

$$\frac{0.4\text{ mg }Mn^{2+}}{\text{L}}\left|\frac{1\text{ mmol }Mn^{2+}}{55\text{ mg }Mn^{2+}}\right|\frac{1\text{ mol}}{1000\text{ mmol}} = 7.27\times10^{-6}\text{ mol/L}$$

pH 8.5이므로 H^+의 농도는

$-\log[H^+] = 8.5, \qquad [H^+] = 10^{-8.5}$ mol/L

반응지수 Q는 다음과 같다. $\{MnO_{2(s)}\}=1$, $\{H_2O_{(l)}\}=1$이므로,

$$\begin{aligned}Q &= \frac{\{MnO_{2(s)}\}\{H^+\}^2}{\{Mn^{2+}\}\{H_2O_{(l)}\}\{O_{2(aq)}\}^{1/2}}\\ &= \frac{(1)[H^+]^2}{[Mn^{2+}](1)[O_{2(aq)}]^{1/2}} = \frac{(1)(10^{-8.5})^2}{(7.27\times10^{-6})(1)(2.7\times10^{-4})^{1/2}} = 8.37\times10^{-11}\end{aligned}$$

$$\begin{aligned}\Delta G &= \Delta G^o + RT\ln Q\\ &= -1.975\text{ kcal} + (1.987\times10^{-3}\text{ kcal/mol}\cdot\text{K})(298\text{ K})\cdot\ln(8.37\times10^{-11})\end{aligned}$$

$= -15.71$ kcal

$\Delta G < 0$이므로 침전반응은 계속 발생한다.

(2) 평형상태의 $[Mn^{2+}]$를 알기 위해서는 평형상수 K를 먼저 알아야 한다. K는 $\Delta G^o = -RT\ln K$에서 구한다.

$-1.975\ \text{kcal} = -(1.987\times10^{-3}\ \text{kcal/mol}\cdot\text{K})(298\ \text{K})\cdot\ln(K)$

$K = 28.08$

$$K = \frac{\{MnO_{2(s)}\}\{H^+\}^2}{\{Mn^{2+}\}\{H_2O_{(l)}\}\{O_{2(aq)}\}^{1/2}} = \frac{(1)(10^{-8.5})^2}{[Mn^{2+}](1)(2.7\times10^{-4})^{1/2}} = 28.09$$

$[Mn^{2+}] = 2.17\times10^{-17}$ mol/L

$$\frac{2.17\times10^{-17}\ \text{mol}\ Mn^{2+}}{\text{L}}\ \bigg|\ \frac{55\ \text{g}\ Mn^{2+}}{1\ \text{mol}\ Mn^{2+}}\ \bigg|\ \frac{1000\ \text{mg}}{1\ \text{g}} = 1.2\times10^{-12}\ \text{mg/L}$$

예제 2.28

물속에 용해된 암모니아($NH_{3(aq)}$)는 염기로 작용하여 다음과 같은 산－염기 반응이 형성된다. 단, 이상기체상수는 1.987 cal/mol·K이다.

$$NH_{3(aq)} + H_2O \rightleftarrows NH_4{}^+{}_{(aq)} + OH^-$$

(1) 25℃, 이 반응의 평형상수는?

(2) 만약, $[NH_{3(aq)}] = 10^{-5}$ M, $[NH_4{}^+{}_{(aq)}] = 10^{-6}$ M, pH＝9라면, 이 반응은 어느 방향으로 진행하는가?

Solution

(1) 이 반응의 평형상수를 구하기 위해서는 먼저 ΔG^o를 계산해야 한다. ΔG^o는 표 2.2에 있는 각 반응물과 생성물의 $\Delta\overline{G}_f^o$ 자료로부터 구할 수 있다.

$$\Delta G^o = \left(\sum \nu_i \Delta\overline{G}_f^o\right)_{\text{생성물}} - \left(\sum \nu_i \Delta\overline{G}_f^o\right)_{\text{반응물}}$$

화학종	$\Delta\overline{G}_f^o$ (kcal/mol)
$NH_{3(aq)}$	－6.37
H_2O	－56.690
$NH_4{}^+{}_{(aq)}$	－19.00
OH^-	－37.595

$$\Delta G^o = [(1\ \text{mol})\times(-19.00\ \text{kcal/mol}) + (1\ \text{mol})\times(-37.595\ \text{kcal/mol})] - [(1\ \text{mol})\times(-6.37\ \text{kcal/mol}) + (1\ \text{mol})\times(-56.690\ \text{kcal/mol})]$$

$= +6.465\ \text{kcal}$

$\Delta G^o = -RT\ln K_b$

여기서, $NH_{3(aq)}$가 염기로 작용하므로 염기의 평형상수인 K_b를 사용하고, 온도는 25℃이므로,

$+6.465\ \text{kcal} = -(1.987\times10^{-3}\ \text{kcal/mol}\cdot\text{K})(298\ \text{K})\cdot\ln(K_b)$

$\ln(K_b) = -10.92, \qquad K_b = 1.81\times10^{-5}$

(2) 실제 농도가 주어져 있으므로, ΔG를 계산하여 반응의 진행 방향을 판단한다.
pH 9이므로 $pH + pOH = 14$의 관계에서 $pOH = 5$
OH^-의 농도는 $-\log[OH^-] = 5, \qquad [OH^-] = 10^{-5}\ \text{mol/L}$
반응지수 Q는 다음과 같다. $\{H_2O\} = 1$이므로,

$$Q = \frac{\{NH_4{}^+{}_{(aq)}\}\{OH^-\}}{\{NH_{3(aq)}\}\{H_2O\}} = \frac{[NH_4{}^+{}_{(aq)}][OH^-]}{[NH_{3(aq)}]} = \frac{(10^{-6})(10^{-5})}{(10^{-5})} = 10^{-6}$$

$$\begin{aligned}\Delta G &= \Delta G^o + RT\ln Q \\ &= +6.465\ \text{kcal} + (1.987\times10^{-3}\ \text{kcal/mol}\cdot\text{K})(298\ \text{K})\cdot\ln(10^{-6}) \\ &= -1.72\ \text{kcal} < 0\end{aligned}$$

그러므로 이 조건에서는 정반응이 자발적으로 발생한다.

예제 2.29

Q&A

질산(HNO_3)은 아래 반응과 같이 이온화하는 경향이 크다. pH 2에서 평형에 도달했다면, 이때 총 질산이온 농도 C_{t,NO_3^-} 중 NO_3^-가 차지하는 비율(%)은? 여기서, $C_{t,NO_3^-} = [NO_3^-] + [HNO_3]$이고, 이온세기의 영향은 무시한다. 이상기체상수는 1.987 cal/mol·K이다.

$$HNO_3 \rightleftarrows H^+ + NO_3^-$$

Solution

C_{t,NO_3^-} 중 $[NO_3^-]$가 차지하는 비율은 다음과 같이 정의할 수 있으므로, $[NO_3^-]$와 $[HNO_3]$를 구해야 하고, 각 농도는 평형상수에서 구할 수 있다. 평형상수를 구하기 위해서는 ΔG^o를 계산해야 하고, ΔG^o는 표 2.2에 있는 각 반응물과 생성물의 $\Delta \overline{G}_f^o$ 자료로부터 구할 수 있다.

$$C_{t,NO_3^-}\ \text{중}\ NO_3^-\text{가 차지하는 비율(\%)} = \frac{[NO_3^-]}{[NO_3^-] + [HNO_3]} \times 100$$

$$\Delta G^o = \left(\sum \nu_i \Delta \overline{G}_f^o\right)_{\text{생성물}} - \left(\sum \nu_i \Delta \overline{G}_f^o\right)_{\text{반응물}}$$

화학종	$\Delta \overline{G_f}^o$ (kcal/mol)
HNO_3	−26.41
H^+	0
NO_3^-	−26.43

$$\Delta G^o = [(1\text{ mol})\times(0\text{ kcal/mol}) + (1\text{ mol})\times(-26.43\text{ kcal/mol})] - [(1\text{ mol})\times(-26.41\text{ kcal/mol})]$$
$$= -0.02\text{ kcal}$$

$\Delta G^o = -RT\ln K$에서

$$-0.02\text{ kcal} = -(1.987\times10^{-3}\text{ kcal/mol}\cdot\text{K})(298\text{ K})\cdot\ln(K)$$
$$\ln(K) = 0.0338$$
$$K = 1.034$$

이온세기 영향을 무시할 수 있으므로 활동도 대신 몰농도를 사용할 수 있다.
$pH = 2$, $-\log[H^+] = 2$이므로 $[H^+] = 10^{-2}$ M

$$K = \frac{\{H^+\}\{NO_3^-\}}{\{HNO_3\}} = \frac{[H^+][NO_3^-]}{[HNO_3]} = \frac{(10^{-2})[NO_3^-]}{[HNO_3]} = 1.034$$

$[HNO_3]$와 $[NO_3^-]$를 직접적으로 알 수 없으나, $[NO_3^-]/[HNO_3]$는 알 수 있다.

$$\frac{[NO_3^-]}{[HNO_3]} = 103.4$$

총 질산이온 농도 C_{t,NO_3^-} 중 NO_3^-가 차지하는 비율은

$$\frac{[NO_3^-]}{[NO_3^-]+[HNO_3]} = \frac{[NO_3^-]/[HNO_3]}{[NO_3^-]/[HNO_3]+1} = \frac{103.4}{103.4+1} = 0.99$$

이를 백분율로 표시하면 99%다.
즉 질산은 강산이므로 산성 용액에서 대부분 이온화되어 질산이온으로 존재한다는 것을 알 수 있다.

예제 2.30

황화수소 기체는 물속에 용해되어 다음과 같은 반응을 형성한다. 단, 이상기체상수는 1.987 cal/mol · K이다.

$$H_2S_{(g)} \rightleftarrows H_2S_{(aq)}$$

(1) 25℃에서 $H_2S_{(g)}$의 Henry 상수 K_H는?

(2) 용존 황의 총농도 $C_{t,S}(=[H_2S_{(aq)}]+[HS^-]+[S^{2-}]) = 10^{-3}$ M이고, pH 8.5일 때 이 용

액과 평형인 $H_2S_{(g)}$의 분압은? 각 단계별 평형상수는 다음과 같다.

$H_2S_{(aq)} \rightleftarrows HS^- + H^+$ $\quad K_1 = 10^{-7}$

$HS^- \rightleftarrows S^{2-} + H^+$ $\quad K_2 = 10^{-14}$

Solution

(1) 평형상수를 구하기 위해서는 ΔG^o를 계산해야 한다. ΔG^o는 표 2.2에 있는 각 반응물과 생성물의 $\Delta \overline{G}_f^o$ 자료로부터 구할 수 있다.

$$\Delta G^o = \left(\sum \nu_i \Delta \overline{G}_f^o\right)_{생성물} - \left(\sum \nu_i \Delta \overline{G}_f^o\right)_{반응물}$$

화학종	$\Delta \overline{G}_f^o$ (kcal/mol)
$H_2S_{(g)}$	−7.892
$H_2S_{(aq)}$	−6.54

$\Delta G^o = [(1\ \text{mol})\times(-6.54\ \text{kcal/mol})] - [(1\ \text{mol})\times(-7.892\ \text{kcal/mol})] = +1.352\ \text{kcal}$

기체의 용해반응이므로 평형상수는 헨리 상수(K_H)를 사용한다.

$\Delta G^o = -RT\ln K_H$에서

$+1.352\ \text{kcal} = -(1.987\times10^{-3}\ \text{kcal/mol}\cdot\text{K})(298\ \text{K})\cdot\ln(K_H)$

$K_H = 0.10\ \text{mol/L}\cdot\text{atm}$

(2) pH = 8.5이므로 $[H^+] = 10^{-8.5}$ M. 또한, 각 평형상수를 이용하면,

$$K_1 = \frac{[HS^-][H^+]}{[H_2S_{(aq)}]} = \frac{[HS^-](10^{-8.5})}{[H_2S_{(aq)}]} = 10^{-7}$$

$$\frac{[HS^-]}{[H_2S_{(aq)}]} = 31.62$$

$[H_2S_{(aq)}] = [HS^-]/31.62$

$$K_2 = \frac{[S^{2-}][H^+]}{[HS^-]} = \frac{[S^{2-}](10^{-8.5})}{[HS^-]} = 10^{-14}$$

$$\frac{[S^{2-}]}{[HS^-]} = 3.16\times10^{-6}$$

$[S^{2-}] = (3.16\times10^{-6})[HS^-]$

$C_{t,S} = [H_2S_{(aq)}] + [HS^-] + [S^{2-}] = 10^{-3}$ M이므로

$\quad = [HS^-]/31.62 + [HS^-] + (3.16\times10^{-6})[HS^-] = 10^{-3}$ M

$[HS^-] = 0.00097$ M

$[H_2S_{(aq)}] = [HS^-]/31.62 = 3.07\times10^{-5}$ M

$$K_H = \frac{\{H_2S_{(aq)}\}}{\{H_2S_{(g)}\}} = \frac{[H_2S_{(aq)}]}{P_{H_2S_{(g)}}} = \frac{(3.07\times10^{-5})}{P_{H_2S_{(g)}}} = 0.10 \text{ mol/L}\cdot\text{atm}$$

$$P_{H_2S_{(g)}} = 3.07\times10^{-4}\text{ atm} = 10^{-3.51}\text{ atm}$$

2.6 평형상수의 온도 의존성

이 장에서 다루게 될 내용은 "평형상수는 온도에 따라 변화하는가?"이다. 2.1절에서 살펴보았듯이 평형상수는 평형상태에서 역반응 속도상수에 대한 정반응 속도상수의 비로 정의할 수 있다. 그러면 속도상수는 온도에 따라 변화하는가? 1장에서 살펴보았듯이 반응속도상수 또는 속도상수를 변화시키는 요인은 온도와 촉매가 대표적이다.

그러므로 온도를 변화시키면 반응속도상수가 변하고, 반응속도상수가 변화하면 평형상수가 변할 수밖에 없다.

평형상수의 온도 의존성, 즉 ($d\ln K/dT$)는 앞 장에서 언급한 평형상수와 표준 Gibbs 자유에너지의 관계($\Delta G^o = -RT\ln K$)에 의해 다음과 정의된다.

$$\ln K = -\frac{1}{R}\frac{\Delta G^o}{T} \tag{2.26}$$

그러므로 $d\ln K/dT$는

$$\frac{d\ln K}{dT} = \frac{d\left(-\frac{1}{R}\frac{\Delta G^o}{T}\right)}{dT} = -\frac{1}{R}\frac{d\left(\frac{\Delta G^o}{T}\right)}{dT} \tag{2.27}$$

미분의 연쇄법칙에 의하면,

$$\frac{d\ln K}{dT} = \frac{\Delta G^o - T\frac{d\Delta G^o}{dT}}{RT^2} \tag{2.28}$$

$dG = VdP - SdT$에서 일정한 압력에서 화학반응이 일어난다고 가정하면, $dP = 0$, 그러므로

$$dG = -S\,dT \tag{2.29}$$

참조 $dG = VdP - SdT$

Gibbs 자유에너지의 정의는 다음과 같다.

$$G = E + PV - TS = H - TS$$

양변을 미분하면,

$$dG = dE + d(PV) - d(TS) = dE + (PdV + VdP) - (SdT + TdS)$$

또한, 열역학 제1법칙에서 $E = Q - W$이므로 이를 미분하면,

$$dE = dQ - dW$$

열역학 제2법칙에 의해 $dQ = TdS$이고, $W = PV$에서 미분하면,

$$dW = VdP + PdV$$

일정 압력에서는

$$dW = +PdV$$

그러므로

$$dE = dQ - dW = TdS - PdV$$

이를 원 식에 대입하면

$$dG = TdS - PdV + (PdV + VdP) - (SdT + TdS) = VdP - SdT$$

식 (2.29)를 식 (2.28)에 대입하여 정리하면,

$$\frac{d\ln K}{dT} = \frac{\Delta G^o - T\dfrac{-\Delta S^o dT}{dT}}{RT^2} = \frac{\Delta G^o + T\Delta S^o}{RT^2} \tag{2.30}$$

Gibbs 자유에너지의 정의로부터, $\Delta G^o = \Delta H^o - T\Delta S^o$이므로,

$$\frac{d\ln K}{dT} = \frac{\Delta G^o + T\Delta S^o}{RT^2} = \frac{(\Delta H^o - T\Delta S^o) + T\Delta S^o}{RT^2} = \frac{\Delta H^o}{RT^2} \tag{2.31}$$

이러한 온도와 평형상수와의 관계를 van't Hoff 법칙이라고 부른다.

$$\frac{d\ln K}{dT} = \frac{\Delta H^o}{RT^2} \tag{2.32}$$

여기서, K는 평형상수, T는 절대온도, ΔH^o는 표준상태의 엔탈피 변화, R은 이상기체상수를 의미한다.

만약 ΔH^o가 온도에 무관한 상수라고 가정하면, 식 (2.32)는 다음과 같이 적분할 수 있다.

$$\ln K = -\frac{\Delta H^o}{RT} + C \tag{2.33}$$

여기서, C는 상수(constant)이다.

또는 두 개의 온도 범위에서, 온도 T_1일 때 평형상수는 K_1이고, 온도 T_2일 때 평형상수는 K_2이라고 정의하면, 다음과 같이 풀이된다.

$$\int_{\ln K_1}^{\ln K_2} d\ln K = \frac{\Delta H^o}{R}\int_{T_1}^{T_2}\frac{1}{T^2}dT \tag{2.34}$$

$$\ln K_2 - \ln K_1 = -\frac{\Delta H^o}{R}\left(\frac{1}{T_2} - \frac{1}{T_1}\right) \tag{2.35}$$

또는

$$\ln\frac{K_1}{K_2} = \frac{\Delta H^o}{R}\left(\frac{1}{T_2} - \frac{1}{T_1}\right) \tag{2.36}$$

위 식에서 제시된 ΔH^o는 표준상태의 엔탈피 변화로서 일반적인 조건에서의 엔탈피 변화(ΔH)와 구분된다. 이는 ΔG^o와 ΔG의 관계와 유사하다.

화학반응에서 ΔH는 반응과정에서 방출되거나 흡입되는 열의 양으로 1.11절에서 제시한 바 있다.

식 (2.1)을 엔탈피에 대해 묶으면 다음과 같다.

$$G = H - TS \tag{2.1}$$

$$H = G + TS \tag{2.37}$$

그러므로 엔탈피의 변화 ΔH는 다음과 같이 정의된다.

$$\Delta H = \Delta G + \Delta TS \tag{2.38}$$

$$\Delta H = \Delta G + S\Delta T + T\Delta S \tag{2.39}$$

정온·정압 하에서 $\Delta T = 0$이므로

$$\Delta H = \Delta G + T\Delta S \tag{2.40}$$

표준상태에 대해서는

$$\Delta H^o = \Delta G^o + T\Delta S^o \tag{2.41}$$

ΔG^o와 마찬가지로 ΔH^o는 다음과 같이 계산된다.

$$\Delta H^o = \left(\sum \nu_i \overline{H}_i\right)_{생성물} - \left(\sum \nu_i \overline{H}_i\right)_{반응물} \tag{2.42}$$

앞에서 $\overline{G}_i^o$의 절대값을 구할 수 없는 것과 마찬가지로 $\overline{H}_i^o$의 절대값도 구할 수 없다. 그러므로 표준상태(25℃, 1기압)에서 모든 원소의 $\overline{H}_i^o$를 0 kcal/mol로 정하여 기준점으로 삼아서 표준생성엔탈피변화($\Delta \overline{H}_f^o$)를 구할 수 있고, ΔG^o를 계산할 때와 마찬가지로 표준생성엔탈피변화($\Delta \overline{H}_f^o$)를 이용하여 ΔH^o를 다음 식과 같이 구할 수 있다.

$$\Delta H^o = \left(\sum \nu_i \Delta \overline{H}_{f,i}^o\right)_{생성물} - \left(\sum \nu_i \Delta \overline{H}_{f,i}^o\right)_{반응물} \tag{2.43}$$

예제 2.31

근육의 활동은 젖산이 산화되어 피루브산이 되는 과정에서 생성되는 에너지에 의존한다. 젖산($CH_3CHOHCOOH$)과 피루브산($CH_3COCOOH$)의 연소 과정에서 생성되는 표준엔탈피(ΔH^o)는 각각 −326 kcal/mol와 −279 kcal/mol이다. 그럼 젖산에서 피루브산으로 산화될 때 생성되는 ΔH^o는 몇 kcal/mol인가?

Solution

젖산과 피루브산의 연소과정은 다음과 같다.

$CH_3CHOHCOOH + 3O_2 \rightarrow 3CO_2 + 3H_2O$ $\quad \Delta H^o = -326$ kcal/mol (a)

$CH_3COCOOH + 5/2\, O_2 \rightarrow 3CO_2 + 2H_2O$ $\quad \Delta H^o = -279$ kcal/mol (b)

식 (a) − 식 (b)

$$CH_3CHOHCOOH + 1/2\, O_2 \rightarrow CH_3COCOOH + H_2O$$

$$\Delta H^o = (-326\ \text{kcal/mol}) - (-279\ \text{kcal/mol}) = -47\ \text{kcal/mol}$$

ΔH^o가 음의 값으로 나타남으로써 발열반응이라는 것을 알 수 있다.

예제 2.32 Q&A

다음 두 식을 이용하여 $CO_{(g)}$의 표준생성엔탈피($\Delta \overline{H}_f^o$)를 계산하라.

$CO_{(g)}$의 표준생성 반응은 $C_{(s)} + 1/2\ O_{2(g)} \rightarrow CO_{(g)}$

$C_{(s)} + O_{2(g)} \rightarrow CO_{2(g)}$ $\Delta H^o = -94.0\ \text{kcal}$ (a)

$CO_{(g)} + 1/2\ O_{2(g)} \rightarrow CO_{2(g)}$ $\Delta H^o = -67.6\ \text{kcal}$ (b)

Solution

$CO_{(g)}$의 표준생성 반응을 만들기 위해서 식 (a)−식 (b)

$C_{(s)} + 1/2\ O_{2(g)} \rightarrow CO_{(g)}$이므로

$$\Delta H^o = \Delta \overline{H}_f^o = (-94.0\ \text{kcal}) - (-67.6\ \text{kcal}) = -26.4\ \text{kcal}$$

즉 −26.4 kcal의 발열반응이 이루어진다.

예제 2.33 Q&A

연소열은 어떤 물질 1몰이 완전연소하여 물과 이산화탄소가 될 때 발생하는 열량(엔탈피) 또는 발열량으로 정의된다. 25℃에서 메테인(CH_4) 1 g의 연소열은?

Solution

CH_4이 완전연소하면 물과 이산화탄소가 생성된다.

$$CH_{4(g)} + 2O_{2(g)} \rightarrow CO_{2(g)} + 2H_2O_{(l)}$$

$$\Delta H^o = \left(\sum \nu_i \Delta \overline{H}_f^o\right)_{\text{생성물}} - \left(\sum \nu_i \Delta \overline{H}_f^o\right)_{\text{반응물}}$$

화학종	$\Delta \overline{H}_f^o$ (kcal/mol)
$CH_{4(g)}$	−17.869
$O_{2(g)}$	0
$CO_{2(g)}$	−94.05
$H_2O_{(l)}$	−68.3174

$$\Delta H^o = [(1\ \text{mol})\times(-94.05\ \text{kcal/mol}) + (2\ \text{mol})\times(-68.3174\ \text{kcal/mol})]$$

$$- \ [(1\text{ mol})\times(-17.869\text{ kcal/mol})+(2\text{ mol})\times(0\text{ kcal/mol})]$$

$$= -212.82\text{ kcal}$$

이는 CH_4 1몰이 연소할 때 212.82 kcal의 열이 발생한다는 의미이다. 그러므로 이를 CH_4 1 g이 연소하는 경우로 전환하면,

$$\frac{-212.82\text{ kcal}}{1\text{ mol } CH_4}\left|\frac{1\text{ mol } CH_4}{16\text{ g } CH_4}\right. = -13.3\text{ kcal/g } CH_4$$

예제 2.34 Q&A

다음 반응에서 주어진 표의 자료를 이용하여 ΔH^o와 500 K에서의 K_P를 계산하라. 단, 이상기체상수는 1.987×10^{-3} kcal/mol·K이다.

$$H_{2(g)} + I_{2(g)} \rightleftarrows 2HI_{(g)}$$

온도(℃)	394	426	458	491
K_P	61.0	55.3	49.5	45.9

Solution

이 경우는 ΔH^o를 계산할 수 있는 각 성분들의 $\Delta \overline{H}_f^o$가 없으므로, van't Hoff 법칙의 부정적분 식 (2.32)를 이용하는 것이 편리하다.

$$\ln K = -\frac{\Delta H^o}{RT} + C$$

$$\ln K = -\frac{\Delta H^o}{R}\frac{1}{T} + C$$

$(1/T)$을 x축으로 보고 $(\ln K)$를 y축으로 보고, 최소제곱법으로 계산하면 기울기에서 $-(\Delta H^o/R)$을 계산할 수 있고, 이 값에서 ΔH^o를 구할 수 있다.

온도(℃)	394	426	458	491
K_P	61.0	55.3	49.5	45.9
온도(K)	667	699	731	764
$1/T$	1.50×10^{-3}	1.43×10^{-3}	1.37×10^{-3}	1.31×10^{-3}
$\ln K_P$	4.11	4.01	3.90	3.83

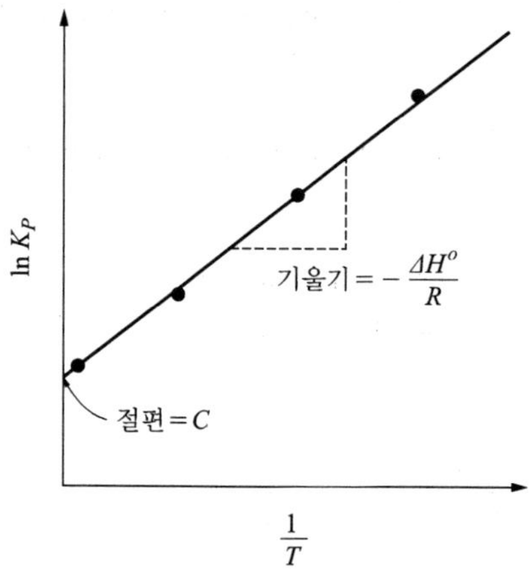

절편(C)은 1.847, 기울기(slope)는 1508.2이므로

$$1508.2 = -\frac{\Delta H^o}{R} = -\frac{\Delta H^o}{1.987 \times 10^{-3}}$$

$$\Delta H^o = -3.00 \text{ kcal/mol}$$

500 K에서의 K_P는

$$\ln K = -\frac{\Delta H^o}{R}\frac{1}{T} + C$$

$$\ln K_P = -\frac{-3.00}{1.987 \times 10^{-3}}\frac{1}{500} + 1.847 = +4.87$$

$$K_P = 130$$

예제 2.35

Q&A

절대온도 313 K에서 아래 반응은 0.0247 atm의 해리 압력을 가졌고, 절대온도 353 K에서는 0.322 atm의 해리 압력을 가졌다. 333 K의 ΔH^o와 ΔG^o는? 단, 이상기체상수는 1.987×10^{-3} kcal/mol · K이다.

$$CuCl_2 \cdot 2H_2O_{(s)} \rightleftarrows CuCl_2 \cdot H_2O_{(s)} + H_2O_{(g)}$$

Solution

순수 고형물의 활동도는 1이므로,

$$K_P = \frac{\{H_2O_{(g)}\}\{CuCl_2 \cdot H_2O_{(s)}\}}{\{CuCl_2 \cdot 2H_2O_{(s)}\}} = \{H_2O_{(g)}\} = P_{H_2O_{(g)}}$$

그러므로 해리 압력($P_{H_2O_{(g)}}$)은 평형상수(K_P)와 동일하다. 해리 압력 자료가 주어졌으므로 평형상수를 알 수 있다. van't Hoff 법칙을 이용하면 쉽게 ΔH^o를 계산할 수 있다.

$$\ln\frac{K_{P,353}}{K_{P,313}} = \frac{\Delta H^o}{R}\left(\frac{1}{T_{313}} - \frac{1}{T_{353}}\right)$$

$$\ln\frac{0.322}{0.0247} = \frac{\Delta H^o}{1.987\times10^{-3}}\left(\frac{1}{313} - \frac{1}{353}\right)$$

$$\Delta H^o = 14.1 \text{ kcal/mol}$$

333 K의 ΔG^o를 계산하기 위해서는 먼저 $K_{P,333}$을 계산해야 한다. 이 $K_{P,333}$은 van't Hoff 법칙을 이용하면 쉽게 구할 수 있다. 온도 변화에 따른 ΔH^o의 변화는 없으므로 ΔH^o는 동일한 값인 14.1 kcal/mol를 사용한다.

$$\ln\frac{K_{P,333}}{K_{P,313}} = \frac{\Delta H^o}{R}\left(\frac{1}{T_{313}} - \frac{1}{T_{333}}\right)$$

$$\ln\frac{K_{P,333}}{0.0247} = \frac{14.1}{1.987\times10^{-3}}\left(\frac{1}{313} - \frac{1}{333}\right)$$

$$K_{P,333} = 0.0964 \text{ atm}$$

$\Delta G^o = -RT\ln K_{P,333}$에서

$= -(1.987\times10^{-3}\ \text{kcal/mol}\cdot\text{K})(333\ \text{K})\cdot\ln(0.0964\ \text{atm})$

$= 1.55$ kcal/mol

예제 2.36

$$Ag^+_{(aq)} + Cl^-_{(aq)} \rightleftarrows AgCl_{(s)}$$

이 반응의 $\Delta H^o = -15.66$ kcal/mol이다. 만약 25℃에서 $AgCl_{(s)}$의 용해도상수($K_{sp,298}$)가 1.7×10^{-10}이라면, 25℃와 75℃에서 $AgCl_{(s)}$의 용해도를 비교하라. 단, 이상기체상수는 1.987×10^{-3} kcal/mol·K이다.

Solution

먼저 75℃에서 $AgCl_{(s)}$의 평형상수, 즉 용해도상수를 구한다. 25℃에서 $AgCl_{(s)}$의 용해도상수를 알고 있으므로, van't Hoff 법칙을 이용하면 쉽게 구할 수 있다.

$$\ln\frac{K_{sp,348}}{K_{sp,298}} = \frac{\Delta H^o}{R}\left(\frac{1}{T_{298}} - \frac{1}{T_{348}}\right)$$

$$\ln\frac{K_{sp,348}}{1.7\times10^{-10}} = \frac{+15.66}{1.987\times10^{-3}}\left(\frac{1}{298} - \frac{1}{348}\right)$$

$$K_{P,333} = 7.6\times10^{-9}$$

여기서 주의해야 할 것은 위의 반응은 용해반응이 아니라 응집반응이므로, 용해반응의 ΔH^o는 -15.66 kcal/mol가 아니라 $+15.66$ kcal/mol이라는 것이다.
용해도 반응은 다음과 같다.

$$AgCl_{(s)} \rightleftarrows Ag^+_{(aq)} + Cl^-_{(aq)}$$

$$K_{P,333} = \frac{\{Ag^+_{(aq)}\}\{Cl^-_{(aq)}\}}{\{AgCl_{(s)}\}} = [Ag^+_{(aq)}][Cl^-_{(aq)}]$$

여기서, $\{AgCl_{(s)}\} = 1$ 그리고 묽은 용액이라고 가정하면 활동도 대신 몰농도를 쓸 수 있다.
$[Ag^+] = [Cl^-] = x$라 두면

$$7.6\times10^{-9} = x^2$$
$$x = 8.7\times10^{-5}$$

그러므로 용해도는 8.7×10^{-5} M이다.
25℃일 때는

$$K_{P,298} = \frac{\{Ag^+_{(aq)}\}\{Cl^-_{(aq)}\}}{\{AgCl_{(s)}\}} = [Ag^+_{(aq)}][Cl^-_{(aq)}]$$

$[Ag^+] = [Cl^-] = x$라 두면

$$1.7\times10^{-10} = x^2$$
$$x = 1.3\times10^{-5}$$

용해도는 1.3×10^{-5} M이다.
그러므로 온도가 25℃에서 75℃로 3배 증가하면 용해도는 1.3×10^{-5} M에서 8.7×10^{-5} M로 6.7배 정도 증가하는 것으로 나타났다.

2.7 이온과 분자의 비이상적 거동

묽은 수용액에서 이온들은 서로 독립적으로 활동하므로 이온의 활동도계수(activity coefficient)를 1로 가정할 수 있다. 이는 모든 이온이 반응에 관여한다는 의미이다. 이 경우 활동도(activity)는 몰농도와 같은 것으로 볼 수 있다.

그러나 용액의 이온 농도가 증가하면 이온 간의 정전기적 상호작용도 증가하여, 이온들의 활동도는 실제 측정한 이온 농도보다 다소 낮게 나타난다. 이는 이온들의 농도가 높아지면 서로 방해하는 작용이 발생하여, 몰농도가 높더라도 그 농도가 모두 반응에 작용하지 못한다는 의미이다. 그러므로 이 경우는 활동도와 몰농도는 동일한 것으로 볼 수 없다.

활동도와 몰농도는 다음과 같은 관계식을 가진다.

$$\{i\} = \gamma_i [i] \tag{2.44}$$

여기서, $\{i\}$는 i성분의 활동도(activity), γ_i는 i성분의 활동도계수(activity coefficient), $[i]$는 i성분의 몰농도이다.

활동도계수 γ_i는 이온 농도가 낮으면 1에 가깝고, 이온 농도가 높으면 1보다 작아진다. 정반응과 역반응이 발생하는 아래와 같은 반응에서 반응지수(Q) 또는 평형상수(K)는 다음과 같이 표현할 수 있다.

$$aA + bB \underset{k_{-1}}{\overset{k_1}{\rightleftarrows}} cC + dD \tag{2.45}$$

$$Q \text{ 또는 } K = \frac{\{C\}^c\{D\}^d}{\{A\}^a\{B\}^b} = \frac{(\gamma_C[C]^c)(\gamma_D[D]^d)}{(\gamma_A[A]^a)(\gamma_B[B]^b)} \tag{2.46}$$

활동도를 계산하기 위해서는 활동도계수를 먼저 계산해야 한다.

활동도계수를 계산하는 가장 간단한 방법은 이온세기를 계산한 다음, 이온세기와 활동도계수의 관계로부터 활동도계수를 구하는 방법이다.

이온세기(ionic strength)는 1921년 Lewis와 Randall이 강전해질의 활동도계수를 구하기 위해 처음 도입한 개념으로써, 이온강도라고도 표현된다. 이온세기의 단위는 mol/L를 사용하는 것이 대표적으로 그 식은 다음과 같다.

$$I = \frac{1}{2}\sum_{i=1}^{n}\left(C_i Z_i^2\right) \tag{2.47}$$

여기서, 1/2은 음이온과 양이온이 포함되기 때문이며, i는 이온 성분, C_i는 이온 성분 i의 몰농도(mol/L, M), Z_i는 이온 성분 i의 전하수이다.

당연히 물속에 이온 성분이 많으면 이온세기는 증가하게 되고, 이온세기가 증가하게 되면 활동도계수는 감소한다. 이 방법은 물속에 용해된 이온 성분을 모두 파악하고 있는 경우에만 사용할 수 있는 방법이다. 실제 환경 분야에서 물속의 이온 성분을 개별적으로 파악하는 것은 매우 번거롭고 불필요한 경우가 많아 이 방법은 실용적으로 이용되지는 않는다.

예제 2.37

물속에 0.05 M Na_2SO_4와 0.02 M KCl이 완전히 용해되어 있을 때, 이온세기는?

Solution

물속에 0.05 M Na_2SO_4와 0.02 M KCl이 완전히 용해되어 있으므로 물속에 존재하는 이온 성분과 농도는 다음과 같다.

Na^+ : $2 \times 0.05\ M = 0.1\ M$
SO_4^{2-} : $1 \times 0.05\ M = 0.05\ M$
K^+ : $1 \times 0.02\ M = 0.02\ M$
Cl^- : $1 \times 0.02\ M = 0.02\ M$

$$I = \frac{1}{2}(Na^+\ \text{몰농도} \times Na^+\ \text{전하수} + SO_4^{2-}\ \text{몰농도} \times SO_4^{2-}\ \text{전하수}$$
$$+ K^+\ \text{몰농도} \times K^+\ \text{전하수} + Cl^-\ \text{몰농도} \times Cl^-\ \text{전하수})$$
$$= \frac{1}{2}(0.1\ M \times (+1)^2 + 0.05\ M \times (-2)^2 + 0.02\ M \times (+1)^2 + 0.02\ M \times (-1)^2)$$
$$= 0.17\ M$$

예제 2.38

어느 호수의 양이온 농도(meq/L)와 음이온 농도(meq/L)가 아래와 같을 때, 호수의 이온세기는?

양이온(Na^+ 0.28, K^+ 0.03, Ca^{2+} 1.50, Mg^{2+} 0.60)
음이온(SO_4^{2-} 0.38, Cl^- 0.37, HCO_3^- 1.65)

Solution

먼저 meq/L를 mmol/L 단위로 환산해야 한다.
예를 들면,

$$\frac{1.50\ \text{meq}\ Ca^{2+}}{L} \cdot \frac{1\ \text{mmol}\ Ca^{2+}}{2\ \text{meq}\ Ca^{2+}} = 0.75\ \text{mM}\ Ca^{2+}$$

$$\frac{0.38\ \text{meq}\ SO_4^{2-}}{L} \cdot \frac{1\ \text{mmol}\ SO_4^{2-}}{2\ \text{meq}\ SO_4^{2-}} = 0.19\ \text{mM}\ SO_4^{2-}$$

이온	C_i (mM)	Z_i	$C_iZ_i^2$
Na^+	0.28	+1	0.28
K^+	0.03	+1	0.03
Ca^{2+}	0.75	+2	3.00
Mg^{2+}	0.30	+2	1.20
SO_4^{2-}	0.19	−2	0.76
Cl^-	0.37	−1	0.37
HCO_3^-	1.65	−1	1.65
합계			7.29

그러므로 이온세기는

$$I = \frac{1}{2}\sum_{i=1}^{n}\left(C_iZ_i^2\right) = \frac{1}{2}(7.29) = 3.65 \text{ mM}$$

실제 환경문제에서 이온세기를 알기 위해서 수중에 함유된 모든 이온종의 종류와 농도를 모두 분석한다는 것은 매우 번거로운 일일 뿐만 아니라 과잉 분석으로 이해된다. 그러므로 이에 대한 대안으로 물속에 용해된 총 용존 고형물(total dissolved solids, TDS) 농도나 전도도(conductivity)를 측정함으로써 이온세기를 구할 수 있다.

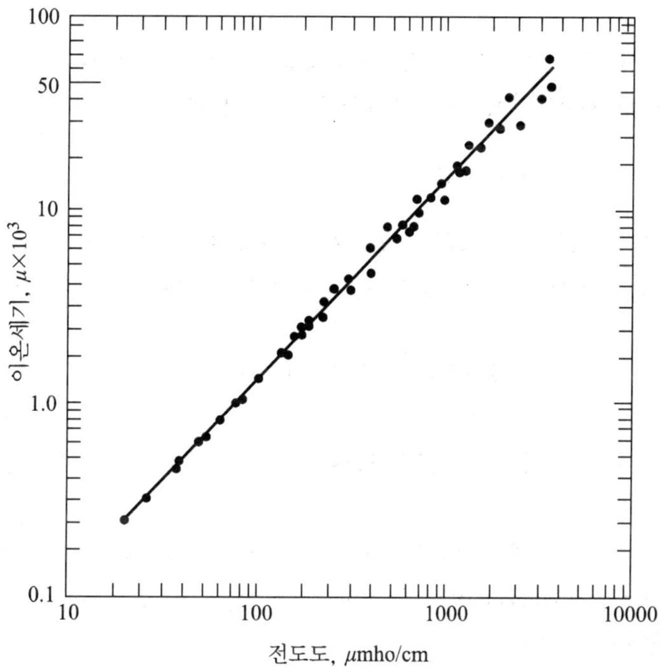

그림 2.3. 전도도와 이온세기의 관계

총 용존 고형물은 휘발성 용존 고형물(volatile dissolved solids, VDS)과 강열 잔류 용존 고형물(fixed dissolved solids, FDS)의 합으로써, 물속에 녹아 있는 칼슘, 마그네슘, 칼륨, 염화, 황산, 탄산 이온 등 양이온 및 음이온과 같은 전해성 이온 물질과 유기물질의 총량을 뜻한다. 즉 이온화된 물질의 각 성분을 분석하지 않고 전체적인 양만 측정하는 것으로 볼 수 있다.

전도도는 전기전도도(conductivity, electrolytic conductivity)라고도 하며 비전도도 또는 비전도율(specific electric conductivity)이라고도 하는데, 전류를 전도하는 능력으로서, 용액 중 이온의 이동에 의해 전류가 전도되는 정도를 말한다. 전도도의 SI 단위는 S(siemens)/m이다. 용액 중 이온의 농도가 증가하면 전기가 잘 통하게 되고 그에 따라 비전도도도 증가하게 된다.

TDS 농도와 전도도는 거의 같은 지표로서 TDS 계측기와 같은 기기를 이용하면 함께 측정할 수 있다. 어떤 용액의 TDS 농도나 전도도를 알면 그 용액의 이온세기를 앞의 그림 2.3이나 식에 의해 구할 수 있다.

Snoeyink와 Jenkins(1980)는 이온세기와 전도도의 관계에 있어 2가지 식을 제안한 바 있다.

$$I = 1.6 \times 10^{-5} k \tag{2.48}$$

$$I = 1.4 \times 10^{-5} k \tag{2.49}$$

여기서, I는 이온세기, k는 전도도(μS/cm, S는 siemens)

Langelier(1936)은 이온세기와 TDS의 관계에 있어 다음과 같은 식을 제안하였다.

$$I = 2.50 \times 10^{-5} (\mathrm{TDS}) \tag{2.50}$$

여기서, TDS는 총 용존 고형물의 농도(mg/L)를 뜻한다.

어떤 성분의 농도를 알고 있다는 전제하에 다음과 같은 식이 이용되기도 한다.

$$I = \frac{1}{2} \sum_i C_i Z_i^2 - 2.50 \times 10^{-5} R \tag{2.51}$$

여기서, R은 확인되지 않은 TDS 농도(=측정된 TDS−알고 있는 성분의 TDS)를 의미한다.

이온세기를 계산하면 궁극적으로 수용액의 활동도계수를 구할 수 있다.

Debye와 Hückel(1923)은 수용액 중 이온들의 열운동과 상호작용을 결합한 법칙을 제안한 바 있다.

$$-\log\gamma_i = AZ_i^2 I^{1/2} \tag{2.52}$$

식 (2.52)에서 $A = 1.82\times10^6(\epsilon T)^{-3/2}$, 25℃에서 ϵ(물의 유전체 상수)는 78.54이므로,

$$A = 1.82\times10^6(78.54\times298)^{-3/2} = 0.5$$

이 값을 대입하여 정리하면,

$$-\log\gamma_i = 0.5Z_i^2 I^{1/2} \tag{2.53}$$

이 식은 이온세기가 5×10^{-3}보다 적은 용액에만 적용이 가능한 것으로 알려져, 식 (2.53)을 Debye-Hückel의 제한법칙이라고 부른다. 제한법칙이라고 부르는 이유는 모든 범위에 모두 충족하는 법칙이 아니라, 일부 범위에서만 적용될 수 있기 때문이다. 이 법칙은 상대적으로 낮은 이온세기의 비이상(nonideal) 거동에 잘 적용된다.

이온세기가 0.1보다 적은 경우에는 Debye-Hückel 제한법칙을 확장한 다음 식을 사용한다.

$$-\log\gamma_i = \frac{AZ_i^2 I^{1/2}}{\left(1+Ba_i I^{1/2}\right)} \tag{2.54}$$

여기서, A와 B는 모두 용매에 관련되는 상수로 온도에 따라 변하는 값을 가진다. 또한, a_i는 수화된 이온의 직경에 관련되는 상수로서, H^+를 제외한 1가 이온의 경우에 $3\sim4\times10^{-8}$의 값을 가진다.

	A	B
25℃ 물	0.509	0.328×10^8
15℃ 물	0.500	0.326×10^8
0℃ 물	0.488	0.324×10^8

식 (2.54)에 일반적인 15℃ 물의 결과를 입력하여 정리하면, 다음과 같이 간단하게 표현할 수 있다.

$$-\log\gamma_i = \frac{0.5Z_i^2 I^{1/2}}{\left(1+0.326\times10^8\times3\times10^{-8}I^{1/2}\right)} = \frac{0.5Z_i^2 I^{1/2}}{1+I^{1/2}} \tag{2.55}$$

이 식 (2.55)를 Güntelberg 근사식이라고 부른다. 근사식은 경험치를 많이 사용하므로 정확한 참값이라기보다는 비교적 정확한 근사치를 구할 수 있게 해주는 식을 의미한다.

또한, Davies는 높은 이온세기($I \geq 0.5$ M)에 적용할 수 있는 복잡한 식을 제안하기도 하였다.

$$-\log \gamma_i = \frac{AZ_i^2 I^{1/2}}{(1+BaI^{1/2})} + CI \tag{2.56}$$

여기서, B와 C는 경험치로 인식되고 있으며, A는 0.5, Ba는 1, C에는 0.3이 사용된다. 그러므로 다음과 같이 정리된다.

$$-\log \gamma_i = \frac{0.5Z_i^2 I^{1/2}}{(1+I^{1/2})} + 0.3I \tag{2.57}$$

예제 2.39

Q&P

이온 전극을 이용하여 해수 중 Cu^{2+}의 반응치를 측정하니 100 μM Cu^{2+}로 나타났다. 이 경우 Cu^{2+}의 농도는? 단, 해수 중 이온의 농도는 Na^+ 0.47 M, K^+ 0.01 M, Mg^{2+} 0.053 M, Ca^{2+} 0.01 M, SO_4^{2-} 0.028 M, Cl^- 0.54 M이었다.

Solution

이온 전극에 의한 반응치는 활동도 값이다. 그러므로

Cu^{2+}의 활동도 = 100 μM

이 문제는 활동도를 알고 있으니 실제 농도를 계산하라는 문제이다.
$\{i\} = \gamma_i[i]$에서 활동도를 알고 있으니 해수의 이온세기를 농도를 계산할 수 있다.
해수 중 이온의 종류와 농도를 모두 알고 있으니 이온세기는

$$I = \frac{1}{2}\sum_{i=1}^{n}(C_i Z_i^2)$$

이온	C_i (mM)	Z_i	$C_i Z_i^2$
Na^+	0.47	+1	0.47
K^+	0.01	+1	0.01
Mg^{2+}	0.053	+2	0.212
Ca^{2+}	0.01	+2	0.04
SO_4^{2-}	0.028	−2	0.112
Cl^-	0.54	−1	0.54
합계			1.384

$$I = \frac{1}{2}\sum_{i=1}^{n}\left(C_i Z_i^2\right) = \frac{1}{2}(1.384) = 0.692\ \text{M}$$

이온세기가 매우 높으므로 Davies의 식에 의해 활동도계수를 구하면,

$$-\log\gamma_i = \frac{0.5Z_i^2 I^{1/2}}{(1+I^{1/2})} + 0.3I = \frac{0.5(2)^2(0.692)^{1/2}}{(1+(0.692)^{1/2})} + 0.3(0.692) = 1.116$$

$$\gamma_i = 0.077 \text{ 그러므로 } \gamma_{Cu^{2+}} = 0.077$$

$\{i\} = \gamma_i[i]$ 에서

$$[Cu^{2+}] = \{Cu^{2+}\}/\gamma_{Cu^{2+}} = 100\ \mu M/0.077 = 1299\ M$$

그러므로 이온세기가 0.692 M로 매우 높은 해수에서는 실제 측정한 농도 값(1299 M)은 이온 전극에 의한 활동도 값(100 M)과 매우 큰 차이를 나타낸다는 것을 알 수 있다.

예제 2.40

5×10^{-3} M NaCl 수용액에 0.001 M 질산(HNO_3)이 용해되어 있으면, 이 용액의 pH는? 단, 질산의 용해가 이온세기에 미치는 영향은 무시한다.

Solution

선제적으로 반드시 알아야 할 것은 pH는 H^+의 농도가 아니라 H^+의 활동도에 의해 결정된다는 것이다.
이 문제는 쉽게 생각하면, 0.001 M 질산(HNO_3)이 존재하므로

$$HNO_3 \rightarrow H^+ + NO_3^-$$

0.001 M HNO_3이므로, 존재하는 $[H^+] = 0.001$ M
그러므로 H^+의 활동도계수가 1이라는 전제하에 $pH = -\log\{H^+\} = -\log[H^+] = -\log[0.001] = 3$으로 쉽게 생각할 수 있으나, 강전해질의 염이 존재함으로써 H^+의 활동도계수가 1이 아니므로 pH도 변화하리라는 것을 짐작할 수 있다. H^+의 활동도를 알기 위해서는 활동도계수를 먼저 계산해야 하고, 활동도계수를 알기 위해서는 이온세기를 알아야 한다.

이온세기 → 활동도계수 → 활동도

5×10^{-3} M NaCl 수용액의 이온세기를 계산하기 위해서는 NaCl과 같은 염은 완전히 이온화한다는 전제에서 출발해야 한다.

$$NaCl \rightarrow Na^+ + Cl^-$$

5×10^{-3} M NaCl이 완전히 이온화되면, $[Na^+] = 5\times10^{-3}$ M, $[Cl^-] = 5\times10^{-3}$ M이 존재하므

로 이온세기는

$$I=\frac{1}{2}\sum_{i=1}^{n}\left(C_i Z_i^2\right)=\frac{1}{2}(5\times10^{-3})(1)^2=5\times10^{-3}\text{ M}$$

Debye-Hückel 제한법칙에 의해 H^+의 활동도계수를 계산하면

$$-\log\gamma_{H^+}=0.5z_{H^+}^2 I^{1/2}=0.5(1)^2(5\times10^{-3})^{1/2}=0.0354$$

$$\gamma_{H^+}=0.92$$

$\{i\}=\gamma_i[i]$ 에서

$$\{H^+\}=\gamma_{H^+}[H^+]=(0.92)(0.001\text{ M})=9.2\times10^{-4}\text{ M}$$

$$pH=-\log\{H^+\}=-\log\{9.2\times10^{-4}\}=3.04$$

기본적으로 평형상수는 활동도를 기본으로 정의된다. 예를 들면, 다음과 같은 산(HA)의 해리 반응에서

$$HA \rightleftarrows H^+ + A^- \tag{2.58}$$

평형상수는 다음과 같이 정의된다.

$$K=\frac{\{H^+\}\{A^-\}}{\{HA\}} \tag{2.59}$$

활동도를 활동도계수와 몰농도의 곱으로 표시하면,

$$K=\frac{\gamma_{H^+}[H^+]\gamma_{A^-}[A^-]}{\gamma_{HA}[HA]}=\frac{\gamma_{H^+}\gamma_{A^-}}{\gamma_{HA}}\times\frac{[H^+][A^-]}{[HA]} \tag{2.60}$$

여기서, 몰농도를 기준으로 하는 평형상수를 ${}^cK$로 정의한다.

$${}^cK=\frac{[H^+][A^-]}{[HA]} \tag{2.61}$$

그러면 평형상수 K는 다음과 같이 정의된다.

$$K=\frac{\gamma_{H^+}\gamma_{A^-}}{\gamma_{HA}}\,{}^cK \tag{2.62}$$

일반적인 반응 $aA+bB \rightleftarrows cC+dD$에서 평형상수는 다음과 같이 표현된다.

$$K = \frac{\gamma_C^c \gamma_D^d}{\gamma_A^a \gamma_B^b}\ {}^cK \qquad (2.63)$$

예제 2.41

Q&A

25℃에서 이온세기가 0일 때 초산에 대한 평형상수 K_a가 $10^{-4.7}$이었다. 만약, 0.01 M NaCl이 있을 때 초산의 ${}^cK_a$는? 단, 초산 및 물의 해리에 의한 H^+와 OH^-가 이온세기에 미치는 영향은 무시할 수 있을 정도로 작다.

Solution

초산(acetic acid, CH_3COOH)은 간단히 HAc라고 표기한다.

$$HAc \rightleftarrows H^+ + Ac^-$$

0.01 M NaCl이 있고, 염은 완전히 이온화된다.

$$NaCl \rightarrow Na^+ + Cl^-$$

$$I = \frac{1}{2}\sum_{i=1}^{n}\left(C_i Z_i^2\right) = \frac{1}{2}[(0.01)(1)^2 + (0.01)(1)^2] = 0.01\ M$$

이온세기가 크지 않으므로 Debye-Hückel 제한법칙에 의해 활동도계수를 계산하면,

$$-\log\gamma_{H^+} = -\log\gamma_{Ac^-} = 0.5Z_{H^+}^2 I^{1/2} = 0.5(1)^2(0.01)^{1/2} = 0.05$$

$$\gamma_{H^+} = \gamma_{Ac^-} = 0.89$$

$$-\log\gamma_{HAc} = 0.5Z_{HAc}^2 I^{1/2} = 0.5(0)^2(0.01)^{1/2} = 0$$

$$\gamma_{HAc} \approx 1$$

이온세기가 0.1 이하일 때 비전해질의 활동도계수는 1로 보는 것이 보편적이다.

$$K = \frac{\gamma_{H^+}\gamma_{Ac^-}}{\gamma_{HAc}}\ {}^cK$$

$${}^cK = \frac{\gamma_{HAc}}{\gamma_{H^+}\gamma_{Ac^-}}\ K$$

$${}^cK = \frac{(1)}{(0.89)(0.89)}\ 10^{-4.7} = 2.52\times10^{-5}$$

앞의 예에서 보는 바와 같이 이온세기에 따라 평형농도의 변화가 발생한다. 10^{-3} M

초산 용액에서 이온세기가 0일 때와 0.05 M일 때의 각 이온종의 농도 변화를 살펴보면 다음 표 2.4와 같다.

표 2.4. 이온세기 변화에 따른 이온종 농도 변화

종 류	$I=0$	$I=0.05$ M	
	$\{i\}=[i]$	몰농도, $[i]$	활동도, $\{i\}$
pH	3.88		3.89
HAc	8.68×10^{-4}	8.36×10^{-4}	8.36×10^{-4}
Ac^-	1.32×10^{-4}	1.64×10^{-4}	1.29×10^{-4}
OH^-	7.60×10^{-11}	9.82×10^{-11}	7.76×10^{-11}
H^+	1.32×10^{-4}	1.63×10^{-4}	1.29×10^{-4}

예제 2.42

Q&A

25℃에서 이온세기가 0.5 M일 때, 물이 H^+이온과 OH^-이온으로 해리되는 평형상수 K_W는 10^{-14}이다. 이때 ${}^cK_W$는? 단, 활동도계수를 계산하기 위해 Davies의 식을 이용하라.

Solution

먼저 물의 해리(이온화)반응은 다음과 같다.

$$H_2O \rightleftarrows H^+ + OH^-$$

$$K_W = \frac{\gamma_{H^+}\gamma_{OH^-}}{\gamma_{H_2O}}\,{}^cK_W$$

위 식에서 K_W는 알고 있으므로, ${}^cK_W$를 계산하기 위해서는 γ_{H_2O}, γ_{H^+}, γ_{OH^-}를 먼저 계산해야 한다. $\gamma_{H_2O}=1$로 주어져 있다.

이온세기가 크므로 Davies의 식에 의해 활동도계수를 구하면,

$$-\log\gamma_{H^+} = \frac{0.5z_i^2I^{1/2}}{(1+I^{1/2})} + 0.3I = \frac{0.5(1)^2(0.5)^{1/2}}{(1+(0.5)^{1/2})} + 0.3(0.5) = 0.357$$

$$\gamma_{H^+} = \gamma_{OH^-} = 0.44$$

$$10^{-14} = \frac{(0.44)(0.44)}{(1)}\,{}^cK_W$$

$${}^cK_W = 5.16\times10^{-14} = 10^{-13.29}$$

2.8 비전해질의 활동도계수

수용액에서 설탕이나 산소와 같은 비전해질의 활동도계수를 계산하는 것은 전해질의 활동도계수를 측정하는 것과는 큰 차이가 있다. 비전해질의 활동도계수는 이온세기와 다음과 같은 관계가 있다.

$$\log \gamma_i = Ks\,I \tag{2.64}$$

여기서, γ_i는 비전해질 성분 i의 활동도계수, Ks는 염석계수(salting out coefficient), I는 이온세기이다.

염석(salting out)이란 높은 이온세기를 가진 용액에서 비이온성 물질이 물로부터 떨어져 나오는 것을 말한다. 이에 대한 대표적인 현상으로 비누의 제조나 두부의 제조가 있다. 두부를 제조할 때 콩 단백질은 친수기를 가지고 있으므로 물과의 친화력이 강하여 쉽게 엉기지 않으나, 전해질인 간수(염화마그네슘, $MgCl_2$)를 다량으로 넣어 주면 비전해질인 콩단백질이 물로부터 쉽게 떨어져 나와 서로 엉겨서 두부가 된다. 염석계수는 염석 정도를 나타내는 계수로서, 염석계수가 클수록 염석이 잘 된다, 즉 비전해질인 콩단백질이 잘 떨어져 나온다는 것을 나타낸다.

그러므로 염석효과(salting out effect)는 용액 중의 전해질(이온성 물질) 농도가 증가함에 따라 비전해질(비이온성 물질)의 용해도가 감소하는 현상을 말한다.

일반적으로 염석계수(Ks) 값은 0.01～0.15이며 이온세기 0.1 이하일 때 비전해질의 활동도계수는 1로 본다.

예를 들어 NaCl이 함유된 전해질 용액에 비전해질인 용존산소가 녹아 있을 때, 용존산소의 염석계수 Ks가 0.132이고, $I=0.01$로서 이온세기가 매우 낮은 비전해질인 용존산소의 활동도계수는

$$\log \gamma_{O_2} = (0.132)\times(0.01) = 0.00132$$

$$\gamma_{O_2} = 1.003 \fallingdotseq 1$$

$I=0.1$인 경우에는

$$\log \gamma_{O_2} = (0.132)\times(0.1) = 0.0132$$

$$\gamma_{O_2} = 1.03 \fallingdotseq 1$$

$I = 0.7$(해수)인 경우에는

$$\log \gamma_{O_2} = (0.132) \times (0.7) = 0.0924$$

$$\gamma_{O_2} = 1.24 > 1$$

이온세기가 낮은 경우에는 비전해질의 활동도계수는 1로 볼 수 있으나, 이온세기가 매우 큰 경우에는 비전해질의 활동도계수는 1보다 큰 값으로 나타난다는 것을 알 수 있다.

예제 2.43

Q&A

아래의 시약들을 1 L의 물에 용해시켰다.

NaCl 10^{-2} mol, $CaCl_2$ 2×10^{-2} mol, $BaCl_2$ 3×10^{-2} mol

(1) 이 시약들이 용해된 용액의 이온세기는?

(2) 이 용액에 소량의 인산염을 투입하였다.

$$H_2PO_4^- \rightleftarrows H^+ + HPO_4^{2-} \qquad K = 10^{-7.2}$$

인산염 투입에 따른 이온세기의 변화는 무시하고, Davies 식에 의해 인산염의 ^cK 즉 $[H^+][HPO_4^{2-}]/[H_2PO_4^-]$는?

(3) 이 용액에 9.53×10^{-4} M 농도의 비전해질이 존재하고 그 활동도가 10^{-3} M이라면, 염석계수 Ks는?

Solution

(1) 이 용액의 이온세기는 다음과 같다.

$$I = \frac{1}{2}\sum_{i=1}^{n}\left(C_i Z_i^2\right)$$

이온	C_i (M)	Z_i	$C_i Z_i^2$
Na^+	10^{-2}	$+1$	1×10^{-2}
Cl^-	10^{-2}	-1	1×10^{-2}
Ca^{2+}	2×10^{-2}	$+2$	8×10^{-2}
Cl^-	$2\times2\times10^{-2}$	-1	4×10^{-2}
Ba^{2+}	3×10^{-2}	$+2$	12×10^{-2}
Cl^-	$2\times3\times10^{-2}$	-1	6×10^{-2}
합계			3.2×10^{-1}

$$I=\frac{1}{2}\sum_{i=1}^{n}\left(C_iZ_i^2\right)=\frac{1}{2}(3.2\times10^{-1})=0.16$$

(2) 이온세기가 크므로 Davies의 식에 의해 활동도계수를 구하면,

1가 이온인 H^+와 $H_2PO_4^-$의 활동도계수는

$$-\log\gamma_{H^+}=\frac{0.5z_i^2I^{1/2}}{(1+I^{1/2})}+0.3I=\frac{0.5(1)^2(0.16)^{1/2}}{(1+(0.16)^{1/2})}+0.3(0.16)=0.19$$

$$\gamma_{H^+}=\gamma_{H_2PO_4^-}=0.646$$

2가 이온인 HPO_4^{2-}의 활동도계수는

$$-\log\gamma_{HPO_4^{2-}}=\frac{0.5z_i^2I^{1/2}}{(1+I^{1/2})}+0.3I=\frac{0.5(2)^2(0.16)^{1/2}}{(1+(0.16)^{1/2})}+0.3(0.16)=0.62$$

$$\gamma_{HPO_4^{2-}}=0.24$$

$$K=\frac{\gamma_{H^+}\gamma_{HPO_4^{2-}}}{\gamma_{H_2PO_4^-}}{}^cK=\frac{(0.646)(0.24)}{(0.646)}{}^cK=10^{-7.2}$$

$${}^cK=2.63\times10^{-7}$$

(3) $\{i\}=\gamma_i\times[i]$ 에서,

$10^{-3}\,M=\gamma_i\times9.53\times10^{-4}\,M$

비전해질의 활동도계수 $\gamma_i=1.05$

비전해질의 경우 염석계수는 $\log\gamma_i=Ks\,I$이므로,

$\log(1.05)=Ks\times(0.16)$

$Ks=0.13$

예제 2.44

1 atm의 대기압과 25℃에서, 수중의 용존산소와 대기 중의 산소는 평형상태에 놓여있다. 이때 이온세기는 0이고 용존산소의 농도는 8.24 mg/L이었다. 수중의 염도가 10‰일 때 대기와 평형을 이루고 있는 용존산소 농도(mg/L)는? 단, 염석계수(Ks)는 0.132이다.

Solution

이 경우는 대기 중의 산소가 수중으로 용해되는 반응을 생각해야 한다. 이 경우에 사용되는 평형상수는 Henry 상수이다. 1 atm의 대기압 중 산소가 차지하는 부분이 20.9%이므로 공기 중 산소가 차지하는 분압은 0.209 atm이다.

또한, 용존산소 농도의 계산은 몰 단위로 해야 하므로,

$$\frac{8.24\text{ mg }O_2}{L}\left|\frac{1\text{ mmol }O_2}{32\text{ mg }O_2}\right|\frac{1\text{ mol}}{1000\text{ mmol}}=2.58\times10^{-4}\,M$$

대기 중의 산소가 용해되는 반응은

$$O_{2(g)} \rightleftarrows O_{2(aq)}$$

$$K_H = \frac{\{O_{2(aq)}\}}{\{O_{2(g)}\}} = \frac{[O_{2(aq)}]}{P_{O_2}} = \frac{2.58\times10^{-4}\ \text{M}}{0.209\ \text{atm}} = 1.23\times10^{-3}\ \text{M/atm}$$

수중의 염도가 10‰일 때의 이온세기를 먼저 구한다.

$$\text{NaCl} \rightarrow \text{Na}^+ + \text{Cl}^-$$

10‰는 천분율이므로

$$\frac{10‰ \mid 1000\ \text{mg/L} \mid 1\ \text{g}}{\quad \mid 1‰ \mid 1000\ \text{mg}} = 10\ \text{g/L}$$

$$\frac{10\ \text{g NaCl} \mid 1\ \text{mol NaCl}}{\text{L} \mid 58.5\ \text{g NaCl}} = 0.17\ \text{M NaCl}$$

0.17 M NaCl이 이온화되어 0.17 M Na^+와 0.17 M Cl^-를 형성하므로 이온세기는 다음과 같다.

$$I = \frac{1}{2}\sum_{i=1}^{n}\left(C_i Z_i^2\right) = \frac{1}{2}[(0.17)(1)^2 + (0.17)(1)^2] = 0.17\ \text{M}$$

$$K_H = \frac{\{O_{2(aq)}\}}{\{O_{2(g)}\}} = \frac{\gamma_{O_{2(aq)}}[O_{2(aq)}]}{P_{O_2}} = \gamma_{O_{2(aq)}}\,{}^cK_H$$

산소와 같은 비전해질의 활동도계수는 $\log\gamma = Ks\,I$이므로

$$\log\gamma_{O_{2(aq)}} = Ks\,I = (0.132)(0.17\ \text{M}) = 0.02244$$

$$\gamma_{O_{2(aq)}} = 1.05$$

$${}^cK_H = \frac{K_H}{\gamma_{O_{2(aq)}}} = \frac{1.23\times10^{-3}\ \text{M/atm}}{1.05} = 1.17\times10^{-3}\ \text{M/atm}$$

이때의 용존산소 농도는 다음과 같으므로

$${}^cK_H = \frac{[O_{2(aq)}]}{P_{O_2}}$$

$$[O_{2(aq)}] = {}^cK_H \times P_{O_2} = (1.17\times10^{-3}\ \text{M/atm})(0.209\ \text{atm}) = 2.45\times10^{-4}\ \text{M}\ O_{2(aq)}$$

$$\frac{2.45\times10^{-4}\ \text{mol}\ O_{2(aq)} \mid 32\ \text{g}\ O_2 \mid 1000\ \text{mg}}{\text{L} \mid 1\ \text{mol}\ O_2 \mid 1\ \text{g}} = 7.84\ \text{mg}\ O_{2(aq)}/\text{L}$$

예제 2.45

공기 중의 산소가 물에 용해되는 과정에서, Henry 상수 K_H는 25℃에서 1.29×10^{-3} mol/L·atm이고 염석계수가 0.132이다. 25℃의 증류수, 하천수, 해수에서의 용존산소 활동도(M)와 농도(mg/L)는? 단, 증류수, 하천수, 해수의 이온세기는 각각 0, 0.007, 0.7 M이고 공기의 증기압은 무시한다.

Solution

산소가 물속으로 용해되는 반응은 다음과 같다.

$$O_{2(g)} \rightleftarrows O_{2(aq)}$$

이 경우에 사용되는 평형상수는 Henry 상수이다.
증류수의 경우, 산소는 비전해질이므로 비전해질의 활동도계수를 계산해야 한다.

$$\log\gamma_{O_2} = Ks\,I = (0.132)\times(0) = 0$$

$$\gamma_{O_2} = 1.0$$

활동도계수(γ_{O_2})가 1이 되어 $\{O_{2(aq)}\} = [O_{2(aq)}]$

가스의 활동도를 표시하는 대표적인 방법은 가스의 부분압을 표시하는 것이다. 그러므로 $\{O_{2(g)}\}$는 공기 중 산소의 부분압(P_{O_2})으로 표시하고, 증기압을 무시하므로 공기 중 산소의 부분압(P_{O_2})은 0.209 atm이다.

$$K_H = \frac{\{O_{2(aq)}\}}{\{O_{2(g)}\}} = \frac{\gamma_{O_2}[O_{2(aq)}]}{P_{O_2}} = \frac{(1)[O_{2(aq)}]}{0.209\text{ atm}} = 1.29\times10^{-3}\text{ mol/L}\cdot\text{atm}$$

$$[O_{2(aq)}] = 2.7\times10^{-4}\text{ mol/L}$$

하천수의 경우, 대기의 산소 분압은 모두 동일하므로 $P_{O_2} = 0.209$ atm이다. 그러나 $\{O_{2(aq)}\}$에서 이온세기가 0.007 M로 활동도계수가 1이 아니므로 $\{O_{2(aq)}\} \neq [O_{2(aq)}]$. 그러므로 활동도계수를 구한 다음 몰농도를 계산해야 한다.

$$\log\gamma_{O_2} = Ks\,I = (0.132)\times(0.007) = 9.24\times10^{-4}$$

$$\gamma_{O_2} = 1.002$$

$$K_H = \frac{\{O_{2(aq)}\}}{\{O_{2(g)}\}} = \frac{\gamma_{O_2}[O_{2(aq)}]}{P_{O_2}} = \frac{(1.002)[O_{2(aq)}]}{0.209\text{ atm}} = 1.29\times10^{-3}\text{ mol/L}\cdot\text{atm}$$

$$[O_{2(aq)}] = 2.7\times10^{-4}\text{ mol/L}$$

하천수의 경우는 이온세기가 크지 않아, $[O_{2(aq)}]$의 경우 증류수와 큰 차이를 나타내지 않는다.
해수의 경우, 이온세기가 0.7 M이므로

$$\log \gamma_{O_2} = Ks\,I = (0.132)\times(0.7) = 0.0924$$

$$\gamma_{O_2} = 1.237$$

$$K_H = \frac{\{O_{2(aq)}\}}{\{O_{2(g)}\}} = \frac{\gamma_{O_2}[O_{2(aq)}]}{P_{O_2}} = \frac{(1.237)[O_{2(aq)}]}{0.209\text{ atm}} = 1.29\times10^{-3}\text{ mol/L}\cdot\text{atm}$$

$$[O_{2(aq)}] = 2.18\times10^{-4}\text{ mol/L}$$

해수의 경우는 이온세기가 커서 하천수나 증류수에 비해 $[O_{2(aq)}]$가 낮게 나타났다. 이를 mol/L 단위가 아닌 일상적으로 사용하는 mg/L 단위로 전환하면,

증류수와 하천수의 경우

$$\frac{2.7\times10^{-4}\text{ mol }O_2}{\text{L}}\,\Bigg|\,\frac{32\text{ g }O_2}{1\text{ mol }O_2}\,\Bigg|\,\frac{1000\text{ mg}}{1\text{ g}} = 8.64\text{ mg }O_2/\text{L}$$

해수의 경우

$$\frac{2.18\times10^{-4}\text{ mol }O_2}{\text{L}}\,\Bigg|\,\frac{32\text{ g }O_2}{1\text{ mol }O_2}\,\Bigg|\,\frac{1000\text{ mg}}{1\text{ g}} = 6.98\text{ mg }O_2/\text{L}$$

참조 용존산소의 측정

위의 예에서 보는 바와 같이 해수 중의 용존산소 농도는 염석효과로 인해 증류수나 하천수의 용존산소 농도에 비해 낮다. 농도가 아닌 활동도의 경우는 어느 경우나 동일하다.

용존산소 측정방법은 크게 용존산소 계측기를 이용하는 방법과 시약을 이용하여 측정하는 방법이 있다. 용존산소 계측기를 이용하면 전극을 이용하게 되므로 실제 측정하는 것은 농도가 아니라 활동도이고, 시약을 이용한 방법은 농도를 측정하는 것이다. 그러므로 계측기를 이용할 때는 주의해야 한다. 왜냐하면 실제 환경 분야에서 이용되는 것은 용존산소 활동도가 아니라 용존산소 농도이기 때문이다. 그러므로 계측기를 이용할 경우, 이온세기가 높은 해수에서는 반드시 이온세기에 대해 보정을 하여 용존산소 농도를 측정해야 한다. 요즘 사용되는 용존산소 계측기는 측정대상 물질이 해수라고 설정을 해주면 계측기가 자동으로 이온세기를 보정하여 측정한 용존산소 농도를 표시해 준다.

Chapter 2 연습문제

문제 2.1. 약산인 아질산(HNO_2)이 물에 녹아 이온화될 때, 이온화상수 $K_i = 4.5 \times 10^{-4}$이었다. 만약, 초기 아질산(HNO_2) 농도가 0.1 M이었다면, 평형상태에서의 아질산(HNO_2), 아질산이온(NO_2^-), 수소이온(H^+) 농도는?

$$HNO_2 \rightleftarrows H^+ + NO_2^-$$

문제 2.2. 에탄올($C_2H_5OH_{(l)}$) 5 mol과 초산($CH_3COOH_{(l)}$) 2 mol을 혼합할 때의 반응은 아래와 같다. 만약 평형상수의 값이 3.0이라면 평형상태에서 각 성분의 mol은?

$$C_2H_5OH_{(l)} + CH_3COOH_{(l)} \rightleftarrows CH_3COOC_2H_{5(l)} + H_2O_{(l)}$$

문제 2.3. 어느 염기(수산화암모늄, NH_4OH)의 이온화상수가 2.0×10^{-3}이라고 할 때, 초기농도 0.5 M 수산화암모늄 용액의 이온화 비율은 얼마인가?

문제 2.4. 초산(CH_3COOH)은 수용액 상에서 약 20% 이온화된다. 초기 투입된 초산의 농도가 0.1 M일 때, 초산의 이온화상수는 얼마인가?

문제 2.5. 구미국가산업단지에서 불산누출이라는 심각한 환경오염사고가 2012년에 발생한 적이 있다. 불산이라고 하는 불화수소산(HF)은 무색의 자극성 액체로 공기 중에서 연기가 나며, 유독성으로 피부나 점막을 강하게 자극하기 때문에 취급에 세심한 주의를 요구한다. 0.1 M 불화수소산 용액 중 불소이온(F^-)의 농도(M)는? 단, 불화수소산의 이온화상수는 7.0×10^{-4}으로 한다.

문제 2.6. KCNO 10 g을 0.5 M 염산(HCl) 150 mL에 투입하여 HCNO 용액을 제조하였을 때, 수소이온(H^+) 농도가 2.0×10^{-4} M이라면, HCNO의 이온화상수는? 단, KCNO의 분자량은 81 g/mol이다.

문제 2.7. 물과 이온화상수가 2.0×10^{-5}인 0.1 M 수산화암모늄(NH_4OH)을 혼합하여 $[OH^-]=2.5\times10^{-4}$ M인 500 mL 용액을 만들고자 한다. 필요한 물의 양(mL)과 수산화암모늄의 양(mL)은?

문제 2.8. 다음 평형상태에서 압력을 고정시킨 상태에서 온도를 증가시키면 어느 방향(오른쪽, 왼쪽)으로 반응은 진행될 것인가? 또한, 온도를 고정시킨 상태에서 압력을 증가시키면 진행방향(오른쪽, 왼쪽)은?

(1) $4HCl_{(g)} + O_{2(g)} \rightleftarrows 2H_2O_{(g)} + 2Cl_{2(g)}$　　$\Delta H^o = -28$ kcal/mol

(2) $N_{2(g)} + O_{2(g)} \rightleftarrows 2NO_{(g)}$　　$\Delta H^o = 44$ kcal/mol

(3) $C_2H_{4(g)} + 3O_{2(g)} \rightleftarrows 2CO_{2(g)} + 2H_2O_{(g)}$　　$\Delta H^o = 332$ kcal/mol

(4) $2NO_{(g)} + O_{2(g)} \rightleftarrows 2NO_{2(g)}$　　$\Delta H^o = -28.1$ kcal/mol

문제 2.9. 1 L의 0.25 M 수산화암모늄(NH_4OH) 용액에 몇 g의 염화암모늄(NH_4Cl)을 투입하면, OH^-의 농도가 2×10^{-5} M이 되겠는가? 단, 수산화암모늄(NH_4OH)의 이온화상수는 1.8×10^{-5}이라고 가정하고 NH_4Cl의 분자량은 53.45 g/mol이다.

문제 2.10. 3 M 초산(CH_3COOH) 용액 5 mL와 1 M 초산나트륨(CH_3COONa) 용액 45 mL를 혼합하였다. 혼합용액의 최종 수소이온(H^+) 농도를 계산하라. 단, 초산의 이온화상수는 1.5×10^{-5}이라고 가정한다.

문제 2.11. 아질산(HNO_2)의 이온화상수는 4.5×10^{-4}이다. 0.1 M 아질산나트륨($NaNO_2$)을 함유하는 0.2 M HNO_2 용액의 수소이온(H^+) 농도를 계산하라. 여기서 염인 아질산나트륨은 완전히 이온화된다.

문제 2.12. 표준상태(1기압, 25℃)에서 물은 해리되어 이온화 상태로 존재하는가? 아니면 분자 상태로 존재하는가? 물이 이온화될 때의 평형상수는? 단, $[H^+]=10^{-5}$ M, $[OH^-]=4\times10^{-9}$ M

문제 2.13. 화학적 수처리의 응집과정에서 2가 철이온(Fe^{2+})은 수중의 산소가 있는 상태에서 다음과 같은 가수분해반응을 하여 침전물을 형성한다.

$$2Fe^{2+} + 1/2\,O_{2(g)} + 5H_2O_{(l)} \rightleftarrows 2Fe(OH)_{3(s)} + 4H^+$$

표준상태에서 이 반응의 평형상수는?

문제 2.14. 표준상태(1기압, 25℃)에서 수중의 질산이온(NO_3^-)이 황화수소이온(HS^-)을 산화시켜 황산이온(SO_4^{2-})을 생성하고 자신은 암모늄이온(NH_4^+)으로 환원되는 아래의 산화-환원 반응이 발생할 수 있는가? 단, 모든 반응물과 생성물의 농도는 10^{-4} M이고 pH는 6이다.

$$NO_3^- + H^+ + HS^- + H_2O_{(l)} \rightarrow NH_4^+ + SO_4^{2-}$$

문제 2.15. 25℃에서 아래 평형의 평형상수 K_P는? 단, ΔG^o는 1.380 kcal/mol이다.

$$N_2O_{4(g)} \rightleftarrows 2NO_{2(g)}$$

문제 2.16. 다음과 같은 평형 반응이 온도 600 K, 5 L 용기 내에서 이루어졌다.

$$CO_{(g)} + H_2O_{(g)} \rightleftarrows CO_{2(g)} + H_{2(g)}$$

평형상태에서 각 성분의 농도는 $CO_{(g)}$ 0.02 mol, $H_2O_{(g)}$ 0.0215 mol, $CO_{2(g)}$ 0.07 mol, $H_{2(g)}$ 2.00 mol이었다. 이때의 ΔG^o는? 단, $K_P = K_c(RT)^{\Delta n}$의 관계가 있고, Δn은 화학양론적 계수 차이다.

문제 2.17. 25℃에서 아래 반응의 ΔG^o가 -45.58 kcal, $HCl_{(g)}$의 $\Delta \overline{H}_f^o$는 -22.06 kcal/mol일 때, 이 반응의 표준상태 엔트로피(ΔS^o)는? 나머지 자료는 표 2.2를 참조하시오.

$$H_{2(g)} + Cl_{2(g)} \rightleftarrows 2HCl_{(g)}$$

문제 2.18. 25℃, 물속에서 포화상태에 있는 용존산소의 농도는? 계산한 값을 문헌에서 제시하는 포화 용존산소 농도(8.3 mg/L)와 비교하시오.

문제 2.19. 18℃에서 $BaC_2O_4 \cdot (1/2)H_2O$와 $BaC_2O_4 \cdot 2H_2O$의 용해도곱(K_{sp})은 각각 2.18×10^{-7}과 1.2×10^{-7}이었다. 다음 반응의 ΔG^o는?

$$BaC_2O_4 \cdot (1/2)H_2O_{(s)} + (3/2)H_2O_{(l)} \rightleftarrows BaC_2O_4 \cdot 2H_2O_{(s)}$$

문제 2.20. 25℃에서 $CO_{2(aq)}$, $NaHCO_{3(aq)}$, HCl을 혼합하여 분석하니, $CO_{2(aq)}$, $HCO_3^-{}_{(aq)}$, H^+의 농도가 모두 10^{-4} M이었다. 다음 반응은 어느 쪽으로 진행하겠는가?

$$CO_{2(aq)} + H_2O \rightleftarrows HCO_3^-{}_{(aq)} + H^+ \qquad K=10^{-6.3}$$

문제 2.21. 초산(CH_3COOH)은 쉽게 초산이온(CH_3COO^-)과 H^+로 이온화되고, 초산이온은 호기성 세균에 의해 다음과 같이 분해되고, 그 과정에서 생성되는 자유에너지를 세균은 획득한다. 이때 생성되는 자유에너지(kcal)는? 단, 온도는 25℃로 한다.

$$CH_3COO^- + 2O_{2(aq)} \rightleftarrows HCO_3^- + CO_{2(aq)} + H_2O$$

문제 2.22. Mg^{2+}는 높은 pH에서 $Mg(OH)_2$ 침전물을 형성하는 반응을 한다. 만약 pH 10에서 이 반응이 평형에 도달했다면, 이때 Mg^{2+}의 몰농도는? 단, 이온세기의 영향은 무시한다.

$$Mg^{2+} + 2OH^- \rightleftarrows Mg(OH)_{2(s)}$$

문제 2.23. 다음과 같은 반응에서 ΔH^o와 ΔS^o를 계산하라.

$$2SO_{2(g)} + O_{2(g)} \rightleftarrows 2SO_{3(g)}$$

단, 절대온도 900 K에서 $K_{P,\,900\text{K}} = 42.9\ \text{atm}^{-1}$, 절대온도 1000 K에서 $K_{P,\,1000\text{K}} = 3.46\ \text{atm}^{-1}$

문제 2.24. 수돗물이 15℃로 가정에 공급되고, 공급된 수돗물은 가정용 온수 보일러에서 70℃로 가열된다. 25℃의 수돗물에서 탄산칼슘($CaCO_{3(s)}$)이 포화상태라면, 15℃와 70℃에서는 어떤 상태인가?

문제 2.25. 다음 반응 중 25℃에서 $K_P = 0.114$ atm, $\Delta H^o = 13.0$ kcal/mol이었다. −50℃에서의 K_P와 ΔG^o는?

$$N_2O_{4(g)} \rightleftarrows 2NO_{2(g)}$$

문제 2.26. 아래 물의 이온화반응에서 25℃와 50℃에서의 평형상수를 구하라. 이 반응은 발열반응인가 흡열반응인가? 또한, 온도가 증가할수록 이온화는 감소하는가? 아니면 증가하는가?

$$H_2O_{(l)} \rightleftarrows H^+_{(aq)} + OH^-_{(aq)}$$

문제 2.27. 1 L 물속에 NaCl 100 mg과 $MgSO_4$ 200 mg이 용해되어 있을 때, 이 용액의 이온세기는? 단, Na, Cl, Mg, S, O의 원자량은 각각 23, 35.5, 24, 32, 16 g/mol이다.

문제 2.28. 25℃에서 10^{-3} M NaCl 용액의 이온세기는 10^{-3} M이었다. Debye-Hückel 제한법칙을 이용하여 활동도계수를 계산하라.

문제 2.29. 25℃ 평형상태에서 이온세기가 10^{-4} M인 용액에서 탄산이온에 대한 중탄산이온의 몰농도 비($[HCO_3^-]/[CO_3^{2-}]$)와 pH는? 단, $[H^+]=10^{-9}$ M이다.

$$CO_3^{2-} + H^+ \rightleftarrows HCO_3^-$$

문제 2.30. 25℃에서 이온세기가 0일 때, 중탄산이온(HCO_3^-)이 탄산이온(CO_3^{2-})으로 해리되는 평형상수 K는 $10^{-10.3}$이었다. 만약 NaCl 0.01 M이 있을 때 중탄산이온의 ${}^cK$는? 단, 물의 해리에 의한 H^+와 OH^-가 이온세기에 미치는 영향은 무시할 수 있을 정도로 작다.

문제 2.31. 25℃에서 공기 중 산소가 용해되는 과정의 Henry 상수 $K_H = 1.29\times10^{-3}$ mol/L · atm이고, $\Delta H^o = -3.9$ kcal이다.

(1) $O_{2(aq)}$의 표준생성자유에너지(kcal/mol)와 표준생성엔탈피(kcal/mol)는?

(2) 60℃의 Henry 상수(mol/L · atm)는?

(3) 건조한 대기의 O_2는 전체 공기에 대해 21%(v/v)이다. 1기압 하에서 25℃, 50℃, 100℃ 물의 산소 평형농도(mg/L)는? 단, 25℃, 50℃, 100℃의 공기 증기압은 각각 23.8, 92.5, 760 mmHg이고, 물의 이온세기는 무시한다.

3

산 - 염기 화학

3.1 서론

산 - 염기 반응은 대부분의 환경화학 반응에서 많은 영향을 미친다. 특히 천연수 중에서 탄산이온(CO_3^{2-})은 천연수의 pH와 금속이온의 용해에 큰 영향을 미친다. 또한 산 - 염기는 침전 - 용해, 착물 형성, 산화 - 환원 반응 등에도 영향을 미치므로 중요도가 매우 높다고 할 수 있다.

3.2 산 – 염기의 정의

산 - 염기의 정의는 크게 Arrhenius 정의와 Brønsted-Lowry 정의로 나눌 수 있다.

Arrhenius 정의에 따르면 수용액에서 이온화하여 H^+를 내는 물질을 산(acid)이라고 하고 OH^-를 내는 물질을 염기(base)라고 하였다. 그러나 OH^-를 가지고 있지 않은 물질은 이 정의에 적용할 수 없어 한계가 있다. 그러므로 지금은 이 정의를 사용하지 않는다.

Brønsted-Lowry 정의는 H^+(양성자, proton)를 내는 물질(분자, 이온)을 양성자 주개(proton donor) 또는 산(acid)이라 하고, H^+를 받는 물질을 양성자 받개(proton acceptor) 또는 염기(base)라고 한다. 이를 일반적인 반응으로 표현하면 다음과 같다.

	HA	+	B^-	⇄	HB	+	A^-
정반응 기준	산		염기		공액산		공액염기
역반응 기준	공액산		공액염기		산		염기

정반응을 기준으로 할 때, HA는 H^+(양성자)를 내놓아 산이 되고, B^-는 H^+(양성자)를 받아서 염기가 된다. 여기서 주의할 것은 양성자를 많이 가지고 있다고 해서 산이라고 하지 않는다는 것이다. 양성자를 많이 가지고 있어도 양성자를 내놓지 않으면 산이라 할 수 없다. 역반응을 기준으로 할 때는 HB가 산이 되고 A^-가 염기가 된다.

그러므로 정반응을 기준으로 할 때 A^-는 HA라는 산과 관련이 있는 염기이므로 짝염기 또는 공액염기(conjugated base)라고 하고, HB는 공액산이 된다. 마찬가지로 역반응을 기준으로 할 때는 HA와 B^-가 각각 공액산과 공액염기가 될 수 있다. 여기서 '공액'이란 상호작용을 일으켜서 서로 화학양론적 관계가 있다는 의미이다.

특히 물은 산과 염기의 성질을 모두 가지고 있어 양쪽성 화합물(ampholyte)의 대표적인 예라고 할 수 있다.

$$HCl + H_2O \rightleftarrows (H_2O)H^+ + Cl^-$$

산 염기 공액산 공액염기

이 경우 물은 산을 만나면 염기로 작용한다. 그러나 탄산이온(CO_3^{2-})과 같은 염기를 만나면 산으로 작용할 수 있다.

$$H_2O + CO_3^{2-} \rightleftarrows HCO_3^- + OH^-$$

산 염기 공액산 공액염기

예제 3.1 Q&A

산 – 염기 정의에 의해 다음 물질들을 산, 염기, 양쪽성 화합물로 분류하시오.

OH^-, HCN, NH_3, NH_4^+, HCO_3^-

Solution

$$OH^- + H_2O \rightleftarrows H_2O + OH^-$$

OH^-는 물로부터 양성자를 받으므로 염기

$$HCN + H_2O \rightleftarrows CN^- + H_2O(H^+)$$

HCN은 물에게 양성자를 주므로 산

$$NH_3 + H_2O \rightleftarrows NH_4^+ + OH^-$$

NH_3는 물로부터 양성자를 받으므로 염기

$$NH_4^+ + H_2O \rightleftarrows NH_3 + H_2O(H^+)$$

NH_4^+는 물에게 양성자를 주므로 산

$$HCO_3^- + H_2O \rightleftarrows CO_3^{2-} + H_2O(H^+)$$
$$HCO_3^- + H_2O \rightleftarrows H_2CO_3 + OH^-$$

HCO_3^-는 물에게 양성자를 줄 수도 있고 받을 수도 있으므로 양쪽성 화합물

물은 양쪽성 화합물이므로 다음과 같이 물의 한 쪽이 산으로 작용하고 다른 한 쪽이 염기로 작용하는 것으로 생각할 수 있거나, 스스로 이온화하는 것으로 볼 수도 있다.

$$\underset{\text{산}}{H_2O} + \underset{\text{염기}}{H_2O} \rightleftarrows \underset{\text{공액산}}{(H_2O)H^+} + \underset{\text{공액염기}}{OH^-}$$

어느 경우에나 평형상수로 표기하면 동일하다. 위와 같이 물의 한 쪽이 산으로 작용하고 다른 한 쪽이 염기로 작용하는 것으로 생각하는 경우, 물의 활동도는 1이고 이온세기의 영향을 무시하면 활동도 대신 몰농도를 사용할 수 있으므로,

$$K = \frac{\{(H_2O)H^+\}\{OH^-\}}{\{H_2O\}^2} = \{H^+\}\{OH^-\} = [H^+][OH^-]$$

물이 스스로 이온화하는 것으로 간주할 때도 아래와 같이 동일하게 표시된다. 그러나 산 - 염기 반응의 경우에는 산과 염기가 존재하는 것으로 보는 것이 적절할 것이다.

$$H_2O \rightleftarrows H^+ + OH^-$$

$$K = \frac{\{H^+\}\{OH^-\}}{\{H_2O\}} = \{H^+\}\{OH^-\} = [H^+][OH^-]$$

특히, 이 경우 물이 이온화될 때에 적용하는 평형상수라는 의미로서 물의 이온화상수라고 부르고 K_W라고 쓴다.

물의 이온화상수는 앞의 '2장 화학평형론'에서 다루었듯이 물의 이온화반응에 대한 ΔG^o를 계산하여 구할 수 있다.

$$\Delta G^o = (\Sigma \nu_i \Delta \overline{G}_f^o)_{\text{생성물}} - (\Sigma \nu_i \Delta \overline{G}_f^o)_{\text{반응물}}$$

화학종	$\Delta\overline{G}_f^o$ (kcal/mol)
H_2O	−56.69
H^+	0
OH^-	−37.595

$$\begin{aligned}\Delta G^o &= [(1\ \text{mol})\times(0\ \text{kcal/mol}) + (1\ \text{mol})\times(-37.595\ \text{kcal/mol})] \\ &\quad - [(1\ \text{mol})\times(-56.69\ \text{kcal/mol})] \\ &= +19.095\ \text{kcal}\end{aligned}$$

여기서, ΔG^o가 양의 값을 가져 표준상태에서 물의 이온화반응이 자발적으로 일어나지 않기 때문에 물은 이온 상태보다는 분자 상태로 존재한다는 것을 알 수 있다.

$\Delta G^o = -RT\ln K_W$에서

$$+19.095\ \text{kcal} = -(1.987\times10^{-3}\ \text{kcal/mol}\cdot\text{K})(298\ \text{K})\cdot\ln(K_W)$$

$$\ln(K_W) = -32.25$$

$$K_W = 9.86\times10^{-15} \approx 1.0\times10^{-14}$$

물은 25℃에서 다음의 관계가 성립한다.

$$K_W = 1.0\times10^{-14} = \{H^+\}\{OH^-\}$$

양변을 $-\log$를 취하면,

$$14 = [-\log\{H^+\}] + [-\log\{OH^-\}] = pH + pOH$$

표준상태에서는 $14 = pH + pOH$ 관계가 성립하므로 pH를 알면 손쉽게 pOH를 계산할 수 있다.

산의 평형상수는 K_a라고 한다. 여기서 K는 평형상수, $_a$는 산(acid)을 의미한다.

$$\underset{\text{산}}{HA} + \underset{\text{염기}}{H_2O} \rightleftarrows (H_2O)H^+ + A^-$$

위 반응에서 K_a는 물분자에게 양성자를 주려는 경향이 있다.

$$\underset{\text{염기}}{A^-} + \underset{\text{산}}{H_2O} \rightleftarrows HA + OH^-$$

염기의 평형상수는 K_b라고 한다. 여기서 K는 평형상수, $_b$는 염기(base)를 의미한다.

마찬가지로 K_b는 물분자로부터 양성자를 받으려는 경향이 있다.

어떤 산의 K_a와 그 공액염기의 K_b간에는 매우 중요한 관계가 있다. 근래 들어 산업현장에서 많은 문제로 대두되고 있는 불산(hydrogen fluoride, HF, 불화수소)을 예로 들면,

$$HF + H_2O \rightleftarrows (H_2O)H^+ + F^-$$

여기서, $(H_2O)H^+$는 수화된 H^+로, H^+와 동일하게 볼 수 있다. 이에 대한 K_a는 다음과 같다.

$$K_a = \frac{\{(H_2O)H^+\}\{F^-\}}{\{HF\}\{H_2O\}} = \frac{\{H_2O\}\{H^+\}\{F^-\}}{\{HF\}\{H_2O\}}$$

HF의 공액염기인 F^-의 물과의 반응은 다음과 같으며, 공액염기에 대한 K_b는

$$F^- + H_2O \rightleftarrows HF + OH^-$$

$$K_b = \frac{\{HF\}\{OH^-\}}{\{F^-\}\{H_2O\}}$$

$K_a \times K_b$는

$$K_a \times K_b = \frac{\{H_2O\}\{H^+\}\{F^-\}}{\{HF\}\{H_2O\}} \times \frac{\{HF\}\{OH^-\}}{\{F^-\}\{H_2O\}} = \frac{\{H^+\}\{OH^-\}}{\{H_2O\}} = K_W$$

그러므로 어느 산의 K_a와 그 공액염기의 K_b를 곱하면 물의 이온화상수인 K_W(≈ 1.0×10^{-14})가 된다는 아주 중요한 원칙을 알 수 있다. 만약 어느 산의 K_a를 알고 있다면 그 공액염기의 K_b는 저절로 구할 수 있을 뿐만 아니라, K_W가 일정하므로 어느 산의 K_a가 큰 값을 가지면 공액염기의 K_b는 작은 값을 가지게 되고 그 반대로 산의 K_a가 작은 값을 가지면 공액염기의 K_b는 큰 값을 가지게 된다. 즉 강산의 공액염기는 약염기가 되고, 강염기의 공액산은 약산이 된다는 사실을 알게 된다.

여러 산과 공액염기에 대한 상세한 결과가 부록에 기술되어 있다.

pH는 물의 산성이나 염기(알칼리)성의 정도를 나타내는 수치로서 수소이온(양성자) 농도의 지수이다. 즉 물속에 양성자가 존재하는 정도를 나타내는 지표인데, 일반적으로 중성에서 $[H^+]=10^{-7}$ M으로 농도가 너무 낮아 다루기도 어려워 이를 편리하게 사용하기 위해 pH라는 지수를 만들게 되었다.

$$pH = -\log[H^+]$$

만약, $[H^+]=10^{-7}$ M이라면

$$pH = -\log[H^+] = -\log(10^{-7}) = 7$$

pH는 절대적인 단위가 아니므로 사칙연산을 바로 할 수 없다. 예를 들면,

$$pH\ 2 + pH\ 3 \neq pH\ 5$$

pH의 계산은 반드시 몰농도 단위로 환산한 다음 계산하여야 한다.

마찬가지로 산이나 염기의 평형상수인 K_a와 K_b도 단위가 너무 낮아 다루기가 어려워 pK_a와 pK_b를 사용하기도 한다.

$$pK_a = -\log(K_a)$$
$$pK_b = -\log(K_b)$$

$K_a \times K_b = K_W$에서 양변을 $-\log$를 취하면

$$-\log(K_a \times K_b) = -\log(K_W)$$
$$[-\log(K_a)] + [-\log(K_b)] = -\log(K_W)$$
$$pK_a + pK_b = pK_W$$

참조 알칼리(alkali)와 염기(base)의 차이

과거 아라비아인들은 식물의 재(주성분이 육상식물에서는 탄산칼륨(K_2CO_3), 해산식물에서는 탄산나트륨(Na_2CO_3))를 알칼리라고 했는데, 알(al)은 물질, 칼리(kali)는 재라는 뜻이다. 이것이 그 후 일반화되어 재로부터 추출된 물질과 비슷한 성질, 즉 강한 염기성을 나타내는 물질을 모두 알칼리라고 부르게 되었다. 현재는 주로 알칼리금속 및 알칼리토금속의 수산화물로, 물에 녹는 것을 알칼리라고 한다. 결론적으로 알칼리는 염기와 같은 의미이나 수용액에서만 사용하는 용어이다.

예제 3.2

다음 화합물의 산 세기와 염기 세기를 비교하시오.

산 $H_2S(K_a = 10^{-7.1})$, $HNO_3(pK_a = 3)$, $H_2O_2(K_a = 10^{-11.7})$

염기 $NH_3(pK_b = 4.7)$, $CN^-(K_b = 10^{-4.8})$, $CO_3^{2-}(K_b = 10^{-3.7})$

Solution

산 세기를 비교할 때는 K_a나 pK_a 중 하나로 통일시켜야 한다. 여기서 pK_a로 통일시켜 보자.

$$H_2S(pK_a = 7.1),\ HNO_3(pK_a = 3),\ H_2O_2(pK_a = 11.7)$$

pK_a 값이 작을수록 K_a가 커서 강산이 된다. 그러므로 산 세기는

$$HNO_3(pK_a = 3) > H_2S(pK_a = 7.1) > H_2O_2(pK_a = 11.7)$$

염기 세기를 비교할 때도 K_b나 pK_b 중 하나로 통일시켜야 한다. 여기서 pK_b로 통일시켜 보자.

$$NH_3(pK_b = 4.7),\ CN^-(pK_b = 4.8),\ CO_3^{2-}(pK_b = 3.7)$$

pK_b 값이 작을수록 K_b가 커서 강염기가 된다. 그러므로 염기 세기는

$$CO_3^{2-}(pK_b = 3.7) > NH_3(pK_b = 4.7) > CN^-(pK_b = 4.8)$$

예제 3.3 Q&A

25℃에서 수중의 H^+ 농도인 $[H^+] = 10^{-5}$ M인 수용액의 pH와 pOH는? 단, 수용액의 이온세기는 무시한다.

Solution

이온세기를 무시하므로 활동도계수는 1, 즉 활동도 대신 몰농도를 사용할 수 있다.
$pH = -\log\{H^+\} = -\log[H^+] = -\log(10^{-5}) = 5$
25℃이므로 $pOH = 14 - pH = 14 - 5 = 9$

예제 3.4 Q&A

25℃에서 인산(H_3PO_4)의 K_a는 $10^{-2.1}$이다. 인산은 강산인가, 약산인가? 또한 $H_2PO_4^-$의 pK_b는 얼마인가? $H_2PO_4^-$는 약염기인가, 강염기인가?

Solution

인산(H_3PO_4)의 경우 $K_a = 10^{-2.1}$은 비교적 큰 값이다. 그러므로 인산은 강산이다. 인산과 물의 산 - 염기 반응은 다음과 같다.

$$\underset{\text{산}}{H_3PO_4} + H_2O \rightleftarrows \underset{\text{공액염기}}{H_2PO_4^-} + H_2O(H^+)$$

인산이 강산이므로 당연히 그 공액염기인 $H_2PO_4^-$는 약염기가 된다.
인산의 $pK_a = -\log K_a = 2.1$이고

$$pK_a + pK_b = 14$$
$$2.1 + pK_b = 14$$
$$pK_b = 11.9$$

pK_b가 비교적 큰 값이므로 $H_2PO_4^-$가 약염기라는 것을 쉽게 알 수 있다.

예제 3.5

탄산(H_2CO_3)은 용해된 $CO_{2(aq)}$와 H_2O의 반응에 의해 형성된다.

$$CO_{2(aq)} + H_2O \rightleftarrows H_2CO_{3(aq)}$$

위 반응과 같이 탄산이 $CO_{2(aq)}$로부터 생성되므로, 물속에 존재할 수 있는 것은 $CO_{2(aq)}$와 $H_2CO_{3(aq)}$라고 볼 수 있다.
그러므로 전체 $H_2CO_{3(aq)}$의 활동도는 다음과 같이 정의된다.

$$\{H_2CO_{3(aq)}{}^t\} = \{CO_{2(aq)}\} + \{H_2CO_{3(aq)}\}$$

탄산의 첫 번째 산 평형상수 $K_{a1,H_2CO_3} = 10^{-3.5}$이고, 전체 $H_2CO_{3(aq)}$의 이온화상수는 다음과 같다.

$$H_2CO_{3(aq)}{}^t \rightleftarrows H^+ + HCO_3^- \qquad K_{a1,H_2CO_3^t} = 10^{-6.5}$$

위 결과들을 이용해서 다음 반응의 평형상수를 구하시오.

$$CO_{2(aq)} + H_2O \rightleftarrows H_2CO_{3(aq)} \qquad K = ?$$

Solution

$CO_{2(aq)}$와 H_2O 용해반응의 평형상수는 다음과 같다. $\{H_2O\} = 1$이므로, $CO_{2(aq)} + H_2O \rightleftarrows H_2CO_{3(aq)}$

$$K = \frac{\{H_2CO_{3(aq)}\}}{\{CO_{2(aq)}\}\{H_2O\}} = \frac{\{H_2CO_{3(aq)}\}}{\{CO_{2(aq)}\}} = ?$$

탄산의 첫 번째 산 평형상수 $K_{a1,H_2CO_3} = 10^{-3.5}$이므로

$$H_2CO_{3(aq)} + H_2O \rightleftarrows HCO_3^- + H_2O(H^+)$$

$$K_{a1,H_2CO_3} = \frac{\{HCO_3^-\}\{H_2O(H^+)\}}{\{H_2CO_{3(aq)}\}\{H_2O\}} = \frac{\{HCO_3^-\}\{H^+\}}{\{H_2CO_{3(aq)}\}} = 10^{-3.5} \qquad \text{(a)}$$

전체 $H_2CO_{3(aq)}$의 이온화상수는 $K_{a1,H_2CO_3^t} = 10^{-6.5}$이므로

$$K_{a1,H_2CO_3^t} = \frac{\{HCO_3^-\}\{H^+\}}{\{H_2CO_{3(aq)}{}^t\}} = 10^{-6.5} \qquad \text{(b)}$$

식 (a) ÷ 식 (b)

$$K_{a1,H_2CO_3^t} = \frac{\{H_2CO_{3(aq)}{}^t\}}{\{H_2CO_{3(aq)}\}} = \frac{\{CO_{2(aq)}\} + \{H_2CO_{3(aq)}\}}{\{H_2CO_{3(aq)}\}}$$

$$= 1 + \frac{\{CO_{2(aq)}\}}{\{H_2CO_{3(aq)}\}} = \frac{10^{-3.5}}{10^{-6.5}} = 10^{+3} = 1000$$

$$\frac{\{CO_{2(aq)}\}}{\{H_2CO_{3(aq)}\}} = 1000 - 1 \fallingdotseq 1000$$

그러므로 구하고자 하는 평형상수는,

$$\frac{\{H_2CO_{3(aq)}\}}{\{CO_{2(aq)}\}} = 1/1000 = 10^{-3}$$

평형상수 값이 10^{-3}으로 낮다는 것은 대부분 $H_2CO_{3(aq)}$ 형태로 존재하지 않고 $CO_{2(aq)}$로 존재한다는 것을 의미한다.

예제 3.6

Q&A

질산(HNO_3)은 강산인가? 아니면 약산인가? 질산과 물의 산 – 염기 반응에서 ΔG^o와 K_a를 계산하여 증명하시오. 단, 이상기체상수는 1.987×10^{-3} kcal/mol · K이다.

Solution

질산과 물의 산 - 염기 반응은 다음과 같다.

$$HNO_3 + H_2O \rightleftarrows (H_2O)H^+ + NO_3^-$$

이 반응의 ΔG^o를 계산하기 위해서는 각 성분의 $\Delta \overline{G}_f^o$를 조사해야 한다.

$$\Delta G^o = (\Sigma \nu_i \Delta \overline{G}_f^o)_{생성물} - (\Sigma \nu_i \Delta \overline{G}_f^o)_{반응물}$$

화학종	$\Delta \overline{G}_f^o$ (kcal/mol)
HNO_3	−26.41
H_2O	−56.69
$H^+_{(aq)}$	0
NO_3^-	−26.43

$$\begin{aligned}\Delta G^o &= [(1\text{ mol})\times(-26.43\text{ kcal/mol}) + (1\text{ mol})\times(-56.69\text{ kcal/mol}) \\ &\quad + (1\text{ mol})\times(0\text{ kcal/mol})] - [(1\text{ mol})\times(-26.41\text{ kcal/mol}) \\ &\quad + (1\text{ mol})\times(-56.69\text{ kcal/mol})] \\ &= -0.02\text{ kcal}\end{aligned}$$

ΔG^o가 음의 값이므로 오른쪽으로 반응이 자발적으로 일어난다는 것을 알 수 있다. 그러므

로 질산은 강산이라는 것을 알 수 있다.
이는 질산의 순수한 이온화반응의 경우를 살펴보아도 결과는 동일하다.

$$HNO_3 \rightleftarrows H^+ + NO_3^-$$

$$\begin{aligned}\Delta G^o &= [(1\ \text{mol})\times(-26.43\ \text{kcal/mol}) + (1\ \text{mol})\times(0\ \text{kcal/mol})] \\ &\quad - [(1\ \text{mol})\times(-26.41\ \text{kcal/mol})] \\ &= -0.02\ \text{kcal}\end{aligned}$$

또한, ΔG^o를 알고 있으므로 평형상수를 계산할 수 있다.
$\Delta G^o = -RT\ln K_a$에서

$$-0.02\ \text{kcal} = -(1.987\times10^{-3}\ \text{kcal/mol}\cdot\text{K})(298\ \text{K})\cdot\ln(K_a)$$

$$\ln(K_a) = 0.034$$

$$K_a = 1.035$$

이 값은 비교적 큰 값이므로 오른쪽 반응이 잘 일어난다. 즉 질산은 양성자를 잘 낸다. 그러므로 "질산은 강산이다"라는 결론을 낼 수 있다.

예제 3.7

pH 7에서 질산(HNO_3)과 염산(HCl)의 이온화 분율은 얼마인가? 단, 질산의 $K_a = 1$, 염산의 $K_a = 10^3$이고, 이온세기의 영향은 무시한다.

Solution

K_a 값은 이온화반응과 산 - 염기 반응의 경우 모두 동일하다.
질산의 경우,

$$HNO_3 \rightleftarrows H^+ + NO_3^-$$

pH가 7이므로

$$\text{pH} = -\log[H^+] = 7, \qquad [H^+] = 10^{-7}\ \text{M}$$

$$K_a = \frac{[H^+][NO_3^-]}{[HNO_3]} = \frac{(10^{-7})[NO_3^-]}{[HNO_3]} = 1$$

$$\frac{[NO_3^-]}{[HNO_3]} = 10^7$$

이온화 분율, F는

$$F = \frac{[NO_3^-]}{[HNO_3]+[NO_3^-]} = \frac{[NO_3^-]}{10^{-7}[NO_3^-]+[NO_3^-]} \cong 1$$

그러므로 질산의 경우 대부분 완전히 이온화된다는 것을 알 수 있다.
염산의 경우,

$$HCl \rightleftarrows H^+ + Cl^-$$

pH가 7이므로

$$pH = -\log[H^+] = 7, \qquad [H^+] = 10^{-7}\,M$$

$$K_a = \frac{[H^+][Cl^-]}{[HCl]} = \frac{(10^{-7})[Cl^-]}{[HCl]} = 10^3$$

$$\frac{[Cl^-]}{[HCl]} = 10^{10}$$

이온화 분율, F는

$$F = \frac{[Cl^-]}{[HCl]+[Cl^-]} = \frac{[Cl^-]}{10^{-10}[Cl^-]+ [Cl^-]} \cong 1$$

염산의 경우도 대부분 완전히 이온화된다는 것을 알 수 있다.

3.3 산 – 염기 계산

산 - 염기 문제를 해결하기 위해서는 4가지의 관계식을 이용하는 것이 가장 기본적이다. 4가지 관계식에는 질량균형식, 평형관계식, 양성자균형식, 전하균형식이 있다.

3.3.1. 질량균형식

산 - 염기 반응을 비롯한 모든 반응 과정에서 반응 화학종의 질량은 보존된다. 즉 질량보존의 법칙이 성립한다. 산 - 염기 반응에서 반응물질에 양성자가 더해지거나 감해지는 변화만 있을 뿐, 전체 질량의 변화는 없다는 것을 관계식으로 표현한 것이다.

예를 들어, 일반적인 산 - 염기 반응을 표현하면 다음과 같다.

$$\underset{\text{산}}{HA} + \underset{\text{염기}}{H_2O} \rightleftarrows \underset{\text{공액산}}{(H_2O)H^+} + \underset{\text{공액염기}}{A^-}$$

균일계 반응의 닫힌계에서, 평형상태에 도달했을 때 물질 A의 질량균형식은 다음과 같이 표기할 수 있다.

$$C_{T,\,A} = [HA] + [A^-]$$

여기서, $C_{T,\,A}$는 평형상태에서 A라는 화학종을 함유하는 전체 물질의 몰농도이고, [HA]와 [A^-]는 각각 평형상태에서 HA와 A^-의 몰농도를 의미한다. 대부분 많이 오해하는 것은 [HA]를 투입한 초기농도 HA로 생각하는 경우가 많은데, 이는 심각한 오류를 범할 수 있다.

예를 들어, [HA] 10^{-2} mol/L를 투입하여, 평형상태에서 [HA] 10^{-3} mol/L, [A^-] 9×10^{-3} mol/L로 존재할 때, 질량균형식은 다음과 같다.

$$C_{T,\,A} = [HA] + [A^-] = 10^{-3}\ \text{mol/L} + 9\times10^{-3}\ \text{mol/L} = 10^{-2}\ \text{mol/L}$$

그러므로 초기 [HA]와 평형상태에서의 [HA]를 구분하는 것이 매우 중요하다.

만약, HA가 강산으로 완전히 이온화된다고 가정하면 평형상태에서 HA는 존재하지 않는 것으로 생각할 수 있어 질량균형식은 다음과 같이 간단하게 된다.

$$C_{T,\,A} = [A^-]$$

염(MA)의 경우는 산의 경우보다는 다소 복잡한 경우를 생각해 봐야 한다.

염은 물속에서 완전히 이온화되므로 역반응이 존재하지 않는 것으로 간주한다.

$$MA \rightarrow M^+ + A^-$$

A^-는 물과의 산 - 염기 반응에서 염기로 작용하고,

$$\underset{\text{염기}}{A^-} + \underset{\text{산}}{H_2O} \rightleftarrows \underset{\text{공액산}}{HA} + \underset{\text{공액염기}}{OH^-}$$

생성된 공액산 HA는 다시 산으로 작용할 수 있으므로 다음과 같은 반응이 생성된다.

$$\underset{\text{산}}{HA} + \underset{\text{염기}}{H_2O} \rightleftarrows \underset{\text{공액산}}{(H_2O)H^+} + \underset{\text{공액염기}}{A^-}$$

염 성분 중 M에 대해 질량균형식을 세우면,

$$C_{T,\mathrm{M}} = [\mathrm{MA}] + [\mathrm{M}^+]$$

여기서, [MA]와 $[\mathrm{M}^+]$는 각각 평형상태에서 MA와 M^+의 몰농도를 의미한다.

염은 물속에서 완전히 이온화되는 특징이 있으므로, 평형상태에서 MA는 존재하지 않는다. [MA] = 0, 그러므로 질량균형식은 다음과 같이 간단하게 된다.

$$C_{T,\mathrm{M}} = [\mathrm{M}^+]$$

염 성분 중 A^-에 대해 질량균형식을 세우면, 연속적인 산 - 염기 반응에 의해 다음과 같이 형성된다.

$$C_{T,\mathrm{A}} = [\mathrm{HA}] + [\mathrm{A}^-]$$

여기서 [HA]와 $[\mathrm{A}^-]$는 각각 평형상태에서 HA와 A^-의 몰농도를 의미한다.

예제 3.8

Q&A

초기 아질산(HNO_2) 농도가 0.2 M이었을 때, 평형상태에서 아질산(HNO_2)의 몰 분율이 6.5%라면, 질량균형식에 의해 평형상태의 $[HNO_2]$와 $[NO_2^-]$는?

Solution

$$HNO_2 + H_2O \rightleftarrows (H_2O)H^+ + NO_2^-$$

평형상태에서 NO_2^-를 포함하고 있는 화학종은 HNO_2와 NO_2^-가 있다.

$$C_{T,NO_2^-} = [HNO_2] + [NO_2^-] = 0.2\ \mathrm{mol/L}$$

몰 분율이 6.5%이라는 말은 다음과 같은 뜻이므로,

$$\frac{[HNO_2]}{[HNO_2] + [NO_2^-]} = 0.065$$

위 질량균형식에서 $[NO_2^-] = 0.2 - [HNO_2]$이므로

$$\frac{[HNO_2]}{[HNO_2] + 0.2 - [HNO_2]} = 0.065$$

$$[HNO_2] = 0.2 \times 0.065 = 0.013\ \mathrm{mol/L}$$

$$[NO_2^-] = 0.2 - [HNO_2] = 0.2 - 0.013 = 0.187\ \mathrm{mol/L}$$

3.3.2. 평형관계식

평형관계식은 평형상태에서 물질의 몰농도 관계를 표현한 식으로서, 다음 산 - 염기 반응을 평형관계식으로 표현하면,

$$\underset{\text{산}}{HA} + \underset{\text{염기}}{H_2O} \rightleftarrows \underset{\text{공액산}}{(H_2O)H^+} + \underset{\text{공액염기}}{A^-}$$

$$K_a = \frac{\{(H_2O)H^+\}\{A^-\}}{\{HA\}\{H_2O\}} = \frac{\{H_2O\}\{H^+\}\{A^-\}}{\{HA\}\{H_2O\}}$$

위 식에서 $\{H_2O\} = 1$이고, 묽은 용액이라고 가정하면 활동도 대신 몰농도를 사용할 수 있으므로,

$$K_a = \frac{[H^+][A^-]}{[HA]}$$

공액염기인 A^-의 K_b는

$$\underset{\text{염기}}{A^-} + \underset{\text{산}}{H_2O} \rightleftarrows \underset{\text{공액염기}}{OH^-} + \underset{\text{공액산}}{HA}$$

$$K_b = \frac{\{OH^-\}\{HA\}}{\{A^-\}\{H_2O\}}$$

위 식에서 $\{H_2O\} = 1$이고, 묽은 용액이라고 가정하면 활동도 대신 몰농도를 사용할 수 있으므로,

$$K_b = \frac{[OH^-][HA]}{[A^-]}$$

마찬가지로 공액염기 A^-를 함유한 염(MA)가 물에 투입되면,

$$MA \rightarrow M^+ + A^-$$

염인 MA는 완전히 이온화되어 M^+와 A^-를 생성하고, A^-는 염기로서 다음과 같이 산 - 염기 반응을 형성한다.

$$\underset{\text{염기}}{A^-} + \underset{\text{산}}{H_2O} \rightleftarrows \underset{\text{공액산}}{HA} + \underset{\text{공액염기}}{OH^-}$$

그러므로 산 HA와 산의 공액염기를 함유한 염 MA가 동일한 수용액에 존재하면,

$$K_a \times K_b = \frac{[H^+][A^-]}{[HA]} \frac{[OH^-][HA]}{[A^-]} = [H^+][OH^-] = K_W = 1\times10^{-14}(\text{at } 25℃)$$

위 식에서 산과 공액염기의 평형관계식은 물의 이온화상수(K_W)와 밀접한 관계가 있음을 알 수 있다. 즉 산의 평형상수(K_a)를 알고 있으면 그 공액염기의 평형상수(K_b)는 바로 계산된다. 그러므로 산 또는 공액염기의 평형관계식은 상호종속적이므로 두 식 중 하나의 식만 이용한다.

예제 3.9

아질산(HNO_2)의 $K_a = 4.5\times10^{-4}$라면, 평형상태에서 $[NO_2^-]/[HNO_2]$는? 단, 이 아질산 용액의 pH는 4이다.

Solution

$$HNO_2 + H_2O \rightleftarrows (H_2O)H^+ + NO_2^-$$

$$K_a = \frac{[H^+][NO_2^-]}{[HNO_2]} = 4.5\times10^{-4}$$

pH가 4이므로 $pH = -\log[H^+] = 4$

$[H^+] = 10^{-4}$ mol/L

$$K_a = \frac{[H^+][NO_2^-]}{[HNO_2]} = \frac{(10^{-4})[NO_2^-]}{[HNO_2]} = 4.5\times10^{-4}$$

$[NO_2^-]/[HNO_2] = 4.5$

예제 3.10

초산(CH_3COOH)의 농도가 0.2 M인 용액의 이온화 분율이 3.2%일 때, 초산이온(CH_3COO^-)의 K_b는? 단, 이 용액은 25℃라 가정한다.

Solution

$$CH_3COOH + H_2O \rightleftarrows (H_2O)H^+ + CH_3COO^-$$

$$K_a = \frac{[H^+][CH_3COO^-]}{[CH_3COOH]}$$

CH_3COOH의 K_a를 계산하면 그 공액염기인 CH_3COO^-의 K_b를 계산하는 것은 매우 쉽다. 이온화반응으로 보면,

$$CH_3COOH \rightleftarrows H^+ + CH_3COO^-$$

초기 초산(CH_3COOH)의 농도가 0.2 M, 이온화 분율이 3.2%이고 H^+와 CH_3COO^-는 동일한 몰농도로 생성되므로,

$$[H^+] = [CH_3COO^-] = 0.2 \times 0.032 = 0.0064 \text{ mol/L}$$
$$[CH_3COOH] = 0.2 \times 0.968 = 0.1936 \text{ mol/L}$$
$$K_a = \frac{[H^+][CH_3COO^-]}{[CH_3COOH]} = \frac{(0.0064)^2}{(0.1936)} = 2.12 \times 10^{-4}$$
$$K_a \times K_b = (2.12 \times 10^{-4}) \times K_b = K_W = (1 \times 10^{-14})$$
$$K_b = (1 \times 10^{-14})/(2.12 \times 10^{-4}) = 4.72 \times 10^{-11}$$

3.3.3. 양성자균형식

양성자균형식은 산 - 염기 반응에서 양성자(H^+)의 질량균형식으로, 어떤 기준을 중심으로 양성자를 많이 가진 물질들의 농도 합과 양성자를 적게 가진 물질들의 농도 합이 동일하다는 식이다. 여기서 기준을 PRL(proton reference level)이라고 한다. PRL은 첨가되는 화학종의 양성자 상태를 기준으로 한다.

	PRL(기준)	
PRL 보다 H^+ 적은 화학종들의 농도	=	PRL 보다 H^+ 많은 화학종들의 농도

예제 3.11 Q&A

HA 수용액의 양성자균형식은?

Solution

양성자균형식을 올바르게 세우기 위해서는 수용액 중에 존재하는 화학종의 종류를 파악해야 한다. 또한, 화학종의 종류를 알기 위해서는 정확한 반응을 알고 있어야 한다. 그러므로

먼저 HA의 산 - 염기 반응을 세우면 다음과 같다.

$$HA + H_2O \rightleftarrows (H_2O)H^+ + A^-$$

또한, 수용액 상에서는 항상 물의 이온화반응이 발생하므로,

$$H_2O \rightleftarrows H^+ + OH^-$$

위 두 반응에서 보는 바와 같이 HA 수용액에서 존재하는 화학종은 HA, A^-, H^+, OH^-, H_2O 등 5종류다. 여기서 $(H_2O)H^+$는 물분자에 H^+가 결합되어 있는 형태로서 H^+와 동일한 것으로 간주한다. 실제 물은 이온 상태보다는 분자 상태로 존재한다.
HA의 산 - 염기 반응에서 첨가된 화학종은 HA이므로 PRL은 HA이다.
물의 이온화반응에서는 H_2O가 PRL이 된다.

PRL 보다 H^+ 적은 화학종	PRL	PRL 보다 H^+ 많은 화학종
A^-	HA	×
OH^-	H_2O	$(H_2O)H^+ = H^+$

PRL 보다 H^+ 적은 화학종 = A^-, OH^-
PRL 보다 H^+ 많은 화학종 = H^+
그러므로 양성자균형식은 다음과 같다.

$$[A^-] + [OH^-] = [H^+]$$

PRL은 기준이므로 양성자균형식에 들어가지 않는다.

염에 관한 양성자균형식은 다음 예제와 같이 조금 더 복잡할 수 있다.

예제 3.12

Q&A

염 MA 수용액의 양성자균형식은?

Solution

산 수용액의 경우와 마찬가지로 반응식을 세우고 화학종의 종류를 파악해야 한다.
MA은 완전히 이온화되므로,

$$MA \rightarrow M^+ + A^-$$

A^-는 산 - 염기 반응에서 염기로 작용하므로 반응식은 다음과 같다.

$$A^- + H_2O \rightleftarrows HA + OH^-$$

물의 이온화반응이 발생하므로,

$$H_2O \rightleftarrows H^+ + OH^-$$

MA 염 수용액에서 존재하는 화학종은 M^+, A^-, HA, H^+, OH, H_2O 등 6종류다. 여기서 염인 MA는 완전히 이온화되므로 평형상태에서는 존재하지 않는다는 것에 주의해야 한다. 그러므로 PRL은 MA가 아니라 A^-가 된다.

PRL 보다 H^+ 적은 화학종	PRL	PRL 보다 H^+ 많은 화학종
×	A^-	HA
OH^-	H_2O	$(H_2O)H^+ = H^+$

PRL 보다 H^+ 적은 화학종 = OH^-
PRL 보다 H^+ 많은 화학종 = HA, H^+
그러므로 양성자균형식은 다음과 같다.

$$[OH^-] = [H^+] + [HA]$$

예제 3.13

Q&A

베이킹소다(baking soda), 중탄산나트륨, 중탄산소다, 중조 등의 여러 가지 이름으로 불리는 $NaHCO_3$ 수용액의 양성자균형식은?

Solution

$NaHCO_3$은 염이므로 완전히 이온화된다.

$$NaHCO_3 \rightarrow Na^+ + HCO_3^-$$

HCO_3^-는 산 - 염기 반응에서 산으로 작용할 때 반응식은 다음과 같다.

$$HCO_3^- + H_2O \rightleftarrows (H_2O)H^+ + CO_3^{2-}$$

또한, HCO_3^-는 산 - 염기 반응에서 염기로 작용할 수도 있다.

$$HCO_3^- + H_2O \rightleftarrows H_2CO_3 + OH^-$$

물의 이온화반응이 발생하므로,

$$H_2O \rightleftarrows H^+ + OH^-$$

$NaHCO_3$ 수용액에서 존재하는 화학종은 Na^+, HCO_3^-, CO_3^{2-}, H_2CO_3, H^+, OH^-, H_2O 등 7종류다.
PRL은 HCO_3^-와 H_2O다.

PRL 보다 H^+ 적은 화학종	PRL	PRL 보다 H^+ 많은 화학종
CO_3^{2-}	HCO_3^-	H_2CO_3
OH^-	H_2O	$(H_2O)H^+ = H^+$

PRL 보다 H^+ 적은 화학종 $= CO_3^{2-}$, OH^-
PRL 보다 H^+ 많은 화학종 $= H_2CO_3$, H^+
그러므로 양성자균형식은 다음과 같다.

$$[CO_3^{2-}] + [OH^-] = [H^+] + [H_2CO_3]$$

H^+가 하나가 아니라 여러 개 존재하는 다양성자산의 양성자균형식은 다음 예제와 같이 표현할 수 있다.

예제 3.14

Q&A

인산(H_3PO_4) 수용액의 양성자균형식은?

Solution

기본적인 산 수용액의 경우와 마찬가지로 반응식을 세우고 화학종의 종류를 파악해야 한다.
인산은 연속적인 산 - 염기 반응이 발생한다.

$$H_3PO_4 + H_2O \rightleftarrows (H_2O)H^+ + H_2PO_4^-$$
$$H_2PO_4^- + H_2O \rightleftarrows (H_2O)H^+ + HPO_4^{2-}$$
$$HPO_4^{2-} + H_2O \rightleftarrows (H_2O)H^+ + PO_4^{3-}$$

물의 이온화반응이 발생하므로,

$$H_2O \rightleftarrows H^+ + OH^-$$

인산(H_3PO_4) 수용액에서 존재하는 화학종은 H_3PO_4, $H_2PO_4^-$, HPO_4^{2-}, PO_4^{3-}, H^+, OH^-, H_2O 등 7종류다.
여기서 PRL은 H_3PO_4와 H_2O다.

PRL 보다 H^+ 적은 화학종	PRL	PRL 보다 H^+ 많은 화학종
$H_2PO_4^-$, HPO_4^{2-}, PO_4^{3-}	H_3PO_4	×
OH^-	H_2O	$(H_2O)H^+ = H^+$

PRL 보다 H^+ 적은 화학종 $= H_2PO_4^-$, HPO_4^{2-}, PO_4^{3-}, OH^-
PRL 보다 H^+ 많은 화학종 $= H^+$
그러므로 양성자균형식은 다음과 같다.

$$[H_2PO_4^-] + 2[HPO_4^{2-}] + 3[PO_4^{3-}] + [OH^-] = [H^+]$$

HPO_4^{2-}와 PO_4^{3-}는 PRL인 H_3PO_4에 비해 각각 2개와 3개의 H^+가 부족하므로 그 농도에 2와 3을 곱해 준다.

3.3.4. 전하균형식

전하균형식은 "모든 용액은 중성 전하를 띠고 있다, 즉 모든 용액 내의 양전하량과 음전하량은 동일하다"는 것에 기본을 두고 만든 식이다. 물속에 음이온이나 양이온을 추가하고 싶다고 하더라도 음이온만 첨가한다는 것은 불가능하다. 그에 상응하는 양이온을 함께 투입해야만 음이온의 추가가 가능하다. 예를 들어, NaCl을 물속에 투입하면, Cl^-와 함께 Na^+가 첨가된다.

예제 3.15 Q&A

HA 수용액의 전하균형식은?

Solution

양성자균형식과 마찬가지로 전하균형식을 올바르게 세우기 위해서는 수용액 중에 존재하는 화학종의 종류를 파악해야 한다.
그러므로 HA의 산 - 염기 반응과 물의 이온화반응을 작성하면 다음과 같다.

$$HA + H_2O \rightleftarrows (H_2O)H^+ + A^-$$
$$H_2O \rightleftarrows H^+ + OH^-$$

HA 수용액에서 존재하는 화학종은 HA, A^-, H^+, OH^-, H_2O 등 5종류다.
양이온 화학종 = H^+
음이온 화학종 = A^-, OH^-
전하를 띠지 않은 화학종인 HA와 H_2O는 전하균형식에서 제외된다. 그러므로 전하균형식은 다음과 같다.

$$[A^-] + [OH^-] = [H^+]$$

이 경우 전하균형식은 앞에서 풀이한 양성자균형식과 동일하다.

일반적인 염에 관한 전하균형식은 다음과 같이 작성한다.

예제 3.16

MA 수용액의 전하균형식은?

Solution

MA은 완전히 이온화되므로,

$$MA \rightarrow M^+ + A^-$$
$$A^- + H_2O \rightleftarrows HA + OH^-$$
$$H_2O \rightleftarrows H^+ + OH^-$$

MA 염 수용액에서 존재하는 화학종은 M^+, A^-, HA, H^+, OH^-, H_2O 등 6종류다.
양이온 화학종 = M^+, H^+
음이온 화학종 = A^-, OH^-
그러므로 전하균형식은 다음과 같다.

$$[A^-]+[OH^-]=[M^+]+[H^+]$$

이 경우 전하균형식은 앞에서 풀이한 양성자균형식과 다르다.

H^+가 여러 개 존재하는 다양성자산의 전하균형식은 다음과 같이 표현할 수 있다.

예제 3.17

인산나트륨(Na_3PO_4) 수용액의 전하균형식은?

Solution

인산나트륨은 염이므로 이온화된 다음, 연속적인 산 - 염기 반응이 발생하여 다양성자산이 생성된다.

$$Na_3PO_4 \rightarrow 3Na^+ + PO_4^{3-}$$
$$PO_4^{3-} + H_2O \rightleftarrows HPO_4^{2-} + OH^-$$
$$HPO_4^{2-} + H_2O \rightleftarrows H_2PO_4^- + OH^-$$
$$H_2PO_4^- + H_2O \rightleftarrows H_3PO_4 + OH^-$$

물의 이온화반응이 발생하므로,

$$H_2O \rightleftarrows H^+ + OH^-$$

인산나트륨 수용액에서 존재하는 화학종은 Na^+, H_3PO_4, $H_2PO_4^-$, HPO_4^{2-}, PO_4^{3-}, H^+, OH^-, H_2O 등 8종류다.

양이온 화학종 = Na^+, H^+
음이온 화학종 = $H_2PO_4^-$, HPO_4^{2-}, PO_4^{3-}, OH^-
그러므로 양성자균형식은 다음과 같다.

$$[H_2PO_4^-] + 2[HPO_4^{2-}] + 3[PO_4^{3-}] + [OH^-] = [Na^+] + [H^+]$$

전하균형식은 몰농도가 기준이 아니라 당량(eq)이 기준이 된다.
HPO_4^{2-}와 PO_4^{3-}는 각각 2개와 3개의 전하가 있어, 각각 2 eq/mol과 3 eq/mol이 되므로, 결과적으로 농도에 2와 3을 곱해 준 것과 같은 의미가 된다.

예제 3.18

Q&A

어느 강물의 수질을 분석하여 다음과 같은 결과를 얻었다. 수질 분석법이 적절하였다는 것을 양전하의 총합과 음전하의 총합을 비교하여 증명하시오. 단, Ca, Mg, K, Na, Cl, S의 원자량은 각각 40, 24.3, 39, 23, 35.5, 32로 한다.

(단위 : mg/L)

Ca^{2+}	60	Mg^{2+}	20	K^+	30	Na^+	40
Cl^-	70	SO_4^{2-}	80	CO_3^{2-}	80	NO_3^-	50

Solution

각 화학종의 농도를 몰농도로 전환한 다음 규정농도로 전환하여 양전하의 규정농도 합과 음전하의 규정농도 합을 비교하여, 그 오차 범위가 2% 이내이면 적절하게 분석한 것으로 판단할 수 있다.

$$\frac{60\text{ mg } Ca^{2+}}{\text{L}} \left| \frac{1\text{ mmol}}{40\text{ mg}} \right| \frac{2\text{ meq}}{1\text{ mmol}} = 3\text{ meq/L}$$

$$\frac{20\text{ mg } Mg^{2+}}{\text{L}} \left| \frac{1\text{ mmol}}{24.3\text{ mg}} \right| \frac{2\text{ meq}}{1\text{ mmol}} = 1.65\text{ meq/L}$$

$$\frac{30\text{ mg } K^{+}}{\text{L}} \left| \frac{1\text{ mmol}}{39\text{ mg}} \right| \frac{1\text{ meq}}{1\text{ mmol}} = 0.77\text{ meq/L}$$

$$\frac{40\text{ mg } Na^{+}}{\text{L}} \left| \frac{1\text{ mmol}}{23\text{ mg}} \right| \frac{1\text{ meq}}{1\text{ mmol}} = 1.74\text{ meq/L}$$

$$\frac{70\text{ mg } Cl^{-}}{\text{L}} \left| \frac{1\text{ mmol}}{35.5\text{ mg}} \right| \frac{1\text{ meq}}{1\text{ mmol}} = 1.97\text{ meq/L}$$

$$\frac{80\text{ mg } SO_4^{2-}}{\text{L}} \left| \frac{1\text{ mmol}}{96\text{ mg}} \right| \frac{2\text{ meq}}{1\text{ mmol}} = 1.67\text{ meq/L}$$

80 mg CO_3^{2-}	1 mmol	2 meq	
L	60 mg	1 mmol	= 2.67 meq/L

50 mg NO_3^-	1 mmol	1 meq	
L	62 mg	1 mmol	= 0.81 meq/L

양전하 규정농도의 합 $= 3 + 1.65 + 0.77 + 1.74 = 7.16$ meq/L
음전하 규정농도의 합 $= 1.97 + 1.67 + 2.67 + 0.81 = 7.12$ meq/L
양전하 규정농도의 합과 음전하 규정농도의 합이 거의 비슷하므로 분석이 정확하게 되었다고 추정할 수 있다.

3.4 산 – 염기 문제의 해결

산 - 염기 문제를 해결하기 위해서는 우선적으로 용액 중에 존재하는 화학종의 종류를 모두 파악할 수 있어야 한다. 화학종의 종류를 정확하게 알기 위해서는 생성되는 산 - 염기 반응식을 모두 기술할 수 있어야 한다. 미지 화학종의 수에 합당한 방정식을 세워야 한다. 이 식은 앞에서 언급한 질량균형식, 평형관계식, 양성자균형식, 전하균형식을 이용하여 작성한다.

예를 들어, 미지 화학종 수가 4개가 나오면 4개의 방정식을 세우고, 화학종 수가 5개면 5개의 방정식을 세워야 한다.

3.4.1. 일반적인 산 - 염기 문제

일반적인 산 또는 염기의 경우, 다음 예제와 같은 방식으로 문제 해결에 접근한다.

예제 3.19 Q&A

산 HA 10^{-2} M 수용액에서 각 화학종의 농도를 계산하는 방법을 설명하라. 단, 25℃에서 HA의 K_a는 10^{-3}이고 묽은 용액으로 간주한다.

Solution

수용액 중에 존재하는 모든 화학종의 종류를 파악해야 한다. 이를 위해 산 - 염기 반응식과 물의 이온화반응식을 모두 기술해야 한다.

$$HA + H_2O \rightleftarrows (H_2O)H^+ + A^-$$
$$H_2O \rightleftarrows H^+ + OH^-$$

HA 수용액에서 존재하는 화학종은 HA, A^-, H^+, OH^-, H_2O 등 5종류다. H_2O는 상대적으로 양이 너무 많아 변화가 없으므로 항상 일정한 것으로 간주할 수 있으므로 미지수에서 제외하면, HA, A^-, H^+, OH^- 4종류의 미지수가 있다. 그러므로 4개의 방정식을 세워야 한다.

1. A에 대한 질량균형식을 세우면,

$$C_{T,A} = [HA] + [A^-] = 10^{-2}\,M$$

2. 위의 산 - 염기 반응식에서 $\{H_2O\} = 1$, 묽은 용액으로 간주하면,

$$K_a = \frac{\{H_2O(H^+)\}\{A^-\}}{\{HA\}\{H_2O\}} = \frac{\{H^+\}\{A^-\}}{\{HA\}} = \frac{[H^+][A^-]}{[HA]} = 10^{-2}$$

3. 물의 이온화반응식에서, $\{H_2O\} = 1$, 묽은 용액으로 간주하면,

$$K_W = \frac{\{H^+\}\{OH^-\}}{\{H_2O\}} = [H^+][OH^-] = 10^{-14}$$

4. 양성자균형식을 세우면, 앞의 예제에서

$$[A^-] + [OH^-] = [H^+]$$

마찬가지로 앞의 예제에서 전하균형식은

$$[A^-] + [OH^-] = [H^+]$$

이 경우 양성자균형식과 전하균형식이 동일하므로 둘 중 하나만 사용할 수 있다.
이와 같은 방법으로 4개의 식이 완성되었으므로 각 [HA], $[A^-]$, $[H^+]$, $[OH^-]$를 계산할 수 있다.

예제 3.20

염 MA 10^{-2} M 수용액에서 각 화학종의 농도를 계산하는 방법을 설명하라. 단, 25℃에서 A^-의 K_b는 10^{-3}이고 묽은 용액으로 간주한다.

Solution

산의 경우와 마찬가지로 염의 경우에도 수용액 중에 존재하는 화학종의 종류를 파악해야 한다. 이를 위해 염의 이온화반응식, 산 - 염기 반응식과 물의 이온화반응식을 모두 기술해

야 한다.

$$MA \rightarrow M^+ + A^-$$
$$A^- + H_2O \rightleftarrows HA + OH^-$$
$$H_2O \rightleftarrows H^+ + OH^-$$

MA 수용액에서 존재하는 화학종은 M^+, A^-, HA, H^+, OH^-, H_2O 등 6종류다. H_2O를 미지수에서 제외하면, M^+, A^-, HA, H^+, OH^- 5종류의 미지수가 있다. 그러므로 반드시 5개의 방정식을 세워야 한다.

1. M에 대한 질량균형식을 세우면, 염의 이온화반응식에서 [MA] 10^{-2} M이 이온화되어 $[M^+]$ 10^{-2} M, $[A^-]$ 10^{-2} M이 생성되므로

$$C_{T,M} = [M^+] = 10^{-2}\ M$$

2. A에 대한 질량균형식을 세우면, 염 MA에 의해 생성된 $[A^-] = 10^{-2}$ M이 염기로 작용하여 반응하여 HA와 A^-가 생성되므로

$$C_{T,A} = [HA] + [A^-] = 10^{-2}\ M$$

3. 위의 산 - 염기 반응식에서 $\{H_2O\} = 1$, 묽은 용액으로 간주하면,

$$K_b = \frac{\{OH^-\}\{HA\}}{\{A^-\}\{H_2O\}} = \frac{\{OH^-\}\{HA\}}{\{A^-\}} = \frac{[OH^-][HA]}{[A^-]} = 10^{-3}$$

4. 물의 이온화반응식에서, $\{H_2O\} = 1$, 묽은 용액으로 간주하면,

$$K_W = \frac{\{H^+\}\{OH^-\}}{\{H_2O\}} = [H^+][OH^-] = 10^{-14}$$

5. 양성자균형식을 세우면, PRL은 A^-와 H_2O이므로

$$[OH^-] = [H^+] + [HA]$$

또는 양성자균형식 대신 다음과 같은 전하균형식을 사용해도 된다.

$$[A^-] + [OH^-] = [M^+] + [H^+]$$

이와 같은 방법으로 5개의 식이 완성되었으므로 각 $[M^+]$, [HA], $[A^-]$, $[H^+]$, $[OH^-]$를 계산할 수 있다.

3.4.2. 강산 - 강염기 문제

일반적인 산 - 염기의 계산과 동일하나, 강산과 강염기는 물에 가해지면 K_a와 K_b 값이 매우 크므로 완전히 이온화된다고 가정할 수 있다.

대표적인 강산인 염산(HCl)을 예로 들면,

$$HCl + H_2O \rightleftarrows (H_2O)H^+ + Cl^-$$

Cl^-에 대한 질량균형식을 세우면,

$$C_{T,\,Cl} = [HCl] + [Cl^-]$$

강산이라고 하면 K_a가 매우 크다는 의미이고, K_a가 크다는 것은 활동도계수가 1인 조건에서 아래 식과 같이 표현된다.

$$K_a = \frac{\{H_2O(H^+)\}\{Cl^-\}}{\{HCl\}\{H_2O\}} = \frac{\{H^+\}\{Cl^-\}}{\{HCl\}} = \frac{[H^+][Cl^-]}{[HCl]}$$

즉, K_a가 크다는 것은 "평형상태에서 반응물의 농도곱보다는 생성물의 농도곱이 훨씬 크다" 또는 "정반응이 매우 잘 일어난 상태에서 평형에 도달한다"는 것을 알 수 있다. $[H^+][Cl^-] \gg [HCl]$ 또는 $[Cl^-] \gg [HCl]$로 생각할 수 있다.

이를 질량균형식에 도입하면,

$$C_{T,\,Cl} = [HCl] + [Cl^-] \fallingdotseq [Cl^-]$$

그러므로 대부분의 강산 - 강염기 문제에서 $[HCl] = 0$로 생각할 수 있으나, 항상 그렇게 할 수 있는 것은 아니다. 특히, pH가 매우 낮을 때는 $[HCl] \neq 0$로서 상당한 농도로 존재하므로 HCl의 농도를 무시할 수 없다.

예제 3.21

Q&A

HCl 10^{-3} M 수용액에서 각 화학종의 농도를 계산하고 pH를 구하라. 단, 25℃에서 HCl의 K_a는 10^3이고 묽은 용액으로 간주한다.

Solution

수용액 중에 존재하는 화학종의 종류를 파악하기 위해 산 - 염기 반응식과 물의 이온화반응식을 기술한다.

$$HCl + H_2O \rightleftarrows (H_2O)H^+ + Cl^-$$
$$H_2O \rightleftarrows H^+ + OH^-$$

HCl, Cl^-, H^+, OH^- 4종류의 미지수가 있으므로 4개의 방정식을 세워야 한다.

1. Cl에 대한 질량균형식을 세우면,

$$C_{T,\mathrm{Cl}} = [\mathrm{HCl}] + [\mathrm{Cl^-}] = 10^{-3}\ \mathrm{M}$$

2. 위의 산 - 염기 반응식에서 $\{H_2O\} = 1$, 묽은 용액으로 간주하면,

$$K_a = \frac{\{\mathrm{H_2O(H^+)}\}\{\mathrm{Cl^-}\}}{\{\mathrm{HCl}\}\{\mathrm{H_2O}\}} = \frac{\{\mathrm{H^+}\}\{\mathrm{Cl^-}\}}{\{\mathrm{HCl}\}} = \frac{[\mathrm{H^+}][\mathrm{Cl^-}]}{[\mathrm{HCl}]} = 10^3$$

3. 물의 이온화반응식에서, $\{H_2O\} = 1$, 묽은 용액으로 간주하면,

$$K_W = \frac{\{\mathrm{H^+}\}\{\mathrm{OH^-}\}}{\{\mathrm{H_2O}\}} = [\mathrm{H^+}][\mathrm{OH^-}] = 10^{-14}$$

4. 양성자균형식 또는 전하균형식을 세우면,

$$[\mathrm{Cl^-}] + [\mathrm{OH^-}] = [\mathrm{H^+}]$$

미지수 4개에 식 4개가 세워졌으므로 문제를 풀 수 있으나, 실제로 계산을 편리하게 하기 위해서는 약간의 가정들을 세울 필요가 있다.
첫 번째 가정으로 질량균형식에서 HCl은 강산이므로 완전히 이온화된다고 가정하면 $[\mathrm{HCl}] \ll [\mathrm{Cl^-}]$.

$$C_{T,\mathrm{Cl}} = [\mathrm{HCl}] + [\mathrm{Cl^-}] \fallingdotseq [\mathrm{Cl^-}] = 10^{-3}\ \mathrm{M}$$

두 번째 가정으로 양성자균형식에서 강산을 투입했으므로 $[\mathrm{H^+}] \gg [\mathrm{OH^-}]$으로 볼 수 있다. 그러므로

$$[\mathrm{Cl^-}] + [\mathrm{OH^-}] = [\mathrm{H^+}]$$
$$[\mathrm{Cl^-}] = [\mathrm{H^+}] - [\mathrm{OH^-}]$$

여기서, $[\mathrm{H^+}] \gg [\mathrm{OH^-}]$이므로 $[\mathrm{OH^-}] = 0$으로 가정한다.

$$[\mathrm{Cl^-}] = [\mathrm{H^+}] = 10^{-3}\ \mathrm{M}$$

물의 이온화반응식에서 $[\mathrm{OH^-}]$를 구할 수 있다.

$$[\mathrm{H^+}][\mathrm{OH^-}] = 10^{-14}$$
$$(10^{-3})[\mathrm{OH^-}] = 10^{-14}$$
$$[\mathrm{OH^-}] = 10^{-11}\ \mathrm{M}$$

산 - 염기 평형식에서

$$K_a = \frac{[\mathrm{H^+}][\mathrm{Cl^-}]}{[\mathrm{HCl}]} = \frac{(10^{-3})(10^{-3})}{[\mathrm{HCl}]} = 10^3$$
$$[\mathrm{HCl}] = 10^{-9}\ \mathrm{M}$$

이제 모든 농도를 계산했다.

$$[Cl^-] = 10^{-3}\,M, \quad [HCl] = 10^{-9}\,M, \quad [H^+] = 10^{-3}\,M, \quad [OH^-] = 10^{-11}\,M$$

그러나 농도를 계산한 것만으로 문제가 완전히 해결된 것이 아니라, 가정에 대한 검증을 거쳐야만 문제 해결이 완료된다. 가정에 대한 검증은 반드시 가정한 식에 결과를 대입하여 그 가정이 적절하였는지를 판단해야 한다.

첫 번째 가정인 질량균형식에 결과를 대입하면,

$$C_{T,Cl} = [HCl] + [Cl^-] = (10^{-9}) + (10^{-3}) = 10^{-3}\,M$$

$(10^{-9}) \ll (10^{-3})$로 (10^{-9})을 무시할 수 있으므로 첫 번째 가정은 적절했다고 판단할 수 있다.

두 번째 가정인 양성자균형식에 결과를 대입하면,

$$[Cl^-] + [OH^-] = [H^+]$$
$$(10^{-3}) + (10^{-11}) = (10^{-3})$$

이 결과 또한 적절하다고 볼 수 있으므로, 두 번째 가정도 적절했다고 판단할 수 있다. 그러므로 각 화학종의 최종 농도는

$$[Cl^-] = 10^{-3}\,M, \quad [HCl] = 10^{-9}\,M, \quad [H^+] = 10^{-3}\,M, \quad [OH^-] = 10^{-11}\,M$$

또한 pH는 $pH = -\log[H^+] = -\log(10^{-3}) = 3$

$$pH = 3$$

위의 예제에서 각 가정에 대입하여 계산한 값의 오차가 원래 값의 5% 이내이면 가정이 적절한 것으로 판단하나, 만약 오차가 5%를 초과하면 가정이 적절치 못한 것으로 판단하여 다른 가정을 세워야 한다.

또한, 앞의 예제에서 [HCl]이 매우 낮게 나타나, 강산이나 강염기는 완전히 이온화되는 것으로 간주할 수 있다.

다음은 강염기에 관한 예이다. 문제 해결방법은 강산의 경우와 동일하다.

예제 3.22 Q&A

강염기인 가성소다(NaOH) 10^{-4} M 수용액에서 각 화학종의 농도를 계산하고 pH를 구하라. 단, 25℃의 묽은 용액으로 간주한다.

Solution

강염기의 경우에도 강산의 경우와 마찬가지로 수용액 중에 존재하는 화학종의 종류를 파악하기 위해 산-염기 반응식과 물의 이온화반응식을 기술한다. 강염기이므로 완전히 이온화되는 것으로 간주한다. 이는 역반응이 일어나지 않는다거나 평형이 없다고 생각하는 것과

동일하다.

$$NaOH + H_2O \rightarrow (H_2O)Na^+ + OH^-$$

여기서 $(H_2O)Na^+$은 Na^+와 동일한 것으로 간주할 수 있다.

$$H_2O \rightleftarrows H^+ + OH^-$$

위 두 반응식에서 Na^+, H^+, OH^- 3종류의 미지수가 있으므로 3개의 방정식을 세우면 된다. 강염기인 NaOH가 완전히 이온화되어 존재하지 않으므로 미지수가 4개에서 3개로 감소하였다.

1. Na에 대한 질량균형식을 세우면,

$$C_{T,\text{Na}} = [NaOH] + [Na^+] \fallingdotseq [Na^+] = 10^{-4}\ M$$

2. 물의 이온화반응식에서, $\{H_2O\} = 1$, 묽은 용액으로 간주하면,

$$K_W = \frac{\{H^+\}\{OH^-\}}{\{H_2O\}} = [H^+][OH^-] = 10^{-14}$$

3. 양성자균형식 또는 전하균형식을 세우면,

$$[OH^-] = [Na^+] + [H^+]$$

미지수 3개에 식 3개가 세워졌으므로 문제를 해결할 수 있으나, 편리한 계산을 위해 약간의 가정들을 세울 필요가 있다.

가정으로 전하균형식에서 강염기를 투입했으므로 $[H^+] \ll [OH^-]$으로 볼 수 있다. 그러므로

$$[OH^-] = [Na^+] + [H^+]$$
$$[OH^-] - [H^+] = [Na^+]$$

여기서, $[H^+] \ll [OH^-]$이므로 $[H^+] = 0$으로 가정한다.

$$[OH^-] = [Na^+] = 10^{-4}\ M$$

물의 이온화반응식에서 $[H^+]$를 구할 수 있다.

$$[H^+][OH^-] = 10^{-14}$$
$$[H^+](10^{-4}) = 10^{-14}$$
$$[H^+] = 10^{-10}\ M$$

계산된 화학종의 농도는

$$[Na^+] = 10^{-4}\ M, \quad [H^+] = 10^{-10}\ M, \quad [OH^-] = 10^{-4}\ M$$

가정한 전하균형식에 결과를 대입하면,

$$[OH^-] = [Na^+] + [H^+]$$
$$(10^{-4}) = (10^{-4}) + (10^{-10})$$

이 결과는 적절하다고 볼 수 있으므로, 가정이 적절했다고 판단할 수 있다.

그러므로 각 화학종의 농도는 다음과 같은 것으로 최종 결정된다.

$$[Na^+] = 10^{-4}\,M, \quad [H^+] = 10^{-10}\,M, \quad [OH^-] = 10^{-4}\,M$$

또한, pH는 $pH = -\log[H^+] = -\log(10^{-10}) = 10$

$$pH = 10$$

위 예제들과 같이 복잡하고 번거롭게 하지 않더라도, 센스있는 학생들은 손쉽게 각 화학종의 농도와 pH를 계산할 수 있을 것이다.

예를 들어 HCl 10^{-3} M 수용액이면 완전히 이온화되므로 $[H^+] = [Cl^-] = 10^{-3}$ M, $pH = -\log[H^+] = -\log(10^{-3}) = 3$

HCl 10^{-4} M 수용액에서는 pH = 4, HCl 10^{-5} M에서는 pH = 5로 손쉽고 빠르게 계산할 수 있다. 그러나 HCl 10^{-7} M이나 10^{-8} M과 같이 강산이 매우 적게 투입된 경우에는 어떨까? 이 경우도 pH 7 또는 8이라고 말할 수 있을까? 강산을 물속에 투입했는데 pH가 7 또는 8이라고 하는 것은 모순이 된다.

그러므로 다음 예제에서는 강산이나 강염기를 아주 소량 투입할 때의 경우를 살펴보도록 하자.

예제 3.23 Q&A

HCl 10^{-7} M 수용액에서 각 화학종의 농도를 계산하고 pH를 구하라. 단, 25℃에서 HCl의 K_a는 10^3이고 묽은 용액으로 간주한다.

Solution

강산의 농도가 높을 때와 마찬가지로, 수용액 중에 존재하는 화학종의 종류를 파악하기 위해 산 - 염기 반응식과 물의 이온화반응식을 기술한다.

$$HCl + H_2O \rightleftarrows (H_2O)H^+ + Cl^-$$
$$H_2O \rightleftarrows H^+ + OH^-$$

HCl, Cl^-, H^+, OH^- 4종류의 미지수가 있으므로 4개의 방정식을 세워야 한다.

1. Cl에 대한 질량균형식을 세우면,

$$C_{T,Cl} = [HCl] + [Cl^-] = 10^{-7}\,M$$

2. 위의 산 - 염기 반응식에서 $\{H_2O\} = 1$, 묽은 용액으로 간주하면,

$$K_a = \frac{\{H_2O(H^+)\}\{Cl^-\}}{\{HCl\}\{H_2O\}} = \frac{\{H^+\}\{Cl^-\}}{\{HCl\}} = \frac{[H^+][Cl^-]}{[HCl]} = 10^3$$

3. 물의 이온화반응식에서, $\{H_2O\} = 1$, 묽은 용액으로 간주하면,

$$K_W = \frac{\{H^+\}\{OH^-\}}{\{H_2O\}} = [H^+][OH^-] = 10^{-14}$$

4. 양성자균형식 또는 전하균형식을 세우면,

$$[Cl^-] + [OH^-] = [H^+]$$

첫 번째 가정으로 질량균형식에서 HCl은 강산이므로 완전히 이온화된다고 가정하면 $[HCl] \ll [Cl^-]$.

$$C_{T,Cl} = [HCl] + [Cl^-] \fallingdotseq [Cl^-] = 10^{-7}\ M$$

두 번째 가정으로 양성자균형식에서 강산을 투입했으므로 $[OH^-]$를 무시한다고 볼 수 있다. $([Cl^-] \gg [OH^-])$

$$[Cl^-] + [OH^-] = [H^+]$$
$$[Cl^-] = [H^+]$$
$$[Cl^-] = [H^+] = 10^{-7}\ M$$

물의 이온화반응식에서 $[OH^-]$를 구할 수 있다.

$$[H^+][OH^-] = 10^{-14}$$
$$(10^{-7})[OH^-] = 10^{-14}$$
$$[OH^-] = 10^{-7}\ M$$

산 - 염기 평형식에서

$$K_a = \frac{[H^+][Cl^-]}{[HCl]} = \frac{(10^{-7})(10^{-7})}{[HCl]} = 10^3$$
$$[HCl] = 10^{-17}\ M$$

이제 모든 농도를 계산했다.

$$[Cl^-] = 10^{-7}\ M,\quad [HCl] = 10^{-17}\ M,\quad [H^+] = 10^{-7}\ M,\quad [OH^-] = 10^{-7}\ M$$

가정의 적절성을 판단하기 위해, 첫 번째 가정인 질량균형식에 결과를 대입하면,

$$C_{T,Cl} = [HCl] + [Cl^-] = (10^{-17}) + (10^{-7}) = 10^{-7}\ M$$

$(10^{-17}) \ll (10^{-7})$로 (10^{-17})을 무시할 수 있으므로 첫 번째 가정은 적절했다고 판단할 수 있다.

두 번째 가정인 양성자균형식에 결과를 대입하면,

$$[Cl^-]+[OH^-]=[H^+]$$
$$(10^{-7})+(10^{-7})=(10^{-7})$$

이 결과는 적절하다고 볼 수 없으므로, 두 번째 가정은 적절하지 못하다고 판단할 수 있다. 그러므로 첫 번째 가정은 그대로 두고 두 번째 가정만 수정하면 된다.
두 번째 가정에서 $[OH^-]$를 무시한다는 가정이 잘못되었으므로, 반대로 $[Cl^-]$를 무시한다고 가정한다. ($[Cl^-] \ll [OH^-]$)

$$[Cl^-]+[OH^-]=[H^+]$$
$$[OH^-]=[H^+]$$

물의 이온화반응식에서 $[OH^-]$를 구할 수 있다.

$$[H^+][OH^-]=10^{-14}$$
$$[H^+]^2=10^{-14}$$
$$[H^+]=10^{-7}$$

그러므로 $[H^+]=[OH^-]=10^{-7}\,M$
화학종의 농도는

$$[Cl^-]=10^{-7}\,M,\quad [HCl]=10^{-17}\,M,\quad [H^+]=10^{-7}\,M,\quad [OH^-]=10^{-7}\,M$$

이 결과를 다시 양성자균형식에 대입하여 검증하면,

$$[Cl^-]+[OH^-]=[H^+]$$
$$(10^{-7})+(10^{-7})=(10^{-7})$$

이 결과 또한 적절하다고 볼 수 없으므로, 두 번째 가정의 어떤 것도 만족스러운 결과를 얻지 못한 것으로 나타났다. 그러므로 직접 계산하는 방법을 사용할 수밖에 없다. 양성자균형식에서

$$[Cl^-]+[OH^-]=[H^+]$$
$$(10^{-7})+[OH^-]=[H^+]$$

물의 이온화반응식을 이용해서 $[OH^-]$를 $[H^+]$로 전환하여 대입한다.

$$[H^+][OH^-]=10^{-14}$$
$$[OH^-]=\frac{10^{-14}}{[H^+]}$$

양성자균형식에 대입하면,

$$(10^{-7})+\frac{10^{-14}}{[H^+]}=[H^+]$$
$$[H^+]^2-(10^{-7})[H^+]-10^{-14}=0$$

2차방정식 근의 공식을 사용하여 구하면,

($ax^2+bx+c=0$의 2차 방정식에서 근은 $x=\dfrac{-b\pm\sqrt{b^2-4ac}}{2a}$이다.)

$$[H^+]=\frac{-(-10^{-7})\pm\sqrt{(-10^{-7})^2-4(1)(-10^{-14})}}{2(1)}$$
$$=1.62\times10^{-7}\,M \text{ 또는 } -6.2\times10^{-8}\,M$$

농도가 음의 값은 없으므로 $[H^+]=1.62\times10^{-7}$ M
또한 pH는

$$pH=-\log[H^+]=-\log(1.62\times10^{-7})=6.79$$

그러므로 pH = 6.79

$$[H^+][OH^-]=10^{-14}$$
$$(1.62\times10^{-7})[OH^-]=10^{-14}$$
$$[OH^-]=6.2\times10^{-8}\,M$$

그러므로 최종적인 화학종의 농도는

$$[Cl^-]=10^{-7}\,M,\quad [HCl]=10^{-17}\,M,$$
$$[H^+]=1.62\times10^{-7}\,M,\quad [OH^-]=6.2\times10^{-8}\,M$$

또한, 이온세기의 영향을 무시할 수 없는 경우, 즉 활동도계수를 1로 볼 수 없는 경우는 보다 복잡한 경우로 나타날 수 있다. 활동도계수를 1로 볼 수 없는 경우를 살펴보자. 이온세기는 질량균형식과 전하균형식 또는 양성자균형식에는 영향을 미치지 않는다. 이온세기의 영향은 활동도로 표시되는 오직 평형관계식에만 영향을 미친다.

예제 3.24 Q&A

25℃, 강산 HCl 10^{-2} M 수용액에서 HCl의 K_a는 10^3이다. 이온세기의 영향을 무시하지 않은 경우의 pH는?

Solution

Güntelberg 근사식을 이용하여 활동도계수를 구할 수 있다.

$$-\log\gamma_i=\frac{0.5z_i^2I^{1/2}}{1+I^{1/2}}$$

위 식에서 이온세기 I는 아래와 같은 식에서 계산할 수 있다.

$$I = \frac{1}{2}\sum_{i=1}^{n}\left(C_i Z_i^2\right)$$

여기서 i는 이온 성분, C_i는 이온 성분 i의 몰농도(mol/L, M), Z_i는 이온 성분 i의 전하수이다.

강산 HCl 10^{-2} M이 존재하므로, HCl은 완전히 이온화되어 $[H^+] = [Cl^-] = 10^{-2}$ M, 그 공액염기인 $[OH^-] = 10^{-12}$ M가 존재한다.

$$I = 1/2(1\times10^{-2} + 1\times10^{-2} + 1\times10^{-12}) = 1\times10^{-2}$$

$$-\log\gamma_{H^+} = -\log\gamma_{OH^-} = \frac{0.5z_i^2 I^{1/2}}{1+I^{1/2}} = \frac{0.5(1)^2(1\times10^{-2})^{1/2}}{1+(1\times10^{-2})^{1/2}} = 0.045$$

$$\gamma_{H^+} = \gamma_{OH^-} = 0.90$$

$$pH = -\log\{H^+\} = -\log\gamma_{H^+}[H^+] = -\log(0.90\times10^{-2}) = 2.05$$

이온세기의 영향을 무시한 경우의 pH는 2.0이므로 약간의 차이를 나타낸다. $[H^+]$의 기준으로 보면 10%의 차이를 나타내어 이온세기의 영향을 무시할 수 없다는 것을 알 수 있다.

산 - 염기 반응에서 수용액 중의 모든 화학종의 농도를 알기 위해서는 앞에서 언급된 4가지 관계식을 모두 동원해야 하지만, 수용액의 pH만을 계산하기 위해서라면 굳이 모든 관계식을 동원하는 번거로움을 감수할 필요가 없다. 앞에서 언급된 관계식 중 몇 가지만 적절하게 이용하면 충분하다.

예제 3.25 Q&A

0.30 M 가성소다(NaOH) 용액의 pH를 계산하라. 단, NaOH는 완전하게 이온화된다고 가정한다.

Solution

NaOH는 완전하게 이온화되므로 다음과 같은 반응식을 사용할 수 있다.

$$NaOH \rightarrow Na^+ + OH^-$$

질량균형식에 의해 $C_{T,Na} = [Na^+] = 0.3$ M, $C_{T,OH} = [OH^-] = 0.3$ M이므로

$$[NaOH] = [OH^-] = 0.3\ M$$

$$pOH = -\log(0.3) = 0.52$$

$$pH = 14 - pOH = 14 - 0.52 = 13.48$$

예제 3.26

HNO_3는 수용액에서 완전히 해리되는 강산이다. 0.1 M HNO_3 수용액은 완전히 해리되기 때문에 $[H^+]=0.1$ M 및 pH 1이다. 1.0×10^{-7} M HNO_3의 pH는 얼마인가? 단, 25℃라고 가정한다.

Solution

HNO_3는 강산이므로 완전히 이온화된다. HNO_3의 농도가 높은 경우에는 HNO_3에서 생성되는 $[H^+]$가 높으므로 물이 이온화되어 생성되는 $[H^+]$의 농도를 무시할 수 있으나, HNO_3의 농도가 1.0×10^{-7} M과 같이 낮은 경우에는 물이 이온화되어 생성되는 $[H^+]$의 농도를 무시할 수 없다.

물이 이온화되어 생성되는 $[H^+]$의 농도를 x라 두고, HNO_3가 완전히 이온화되면 생성되는 $[H^+]$의 농도는 1.0×10^{-7} M이다. 그러므로 이 경우 $[H^+]=(1.0\times10^{-7}+x)$ M, $[OH^-]=x$ M. OH^-는 물에서만 생성된다.

25℃ 물에서 $K_W=10^{-14}$이므로

$$K_W=[H^+][OH^-]=(1.0\times10^{-7}+x)x=10^{-14}$$

이차 방정식의 근의 공식에 의해 위 식을 풀면

$$x=6.2\times10^{-8}\text{ M}=[OH^-]$$

$[OH^-]$를 알면 $[H^+]$는 바로 알 수 있으므로,

$$[H^+](6.2\times10^{-8})=10^{-14}$$
$$[H^+]=1.6\times10^{-7}\text{ M}$$
$$pH=-\log(1.6\times10^{-7})=6.80$$

3.4.3. 약산 - 약염기 문제

전체적인 문제의 접근방식은 강산 - 강염기의 경우와 동일하나, 약산 - 약염기는 완전히 이온화되지 않는다는 점에서 강산 - 강염기와 큰 차이를 가진다. 그러므로 약산 - 약염기에서는 질량균형식이 단순하지 않고, 전하균형식이나 양성자균형식에서 단순화를 위한 가정이 어렵다는 특징이 있다. 한 마디로 강산 - 강염기에 비해서는 계산과정이 보다 복잡하게 나타난다.

예제 3.27

간이 살균제인 차아염소산나트륨(NaOCl)의 농도가 10^{-3} M인 용액 중 유리염소(HOCl, OCl^-) 농도를 구하라. 또한, 이온세기의 영향을 무시했을 때와 이온세기의 영향을 고려했을 때의 유리염소 농도를 각각 구하라. 단, 25℃라고 가정하고, OCl^-의 $K_b = 10^{-6.5}$

Solution

차아염소산나트륨(NaOCl)은 염의 경우로 생각해 봐야 한다.
수용액 중에 존재하는 화학종의 종류를 파악하기 위해 염의 이온화반응식과 산 - 염기 반응식 및 물의 이온화반응식을 기술한다.

$$NaOCl \rightarrow Na^+ + OCl^-$$

차아염소산이온(OCl^-)은 물과의 반응에서 염기로 작용한다.

$$OCl^- + H_2O \rightleftarrows HOCl + OH^-$$

차아염소산(HOCl)은 물과의 반응에서 산으로 작용한다.

$$HOCl + H_2O \rightleftarrows H_2O(H^+) + OCl^-$$

물의 이온화반응식

$$H_2O \rightleftarrows H^+ + OH^-$$

결과적으로 Na^+, OCl^-, HOCl, H^+, OH^- 5종류의 미지수가 있으므로 5개의 방정식을 세워야 한다.

(1) 이온세기의 영향을 무시했을 때의 유리염소(HOCl, OCl^-) 농도를 구한다.

1. OCl에 대한 질량균형식을 세우면,
   $C_{T,\,OCl} = [HOCl] + [OCl^-] = 10^{-3}$ M
2. Na에 대한 질량균형식을 세우면 Na^+ 밖에 없으므로,
   $C_{T,\,Na} = [Na^+] = 10^{-3}$ M
3. OCl^-를 기준으로 하면 염기의 평형상수를 이용하게 된다. OCl^-의 염기 평형상수는 $K_b = 10^{-6.5}$다. 위의 산 - 염기 반응식에서 $\{H_2O\} = 1$, 묽은 용액으로 간주하면,

$$K_b = \frac{\{HOCl\}\{OH^-\}}{\{OCl^-\}\{H_2O\}} = \frac{\{HOCl\}\{OH^-\}}{\{OCl^-\}} = \frac{[HOCl][OH^-]}{[OCl^-]} = 10^{-6.5}$$

   HOCl을 기준으로 하여 산의 평형상수를 이용해도 된다.

$$K_a = \frac{\{OCl^-\}\{H_2O(H^+)\}}{\{HOCl\}\{H_2O\}} = \frac{\{OCl^-\}\{H^+\}}{\{HOCl\}} = \frac{[OCl^-][H^+]}{[HOCl]} = 10^{-7.5}$$

4. 물의 이온화반응식에서, $\{H_2O\} = 1$, 묽은 용액으로 간주하면,

$$K_W = \frac{\{H^+\}\{OH^-\}}{\{H_2O\}} = [H^+][OH^-] = 10^{-14}$$

5. PRL을 OCl^-과 H_2O으로 한 양성자균형식을 세우면,
   $[HOCl] + [H^+] = [OH^-]$

계산을 편리하게 하기 위해서는 약간의 가정들을 세운다. 대부분의 가정은 질량균형식과 양성자균형식에서 이루어진다.
첫 번째 질량균형식에서 $[HOCl] \ll [OCl^-]$으로 가정한다.

$$C_{T,OCl} = [HOCl] + [OCl^-] \fallingdotseq [OCl^-] = 10^{-3}\ M$$

두 번째 양성자균형식에서 $[HOCl] \gg [H^+]$로 가정한다.
$[HOCl] + [H^+] = [OH^-]$에서

$$[HOCl] = [OH^-]$$

염기(OCl^-)의 평형상수에서

$$K_b = \frac{[HOCl][OH^-]}{[OCl^-]} = \frac{[OH^-]^2}{(10^{-3})} = 10^{-6.5}$$

$$[OH^-] = 1.78 \times 10^{-5}\ M$$

25℃에서 $[H^+][OH^-] = 10^{-14}$이므로

$$[H^+](1.78 \times 10^{-5}) = 10^{-14}$$
$$[H^+] = 5.6 \times 10^{-10}\ M$$
$$pH = -\log[H^+] = -\log(5.6 \times 10^{-10}) = 9.25$$

계산된 각 농도를 정리해 보면,

$$[HOCl] = 1.78 \times 10^{-5}\ M, \quad [OCl^-] = 10^{-3}\ M, \quad [Na^+] = 10^{-3}\ M,$$
$$[H^+] = 5.6 \times 10^{-10}\ M, \quad [OH^-] = 1.78 \times 10^{-5}\ M$$

가정한 질량균형식에 대입하여 검증하면

$$C_{T,OCl} = [HOCl] + [OCl^-] = 10^{-3}\ M$$
$$(1.78 \times 10^{-5}\ M) + (10^{-3}\ M) = 10^{-3}\ M$$

오차가 1.78%로 적절한 가정이었다는 것을 알 수 있다.
또한, 가정한 양성자균형식에 대입하여 검증하면,
$[HOCl] + [H^+] = [OH^-]$에서

$$(1.78 \times 10^{-5}\ M) + (5.6 \times 10^{-10}\ M) = (1.78 \times 10^{-5}\ M)$$

이에 대한 오차는 0.003%로 가정이 성립한다는 것을 알 수 있다.
그러므로 위에 대한 모든 가정은 적절하였고 각 화학종의 농도는 다음과 같다.

$[HOCl]=1.78\times10^{-5}$ M, $[OCl^-]=10^{-3}$ M, $[Na^+]=10^{-3}$ M,
$[H^+]=5.6\times10^{-10}$ M, $[OH^-]=1.78\times10^{-5}$ M

(2) 이온세기의 영향을 고려했을 때의 유리염소(HOCl, OCl^-) 농도를 구한다.

이온세기의 영향은 질량균형식과 양성자균형식에는 나타나지 않고, 활동도를 사용하는 평형관계식에만 나타난다.

1. OCl에 대한 질량균형식을 세우면,

   $C_{T,OCl}=[HOCl]+[OCl^-]=10^{-3}$ M

2. Na에 대한 질량균형식을 세우면 Na^+ 밖에 없으므로,

   $C_{T,Na}=[Na^+]=10^{-3}$ M

3. OCl^-를 기준으로 하면 염기의 평형상수를 이용하게 된다. OCl^-의 염기 평형상수는 부록 3에서 HOCl의 $K_a=3.16\times10^{-8}$을 이용하여 계산하면 $10^{-6.5}$다. 위의 산 - 염기 반응식에서 $\{H_2O\}=1$, 묽은 용액으로 간주하면,

   $$K_b=\frac{\{HOCl\}\{OH^-\}}{\{OCl^-\}\{H_2O\}}=\frac{\{HOCl\}\{OH^-\}}{\{OCl^-\}}=\frac{\gamma_{HOCl}[HOCl]\gamma_{OH^-}[OH^-]}{\gamma_{OCl^-}[OCl^-]}=10^{-6.5}$$

   이를 다시 정리하면

   $$K_b=\frac{(\gamma_{HOCl})(\gamma_{OH^-})}{(\gamma_{OCl^-})}\times\frac{[HOCl][OH^-]}{[OCl^-]}=10^{-6.5}$$

   여기서 $\frac{[HOCl][OH^-]}{[OCl^-]}$는 활동도가 아닌 농도(concentration)를 중심으로 한 평형상수이므로 ${}^cK_b$으로 정의한다.

   $$K_b=\frac{(\gamma_{HOCl})(\gamma_{OH^-})}{(\gamma_{OCl^-})}\times{}^cK_b=10^{-6.5}$$

4. 물의 이온화반응식에서, $\{H_2O\}=1$, 묽은 용액으로 간주하면,

   $$K_W=\frac{\{H^+\}\{OH^-\}}{\{H_2O\}}=\{H^+\}\{OH^-\}=\gamma_{H^+}[H^+]\gamma_{OH^-}[OH^-]$$

   $$=\gamma_{H^+}\gamma_{OH^-}[H^+][OH^-]=(\gamma_{H^+})(\gamma_{OH^-}){}^cK_W=10^{-14}$$

   여기서 ${}^cK_W$는 활동도가 아닌 농도(concentration)를 중심으로 한 물의 이온화상수로서 $[H^+][OH^-]$를 의미한다.

5. 양성자균형식은

   $[HOCl]+[H^+]=[OH^-]$

활동도계수를 구하기 위해서는 먼저 이온세기 I를 계산해야 한다.

$$I = \frac{1}{2}\sum_{i=1}^{n}\left(C_i Z_i^2\right)$$
$$= \frac{1}{2}([H^+]\times(+1)^2 + [OH^-]\times(-1)^2 + [OCl^-]\times(-1)^2 + [Na^+]\times(+1)^2)$$

앞에서 계산한 각 화학종의 농도를 대입하여 계산하면,

$$I = \frac{1}{2}((5.6\times10^{-10})\times(+1)^2 + (1.78\times10^{-5})\times(-1)^2 + (10^{-3})\times(-1)^2 + (10^{-3})\times(+1)^2)$$
$$= 10^{-3}\ M$$

Na^+, OCl^-, H^+, OH^-는 모두 1가 이온이므로 활동도계수는 동일하다.

$$-\log\gamma = \frac{0.5z_i^2 I^{1/2}}{1+I^{1/2}} = \frac{0.5(1)^2(10^{-3})^{1/2}}{1+(10^{-3})^{1/2}} = 0.0153$$
$$\gamma = 0.965$$

그러므로 염기의 평형상수식에서

$$K_b = \frac{(\gamma_{HOCl})(\gamma_{OH^-})}{(\gamma_{OCl^-})} \times {}^cK_b = \frac{(0.965)(0.965)}{(0.965)} \times {}^cK_b = 10^{-6.5}$$
$${}^cK_b = 3.28\times10^{-7}$$

물의 이온화반응식에서

$$K_W = (\gamma_{H^+})(\gamma_{OH^-}){}^cK_W = (0.965)(0.965){}^cK_W = 10^{-14}$$
$${}^cK_W = 1.07\times10^{-14}$$

계산과정은 앞의 이온세기 영향을 무시한 경우와 동일하다. 다만, K_b와 K_W가 아니라 ${}^cK_b$와 ${}^cK_W$를 활용한다는 차이가 있을 뿐이다.
계산을 편리하게 하기 위해서는 약간의 가정들을 세운다.
첫 번째 질량균형식에서 $[HOCl] \ll [OCl^-]$으로 가정한다.

$$C_{T,OCl} = [HOCl] + [OCl^-] \fallingdotseq [OCl^-] = 10^{-3}\ M$$

두 번째 양성자균형식에서 $[HOCl] \gg [H^+]$로 가정한다.
$[HOCl] + [H^+] = [OH^-]$에서

$$[HOCl] = [OH^-]$$

염기(OCl^-)의 평형상수에서

$${}^cK_b = \frac{[HOCl][OH^-]}{[OCl^-]} = \frac{[OH^-]^2}{(10^{-3})} = 3.28\times10^{-7}$$
$$[OH^-] = 1.81\times10^{-5}\ M$$

25℃에서 $[H^+][OH^-] = {}^cK_W = 1.07\times10^{-14}$이므로

$$[H^+](1.81\times10^{-5}) = 1.07\times10^{-14}$$
$$[H^+] = 5.91\times10^{-10}\text{ M}$$
$$pH = -\log[H^+] = -\log(5.91\times10^{-10}) = 9.23$$

계산된 각 농도를 정리해 보면,

$$[HOCl] = 1.81\times10^{-5}\text{ M},\quad [OCl^-] = 10^{-3}\text{ M},\quad [Na^+] = 10^{-3}\text{ M},$$
$$[H^+] = 5.91\times10^{-10}\text{ M},\quad [OH^-] = 1.81\times10^{-5}\text{ M}$$

가정한 질량균형식에 대입하여 검증하면

$$C_{T,OCl} = [HOCl] + [OCl^-] = 10^{-3}\text{ M}$$
$$(1.81\times10^{-5}\text{ M}) + (10^{-3}\text{ M}) = 10^{-3}\text{ M}$$

오차가 1.81%로 적절하고, 또한 가정한 양성자균형식에 대입하여 검증하면,
$[HOCl] + [H^+] = [OH^-]$에서

$$(1.81\times10^{-5}\text{ M}) + (5.91\times10^{-10}\text{ M}) = (1.81\times10^{-5}\text{ M})$$

이에 대한 오차는 0.003%로 가정이 성립한다는 것을 알 수 있다.
각 화학종의 최종 농도는 다음과 같다.

$$[HOCl] = 1.81\times10^{-5}\text{ M},\quad [OCl^-] = 10^{-3}\text{ M},\quad [Na^+] = 10^{-3}\text{ M},$$
$$[H^+] = 5.91\times10^{-10}\text{ M},\quad [OH^-] = 1.81\times10^{-5}\text{ M}$$

이 농도들은 이온세기를 무시한 경우와 비교해 보면 큰 차이가 없다는 것을 알 수 있다.

다음은 이온화되는 정도를 알고 있을 때 pH를 구하는 예제를 다룬 것이다. 이 예제는 수용액 중 모든 화학종의 농도를 구하는 것이 아니라 pH를 주로 구하는 방법이므로, 앞에서 언급한 4가지 관계식을 모두 이용할 필요가 없이 간단하게 계산하는 방법을 언급하고 있다.

예제 3.28

Q&A

약산인 포름산(HCOOH) 0.2 M 용액에서 산이 3.2% 이온화된다고 할 때, 이 용액의 산 평형상수(K_a) 및 pH는? 단, 25℃라고 가정하고 이온세기의 영향은 무시한다.

Solution

포름산(HCOOH)의 산 - 염기 반응은 다음과 같다.

$$HCOOH + H_2O \rightleftarrows HCOO^- + (H_2O)H^+ \qquad \text{(산 - 염기 반응)}$$

포름산은 약산이므로 3.2%만 이온화된다.

$$HCOOH \rightleftarrows HCOO^- + H^+ \quad \text{(이온화반응)}$$

3.2%만 이온화되므로 생성되는 $[H^+]$와 $[HCOO^-]$는

$$[H^+] = [HCOO^-] = 0.2\ M \times 0.032 = 0.0064\ M$$

3.2%가 이온화되므로 평형상태에서 HCOOH의 96.8%가 이온화되지 않고 존재한다. 그러므로 평형상태에서 존재하는 포름산 농도는

$$[HCOOH] = 0.2\ M \times 0.968 = 0.1936\ M$$

산의 평형상수는

$$K_a = \frac{\{HCOO^-\}\{H^+\}}{\{HCOOH\}\{H_2O\}} = \frac{\{HCOO^-\}\{H^+\}}{\{HCOOH\}} = \frac{[HCOO^-][H^+]}{[HCOOH]}$$

이온화상수는 이온화반응에서

$$K_i = \frac{\{HCOO^-\}\{H^+\}}{\{HCOOH\}} = \frac{[HCOO^-][H^+]}{[HCOOH]}$$

그러므로 이 경우 산의 평형상수와 이온화상수는 동일하다.

$$K_a = \frac{[HCOO^-][H^+]}{[HCOOH]} = \frac{(0.0064)^2}{(0.1936)} = 2.1 \times 10^{-4}$$

$$pH = -\log[H^+] = -\log(0.0064) = 2.19$$

예제 3.29

Q&A

K_a가 4×10^{-10}인 사이안화수소산(HCN)이 있다. 평형상태에서 pH가 4.5인 사이안화수소산 용액에서 수용액 중 사이안화수소산 농도(M)는? 단, 사이안화수소산 용액의 이온세기는 무시한다.

Solution

K_a로 주어졌으므로 사이안화수소산이 산으로 작용한다는 것을 알 수 있고, 사이안화수소산의 K_a는 4×10^{-10}로 매우 낮아 약산이라는 것을 알 수 있다.
사이안화수소산의 산 - 염기 반응은 다음과 같다.

$$HCN + H_2O \rightleftarrows CN^- + (H_2O)H^+$$

$pH = -\log[H^+] = 4.5$이므로

$$[H^+] = 3.16\times10^{-5}\ M$$

CN^-는 H^+와 동일한 농도로 이온화되므로 $[CN^-] = 3.16\times10^{-5}\ M$

$$K_a = \frac{\{CN^-\}\{(H_2O)H^+\}}{\{HCN\}\{H_2O\}} = \frac{\{CN^-\}\{H^+\}}{\{HCN\}} = \frac{[CN^-][H^+]}{[HCN]} = \frac{(3.16\times10^{-5})^2}{[HCN]} = 4\times10^{-10}$$

$$[HCN] = 2.5\ M$$

3.4.4. 다양성자산

다양성자산(polyprotic acid)은 하나의 산 분자가 1개보다 많은, 즉 2개 이상의 수소이온(H^+)을 낼 수 있는 산으로 정의된다. 수소이온을 낼 때마다 형성되는 각 산 - 염기 반응은 독립된 평형을 이루고 평형상수를 가진다.

예를 들어, 옥살산(oxalic acid, $H_2C_2O_4$)은 다음과 같은 연속적인 산 - 염기 반응이 이루어진다.

$$H_2C_2O_4 + H_2O \rightleftarrows HC_2O_4^- + (H_2O)H^+$$

$\{H_2O\} = 1$, 이온세기의 영향을 무시하면,

$$K_1 = K_{a(H_2C_2O_4)} = \frac{\{HC_2O_4^-\}\{(H_2O)H^+\}}{\{H_2C_2O_4\}\{H_2O\}} = \frac{[HC_2O_4^-][H^+]}{[H_2C_2O]} = 5.9\times10^{-2}$$

연속적으로

$$HC_2O_4^- + H_2O \rightleftarrows C_2O_4^{2-} + (H_2O)H^+$$

$\{H_2O\} = 1$, 이온세기의 영향을 무시하면,

$$K_2 = K_{a(HC_2O_4^-)} = \frac{\{C_2O_4^{2-}\}\{(H_2O)H^+\}}{\{HC_2O_4^-\}\{H_2O\}} = \frac{[C_2O_4^{2-}][H^+]}{[HC_2O_4^-]} = 6.4\times10^{-5}$$

이 경우, $K_1 \gg K_2$을 나타났는데, 이는 첫 번째 반응이 형성되는 정도가 두 번째 반응이 형성되는 정도보다 1000배 이상 크다는 것을 나타낸다. 그러므로 다음과 같은 관계를 가정할 수 있다.

$$[H^+] \approx [HC_2O_4^-] \gg [C_2O_4^{2-}]$$

예제 3.30

수용액 내의 황산(sulfuric acid, H_2SO_4)은 강산으로 H^+ 및 HSO_4^-로 완전히 해리된다. 그러나 HSO_4^-는 약산이며 $K_a = 1.3 \times 10^{-2}$이다. 평형상태에서 0.1 M H_2SO_4 용액의 H^+, HSO_4^-, SO_4^{2-} 농도(M)는?

Solution

황산은 최초 이온화반응은 다음과 같다.

$$H_2SO_4 \rightarrow H^+ + HSO_4^-$$

황산은 강산이므로 완전히 이온화되므로 역반응이 없는 것으로 표시해도 무방하다.
초기 0.1 M H_2SO_4은 이온화되어 0.1 M H^+와 0.1 M HSO_4^-가 생성된다.
또한, 약산인 HSO_4^-가 H^+와 SO_4^{2-}로 부분적으로 이온화된다고 생각할 수 있다.

$$HSO_4^- \rightleftarrows H^+ + SO_4^{2-}$$

이온화되는 $[HSO_4^-]$를 x로 두면,
$[H^+] = x + 0.1$ (초기 황산에서 이온화된 0.1 M 추가)
$[SO_4^{2-}] = x$
평형상태의 $[HSO_4^-] = 0.1 - x$

$$K_a = \frac{[SO_4^{2-}][H^+]}{[HSO_4^-]} = \frac{(x+0.1)x}{0.1-x} = 1.3 \times 10^{-2}$$

근의 공식에 의해 풀면, $x = 0.011$ M

$$[H^+] = 0.1 + x = 0.111\ M,\ [SO_4^{2-}] = 0.011\ M,\ [HSO_4^-] = 0.1 - x = 0.089\ M$$

예제 3.31

아황산(sulfurous acid, H_2SO_3)의 제1 및 제2 이온화상수는 각각 1.25×10^{-2}, 5.6×10^{-8}이다. 평형상태에서 0.5 M H_2SO_3 용액의 모든 이온의 농도(M)는?

Solution

H_2SO_3의 이온화반응은 다음과 같다.

$$H_2SO_3 \rightleftarrows H^+ + HSO_3^- \quad \text{(제1 이온화)}$$
$$HSO_3^- \rightleftarrows H^+ + SO_3^{2-} \quad \text{(제2 이온화)}$$

이온화되는 H_2SO_3의 양을 x, 이온화되는 HSO_3^-의 양을 y라고 두면,
제1 이온화반응의 평형상태에서 존재하는 각 화학종의 농도는

$$[H^+] = [HSO_3^-] = x, \qquad [H_2SO_3] = 0.5 - x$$

제2 이온화반응에서

$$[HSO_3^-] = x - y, \qquad [H^+] = x + y, \qquad [SO_3^{2-}] = y$$

제1 이온화상수는 제2 이온화상수에 비해 월등히 크므로, 두 번째 이온화되는 양은 매우 적다는 것을 알 수 있다. 그러므로 $x \gg y$라고 가정할 수 있다.

$$[HSO_3^-] = x - y \approx x, \qquad [H^+] = x + y \approx x$$

이를 이온화상수와 연결하면,
제1 이온화상수에서

$$K_{i1} = \frac{[SO_3^-][H^+]}{[H_2SO_3]} = \frac{x^2}{0.5 - x} = 1.25\times10^{-2}$$

근의 공식에 풀면, $x = 0.073$ M
제2 이온화상수에서

$$K_{i2} = \frac{[SO_3^{2-}][H^+]}{[HSO_3^-]} = \frac{x \times y}{x} = 5.6\times10^{-8}$$

$y = 5.6\times10^{-8}$ M
실제 계산한 농도 $x = 0.073$ M $\gg$ $y = 5.6\times10^{-8}$ M이므로 가정이 적절하였다고 볼 수 있다.

$$[H_2SO_3] = 0.5 - x = 0.427 \text{ M}, \qquad [HSO_3^-] \approx [H^+] = 0.073 \text{ M},$$
$$[SO_3^{2-}] = 5.6\times10^{-8} \text{ M}$$
$$[OH^-] = 10^{-14}/0.073 = 1.36\times10^{-13} \text{ M}$$

다음은 강산과 약산이 혼합되어있는 경우를 다루는 예제이다.

예제 3.32

Q&A

황화수소(hydrogen sulfide, H_2S)의 이온화상수는 1.1×10^{-7} 및 1×10^{-14}이다. 약산인 0.1 M H_2S와 강산인 0.3 M HCl이 존재하는 용액에서 모든 용해종의 평형농도(M)는?

Solution

염산(HCl)은 강산이므로 완전히 이온화한다. 그에 비해 황화수소는 부분적으로 이온화하여 다음 연속 반응에 따른다.

$$H_2S \rightleftarrows H^+ + HS^- \qquad \text{(제1 이온화)}$$

$$HS^- \rightleftarrows H^+ + S^{2-} \qquad \text{(제2 이온화)}$$

H_2S와 HS^-에서 이온화되는 양을 각각 x와 y로 둔다.

$$[H^+] = 0.3 + x + y \approx 0.3\ M$$

여기서 0.3 M은 HCl이 완전 이온화되어 생성되는 농도이고, 염산의 농도가 황화수소의 농도보다 높고, 황화수소는 약산이므로 이온화되는 H^+가 적으므로 무시할 수 있다.

$$[Cl^-] = 0.3\ M$$
$$[H_2S] = 0.1 - x \approx 0.1\ M$$

이온화상수가 1.1×10^{-7}로 매우 낮아 이온화되는 양이 거의 없다고 생각할 수 있다.

$$[HS^-] = x - y \approx x\ M$$

상대적으로 1차 이온화상수가 2차 이온화상수에 비해 월등히 크다는 것을 알 수 있다. 이는 2차 이온화가 잘 일어나지 못한다는 의미이므로 생성되는 y 값도 상대적으로 무시할 수 있다.

$$[S^{2-}] = y\ M$$
$$K_{i1} = \frac{[HS^-][H^+]}{[H_2S]} = \frac{x\times0.3}{0.1} = 1.1\times10^{-7}$$
$$x = 3.7\times10^{-8}\ M$$
$$K_{i2} = \frac{[S^{2-}][H^+]}{[HS^-]} = \frac{y\times0.3}{x} = 1\times10^{-14}$$
$$y = 1.23\times10^{-21}\ M$$

그러므로 각 이온종의 농도는

$$[H^+] = 0.3\ M,\quad [OH^-] = 3.3\times10^{-14}\ M,\quad [Cl^-] = 0.3\ M,\quad [H_2S] = 0.1\ M,$$
$$[HS^-] = x = 3.7\times10^{-8}\ M,\quad [S^{2-}] = y = 1.23\times10^{-21}\ M$$

3.4.5. 완충용액

완충액(buffer)은 용액에 어떤 첨가물이 투입되었을 때 변화에 저항하는 경향을 가지고 있는 물질을 뜻한다. 특히, 강산이나 강염기의 첨가에도 pH가 거의 변하지 않는 용액을 pH 완충용액(buffer solution) 또는 산 - 염기 완충용액이라고 한다.

산 완충용액은 약산(HA)과 염(MA)이 공통이온으로 존재하는 용액이다. 만약 H^+가 완충용액에 투입될 경우, 염으로부터 생성된 과잉의 A^-가 염기로 작용하여 H^+와 반응하여 HA를 형성하여 수중의 H^+를 제거하는 역할을 한다. 반대로 OH^-가 완충용액에 투입될 경우, 약산 HA가 해리되어 생성된 H^+가 OH^-와 반응하여 H_2O를 생성하여 수중의 OH^-를 제거한다.

요약하면, 약산 HA와 염의 A^-는 각각의 경우에 pH 변화를 막아주는 저수지의 역할을 한다.

$$HA + H_2O \rightleftarrows (H_2O)H^+ + A^-$$

이 경우 HA에 대한 평형상수는 다음과 같다.

$$K_a = \frac{\{H_2O(H^+)\}\{A^-\}}{\{HA\}\{H_2O\}} = \frac{\{H^+\}\{A^-\}}{\{HA\}} = \frac{[H^+][A^-]}{[HA]}$$

이 경우 $[H^+]$는

$$[H^+] = K_a \times \frac{[HA]}{[A^-]}$$

마찬가지로 염기 완충용액은 약염기와 그 염기의 염으로 구성된다.

예제 3.33

$17.4\ g\ K_2SO_4$를 $0.2\ M\ NaHSO_4$ 100 mL 용액에 투입하였을 때 pH는? 단, HSO_4^-의 K_a는 1.3×10^{-2}이고 K와 S의 원자량은 각각 39와 32 g/mol이다.

Solution

먼저 투입된 K_2SO_4의 몰농도를 계산해야 한다.

$$\frac{17.4\ g\ K_2SO_4}{100\ mL}\left|\frac{1000\ mL}{1\ L}\right|\frac{1\ mol\ K_2SO_4}{174\ g\ K_2SO_4} = 1.0\ M\ K_2SO_4$$

$NaHSO_4$는 염이므로 Na^+와 HSO_4^-로 완전히 이온화되고, HSO_4^-는 산으로 작용하므로 K_a로 표시하면

$$HSO_4^- + H_2O \rightleftarrows (H_2O)H^+ + SO_4^{2-}$$

$$K_a = \frac{\{H_2O(H^+)\}\{SO_4^{2-}\}}{\{HSO_4^-\}\{H_2O\}} = \frac{\{H^+\}\{SO_4^{2-}\}}{\{HSO_4^-\}} = \frac{[H^+][SO_4^{2-}]}{[HSO_4^-]} = 1.3\times10^{-2}$$

SO_4^{2-}는 투입된 K_2SO_4와 HSO_4^- 모두에서 생성되고, H^+는 HSO_4^-에서만 생성된다. 생성되는 $[H^+]=x$로 두면,

$$[HSO_4^-] = 0.2 - x$$
$$[SO_4^{2-}] = 1.0 + x$$
$$K_a = \frac{[H^+][SO_4^{2-}]}{[HSO_4^-]} = \frac{x(1.0+x)}{0.2-x} = 1.3\times10^{-2}$$
$$x = [H^+] = 2.59\times10^{-3}\ \mathrm{M}$$
$$\mathrm{pH} = -\log[H^+] = -\log(2.59\times10^{-3}) = 2.59$$

예제 3.34

Q&A

200 mL의 0.1 M 초산(CH_3COOH) 용액에 초산나트륨(CH_3COONa)을 투입하여 pH 6.0의 완충용액을 만들려고 한다. 몇 g의 초산나트륨을 넣어야 하는가? 또 초산나트륨을 투입하기 전의 pH는? 단, 초산의 K_a는 1.8×10^{-5}이고 Na의 원자량은 23 g/mol이다.

Solution

pH = 6.0이 되기 위한 $[H^+]$는 $-\log[H^+] = 6.0$이므로 $[H^+] = 1.0\times10^{-6}$ M
여기서, $[H^+] = 1.0\times10^{-6}$ M이므로 $[OH^-] = 1.0\times10^{-8}$ M이다. $[OH^-]$는 H_2O의 이온화에 의해 생성되므로 이 이온화 과정에서 생성되는 $[H^+]$는 동일하게 1.0×10^{-8} M이다. 이 양은 초산에 의해 생성되는 $[H^+] = 1.0\times10^{-6}$ M의 1/100에 불과하므로 무시한다.
그러므로 H^+가 생성되는 양만큼 CH_3COOH는 이온화되므로, 평형상태에 존재하는 CH_3COOH는

$$[CH_3COOH] = 0.1 - 1.0\times10^{-6} \approx 0.1\ \mathrm{M}$$

CH_3COO^-는 초산과 초산나트륨 양쪽에서 생성되므로, 투입하는 CH_3COONa을 x라고 두면,

$$[CH_3COO^-] = 1.0\times10^{-6} + x$$

여기서 초산에서 투입된 양보다는 초산나트륨에서 투입되는 양이 훨씬 많다고 가정하면, 즉 $1.0\times10^{-6} \ll x$

$$[CH_3COO^-] = 1.0\times10^{-6} + x \approx x$$
$$K_a = \frac{[H^+][CH_3COO^-]}{[CH_3COOH]} = \frac{(1.0\times10^{-6})x}{0.1} = 1.8\times10^{-5}$$
$$x = [CH_3COONa] = 1.8\ \mathrm{M}$$

이 값은 실제로 $1.0\times10^{-6} \ll x = 1.8$이므로 적합한 가정이었다는 것을 알 수 있다. 이 몰농도를 질량으로 환산하면,

$$\frac{1.8\text{ mol CH}_3\text{COONa}}{1\text{ L}}\left|\frac{82\text{ g CH}_3\text{COONa}}{1\text{ mol CH}_3\text{COONa}}\right|\frac{200\text{ mL}}{}\left|\frac{1\text{ L}}{1000\text{ mL}}\right. = 29.52\text{ g CH}_3\text{COONa}$$

그러므로 29.52 g의 초산나트륨을 투입하여야 pH 6이 된다.
또한, 초산나트륨을 투입하기 전, 즉 초산 만의 pH를 구하기 위해 이온화되는 H^+의 양을 x로 두면,

$$x = [H^+] = [CH_3COO^-]$$
$$[CH_3COOH] = 0.1 - x$$

여기서 초산은 약산이므로 이온화되는 양을 무시하면,

$$[CH_3COOH] = 0.1 - x \approx 0.1$$
$$K_a = \frac{[H^+][CH_3COO^-]}{[CH_3COOH]} = \frac{x^2}{0.1} = 1.8\times10^{-5}$$
$$x = [H^+] = 1.34\times10^{-3}\text{ M}$$
$$pH = -\log[H^+] = -\log(1.34\times10^{-3}) = 2.87$$

그러므로 초산나트륨을 넣어줌으로써 pH가 2.87에서 6.0으로 증가한다는 것을 알 수 있다.

예제 3.35

약염기인 수산화암모늄(NH_4OH)과 염화암모늄(NH_4Cl)을 혼합하여 pH 8.0의 완충용액을 만들려고 한다. $[NH_4Cl]/[NH_4OH]$ 비는? 단, NH_4OH의 K_b는 1.8×10^{-5}이다.

Solution

먼저 몰농도비를 간단히 하기 위해 r로 정의한다면,

$$r = \frac{[NH_4Cl]}{[NH_4OH]}$$

$[NH_4OH] = b$로 두면, $[NH_4Cl] = rb$
염기의 문제이므로 pH보다는 pOH를 이용하는 것이 편리하다.
그러므로 pH를 pOH로 먼저 전환한다.

$$pH + pOH = 14, \qquad 8.0 + pOH = 14$$
$$pOH = 6.0, \qquad -\log[OH^-] = 6.0, \qquad [OH^-] = 1.0\times10^{-6.0}$$

pOH의 모든 OH^-가 NH_4OH에서 기인한다고 생각하면, OH^-가 생성되는 만큼 NH_4OH는 줄어드는 것으로 생각할 수 있으므로, 평형상태에서 NH_4OH, NH_4^+ 농도는 다음과 같다.

$$[NH_4OH] = b - 1.0\times10^{-6.0} \approx b\text{ M}$$

NH_4OH가 약염기이므로 감소되는 NH_4OH는 적다고 가정하였다.

$$[NH_4^+] = rb + 1.0\times10^{-6.0} \approx rb \text{ M}$$

NH_4OH가 약염기이므로 NH_4OH에서 생성되는 NH_4^+는 적고 NH_4Cl은 염이므로 완전히 이온화되어 생성량이 많아 $rb \gg 1.0\times10^{-6.0}$라고 가정하였다.

$$NH_4OH + H_2O \rightleftarrows NH_4^+(H_2O) + OH^-$$

$$K_b = \frac{\{NH_4^+(H_2O)\}\{OH^-\}}{\{NH_4OH\}\{H_2O\}} = \frac{\{NH_4^+\}\{OH^-\}}{\{NH_4OH\}} = \frac{[NH_4^+][OH^-]}{[NH_4OH]} = 1.8\times10^{-5}$$

여기서, $\{H_2O\} = 1$, 이온세기는 무시한다.

$$K_b = \frac{[NH_4^+][OH^-]}{[NH_4OH]} = \frac{rb(1.0\times10^{-6.0})}{b} = r(1.0\times10^{-6.0}) = 1.8\times10^{-5}$$

$$r = 18$$

즉 $[NH_4Cl]/[NH_4OH] = 18$이다.

예제 3.36

0.25 M 초산(CH_3COOH) 50 mL와 0.15 M 초산나트륨(CH_3COONa) 35 mL를 혼합하였을 때의 pH는? 또한, 이 용액에 0.10 M HCl 40 mL를 투입하면 pH는 얼마인가? 만약 0.15 M HCl 40 mL를 투입하였다면 어떻게 되는가? 단, 초산의 K_a는 1.8×10^{-5}이다.

Solution

(1) 먼저 혼합한 상태의 초산과 초산나트륨 농도를 각각 계산한다.

$$\frac{0.25 \text{ mol } CH_3COOH}{1 \text{ L}} \left| \frac{50 \text{ mL}}{} \right| \frac{}{(50+35) \text{ mL}} = 0.1471 \text{ M } CH_3COOH$$

$$\frac{0.15 \text{ mol } CH_3COONa}{1 \text{ L}} \left| \frac{35 \text{ mL}}{} \right| \frac{}{(50+35) \text{ mL}} = 0.0618 \text{ M } CH_3COONa$$

이온화되는 CH_3COOH의 농도를 x로 두면, 평형상태에서 각 농도는,

$$[CH_3COOH] = (0.1471 - x) \approx 0.1471 \text{ M}$$

CH_3COOH은 약산이므로 이온화되어 감소되는 양이 적다고 가정한다.

$$[H^+] = x \text{ M}$$
$$[CH_3COO^-] = (x + 0.0618) \approx 0.0618 \text{ M}$$

산에서 나온 x M과 염에서 나온 0.0618 M을 더한다. CH_3COOH가 약산이므로

CH_3COOH에서 생성되는 CH_3COO^-는 적고 CH_3COONa은 염이므로 완전히 이온화되어 생성량이 많아 $x \ll 0.0618$ M이라고 가정한다.
이 값들을 산의 평형상수에 대입하면,

$$K_a = \frac{[H^+][CH_3COO^-]}{[CH_3COOH]} = \frac{x(0.0618)}{0.1471} = 1.8\times10^{-5}$$

$$x = [H^+] = 4.3\times10^{-5}\ M$$

이 값은 제시된 두 가정에 모두 적합하다.

$$pH = -\log[H^+] = -\log(4.3\times10^{-5}) = 4.37$$

(2) 0.10 M HCl 40 mL를 투입한 후의 초산과 초산나트륨 및 염산 농도는

$$\frac{0.25\ mol\ CH_3COOH}{1\ L}\left|\frac{50\ mL}{}\right|\frac{}{(50+35+40)\ mL} = 0.1000\ M\ CH_3COOH$$

$$\frac{0.15\ mol\ CH_3COONa}{1\ L}\left|\frac{35\ mL}{}\right|\frac{}{(50+35+40)\ mL} = 0.0420\ M\ CH_3COONa$$

$$\frac{0.10\ mol\ HCl}{1\ L}\left|\frac{40\ mL}{}\right|\frac{}{(50+35+40)\ mL} = 0.0320\ M\ HCl$$

HCl에서 발생하는 대부분의 H^+는 수중의 CH_3COO^-와 반응하여 CH_3COOH를 생성한다. 그러므로 반응이 완료된 후,

$$[CH_3COOH] = 0.1000 + 0.0320 = 0.1320\ M$$
$$[CH_3COO^-] = 0.0420 - 0.0320 = 0.0100\ M$$

이온화되어 감소되는 CH_3COOH의 농도를 x로 두면

$$[H^+] = x\ M$$
$$[CH_3COOH] = (0.1320 - x) \approx 0.1320\ M$$
$$[CH_3COO^-] = (0.0100 + x) \approx 0.0100\ M$$

이 값들을 산의 평형상수에 대입하면,

$$K_a = \frac{[H^+][CH_3COO^-]}{[CH_3COOH]} = \frac{x(0.0100)}{0.1320} = 1.8\times10^{-5}$$

$$x = [H^+] = 2.37\times10^{-4}\ M$$

이 값은 위에서 제시된 두 가정에 적합하다.

$$pH = -\log[H^+] = -\log(2.37\times10^{-4}) = 3.63$$

(3) 0.15 M HCl 40 mL를 투입하였다면,
투입한 후의 초산과 초산나트륨 및 염산 농도는

$$\frac{0.25\ \text{mol}\ CH_3COOH}{1\ \text{L}}\left|\frac{50\ \text{mL}}{}\right|\frac{}{(50+35+40)\ \text{mL}}=0.1000\ \text{M}\ CH_3COOH$$

$$\frac{0.15\ \text{mol}\ CH_3COONa}{1\ \text{L}}\left|\frac{35\ \text{mL}}{}\right|\frac{}{(50+35+40)\ \text{mL}}=0.0420\ \text{M}\ CH_3COONa$$

$$\frac{0.15\ \text{mol}\ HCl}{1\ \text{L}}\left|\frac{40\ \text{mL}}{}\right|\frac{}{(50+35+40)\ \text{mL}}=0.0480\ \text{M}\ HCl$$

HCl에서 발생하는 대부분의 H^+는 수중의 CH_3COO^-보다 많으므로(0.0480 M HCl > 0.0420 M CH_3COONa) 모두가 CH_3COOH로 형성되지는 못한다. 그러므로 H^+에 비해 CH_3COO^-가 적으므로 CH_3COO^-가 제한인자가 된다. 반응이 완료된 후,

$$[CH_3COOH]=0.1000+0.0420=0.1420\ \text{M}$$
$$[HCl]=0.0480-0.0420=0.0060\ \text{M}$$
$$[CH_3COO^-]=0\ \text{M}$$

이온화되어 감소되는 CH_3COOH의 농도를 x로 두면

$$[H^+]=(x+0.0060)\approx 0.0060\ \text{M}$$

여기서, x는 CH_3COOH가 이온화되어 생성되는 H^+이고, 0.0060은 HCl이 이온화되어 생성되는 H^+이다. CH_3COOH은 약산이라 이온화되는 양이 적고, HCl은 강산이라 이온화되는 양이 많다고 가정하면, $x \ll 0.0060$.

$$[CH_3COOH]=(0.1420-x)\approx 0.1420\ \text{M}$$
$$[CH_3COO^-]=x\ \text{M}$$

이 값들을 산의 평형상수에 대입하면,

$$K_a=\frac{[H^+][CH_3COO^-]}{[CH_3COOH]}=\frac{(0.0060)x}{0.1420}=1.8\times10^{-5}$$
$$x=4.26\times10^{-4}\ \text{M}$$

이 결과는 위에서 제시된 두 가정에 적합하다.
위의 $[H^+]=(x+0.0060)$에서

$$[H^+]=4.26\times10^{-4}+0.0060=0.0064\ \text{M}$$
$$pH=-\log[H^+]=-\log(0.0064)=2.19$$

예제 3.37 Q&A

약산 0.2 M $KHCO_3$와 염 0.2 M K_2CO_3인 용액이 있을 때, 이 용액의 pH는? 또한, 이 용액과 동일한 양의 0.1 M NaOH를 첨가하였을 때, pH는? 단, 이온세기의 영향은 무시하고,

HCO_3^-의 K_a는 4.8×10^{-11}이다.

Solution

먼저 아래와 같은 이온화반응이 발생한다.

$$KHCO_3 \rightarrow K^+ + HCO_3^-$$
$$[K^+] = 0.2\ M, \qquad [HCO_3^-] = 0.2\ M$$

이온화된 중탄산이온(HCO_3^-)은 산으로 작용하여 산 - 염기 반응을 거치게 된다.

$$HCO_3^- + H_2O \rightleftarrows (H_2O)H^+ + CO_3^{2-}$$
$$K_a = \frac{\{(H_2O)H^+\}\{CO_3^{2-}\}}{\{HCO_3^-\}\{H_2O\}} = \frac{\{H^+\}\{CO_3^{2-}\}}{\{HCO_3^-\}} = \frac{[H^+][CO_3^{2-}]}{[HCO_3^-]} = 4.8\times10^{-11}$$

여기서, $\{H_2O\} = 1$, 이온세기는 무시한다.
약산에서 이온화되는 HCO_3^-의 양을 x로 두면,

$$[H^+] = x\ M, \qquad [HCO_3^-] = (0.2 - x) \approx 0.2\ M$$

약산이므로 이온화되는 정도가 적다고 가정한다.
또한, 탄산이온(CO_3^{2-})은 산과 염에서 모두 생성되므로

$$[CO_3^{2-}] = (x + 0.2) \approx 0.2\ M$$

마찬가지로 약산에서 생성되는 양보다는 염에서 생성되는 정도가 많다고 가정한다.
각 농도를 산 평형상수에 대입하여 정리하면,

$$K_a = \frac{[H^+][CO_3^{2-}]}{[HCO_3^-]} = \frac{x\times0.2}{0.2} = 4.8\times10^{-11}$$
$$x = 4.8\times10^{-11}\ M$$

이 농도는 실제로 0.2 M에 비해 매우 작아 무시할 수 있다.

$$pH = -\log[H^+] = -\log(4.8\times10^{-11}) = 10.32$$

투입된 NaOH의 양이 제시되지 않았으나, 동일한 양을 공급했으므로 초기 각 농도는 1/2로 감소하였다는 것을 알 수 있다. 그러므로 각 성분의 농도는

$$0.1\ M\ KHCO_3, \quad 0.1\ M\ K_2CO_3, \quad 0.05\ M\ NaOH$$
$$HCO_3^- + OH^- \rightleftarrows H_2O + CO_3^{2-}$$

HCO_3^-는 0.1 M이 반응하고, OH^-는 0.05 M이 반응하므로 OH^-가 양이 모자란 한계반응물이 된다. 그러므로 이 반응이 완료되면, $0.1 - 0.05 = 0.05$ M의 HCO_3^-가 남게 된다. 이 반응에서 OH^-는 0.05 M이 감소하여 없어지는 만큼 CO_3^{2-}는 0.05 M이 생성된다. 그러므로 염에서 생성되는 CO_3^{2-}의 양 0.1 M과 합하면, $0.1 + 0.05 = 0.15$ M CO_3^{2-}
마찬가지로 이온화되는 HCO_3^-의 양을 x로 두면,

$$[H^+] = x\ M,\ \ [HCO_3^-] = (0.05 - x) \approx 0.05\ M$$

또한, 탄산이온(CO_3^{2-})는 산과 염에서 모두 생성되므로

$$[CO_3^{2-}] = (x + 0.15) \approx 0.15\ M$$

각 농도를 산 평형상수에 대입하여 정리하면,

$$K_a = \frac{[H^+][CO_3^{2-}]}{[HCO_3^-]} = \frac{x \times 0.15}{0.05} = 4.8 \times 10^{-11}$$

$$x = 1.6 \times 10^{-11}\ M$$

이 값은 두 가정에 모두 적합하다.

$$pH = -\log[H^+] = -\log(1.6 \times 10^{-11}) = 10.80$$

3.4.6. 가수분해

일반적인 가수분해(hydrolysis)는 물을 첨가하여 화학적으로 물질을 나누는 여러 종류의 반응을 의미한다. 영어 단어 hydrolysis의 어원도 그리스어로 물을 뜻하는 'hydro－'와 분해를 뜻하는 '－lysis'의 결합에서 찾을 수 있다.

약산이나 약염기가 물에 녹아 형성된 염(salt)의 pH는 일반적으로 중성이 아니다. 이는 염이 물에 녹아 약산이나 약염기를 형성하기 때문인데, 이러한 과정을 산 - 염기 반응에서는 가수분해(hydrolysis)라고 한다.

예를 들어, 염료의 제조, 식품 첨가물, 의약품 등으로 사용되는 아질산나트륨($NaNO_2$)은 염으로 다음과 같이 이온화된다.

$$NaNO_2 \rightarrow Na^+ + NO_2^-$$

이온화된 아질산이온(NO_2^-)은 물과 결합하여 다음과 같은 가수분해(hydrolysis) 반응을 유발한다.

$$NO_2^- + H_2O \rightleftarrows HNO_2 + OH^-$$

이 경우에 적용되는 평형상수를 가수분해상수(hydrolysis constant, K_h)라고도 하며 다음과 같이 정의된다.

$$K_h = \frac{\{HNO_2\}\{OH^-\}}{\{NO_2^-\}\{H_2O\}} = \frac{\{HNO_2\}\{OH^-\}}{\{NO_2^-\}} = \frac{[HNO_2][OH^-]}{[NO_2^-]}$$

가수분해상수는 물의 이온화상수와 산 평형상수와 밀접한 관계를 가진다.

$$K_h = \frac{[HNO_2][OH^-]}{[NO_2^-]} = \frac{[H^+][OH^-]}{[H^+][NO_2^-]/[HNO_2]} = \frac{K_W}{K_{a(HNO_2)}}$$

여기서, 산 평형상수는 $K_{a(HNO_2)}$는 다음과 같이 정의된다.

$$HNO_2 + H_2O \rightleftarrows (H_2O)H^+ + NO_2^-$$

$$K_{a(HNO_2)} = \frac{\{(H_2O)H^+\}\{NO_2^-\}}{\{HNO_2\}\{H_2O\}} = \frac{\{H^+\}\{NO_2^-\}}{\{HNO_2\}} = \frac{[H^+][NO_2^-]}{[HNO_2]}$$

만약, $K_W = 1.0\times10^{-14}$, $K_{a(HNO_2)} = 4.5\times10^{-4}$라면, K_h는

$$K_h = \frac{K_W}{K_{a(HNO_2)}} = \frac{1.0\times10^{-14}}{4.5\times10^{-4}} = 2.2\times10^{-11}$$

예제 3.38

Q&A

0.1 M 초산나트륨(sodium acetate, CH_3COONa) 용액의 가수분해상수를 계산하라. 0.1 M 초산나트륨 용액의 OH^- 농도 및 pH를 계산하라. 단, 온도는 25℃이고, 아세트산(초산, CH_3COOH)의 이온화상수, $K_a = 1.8\times10^{-5}$이다.

Solution

초산나트륨은 염이므로 쉽게 이온화된다.

$$CH_3COONa \rightarrow CH_3COO^- + Na^+$$

0.1 M 초산나트륨(CH_3COONa)이 이온화되면 각각 0.1 M의 초산이온(CH_3COO^-)과 나트륨이온(Na^+)이 생성된다.
초산이온(CH_3COO^-)은 물과 가수분해반응을 한다.

$$CH_3COO^- + H_2O \rightleftarrows CH_3COOH + OH^-$$

이 반응에서 가수분해상수는 다음과 같이 정의된다.

$$K_h = \frac{\{CH_3COOH\}\{OH^-\}}{\{CH_3COO^-\}\{H_2O\}} = \frac{\{CH_3COOH\}\{OH^-\}}{\{CH_3COO^-\}} = \frac{[CH_3COOH][OH^-]}{[CH_3COO^-]}$$

이를 재정렬하면,

$$K_h = \frac{[CH_3COOH][OH^-]}{[CH_3COO^-]} = \frac{[H^+][OH^-]}{[H^+][CH_3COO^-]/[CH_3COOH]} = \frac{K_W}{K_{a(CH_3COOH)}}$$

25℃에서 물의 이온화상수는 1.0×10^{-14}이므로, K_W와 K_a를 대입하여 계산하면,

$$K_h = \frac{1.0\times10^{-14}}{1.8\times10^{-5}} = 5.56\times10^{-10}$$

평형상태에서 초산의 농도를 x라 두면,

$$x = [CH_3COOH] \approx [OH^-]$$
$$[CH_3COO^-] = 0.1 - x$$

여기서 염(초산나트륨)은 완전히 이온화되므로, 0.1 M의 CH_3COO^-가 생성된다. 생성된 CH_3COO^-는 CH_3COOH가 생성되는 만큼 감소되므로 위와 같이 계산된다.

$$K_h = \frac{[CH_3COOH][OH^-]}{[CH_3COO^-]} = \frac{x^2}{0.1-x} \approx \frac{x^2}{0.1} = 5.56\times10^{-10}$$

여기서 $0.1 \gg x$라고 가정한다.

$$x = [OH^-] = 7.46\times10^{-6}\ M$$

실제로 $0.1 \gg x = 7.46\times10^{-6}$ M이므로 위의 가정이 적절하다고 할 수 있다.

$$pOH = -\log[OH^-] = -\log(7.46\times10^{-6}) = 5.13$$
$$pH = 14 - pOH = 14 - 5.13 = 8.87$$

예제 3.39

Q&A

아질산(nitrous acid, HNO_2)의 이온화상수 $K_i = 4.5\times10^{-4}$이고, 수산화암모늄(ammonium hydroxide, NH_4OH)의 이온화상수 $K_i = 1.8\times10^{-5}$이다. 0.01 M 아질산암모늄(NH_4NO_2)용액에서 모든 종의 농도를 구하라.

Solution

먼저 이온화반응을 살펴보면,

$$NH_4OH \rightleftarrows NH_4^+ + OH^- \quad (1)$$
$$HNO_2 \rightleftarrows H^+ + NO_2^- \quad (2)$$

NH_4NO_2은 NH_4^+와 NO_2^-로 이온화된 후 가수분해반응을 거친다.
NH_4^+와 NO_2^-의 가수분해반응을 기술하면 다음과 같다.

$$NH_4^+ + H_2O \rightleftarrows NH_4OH + H^+ \qquad (3)$$

$$NO_2^- + H_2O \rightleftarrows HNO_2 + OH^- \qquad (4)$$

물의 이온화반응은 항상 존재하므로,

$$H^+ + OH^- \rightleftarrows H_2O \qquad (5)$$

식 (3), (4), (5)을 더하면

$$NH_4^+ + NO_2^- + H_2O \rightleftarrows NH_4OH + HNO_2 \qquad (6)$$

$$K_h = \frac{\{NH_4OH\}\{HNO_2\}}{\{NH_4^+\}\{NO_2^-\}\{H_2O\}} = \frac{\{NH_4OH\}\{HNO_2\}}{\{NH_4^+\}\{NO_2^-\}}$$

$$= \frac{[NH_4OH][HNO_2]}{[NH_4^+][NO_2^-]} \qquad (7)$$

이를 세분화하여 재정리하면,

$$K_h = [H^+][OH^-] \times \frac{[NH_4OH]}{[NH_4^+][OH^-]} \times \frac{[HNO_2]}{[H^+][NO_2^-]}$$

$$K_h = K_W \times \frac{1}{K_{i(NH_4OH)}} \times \frac{1}{K_{i(HNO_2)}}$$

$$= \frac{1.0\times10^{-14}}{(1.8\times10^{-5})\times(4.5\times10^{-4})} = 1.23\times10^{-6} \qquad (8)$$

여기서, $x = [NH_4OH] \approx [HNO_2]$라고 가정할 수 있다. 만약, $[NH_4OH] \gg [HNO_2]$라면 식 (3)에서 H^+가 OH^-보다 과잉으로 존재하게 되고, H^+는 NO_2^-와 결합하여 HNO_2를 형성하여 결국은 $[NH_4OH] \approx [HNO_2]$인 상태로 전환되기 때문이다.
주어진 가정에 따라

$$[NH_4^+] \approx [NO_2^-] = 0.01 - x$$

$$K_h = \frac{[NH_4OH][HNO_2]}{[NH_4^+][NO_2^-]} = \frac{x^2}{(0.01-x)^2} \approx \frac{x^2}{(0.01)^2} = 1.23\times10^{-6} \qquad (9)$$

여기서, 이온화상수가 비교적 높으므로 이온화되지 않는 물질의 농도는 매우 낮은 것으로 볼 수 있다.

$$x = [NH_4OH] \approx [HNO_2] = 1.1\times10^{-5}\ M$$

실제로 0.01 M에 비해 1.1×10^{-5} M은 무시할 수 있을 정도로 작다. 그러므로 가정이 적절했다고 판단할 수 있다.

$$[NH_4^+] \approx [NO_2^-] = 0.01\ M$$

또한, 아질산과 수산화암모늄의 이온화상수에서

$$K_{i(HNO_2)} = \frac{[H^+][NO_2^-]}{[HNO_2]} = \frac{[H^+](0.01)}{1.1\times10^{-5}} = 4.5\times10^{-4} \quad (10)$$

$[H^+] = 5.0\times10^{-7}$ M

$$K_{i(NH_4OH)} = \frac{[NH_4^+][OH^-]}{[NH_4OH]} = \frac{(0.01)[OH^-]}{1.1\times10^{-5}} = 1.8\times10^{-5} \quad (11)$$

$[OH^-] = 2.0\times10^{-8}$ M

그러므로 $[H^+][OH^-] = (5.0\times10^{-7})\times(2.0\times10^{-8}) = 1.0\times10^{-14} = K_W$

이 결과로부터 위의 가정들이 적절했다는 것을 확인할 수 있다.

$[NH_4OH] = 1.1\times10^{-5}$ M, $[HNO_2] = 1.1\times10^{-5}$ M, $[NH_4^+] = 0.01$ M,
$[NO_2^-] = 0.01$ M, $[H^+] = 5.0\times10^{-7}$ M, $[OH^-] = 2.0\times10^{-8}$ M

예제 3.40

Q&A

탄산(carbonic acid, H_2CO_3)의 첫 번째 및 두 번째 이온화상수는 각각 3.5×10^{-7} 및 6.0×10^{-11}이다. CO_3^{2-} 및 HCO_3^- 이온의 가수분해상수를 계산하라. 0.1 M Na_2CO_3에서 OH^- 및 H_2CO_3 농도(M)는?

Solution

탄산의 이온화반응은 다음과 같다.

$$H_2CO_3 \rightleftarrows H^+ + HCO_3^- \quad (1)$$

$$HCO_3^- \rightleftarrows H^+ + CO_3^{2-} \quad (2)$$

$$K_{i,1} = \frac{[H^+][HCO_3^-]}{[H_2CO_3]} = 3.5\times10^{-7} \quad (3)$$

$$K_{i,2} = \frac{[H^+][CO_3^{2-}]}{[HCO_3^-]} = 6.0\times10^{-11} \quad (4)$$

CO_3^{2-} 및 HCO_3^- 이온의 가수분해반응을 보면,

$$CO_3^{2-} + H_2O \rightleftarrows HCO_3^- + OH^- \quad (5)$$

$$HCO_3^- + H_2O \rightleftarrows H_2CO_3 + OH^- \quad (6)$$

각 반응의 가수분해상수는 다음과 같다.

$$K_{h(CO_3^{2-})} = \frac{\{HCO_3^-\}\{OH^-\}}{\{CO_3^{2-}\}\{H_2O\}} = \frac{[HCO_3^-][OH^-]}{[CO_3^{2-}]}$$

$$= \frac{[H^+][OH^-]}{[H^+][CO_3^{2-}]/[HCO_3^-]} = \frac{K_W}{K_{i,2}} = \frac{1.0\times10^{-14}}{6.0\times10^{-11}} = 1.7\times10^{-4} \quad (7)$$

$$K_{h(HCO_3^-)} = \frac{\{H_2CO_3\}\{OH^-\}}{\{HCO_3^-\}\{H_2O\}} = \frac{[H_2CO_3][OH^-]}{[HCO_3^-]}$$

$$= \frac{[H^+][OH^-]}{[H^+][HCO_3^-]/[H_2CO_3]} = \frac{K_W}{K_{i,1}} = \frac{1.0\times10^{-14}}{3.5\times10^{-7}} = 2.9\times10^{-8} \quad (8)$$

0.1 M Na_2CO_3에서 염은 다음과 같이 완전히 이온화되므로, 0.1 M의 Na_2CO_3는 모두 이온화되어 0.1 M의 CO_3^{2-}가 생성된다.

$$Na_2CO_3 \rightarrow 2Na^+ + CO_3^{2-} \quad (9)$$

식 (5)에서 가수분해되는 CO_3^{2-} 양을 x라고 두고 식 (6)에서 가수분해되는 HCO_3^- 양을 y라고 두고, 첫 번째 가수분해상수가 두 번째 가수분해상수보다 월등히 크므로 $x \gg y$라고 가정하면,

$$[CO_3^{2-}] = 0.1 - x,\ [HCO_3^-] = x - y \approx x,\ [H_2CO_3] = y,\ [OH^-] = x + y \approx x$$

$$K_{h(CO_3^{2-})} = \frac{[HCO_3^-][OH^-]}{[CO_3^{2-}]} = \frac{x^2}{(0.1 - x)} \approx \frac{x^2}{0.1} = 1.67\times10^{-4} \quad (10)$$

$$x = [OH^-] = 0.004\ \text{M}$$

$$K_{h(HCO_3^-)} = \frac{[H_2CO_3][OH^-]}{[HCO_3^-]} = \frac{y\times x}{x} = y = 2.90\times10^{-8} \quad (11)$$

$$y = [H_2CO_3] = 2.90\times10^{-8}$$

그러므로 위에서 가정한 $x \gg y$가 적절하다고 판단할 수 있다.

$$[OH^-] = 0.004\ \text{M}, \qquad [H_2CO_3] = 2.90\times10^{-8}\ \text{M}$$

Chapter 3 연습문제

문제 3.1. 25℃에서 $H_2PO_4^-$의 K_{a2}는 $10^{-7.2}$이다. 이 $H_2PO_4^-$의 공액염기는 무엇이고, 공액염기의 pK_b는? 또한, 이 공액염기와 물의 반응식은?

문제 3.2. HS^-의 K_a를 계산하시오. 공액염기인 S^{2-}의 K_b는? 단, 이상기체상수는 1.987×10^{-3} kcal/mol·K이고 기타 열역학적 상수는 부록 참조.

문제 3.3. 표준상태에서 물의 이온화반응은 발열반응인가? 흡열반응인가? 단, 열역학적 상수는 부록 참조.

문제 3.4. 표준상태(25℃)에서 물의 이온화상수 $K_W = 10^{-14}$이고, 중성의 pH는 7이다. 만약 온도를 15℃와 35℃로 변화시켰을 때 중성의 pH는 어떻게 되는가? 단, 이상기체상수는 1.987×10^{-3} kcal/mol·K이다.

문제 3.5. pH 7에서 황산(H_2SO_4)과 차아염소산(HOCl)의 이온화 분율은 얼마인가? 단, 황산의 $K_{a1} = 10^3$이고 $K_{a2} = 10^{-2}$, 차아염소산의 $K_a = 10^{-7.5}$이고, 이온세기의 영향은 무시한다.

문제 3.6. Na_2HPO_4 수용액의 전하균형식은?

문제 3.7. 강물의 수질 분석방법이 적절하였다는 것을 양전하의 총합과 음전하의 총합을 비교하여 증명하시오. 단, Ca, Mg, K, Na, Cl, S의 원자량은 각각 40, 24.3, 39, 23, 35.5, 32 g/mol이다.

(단위 : mmol/L)

Ca^{2+}	2	Mg^{2+}	1.5	K^+	1	Na^+	2
Cl^-	2	SO_4^{2-}	2	CO_3^{2-}	2	NO_3^-	2

문제 3.8. 염기인 MOH 10^{-3} M 수용액에서 각 화학종의 농도를 계산하는 방법에 대해 설명하라. 단, 25℃에서 MOH의 K_b는 10^{-4}이고 묽은 용액으로 간주한다.

문제 3.9. HNO_3 10^{-8} M 수용액에서 pH를 구하라. 단, 25℃, 묽은 용액으로 간주한다.

문제 3.10. 약산인 초산(acetic acid, CH_3COOH, HAc) 10^{-2} M 수용액에서 각 화학종의 농도를 계산하고 pH를 구하라. 단, 초산의 $K_a = 10^{-4.7}$이고, 이 용액은 묽은 용액으로 간주한다.

문제 3.11. 0.0001 M $Ba(OH)_2$ 용액의 pH는? 단, $Ba(OH)_2$는 완전하게 이온화된다고 가정한다.

문제 3.12. pH 9.25인 용액에서 H^+와 OH^- 농도는? 단, 25℃라고 가정한다.

문제 3.13. 약산인 사이안화수소(HCN) 10^{-4} M 수용액에서 각 화학종의 농도를 계산하고 pH를 구하라. 단, HCN의 $K_a = 10^{-9.3}$이고, 이 용액은 묽은 용액으로 간주한다.

문제 3.14. 이온화상수가 1.8×10^{-5}인 0.5 M 수산화암모늄(NH_4OH) 용액의 pH는? 여기서 수산화암모늄은 약염기이다. 단, 수산화암모늄 용액의 이온세기는 무시한다.

문제 3.15. 어떤 용액이 pH 3.30의 평형상태에서 0.15 M H_2S, 3.3×10^{-5} M HS^-, 7×10^{-16} M S^{2-}를 함유하고 있는 것으로 밝혀졌다. H_2S의 첫 번째와 두 번째 이온화상수는?

문제 3.16. 인산(phosphoric acid, H_3PO_4)의 연속적인 이온화상수는 각각 7.5×10^{-3}, 6.2×10^{-8} 및 1.0×10^{-12}이다. $[PO_4^{3-}] = 1.3 \times 10^{-18}$ M일 때 H_3PO_4 용액의 pH는? 최초 투입된 H_3PO_4 농도(M)는?

문제 3.17. 아인산(Phosphorous acid, H_3PO_3)은 이온화상수 또는 산의 평형상수인 K_a 값이 각각 1.6×10^{-2} 및 7×10^{-7}인 이양성자산이다. 0.2 M H_3PO_3에서 2.5×10^{-7} M HPO_3^{2-}를 만드는 데 필요한 HCl 농도(M)는?

문제 3.18. 순수한 물 1 L에 강산인 HNO_3이 0.01 mol이 투입되면, 수중의 H^+ 농도는 0.01 M이 되어 순수한 물의 pH는 7에서 2로 급격히 변화한다. 만약 0.1 M 초산(CH_3COOH, $K_a = 1.8 \times 10^{-5}$)과 0.1 M 초산나트륨(CH_3COONa)이 완충용액으로 용해되어 있는 1 L 수용액에 강산 HNO_3 0.01 mol이 투입될 때 pH는?

문제 3.19. 수산화암모늄(NH_4OH)은 독특한 냄새가 나는 무색의 액체로서, 암모니아 기체를 물에 녹여 만들며 시판되는 암모니아의 일반적인 형태이다. 150 mL의 0.2 M 수산화암모늄(NH_4OH) 용액에 염화암모늄(NH_4Cl)을 투입하여 pH 8.5의 완충용액을 제조하려고 한다. 몇 g의 염화암모늄을 넣어야 하는가? 또한, 이 용액의 pH를 0.1 또는 0.5 올리기 위해서는 몇 g의 NaOH를 투입해야 하는가? 단, 수산화암모늄의 K_b는 1.8×10^{-5}이고 Na와 Cl의 원자량은 각각 23과 35.5 g/mol이다. 또한, 전체 온도는 25℃이고, 염화암모늄 투입에 따른 부피 변화는 없는 것으로 간주한다.

문제 3.20. 염인 NH_4Cl를 충분하게 공급하여 $[NH_4^+] = 0.02$ M가 되도록 한 0.02 M 수산화암모늄(NH_4OH)의 pH는? 단, NH_4OH의 K_b는 1.8×10^{-5}이다.

문제 3.21. 벤조산(benzoic acid, C_6H_5COOH)은 방부제의 일종으로 간장에 쓰이며, 매염제로도 사용된다. 또한 벤조산은 안식향산(styrax benzoicum)이라고도 한다. 벤조산은 $K_a = 6.4 \times 10^{-5}$인 일양성자산이다. 벤조산이온에 대한 가수분해상수와 0.01 M 벤조산나트륨(sodium benzoate, C_6H_5COONa) 용액의 pH를 계산하라. 또한, 용액에 존재하는 모든 종의 농도를 구하라.

문제 3.22. 아황산(sulfurous acid, H_2SO_3)은 수용액으로서만 존재하는 산으로, 이산화황(아황산가스, SO_2)을 물에 녹이면 즉시 생성되며, 주로 환원제와 표백제로 사용된다. 아황산의 이온화상수는 1.25×10^{-2} 및 5.6×10^{-8}이다. 0.35 M H_2SO_3 100 mL에 $NaHSO_3$ 1.5 g과 Na_2SO_3 3.0 g을 첨가한 용액에 존재하는 모든 종의 농도를 계산하라. 단, Na와 S의 원자량은 각각 23과 32 g/mol이다.

문제 3.23. 아셀렌산(selenious acid, H_2SeO_3)의 첫 번째 및 두 번째 이온화상수는 각각 2.7×10^{-3} 및 2.5×10^{-7}이다. 염인 $NaHSeO_3$ 용액 0.25 M의 pH는?

4

침전 - 용해 화학

침전 - 용해 반응은 상수, 하수 및 폐수를 포함한 모든 수처리 공정에 매우 중요한 역할을 한다. 대표적인 공정으로는 철염이나 알루미늄 염과 같은 금속 염에 의한 응집과 그에 따른 침전 또는 부상 공정, 알루미늄 염에 의한 수중의 인산이온(PO_4^{3-})의 응집 침전, 소석회($Ca(OH)_2$)와 소다회(Na_2CO_3)를 이용하여 수중의 경도 성분(Ca^{2+}, Mg^{2+} 등)을 제거하는 석회 - 소다 연수화 공정(lime-soda softening) 등이 있다.

침전과 용해에서는 앞에서 다룬 반응속도와 평형 모두가 중요하다. 실제 공정에서는 반응이 평형에 도달하기 전에 공정이 종료되는 경우가 많으므로, 평형보다는 반응속도가 침전 - 용해 정도를 결정하는 경우가 많을 정도로 중요하다. 또한, 평형 관계를 이용하면 평형 농도를 계산하여 침전물과 용해물의 양을 계산할 수 있고, 투입하는 응집제의 양과 시기를 결정할 수 있어 화학적 수처리 공정에 큰 도움이 된다.

4.1 침전속도와 용해속도

침전은 일반적으로 다음과 같은 3단계로 구분할 수 있다.

(1) 핵 생성, (2) 결정의 성장, (3) 고형물의 응집과 숙성

용액은 포화 단계를 넘어선 과포화 단계로 접어들면 침전이 당연히 일어나야 하나, 때로는 약간 과포화된 상태에서도 안정성을 유지할 수 있다. 그러나 과포화 상태가 증가하거나 작은 입자가 과포화 용액에 첨가되면 침전반응이 유발된다.

4.1.1. 핵 생성

침전반응에서 핵(nucleus)이란 어느 입자를 중심으로 고체상의 형성이나 침전을 유발하는 아주 작은 입자를 말한다. 핵은 침전물의 성분이 될 몇 개의 분자나 이온들이 엉켜 덩어리를 형성함으로써 생성될 수도 있고, 침전물과 직접적으로 관련은 없으나 그 격자구조가 유사한 작은 입자일 수도 있다.

균질 용액(homogeneous solution)에서 침전이 일어나려면 용액 중에 반드시 핵이 생성되어야 한다. 핵이 침전물의 성분 이온들로부터 생성되면 균질핵(homogeneous nucleus)이라 하고, 침전물과 무관한 입자이면 이질핵(heterogeneous nucleus)이라고 한다. 실제로 모든 천연수의 핵은 여러 가지 형태의 작은 입자들이 핵으로 존재하는 경우가 많으므로 이질핵이 대부분이다. 또한, 물리화학적 수처리 공정에서도 외부에서 침전

물을 형성할 수 있는 응집제를 투입하는 경우가 대부분이므로 이 경우도 모두 이질핵이라 할 수 있다.

침전물을 구성할 이온들이 모여 핵을 생성하는 과정은 흡열 반응(endothermic reaction)이다. 이는 용액 중 이온의 무질서한 상태(엔트로피가 높은 상태)로부터 규칙적인 구조를 가진 핵(엔트로피가 낮은 상태)을 생성하기 위해서는 높은 에너지가 필요하기 때문이다. 동일한 과포화도에서는 이질핵이 균질핵보다 핵을 생성하기 용이한데, 이질핵을 형성하는 데 필요한 자유에너지가 균질핵의 경우보다 낮기 때문이다. 또한, 이 반응이 흡열 반응이므로 온도가 높을수록 핵 생성 반응은 잘 일어나는 것으로 알려져 있다.

4.1.2. 결정의 성장

핵 표면에 침전물의 이온들이 침적되면서 결정이 형성된다. 결정의 성장속도식은 다음과 같다.

$$\frac{dC}{dt} = -kS(C - C_s)^n$$

여기서, C : 해당 이온의 농도, mol/L

C_s : 해당 이온의 포화 농도, mol/L

k : 속도상수 또는 반응속도상수

S : 이온이 부착할 수 있는 핵의 표면적, mg/L

n : 지수 또는 상수

S는 모든 핵을 같은 크기로 보고 핵의 질량이 높으면 그만큼 핵의 숫자가 많아서 핵의 표면적도 크다는 의미에서 농도 단위를 사용한다.

결정의 표면을 향한 이온의 확산 속도만이 유일한 결정 성장속도의 제한 인자일 경우 $n=1$이고, 결정 표면에서의 반응속도 등, 다른 요인이 결정 성장 속도의 제한인자인 경우 $n \neq 1$이다. 속도상수 k는 용액의 조건과 침전되는 고형물의 특성에 따라 달라진다.

4.1.3. 응집과 숙성

침전 초기에 형성된 고형물과 평형상태의 고형물은 다를 수 있다. 이는 침전물의 결정 구조가 장시간에 걸쳐 안정한 결정 구조로 변해가기 때문이다. 안정된 평형상태의 용해도는 불안정한 초기 상태의 용해도보다 낮아서, 시간 흐름에 따라 추가적인 침전을 동반하여 용액의 이온 농도가 감소한다.

이처럼 장시간에 걸쳐 일어나는 결정 구조의 변화 또는 결정 크기가 커지는 변화를 숙성(aging 또는 ripening)이라고 한다.

입자가 성장하는 방법은 그림 4.1과 같이 크게 2가지가 있다. 입자는 크기가 작을수록 비표면적(specific surface area)과 표면 에너지가 크다. 그러므로 작은 입자와 평형인 용액의 이온 농도는 큰 입자와 평형인 용액의 이온 농도보다 높다. 결과적으로 크기가 다양한 입자의 혼합물에서는 큰 입자에 대해서는 과포화 상태에 있고, 작은 입자들에 대해서는 불포화 상태에 있다. 그러므로 이온들은 큰 입자들의 표면에 더욱 침전하고, 큰 입자의 성장으로 인하여 이온 농도가 감소하면 불포화 상태에 있는 작은 입자들은 더욱 용해된다. 결국, 작은 입자들은 용해되어 더 작은 입자가 되고 큰 입자들은 침전되어 더 큰 입자가 된다. 이 과정을 숙성이라고 한다. 또한, 작은 입자들끼리의 응집에 의해서도 큰 입자가 되는 경우도 있다.

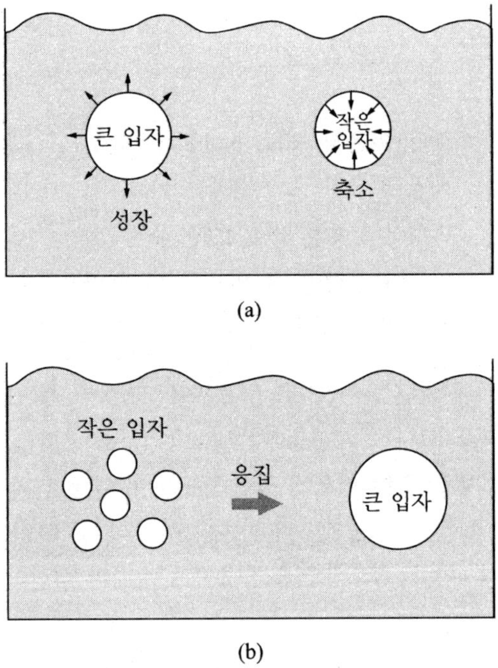

그림 4.1. 큰 입자 형성

이러한 여러 가지 현상들로 인하여 침전 - 용해 반응의 평형상수 결정은 다른 반응에 비해 매우 어렵다. 입자의 숙성 외에도 착물 생성, 불순물 흡착, 혼합물 생성 등 여러

인자가 이 과정에 관여하므로 고형물에 대한 평형상수는 실험자에 따라 큰 차이를 보이기도 한다.

4.1.4. 용해

용해반응은 결정의 성장 반응과 반대의 개념으로 생각할 수 있다.

$$\frac{dC}{dt} = -kS(C_s - C)$$

가끔 고형물의 용해가 고형물 표면에서의 착물 형성에 의한 영향을 받을 수도 있다.

4.2 평형계산

불균일 평형의 계산은 항상 해당 고형물이 충분한 양으로 존재한다는 것을 전제로 한다. 그러므로 다음과 같은 4가지 상황을 설정할 수 있다.

(1) 용해하는 어느 고형물이 있고, 용액 중에는 그 고형물의 용해로 발생한 화학종만이 존재한다. 그 화학종은 중성의 pH와 약한 농도에서 이차적인 반응(착물 형성, 수화 반응 등)을 유발하지 않는다. (예) $CaF_{(s)}$, $BaSO_{4(s)}$ 등

(2) 이차적 반응을 유발하는 고형물의 경우, 그 반응은 착물 형성 반응이나 가수분해 반응이다. (예) 수중의 $CaCO_{3(s)}$, $Al(OH)_{3(s)}$ 등

(3) 용해하는 어떤 고형물이 있고, 용액 중에는 그 고형물의 용해로 생성될 성분이 한 가지가 있다. 이 상황에서는 기존 존재하는 공통 이온이 고형물의 용해에 영향을 미치므로 '공통이온 효과'가 발생한다. (예) Ca^{2+}를 함유하고 있는 용액에서 $CaF_{2(s)}$가 용해할 때, CO_3^{2-}를 함유한 용액에서 $CaCO_{3(s)}$가 용해할 때 등

(4) 기체의 휘발이나 산화-환원 반응들이 용해 또는 용해된 성분의 반응과 중복되면 상황이 매우 복잡해진다. (예) 수처리 과정의 유출수가 지하수로 스며들면서 토양으로부터 $CaCO_{3(s)}$를 용출하는 경우

위의 4가지 상황들은 모두 실제 상황으로 이온세기의 영향을 받는다. 일반적으로 염의 용해도는 이온세기가 증가함에 따라 커진다.

4.2.1. 용해도곱

용해 평형은 용해성 염과 용해된 이온 사이의 평형을 다룬다.

$$M_aX_{b(s)} \rightleftarrows aM^{b+} + bX^{a-}$$

이 경우 평형상수는 다음과 같이 기술할 수 있다.

$$K_c = \frac{\{M^{b+}\}^a \{X^{a-}\}^b}{\{M_aX_{b(s)}\}}$$

위 식에서 순수한 고형물의 활동도는 1이므로 $\{M_aX_{b(s)}\} = 1$, 묽은 용액의 경우에는 활동도 대신 몰농도를 사용할 수 있으므로 $\{M^{b+}\}^a = [M^{b+}]^a$, $\{X^{a-}\}^b = [X^{a-}]^b$

$$K_c = [M^{b+}]^a [X^{a-}]^b$$

또한, 평형상수 중 고형물을 반응물로 한 반응을 정반응으로 한 평형상수를 용해도곱(solubility product)라고 하며 K_{sp}를 사용한다.

$$K_c = K_{sp} = [M^{b+}]^a [X^{a-}]^b$$

또한, 용해도곱은 값이 너무 적은 경우가 많아, 이를 우리가 인식하기 쉬운 수의 형태로 만들기 위해 $-\log$를 사용한다. 예를 들면, 다음과 같다.

$K_{sp} = 1.0\times10^{-15}$인 경우,

$$pK_{sp} = -\log(K_{sp}) = -\log(1.0\times10^{-15}) = 15$$

이는 $pH = -\log[H^+]$와 마찬가지이다.

예제 4.1 Q&A

용해도가 1.58×10^{-2} M인 황산은(Ag_2SO_4)의 용해도곱은?

Solution

황산은은 다음과 같은 용해반응을 나타낸다.

$$Ag_2SO_4 \rightleftarrows 2Ag^+ + SO_4^{2-}$$

1 mol의 Ag_2SO_4가 용해되면 2 mol의 Ag^+와 1 mol의 SO_4^{2-}가 생성된다.

$[Ag_2SO_4] = 1.58\times10^{-2}$ M이므로 용해되면

$$[SO_4^{2-}] = 1.58\times10^{-2}\text{ M},\qquad [Ag^+] = 2[SO_4^{2-}] = 3.16\times10^{-2}\text{ M}$$
$$K_{sp} = [Ag^+]^2[SO_4^{2-}] = (3.16\times10^{-2})^2(1.58\times10^{-2}) = 1.58\times10^{-5}$$

예제 4.2

K_{sp}가 1.5×10^{-11}인 화합물 $Mg(OH)_2$가 있다. 평형상태에서 $Mg(OH)_2$의 용해도(mg/L)는? 또한, 포화 용액에서 OH^-의 농도(M)는? 단, $Mg(OH)_2$의 분자량은 58.3 g/mol이다.

Solution

$$Mg(OH)_2 \rightleftarrows Mg^{2+} + 2(OH^-)$$

평형상태에서 $[Mg^{2+}] = x$ M이라고 두면, $[OH^-] = 2x$ M

$$K_{sp} = [Mg^{2+}][OH^-]^2 = x(2x)^2 = 1.5\times10^{-11}$$
$$x = 1.55\times10^{-4}\text{ M}$$

1 mol의 $Mg(OH)_2$가 용해되면 1 mol의 Mg^{2+}와 2 mol의 OH^-가 생성되므로 1.55×10^{-4} M Mg^{2+}가 생성될 때 1.55×10^{-4} M의 $Mg(OH)_2$가 용해되었다. 그러므로 $Mg(OH)_2$의 용해도는 다음과 같다.

$$\frac{1.55\times10^{-4}\text{ mol } Mg(OH)_2}{1\text{ L}}\left|\frac{58.3\text{ g } Mg(OH)_2}{1\text{ mol } Mg(OH)_2}\right|\frac{1000\text{ mg}}{1\text{ g}} = 9.0\text{ mg } Mg(OH)_2/L$$

또한, $[OH^-] = 2x = 2\times(1.55\times10^{-4}) = 3.1\times10^{-4}$ M

예제 4.3

인산납(lead phosphate, $Pb_3(PO_4)_2$)의 용해도가 1.27×10^{-4} g/L일 때, 용해도곱(K_{sp})은? 단, Pb와 P의 원자량은 각각 207과 31 g/mol이다.

Solution

인산납은 다음과 같은 용해반응을 한다.

$$Pb_3(PO_4)_2 \rightleftarrows 3Pb^{2+} + 2(PO_4^{3-})$$

이 평형식에서 인산납 1 mol이 용해되면, 3 mol의 Pb^{2+}와 2 mol의 PO_4^{3-}가 생성된다는 것을 알 수 있다.

먼저 인산납의 질량농도를 몰농도로 환산한다.

$$\frac{1.27\times10^{-4}\text{ g } Pb_3(PO_4)_2}{1\text{ L}}\left|\frac{1\text{ mol } Pb_3(PO_4)_2}{811\text{ g } Pb_3(PO_4)_2}\right. = 1.57\times10^{-7}\text{ M } Pb_3(PO_4)_2$$

그러므로 평형상태에서 각 물질의 농도는

$$[Pb^{2+}] = 3(1.57\times10^{-7}) = 4.71\times10^{-7}\text{ M}$$
$$[PO_4^{\ 3-}] = 2(1.57\times10^{-7}) = 3.14\times10^{-7}\text{ M}$$
$$K_{sp} = [Pb^{2+}]^3[PO_4^{\ 3-}]^2 = (4.71\times10^{-7})^3(3.14\times10^{-7})^2 = 1.03\times10^{-32}$$

예제 4.4

Q&A

20 L에 0.01 M의 $Mg(NO_3)_2$가 용해되어 있다. 이 용액에 몇 g의 Na_2CO_3를 용해시키면 $MgCO_3$ 포화 용액을 만들 수 있는가? 단, $MgCO_3$의 용해도곱(K_{sp})은 1.0×10^{-5}이고, Na의 원자량은 23 g/mol이다.

Solution

$Mg(NO_3)_2$의 용해반응은 다음과 같다.

$$Mg(NO_3)_2 \rightleftarrows Mg^{2+} + 2(NO_3^{\ -})$$

0.01 M의 $Mg(NO_3)_2$가 용해되면 0.01 M의 Mg^{2+}가 용해되어 있다.
그러므로 $[Mg^{2+}] = 0.01$ M.
또한, Na_2CO_3의 용해반응은 다음과 같다.

$$Na_2CO_3 \rightleftarrows 2Na^+ + CO_3^{\ 2-}$$

용해된 $[Mg^{2+}]$는 Na_2CO_3의 용해로 인해 생성된 $CO_3^{\ 2-}$가 충분하여 $MgCO_3$ 침전물을 생성할 때까지는 일정한 농도, 0.01 M로 유지된다.
필요한 $CO_3^{\ 2-}$의 양은 $MgCO_3$의 용해도곱을 통해 알 수 있다.

$$K_{sp} = [Mg^{2+}][CO_3^{\ 2-}] = 0.01[CO_3^{\ 2-}] = 1.0\times10^{-5}$$
$$[CO_3^{\ 2-}] = 1.0\times10^{-3}\text{ M}$$

이 $[CO_3^{\ 2-}]$는 Na_2CO_3의 용해에 의해 공급되므로,

$$\frac{1.0\times10^{-3}\text{ mol } CO_3^{\ 2-}}{1\text{ L}}\left|\frac{1\text{ mol } Na_2CO_3}{1\text{ mol } CO_3^{\ 2-}}\right|\frac{106\text{ g } Na_2CO_3}{1\text{ mol } Na_2CO_3}\left|\frac{20\text{ L}}{}\right. = 2.12\text{ g } Na_2CO_3$$

예제 4.5

Ag_2SO_4의 용해도곱은 1.2×10^{-5}이다. 100 mL의 0.01 M $AgNO_3$용액에 1 g의 황산나트륨(Na_2SO_4)을 투입하면 Ag_2SO_4 침전물이 형성되는가? 단, Ag, Na, S의 원자량은 각각 108, 23, 32 g/mol이다.

Solution

황산나트륨은 완전히 이온화되어 다음과 같이 된다.

$$Na_2SO_4 \rightarrow 2Na^+ + SO_4^{2-}$$

1 g의 황산나트륨(Na_2SO_4)을 100 mL에 투입하면 생성되는 SO_4^{2-}의 농도는

$$\frac{1\text{ g }Na_2SO_4}{100\text{ mL}}\left|\frac{1\text{ mol }Na_2SO_4}{142\text{ g }Na_2SO_4}\right|\frac{1\text{ mol }SO_4^{2-}}{1\text{ mol }Na_2SO_4}\left|\frac{1000\text{ mL}}{1\text{ L}}\right. = 0.070\text{ M }SO_4^{2-}$$

또한, 0.01 M $AgNO_3$용액에는 0.01 M의 이온화된 Ag^+가 존재하므로 농도곱을 구하면,

$$[Ag^+]^2[SO_4^{2-}] = (0.01)^2(0.070) = 7.0\times10^{-6}$$

이 값은 용해도곱(1.2×10^{-5})보다 적은 값이므로 침전이 발생하지 않는다.

4.2.2. 온도의 영향

온도는 침전 - 용해 반응에 있어 반응속도와 평형 모두에 영향을 미친다. 일반적으로 온도가 증가하면 고형물의 용해도는 증가하는 것으로 알려져 있다. 그러나 $CaCO_{3(s)}$, $Ca_3(PO_4)_{2(s)}$, $CaSO_{4(s)}$, $FePO_{4(s)}$ 등의 용해반응은 발열반응이므로 온도를 증가시킬수록 용해도는 감소한다.

예제 4.6

$CaCO_{3(s)}$의 용해반응에서 25℃와 50℃에서의 K_{sp}는? 단, 이상기체상수는 1.987×10^{-3} kcal/mol·K이다.
각 성분의 자료는 다음과 같다.

화학종	$\Delta\overline{H}_f^o$ (kcal/mol)	$\Delta\overline{G}_f^o$ (kcal/mol)
$CaCO_{3(s)}$	−288.45	−269.78
$Ca^{2+}{}_{(aq)}$	−129.77	−132.18
$CO_3^{2-}{}_{(aq)}$	−161.63	−126.22

Solution

$CaCO_{3(s)}$의 용해반응은 다음과 같다.

$$CaCO_{3(s)} \rightleftarrows Ca^{2+}{}_{(aq)} + CO_3^{2-}{}_{(aq)}$$

$$\Delta G^o = \left(\sum \nu_i \Delta\overline{G}_{f,i}^o\right)_{생성물} - \left(\sum \nu_i \Delta\overline{G}_{f,i}^o\right)_{반응물}$$

$$\Delta G^o = [(-132.18)+(-126.22)]-(-269.78) = 11.38\ \text{kcal}$$

$$\Delta G^o = -RT\ln K = -RT\ln K_{sp}$$

$$11.38 = -(1.987\times10^{-3})(298)\ln K_{sp}$$

$$K_{sp,25℃} = 4.54\times10^{-9}$$

$$\Delta H^o = \left(\sum \nu_i \Delta\overline{H}_{f,i}^o\right)_{생성물} - \left(\sum \nu_i \Delta\overline{H}_{f,i}^o\right)_{반응물}$$

$$\Delta H^o = [(-129.77)+(-161.63)]-(-288.45) = -2.95\ \text{kcal}$$

K_{sp} 값이 매우 낮은 것으로 보아 25℃에서 $CaCO_{3(s)}$의 용해도는 낮다는 것을 알 수 있다. 또한, $\Delta H^o = -2.95$ kcal로 음의 값을 나타내므로 발열반응이라는 것을 알 수 있다. 발열반응에서는 온도를 높일수록 정반응이 더 방해받는다. 그에 따라 50℃에서의 K_{sp}는 더 감소한다는 것을 짐작할 수 있다. 실제 $K_{sp,50℃}$를 계산하기 위해서는 2장에서 제시되는 van't Hoff 식을 사용해야 한다.

$\ln\dfrac{K_1}{K_2} = \dfrac{\Delta H^o}{R}\left(\dfrac{1}{T_2}-\dfrac{1}{T_1}\right)$에서 $\ln\dfrac{K_{sp,25℃}}{K_{sp,50℃}} = \dfrac{\Delta H^o}{R}\left(\dfrac{1}{T_{50℃}}-\dfrac{1}{T_{25℃}}\right)$에 각 자료를 입력하면,

$$\ln\frac{(4.54\times10^{-9})}{K_{sp,50℃}} = \frac{-2.95}{(1.987\times10^{-3})}\left(\frac{1}{323}-\frac{1}{298}\right)$$

$$K_{sp,50℃} = 3.09\times10^{-9}$$

온도가 증가함에 따라 K_{sp} 값은 약간 감소하였고, 그에 따라 용해도도 약간 감소할 것이다.

4.2.3. 공통이온 효과

용액 중에 어느 고형물의 용해로 생성될 이온과 동일한 이온이 처음부터 존재하고

있다면, 그 고형물의 용해도는 순수한 물에서의 용해도보다 낮다. 이렇게 동일한 공통 이온이 존재할 때 용해도의 변화가 발생하는 것을 공통이온 효과(common ion effect)라고 한다. 이런 용액 중에서 고형물의 용해도를 계산할 때, 용해도는 그 고형물의 용해로 생성된 이온이나 화학종만을 고려해야 한다.

예제 4.7

0.20 M $NaHSO_4$와 0.10 M Na_2SO_4가 존재할 때의 pH는? 만약 Na_2SO_4가 존재하지 않을 때의 pH는? 단, HSO_4^-는 약산이고 $K_i = 2.0 \times 10^{-2}$이다.

Solution

Na_2SO_4는 염이므로 다음과 같이 완전히 이온화된다.

$$Na_2SO_4 \rightarrow 2Na^+ + SO_4^{2-}$$

$NaHSO_4$도 염이므로 다음과 같이 완전히 이온화된다.

$$NaHSO_4 \rightarrow Na^+ + HSO_4^-$$

HSO_4^-는 약산이므로 일부 이온화된다.

$$HSO_4^- \rightleftarrows H^+ + SO_4^{2-}$$

x mol/L의 HSO_4^-가 이온화된다고 가정하면, x mol/L의 H^+와 SO_4^{2-}가 각각 생성되므로, 평형상태에서 존재하는 화학종의 농도는 다음과 같다.

$$[HSO_4^-] = 0.2 - x$$
$$[H^+] = x$$
$$[SO_4^{2-}] = x$$

그러나 0.1 M Na_2SO_4가 이온화하여 존재하는 SO_4^{2-}가 있으므로 실제 농도는

$$[SO_4^{2-}] = x + 0.1$$

이를 이온화상수에 대입하면,

$$K_i = \frac{[H^+][SO_4^{2-}]}{[HSO_4^-]} = \frac{(x)(x+0.1)}{(0.2-x)} = 2.0 \times 10^{-2}$$
$$x = [H^+] = 0.027 \text{ M}$$
$$pH = -\log[H^+] = -\log(0.027) = 1.57$$

만약, Na_2SO_4가 존재하지 않는다면, 동일하게 x mol/L의 HSO_4^-가 이온화 된다고 가정하면,

$$[HSO_4^-] = 0.2 - x$$
$$[H^+] = [SO_4^{2-}] = x$$

$$K_i = \frac{[H^+][SO_4^{2-}]}{[HSO_4^-]} = \frac{(x)(x)}{(0.2-x)} = 2.0\times10^{-2}$$

$$x = [H^+] = 0.054\ M$$

$$pH = -\log[H^+] = -\log(0.054) = 1.27$$

즉, Na_2SO_4가 존재하면 SO_4^{2-}의 공통이온 효과에 의해 HSO_4^-의 이온화가 방해를 받아, 수중에 존재하는 $[H^+]$가 감소하여 pH는 증가한다.

예제 4.8

Q&A

황산바륨($BaSO_4$)의 용해도곱은 9.9×10^{-11}이다. 100 mL에 0.1 M Na_2SO_4가 용해되어 있다고 할 때, 이 수용액에 황산바륨을 몇 g까지 용해시킬 수 있는가? 단, Ba와 S의 원자량은 각각 137과 32 g/mol이다.

Solution

황산바륨($BaSO_4$)은 용해되어 다음 반응식과 같이 된다.

$$BaSO_4 \rightleftarrows Ba^{2+} + SO_4^{2-}$$

$BaSO_4$의 용해도를 x M라고 놓으면, 이는 용해되어서 x M의 SO_4^{2-}를 형성할 것이다. 또한, Na_2SO_4는 염이므로 완전히 이온화되어 다음과 같이 된다.

$$Na_2SO_4 \rightarrow 2Na^+ + SO_4^{2-}$$

0.1 M의 Na_2SO_4가 용해되면 0.1 M의 SO_4^{2-}가 형성되므로,

$$[SO_4^{2-}] = 0.1 + x$$

$$[Ba^{2+}] = x$$

황산바륨($BaSO_4$)의 용해도곱은 9.9×10^{-11}이므로,

$$K_{sp} = [Ba^{2+}][SO_4^{2-}] = x(0.1+x) = 9.9\times10^{-11}$$

만약, 계산의 편의를 위해, Na_2SO_4가 $BaSO_4$에 비해 매우 쉽게 용해된다고 가능하면, $0.1 \gg x$라고 가정할 수 있다.

$$x(0.1+x) \approx 0.1x = 9.9\times10^{-11}$$

$$x = 9.9\times10^{-10}\ M$$

이 결과는 앞의 가정($0.1 \gg 9.9\times10^{-10}$)에 대입하였을 때 적절하다.

$$\frac{9.9\times10^{-10}\ \text{mol BaSO}_4}{1\ \text{L}}\left|\frac{233\ \text{g BaSO}_4}{1\ \text{mol BaSO}_4}\right|\frac{100\ \text{mL}}{}\left|\frac{1\ \text{L}}{1000\ \text{mL}}\right. = 2.3\times10^{-8}\ \text{g BaSO}_4$$

예제 4.9

수중에서 Na_2SO_4 염과 $Pb(NO_3)_2$ 염이 반응하여 $PbSO_4$의 침전물이 형성된다. 만약, 투입된 염의 농도가 각각 0.015 M과 0.001 M이고, $PbSO_4$의 용해도곱(K_{sp})이 1.8×10^{-8}이라면, $PbSO_4$가 계속 침전하겠는가? 또한, 평형에 도달한다면 용액 중 존재하는 Pb^{2+}와 SO_4^{2-}의 농도(M)는? 또한, 평형에 도달했을 때, 용액 중 존재하는 Pb^{2+}와 SO_4^{2-}의 농도(M)는?

Solution

두 개의 염이 녹는 반응은 다음과 같다.

$$Na_2SO_4 \rightarrow 2Na^+ + SO_4^{2-}$$
$$Pb(NO_3)_2 \rightarrow Pb^{2+} + 2NO_3^-$$

생성된 $PbSO_4$의 용해반응은 다음과 같다.

$$PbSO_4 \rightleftarrows Pb^{2+} + SO_4^{2-}$$
$$K_{sp} = [Pb^{2+}][SO_4^{2-}] = 1.8\times10^{-8}$$

0.015 M Na_2SO_4에서 0.015 M의 SO_4^{2-}가 생성되고, 0.001 M $Pb(NO_3)_2$에서 0.001 M의 Pb^{2+}가 생성되어 $PbSO_4$가 생성된다. 그러므로 반응지수 Q는

$$Q = [Pb^{2+}][SO_4^{2-}] = (0.001)(0.015) = 1.5\times10^{-5}$$

$Q > K_{sp}$, 그러므로 정반응인 용해반응은 불가능하고 역반응인 침전반응이 가능하다.
또한, 0.001 M의 Pb^{2+}가 생성되므로 동일한 M의 SO_4^{2-}와 반응하여 침전물을 형성한다. 그러므로 생성된 0.015 M의 SO_4^{2-} 중 0.001 M은 침전하므로 용액 중 남아있는 SO_4^{2-}는 $0.015 - 0.001 = 0.014$ M이다.
만약 평형상태에서 남아있는 Pb^{2+}의 농도를 x라 두면, SO_4^{2-}는 $(0.014 + x)$이다. 또한, x는 0.014 M에 비해 매우 낮은 농도로 볼 수 있으므로 $(0.014 + x) \cong 0.014$로 둘 수 있다.

$$K_{sp} = [Pb^{2+}][SO_4^{2-}] = x(0.014 + x) \cong 0.014x = 1.8\times10^{-8}$$
$$x = [Pb^{2+}] = 1.28\times10^{-6}\ \text{M}$$

실제 0.014 M에 비해 무시할 수 있을 정도로 낮은 농도이다.

$$[SO_4^{2-}] = (0.014 + x) \cong 0.014\ \text{M}$$

예제 4.10

요오드산구리($Cu(IO_3)_2$)의 용해도곱이 1.3×10^{-7}일 때, 순수한 물에서의 요오드산구리 용해도와 0.03 M KIO_3가 있는 경우 및 0.50 M $Cu(NO_3)_2$가 있는 경우의 요오드산구리 용해도를 각각 구하라.

Solution

요오드산구리의 용해반응은 다음과 같다.

$$Cu(IO_3)_2 \rightleftharpoons Cu^{2+} + 2(IO_3^-)$$
$$K_{sp} = [Cu^{2+}][IO_3^-]^2$$

먼저 순수한 물에서

$$[Cu^{2+}] = x, \qquad [IO_3^-] = 2[Cu^{2+}] = 2x$$
$$K_{sp} = [Cu^{2+}][IO_3^-]^2 = x(2x)^2 = 4x^3 = 1.3\times10^{-7}$$
$$x = 3.2\times10^{-3}\ M$$

그러므로 $[Cu^{2+}] = [Cu(IO_3)_2] = 3.2\times10^{-3}\ M$
0.03 M KIO_3가 있는 경우, KIO_3는 다음과 같이 이온화되므로,

$$KIO_3 \rightarrow K^+ + IO_3^-$$
$$[Cu^{2+}] = x, \qquad [IO_3^-] = 2x + 0.03$$
$$K_{sp} = [Cu^{2+}][IO_3^-]^2 = x(2x+0.03)^2 \approx x(0.03)^2 = 1.3\times10^{-7}$$

여기서 $2x \ll 0.03$으로 가정한다.
$x = 1.4\times10^{-4}$ M으로 위의 가정이 적절하다는 것을 알 수 있다.
그러므로 $[Cu^{2+}] = [Cu(IO_3)_2] = 1.4\times10^{-4}\ M$
또한, 0.50 M $Cu(NO_3)_2$가 있는 경우에는

$$Cu(NO_3)_2\text{가} \rightarrow Cu^{2+} + 2IO_3^-$$

이 경우에는 공통된 원소가 Cu이므로

$$[Cu^{2+}] = x + 0.5, \qquad [IO_3^-] = 2x$$
$$K_{sp} = [Cu^{2+}][IO_3^-]^2 = (x+0.5)(2x)^2 \approx 0.5(2x)^2 = 1.3\times10^{-7}$$

여기서 $x \ll 0.5$로 가정한다.
$x = 2.55\times10^{-4}$ M으로 위의 가정이 적절하다는 것을 알 수 있다.
그러므로 $[Cu(IO_3)_2] = 2.55\times10^{-4}\ M$
공통이온이 존재할수록 용해도는 감소하는 것으로 나타났다.

혼합 후 침전이 발생하는 경우의 예는 다음과 같다.

예제 4.11

0.1 M $CaCl_2$ 수용액 50 mL를 동일한 용량의 0.15 M NaOH 수용액과 혼합하였다. 이 경우 혼합에 따른 수용액 부피 감소는 발생하지 않았다. 만약 $Ca(OH)_2$의 용해도곱이 7.9×10^{-6}이라면, 수용액에 남아 있는 Ca^{2+}와 OH^-의 농도(M)는? 또한, 침전물의 질량(g)은? 단, $Ca(OH)_2$의 분자량은 74 g/mol이다.

Solution

$CaCl_2$는 염으로서 완전히 이온화하고, NaOH는 강염기로 완전히 이온화하는 것으로 생각할 수 있다.

$$CaCl_2 \rightarrow Ca^{2+} + 2Cl^-$$
$$NaOH \rightarrow Na^+ + OH^-$$

이 경우 혼합된 후 반응이 일어나는 것으로 생각해 볼 수 있다. 혼합 후 각 물질의 몰농도는 다음과 같다.

$$\frac{0.1\text{ mol } CaCl_2}{L}\left|\frac{50\text{ mL}}{100\text{ mL}}\right|\frac{1\text{ mol } Ca^{2+}}{1\text{ mol } CaCl_2}=0.05\text{ M } Ca^{2+}$$

$$\frac{0.15\text{ mol NaOH}}{L}\left|\frac{50\text{ mL}}{100\text{ mL}}\right|\frac{1\text{ mol } OH^-}{1\text{ mol NaOH}}=0.075\text{ M } OH^-$$

여기서, Ca^{2+}와 OH^-는 결합하여 소석회($Ca(OH)_2$)를 형성한다.

$$Ca^{2+} + 2OH^- \rightarrow Ca(OH)_2$$

이 반응에서 Ca^{2+} 1 mol은 2 mol의 OH^-와 반응한다. 0.075 M OH^-가 반응하여 완전히 소진된다고 가정하면, 반응하여 소진되는 Ca^{2+}는 다음과 같다.

$$\frac{0.075\text{ M } OH^-}{}\left|\frac{1\text{ M } Ca^{2+}}{2\text{ M } OH^-}\right.=0.0375\text{ M } Ca^{2+}$$

그러므로 전체 0.05 M Ca^{2+} 중에서 0.0375 M Ca^{2+}은 반응하여 $Ca(OH)_2$를 형성하고 나머지 0.0125 M Ca^{2+}는 이온 상태로 남아 있게 된다.
수용액 중 $Ca(OH)_2$ 용해도를 x M이라고 하면,

$$Ca(OH)_2 \rightleftarrows Ca^{2+} + 2OH^-$$
$$[Ca^{2+}]=x+0.0125$$
$$[OH^-]=2x$$
$$K_{sp}=[Ca^{2+}][OH^-]^2=(x+0.0125)(2x)^2=7.9\times10^{-6}$$

여기서, $x \ll 0.0125$ 또는 $x \gg 0.0125$ 두 가정 모두 적절한 결과를 도출할 수 없다. 그러므로 직접 계산하여야 하는데, 이에 대한 적절한 방법으로 시행오차법(trial and error method)을

사용할 수 있다.

$$x = 0.0095$$
$$[Ca^{2+}] = x + 0.0125 = 0.0095 + 0.0125 = 0.022\ M$$
$$[OH^-] = 2x = 2(0.0095) = 0.019\ M$$

그러므로 용해도곱의 결과 때문에 전체 0.05 M Ca^{2+} 중에서 0.022 M Ca^{2+}이 이온 상태로 남아 있으므로 0.028 M Ca^{2+}이 침전물($Ca(OH)_2$)을 형성하게 된다.

0.028 mol Ca^{2+}	1 mol $Ca(OH)_2$	74 g $Ca(OH)_2$	100 mL	1 L	= 0.2072 g $Ca(OH)_2$
L	1 mol Ca^{2+}	1 mol $Ca(OH)_2$		1000 mL	

용해되는 고형물이 2개 이상 존재할 경우, 즉 동시 평형의 예는 다음과 같다.

예제 4.12

Q&A

$K_{sp} = 1.0\times10^{-19}$인 FeS와 $K_{sp} = 5.6\times10^{-16}$인 MnS가 용액 중에 동시에 포화되어 있다고 가정하면, 용액 중 용해되어 있는 $[Fe^{2+}]$, $[Mn^{2+}]$, $[S^{2-}]$는?

Solution

$[Fe^{2+}] = x$, $[Mn^{2+}] = y$라고 정의하면, $[S^{2-}] = x + y$
$FeS \rightleftarrows Fe^{2+} + S^{2-}$에서

$$K_{sp}(FeS) = [Fe^{2+}][S^{2-}] = x(x+y) = 1.0\times10^{-19}$$
$$K_{sp}(MnS) = [Mn^{2+}][S^{2-}] = y(x+y) = 5.6\times10^{-16}$$

첫번째 식을 두 번째 식으로 나누면,

$$x/y = 1.78\times10^{-4}$$
$$x = 1.78\times10^{-4}y$$

그러므로 $x \ll y$라고 가정하면, $x + y \cong y$

$$y(x+y) \cong y^2 = 5.6\times10^{-16}$$
$$y = [Mn^{2+}] = 2.4\times10^{-8}\ M$$
$$x = [Fe^{2+}] = 1.78\times10^{-4}y = (1.78\times10^{-4})(2.4\times10^{-8}) = 4.2\times10^{-12}\ M$$

이 결과는 $x \ll y$라는 가정에 적합

$$[S^{2-}] = x + y = 4.2\times10^{-12} + 2.4\times10^{-8} \cong 2.4\times10^{-8}\ M$$

예제 4.13

0.02 M Mg^{2+}와 0.1 M NH_4Cl을 함유한 수용액이 있다. 이 수용액에서 포화된 수산화마그네슘($Mg(OH)_2$)를 형성하는 데 필요한 수산화암모늄(NH_4OH)의 농도(M)는? 단, $Mg(OH)_2$의 용해도곱(K_{sp})은 5.5×10^{-12}이고, NH_4OH의 이온화상수(K_i)는 1.8×10^{-5}이다.

Solution

NH_4OH는 다음과 같이 이온화된다.

$$NH_4OH \rightleftarrows NH_4^+ + OH^-$$

NH_4OH에서 이온화되는 NH_4^+와 OH^-의 농도를 x로 두자. 또한, NH_4^+는 0.1 M의 NH_4Cl에서도 발생하므로, 용액 중 NH_4^+ 농도는

$$[NH_4^+] = 0.1 + x$$
$$[OH^-] = x$$

이에 비해 Mg^{2+} 농도는 0.02 M이므로,

$$[Mg^{2+}] = 0.02\ M$$
$$[OH^-] = x$$
$$K_{sp}(Mg(OH)_2) = [Mg^{2+}][OH^-]^2 = 0.02(x)^2 = 5.5\times10^{-12}$$
$$x = [OH^-] = 1.66\times10^{-5}\ M$$
$$[NH_4^+] = 0.1 + x = 0.1 + 1.66\times10^{-5}\ M \approx 0.1\ M$$
$$K_i(NH_4OH) = \frac{[NH_4^+][OH^-]}{[NH_4OH]} = \frac{(0.1)(1.66\times10^{-5})}{[NH_4OH]} = 1.8\times10^{-5}$$
$$[NH_4OH] = 0.092\ M$$

예제 4.14

초기 용액 중에 Fe^{2+}과 Mn^{2+}가 각각 0.01 M 용해된 용액에 S^{2-}를 첨가하면 Fe^{2+}과 Mn^{2+}는 S^{2-}와 결합하여 $FeS_{(s)}$와 $MnS_{(s)}$ 침전물을 형성한다. 이때 침전물이 먼저 형성되는 것은? 또, 먼저 형성된 침전물이 얼마나 없어진 후 다음 침전물이 형성되는가? 단, FeS는 $K_{sp} = 1.0\times10^{-19}$이고, MnS는 $K_{sp} = 5.6\times10^{-16}$이다.

Solution

만약 초기 용액 중에 Fe^{2+}과 Mn^{2+}가 각각 0.01 M 용해되었을 때 S^{2-}가 공급되면 FeS의 K_{sp}가 훨씬 낮으므로 FeS의 침전물이 먼저 형성되고, Mn^{2+}은 여전히 0.01 M로 용해되어 있을 것이다.

$$FeS \rightleftarrows Fe^{2+} + S^{2-}$$
$$MnS \rightleftarrows Mn^{2+} + S^{2-}$$

$[Fe^{2+}] = x$, $[Mn^{2+}] = y$라고 두면 $[S^{2-}] = x + y$

$$K_{sp}(FeS) = [Fe^{2+}][S^{2-}] = x(x+y) = 1.0\times10^{-19}$$
$$K_{sp}(MnS) = [Mn^{2+}][S^{2-}] = y(x+y) = 5.6\times10^{-16}$$

첫번째 식을 두 번째 식으로 나누면,

$$x/y = 1.78\times10^{-4}$$
$$x = [Fe^{2+}] = 1.78\times10^{-4}y = 1.78\times10^{-4}(0.01) = 1.78\times10^{-6}\ M$$

여기서, $y = [Mn^{2+}] = 0.01$ M
그러므로 Fe^{2+}가 초기 0.01 M에서 1.78×10^{-6} M로 감소될 때까지, 즉 초기 Fe^{2+}의 99.98%가 침전될 때까지 Mn^{2+}의 침전은 발생하지 않는다.

예제 4.15

Q&A

연수화와 재탄산화 공정을 거친 후, $[Ca^{2+}] = 1.0\times10^{-3}$ M, $[HCO_3^-] = 2.0\times10^{-3}$ M, pH = 8.5, 온도 = 25℃일 때, 이 물에서 탄산칼슘($CaCO_3$)은 용해되는가? 침전되는가? 즉, 아래의 반응이 오른쪽으로 진행하는가? 왼쪽으로 진행하는가? 단, 이상기체상수는 1.987×10^{-3} kcal/mol·K, $CaCO_3$의 $K_{sp} = 4.8\times10^{-9}$, HCO_3^-의 $K_a = 10^{-10.3}$, 이온세기의 영향은 무시한다.

$$CaCO_{3(s)} + H^+ \rightleftarrows Ca^{2+} + HCO_3^-$$

Solution

탄산칼슘은 다음과 같은 용해반응을 한다.

$$CaCO_3 \rightleftarrows Ca^{2+} + CO_3^{2-}$$

이 반응의 $K_{sp} = 4.8\times10^{-9}$
이온화된 탄산이온은 수소이온과 산 - 염기 반응을 하여 중탄산이온(HCO_3^-)을 형성한다.

$$CO_3^{2-} + H^+ \rightleftarrows HCO_3^-$$

이 반응의 HCO_3^-가 산으로 작용하는 $HCO_3^- + H_2O \rightleftarrows CO_3^{2-} + (H_2O)H^+$ ($K_a = 10^{-10.3}$)반응의 역수이다.
그러므로 $1/K_a = 1/10^{-10.3}$
위 반응식을 더하면,

$$CaCO_{3(s)} + H^+ \rightleftarrows Ca^{2+} + HCO_3^-$$

반응식을 더한다는 것은 각 평형상수 값을 곱한다는 의미이므로 $K_{sp} \times (1/K_a)$, 즉 $K=$ 95.77

위 반응의 평형상수를 알면, ΔG^o를 계산할 수 있다.

$$\Delta G^o = -RT\ln K$$
$$= -(1.987\times10^{-3})(298)(\ln 95.77) = -2.7$$

반응의 진행여부를 알기 위해서는 ΔG^o가 아닌 ΔG를 계산해야 한다.

$$\Delta G = \Delta G^o + RT\ln Q$$

$$Q = \frac{\{Ca^{2+}\}\{HCO_3^-\}}{\{CaCO_{3(s)}\}\{H^+\}}$$

위 식에서 $CaCO_{3(s)}$는 순수한 고형물이므로 $\{CaCO_{3(s)}\}=1$, 그리고 이온세기의 영향을 무시하면 활동도 대신 몰농도를 사용할 수 있다.

또한, $pH=8.5$는 $[H^+]=10^{-8.5}$ M이므로,

$$Q = \frac{\{Ca^{2+}\}\{HCO_3^-\}}{\{CaCO_{3(s)}\}\{H^+\}} = \frac{[Ca^{2+}][HCO_3^-]}{[H^+]} = \frac{(1.0\times10^{-3})(2.0\times10^{-3})}{(10^{-8.5})} = 632$$

$$Q/K = 632/95.77 = 6.6 > 1$$

$Q/K>1$이므로 정반응이 자발적으로 일어나기 어렵다. 이 말은 역반응이 자발적으로 일어나므로 $CaCO_{3(s)}$의 침전이 발생한다는 것을 알 수 있다.

예제 4.16

환경학에서 탄산칼슘($CaCO_3$)의 침전-용해 반응은 매우 중요하게 인식되고 있다. 수중에서 $CaCO_3$의 침전-용해 반응식을 기술하고 용해도상수를 찾아서 표시하시오. 또한, 그에 따른 산-염기 반응식을 기술하고 산 또는 염기의 평형상수를 찾아서 기술하시오.

Solution

탄산칼슘은 다음과 같은 용해반응을 한다.

$$CaCO_3 \rightleftarrows Ca^{2+} + CO_3^{2-}$$

이 반응의 K_{sp}는 $CaCO_3$의 침전-용해 반응 표(부록)에서 구할 수 있다.

$$K_{sp} = 5.0\times10^{-9}$$

이온화된 탄산이온은 염기로 작용하여 중탄산이온(HCO_3^-)을 생성한다.

$$CO_3^{2-} + H_2O \rightleftarrows HCO_3^- + OH^- \quad (K_b = 10^{-3.7})$$

또한, 중탄산이온이 산으로 작용하면 다음과 같이 표현된다.

$$HCO_3^- + H_2O \rightleftarrows CO_3^{2-} + (H_2O)H^+ \ (K_a = 10^{-10.3})$$

또한, HCO_3^-가 염기로 작용하면,

$$HCO_3^- + H_2O \rightleftarrows H_2CO_3 + OH^- \ (K_b = 10^{-7.7})$$

이때 생성된 H_2CO_3이 산으로 작용하면.

$$H_2CO_3 + H_2O \rightleftarrows HCO_3^- + (H_2O)H^+ \ (K_a = 10^{-6.3})$$

Chapter 4 연습문제

문제 4.1. 염화은($AgCl_2$) 포화용액은 0.00185 g/L의 염화은을 함유하고 있다. 이 염화은의 용해도곱은? 단, Ag와 Cl의 원자량은 각각 108과 35.5 g/mol이다.

문제 4.2. 25℃에서 용해된 CaF_2의 농도(mg/L)는? 단, 이온세기의 영향은 무시하고, Ca와 F의 원자량은 각각 40과 19 g/mol이다. 단, $K_{sp,\,CaF_2} = 10^{-10.3}$

문제 4.3. PbI_2의 용해도곱(K_{sp})은 8.7×10^{-9}이다. 100 mL의 물에 녹아 있는 Pb^{2+}의 질량(g)과 녹는 PbI_2의 질량(g)은? 단, Pb와 I의 원자량은 각각 207과 127 g/mol이다.

문제 4.4. 어느 HCl 용액 중에는 불순물로 1.7×10^{-22} M의 황이온(S^{2-})이 함유되어 있다. 황이온을 침전시켜 제거하기 위해 Cd^{2+}와 Mn^{2+} 이온을 첨가하는데, 이온 상태로 가능한 최대 Cd^{2+}와 Mn^{2+}의 농도는? 단, CdS와 MnS의 용해도곱은 각각 1.4×10^{-28}, 5.6×10^{-16}이다.

문제 4.5. 25℃에서 AgCl의 K_{sp}는 1×10^{-10}이고, Ag_2CrO_4의 K_{sp}는 2.5×10^{-12}라고 할 때, 어느 염이 평형상태에서 더 높은 Ag^+ 이온 농도를 갖는가?

문제 4.6. 20℃에서 $SnF_{2(s)}$의 용해도는 0.012 g/100 mL이다. 0.1 M NaF가 있을 때의 $SnF_{2(s)}$의 용해도는? 단, 이온세기의 영향은 무시하고, NaF는 완전히 이온화되고, $SnF_{2(s)}$의 분자량은 157 g/mol로 한다.

문제 4.7. K_{sp}가 1.5×10^{-11}인 화합물 $Mg(OH)_2$가 0.01 M NaOH 용액에서 녹는다면, 평형상태에서 $Mg(OH)_2$의 용해도(mg/L)는?

문제 4.8. 물에서 $Mn(OH)_2$의 용해도가 1.2×10^{-5} M이다. 0.01 M NaOH를 포함하는 $Mn(OH)_2$ 수용액의 용해도는?

문제 4.9. 10 mg의 $PbBr_2$만이 500 mL의 0.1 M $CaBr_2$ 수용액에 용해될 수 있다. 이 $PbBr_2$의 용해도곱은? 단, Pb와 Br의 원자량은 각각 207과 80 g/mol이다.

문제 4.10. 25℃ $FePO_{4(s)}$의 용해반응에서 $\Delta H^o = -18.7$ kcal, $\Delta G^o = 24.4$ kcal이다. 60℃에서 $FePO_4$의 K_{sp}는? 단, 이상기체상수는 1.987×10^{-3} kcal/mol · K

문제 4.11. 0.1 M $CaCl_2$ 수용액 50 mL를 동일한 용량의 0.15 M NaOH 수용액, 그리고 400 mL의 물과 혼합하였다. 이 경우 혼합에 따른 수용액 부피 감소는 발생하지 않았다. 만약 $Ca(OH)_2$의 용해도곱이 7.9×10^{-6}이라면, 수용액에 남아 있는 Ca^{2+}와 OH^-의 농도는? 또한, 침전물의 질량은? 단, $Ca(OH)_2$의 분자량은 74 g/mol이다.

문제 4.12. $BaCl_2$와 Na_2CrO_4 각 5 g을 물에 투입하여 100 mL의 수용액을 만들었다. 만약 $BaCrO_4$의 용해도곱이 2.0×10^{-10}이라면, 용액 중 잔존하는 Na^+, Cl^-, Ba^{2+}, CrO_4^{2-}의 농도(M)는? 단, $BaCl_2$와 Na_2CrO_4의 분자량은 각각 208과 162 g/mol이다.

문제 4.13. 0.02 M Cu^{2+}와 Cd^{2+}인 수용액에서 CdS 침전물이 생기기 시작하였을 때, 남아있는 Cu^{2+}의 농도는? 단, CuS와 CdS의 용해도곱은 각각 4.0×10^{-38}와 1.4×10^{-28}이다.

문제 4.14. 어떤 용액이 $SrSO_4$와 $PbSO_4$에 대해 포화되어 있다. 각각의 용해도곱은 2.8×10^{-7}과 1.8×10^{-8}이다. 이때 용액 중에 존재하는 Sr^{2+}, Pb^{2+}, SO_4^{2-}의 농도는?

문제 4.15. $CaSO_4$와 $SrSO_4$의 용해도곱이 각각 2.4×10^{-5}과 2.8×10^{-7}이다. 150 mL의 용액 중에 Ca^{2+}와 Sr^{2+} 각각 0.05 M 녹아 있을 때, 몇 g의 Na_2SO_4를 주입하면 Sr^{2+}의 99%가 침전될까? 또한, $CaSO_4$의 침전물은 전체 침전물 중 질량백분율(%)로 얼마나 될까? 단, Na, S, Sr, Ca의 분자량은 각각 23, 32, 88, 40 g/mol이다.

문제 4.16. 25℃에서 탄산칼슘($CaCO_3$)이 평형을 이루고 있는 용액의 pH가 12이고, $C_{T,CO_3} = 10^{-3}$ M일 때, 용해된 칼슘이온의 농도와 착물을 형성하고 있는 칼슘의 농도는 각각 얼마(mg/L as $CaCO_3$)인가? 단, 닫힌 시스템이라 가정하고 이온세기의 영향을 무시한다. $CaCO_3$의 용해에 따라 생성될 수 있는 화학종은 Ca^{2+}, CO_3^{2-}, $CaCO_3^o$, HCO_3^-, H_2CO_3, $CaOH^+$, $CaHCO_3^+$이고 $CaCO_3$의 $K_{sp} = 4.8 \times 10^{-9}$, H_2CO_3의 $K_{a1} = 10^{-6.3}$, HCO_3^-의 $K_{a2} = 10^{-10.3}$이다. 또한, $[CaCO_3^o] = 10^{-5.1}$ M, $[CaHCO_3^+] = 10^{3.26}[H^+]$ M, $[CaOH^+] = 31[Ca^{2+}][OH^-]$ M이다.

5

산화 - 환원 화학

산화 - 환원 반응은 환경화학에서 매우 중요한 분야로 인식되는데, 특히 많이 이용되는 분야는 수질 분야로서 자연수와 수처리 공정에서 일어나는 여러 가지 반응에서 산 - 염기 반응에 버금가는 중요한 역할을 한다.

대표적으로 자연수에서 탄소, 질소, 황, 철, 망간 등을 포함한 물질의 움직임 및 순환 과정은 산화 - 환원 반응의 영향을 받는다. 또한, COD, BOD, DO 측정법과 같은 여러 가지 수질분석법에도 산화 - 환원 반응의 원리가 이용되고 있다. 수처리 공정 중 대표적으로 이용되는 공정은 페놀이나 사이안 같은 난분해성 물질의 산화 - 환원 처리나 화학적 소독처리가 있는데, 이러한 공정에는 이산화염소(ClO_2), 염소(Cl_2), 차아염소산(HOCl), 과망간산염($KMnO_4$), 과산화수소(H_2O_2), 오존(O_3) 등이 이용된다. 화학적 처리공정뿐만 아니라 생물학적 처리공정도 산화 - 환원 반응과 밀접한 관계가 있다. 호기성 생물학적 처리공정과 혐기성 생물학적 처리공정의 차이는 근본적으로 산화 - 환원 반응 정도에 따라 차이가 있고, 대표적인 생물학적 질소 제거공정을 이해하기 위해서는 산화 - 환원 반응에 대한 지식이 절대적으로 필요하다. 미생물에 의해 촉매되는 산화 - 환원 반응은 자연수의 영양물질(질소, 황)이나 금속 등의 변화에도 중요한 역할을 하는 것으로 알려져 있다.

5.1 산화 – 환원의 정의

좁은 의미에서 산화와 환원은 산소와 수소의 결합으로 정의할 수 있으며, 넓은 의미로는 전자의 이동이나 산화수의 변화로 정의한다.

5.1.1. 산화

산화(oxidation)는 다음과 같이 4가지 방법으로 정의된다.

(1) 어떤 물질이 산소와 결합하면 산화로 정의한다. 이는 연소반응이나 철의 부식반응에서 주로 나타난다.

$$C_{(s)} + O_{2(g)} \rightarrow CO_{2(g)}$$

$$4Fe_{(s)} + 3O_{2(g)} \rightarrow 2Fe_2O_{3(s)}$$

(2) 원소 또는 화합물이 수소를 잃는다. 대표적으로 물의 전기분해반응이 있다.

$$2H_2O_{(l)} \rightarrow 2H_{2(g)} + O_{2(g)}$$

$$2H_2S + O_2 \rightarrow 2S + 2H_2O$$

(3) 산화수가 증가한다. 산화수란 물질 중의 원자가 어느 정도 산화 또는 환원되었는가를 나타내는 수치로, 산화수의 증가와 감소로 산화와 환원 상태를 나타낸다. 이온결합 물질에서는 산화수가 물질을 구성하고 있는 이온의 전하와 같다. 공유결합 물질에서는 산화수가 공유 전자쌍을 전기음성도가 큰 원소가 완전히 차지했다고 가정했을 때 그 원소가 가지는 전하를 나타낸다. H_2O의 경우는 O의 전기 음성도가 H보다 크므로 공유 전자쌍을 산소가 모두 가졌다고 가정하면 O는 전자 2개를 얻는 것과 같으므로 산화수가 −2가 되고 H는 전자 1개를 잃은 것과 같으므로 산화수가 +1이 된다.

	$Na_{(s)}$ +	$Cl_{2(g)}$ →	$2NaCl_{(s)}$
산화수	0	0	+1 −1
Na 산화	0	→	+1
Cl 환원		0 →	−1

	$2FeCl_{3(aq)}$ +	$SnCl_{2(aq)}$ →	$2FeCl_{2(aq)}$ +	$SnCl_{3(aq)}$
산화수	+3	+2	+2	+3
Sn 산화		+2 →		+3
Fe 환원	+3	→	+2	

(4) 전자를 잃는다. 전자를 잃으면 산화수가 증가한다.

$$Na \rightarrow Na^{+} + e^{-}$$

5.1.2. 환원

환원(reduction)은 산화로 마찬가지로 다음과 같이 4가지 방법으로 정의된다.

(1) 어떤 물질이 산소를 잃으면 환원으로 정의한다.

$$2CuO + H_2 \rightarrow Cu_2O + H_2O$$

(2) 원소 또는 화합물이 수소를 얻는다.

$$N_2 + 3H_2 \rightarrow 2NH_3$$

(3) 산화수가 감소한다. 예를 들면, 아래 반응과 같이 $FeCl_3$의 산화수 +3에서 $FeCl_2$의 산화수 +2로 산화수가 감소하면 환원이다.

$$\underset{+3}{2FeCl_3} + SO_2 + 2H_2O \rightarrow \underset{+2}{2FeCl_2} + 2HCl + H_2SO_4$$

(4) 전자를 얻는다.

$$Cl + e^- \rightarrow Cl^-$$

5.2 산화수와 산화-환원

산화수를 구하는 방법은 다음과 같다.

(1) 단체 중의 원자의 산화수는 0이다. 즉 H_2, O_2, I_2, Zn, Na, Cu 등의 산화수는 모두 0이다.

(2) 단원자 또는 1원자 이온의 산화수는 그 이온의 전하수와 동일하다. 즉 Cu^{2+}의 산화수는 +2, Al^{3+}의 산화수는 +3, Cl^-는 −1, Cr^{3+}는 +3이다.

(3) 수소화합물에서 수소 원자의 산화수는 +1이다.
H_2O, HCl, HI 등에서 수소 원자의 산화수는 +1
예외적으로 금속의 수소화합물에서 수소의 산화수는 +1이 아니라 −1이다.
NaH, CaH_2에서 수소 원자의 산화수는 −1

(4) 산소화합물에서 산소 원자의 산화수는 −2이다.
H_2O, Na_2O, MgO, CaO 등에서 산소 원자의 산화수는 −2
예외적으로 과산화물에서 산소의 산화수는 −1이다.
BaO_2, H_2O_2, Na_2O_2 등에서 산소 원자의 산화수는 −1

(5) 모든 황화물에서 황의 산화수는 −2이다.
FeS, AsS_3에서 S의 산화수 = −2

(6) 중성 화합물을 이루고 있는 각 원자의 산화수는 합이 0이다.
HNO_3에서 H의 산화수는 +1, O의 산화수는 −2이고 전체적으로 중성이므로 N의 산화수는 +5이다.
$(+1) + N + (-2 \times 3) = 0, \quad N = +5$
Fe_3O_4에서 Fe의 산화수는 +8/3이다.

$(3 \times Fe) + (-2 \times 4) = 0$,　　$Fe = +8/3$

(7) 모든 할로겐 화합물에서 할로겐족의 산화수는 −1이며, 알칼리금속 화합물 중의 알칼리 원소의 산화수는 +1이다.

$NaCl$, $MgBr$, $AlCl_3$, HI, HF, $CaCl_2$, KBr에서 할로겐족 F, Cl, Br, I의 산화수는 −1

NaH, KO, KOH에서 Na는 −1이 아니고, K는 +2가 아니다. Na와 K는 모두 +1

단, $HClO$, $HClO_2$, $HClO_3$, $HClO_4$에서는 H = +1, O = −2, 화합물에서 산화수의 총합이 0이라는 원칙에 의해 Cl의 산화수는 +1, +3, +5, +7

(8) 수소와 산소 이외의 원자들의 산화수는 공유결합에서는 결합원자 중 음성이 큰 것이 −1이다.

CCl_4에서 Cl의 음성이 크므로 Cl은 −1, 그러므로 C = +4

$CHCl_3$에서 Cl은 −1, H는 +1, 그러므로 C = +2

예제 5.1

Q&A

다음 분자와 이온에서 모든 원소의 산화수를 구하라.

(1) $Na_2S_2O_3$ (2) Li_2O_2 (3) $C_6H_{12}O_6$ (4) $KMnO_4$ (5) $S_2O_7^{2-}$ (6) H_2 (7) $HClO_2$ (8) OCN^- (9) Cu_2S (10) H_3PO_4 (11) $K_2Cr_2O_7$

Solution

(1) Na는 다른 알칼리 금속과 마찬가지로 +1, O는 −2, 전체적으로 분자이므로 0이다.

$2(+1) + 2N_S + 3(-2) = 0$

$N_S = +2$

이 경우 황의 산화수는 +2이다.

(2) Li는 항상 +1이다. 그러므로

$2(+1) + 2N_O = 0$

$N_O = -1$

산소의 산화수는 관습적으로 −2가 많다. 그러나 이 경우는 예외적으로 −1인데 과산화물의 경우이다.

(3) $6N_C + 12(+1) + 6(-2) = 0$

$N_C = 0$

(4) $+1 + N_{Mn} + 4(-2) = 0$

$N_{Mn} = +7$

(5) $2N_S + 7(-2) = -2$

$N_S = +6$

(6) 모든 순수한 원소는 0이다. 그러므로 $N_H = 0$

(7) 이 경우는 할로겐족의 예외이다.

$+1 + N_{Cl} + 2(-2) = 0$

$N_{Cl} = +3$

(8) $(-2) + (+4) + N_N = -1$

$N_N = -3$

(9) 금속과 비금속이 합쳐진 경우, 비금속의 표준상태를 먼저 생각한다.

$2N_{Cu} + (-2) = 0$

$N_{Cu} = +1$

(10) $3(+1) + N_P + 4(-2) = 0$

$N_P = +5$

(11) $2(+1) + 2N_{Cr} + 7(-2) = 0$

$N_{Cr} = +6$

예제 5.2

Q&A

다음 반응에서 산화와 환원 과정을 표시하시오.

$$H_2S + Cl_2 \rightarrow 2HCl + S$$

Solution

각 화합물의 산화를 기술하면 다음과 같다.

	H_2S	+	Cl_2	→	2HCl	+	S
S	-2			→			0
Cl			0	→	$2(-1)$		

그러므로 S은 산화되고, Cl은 환원된다.

5.3 산화제와 환원제

산화 - 환원 반응에서 다른 물질을 환원시키고 자신은 산화되는 물질을 환원제(reducing agent)라 하고, 다른 물질을 산화시키고 자신은 환원되는 물질을 산화제(oxidizing agent)라 한다.

5.3.1. 산화제

자신이 쉽게 환원되면서 다른 물질을 산화시키는 성질이 강한 물질을 산화제라고 하고 다음과 같은 특성이 있다.

(1) 전자를 얻는 성질이 강하고, 발생기 산소를 내기 쉽고, 수소와 화합하기 쉬울수록 강한 산화력을 가지므로 전기음성도가 큰 대부분의 비금속 원소로 F_2, Cl_2, O_2, O_3 등이 있다.

(2) 산화수가 높은 원소를 포함한 물질로, $KMnO_4$, $K_2Cr_2O_7$, HNO_3, $HClO_4$ 등이 있다.

(3) 같은 원자가 여러 가지 산화수를 가지는 경우, 산화수가 가장 큰 원자를 포함한 화합물이 가장 강한 산화제로 작용한다. $KMnO_4$, MnO_2, Mn_2O_3, $MnCl_2$ 중에서 Mn의 산화수가 +7로 가장 큰 $KMnO_4$가 가장 강한 산화제다.

5.3.2. 환원제

자신이 쉽게 산화되면서 다른 물질을 환원시키는 성질이 강한 물질을 환원제라고 하고 다음과 같은 특성이 있다.

(1) 전자를 내놓는 성질이 강하고, 발생기 수소를 내기 쉽고, 산소와 화합하기 쉬울수록 강한 환원력을 가지므로 이온화 에너지가 작은 대부분의 금속으로, Li, Na, K, Mg, Ca, Zn 등이 있다.

(2) 산화수가 낮은 원소를 포함한 물질로, $FeCl_2$, $SnCl_2$, H_2S 등이다.

(3) 같은 원자가 여러 가지 산화수를 가지는 경우 산화수가 가장 낮은 원자를 포함한 화합물이 가장 강한 환원제로 작용한다. H_2S, S, SO_2, SO_3 중에서 S의 산화수가 −2로 가장 낮은 H_2S가 가장 강한 환원제다.

5.4 산화 – 환원 반응의 화학양론

모든 평형문제 해결의 첫 단추는 반응물과 생성물의 종류를 파악하는 것이고, 그에 따라 산화 반응과 환원 반응으로 구분하여 전자의 이동을 살펴보는 것이다. 이후 산화수법이나 반쪽반응법에 따라 반응식을 완성하는 것이다.

5.4.1. 산화수법

산화수법은 증가하는 산화수와 감소하는 산화수가 같다는 원리를 이용하는 방법이다. 다음과 같은 산화 - 환원 반응에서 먼저 산화수의 변화를 먼저 조사해야 한다.

$$\underset{0}{Cu} + H^{+} + \underset{+5}{NO_3^{-}} \rightarrow \underset{+2}{Cu^{2+}} + \underset{+2}{NO} + H_2O$$

이 반응에서 Cu는 산화수가 0에서 +2로 증가하여 산화되고, N은 +5에서 +2로 감소하여 환원된다는 것을 알 수 있다.

다음으로 증감된 산화수의 최소공배수를 구한다. Cu는 +2 증가하고, N은 −3이 감소하여, 2와 3의 최소공배수인 6을 계산한다.

또한 각 원소의 계수는 최소공배수를 증감된 산화수로 나누어 다음과 같이 구한다.

(최소공배수) / (증감된 산화수) = 계수

Cu의 계수 = (최소공배수) / (증감된 산화수) = 6/2 = 3

N의 계수 = (최소공배수) / (증감된 산화수) = 6/3 = 2

원 식에 각 계수를 곱하여 산화 - 환원 반응식을 완성한다.

(1) $3Cu + H^{+} + 2NO_3^{-} \rightarrow 3Cu^{2+} + 2NO + H_2O$

(2) 산소를 맞춘다.

$3Cu + H^{+} + 2NO_3^{-} \rightarrow 3Cu^{2+} + 2NO + 4H_2O$

(3) 수소를 맞춘다.

$$\underset{3\times 0}{3Cu} + 8H^{+} + \underset{2(+5)}{2NO_3^{-}} \rightarrow \underset{3(+2)}{3Cu^{2+}} + \underset{2(+2)}{2NO} + 4H_2O$$

이 식을 보면 Cu는 +6의 산화수 증가, N은 −6의 산화수 감소를 보여 전체 산화수의 변화가 동일하게 되었다.

예제 5.3

산화수법으로 다음 산화 – 환원 반응식을 완성하시오.

$$C + HNO_3 \rightarrow CO_2 + NO_2 + H_2O$$

Solution

C와 N의 산화수에 집중하면,

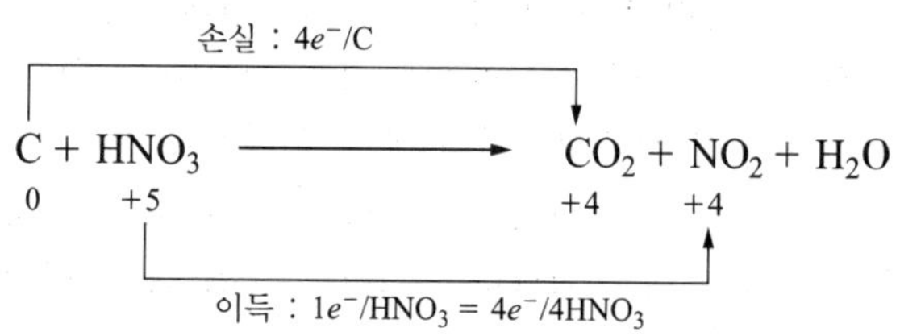

C는 +4의 전하수 이득(전하 손실)이 발생하나, N은 −1의 전하수 손실이 발생한다. 이 경우 전하의 수지(balance)를 맞추기 위해서는 N에 4를 곱해줘야 한다. 즉 증감된 산화수의 최소공배수를 구한다. C는 +4 증가하였고, N은 −1 감소하였으므로, 4와 1의 최소공배수인 4를 계산한다.

각 원소의 계수는 최소공배수를 증감된 산화수로 나누어 다음과 같이 구한다.

(최소공배수) / (증감된 산화수) = 계수

C의 계수 = (최소공배수) / (증감된 산화수) = 4/4 = 1

N의 계수 = (최소공배수) / (증감된 산화수) = 4/1 = 4

원 식에 각 계수를 곱하여 산화 - 환원 반응식을 완성한다.

$$C + 4HNO_3 \rightarrow CO_2 + 4NO_2 + ?H_2O$$

왼쪽 항은 H가 4이고, 오른쪽 항은 H가 2이므로 오른쪽 H_2O에 2를 곱해 주어야 한다.

$$C + 4HNO_3 \rightarrow CO_2 + 4NO_2 + 2H_2O$$

예제 5.4

산화수법으로 다음 산화 – 환원 반응식을 완성하시오.

$$AS_2S_3 + HNO_3 + H_2O \rightarrow H_3AsO_4 + H_2SO_4 + NO$$

Solution

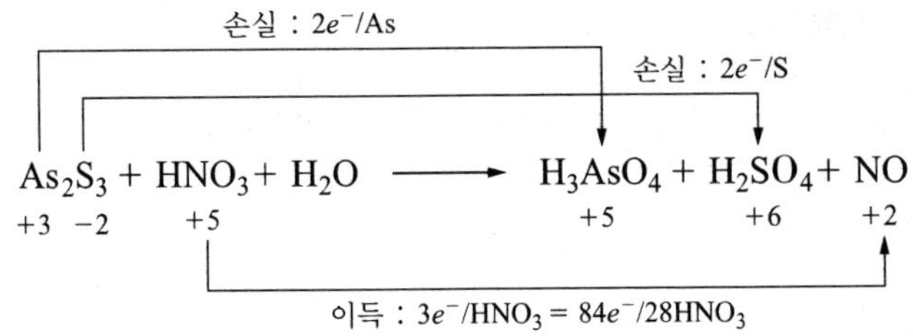

As_2S_3 중 As가 2개의 전자 손실이 있고 S가 8개의 전자 손실이 있으므로 전체적으로 As_2S_3는 28개의 전자 손실이 발생한다. HNO_3는 3개의 전자 이득이 있으므로, $3As_2S_3$와 $28HNO_3$는 각각 84개의 전자 손실과 이득이 있는 것으로 계산해야 한다. $3As_2S_3$에서 As는 6개 S는 9개로 계산되고, $28HNO_3$에서 N은 28개로 계산한다.

$$3As_2S_3 + 28HNO_3 + ?H_2O \rightarrow 6H_3AsO_4 + 9H_2SO_4 + 28NO$$
$$3As_2S_3 + 28HNO_3 + 4H_2O \rightarrow 6H_3AsO_4 + 9H_2SO_4 + 28NO$$

예제 5.5

Q&A

산화수법으로 다음 산화 – 환원 반응식을 완성하시오.

$$MnS + H_2O_2 \rightarrow MnSO_4 + H_2O$$

Solution

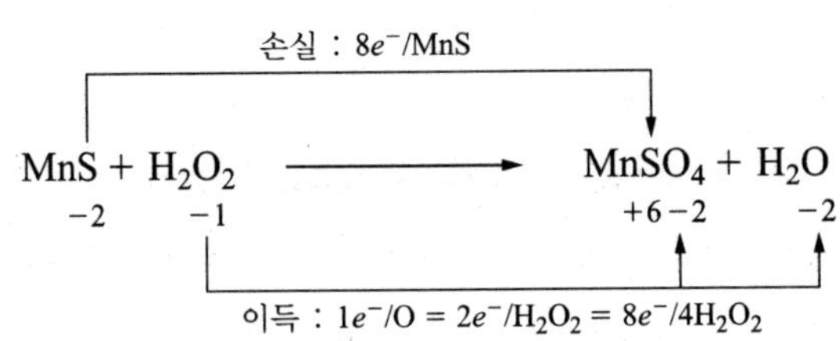

$$MnS + 4H_2O_2 \rightarrow MnSO_4 + ?H_2O$$
$$MnS + 4H_2O_2 \rightarrow MnSO_4 + 4H_2O$$

예제 5.6

Q&A

산화수법으로 다음 산화 – 환원 반응식을 완성하시오.

$$Ag + NO_3^- + H^+ \rightarrow Ag^+ + NO + H_2O$$

Solution

손실 : $1e^-/Ag = 3e^-/3Ag$

$$\underset{0}{Ag} + \underset{+5}{NO_3^-} + H^+ \longrightarrow \underset{+1}{Ag^+} + \underset{+2}{NO} + H_2O$$

이득 : $3e^-/NO_3^-$

$$3Ag + NO_3^- + ?H^+ \rightarrow 3Ag^+ + NO + ?H_2O$$

O를 먼저 맞추고 H를 맞추면,

$$3Ag + NO_3^- + 4H^+ \rightarrow 3Ag^+ + NO + 2H_2O$$

예제 5.7

Q&A

산화수법으로 다음 산화 – 환원 반응식을 완성하시오.

$$MnO_4^- + H_2O_2 \rightarrow Mn^{2+} + O_2 \text{ (산성 용액)}$$

Solution

손실 : $1e^-/O = 2e^-/H_2O_2 = 10e^-/5H_2O_2$

$$\underset{+7}{MnO_4^-} + \underset{-1}{H_2O_2} \longrightarrow \underset{+2}{Mn^{2+}} + \underset{0}{O_2}$$

이득 : $5e^-/MnO_4^- = 10e^-/2MnO_4^-$

동일한 전자의 교환이 발생하도록 조정하면,

$$2MnO_4^- + 5H_2O_2 \rightarrow 2Mn^{2+} + 5O_2 \text{ (산성 용액)}$$

그러므로 왼쪽 항은 O 18, H 10이고, 오른쪽 항은 O 10, H 0이므로 오른쪽 항에 H_2O를 두고 왼쪽 항에 산성 용액이므로 H^+를 위치시킨다.

$$2MnO_4^- + 5H_2O_2 + ?H^+ \rightarrow 2Mn^{2+} + 5O_2 + ?H_2O$$

O를 먼저 맞추고 H를 맞추면,

$$2MnO_4^- + 5H_2O_2 + 6H^+ \rightarrow 2Mn^{2+} + 5O_2 + 8H_2O$$

예제 5.8

Q&A

산화수법으로 다음 산화 – 환원 반응식을 완성하시오.

$$Bi(OH)_3 + Sn(OH)_3^- \rightarrow Sn(OH)_6^{2-} + Bi \text{ (염기성 용액)}$$

Solution

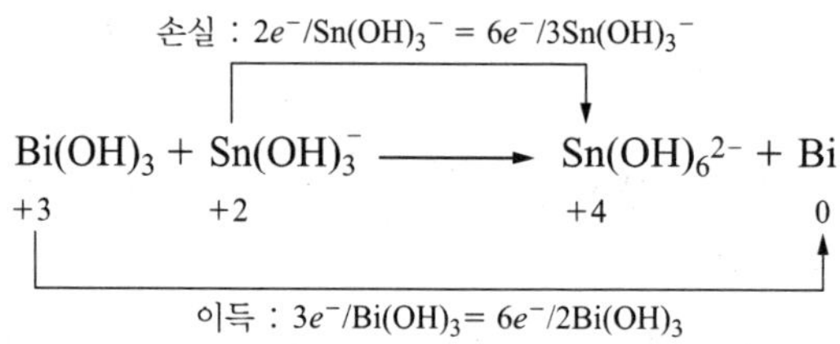

동일한 전자의 교환이 발생하도록 조정하면,

$$2Bi(OH)_3 + 3Sn(OH)_3^- \rightarrow 3Sn(OH)_6^{2-} + 2Bi \text{ (염기성 용액)}$$

왼쪽 항은 OH^-가 15가 있고, 오른쪽 항은 OH^-가 18가 있다. 그러므로 염기성 용액이므로 왼쪽 항에 OH^-를 3개만 두면 완성된다. 이 경우 H_2O는 불필요하다.

$$2Bi(OH)_3 + 3Sn(OH)_3^- + 3OH^- \rightarrow 3Sn(OH)_6^{2-} + 2Bi$$

예제 5.9

산화수법으로 다음 산화 – 환원 반응식을 완성하라.

$$Fe^{3+} + SO_3^{2-} \rightarrow Fe^{2+} + SO_4^{2-} \text{ (산성 용액)}$$

Solution

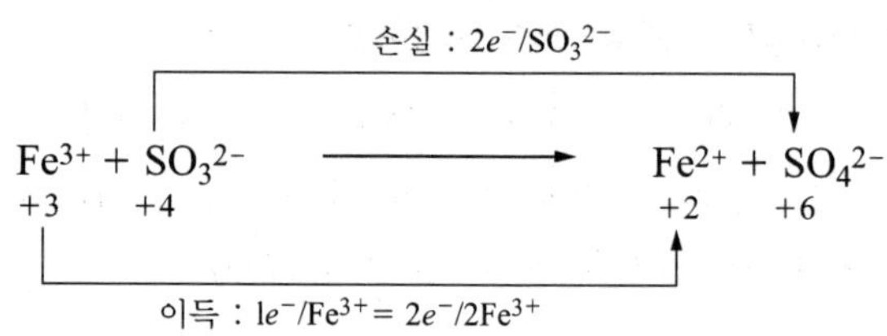

동일한 전자의 교환이 발생하도록 조정하면,

$$2Fe^{3+} + SO_3^{2-} \rightarrow 2Fe^{2+} + SO_4^{2-} \text{ (산성 용액)}$$

그러므로 산성 용액이므로

$$2Fe^{3+} + SO_3^{2-} + ?H_2O \rightarrow 2Fe^{2+} + SO_4^{2-} + ?H^+$$

O를 먼저 맞추고 H를 맞추면,

$$2Fe^{3+} + SO_3^{2-} + H_2O \rightarrow 2Fe^{2+} + SO_4^{2-} + 2H^+$$

5.4.2. 반쪽반응법

반쪽반응법은 이온 전자법이라고도 하며, 산화 반쪽반응과 환원 반쪽반응을 분리하여 각 물질이 잃은 전자수와 얻은 전자수는 같다는 것을 이용한다.

반쪽반응법은 산화 반응과 환원 반응의 두 개의 반반응으로 나누는 것으로 시작한다. 산화 - 환원 반응 중 전자란 소멸될 수도 없고 용액 중에서 유리 상태로 존재할 수도 없기 때문에 반드시 하나의 반응물질에서 다른 물질로 이동해야 하므로, 두 반반응은 항상 동시에 짝지어서 나타나는 특성이 있다. 그러므로 반쪽반응법은 산화 반응에서 떨어져 나간 전자가 환원 반응에서 똑같은 수의 전자가 받아들여져야 한다는 것에 기초하여 반응식을 완성하는 방법이다.

구체적인 방법은 다음 순서로 진행한다.

① 산화 반반응과 환원 반반응을 반응물과 생성물을 나타내는 미완성의 식을 쓴다. 이 식에 H^+, OH^-, H_2O는 포함하지 않는다.

② 반반응식에 적절한 자연수를 곱하여 산소와 수소를 제외한 다른 원자를 기준으로 반응물과 생성물의 균형을 맞춘다.

③ H_2O를 더하여 산소수를 맞춘다.

④ H^+를 더하여 수소수를 맞춘다.

⑤ e^-를 첨가하여 전하수를 맞춘다.

⑥ 두 반반응에 자연수를 곱하여 두 반반응의 전자수를 맞춘다.

⑦ 두 반반응을 합한다.

⑧ 합쳐진 반응식에 H^+가 포함되는 경우, 반응이 알칼리성에서 진행되는 반응이면, 양쪽에 H^+의 수만큼 OH^-의 수를 더하여 H_2O와 OH^-를 가진 식으로 완성한다.

예제 5.10 Q&A

Fe^{2+} 이온이 MnO_4^-에 의해 산화되어 Fe^{3+}가 되는 반응을 반쪽반응법으로 완성하시오. 이 반응으로 MnO_4^-는 $MnO_{2(s)}$로 환원되며, 이 반응은 알칼리성 용액에서 일어난다고 가정한다.

Solution

위 문제에서 기술된 반응을 식으로 표현하면 다음과 같다.

$$Fe^{2+} + MnO_4^- \rightarrow Fe^{3+} + MnO_{2(s)}$$

① 산화 반반응과 환원 반반응을 반응물과 생성물을 나타내는 미완성의 식을 쓴다. 이 식에

H^+, OH^-, H_2O는 포함시키지 않는다.

$$Fe^{2+} \rightarrow Fe^{3+} \text{ (산화)} \quad | \quad MnO_4^- \rightarrow MnO_{2(s)} \text{ (환원)}$$

산화수 +2 +3 | +7 +4

② 반반응식에 적절한 자연수를 곱하여 산소와 수소를 제외한 다른 원자를 기준으로 반응물과 생성물의 균형을 맞춘다. 여기서는 각각 양변에 Fe가 하나씩, Mn이 하나씩 있으므로 반응물과 생성물의 균형이 맞다.

③ H_2O를 더하여 산소수를 맞추면,

$$Fe^{2+} \rightarrow Fe^{3+} \text{ (산화)} \quad | \quad MnO_4^- \rightarrow MnO_{2(s)} + 2H_2O \text{ (환원)}$$

④ H^+를 더하여 수소수를 맞추면 다음과 같다.

$$Fe^{2+} \rightarrow Fe^{3+} \quad | \quad MnO_4^- + 4H^+ \rightarrow MnO_{2(s)} + 2H_2O$$

⑤ e^-를 첨가하여 전하수를 맞추면 다음과 같다.

$$Fe^{2+} \rightarrow Fe^{3+} + e^- \quad | \quad MnO_4^- + 4H^+ + 3e^- \rightarrow MnO_{2(s)} + 2H_2O$$

⑥ 두 반반응에 자연수를 곱하여 두 반반응의 전자수를 맞춘다. 산화 - 환원 반응은 주고받는 전하수가 같아야 하므로 다음 식과 같이 변화시킨 다음 더한다.

$$\begin{array}{l|l} \times 3 & Fe^{2+} \rightarrow Fe^{3+} + e^- \\ \times 1 & MnO_4^- + 4H^+ + 3e^- \rightarrow MnO_{2(s)} + 2H_2O \end{array}$$

⑦ 두 반반응을 합한다.

$$\begin{array}{rl} & 3Fe^{2+} \rightarrow 3Fe^{3+} + 3e^- \\ + & MnO_4^- + 4H^+ + 3e^- \rightarrow MnO_{2(s)} + 2H_2O \\ \hline & 3Fe^{2+} + MnO_4^- + 4H^+ \rightarrow 3Fe^{3+} + MnO_{2(s)} + 2H_2O \end{array}$$

⑧ 합친 반응식에 H^+가 포함되는 경우, 반응이 알칼리성에서 진행되는 반응이면, 양쪽에 H^+의 수만큼 OH^-의 수를 더하여 H_2O와 OH^-를 가진 식으로 완성한다.

$$\begin{array}{rl} & 3Fe^{2+} + MnO_4^- + 4H^+ \rightarrow 3Fe^{3+} + MnO_{2(s)} + 2H_2O \\ + & 4H_2O \rightarrow 4H^+ + 4OH^- \\ \hline & 3Fe^{2+} + MnO_4^- + 2H_2O \rightarrow 3Fe^{3+} + MnO_{2(s)} + 4OH^- \end{array}$$

위 예제의 반응에서 Fe^{2+}는 전자를 제공하여 자신이 산화되어 환원제로 작용하였고, MnO_4^-는 전자를 받아들여 자신이 환원됨으로써 산화제로 작용하였다는 것을 알 수 있다.

예제 5.11

Standard Methods나 공인 수질 분석법에 따르면, 강산화제인 0.25 N 중크롬산칼륨($K_2Cr_2O_7$)으로 COD 분석을 한다. 이 용액 1 L를 만들려면 몇 g의 중크롬산칼륨이 필요한가? 이 산화 반응은 산성 용액에서 발생하며, 중크롬산칼륨은 산화제로 작용한 후 Cr^{3+}로 환원된다. 단, $K_2Cr_2O_7$의 분자량은 294 g/mol로 한다.

Solution

중크롬산칼륨은 물속에서 다음과 이온화된다.

$$K_2Cr_2O_7 \rightarrow 2K^+ + Cr_2O_7^{2-}$$

중크롬산이온은 산화제로 작용하여 물속에 있는 유기물을 산화시키고 자신은 다음과 같이 환원된다.

	$Cr_2O_7^{2-}$	$\rightarrow$	Cr^{3+}	(환원)
산화수	+6		+3	

이 반응에서는 유기물의 산화 반응을 기술할 수 없으므로, $Cr_2O_7^{2-}$의 반반응만을 기술한다. 산성 용액 상태에서 크롬수를 맞추고, H_2O를 더하여 산소수를 맞춘 다음, 수소수를 맞추면 다음과 같다.

$$14H^+ + Cr_2O_7^{2-} \rightarrow 2Cr^{3+} + 7H_2O$$

e^-를 첨가하여 전하수를 맞추면 다음과 같다.

$$6e^- + 14H^+ + Cr_2O_7^{2-} \rightarrow 2Cr^{3+} + 7H_2O$$

그러므로 $Cr_2O_7^{2-}$의 환원 반응은 6개의 전자를 필요로 한다는 것을 알 수 있다. 그러므로 1 mol $Cr_2O_7^{2-}$ = 6 eq $Cr_2O_7^{2-}$이다. 이를 이용하여 규정농도의 계산에 이용한다.

$$\text{g 당량} = \frac{\text{g 분자량}}{\text{g 당량수(=eq)}}$$

0.25 N $K_2Cr_2O_7$은 0.25 N $Cr_2O_7^{2-}$을 생성하고 0.25 N 농도는 0.25 eq/L와 동일하므로

$$\frac{0.25\ \text{eq}\ K_2Cr_2O_7}{\text{L}} \cdot \frac{1\ \text{eq}\ Cr_2O_7^{2-}}{1\ \text{eq}\ K_2Cr_2O_7} \cdot \frac{1\ \text{mol}\ Cr_2O_7^{2-}}{6\ \text{eq}\ Cr_2O_7^{2-}} \cdot \frac{1\ \text{mol}\ K_2Cr_2O_7}{1\ \text{mol}\ Cr_2O_7^{2-}} \cdot \frac{294\ \text{g}\ K_2Cr_2O_7}{1\ \text{mol}\ K_2Cr_2O_7} \cdot 1\ \text{L} = 12.25\ \text{g}\ K_2Cr_2O_7$$

위 예제와 같이 규정농도를 정확하게 계산하려면 산화 - 환원 반응을 명확하게 알아야 한다.

당량수 또는 eq는 염소 화합물의 상대적인 산화력을 계산할 때도 이용된다. 염소 화

합물들의 소독 효력은 "유효염소 %"로 표시한다. 염소 기체의 유효염소 %는 다음 반반응을 기준으로 한다.

$$2e^- + Cl_2 \rightarrow 2Cl^-$$

이때 염소 기체(Cl_2)의 당량은

$$\text{g 당량} = \frac{\text{g 분자량}}{\text{g 당량수}(=\text{eq})} = \frac{2\times 35.5\text{ g}}{2\text{ eq}} = 35.5\text{ g/eq}$$

또다른 염소 소독제인 차아염소산나트륨(NaOCl)의 반반응은 다음과 같으며,

$$2e^- + 2H^+ + NaOCl \rightarrow Cl^- + Na^+ + H_2O$$

이에 따라 계산한 NaOCl의 g 당량은,

$$\text{g 당량} = \frac{\text{g 분자량}}{\text{g 당량수}(=\text{eq})} = \frac{74.5\text{ g}}{2\text{ eq}} = 37.25\text{ g/eq}$$

그러므로 무게 기준으로 볼 때 NaOCl의 산화력은 염소 기체의 산화력과 비교하면,

$$\text{유효염소 \%} = \frac{\text{염소 기체 g 당량}}{\text{염소 산화제 g 당량}} \times 100 = \frac{35.5\text{ g/eq}}{37.25\text{ g/eq}} \times 100 = 95\%$$

그러므로 NaOCl의 산화력은 유효염소 %=95%라 하며, 이는 무게기준으로 NaOCl의 산화력이 염소 기체(Cl_2)의 95%에 해당한다는 의미이다.

참고로 여러 가지 염소화합물의 반반응은 표 5.1과 같다.

표 5.1. 여러 염소화합물의 반반응

염소화합물	반쪽반응
이산화염소	$ClO_2 + 2H_2O + 5e^- \rightleftarrows Cl^- + 4OH^-$
차아염소산	$HOCl + H^+ + 2e^- \rightleftarrows Cl^- + H_2O$
염소 기체	$Cl_2 + 2e^- \rightleftarrows 2Cl^-$
차아염소산이온	$OCl^- + H_2O + 2e^- \rightleftarrows Cl^- + 2OH^-$
아염소산이온	$ClO_2^- + 2H_2O + 4e^- \rightleftarrows Cl^- + 4OH^-$

예제 5.12

Q&A

복합염소인 NH_2Cl의 유효염소 %는?

Solution

$$NH_2Cl + H_2O + 2e^- \rightleftarrows Cl^- + NH_3 + OH^-$$

NH_2Cl의 g 당량은,

$$\text{g 당량} = \frac{\text{g 분자량}}{\text{g 당량수}(=\text{eq})} = \frac{51.5\ \text{g}}{2\ \text{eq}} = 25.75\ \text{g/eq}$$

그러므로 무게기준으로 볼 때 NH_2Cl의 산화력은 염소기체의 산화력과 비교하면,

$$\text{유효염소 \%} = \frac{\text{염소 기체 g 당량}}{NH_2Cl\ \text{g 당량}} \times 100 = \frac{35.5\ \text{g/eq}}{25.75\ \text{g/eq}} \times 100 = 138\%$$

예제 5.13

Q&A

반쪽반응법에 의해 다음 산화 – 환원 반응식을 완성하시오.

$$Zn + NO_3^- + H^+ \rightarrow Zn^{2+} + NH_4^+ + H_2O$$

Solution

	$Zn \rightarrow Zn^{2+}$ (산화)	$NO_3^- \rightarrow NH_4^+$ (환원)
산화수	0 　 +2	+5 　 −3

H_2O를 이용하여 O에 대해 맞추면,

$$Zn \rightarrow Zn^{2+}\ (\text{산화}) \quad | \quad NO_3^- \rightarrow NH_4^+ + 3H_2O\ (\text{환원})$$

H에 대해 맞추면 다음과 같다.

$$Zn \rightarrow Zn^{2+} \quad | \quad NO_3^- + 10H^+ \rightarrow NH_4^+ + 3H_2O$$

전하수를 맞추면 다음과 같다.

$$Zn \rightarrow Zn^{2+} + 2e^- \quad | \quad NO_3^- + 10H^+ + 8e^- \rightarrow NH_4^+ + 3H_2O$$

산화 - 환원 반응은 주고받는 전하수가 같아야 하므로 다음 식과 같이 변화시킨 다음 더한다.

$$\begin{array}{l|l} \times 4 & Zn \rightarrow Zn^{2+} + 2e^- \\ \times 1 & NO_3^- + 10H^+ + 8e^- \rightarrow NH_4^+ + 3H_2O \end{array}$$

$$\begin{array}{rl} & 4Zn \rightarrow 4Zn^{2+} + 8e^- \\ + & NO_3^- + 10H^+ + 8e^- \rightarrow NH_4^+ + 3H_2O \\ \hline & 4Zn + NO_3^- + 10H^+ \rightarrow 4Zn^{2+} + NH_4^+ + 3H_2O \end{array}$$

예제 5.14

Q&A

반쪽반응법에 의해 다음 산화 – 환원 반응식을 완성하시오.

$$NiS + Cl^- + NO_3^- + H^+ \rightarrow NiCl_4^{2-} + S + NO + H_2O$$

Solution

	(산화)	(환원)
	$NiS \rightarrow S$	$NO_3^- \rightarrow NO$
산화수	$-2 \quad 0$	$+5 \quad +2$

각 원소에 대해 맞추면,

$NiS + 4Cl^- \rightarrow NiCl_4^{2-} + S$ (산화) | $NO_3^- \rightarrow NO$ (환원)

H_2O를 이용하여 O에 대해 맞추면,

$NiS + 4Cl^- \rightarrow NiCl_4^{2-} + S$ (산화) | $NO_3^- \rightarrow NO + 2H_2O$ (환원)

H에 대해 맞추면 다음과 같다.

$NiS + 4Cl^- \rightarrow NiCl_4^{2-} + S$ | $NO_3^- + 4H^+ \rightarrow NO + 2H_2O$

전하수를 맞추면 다음과 같다.

$NiS + 4Cl^- \rightarrow NiCl_4^{2-} + S + 2e^-$ | $NO_3^- + 4H^+ + 3e^- \rightarrow NO + 2H_2O$

산화 - 환원 반응은 주고받는 전하수가 같아야 하므로 다음 식과 같이 변화시킨 다음 더한다.

$$\begin{array}{l|l} \times 3 & NiS + 4Cl^- \rightarrow NiCl_4^{2-} + S + 2e^- \\ \times 2 & NO_3^- + 4H^+ + 3e^- \rightarrow NO + 2H_2O \end{array}$$

$$\begin{array}{rl} & 3NiS + 12Cl^- \rightarrow 3NiCl_4^{2-} + 3S + 6e^- \\ + & 2NO_3^- + 8H^+ + 6e^- \rightarrow 2NO + 4H_2O \\ \hline & 3NiS + 12Cl^- + 2NO_3^- + 8H^+ \rightarrow 3NiCl_4^{2-} + 3S + 2NO + 4H_2O \end{array}$$

예제 5.15

반쪽반응법에 의해 다음 산화 – 환원 반응식을 완성하시오.

$$Cr(OH)_3 + Na_2O_2 \rightarrow Na^+ + CrO_4^{2-} + OH^- + H_2O$$

Solution

$Cr(OH)_3 \rightarrow CrO_4^{2-}$ (산화) | $Na_2O_2 \rightarrow H_2O$ (환원)

산화수 +3 +7 | −1 −2

각 원소에 대해 맞추면,

$Cr(OH)_3 \rightarrow CrO_4^{2-}$ (산화) | $Na_2O_2 \rightarrow H_2O + 2Na^+$ (환원)

H_2O를 이용하여 O에 대해 맞추면,

$Cr(OH)_3 + H_2O \rightarrow CrO_4^{2-}$ (산화) | $Na_2O_2 \rightarrow 2H_2O + 2Na^+$ (환원)

H에 대해 맞추면 다음과 같다.

$Cr(OH)_3 + H_2O + 5OH^- \rightarrow CrO_4^{2-} + 5H_2O$ | $Na_2O_2 + 4H_2O \rightarrow 2H_2O + 2Na^+ + 4OH^-$

전하수를 맞추면 다음과 같다.

$Cr(OH)_3 + 5OH^- \rightarrow CrO_4^{2-} + 4H_2O + 3e^-$ | $Na_2O_2 + 2H_2O + 2e^- \rightarrow 2Na^+ + 4OH^-$

산화 - 환원 반응은 주고받는 전하수가 같아야 하므로 다음 식과 같이 변화시킨 다음 더한다.

$$\times 2 \quad Cr(OH)_3 + 5OH^- \rightarrow CrO_4^{2-} + 4H_2O + 3e^-$$
$$\times 3 \quad Na_2O_2 + 2H_2O + 2e^- \rightarrow 2Na^+ + 4OH^-$$

$$2Cr(OH)_3 + 10OH^- \rightarrow 2CrO_4^{2-} + 8H_2O + 6e^-$$
$$+ \quad 3Na_2O_2 + 6H_2O + 6e^- \rightarrow 6Na^+ + 12OH^-$$
$$2Cr(OH)_3 + 3Na_2O_2 \rightarrow 2CrO_4^{2-} + 6Na^+ + 2OH^- + 2H_2O$$

예제 5.16

반쪽반응법에 의해 다음 산화 – 환원 반응식을 완성하시오.

$$Al + NO_3^- \rightarrow Al^{3+} + NH_4^+ + H_2O$$

Solution

	$Al \rightarrow Al^{3+}$	(산화)	$NO_3^- \rightarrow NH_4^+$	(환원)
산화수	0 　　+3		+5 　　−3	

각 원소에 대해 맞추면,

$$Al \rightarrow Al^{3+} \text{ (산화)} \quad | \quad NO_3^- \rightarrow NH_4^+ \text{ (환원)}$$

H_2O를 이용하여 O에 대해 맞추면,

$$Al \rightarrow Al^{3+} \text{ (산화)} \quad | \quad NO_3^- \rightarrow NH_4^+ + 3H_2O \text{ (환원)}$$

H에 대해 맞추면 다음과 같다.

$$Al \rightarrow Al^{3+} \quad | \quad NO_3^- + 10H^+ \rightarrow NH_4^+ + 3H_2O$$

전하수를 맞추면 다음과 같다.

$$Al \rightarrow Al^{3+} + 3e^- \quad | \quad NO_3^- + 10H^+ + 8e^- \rightarrow NH_4^+ + 3H_2O$$

산화 - 환원 반응은 주고받는 전하수가 같아야 하므로 다음 식과 같이 변화시킨 다음 더한다.

$$\times 8 \quad Al \rightarrow Al^{3+} + 3e^-$$
$$\times 3 \quad NO_3^- + 10H^+ + 8e^- \rightarrow NH_4^+ + 3H_2O$$

$$8Al \rightarrow 8Al^{3+} + 24e^-$$
$$+ \quad 3NO_3^- + 30H^+ + 24e^- \rightarrow 3NH_4^+ + 9H_2O$$
$$8Al + 3NO_3^- + 30H^+ \rightarrow 8Al^{3+} + 3NH_4^+ + 9H_2O$$

예제 5.17

반쪽반응법에 의해 다음 산화 – 환원 반응식을 완성하시오.

$$Fe^{2+} + NO_3^- \rightarrow Fe^{3+} + NO \text{ (산성 용액)}$$

Solution

	$Fe^{2+} \rightarrow Fe^{3+}$	(산화)	$NO_3^- \rightarrow NO$	(환원)
산화수	+2 　　+3		+5 　　+2	

각 원소에 대해 맞추면,

$$Fe^{2+} \rightarrow Fe^{3+} \text{ (산화)} \quad | \quad NO_3^- \rightarrow NO \text{ (환원)}$$

H_2O를 이용하여 O에 대해 맞추면,

$$Fe^{2+} \rightarrow Fe^{3+} \ (\text{산화}) \quad | \quad NO_3^- \rightarrow NO + 2H_2O \ (\text{환원})$$

H에 대해 맞추면 다음과 같다.

$$Fe^{2+} \rightarrow Fe^{3+} \quad | \quad NO_3^- + 4H^+ \rightarrow NO + 2H_2O$$

전하수를 맞추면 다음과 같다.

$$Fe^{2+} \rightarrow Fe^{3+} + e^- \quad | \quad NO_3^- + 4H^+ + 3e^- \rightarrow NO + 2H_2O$$

산화 - 환원 반응은 주고받는 전하수가 같아야 하므로 다음 식과 같이 변화시킨 다음 더한다.

$$\begin{array}{l|rcl} \times 3 & Fe^{2+} & \rightarrow & Fe^{3+} + e^- \\ \times 1 & NO_3^- + 4H^+ + 3e^- & \rightarrow & NO + 2H_2O \end{array}$$

$$\begin{array}{lrcl} & 3Fe^{2+} & \rightarrow & 3Fe^{3+} + 3e^- \\ + & NO_3^- + 4H^+ + 3e^- & \rightarrow & NO + 2H_2O \\ \hline & 3Fe^{2+} + NO_3^- + 4H^+ & \rightarrow & 3Fe^{3+} + NO + 2H_2O \end{array}$$

예제 5.18

Q&A

반쪽반응법에 의해 다음 산화 – 환원 반응식을 완성하시오.

$$CH_2O + Ag_2O \rightarrow Ag + HCOO^- \ (\text{염기성 용액})$$

Solution

$$\begin{array}{llll|lll} & CH_2O & \rightarrow & HCOO^- \ (\text{산화}) & Ag_2O & \rightarrow & Ag \ (\text{환원}) \\ \text{산화수} & 0 & & +2 & +1 & & 0 \end{array}$$

각 원소에 대해 맞추면,

$$CH_2O \rightarrow HCOO^- \ (\text{산화}) \quad | \quad Ag_2O \rightarrow 2Ag \ (\text{환원})$$

H_2O를 이용하여 O에 대해 맞추면,

$$CH_2O + H_2O \rightarrow HCOO^- \ (\text{산화}) \quad | \quad Ag_2O \rightarrow 2Ag + H_2O \ (\text{환원})$$

염기성 용액이므로 OH^-를 첨가하여 H에 대해 맞추면 다음과 같다.
산화 반응에서 왼쪽 항은 H 4, O 2이고 오른쪽 항은 H 1, O 2이므로, H가 적은 OH^-를 왼쪽 항에 두고 H_2O를 오른쪽 항에 둔다.
환원 반응에서 왼쪽 항은 O 1이고 오른쪽 항은 H 2, O 1이므로, H가 적은 OH^-를 오른쪽 항에 두고 H_2O를 왼쪽 항에 둔다.

$CH_2O + H_2O + 3OH^- \rightarrow HCOO^- + 3H_2O$	$Ag_2O + 2H_2O \rightarrow 2Ag + H_2O + 2OH^-$

정리하면,

$CH_2O + 3OH^- \rightarrow HCOO^- + 2H_2O$	$Ag_2O + H_2O \rightarrow 2Ag + 2OH^-$

전하수를 맞추면 다음과 같다.

$CH_2O + 3OH^- \rightarrow HCOO^- + 2H_2O + 2e^-$	$Ag_2O + H_2O + 2e^- \rightarrow 2Ag + 2OH^-$

위 반응 산화 - 환원 반응은 주고받는 전하수가 같아야 하므로 그대로 더한다.

$$\begin{array}{rl} & CH_2O + 3OH^- \rightarrow HCOO^- + 2H_2O + 2e^- \\ + & Ag_2O + H_2O + 2e^- \rightarrow 2Ag + 2OH^- \\ \hline & CH_2O + Ag_2O + OH^- \rightarrow HCOO^- + 2Ag + H_2O \end{array}$$

예제 5.19

반쪽반응법에 의해 다음 산화 – 환원 반응식을 완성하시오.

$$Cr_2O_7^{2-} + H_2S \rightarrow Cr^{3+} + S \text{ (산성 용액)}$$

Solution

$H_2S \rightarrow S$	(산화)	$Cr_2O_7^{2-} \rightarrow Cr^{3+}$	(환원)
산화수 -2 $\quad$ 0		$+6$ $\quad$ $+3$	

각 원소에 대해 맞추면,

$H_2S \rightarrow S$	(산화)	$Cr_2O_7^{2-} \rightarrow 2Cr^{3+}$	(환원)

H_2O를 이용하여 O에 대해 맞추면,

$H_2S \rightarrow S$	(산화)	$Cr_2O_7^{2-} \rightarrow 2Cr^{3+} + 7H_2O$	(환원)

산성 용액에서 H에 대해 맞추면 다음과 같다.

$H_2S \rightarrow S + 2H^+$	$Cr_2O_7^{2-} + 14H^+ \rightarrow 2Cr^{3+} + 7H_2O$

전하수를 맞추면 다음과 같다.

$$H_2S \rightarrow S + 2H^+ + 2e^- \quad \vert \quad Cr_2O_7^{2-} + 14H^+ + 6e^- \rightarrow 2Cr^{3+} + 7H_2O$$

산화-환원 반응은 주고받는 전하수가 같아야 하므로 다음 식과 같이 변화시킨 다음 더한다.

$$\begin{array}{ll} \times 3 & H_2S \rightarrow S + 2H^+ + 2e^- \\ \times 1 & Cr_2O_7^{2-} + 14H^+ + 6e^- \rightarrow 2Cr^{3+} + 7H_2O \end{array}$$

$$\begin{array}{ll} & 3H_2S \rightarrow 3S + 6H^+ + 6e^- \\ + & Cr_2O_7^{2-} + 14H^+ + 6e^- \rightarrow 2Cr^{3+} + 7H_2O \\ \hline & Cr_2O_7^{2-} + 3H_2S + 8H^+ \rightarrow 2Cr^{3+} + 3S + 7H_2O \end{array}$$

예제 5.20

산화수법과 반쪽반응법에 의해 다음 산화-환원 반응식을 완성하시오.

$$Cr_2O_7^{2-} + H^+ + SO_3^{2-} \rightarrow Cr^{3+} + SO_4^{2-} + H_2O$$

Solution

(a) 산화수법

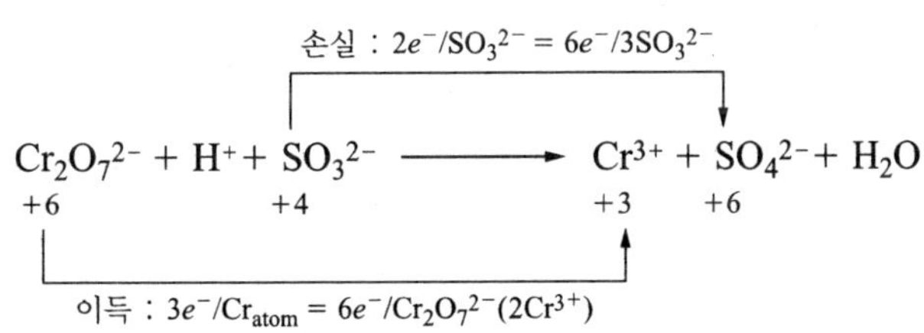

Cr의 산화수는 $Cr_2O_7^{2-}$의 +6에서 Cr^{3+}의 +3으로 3개의 산화수의 감소(환원), 즉 전자의 이득이 있다. S의 산화수는 SO_3^{2-}의 +4에서 SO_4^{2-}의 +6으로 2개의 산화수의 증가(산화), 전자의 손실이 있다.

다음으로 증감된 산화수의 최소공배수를 구한다. 여기서는 3과 2의 최소공배수인 6을 계산한다.

또한 각 원소의 계수는 최소공배수를 증감된 산화수로 나누어 다음과 같이 구한다.

Cr의 계수=(최소공배수)/(증감된 산화수)=6/3=2

S의 계수=(최소공배수)/(증감된 산화수)=6/2=3

원 식에 각 계수를 곱하여 산화-환원 반응식을 완성한다.

이 경우 전하의 수지(balance)를 맞추기 위해서 양 항의 Cr에는 2를 곱하고 S에는 3을 곱해준다. 그런데 $Cr_2O_7^{2-}$에는 Cr이 두 개 있으므로 2를 곱할 필요가 없고, Cr^{3+}에만

2를 곱하면 된다.

$$Cr_2O_7^{2-} + ?H^+ + 3SO_3^{2-} \rightarrow 2Cr^{3+} + 3SO_4^{2-} + ?H_2O$$

왼쪽 항의 전체 전하수는 $(-2)+(-6)=-8$이고 오른쪽 항은 $+6+(-6)=0$이므로, 이를 맞추기 위해서는 H^+가 8이 되어야 한다.

$$Cr_2O_7^{2-} + 8H^+ + 3SO_3^{2-} \rightarrow 2Cr^{3+} + 3SO_4^{2-} + ?H_2O$$

전체 H의 숫자를 맞추기 위해서는 H_2O에 4를 곱해야 한다.

$$Cr_2O_7^{2-} + 8H^+ + 3SO_3^{2-} \rightarrow 2Cr^{3+} + 3SO_4^{2-} + 4H_2O$$

(b) 반쪽반응법

	$SO_3^{2-} \rightarrow SO_4^{2-}$	(산화)	$Cr_2O_7^{2-} \rightarrow Cr^{3+}$		(환원)
산화수	+4 → +6		+6 → +3		

먼저 원소들(S와 Cr)에 대해 수지를 맞추면 다음과 같다.

$$SO_3^{2-} \rightarrow SO_4^{2-} \quad (산화) \quad | \quad Cr_2O_7^{2-} \rightarrow 2Cr^{3+} \quad (환원)$$

H_2O를 이용하여 O에 대해 맞추면,

$$SO_3^{2-} + H_2O \rightarrow SO_4^{2-} \quad (산화) \quad | \quad Cr_2O_7^{2-} \rightarrow 2Cr^{3+} + 7H_2O \quad (환원)$$

H에 대해 맞추면,

$$SO_3^{2-} + H_2O \rightarrow SO_4^{2-} + 2H^+ \quad | \quad Cr_2O_7^{2-} + 14H^+ \rightarrow 2Cr^{3+} + 7H_2O$$

전하수를 맞추면 다음과 같다.

$$SO_3^{2-} + H_2O \rightarrow SO_4^{2-} + 2H^+ + 2e^- \quad | \quad Cr_2O_7^{2-} + 14H^+ + 6e^- \rightarrow 2Cr^{3+} + 7H_2O$$

산화-환원 반응은 주고받는 전하수가 같아야 하므로 다음 식과 같이 변화시킨 다음 더한다.

$$\begin{array}{ll} \times 3 & SO_3^{2-} + H_2O \rightarrow SO_4^{2-} + 2H^+ + 2e^- \\ \times 1 & Cr_2O_7^{2-} + 14H^+ + 6e^- \rightarrow 2Cr^{3+} + 7H_2O \end{array}$$

$$\begin{array}{ll} & 3SO_3^{2-} + 3H_2O \rightarrow 3SO_4^{2-} + 6H^+ + 6e^- \\ + & Cr_2O_7^{2-} + 14H^+ + 6e^- \rightarrow 2Cr^{3+} + 7H_2O \\ \hline & Cr_2O_7^{2-} + 8H^+ + 3SO_3^{2-} \rightarrow 2Cr^{3+} + 3SO_4^{2-} + 4H_2O \end{array}$$

예제 5.21

산화수법과 반쪽반응법에 의해 다음 산화 – 환원 반응식을 완성하시오.

$$Sb_2S_3 + HNO_3 \rightarrow HSbO_3 + H_2SO_4 + NO + H_2O$$

Solution

(a) 산화수법

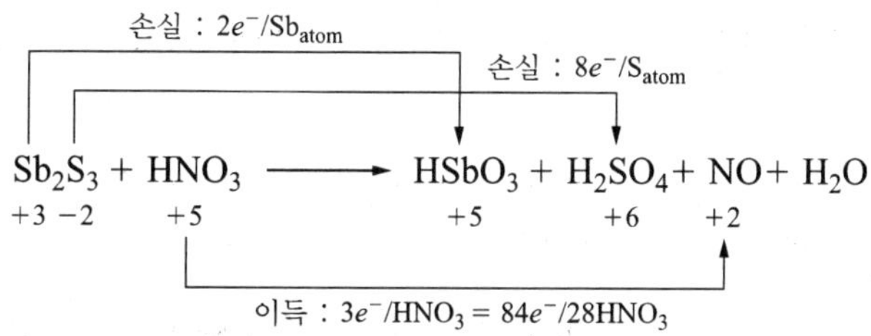

산화수 변화에서 Sb_2S_3에서 Sb와 S가 모두 산화되는 것을 알 수 있다. Sb_2S_3에서 전자의 총 손실은 $(2\times2)+(8\times3)=28$개이고, HNO_3의 전자 이득은 3개이므로 최소공배수는 84가 된다.

Sb_2S_3의 계수 = (최소공배수) / (증감된 산화수) = 84/28 = 3
HNO_3의 계수 = (최소공배수) / (증감된 산화수) = 84/3 = 28

오른쪽 항은 왼쪽항의 Sb개수와 S개수에 따라 맞춘다.

$$3Sb_2S_3 + 28HNO_3 \rightarrow 6HSbO_3 + 9H_2SO_4 + 28NO + ?H_2O$$

H와 O에 대해 맞추면

$$3Sb_2S_3 + 28HNO_3 \rightarrow 6HSbO_3 + 9H_2SO_4 + 28NO + 2H_2O$$

(b) 반쪽반응법

	$Sb_2S_3 \rightarrow HSbO_3 + H_2SO_4$ (산화)	$HNO_3 \rightarrow NO$ (환원)
산화수	+3 −2 +5 +6	+5 +2

먼저 원소에 대해 수지를 맞추면 다음과 같다.

$Sb_2S_3 \rightarrow 2HSbO_3 + 3H_2SO_4$ | $HNO_3 \rightarrow NO$

H_2O를 이용하여 O에 대해 맞추면,

$Sb_2S_3 + 18H_2O \rightarrow 2HSbO_3 + 3H_2SO_4$ | $HNO_3 \rightarrow NO + 2H_2O$

H에 대해 맞추면,

$Sb_2S_3 + 18H_2O$ $\rightarrow 2HSbO_3 + 3H_2SO_4 + 28H^+$	$HNO_3 + 3H^+$ $\rightarrow NO + 2H_2O$

전하수를 맞추면 다음과 같다.

$Sb_2S_3 + 18H_2O$ $\rightarrow 2HSbO_3 + 3H_2SO_4 + 28H^+ + 28e^-$	$HNO_3 + 3H^+ + 3e^-$ $\rightarrow NO + 2H_2O$

산화 - 환원 반응은 주고받는 전하수가 같아야 하므로 다음 식과 같이 변화시킨 다음 더한다.

$$\times 3 \quad Sb_2S_3 + 18H_2O \rightarrow 2HSbO_3 + 3H_2SO_4 + 28H^+ + 28e^-$$
$$\times 28 \quad HNO_3 + 3H^+ + 3e^- \rightarrow NO + 2H_2O$$

$$3Sb_2S_3 + 54H_2O \rightarrow 6HSbO_3 + 9H_2SO_4 + 84H^+ + 84e^-$$
$$+ \quad 28HNO_3 + 84H^+ + 84e^- \rightarrow 28NO + 56H_2O$$
$$3Sb_2S_3 + 28HNO_3 \rightarrow 6HSbO_3 + 9H_2SO_4 + 28NO + 2H_2O$$

예제 5.22 Q&A

산화수법과 반쪽반응법에 의해 다음 산화 – 환원 반응식을 완성하시오.

$$Fe^{2+} + Cr_2O_7^{2-} \rightarrow Fe^{3+} + Cr^{3+}$$

Solution

(a) 산화수법

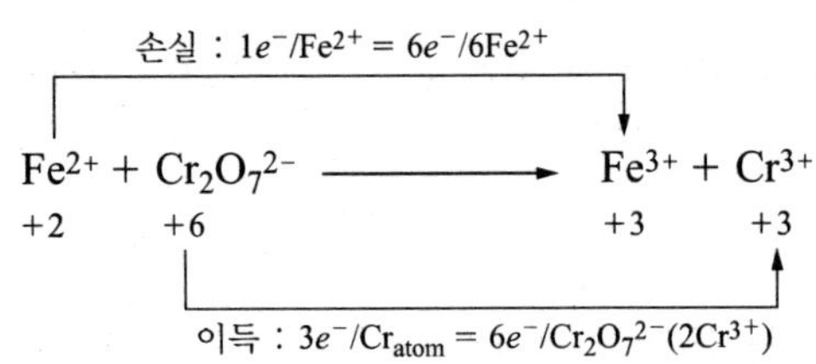

$$6Fe^{2+} + Cr_2O_7^{2-} + ?H^+ \rightarrow 6Fe^{3+} + 2Cr^{3+} + ?H_2O$$

O에 대해서 먼저 맞추고, H에 대해서 맞추면,

$$6Fe^{2+} + Cr_2O_7^{2-} + 14H^+ \rightarrow 6Fe^{3+} + 2Cr^{3+} + 7H_2O$$

(b) 반쪽반응법

	$Fe^{2+} \rightarrow Fe^{3+}$ (산화)	$Cr_2O_7^{2-} \rightarrow Cr^{3+}$ (환원)
산화수	+2 +3	+6 +3

먼저 H와 O를 제외한 원소에 대해 수지를 맞추면 다음과 같다.

$$Fe^{2+} \rightarrow Fe^{3+} \text{ (산화)} \quad | \quad Cr_2O_7^{2-} \rightarrow 2Cr^{3+} \text{ (환원)}$$

H_2O를 이용하여 O에 대해 맞추면,

$$Fe^{2+} \rightarrow Fe^{3+} \text{ (산화)} \quad | \quad Cr_2O_7^{2-} \rightarrow 2Cr^{3+} + 7H_2O \text{ (환원)}$$

H에 대해 맞추면,

$$Fe^{2+} \rightarrow Fe^{3+} \quad | \quad Cr_2O_7^{2-} + 14H^+ \rightarrow 2Cr^{3+} + 7H_2O$$

전하수를 맞추면 다음과 같다.

$$Fe^{2+} \rightarrow Fe^{3+} + e^- \quad | \quad Cr_2O_7^{2-} + 14H^+ + 6e^- \rightarrow 2Cr^{3+} + 7H_2O$$

산화 - 환원 반응은 주고받는 전하수가 같아야 하므로 다음 식과 같이 변화시킨 다음 더한다.

$$\begin{array}{l|l} \times 6 & Fe^{2+} \rightarrow Fe^{3+} + e^- \\ \times 1 & Cr_2O_7^{2-} + 14H^+ + 6e^- \rightarrow 2Cr^{3+} + 7H_2O \end{array}$$

$$\begin{array}{rl} & 6Fe^{2+} \rightarrow 6Fe^{3+} + 6e^- \\ + & Cr_2O_7^{2-} + 14H^+ + 6e^- \rightarrow 2Cr^{3+} + 7H_2O \\ \hline & 6Fe^{2+} + Cr_2O_7^{2-} + 14H^+ \rightarrow 6Fe^{3+} + 2Cr^{3+} + 7H_2O \end{array}$$

예제 5.23

Q&A

염소(Cl_2)는 물에 녹아 차염소산(HClO)이나 차아염소산이온(ClO^-)을 형성한다. 생성된 차아염소산이온은 산화제로서 비소(As)를 산화시킬 수 있다. 산화수법(oxidation number method)과 반쪽반응법(half reaction method)에 의해 다음 산화 – 환원 반응식을 완성하시오.

$$As + ClO^- \rightarrow AsO_4^{3-} + Cl^-$$

Solution

(a) 산화수법

손실 : $5e^-/As = 10e^-/2As$

$$\underset{0}{As} + \underset{+1}{ClO^-} \longrightarrow \underset{+5}{AsO_4^{3-}} + \underset{-1}{Cl^-}$$

이득 : $2e^-/ClO^- = 10e^-/5ClO^-$

$$2As + 5ClO^- \rightarrow 2AsO_4^{3-} + 5Cl^-$$

여기서 왼쪽 항은 5개의 O를 가지고 있고, 오른쪽 항은 8개의 O를 가지고 있으므로, 왼쪽 항에 $x OH^-$를 더하면 오른쪽 항은 $(x-3)H_2O$를 더해야 한다.

$$2As + 5ClO^- + xOH^- \rightarrow 2AsO_4^{3-} + 5Cl^- + (x-3)H_2O$$

H에 대해서 맞추면

$$x = 2(x-3), \qquad x = 6$$

그러므로 위 식을 완성하면,

$$2As + 5ClO^- + 6OH^- \rightarrow 2AsO_4^{3-} + 5Cl^- + 3H_2O$$

(b) 반쪽반응법

	$As \rightarrow AsO_4^{3-}$ (산화)	$ClO^- \rightarrow Cl^-$ (환원)
산화수	0 +5	+1 −1

H_2O를 이용하여 O에 대해 맞추면,

$As + 4H_2O \rightarrow AsO_4^{3-}$ (산화)	$ClO^- \rightarrow Cl^- + H_2O$ (환원)

H에 대해 맞추면 다음과 같다. 여기서 주의할 점은 이 반응은 염기성 반응이 생성되어 H^+를 생성될 수 없으므로 H^+ 대신에 OH^-를 사용한다는 것이다.

$As + 4H_2O + 8OH^-$	$ClO^- + 2H_2O$
$\rightarrow AsO_4^{3-} + 8H_2O$	$\rightarrow Cl^- + H_2O + 2OH^-$

전하수를 맞추면 다음과 같다.

$As + 8OH^-$	$ClO^- + H_2O + 2e^-$
$\rightarrow AsO_4^{3-} + 4H_2O + 5e^-$	$\rightarrow Cl^- + 2OH^-$

산화 - 환원 반응은 주고받는 전하수가 같아야 하므로 다음 식과 같이 변화시킨 다음 더한다.

$$
\begin{array}{l|lll}
\times 2 & As + 8OH^- & \rightarrow & AsO_4^{3-} + 4H_2O + 5e^- \\
\times 5 & ClO^- + H_2O + 2e^- & \rightarrow & Cl^- + 2OH^-
\end{array}
$$

$$
\begin{array}{rlll}
 & 2As + 16OH^- & \rightarrow & 2AsO_4^{3-} + 8H_2O + 10e^- \\
+ & 5ClO^- + 5H_2O + 10e^- & \rightarrow & 5Cl^- + 10OH^- \\
\hline
 & 2As + 5ClO^- + 6OH^- & \rightarrow & 2AsO_4^{3-} + 5Cl^- + 3H_2O
\end{array}
$$

5.5 산화 - 환원 평형

5.5.1. 산화 - 환원 반응에서 반응의 진행방향

산화 - 환원 평형은 전기화학(electrochemistry)과 관련된 분야로서 전기화학적 수처리나 전기분해와 밀접한 관계가 있으며, 산화 - 환원 반응에서 반응의 진행 여부를 알기 위해서는 2장의 화학평형론의 기초지식을 적극적으로 활용해야 한다.

이에 대한 예로서 COD 측정법에서 이용하는 중크롬산칼륨($K_2Cr_2O_7$)의 환원 반응과 2가 철이온(Fe^{2+})의 산화 반응이 있다. COD 측정법은 수중에 강산화제인 중크롬산칼륨을 과량으로 투입하면 수중의 유기물과 중크롬산칼륨이 반응하여 중크롬산칼륨이 소모되고, 수중에 남아있는 중크롬산칼륨의 양을 환원제인 2가 철이온으로 적정하여 계산하는 방식이다. 즉 중크롬산칼륨이 적게 남아있으면 수중에 유기물이 많이 존재하였고, 중크롬산칼륨이 많이 남아있으면 유기물이 적었다는 것을 알 수 있다. 2가 철이온의 적절한 투입량은 용액 중에 1,10-phenanthroline 지시약을 투입하여 알 수 있다. 1,10-phenanthroline 지시약은 2가 철이온과 붉은 색의 착물(complex)을 형성하며, 이는 6장 착물 화학에서 다루게 된다.

강산화제로 작용하는 중크롬산칼륨($K_2Cr_2O_7$)의 환원 반응과 환원제로 작용하는 2가 철이온(Fe^{2+})의 산화 반응을 살펴보면 다음과 같다.

$$
\begin{array}{rlll}
 & 6e^- + 14H^+ + Cr_2O_7^{2-} & \rightleftarrows & 2Cr^{3+} + 7H_2O \\
+ & 6 \times (Fe^{2+} & \rightleftarrows & Fe^{3+} + e^-) \\
\hline
 & 14H^+ + Cr_2O_7^{2-} + 6Fe^{2+} & \rightleftarrows & 2Cr^{3+} + 6Fe^{3+} + 7H_2O
\end{array}
\tag{5.1}
$$

이 반응이 오른쪽으로 진행될 것인가? 아니면 왼쪽으로 진행될 것인가를 알기 위해서는 "2장 화학평형론"에서 배운 표준자유에너지 변화인 ΔG^o를 계산해야 한다. 즉 $\Delta G^o < 0$이면 오른쪽으로 자발적 진행, $\Delta G^o > 0$이면 왼쪽으로 자발적 진행이라는 것을 알 수 있다. ΔG^o를 계산하기 위해서는 표 2.2에서 제시하는 표준생성자유에너지, $\Delta \overline{G}_f^o$를 이용한다.

$$\Delta G^o = \left(\sum \nu_i \Delta \overline{G}_{f,i}^o\right)_{\text{생성물}} - \left(\sum \nu_i \Delta \overline{G}_{f,i}^o\right)_{\text{반응물}}$$

화학종	$\Delta \overline{G}_f^o$ (kcal/mol)
$Cr_2O_7^{2-}{}_{(aq)}$	−310.52
$Cr^{3+}{}_{(aq)}$	−51.44
$H^+{}_{(aq)}$	0
$H_2O_{(aq)}$	−56.69
$Fe^{2+}{}_{(aq)}$	−20.3
$Fe^{3+}{}_{(aq)}$	−2.52

$$\begin{aligned}\Delta G^o &= (\nu_{Cr^{3+}})(\Delta \overline{G}^o_{f,Cr^{3+}}) + (\nu_{Fe^{3+}})(\Delta \overline{G}^o_{f,Fe^{3+}}) + (\nu_{H_2O})(\Delta \overline{G}^o_{f,H_2O}) \\ &\quad - (\nu_{H^+})(\Delta \overline{G}^o_{f,H^+}) - (\nu_{Cr_2O_7^{2-}})(\Delta \overline{G}^o_{f,Cr_2O_7^{2-}}) - (\nu_{Fe^{2+}})(\Delta \overline{G}^o_{f,Fe^{2+}}) \\ &= 2(-51.44)+6(-2.52)+7(-56.69)-14(0)-1(-310.52)-6(-20.3) \\ &= -82.51 \text{ kcal}\end{aligned}$$

그러므로 표준상태에서는 오른쪽 방향으로 반응이 자발적으로 발생한다는 것을 알 수 있다. 또한, 이 경우 평형상수 K를 구해보면,

$\Delta G^o = -RT\ln K$에서

$$-82.51 \text{ kcal} = -(1.987\times10^{-3} \text{ kcal/mol}\cdot\text{K})(298 \text{ K})\ln K$$
$$K = 3.14\times10^{60}$$

평형상수 K가 엄청나게 큰 값이므로 이 반응은 오른쪽으로 잘 일어난다는 것을 알 수 있다.

또한, 표준상태가 아닌 실제 상태에서의 반응여부를 알기 위해서는 ΔG를 계산해야 한다. 만약 수용액에서 용해된 이온 물질의 농도가 적어 이온세기의 영향을 무시할 수 있고, 각 물질의 농도를 다음과 같이 가정하면,

$$[Cr_2O_7^{2-}] = 10^{-2.7} \text{ M}, \qquad [Fe^{2+}] = 10^{-4} \text{ M}, \qquad [Cr^{3+}] = 10^{-2.5} \text{ M},$$

$$[Fe^{3+}] = 10^{-3}\ M, \qquad [H^+] = 10^{-1.5}\ M$$

이 경우 반응지수 Q는

$$Q = \frac{[Cr^{3+}][Fe^{3+}]}{[H^+][Cr_2O_7^{2-}][Fe^{2+}]} = \frac{(10^{-2.5})^2(10^{-3})^6}{(10^{-1.5})^{14}(10^{-2.7})(10^{-4})^6} = 5\times10^{24}$$

온도 30℃의 ΔG를 계산해 보면

$$\begin{aligned}\Delta G &= \Delta G^o + RT\ln Q \\ &= -82.51\ \text{kcal} + (1.987\times10^{-3}\ \text{kcal/mol}\cdot\text{K})(303\ \text{K})\ln(5\times10^{24}) \\ &= -48.27\ \text{kcal}\end{aligned}$$

ΔG 또한 음의 값으로 나타나 반응이 자발적으로 오른쪽으로 진행한다.

5.5.2. 산화 - 환원 반응에서 반반응의 전위

산화 - 환원 반응에서는 반반응의 ΔG^o를 계산하여 자발성을 독립적으로 계산한 다음, 두 반반응을 합한 반응의 ΔG^o를 계산하여 전체 반응의 자발성을 살펴볼 수 있다.

예를 들어, 수용액 중 용존산소 측정방법 중 하나인 윙클러법을 살펴보면, 윙클러법의 마지막 단계에서는 티오황산이온($S_2O_3^{2-}$)으로 요오드($I_{2(aq)}$)를 요오드이온(I^-)으로 환원시키고 자신은 사티온산이온($S_4O_6^{2-}$)으로 산화되는 반응이 있다. 이 산화 - 환원 반응은 산성에서 발생하므로 반반응을 기술하면 다음과 같다.

$$2e^- + I_{2(aq)} \rightleftarrows 2I^-$$
$$2S_2O_3^{2-} \rightleftarrows S_4O_6^{2-} + 2e^-$$

각각의 반응에 대해 ΔG^o를 계산해 보면,

$$\begin{aligned}\Delta G^o &= (\nu_{I^-})(\Delta \overline{G}^o_{f,I^-}) - (\nu_{I^2})(\Delta \overline{G}^o_{f,I_2}) - (\nu_{e^-})(\Delta \overline{G}^o_{f,e^-}) \\ &= 2(\Delta \overline{G}^o_{f,I^-}) - (\Delta \overline{G}^o_{f,I_2}) - 2(\Delta \overline{G}^o_{f,e^-})\end{aligned}$$

$$\begin{aligned}\Delta G^o &= (\nu_{S_4O_6^{2-}})(\Delta \overline{G}^o_{f,S_4O_6^{2-}}) + (\nu_{e^-})(\Delta \overline{G}^o_{f,e^-}) - (\nu_{S_2O_3^{2-}})(\Delta \overline{G}^o_{f,S_2O_3^{2-}}) \\ &= (\Delta \overline{G}^o_{f,S_4O_6^{2-}}) + 2(\Delta \overline{G}^o_{f,e^-}) - 2(\Delta \overline{G}^o_{f,S_2O_3^{2-}})\end{aligned}$$

위 식에서 ΔG^o를 계산하기 위해서는 $\Delta \overline{G}^o_{f,e^-}$를 알아야 하는데, 반반응을 더하면 전자에 대한 값들은 상쇄되어 없어지므로 굳이 $\Delta \overline{G}^o_{f,e^-}$ 구할 필요가 없다. 그러므로 반반응에서는 계산의 편의상 $\Delta \overline{G}^o_{f,e^-}=0$로 두면 된다. 나머지 $\Delta \overline{G}^o_f$값을 표 2.2에서 조사하여 정리하면 다음과 같다.

화학종	$\Delta \overline{G}_f^o$ (kcal/mol)
e^-	0
$I_{2(aq)}$	3.93
$I^-_{(aq)}$	−12.35
$S_2O_3^{2-}{}_{(aq)}$	−122.54
$S_4O_6^{2-}$	−246.3

$$\begin{aligned}\Delta G^o &= 2\left(\Delta \overline{G}^o_{f,I^-}\right)-\left(\Delta \overline{G}^o_{f,I_2}\right)-2\left(\Delta \overline{G}^o_{f,e^-}\right)\\ &= 2(-12.35)-(3.93)-2(0) = -28.63 \text{ kcal}\end{aligned}$$

$$\begin{aligned}\Delta G^o &= \left(\Delta \overline{G}^o_{f,S_4O_6^{2-}}\right)+2\left(\Delta \overline{G}^o_{f,e^-}\right)-2\left(\Delta \overline{G}^o_{f,S_2O_3^{2-}}\right)\\ &= (-246.3)+2(0)-2(-122.54) = -1.22 \text{ kcal}\end{aligned}$$

그러므로 반반응들을 합한 알짜 반응인 다음 반응의 ΔG^o는

$$2S_2O_3^{2-} + I_{2(aq)} \rightleftarrows S_4O_6^{2-} + 2I^-$$

$$\Delta G^o = (-28.63)+(-1.22) = -29.85 \text{ kcal}$$

ΔG^o 값이 음의 값을 가지므로 위 반응은 표준상태에서 자발적으로 발생한다. 위와 같이 중크롬산칼륨($K_2Cr_2O_7$)으로 2가 철이온(Fe^{2+})을 연속적으로 산화시키거나 티오황산이온($S_2O_3^{2-}$)으로 요오드($I_{2(aq)}$)를 환원시키는 반응은 한 반응기 안에서 잘 혼합되면서 모든 화학종이 반응에 관여하는 경우이다. 이러한 경우는 수처리에서 산화-환원 반응에 의한 유해 오염물질의 처리 과정에서 자주 생긴다.

만약 산화와 환원 반응이 하나의 반응기에서 발생하는 것이 아니라 분리된 장소에서 발생하는 것으로 생각해 보자. 이러한 경우는 전기화학적 전지에서 발생한다.

그림 5.1과 같이 산화될 물질과 환원될 물질을 서로 다른 용기에 넣고, 두 용기를 전압계가 달린 백금선으로 연결하면, 한 용기에서 생성된 전자는 백금선을 타고 다른 용기로 이동을 하게 된다. 이때 두 용기 사이에는 이온이 이동할 수 있는 통로를 만들어

두어야 한다. 만약 이 통로가 없다면 한쪽에서는 전자를 주기만 하고 한쪽은 전자를 받기만 하여서 반응은 순식간에 종료되어 계속된 반응의 진행이 어려울 것이다.

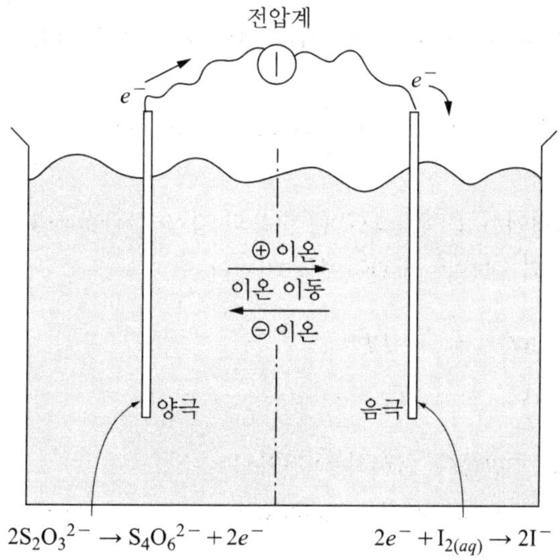

그림 5.1. **요오드 - 티오황산염 전지**

전자를 주는 용기에서는 산화 반응이 발생하고, 이곳에서 전자의 이동 통로가 되는 전극은 양극(anode)이 된다. 마찬가지로 전자를 받는 용기에서는 환원 반응이 일어나고 전자 이동 통로는 음극(cathode)이 된다. 이러한 시스템이 산화 - 환원 반응으로 화학에너지를 전기에너지로 전환하는 갈바니 전지(Galvanic cell)이다. 전자가 백금선을 통해 이동하면 전압계에 전압이 표시되는데, 이는 두 전극 간에 전위차(potential difference, voltage)가 있다는 의미이고, 전자가 백금선을 따라 흘러 전극에서 산화 - 환원 반응이 잘 일어나고 있다는 것을 알 수 있다. 이때의 전위차를 기전력(electromotive force, emf)이라고 하며, 기전력은 전극의 양 끝에서 일정한 전위차를 계속 유지할 수 있는 능력을 의미한다.

모든 화학종의 활동도가 1이고 표준상태에서의 기전력을 E^o_{cell} 이라고 표기한다. E^o_{cell} 는 산화 - 환원 반응의 ΔG^o 값을 전기화학적 단위로 환산한 것으로 볼 수 있으므로 E^o_{cell} 와 ΔG^o 는 밀접한 상관관계가 있다.

모든 산화 - 환원 반응이 전지에서만 발생하는 것이 아니므로 E^o_{cell} 대신에 E^o 를 사용하여, 다음 식과 같이 산화 반반응 전위와 환원 반반응으로 표기할 수 있다.

$$E^o_{cell} = E^o_{ox} + E^o_{red}$$

여기서, E^o_{ox} 와 E^o_{red} 는 각각 산화와 환원 반반응의 전위를 나타낸다.

E^o 값은 ΔG^o 값과 마찬가지로 절대값을 구할 수는 없으나, 표준상태에서 0으로 삼는 표준 반반응을 기준으로 하여 측정할 수 있다. 여기서 표준 반반응은 다음 식과 같이 양성자 H^+가 수소가스 H_2로 환원되는 반응이다.

$$H^+_{(aq)} + e^- \rightleftarrows \frac{1}{2}H_{2(g)}, \qquad E^o = 0$$

표준상태에서 E^o와 ΔG^o는 다음과 같은 상관관계를 가지므로, 표준상태가 아닌 조건에서 E와 ΔG는 상관관계를 가진다.

$$\Delta G^o = -nFE^o$$
$$\Delta G = -nFE$$

여기서, n : 반응에 참여하는 전자의 수
F : Faraday 상수(23.06 kcal/volt · 당량, 96,500 coulomb/당량)

패러데이 상수는 기본 전하량과 아보가드로 수의 곱으로 표현된다.

$$F = eN_A$$

여기서, e는 기본 전하량 즉 전자 하나가 가지고 있는 전하량으로 $1.60217662 \times 10^{-19}$ coulomb이며 N_A는 아보가드로 수(Avogadro constant)로서 $6.02214086 \times 10^{23}$ /mol이다.

$$F = eN_A = (1.60217662 \times 10^{-19}\ \text{coulomb})(6.02214086 \times 10^{23}\ /\text{mol})$$
$$= 96{,}485\ \text{coulomb/mol} \approx 96{,}500\ \text{coulomb/당량}$$

또한, 에너지(J) = 전하량(coulomb) × 전위차(전압, volt)의 관계를 가지므로

$$96{,}500\ \text{coulomb/당량} = 96{,}500\ \text{J/volt} \cdot \text{당량}$$

$$\frac{96{,}500\ \text{J}}{\text{volt} \cdot \text{당량}} \left| \frac{1\ \text{cal}}{4.186\ \text{J}} \right| \frac{1\ \text{kcal}}{1000\ \text{cal}} = 23.053\ \text{kcal/volt} \cdot \text{당량} \approx 23.06\ \text{kcal/volt} \cdot \text{당량}$$

양성자 H^+의 환원 반응에 대해 ΔG^o를 구하면,

$$\Delta G^o = \frac{1}{2}\left(\Delta \overline{G}^o_{f,H_2}\right) - \left(\Delta \overline{G}^o_{f,H^+}\right) - \left(\Delta \overline{G}^o_{f,e^-}\right) = 0 - 0 - 0 = 0\ \text{kcal}$$

여기서, $\Delta \overline{G}^{o}_{f,e^-} = 0$이다.

$\Delta G^o = -nFE^o$의 관계에서 $\Delta G^o = 0$이므로 $E^o = 0$이다.

예제 5.24

니켈 도금을 하기 위해 5 cm의 정사각형 전극 2개를 설치한 수조에서 15 A의 전류를 하전시켰다. 1시간이 지났을 때 몇 g의 니켈이 사용되었는가? 니켈 도금 두께(mm)는? 단, 니켈의 분자량은 58.71 g/mol, 밀도는 8.90 g/cm^3

Solution

용액은 Ni^{2+}를 함유하고 있다고 가정하고, 다음과 같은 환원 반응에 의해 도금이 생성된다.

$$Ni^{2+} + 2e^- \rightleftarrows Ni$$

15 A 전류가 1시간 동안 하전 되었고, 1 mol Ni이 생성되는데 2 mol(2 F)의 전자가 필요하므로

$$\frac{15\ \text{A}}{} \left| \frac{1\ \text{C/s}}{1\ \text{A}} \right| \frac{1\ \text{h}}{} \left| \frac{1\ \text{F}}{96500\ \text{C/eq}} \right| \frac{1\ \text{mol Ni}}{2\ \text{F}} \left| \frac{58.71\ \text{g Ni}}{1\ \text{mol Ni}} \right| \frac{3600\ \text{s}}{1\ \text{h}} = 16.43\ \text{g Ni}$$

전극이 정사각형(5 cm)이므로 전극판의 넓이는 25 cm^2, 전극이 2개이므로 전체 넓이는 50 cm^2

$$\frac{16.43\ \text{g Ni}}{50\ \text{cm}^2} \left| \frac{1\ \text{cm}^3}{8.9\ \text{g Ni}} \right| \frac{10\ \text{mm}}{1\ \text{cm}} = 0.37\ \text{mm}$$

예제 5.25

Ag^+를 함유한 용액에 전류를 하전하여 Ag 0.632 g이 침전하였다. 만약 동일한 전류가 흐를 경우, Cu^{2+} 용액에서 침전되는 Cu의 양(g)은? 단, Ag와 Cu의 원자량은 각각 107.868과 63.546 g/mol이다.

Solution

각 금속이온의 환원 반응에 대한 반반응을 보면,

$$Ag^+ + e^- \rightarrow Ag$$
$$Cu^{2+} + 2e^- \rightarrow Cu$$

위 반반응에서 1 mol Ag와 Cu가 생성되는데 각각 1 mol(1 F)와 2 mol(2 F)의 전자가 필요

하므로 1 F는 각각 1 mol Ag와 1/2 mol Cu를 만든다. 그러므로 동일한 전류가 주어질 때, 환산인자 (2 mol Ag)/(1 mol Cu)를 얻을 수 있다.

$$\frac{0.632 \text{ g Ag}}{} \left| \frac{1 \text{ mol Ag}}{107.868 \text{ g Ag}} \right| \frac{1 \text{ mol Cu}}{2 \text{ mol Ag}} \left| \frac{63.546 \text{ g Cu}}{1 \text{ mol Cu}} \right. = 0.186 \text{ g Cu}$$

예제 5.26

0.417 g의 은이 침전될 정도의 전류를 흘렸을 때 0.254 g의 금이 침전되었다. 금의 당량은 얼마인가? 또한 용액의 원자가는 얼마인가? 단, Ag와 Au의 원자량은 각각 108과 197 g/mol이다.

Solution

은이온의 반반응은

$$Ag^{+} + e^{-} \rightarrow Ag$$

전류량이 동일한 경우 동일한 당량수가 필요하다.

$$\frac{0.254 \text{ g Au}}{0.417 \text{ g Ag}} \left| \frac{\text{eq Ag}}{\text{eq Au}} \right| \frac{1 \text{ mol Ag}}{1 \text{ eq Ag}} \left| \frac{108 \text{ g Ag}}{1 \text{ mol Ag}} \right. = 65.78 \text{ g Au/eq Au}$$

이를 원자가로 환산하기 위해서는

$$\frac{\text{eq Au}}{65.78 \text{ g Au}} \left| \frac{197 \text{ g Au}}{1 \text{ mol Au}} \right. = 2.99 \approx 3 \text{ eq Au/mol Au}$$

그러므로 금은 3가의 금속이다.

$$Au^{3+} + 3e^{-} \rightarrow Au$$

예제 5.27

표준상태에서 전극을 통해 5 F(faraday)의 전기를 흘렸을 때, 다음 기체들이 각각 발생하였다. 각 기체의 발생량(L)은? (1) $O_{2(g)}$, (2) $Cl_{2(g)}$, (3) $H_{2(g)}$. 또한, 각각의 경우에 양극, 음극 중 어느 전극에서 이들 기체가 발생하는가?

Solution

(1) 부록에서 조사했을 때, 산소가 발생할 수 있는 반반응은

$$2H_2O \rightarrow O_{2(g)} + 4H^+ + 4e^- \qquad E^o = -1.27 \text{ volt}$$

그러므로 1 mol의 $O_{2(g)}$가 발생하는 데 4 F(faraday)가 필요하다.

$$\frac{1 \text{ mol } O_{2(g)}}{4 \text{ F}} \left| \frac{5 \text{ F}}{} \right| \frac{22.4 \text{ L } O_{2(g)}}{1 \text{ mol } O_{2(g)}} = 28 \text{ L } O_{2(g)}$$

이는 산화 반응이므로 양극에서 발생한다.

(2) $Cl_{2(g)}$가 발생할 수 있는 반반응은

$$2Cl^- \rightarrow Cl_{2(g)} + 2e^-$$

그러므로 1 mol의 $Cl_{2(g)}$가 발생하는 데 2 F(faraday)가 필요하다.

$$\frac{1 \text{ mol } Cl_{2(g)}}{2 \text{ F}} \left| \frac{5 \text{ F}}{} \right| \frac{22.4 \text{ L } Cl_{2(g)}}{1 \text{ mol } Cl_{2(g)}} = 56 \text{ L } Cl_{2(g)}$$

이는 산화 반응이므로 양극에서 발생한다.

(3) $H_{2(g)}$가 발생할 수 있는 반반응은

$$2H^+ + 2e^- \rightarrow H_{2(g)}$$

그러므로 1 mol의 $H_{2(g)}$가 발생하는 데 2 F(faraday)가 필요하다.

$$\frac{1 \text{ mol } H_{2(g)}}{2 \text{ F}} \left| \frac{5 \text{ F}}{} \right| \frac{22.4 \text{ L } H_{2(g)}}{1 \text{ mol } H_{2(g)}} = 56 \text{ L } H_{2(g)}$$

이는 환원 반응이므로 음극에서 발생한다.

예제 5.28

Q&A

NaCl 용액에 5시간 동안 전기를 흘렸을 때, 0.15 mol의 $Cl_{2(g)}$가 발생하는 데 필요한 전류량(A)은?

Solution

$Cl_{2(g)}$가 발생할 수 있는 반반응은

$$2Cl^- \rightarrow Cl_{2(g)} + 2e^-$$

그러므로 1 mol의 $Cl_{2(g)}$가 발생하는 데 2 F(faraday)가 필요하다.

$$\frac{0.15 \text{ mol } Cl_{2(g)}}{5 \text{ h}} \left| \frac{2 \text{ F}}{1 \text{ mol } Cl_{2(g)}} \right| \frac{96500 \text{ C}}{1 \text{ F}} \left| \frac{1 \text{ A}}{1 \text{ C/s}} \right| \frac{1 \text{ h}}{3600 \text{ s}} = 1.61 \text{ A}$$

0.15 mol의 $Cl_{2(g)}$가 양극에서 발생하는 동안, 동일한 0.15 mol의 $H_{2(g)}$가 음극에서 발생할 것이다.

전기가 흐르는 동안의 동력(power, P)은 다음과 같이 계산된다.

$$P = VI$$

여기서, P는 동력(W = watt), V는 전압(volt), I는 전류(A)

$$1\ \text{W} = 1\ \text{J/s} = 1\ \text{V} \cdot \text{A} = 1\ \text{V} \cdot (\text{C/s})$$

그러므로 1 J = 1 V · C의 관계를 가진다.

또한, 전압 V가 전극 사이에 전류 I를 생성하는 동안, 두 전극 사이에는 저항 R이 발생한다. 옴(Ohm)의 법칙에 의하면,

$$V = IR$$

여기서, R은 저항(Ω)

예제 5.29 Q&A

다니엘 전지는 황산아연 용액 속에 넣은 아연을 음극, 황산구리 용액 속에 넣은 구리를 양극으로 하며 두 용액을 염류 용액으로 이어서 만든 전지이다. 1.1 V를 생성하는 다니엘 전지의 $CuSO_4$ 용액에서 0.1 mol의 Cu가 추출되는데 필요한 전기에너지(J)는?

Solution

Cu가 발생할 수 있는 반반응은

$$Cu^{2+} + 2e^- \rightarrow Cu$$

그러므로 1 mol의 Cu가 발생하는 데 2 F(faraday)가 필요하다.

$$\frac{0.1\ \text{mol Cu}}{} \times \frac{2\ \text{F}}{1\ \text{mol Cu}} \times \frac{96500\ \text{C}}{1\ \text{F}} = 19300\ \text{C}$$

$$\frac{19300\ \text{C}}{} \times \frac{1.1\ \text{V}}{} \times \frac{1\ \text{J}}{1\ \text{V} \cdot \text{C}} = 21230\ \text{J} = 21.2\ \text{kJ}$$

어떤 반반응의 E^o를 구하는 장치는 그림 5.2와 같이 표준수소전극을 사용하여 측정

전극과 연결한다. 그림 5.2는 $I_{2(aq)} + 2e^- \rightleftarrows 2I^-_{(aq)}$의 반반응을 측정하는 장치로서, 표준상태에서 일어나는 이 전지의 반응은 다음과 같다.

음극 : 환원 반응 $I_{2(aq)} + 2e^- \rightleftarrows 2I^-_{(aq)}$, $E^o_{I_2, I^-}$

양극 : 산화 반응 $H_{2(g)} \rightleftarrows 2H^+_{(aq)} + 2e^-$, $E^o_{H_2, H^+}$

총괄 반응 $I_{2(aq)} + H_{2(g)} \rightleftarrows 2I^-_{(aq)} + 2H^+_{(aq)}$, E^o_{cell}

그러므로, $E^o_{cell} = E^o_{I_2, I^-} + E^o_{H_2, H^+} = E^o_{I_2, I^-} + 0 = E^o_{I_2, I^-}$

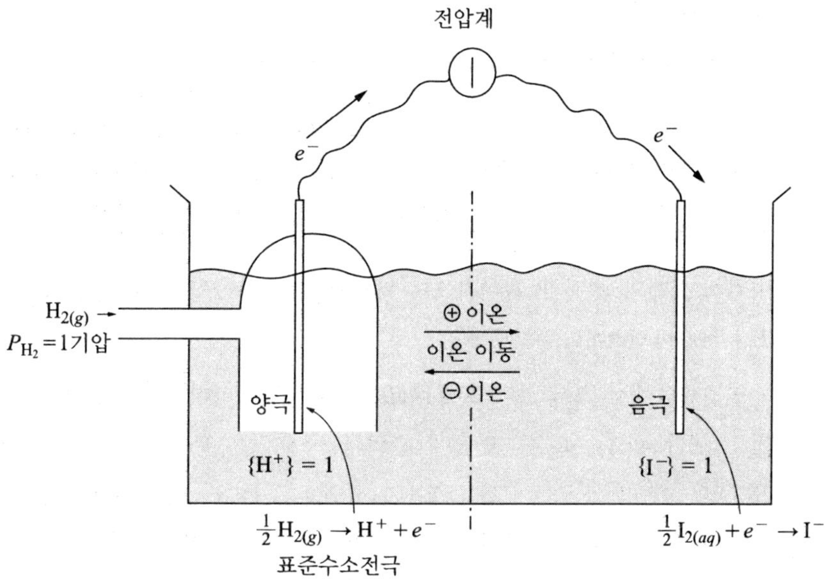

그림 5.2. 표준수소전극을 사용한 반반응의 E^o 결정

이런 조건하에서 $E^o_{I_2, I^-}$의 값을 표준(환원) 전위라 하고, 그 부호는 같은 전지의 기전력과 같다. 만약 총괄 반응의 E^o_{cell}이 양수이고 모든 물질의 활동도가 1인 표준상태라면 $\Delta G^o = -nFE^o$의 관계에 의해 ΔG^o는 음수가 되어 반응은 자발적으로 진행될 것이다. 참고로 여러 가지 환원 반반응의 표준(환원) 전위를 부록에 제시하였다.

요오드의 반반응 표준전위는 $+0.62$ volt(V)로서 양의 값을 가지므로, 표준상태에서 ΔG^o는 음수가 되어 반응은 자발적으로 진행될 것이다. 이는 $I_{2(aq)}$의 전자친화력이 $H^+_{(aq)}$의 전자친화력보다 크고, 따라서 $I_{2(aq)}$가 더 쉽게 환원되므로 더 강한 산화제라는 것을 의미한다.

이를 $I^-_{(aq)}$와 $H_{2(g)}$의 관계로 보면 $I^-_{(aq)}$가 전자를 제공하려는 경향이 $H_{2(g)}$보다 약하므로 $I^-_{(aq)}$가 $H_{2(g)}$보다 약한 환원제라는 것을 알 수 있다.

만약 다음 반응에서

$$S_4O_6^{2-} + \frac{1}{2}H_{2(g)} \rightleftarrows 2S_2O_3^{2-} + H^+_{(aq)}$$

$S_4O_6^{2-}/S_2O_3^{2-}$ 반반응의 표준전위는 +0.18 volt로 양의 값을 가지므로, 표준상태에서 위 반응은 자발적으로 오른쪽 방향으로 반응이 진행될 것이다.

아래 두 반반응의 표준전위로부터 nFE^o를 계산할 수 있고, $\Delta G^o = -nFE^o$의 관계로부터 ΔG^o를 계산할 수 있다.

	$-nFE^o$	ΔG^o
$2e^- + I_{2(aq)} \rightleftarrows 2I^-$	$-2F(+0.62) = -2(23.06)(+0.62)$	−28.6 kcal
$2S_2O_3^{2-} \rightleftarrows S_4O_6^{2-} + 2e^-$	$-2F(-0.18) = -2(23.06)(-0.18)$	8.3 kcal
$I_{2(aq)} + 2S_2O_3^{2-} \rightleftarrows 2I^- + S_4O_6^{2-}$	$-2F(+0.44) = -2(23.06)(+0.44)$	−20.3 kcal

여기서, 2개의 전자가 관여하므로 $n=2$이고, $-nFE^o = -2F(+0.44)$이므로 $E^o = E^o_{cell} = 044$ volt이다.

총괄반응에서 $\Delta G^o = -20.3$ kcal로 음의 값을 가지므로 정반응이 자발적으로 진행될 것이다. 또한, E^o는 반응에 관여하는 전자의 수에 무관하므로 이 반응 $I_{2(aq)} + 2S_2O_3^{2-} \rightleftarrows 2I^- + S_4O_6^{2-}$를 $(1/2)I_{2(aq)} + S_2O_3^{2-} \rightleftarrows I^- + (1/2)S_4O_6^{2-}$로 사용하여도 E^o는 변하지 않으나, 앞 반응식에서는 2개의 전자가, 뒷 반응식에서는 1개의 전자가 관여하므로 ΔG^o 값은 변한다. 그러나 ΔG^o의 부호는 변하지 않으므로 반응의 진행 방향은 동일하다.

예제 5.30

Q&A

액체 벤젠($C_6H_{6(l)}$)의 $\Delta \overline{G}^o_f$ 값은 +124.3 kJ/mol이다. 다음 벤젠의 전기분해 환원 반응의 E^o(volt)는?

$$6C + 6H^+ + 6e^- \rightarrow C_6H_{6(l)}$$

Solution

$$\Delta G^o = \left(\sum \nu_i \overline{G}^o_i\right)_{생성물} - \left(\sum \nu_i \overline{G}^o_i\right)_{반응물}$$

$\Delta G^o = +124.3 - 6(0) - 6(0) - 6(0) = +124.3$ kJ

$\Delta G^o = -nFE^o$에서 6개의 전자가 관여하므로 $n = 6$

$+124.3$ kJ $= -$(6당량)(96.500 kJ/volt · 당량)(E^o)

$E^o = -0.215$ volt

예제 5.31

반응조 내에 다음 반응이 일어날 때, 양극과 음극을 구분하고 전체 반응을 기술하시오.

(1) $Zn \mid Zn^{2+} \parallel Ag^{+} \mid Ag$

(2) $Ag \mid Ag^{+} \parallel Zn^{2+} \mid Zn$

Solution

(a) 양극에서는 산화 반응이 발생하므로 $Zn \rightarrow Zn^{2+} + 2e^-$

음극에서는 환원 반응이 발생하므로 $Ag^+ + e^- \rightarrow Ag$

그러므로 전자균형을 맞추면

$$\begin{array}{rl} & Zn \rightarrow Zn^{2+} + 2e^- \\ + & 2Ag^+ + 2e^- \rightarrow 2Ag \\ \hline & Zn + 2Ag^+ \rightleftarrows Zn^{2+} + 2Ag \end{array}$$

(b) 양극에서는 산화 반응이 발생하므로 $Ag \rightarrow Ag^+ + e^-$

음극에서는 환원 반응이 발생하므로 $Zn^{2+} + 2e^- \rightarrow Zn$

그러므로 전자균형을 맞추면

$$\begin{array}{rl} & 2Ag \rightarrow 2Ag^+ + 2e^- \\ + & Zn^{2+} + 2e^- \rightarrow Zn \\ \hline & Zn^{2+} + 2Ag \rightleftarrows Zn + 2Ag^+ \end{array}$$

예제 5.32

다음 반응의 E^o를 계산하시오.

$$Fe^{3+} + 3e^- \rightarrow Fe_{(s)}$$

Solution

부록의 표준전위 자료에 의하면 위 반응을 만족시키는 자료가 없으므로, 위 반응을 만족시킬 수 있는 반응을 다음과 같이 만든다.

$$Fe^{2+} + 2e^- \rightarrow Fe_{(s)} \qquad E^o = -0.44 \text{ volt}$$
$$Fe^{3+} + e^- \rightarrow Fe^{2+} \qquad E^o = +0.77 \text{ volt}$$

위 두 반응을 더하면

$$Fe^{3+} + 3e^- \rightarrow Fe_{(s)}$$

$$-nFE^o_{Fe^{3+},Fe_{(s)}} = [-nFE^o_{Fe^{2+},Fe_{(s)}}] + [-nFE^o_{Fe^{3+},Fe^{2+}}]$$

$$-3FE^o_{Fe^{3+},Fe_{(s)}} = [-2F(-0.44)] + [-1F(+0.77)]$$

$$E^o_{Fe^{3+},Fe_{(s)}} = -0.037 \text{ volt}$$

예제 5.33

제시된 표준전위를 참조하여 아래 반응의 표준전위를 구하고 진행 방향(정반응 혹은 역반응)을 결정하시오.

$$Ti^{2+} + 2e^- \rightarrow Ti \qquad E^o = -1.63 \text{ volt}$$
$$Co^{2+} + 2e^- \rightarrow Co \qquad E^o = +0.277 \text{ volt}$$
$$Ti + Co^{2+} \rightleftarrows Ti^{2+} + Co$$

Solution

반응을 만족시킬 수 있는 각 반응의 표준전위를 살펴보면,

$$Ti \rightarrow Ti^{2+} + 2e^- \qquad E^o = +1.63 \text{ volt}$$
$$Co^{2+} + 2e^- \rightarrow Co \qquad E^o = +0.277 \text{ volt}$$

각 반반응을 더하면

$$Ti + Co^{2+} \rightleftarrows Ti^{2+} + Co \qquad E^o = +1.907 \text{ volt}$$

E^o 값이 양이고 $\Delta G^o = -nFE^o$에서 ΔG^o는 음의 값을 가지므로 이 반응은 정반응이 자발적으로 일어난다.

예제 5.34

다음 각 반응에서 E^o를 계산하고 진행 방향(정반응 혹은 역반응)을 결정하시오. 필요한 자료는 부록을 참조하시오.

(1) $Mn + Cr^{3+} \rightleftarrows Mn^{2+} + Cr$

(2) $Ni + Fe^{2+} \rightleftarrows Ni^{2+} + Fe$

Solution

(1) 부록에 제시된 자료를 이용하면,

산화 반응(양극) $Mn \rightarrow Mn^{2+} + 2e^-$ $\quad E^o_{ox} = +1.18$ volt

환원 반응(음극) $Cr^{3+} + 3e^- \rightarrow Cr$ $\quad E^o_{red} = -0.744$ volt

$E^o_{cell} = E^o_{ox} + E^o_{red}$에 의해 각 반반응을 더하면

$$Mn + Cr^{3+} \rightleftarrows Mn^{2+} + Cr \qquad E^o = +0.436 \text{ volt}$$

E^o 값이 양이고 $\Delta G^o = -nFE^o$에서 ΔG^o는 음의 값을 가지므로 이 반응은 정반응이 자발적으로 일어난다.

(2) 마찬가지로 부록에 제시된 자료를 활용하면,

$Ni \rightarrow Ni^{2+} + 2e^-$ $\quad E^o_{ox} = +0.250$ volt

$Fe^{2+} + 2e^- \rightarrow Fe$ $\quad E^o_{red} = -0.44$ volt

$E^o_{cell} = E^o_{ox} + E^o_{red}$에 의해 각 반반응을 더하면

$$Ni + Fe^{2+} \rightleftarrows Ni^{2+} + Fe \qquad E^o = -0.19 \text{ volt}$$

E^o 값이 음이고 $\Delta G^o = -nFE^o$에서 ΔG^o는 양의 값을 가지므로 이 반응은 역반응이 자발적으로 일어난다.

예제 5.35

Q&A

황산아연($ZnSO_4$)과 액상 브롬(Br^-)이 물속에 있는 경우, 전극의 전압을 구하고, 전자 흐름의 방향을 설정하시오.

Solution

$ZnSO_4$는 Zn^{2+}와 SO_4^{2-}로 이온화되고, 부록에 제시된 자료를 이용하여, 반반응을 기술하면,

$Zn \rightarrow Zn^{2+} + 2e^-$ $\quad E^o_1 = +0.763$ volt

$2Br^- \rightarrow Br_2 + 2e^-$ $\quad E^o_2 = -1.065$ volt

반응이 자발적으로 발생하기 위해서는 E^o가 양의 값을 가져야 하고, 위의 경우에서 양의 값이 되기 위해서는

$$E^o_1 - E^o_2 = +0.763 - (-1.065) = +1.828 \text{ volt}$$

그러므로 Zn은 산화 반응으로 양극, Br 반응은 환원 반응으로 음극에서 발생한다.

$$Zn + Br_2 \rightarrow Zn^{2+} + 2Br^-$$

만약 염다리와 백금 음극을 가정하면, 전자는 Zn 양극에서 백금 음극으로 이동한다.

예제 5.36

다음 반응을 전기 분해로 진행시키려고 할 때, 필요한 최소 전압(volt)은 얼마인가? 단, 부록의 표준전위 자료를 이용하시오.

(1) $Cu_{(s)} + Mn^{2+} \rightarrow Cu^{2+} + Mn_{(s)}$

(2) $2NO_{(g)} + 3S + 4H_2O \rightarrow 2NO_3^- + 3S^{2-} + 8H^+$

Solution

(1) 부록에 제시된 자료를 이용하여, 반반응을 기술하면,

$$Cu_{(s)} \rightarrow Cu^{2+} + 2e^- \qquad E_1^o = -0.34 \text{ volt}$$

$$Mn^{2+} + 2e^- \rightarrow Mn_{(s)} \qquad E_2^o = -1.18 \text{ volt}$$

위 반반응을 더한 전체 반응은

$$Cu_{(s)} + Mn^{2+} \rightarrow Cu^{2+} + Mn_{(s)} \qquad E^o = -1.52 \text{ volt}$$

반응이 자발적으로 발생하기 위해서는 E^o가 양의 값을 가져야 하는데, 위의 경우에서는 자발적인 정반응이 불가능하다. 그러므로 $+1.52$ volt의 최소 전압을 공급해야 반응이 진행된다.

(2) 부록에 제시된 자료를 이용하여, 반반응을 기술하면,

$$2NO_{(g)} + 4H_2O \rightarrow 2NO_3^- + 8H^+ + 6e^- \qquad E_1^o = -0.957 \text{ volt}$$

$$3S + 6e^- \rightarrow 3S^{2-} \qquad E_2^o = -0.447 \text{ volt}$$

위 반반응을 더한 전체 반응은

$$2NO_{(g)} + 3S + 4H_2O \rightarrow 2NO_3^- + 3S^{2-} + 8H^+ \qquad E^o = -1.404 \text{ volt}$$

그러므로 $+1.404$ volt의 최소 전압을 공급해야 반응이 진행된다.

5.5.3. Nernst 식

앞에서 언급된 모든 문제는 표준상태에 한정된 것이었다. "2장 화학평형론"에서 살펴보았듯이 각종 화학종의 농도를 고려하는 실질적인 경우를 살펴보기 위해서는 ΔG^o

가 아니라 ΔG를 조사하여야 실제 반응의 진행여부를 알 수 있다. 그러므로 ΔG는 다음 식과 같이 기술된다.

$$\Delta G = \Delta G^o + RT\ln Q$$

여기서, ΔG : 실제 상태의 Gibbs 자유에너지
ΔG^o : 표준상태의 Gibbs 자유에너지
R : 이상기체상수
T : 절대온도
Q : 반응지수(반응물의 활동도곱에 대한 생성물의 활동도곱의 비)

양변을 $-nF$으로 나누면,

$$\frac{\Delta G}{-nF} = \frac{\Delta G^o}{-nF} + \frac{RT}{-nF}\ln Q$$

앞에서 $\Delta G = -nFE$이므로,

$$E = E^o + \frac{RT}{-nF}\ln Q$$

$$E = E^o - \frac{RT}{nF}\ln Q$$

이 식을 네른스트(Nernst) 식이라고 하는데, 이 식은 표준상태를 벗어난 전지에서 발생하는 전지 전위 또는 기전력을 계산할 수 있는 식으로 전기화학 전지의 열역학적 문제에서 매우 중요한 기초가 된다.

평형상태에서는 $\Delta G = 0$이고 $Q = K$이므로, $\Delta G^o = -RT\ln K$

$$\frac{\Delta G^o}{-nF} = E^o = \frac{RT}{nF}\ln K$$

25℃, 표준상태에서 $R = 1.987$ cal/mol · K, $T = 25℃ = 298$ K, $F = 23.053\times10^3$ cal/volt · 당량 ≈ 23.06 kcal/volt · 당량이고, ln = 2.3log이고 여기서는 당량 = mol이므로 네른스트식에 대입하여 정리하면,

$$\frac{RT}{nF}\ln Q = \frac{2.3(1.987\ \text{cal/mol}\cdot\text{K})(298\ \text{K})}{n(23.053\times10^3\ \text{cal/volt}\cdot\text{당량})}\log Q = \frac{0.059}{n}\log Q$$

$$E = E^o - \frac{0.059}{n}\log Q$$

또한, 평형상태의 E^o는

$$E^o = \frac{0.059}{n} \log K$$

예제 5.37

Q&A

다음과 같이 양극은 아연전극, 음극은 구리전극을 사용하는 다니엘 전지에서, 25℃ 전지 반응의 평형상수는?

Solution

양극인 아연전극에서는 산화 반응이 발생하고 음극인 구리전극에서는 환원 반응이 발생하므로, 부록에 제시된 자료를 이용하여 반반응을 기술하면,

$$Zn \rightarrow Zn^{2+} + 2e^- \qquad E^o_{ox} = +0.76 \text{ volt}$$

$$Cu^{2+} + 2e^- \rightarrow Cu \qquad E^o_{red} = +0.34 \text{ volt}$$

$E^o_{cell} = E^o_{ox} + E^o_{red}$에 의해 각 반반응을 더하면

$$Zn + Cu^{2+} \rightleftarrows Zn^{2+} + Cu \qquad E^o = +1.10 \text{ volt}$$

$$E^o = \frac{0.059}{n} \log K$$

반응에 관여하는 전자의 수가 2이므로 $n = 2$

$$+1.10 = \frac{0.059}{2} \log K$$

$$K = 1.94 \times 10^{37} = 10^{37.29}$$

5.5.4. 각종 전지와 전지의 기호

가장 간단한 전지는 그림 5.3과 같이 두 전극이 하나의 전해질 용액(HCl 용액)을 공통으로 가지는 전지이다. 이 경우 전지를 기호로 나타낼 때는 수직선을 이용하여 상 경계를 나타내는데, 그림 5.3과 같은 전지는 다음과 같이 나타낸다. 항상 산화 반응을 왼쪽, 환원 반응을 오른쪽에 기술한다.

$$Pt \mid H_{2(g)} \mid HCl_{(aq)} \mid AgCl_{(s)} \mid Ag$$

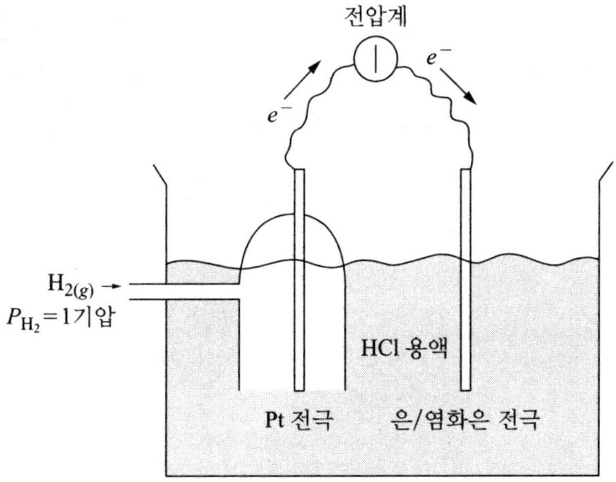

그림 5.3. 액간 접촉이 없는 간단한 화학 전지

그림 5.4와 같은 Daniell 전지가 있다. 이 전지는 상이한 전해질 용액에 전극이 담겨져 있다. 이 경우 한 전극에서의 산화 - 환원 쌍은 Cu^{2+}/Cu이고, 다른 전극에서 쌍은 Zn^{2+}/Zn이다. Daniell 전지와 같이 두 상이한 전해질 용액을 접하고 있는 전지에서는 두 용액의 계면 사이에서 액간 접촉 전위가 발생한다.

액간 접촉은 ⋮ 으로 나타낸다. 그러므로 그림 5.4의 전지는 다음과 같이 표시한다.

$$Zn_{(s)} \mid ZnSO_{4(aq)} \vdots CuSO_{4(aq)} \mid Cu_{(s)}$$

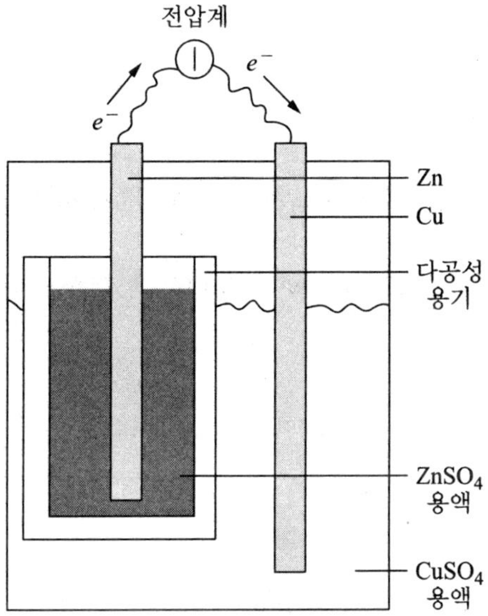

그림 5.4. Daniell 전지

그림 5.5와 같이 염다리를 통해서 두 전해질 용액을 연결시키면 액간 접촉 전위를 최소로 줄여 줄 수 있다. 그러므로 액간 접촉 전위가 제거되었다고 생각되는 계면은 이중 수직선(‖)을 이용하여 나타낸다. 그러므로 그림 5.5를 기호로 표시하면 다음과 같다.

$$Zn_{(s)} \mid ZnSO_{4(aq)} \parallel CuSO_{4(aq)} \mid Cu_{(s)}$$

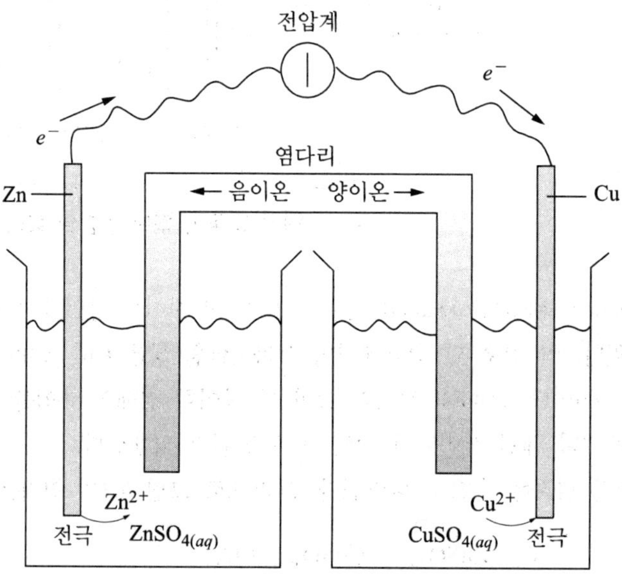

그림 5.5. 전해질 농도차 전지

예제 5.38

다음과 같은 경우에 전지 반응을 기술하고, 25℃에서의 E는? 또한 자발적인 전지 반응의 방향은?

$$Ag \mid AgNO_3(0.1\ M) \parallel CuSO_4(10^{-5}\ M) \mid Cu$$

Solution

부록에 제시된 자료를 이용하여 반반응을 기술하면,

$$Ag \rightarrow Ag^{+} + e^{-} \qquad E^{o}_{ox} = -0.8\ \text{volt}$$

$$Cu^{2+} + 2e^{-} \rightarrow Cu \qquad E^{o}_{red} = +0.34\ \text{volt}$$

$E^{o}_{cell} = E^{o}_{ox} + E^{o}_{red}$에 의해 각 반반응을 더하면

$$2Ag + Cu^{2+} \rightleftarrows 2Ag^{+} + Cu \qquad E^{o} = -0.46 \text{ volt}$$

E^{o}는 전하수와 무관하다.

$E^{o} < 0$이므로 표준상태에서 자발적인 정반응이 일어나기 어렵다.

25℃의 네른스트 식에서 반응지수를 먼저 계산하면,

$$E = E^{o} - \frac{0.059}{n} \log Q$$

$n = 2$, $\{Ag\} = \{Ag_{(s)}\} = 1$, $\{Cu\} = \{Cu_{(s)}\} = 1$이고, 묽은 용액으로 가정하면 활동도 대신 몰농도를 사용할 수 있으므로,

$$Q = \frac{\{Cu\}\{Ag^{+}\}^2}{\{Cu^{2+}\}\{Ag\}^2} = \frac{[Ag^{+}]^2}{[Cu^{2+}]} = \frac{(0.1)^2}{(10^{-5})} = 1000$$

$$E = -0.46 - \frac{0.059}{2} \log(1000) = -0.55 \text{ volt}$$

여전히 $E < 0$이므로 자발적인 정반응이 어렵다. 즉 자발적인 역반응이 발생한다.

예제 5.39

금속 철은 $NiCl_2$ 용액에서 방출되는 니켈과 이온교환을 한다. 만약 초기 용액 중 Ni^{2+} 농도가 0.1 M이었다면, 더 이상 철이 용해되지 않을 때 Fe^{2+}와 Ni^{2+} 농도는?

Solution

제시된 교환 반응은 다음과 같다.

$$Fe + Ni^{2+} \rightarrow Fe^{2+} + Ni$$

이 경우의 전지 반응은 다음과 같다.

$$Fe \mid Fe^{2+} \parallel Ni^{2+} \mid Ni$$

$$Fe \rightarrow Fe^{2+} + 2e^{-} \qquad E^{o}_{ox} = +0.440 \text{ volt}$$

$$Ni^{2+} + 2e^{-} \rightarrow Ni \qquad E^{o}_{red} = -0.250 \text{ volt}$$

$E^{o}_{cell} = E^{o}_{ox} + E^{o}_{red}$에 의해 각 반반응을 더하면, $E^{o} = +0.190$ volt

$E^{o} > 0$이므로 표준상태에서 자발적인 정반응이 일어난다는 것을 알 수 있다.

철이 더 이상 용해되지 않는 것은 평형상태에 도달했다는 것을 의미하고 이것은 $E = 0$이라는 것을 의미한다. 또한, Ni^{2+}의 초기농도가 0.1 M이었으므로, 동일 mol 수로 이온교환하면 최종적으로 존재하는 농도도 0.1 M로서, $[Fe^{2+}] + [Ni^{2+}] = 0.1$ M이라는 것을 알 수 있다.

25℃의 네른스트 식에서 반응지수를 먼저 계산하면,

$$E = E^o - \frac{0.059}{n}\log Q$$

$n=2$, $\{Ni\}=\{Ni_{(s)}\}=1$, $\{Fe\}=\{Fe_{(s)}\}=1$이고, 묽은 용액으로 가정하면 활동도 대신 몰농도를 사용할 수 있다. 또한, $[Ni^{2+}]=x$ M이라고 가정하면 $[Fe^{2+}]=(0.1-x)$ M

$$Q = \frac{\{Fe^{2+}\}\{Ni\}}{\{Fe\}\{Ni^{2+}\}} = \frac{[Fe^{2+}][Ni]}{[Fe][Ni^{2+}]} = \frac{(0.1-x)(1)}{(1)(x)}$$

$$0 = +0.190 - \frac{0.059}{2}\log\frac{(0.1-x)}{x}$$

$$6.440 = \log\frac{(0.1-x)}{x}$$

$$2754228x = 0.1 - x$$

$$x = [Ni^{2+}] = 3.6\times10^{-8}\text{ M}, \qquad [Fe^{2+}] = (0.1-x) \approx 0.1\text{ M}$$

예제 5.40

25℃에서 전기화학적 자료를 이용하여 다음 반응의 평형상수를 구하시오.

$$2Ag + 2Hg^{2+} \rightleftarrows 2Ag^+ + 2Hg_{(l)}$$

Solution

부록에 제시된 자료를 이용하여 반반응을 기술하면 다음과 같다.

$$Ag \rightarrow Ag^+ + e^- \qquad E^o_{ox} = -0.8\text{ volt}$$

$$2Hg^{2+} + 2e^- \rightarrow 2Hg_{(l)} \qquad E^o_{red} = +0.789\text{ volt}$$

$E^o_{cell} = E^o_{ox} + E^o_{red}$에 의해 각 반반응을 더하면

$$2Ag + 2Hg^{2+} \rightleftarrows 2Ag^+ + 2Hg_{(l)} \qquad E^o = -0.011\text{ volt}$$

25℃ 표준상태에서

$$E^o = \frac{0.059}{n}\log K$$

2개의 전자를 이용하므로 $n=2$

$$-0.011 = \frac{0.059}{2}\log K$$

$$K = 0.423$$

예제 5.41

Q&A

25℃에서 전기화학적 자료를 이용하여 아래 값을 구하시오.

(1) $AgI_{(s)}$의 용해도곱, K_{sp}

(2) $PbSO_{4(s)}$의 포화농도

Solution

(1) $AgI_{(s)}$의 용해도 반응은 다음과 같다.

$$AgI_{(s)} \rightleftarrows Ag^+ + I^-$$

이 반응식은 기타 부록에 제시된 다음 두 개의 전기화학 반반응을 서로 더하여 생성된다.

$$AgI_{(s)} + e^- \rightarrow Ag + I^- \qquad E^o_{red} = -0.1522 \text{ volt}$$

$$Ag \rightarrow Ag^+ + e^- \qquad E^o_{ox} = -0.799 \text{ volt}$$

$E^o_{cell} = E^o_{ox} + E^o_{red}$에 의해 반반응을 더한 전체 반응은

$$AgI_{(s)} \rightleftarrows Ag^+ + I^- \qquad E^o = -0.9512 \text{ volt}$$

25℃ 표준상태에서

$$E^o = \frac{0.059}{n}\log K$$

1개의 전자를 이용하므로 $n = 1$

$$-0.9512 = \frac{0.059}{1}\log K$$

$$K = K_{sp} = 7.59\times10^{-17}\ M^2$$

(2) $PbSO_{4(s)}$의 용해도 반응은 다음과 같다.

$$PbSO_{4(s)} \rightleftarrows Pb^{2+} + SO_4^{2-}$$

이 반응식은 기타 부록에 제시된 다음 두 개의 전기화학 반반응을 서로 더하여 생성된다.

$$PbSO_{4(s)} + 2e^- \rightarrow Pb + SO_4^{2-} \qquad E^o_{red} = -0.3505 \text{ volt}$$

$$Pb \rightarrow Pb^{2+} + 2e^- \qquad E^o_{ox} = +0.126 \text{ volt}$$

$E^o_{cell} = E^o_{ox} + E^o_{red}$에 의해 반반응을 더한 전체 반응은

$$PbSO_{4(s)} \rightleftarrows Pb^{2+} + SO_4^{2-} \qquad E^o = -0.2245 \text{ volt}$$

25℃ 표준상태에서

$$E^o = \frac{0.059}{n} \log K$$

2개의 전자를 이용하므로 $n = 2$

$$-0.2245 = \frac{0.059}{2} \log K$$

$$K = K_{sp} = 2.5\times10^{-8} \text{ M}^2$$

$PbSO_{4(s)}$의 포화농도를 S라고 두면, $S = [Pb^{2+}] = [SO_4^{2-}]$

$$K_{sp} = [Pb^{2+}][SO_4^{2-}] = S^2$$

$$2.5\times10^{-8} = S^2$$

$$S = 1.56\times10^{-4} \text{ M}$$

예제 5.42

Q&A

다음 반응에서 전기화학적 자료를 이용하여 ΔG(kcal/mol)를 계산하시오. 단, 각 물질의 농도는 다음과 같다.

$$2Fe^{2+} + I_2 \rightleftarrows 2Fe^{3+} + 2I^-$$

$[Fe^{2+}] = 0.5$ M, $[I_2] = 0.02$ M, $[Fe^{3+}] = 0.005$ M, $[I^-] = 0.002$ M

Solution

부록에 제시된 자료를 이용하여 반반응을 기술하면 다음과 같다.

$$Fe^{2+} \rightarrow Fe^{3+} + e^- \qquad E^o_{ox} = -0.77 \text{ volt}$$

$$I_2 + 2e^- \rightarrow 2I^- \qquad E^o_{red} = +0.536 \text{ volt}$$

$E^o_{cell} = E^o_{ox} + E^o_{red}$에 의해 각 반반응을 더하면

$$2Fe^{2+} + I_2 \rightleftarrows 2Fe^{3+} + 2I^- \qquad E^o = -0.234 \text{ volt}$$

네른스트 식에서 반응지수를 먼저 계산하면,

$$E = E^o - \frac{0.059}{n} \log Q$$

$n=2$, 묽은 용액으로 가정하면 활동도 대신 몰농도를 사용할 수 있으므로,

$$Q=\frac{\{Fe^{3+}\}^2\{I^-\}^2}{\{Fe^{2+}\}^2\{I_2\}}=\frac{[Fe^{3+}]^2[I^-]^2}{[Fe^{2+}]^2[I_2]}=\frac{(0.005)^2(0.002)^2}{(0.5)^2(0.02)}=2\times10^{-8}$$

$$E=-0.234-\frac{0.059}{2}\log(2\times10^{-8})=-0.0069\text{ volt}$$

$$\Delta G=-nFE$$

$=-$

2 eq	96500 C	−0.0069 volt	1 J	1 cal	1 kcal
1 mol	1 eq		1 V · C	4.2 J	1000 cal

$= +0.317$ kcal/mol

예제 5.43

Q&A

수중의 용존산소 농도를 측정하기 위해 Winkle법을 사용한다. 이 방법에 의하면, 용존산소에 의해 Mn^{2+}가 산화되어 $MnO_{2(s)}$가 되고, 산화된 $MnO_{2(s)}$는 I^-를 $I_{2(aq)}$로 산화시킨다. 용존산소가 8 mg/L인 수용액에서 용존산소에 의해 생성된 $MnO_{2(s)}$의 절반이 I^-에 의해 환원되었을 때, 이때의 전위(E)는? 단, $[H^+]=1$ M, 첨가한 화합물의 농도는 다음과 같다. 단, Mn, S, K, I의 원자량은 각각, 55, 32, 39, 127 g/mol이다.

(1) 시험액 300 mL에 400 g/L $MnSO_4\cdot2H_2O$ 용액 2 mL 첨가

(2) 시험액 300 mL에 150 g/L KI 용액 2 mL 첨가

Solution

우선 첨가된 $MnSO_4$와 KI 용액의 몰농도를 계산한다. 이때 $MnSO_4$와 KI 첨가에 따른 부피 변화는 없는 것으로 가정한다.

$C_{T,\text{Mn}}$는

400 g $MnSO_4\cdot2H_2O$	1 mol $MnSO_4\cdot2H_2O$	1 mol Mn^{2+}
L	187 g $MnSO_4\cdot2H_2O$	1 mol $MnSO_4\cdot2H_2O$

$=2.14$ M Mn^{2+}

2.14 mol Mn^{2+}	2 mL
L	300 mL 시험액

$=0.0143$ M Mn^{2+}

$C_{T,\text{I}}$는

150 g KI	1 mol KI	1 mol I^-
L	166 g KI	1 mol KI

$=0.9$ M I^-

$$\frac{0.9\ \text{mol I}^-}{\text{L}} \left| \frac{2\ \text{mL}}{300\ \text{mL 시험액}} \right. = 0.006\ \text{M I}^-$$

Mn^{2+}는 용존산소와 반응하여 $MnO_{2(s)}$를 형성하므로, 각 산화 - 환원 반반응과 전체 반응은 다음과 같다.

$$\begin{aligned} \times 2 \quad & (Mn^{2+} + 2H_2O \rightarrow MnO_{2(s)} + 4H^+ + 2e^-) \\ + \quad & 4H^+ + O_{2(aq)} + 4e^- \rightarrow 2H_2O \\ \hline & 2Mn^{2+} + O_{2(aq)} + 2H_2O \rightleftarrows 2MnO_{2(s)} + 4H^+ \end{aligned}$$

용존산소 8 mg/L를 몰농도로 환산하면

$$\frac{8\ \text{mg}\ O_{2(aq)}}{\text{L}} \left| \frac{1\ \text{mmol}\ O_{2(aq)}}{32\ \text{mg}\ O_{2(aq)}} \right| \frac{1\ \text{mol}}{1000\ \text{mmol}} = 2.5\times10^{-4}\ \text{mol}\ O_{2(aq)}/\text{L}$$

2.5×10^{-4} mol $O_{2(aq)}$/L에 의해 생성되는 $MnO_{2(s)}$는 $2\times(2.5\times10^{-4}) = 5.0\times10^{-4}$ mol/L
I^-에 의해 $MnO_{2(s)}$의 절반이 환원된다면 남아있는 $[Mn^{2+}]$는

$$\begin{aligned}[Mn^{2+}] &= C_{T,\text{Mn}} - (1/2)[MnO_{2(s)}] \\ &= 0.0143 - (1/2)(5.0\times10^{-4}) = 0.014\ \text{M}\end{aligned}$$

I^-와 $MnO_{2(s)}$의 각 산화 - 환원 반반응과 전체 반응은 다음과 같다.

$$\begin{aligned} & 2I^- \rightarrow I_2 + 2e^- & E^o_{ox} &= -0.536\ \text{volt} \\ + \quad & MnO_{2(s)} + 4H^+ + 2e^- \rightarrow Mn^{2+} + 2H_2O & E^o_{red} &= +1.23\ \text{volt} \\ \hline & 2I^- + MnO_{2(s)} + 4H^+ \rightleftarrows I_2 + Mn^{2+} + 2H_2O & E^o_{cell} &= +0.694\ \text{volt} \end{aligned}$$

$$E^o_{cell} = E^o_{ox} + E^o_{red} = (-0.536) + (+1.23) = +0.694\ \text{volt}$$

위 반응식에서 1 mol의 $MnO_{2(s)}$는 2 mol의 I^-와 반응하여 1 mol의 I_2를 생성하므로, 생성되는 $[I_2] = 2.5\times10^{-4}$ M이고, 남아있는 $[I^-]$는

$$\begin{aligned}[I^-] &= C_{T,\text{I}} - 2[MnO_{2(s)}] \\ &= 0.006 - 2(2.5\times10^{-4}) = 0.0055\ \text{M}\end{aligned}$$

$$E = E^o - \frac{0.059}{n}\log Q$$

$\{MnO_{2(s)}\} = 1$, $\{H_2O\} = 1$, 묽은 용액으로 가정하면 활동도 대신 몰농도를 사용할 수 있으므로,

$$Q = \frac{\{I_2\}\{Mn^{2+}\}\{H_2O\}^2}{\{I^-\}^2\{MnO_{2(s)}\}\{H^+\}^4} = \frac{[I_2][Mn^{2+}]}{[I^-]^2[H^+]^4} = \frac{(2.5\times10^{-4})(0.014)}{(0.0055)^2(1)^4} = 0.116$$

2개의 전자가 관여하므로, $n=2$

$$E = +0.694 - \frac{0.059}{2}\log(0.116) = +0.72 \text{ volt}$$

$E>0$이므로 자발적으로 정반응이 진행된다. 즉 $MnO_{2(s)}$가 I^-에 의해 환원되는 반응이 계속 진행된다.

반반응을 표준수소전극과 결합하여 네른스트 식을 사용할 수 있다. Cu^{2+}가 Cu^+로 환원되는 반응과 수소산화 반응은 다음과 같다.

$$\begin{array}{llr} & Cu^{2+} \rightarrow Cu^+ + e^- & E^o_{red} = +0.153 \text{ volt} \\ + & (1/2)H_{2(g)} \rightarrow H^+ + e^- & E^o_{ox} = 0 \text{ volt} \\ \hline & Cu^{2+} + (1/2)H_{2(g)} \rightleftarrows Cu^+ + H^+ & E^o_{cell} = +0.153 \text{ volt} \end{array}$$

여기서 $n=1$, 이 결과를 네른스트 식에 대입하여 정리하면,

$$E = E^o - \frac{RT}{nF}\ln Q$$

$$E = +0.153 - \frac{RT}{(1)F}\ln\frac{\{Cu^+\}\{H^+\}}{\{Cu^{2+}\}\{H_{2(g)}\}^{1/2}}$$

$$E = +0.153 - \frac{RT}{F}\ln\frac{\{Cu^+\}\{H^+\}}{\{Cu^{2+}\}(P_{H_{2(g)}})^{1/2}}$$

표준수소전극에서 $\{H^+\}=1$, $P_{H_{2(g)}}=1$ atm이므로

$$E = +0.153 - \frac{RT}{F}\ln\frac{\{Cu^+\}}{\{Cu^{2+}\}}$$

묽은 용액으로 가정하면 활동도 대신 몰농도를 사용할 수 있으므로,

$$E = +0.153 - \frac{RT}{F}\ln\frac{[Cu^+]}{[Cu^{2+}]}$$

그러므로 표준수소전극을 포함하는 알짜 반응에 대한 네른스트 식은 표준수소산화 반응을 제외한 반반응의 네른스트 식과 동일하며, 그 전위는 e^-를 제외한 반응물과 생

성물의 활동도에 대한 함수로 표현된다.

또한, 이 반반응이 환원 반응일 경우에는 E 대신 E_H로 나타낸다. 그러므로 E_H로 표시하면 표준수소전극을 사용한 전위라는 것을 알 수 있다.

$$E_H = +0.153 - \frac{RT}{F} \ln \frac{[\mathrm{Cu}^+]}{[\mathrm{Cu}^{2+}]}$$

그러나 반반응의 E_H와 알짜 반응의 E는 다르다. 반반응의 E_H는 단순히 표준수소전극 반응에 대한 상대적 전위이고, 알짜 반응의 E는 이 반응의 진행방향과 평형여부를 알려준다.

5.6 전자활동도와 $p\varepsilon$

pH의 정의와 마찬가지로, $p\epsilon$는 전자활동도의 음의 대수이다.

$$\mathrm{pH} = -\log\{\mathrm{H}^+\}$$
$$p\epsilon = -\log\{e^-\}$$

pH가 용액에서 양성자(H^+)로서 작용할 수 있는 물질량의 척도인 것과 마찬가지로, $p\epsilon$는 전자(e^-)로서 작용할 수 있는 물질량의 척도이다.

pH의 개념이 익숙하므로 pH의 개념과 유사하게 $p\epsilon$의 개념을 알아보도록 한다. pH의 개념을 일아보기 위해 가장 간단한 산(HA)의 반응을 보면 다음과 같다.

$$\mathrm{HA} \rightleftarrows \mathrm{H}^+ + \mathrm{A}^- \qquad K_1 \qquad (1)$$
$$+\ \mathrm{H}^+ + \mathrm{H_2O} \rightleftarrows (\mathrm{H_3O})^+ \qquad K_2 \qquad (2)$$
$$\mathrm{HA} + \mathrm{H_2O} \rightleftarrows \mathrm{A}^- + (\mathrm{H_3O})^+ \qquad K_3 \qquad (3)$$

K_2는 편의상 1로 놓을 수 있다. 실제 평형상수 K_2를 보면,

$$K_2 = \frac{\{(\mathrm{H_3O})^+\}}{\{\mathrm{H}^+\}\{\mathrm{H_2O}\}} = \frac{\{(\mathrm{H_2O})\mathrm{H}^+\}}{\{\mathrm{H}^+\}\{\mathrm{H_2O}\}} = \frac{\{\mathrm{H_2O}\}\{\mathrm{H}^+\}}{\{\mathrm{H}^+\}\{\mathrm{H_2O}\}} = 1$$

그러므로 $K_3 = K_1 \cdot K_2 = K_1$이고, K_1은 다음과 같으므로 음의 대수를 취하고 정리하면,

$$K_1 = \frac{\{H^+\}\{A^-\}}{\{HA\}}$$

$$-\log K_1 = -\log\{H^+\} - \log\frac{\{A^-\}}{\{HA\}}$$

$$pK_1 = pH - \log\frac{\{A^-\}}{\{HA\}}$$

$$pH = pK_1 + \log\frac{\{A^-\}}{\{HA\}}$$

또한, 산화-환원 반응의 간단한 예를 보면,

$$M^{2+} + e^- \rightleftarrows M^+ \qquad K_1 \qquad (1)$$

$$+ \quad (1/2)H_{2(g)} \rightleftarrows H^+ + e^- \qquad K_2 \qquad (2)$$

$$M^{2+} + (1/2)H_{2(g)} \rightleftarrows M^+ + H^+ \qquad K_3 \qquad (3)$$

여기서도 $K_2 = 1$로 둔다. 실제로 이 반응은 수소 기체의 산화 반응으로서 표준 반응이므로 $E^o = 0$이다. $\Delta G^o = -nFE^o$에서 $E^o = 0$이므로 $\Delta G^o = 0$. 또한 $\Delta G^o = -RT \ln K$에서 $\Delta G^o = 0$이 되기 위해서는 $K = 1$이 되어야 한다.
그러므로 $K_3 = K_1 \cdot K_2 = K_1$이고, K_1은 다음과 같으므로 음의 대수를 취하고 정리하면,

$$K_1 = \frac{\{M^+\}}{\{M^{2+}\}\{e^-\}}$$

$$\{e^-\} = \frac{\{M^+\}}{K_1\{M^{2+}\}}$$

$$-\log\{e^-\} = +\log K_1 - \log\frac{\{M^+\}}{\{M^{2+}\}}$$

표준상태라고 생각하면, 각 물질의 활동도는 1이라고 가정할 수 있으므로,

$$-\log\{e^-\} = +\log K_1 - \log(1) = +\log K_1 - 0 = \log K_1$$

그러므로 표준상태의 $-\log\{e^-\} = p\epsilon^o = \log K_1$이므로 원 식에 이를 대입하면,

$$p\epsilon = p\epsilon^o - \log\frac{\{M^+\}}{\{M^{2+}\}}$$

여기서, K_1은 환원 반반응의 평형상수이다.

정리하면, 산 - 염기 반응에서는 표준상태에서 H_2O와 H_3O^+ 간의 양성자 교환반응의 $\Delta G^o = 0$이고 그러므로 K를 1로 잡아 모든 산 - 염기 반응의 기준으로 삼았다. 산화 - 환원 반응에서는 표준상태에서 $(1/2)H_{2(g)} \rightleftarrows H^+ + e^-$의 $E^o = 0$, $\Delta G^o = 0$이 되어, $K = 1$로 잡아 산화 - 환원 반응의 기준으로 잡았다.

환원 반응 $Fe^{3+} \rightarrow Fe^{2+}$에서

	E^o (volt)	$K = \exp\frac{nFE^o}{RT}$	
$Fe^{3+} + e^- \rightleftarrows Fe^{2+}$	$+0.77$	$K_1 = 1.04\times10^{13}$	(1)
$+ \ (1/2)H_{2(g)} \rightleftarrows H^+ + e^-$	0	$K_2 = 1$	(2)
$Fe^{3+} + (1/2)H_{2(g)} \rightleftarrows Fe^{2+} + H^+$	$+0.77$	$K_3 = 1.04\times10^{13}$	(3)

ΔG^o는 평형상수와 $\Delta G^o = -RT\ln K$의 관계를 가지고, 또한 ΔG^o는 표준전위와 다음과 같은 관계를 가지므로 $\Delta G^o = -nFE^o$,

$\Delta G^o = -RT\ln K = -nFE^o$에서

$$\ln K = \frac{nFE^o}{RT}$$

$$K = \exp\left(\frac{nFE^o}{RT}\right)$$

이에 따라 25℃ 표준상태에서 K_1을 계산하면,

$$K_1 = \exp\frac{(23.053\times10^3\ \text{cal/volt}\cdot\text{당량})(+0.77\ \text{volt})}{(1.987\ \text{cal/mol}\cdot\text{K})(298\ \text{K})} = e^{29.978} = 1.04\times10^{13}$$

$$K_1 = \frac{\{Fe^{2+}\}}{\{Fe^{3+}\}\{e^-\}}$$

$$\{e^-\} = \frac{\{Fe^{2+}\}}{K_1\{Fe^{3+}\}}$$

양변에 음의 대수를 취하면,

$$-\log\{e^-\} = +\log K_1 - \log\frac{\{Fe^{2+}\}}{\{Fe^{3+}\}}$$

표준상태의 $-\log\{e^-\} = p\epsilon^o = \log K_1$ 이므로 원 식에 이를 대입하면,

$$p\epsilon = p\epsilon^o - \log\frac{\{Fe^{2+}\}}{\{Fe^{3+}\}}$$

표준상태라고 생각하면, 각 물질의 활동도는 1이라고 가정할 수 있으므로,

$$p\epsilon = p\epsilon^o = \log K_1$$

또한, 식 (3)의 ΔG^o는

$$\Delta G = \Delta G^o + RT\ln\frac{\{Fe^{2+}\}}{\{Fe^{3+}\}}$$

여기서, $\{H^+\} = 1$, $\{H_{2(g)}\} = 1$이다.

양변을 $-nF$로 나누면,

$$\frac{\Delta G}{-nF} = \frac{\Delta G^o}{-nF} + \frac{RT}{-nF}\ln\frac{\{Fe^{2+}\}}{\{Fe^{3+}\}}$$

$\Delta G = -nFE$와 $\Delta G^o = -nFE^o$의 관계를 가지므로

$$E = E^o - \frac{RT}{nF}\ln\frac{\{Fe^{2+}\}}{\{Fe^{3+}\}}$$

어떤 반반응이 환원 반응일 경우에는 E 대신에 E_H로 나타내는 것이 일반적이다. 여기서, E_H는 표준수소전극 반응을 기준으로 측정된 것임을 강조하는 것이다.

$$E_H = E^o - \frac{RT}{nF}\ln\frac{\{Fe^{2+}\}}{\{Fe^{3+}\}}$$

이 반응에서는 하나의 전자를 주고받으므로 $n=1$, ln은 2.3log로 대체하고 양변을 $(2.3RT/F)$로 나누면,

$$\frac{F}{2.3RT}E_H = \frac{F}{2.3RT}E^o - \log\frac{\{Fe^{2+}\}}{\{Fe^{3+}\}}$$

$$p\epsilon = p\epsilon^o - \log\frac{\{Fe^{2+}\}}{\{Fe^{3+}\}}$$

두 식을 비교하고, 25℃일 때의 값을 대입하면,

$$p\epsilon = \frac{E_H F}{2.3RT} = \frac{E_H(23.053\times10^3 \text{ cal/volt}\cdot\text{당량})}{2.3(1.987 \text{ cal/mol}\cdot\text{K})(298 \text{ K})} = 16.9E_H$$

$$p\epsilon^o = \frac{E^o F}{2.3RT} = \frac{E^o(23.053\times10^3 \text{ cal/volt}\cdot\text{당량})}{2.3(1.987 \text{ cal/mol}\cdot\text{K})(298 \text{ K})} = 16.9E^o$$

여기서, E^o는 환원 반반응의 표준전위이다.

여러 개의 전자가 관여하는 환원 반반응은 다음과 같이 표시할 수 있다.

$$\text{OX} + ne^- \rightleftarrows \text{RE}$$

여기서, OX는 산화된 물질, RE는 환원된 물질을 의미한다. K_1는

$$K_1 = \frac{\{\text{RE}\}}{\{\text{OX}\}\{e^-\}^n}$$

앞에서와 동일한 방법으로 $p\epsilon$를 유도하면,

$$p\epsilon = p\epsilon^o - \frac{1}{n}\log\frac{\{\text{RE}\}}{\{\text{OX}\}}$$

여기서

$$p\epsilon^o = \frac{1}{n}\log K$$

여기서, K는 환원 반반응의 평형상수이다.

$$p\epsilon = \frac{E_H F}{2.3nRT} = \frac{E_H(23.053\times10^3 \text{ cal/volt}\cdot\text{당량})}{2.3n(1.987 \text{ cal/mol}\cdot\text{K})(298 \text{ K})} = (16.9/n)E_H$$

$$p\epsilon^o = \frac{E^o F}{2.3nRT} = \frac{E^o(23.053\times10^3 \text{ cal/volt}\cdot\text{당량})}{2.3n(1.987 \text{ cal/mol}\cdot\text{K})(298 \text{ K})} = (16.9/n)E^o$$

여기서, E^o는 환원 반반응의 표준전위이다.

위의 식들에서 볼 때, $p\epsilon^o$는 1 mol의 전자가 활동도 1인 환원제로부터 활동도 1인 H^+로 이동할 때 발생하는 자유에너지 변화에 비례한다는 것을 알 수 있다. 그러므로 $p\epsilon^o$는 어떤 산화제가 $H_{2(g)}$를 산화시킬 수 있는 능력의 척도라고 생각할 수 있다.

또한, $p\epsilon$는 반반응에만 적용되며, $p\epsilon$의 값은 어떤 반반응이 평형과 어떤 관계에 있는가를 나타내지는 못한다는 점에서 알짜 반응에 적용되는 E의 값과 대조된다.

예제 5.44 Q&A

어느 하수처리장의 pH가 25℃에서 7.5로 측정되었다. 밀폐된 병에 약간의 시료를 채취하여 운반하였는데, 실험실 운반 후 시료의 pH는 25℃에서 10.2로 변화된 것으로 측정되었고, 시료병 내 산소 함량은 40%였다. 이러한 변화는 시료 운반 중 실수로 시료가 장시간 햇빛에 노출되어 광합성 반응이 발생하였기 때문으로 생각되었다. 산소의 환원 반응이 시료를 변화시킨 것으로 판단할 때, 시료의 $p\epsilon$와 E_H 변화는?

$$O_{2(g)} + 4H^+ + 4e^- \rightarrow 2H_2O_{(l)}$$

Solution

산소의 환원 반응이 시료를 변화시킨 것으로 판단하므로, 부록에서 이 반응의 $p\epsilon$를 찾으면

$$p\epsilon^o = +20.8$$

$$p\epsilon = p\epsilon^o - \frac{1}{n}\log\frac{\{\text{RE}\}}{\{\text{OX}\}}$$

4개의 전자가 환원 반응에 관여하므로 $n=4$, $\{H_2O_{(l)}\}=1$, $\{e^-\}=1$, $\{O_{2(g)}\}=P_{O_{2(g)}}$이므로

$$p\epsilon = +20.8 - \frac{1}{4}\log\frac{\{H_2O_{(l)}\}^2}{\{O_{2(g)}\}\{H^+\}^4\{e^-\}^4}$$

$$= +20.8 - \frac{1}{4}\log\frac{1}{P_{O_{2(g)}}\{H^+\}^4}$$

하수처리장에서 산소의 분압은 0.21 atm, pH 7.5는 $[H^+]=10^{-7.5}$ M이므로,

$$p\epsilon = +20.8 - \frac{1}{4}\log\frac{1}{(0.21\text{ atm})(10^{-7.5}\text{ M})^4} = +13.13$$

시료가 실험실에 옮겨졌을 때, 시료병 내 산소 함량은 40%이므로 산소 분압은 0.4 atm, pH 10.2는 $[H^+] = 10^{-10.2}$ M이므로 $p\epsilon$는

$$p\epsilon = +20.8 - \frac{1}{4}\log\frac{1}{(0.4\ \text{atm})(10^{-10.2}\ \text{M})^4} = +10.50$$

그러므로 $p\epsilon$의 변화는 $+13.13-(+10.50)=2.63$

산소의 환원 반응에 대한 E_H는

$$E_H = E^o - \frac{RT}{nF}\ln\frac{\{RE\}}{\{OX\}}$$

표준상태에서 $E^o = +1.27$ volt, 25℃의 R, T, F 값과 $n=4$, ln = 2.3log를 대입하여 정리하면, 하수처리장의 조건(산소 분압 0.21 atm, $[H^+] = 10^{-7.5}$ M)에서는

$$E_H = +1.27 - \frac{0.059}{4}\ln\frac{1}{P_{O_{2(g)}}\{H^+\}^4}$$

$$E_H = +1.27 - \frac{0.059}{4}\log\frac{1}{(0.21)(10^{-7.5})^4} = +0.82\ \text{volt}$$

시료가 실험실에 옮겨졌을 때, 산소 분압은 0.4 atm, $[H^+] = 10^{-10.2}$ M이므로,

$$E_H = +1.27 - \frac{0.059}{4}\log\frac{1}{(0.4)(10^{-10.2})^4} = +0.661\ \text{volt}$$

그러므로 E_H의 변화는 $+0.82-(+0.661)=0.159$ volt

예제 5.45 Q&A

다음과 같은 질산화 반응의 평형상수는? 단, 부록에 있는 $p\epsilon^o$를 이용하여 계산하시오.

$$NH_4^+ + 2O_{2(aq)} \rightleftarrows NO_3^- + 2H^+ + 2H_2O_{(l)}$$

Solution

이 질산화 반응은 수중에서 일어나는 산화 - 환원 반응으로서 각각의 반반응과 표준전위는 다음과 같다.

×2	$O_{2(aq)} + 4H^+ + 4e^- \rightarrow 2H_2O_{(l)}$	$E^o = +1.27$ volt
+	$NH_4^+ + 3H_2O_{(l)} \rightarrow NO_3^- + 10H^+ + 8e^-$	$E^o = -0.88$ volt
	$NH_4^+ + 2O_{2(aq)} \rightleftarrows NO_3^- + 2H^+ + 2H_2O_{(l)}$	$E^o = +0.39$ volt

그러므로 질산화 반응은 E^o 값이 양의 값으로 나타남으로써 반응은 오른쪽으로 자발적으로 진행된다.

$$p\epsilon^o = \frac{1}{n}\log K$$

$$p\epsilon^o = (16.9/n)E^o$$

$$(16.9/n)E^o = \frac{1}{n}\log K$$

$$K = 3.9\times10^6$$

5.7 수중 $p\varepsilon$ 값

물은 산화되기도 하고 환원되기도 한다. 물의 산화 반응과 환원 반응은 각각 다음과 같다.

$$2H_2O_{(l)} \rightarrow O_{2(g)} + 4H^+ + 4e^-$$
$$2H_2O_{(l)} + 2e^- \rightarrow H_{2(g)} + 2OH^-$$

이 두 반응이 수중 $p\epsilon$ 값의 한계를 결정해 준다. 산화가 일어날 때, $p\epsilon$ 값은 물의 산화 반응에 의해 산소가 발생하여 제한되고, 환원이 일어나고 있을 때 $p\epsilon$ 값은 물의 환원 반응에 의해 수소가 발생되어 제한된다. 또한 이 반응들은 수소이온과 수산이온을 가지고 있어 pH에 의해 크게 영향을 받는다.

물의 산화 반응이 제한되는 조건은 대기 중 산소 분압이 1, 즉 모든 대기가 산소로 가득 차 있어 더 이상의 물 산화 반응이 일어나기 어려운 조건이다. 또한, 물의 환원 반응이 제한되는 조건은 대기 중 수소 분압이 1인 조건이 된다.

물의 산화 반응을 역으로 표시하면 다음과 같으며, $p\epsilon$ 값 부록에서 찾으면,

$$O_{2(g)} + 4H^+ + 4e^- \rightarrow 2H_2O_{(l)} \qquad p\epsilon^o = +20.8$$

$$p\epsilon = p\epsilon^o - \frac{1}{n}\log\frac{\{RE\}}{\{OX\}}$$

$$p\epsilon = p\epsilon^o - \frac{1}{n}\log\frac{\{H_2O_{(l)}\}^2}{\{O_{2(g)}\}\{H^+\}^4\{e^-\}^4}$$

4개의 전자가 관여하므로 $n=4$, $\{O_{2(g)}\} = P_{O_{2(g)}}$, $\{e^-\}=1$, $\{H_2O_{(l)}\}=1$, 대기 중 산소 분압이 1인 $P_{O_{2(g)}}=1$

$$p\epsilon = +20.8 - \frac{1}{4}\log\frac{(1)^2}{(1)\{H^+\}^4(1)^4}$$

$$p\epsilon = +20.8 - \frac{1}{4}\log\frac{1}{[H^+]^4}$$

$$p\epsilon = +20.8 + \log[H^+] = +20.8 - pH$$

물의 환원 반응을 표시하면 다음과 같으며, $p\epsilon$ 값을 부록에서 찾으면,

$$2H_2O_{(l)} + 2e^- \rightarrow H_{2(g)} + 2OH^-$$
$$2(H^+ + OH^-) + 2e^- \rightarrow H_{2(g)} + 2OH^-$$
$$2H^+ + 2e^- \rightarrow H_{2(g)} \qquad p\epsilon = 0$$

2개의 전자가 관여하므로 $n=2$, $\{H_{2(g)}\} = P_{H_{2(g)}}$, $\{e^-\}=1$, 대기 중 수소 분압이 1이므로 $P_{H_{2(g)}}=1$

$$p\epsilon = 0 - \frac{1}{2}\log\frac{(1)}{\{H^+\}^2(1)^2}$$

$$p\epsilon = 0 - \frac{1}{2}\log\frac{1}{[H^+]^2}$$

$$p\epsilon = 0 + \log[H^+] = 0 - pH$$
$$p\epsilon = -pH$$

만약 자연수의 pH가 7인 경우 $p\epsilon$ 값의 범위는 $-7 \sim 13.8$이다.

$$p\epsilon = -pH = -7$$
$$p\epsilon = +20.8 - pH = +20.8 - 7 = 13.8$$

5.8 부식

부식(corrosion)이란 쉽게 표현하면 녹이 스는 것을 말하지만, 금속이 용해되어 나타나는 모든 현상을 말한다. 즉 금속 표면에서 주위 물질과의 산화 - 환원 반응과 같은 화학반응으로 인해 표면에서 변화가 일어나는 것을 부식이라고 한다. 일반적으로 금속의 부식은 표면에서 금속이 산소와 결합하여 산화되는 것을 의미한다. 철이 산소와 결합하는 산화 반응을 통해 산화철이 되어 녹을 형성하는 것이 대표적인 부식에 해당한다.

부식은 매우 비경제적 현상이며, 매년 철 구조물의 약 25%가 부식으로 소모된다고 알려져 있다.

모든 제련된 금속은 열역학적으로 안정된 상태로 존재하고자 한다. 이 상태는 흙 속과 같은 자연에서 존재하는 상태로서, 대부분 산화된 상태이다. 금을 제외한 대부분의 금속은 채취할 때 열역학적으로 안정된 상태인 산화상태로 존재한다. 대표적인 산화상태의 금속이 산화철($Fe_2O_{3(s)}$)로서, 철광석에서 철이 존재하는 형태이다.

5.8.1. 부식 전지

부식은 반드시 전기화학적 산화 - 환원 반응이 있어야 발생할 수 있으므로, 부식이 발생하기 위해서는 전기화학적 전지가 갖추어야 할 모든 요소가 있어야 한다. 이 구성요소에는 양극, 음극, 외부회로, 내부회로가 있다.

양극과 음극은 환원전위가 서로 다른 두 가지 금속으로 이루어지고, 외부회로는 양극과 음극을 연결하는 회로이고, 내부회로는 양극과 음극 사이의 전해질 용액을 통하게 하는 회로이다.

부식 전지에 대한 첫 번째 예는 갈바니 전지(galvanic cell)이다. 그림 5.6과 같이 자발적으로 일어나는 산화 - 환원 반응이 외부회로(혹은 전선)와 연결된 전기화학 전지를 갈바니 전지 혹은 볼타 전지(voltaic cell)라 한다. 갈바니 전지는 화학 에너지를 전기에너지로 변환시키는 대표적인 화학 장치이다.

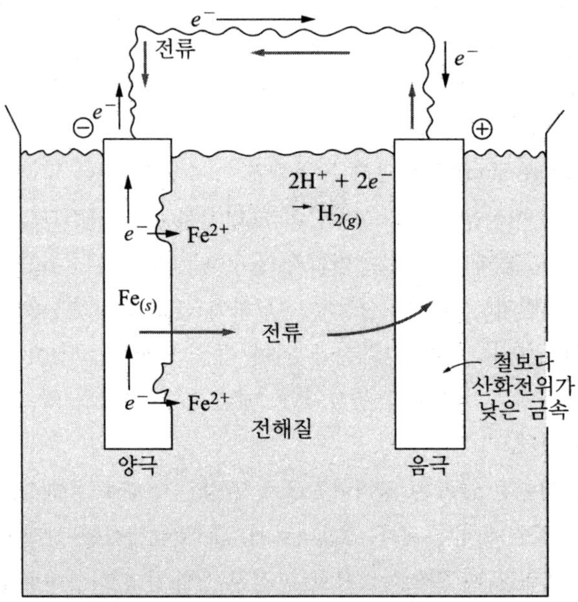

그림 5.6. 갈바니 전지

갈바니 전지 혹은 볼타 전지에서는 두 개의 다른 금속이 염다리(salt bridge)로 연결되어 있거나, 혹은 두 개의 반쪽 전극이 다공성 막(porous membrane)으로 분리되어 있어 산화 - 환원 반응이 일어나는 반응물 사이에서 직접적인 전자의 이동이 일어나지 않고, 외부의 회로를 통해서만 산화 - 환원 반응의 반응물 사이에서 전자의 이동이 일어난다. 예를 들어 아연($Zn_{(s)}$) 조각을 구리이온(Cu^{2+})이 들어 있는 용액에 넣으면 금속 아연($Zn_{(s)}$)은 Zn^{2+} 이온으로 자발적으로 산화되고, 구리이온은 아연으로부터 전자를 받아 구리 금속으로 환원된다. 따라서 반응이 진행되면 $Cu^{2+}{}_{(aq)}$의 청색이 없어지고 아연 조각 표면에 구리 금속이 석출된다. 이러한 자발적인 산화 - 환원 반응은 아래의 식으로 요약할 수 있다.

$$Zn_{(s)} + Cu^{2+}{}_{(aq)} \rightarrow Zn^{2+}{}_{(aq)} + Cu_{(s)}$$

서로 다른 금속이 접촉하여 한쪽 금속의 산화를 촉진시켜 일어나는 부식으로, 이종금속접촉부식이라고도 한다.

두 번째 예는 갈바니 전지가 실생활에 적용된 예로서, 그림 5.7과 같이 알루미늄 파이프와 구리 파이프를 물속에서 연결하면 알루미늄은 표준(환원)전위가 낮아서, 즉 산화되기 쉬우므로 그 표면이 부식하기 쉽다.

$$Al^{3+} + 3e^- \rightarrow Al_{(s)} \qquad E^o = -1.68 \text{ volt}$$

반면에 구리는 상대적으로 표준(환원)전위가 높아서 환원되기 쉬워서 알루미늄의 부식을 도와준다.

$$Cu^{2+} + 2e^{-} \rightarrow Cu_{(s)} \qquad E^{o} = +0.34 \text{ volt}$$

이는 주위에 있는 물(전해질)과 함께 이상적인 전지를 이루는 것으로 볼 수 있다.

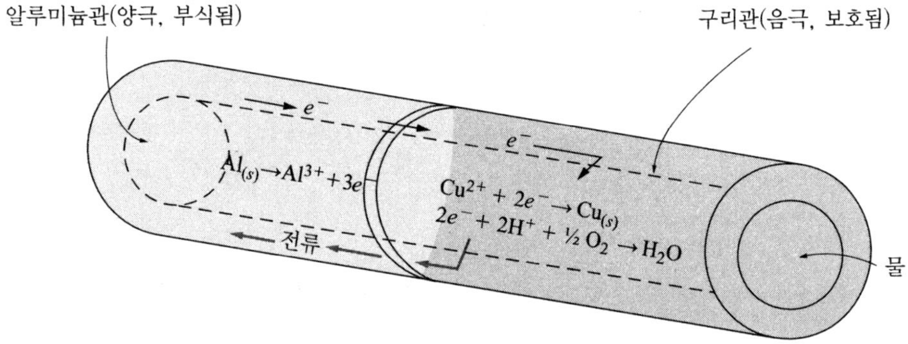

그림 5.7. 구리관과 알루미늄관으로 연결된 부식 전지

세 번째 예는 중성선(neutral wire)에서 살펴볼 수 있다. 중성이란 그림 5.8과 같이 안전을 위해 수도관에 접속시키는 선을 말한다. 만약 그림 5.8과 같이 구리관이 있는 집과 아연 도금관이 있는 집에 중성선이 연결되었다면, 구리관은 음극, 아연도금관은 양극, 중성선은 외부회로, 수도관 주변의 젖은 흙은 전해질의 역할을 함으로써 부식 전지의 조건이 완벽하게 갖추어진 것이다.

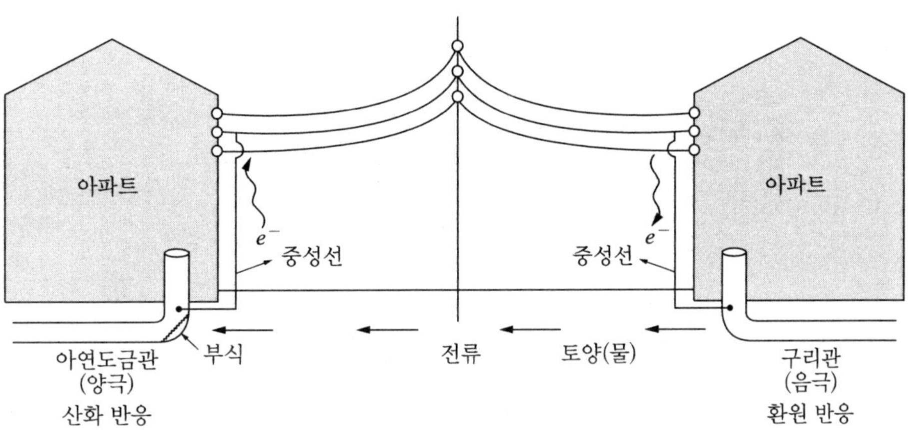

그림 5.8. 토양을 매개로 하여 구리관과 아연 도금관으로 연결된 부식 전지

네 번째 예는 조그만 금속 조각에서 찾아볼 수 있다. 그림 5.9와 같이 조그만 금속 조각 안에서도 부분적으로 양극과 음극이 형성되어 부식 전지가 될 수 있다. 금속 표면의 성분, 주변 환경, 입자의 배열 상태, 외부 응력 등의 약간의 차이로 인해 부분적으로 환원전위가 변할 수 있기 때문이다.

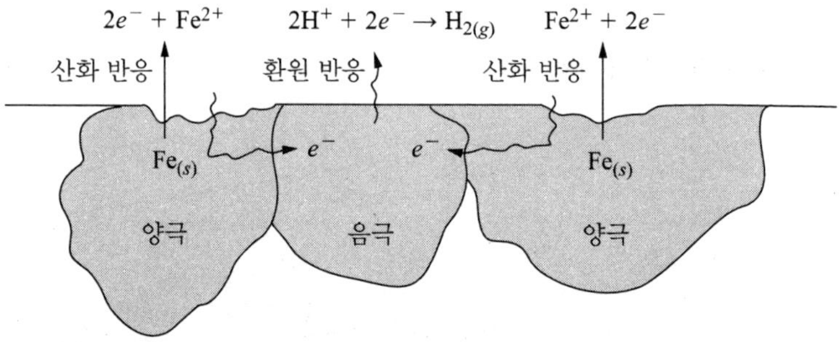

그림 5.9. 산성 용액에서 철 조각의 부식

작은 쇳조각을 묽은 염산 용액에 담가보면, 쇳조각의 표면에서 발생하는 작은 기포를 관찰할 수 있는데, 이 기포는 음극 부분에서 양성자(H^+)가 환원되어 형성되는 수소 기체($H_{2(g)}$)이다. 이 때 양극과 음극에서 일어나는 반반응은 다음과 같다.

양극 (산화 반응)	$Fe_{(s)} \rightarrow Fe^{2+}_{(aq)} + 2e^-$
음극 (환원 반응)	$2H^+ + 2e^- \rightarrow H_{2(g)}$
알짜 반응(전체 반응)	$Fe_{(s)} + 2H^+ \rightarrow Fe^{2+}_{(aq)} + H_{2(g)}$

여러 가지 금속 중 부식되기 쉬운 순서에 따라 표시한 것을 갈바니 계열이라고 하고 표 5.2와 같다.

표 5.2. 갈바니 계열

양극	양극 반응(산화 반응)	산화전위, E^o(volts)
$Mg_{(s)}$	$Mg_{(s)} \rightarrow Mg^{2+} + 2e^-$	+2.37
$Al_{(s)}$	$Al_{(s)} \rightarrow Al^{3+} + 3e^-$	+1.68
$Zn_{(s)}$	$Zn_{(s)} \rightarrow Zn^{2+} + 2e^-$	+0.76
$Cd_{(s)}$	$Cd_{(s)} \rightarrow Cd^{2+} + 2e^-$	+0.40
$Fe_{(s)}$	$Fe_{(s)} \rightarrow Fe^{2+} + 2e^-$	+0.44
$Cr_{(s)}$	$Cr_{(s)} \rightarrow Cr^{3+} + 3e^-$	+0.74
$Sn_{(s)}$	$Sn_{(s)} \rightarrow Sn^{2+} + 2e^-$	+0.136
$Pb_{(s)}$	$Pb_{(s)} \rightarrow Pb^{2+} + 2e^-$	+0.126

양극	양극 반응(산화 반응)	산화전위, E^o(volts)
$Ni_{(s)}$	$Ni_{(s)} \rightarrow Ni^{2+} + 2e^-$	+0.25
$Cu_{(s)}$	$Cu_{(s)} \rightarrow Cu^{2+} + 2e^-$	−0.345
$Ag_{(s)}$	$Ag_{(s)} \rightarrow Ag^{+} + e^-$	−0.8
$Au_{(s)}$	$Au_{(s)} \rightarrow Au^{3+} + 3e^-$	−1.5
$Pt_{(s)}$	$Pt_{(s)} \rightarrow Pt^{2+} + 2e^-$	−1.42

위 표에서 두 금속 간 거리가 멀수록, 즉 산화전위가 차이가 클수록 전위차가 커지므로 부식도 잘 일어난다. 예를 들어 마그네슘(Mg)과 구리(Cu)는 산화·전원 차이가 커서 부식이 잘 일어난다. 물론 두 금속 중에서 상대적으로 산화전위가 큰 금속에서 부식 반응이 잘 일어난다. 예를 들면, 마그네슘(Mg)은 산화가 잘 일어나므로 부식이 잘되고, 그에 비해 금(Au)이나 백금(Pt)은 산화 반응이 잘 일어나지 않아 부식 현상도 발생하지 않는다. 참고로 금이나 백금은 자연상태에서 채취할 때에도 산화되지 않은 상태로 존재하고 가공한 다음에도 부식이 되지 않아 귀금속으로 인기가 높다.

이 표에서 산화전위가 높다는 것은 환원전위가 낮다는 것을 의미한다.

부식 즉 금속이 녹는 속도는 부식 전지에 흐르는 전류에 비례한다. 옴의 법칙에 의하면,

$$E = I \cdot R$$

여기서, E : 전위차, volt(V)

I : 전류, ampere(A)

R : 저항, ohm(Ω)

전위차가 클수록, 즉 금속 간 산화전위 차이가 클수록, 그리고 저항이 낮을수록 부식 전지에 흐르는 전류가 강해서 부식은 잘 일어나게 된다.

5.8.2. 부식 반응

부식 반응은 양극 반응과 음극 반응으로 나누어 생각할 수 있다. 예를 들어 그림 5.6과 같이 철 전극으로 구성된 갈바니 전지의 양극에서는 산화 반응이 일어나 철이온이 용해되어 나온다. 이 과정에서 전자를 남기므로 철판은 음으로 하전한다.

$$Fe_{(s)} \rightarrow Fe^{2+} + 2e^-$$

전자(e^-)는 외부회로를 거쳐 음극으로 이동하고, 음극에서 용액 중의 H^+와 반응하

여 수소가스($H_{2(g)}$) 기포를 형성한다. 이를 수소발생 부식이라고 한다.

$$2H^{+} + 2e^{-} \rightarrow H_{2(g)} \qquad E^{o} = 0 \text{ volt}$$

만약 음극 주변에 산소가 있으면 다음과 같은 반응이 일어나 물이 생성된다. 이는 환원전위가 상대적으로 높기 때문이다.

$$O_{2(aq)} + 4H^{+} + 4e^{-} \rightarrow 2H_2O_{(l)} \qquad E^{o} = +1.229 \text{ volt}$$

음극에서 두 반응 중 어느 반응이 일어나더라도 H^+가 소모되므로 pH는 올라가고 OH^- 농도는 증가한다. 생성된 OH^-는 양극으로 이동함으로써 용액 중에 전류를 형성하게 된다.

양극에서 산소가 없고 pH가 상당히 높은 경우에는 다음과 같은 반응에 의해 수산화제일철($Fe(OH)_{2(s)}$) 침전물이 축적된다.

$$Fe^{2+} + 2OH^{-} \rightarrow Fe(OH)_{2(s)}$$

만약, 수중에 산소를 공급하면, 즉 포기(aeration)하면 Fe^{2+}가 쉽게 Fe^{3+}로 산화되므로, 산화된 Fe^{3+}가 수중의 OH^-와 반응하여 수산화제이철($Fe(OH)_{3(s)}$) 침전물을 형성한다.

$$Fe^{3+} + 2OH^{-} \rightarrow Fe(OH)_{3(s)}$$

이러한 반응들은 화학적 수처리 과정에서 흔히 사용되는 철염에 의한 응집 과정과 같다. 그러므로 실제로 응집제를 투입하지 않고 철의 부식 현상을 이용하여 응집 공정을 수행하는 것도 충분히 가능하다.

pH 5~6에서 아래 반응식에서 보는 바와 같이 $Fe(OH)_{3(s)}$는 용해도곱(K_{sp})이 매우 낮아 용해성이 매우 낮고 $Fe(OH)_{2(s)}$는 상대적으로 용해도곱(K_{sp})이 높아 용해성이 비교적 높으므로, 응집 공정에서는 $Fe(OH)_{3(s)}$를 형성할 수 있도록 운전하는 것이 효과적이다.

$$Fe(OH)_{2(s)} \rightleftarrows Fe^{2+}{}_{(aq)} + 2OH^{-}{}_{(aq)} \qquad K_{sp} = 7.9\times10^{-15}$$
$$Fe(OH)_{3(s)} \rightleftarrows Fe^{3+}{}_{(aq)} + 3OH^{-}{}_{(aq)} \qquad K_{sp} = 1.1\times10^{-36}$$

$Fe(OH)_{3(s)}$를 탈수하면 다음 반응과 같이 삼산화제이철이 생성된다. 삼산화제이철이 우리가 주철 수도관에서 흔히 볼 수 있는 붉은 색의 녹이다.

$$2Fe(OH)_{3(s)} \rightleftarrows Fe_2O_{3(s)} + 3H_2O$$

정리하면, 양극에서 형성되는 $Fe(OH)_{2(s)}$는 산화되어 $Fe(OH)_{3(s)}$가 되고, $Fe(OH)_{3(s)}$는 탈수되어 $Fe_2O_{3(s)}$가 되므로, $Fe(OH)_{3(s)}$의 침전물이 주철관에서 벗겨지면 붉은 녹물이 발생하게 된다.

만약, 수도관에 산소가 결핍되고 이산화탄소가 많으면 탄산이온(CO_3^{2-})가 많아지고 양극에서 생성된 Fe^{2+}와 반응하여 탄산철($FeCO_{3(s)}$)을 형성한다.

$$Fe^{2+} + CO_3^{2-} \rightleftarrows FeCO_{3(s)}$$

탄산철이 가수분해되면 수산화제일철을 생성할 수 있다.

$$FeCO_{3(s)} + H_2O \rightleftarrows Fe(OH)_{2(s)} + CO_2$$

음극 반응으로 생성된 OH^-는 Fe^{2+}와 반응하여 $Fe(OH)_{2(s)}$이나 $Fe(OH)_{3(s)}$로 침전할 뿐만 아니라, 아래 반응과 같이 수중의 중탄산이온(HCO_3^-)과 반응하여 탄산이온을 형성할 수 있다. 형성된 탄산이온은 물속의 경도 성분인 Ca^{2+}와 반응하여 탄산칼슘 침전물을 생성할 수 있다.

$$HCO_3^- + OH^- \rightleftarrows CO_3^{2-} + H_2O$$
$$Ca^{2+} + CO_3^{2-} \rightleftarrows CaCO_{3(s)}$$

그러므로 양극에서는 Fe^{2+}가 용출되어 파이는 현상이 발생하고, 음극에서는 탄산철이나 탄산칼슘 침전물이 혹처럼 형성된다.

그러나 조건이 달라지면 탄산철이나 탄산칼슘의 침전물이 금속 표면에 검은색의 얇은 보호막을 형성하기도 한다. 이러한 현상은 혐기성 상태의 습지나 혐기성 토양에 묻힌 철관의 바깥 표면에서 관찰할 수 있다.

양극에서 다음과 같이 철이온이 방출되고,

$$Fe_{(s)} \rightarrow Fe^{2+} + 2e^-$$

혐기성 물이나 토양에서는 황산염 환원세균에 의해 황산이온(SO_4^{2-})이 환원되어 황화이온(HS^-)을 생성한다.

$$SO_4^{2-} + 9H^+ + 8e^- \rightarrow HS^- + 4H_2O$$

철이온은 황화이온과 반응하여 황화철이라는 검은 막을 형성한다.

$$Fe^{2+} + HS^- \rightleftarrows FeS_{(s)} + H^+$$

5.8.3. 부식의 제어

부식을 제어하기 위해서는 전지 구성의 네 가지 기본 요소(양극, 음극, 외부회로, 내부회로) 중 한 요소를 제어하는 것이 적절하다. 그러므로 부식 제어 방법으로는 양극이나 음극 중 하나를 제거하거나, 두 극 간의 전위차를 줄이거나, 외부회로나 내부회로를 차단하는 방법이 있다. 이 방법들을 구체적으로 알아보면 다음과 같다.

(1) 재료의 선택

재료의 선택에 있어 가장 확실한 방법은 비금속을 사용하거나 금속을 사용할 경우 표 5.2의 갈바니 계열에서 서열이 낮은 것을 선택하여 보호되어야 할 전극이 가능한 한 음극이 되도록 하는 것이다.

갈바니 계열의 서열이 높다고 하더라도 그 부식 산물인 금속 산화물이 금속 표면에 치밀한 보호막을 형성하여 그 금속을 비활성 상태로 변화시켜 더 이상의 부식을 억제하는 방법도 있다. 그 예로 알루미늄 표면에 알루미늄 산화물(Al_2O_3)의 피막이 생성되는 것이 있다. 알루미늄 그릇을 계속 쓰다 보면 그릇의 광택이 없어지고 회색으로 변하는데, 이것은 산화물의 보호막이 형성된 것으로, 그 보호막 밑에서는 부식이 정지된다. 알루미늄 자체는 전기전도도가 우수하지는 않지만 그래도 전기가 잘 통하는 편이나 알루미늄 표면에 산화알루미늄이 형성(코팅)되면 절연체가 된다.

그러나 염화이온(Cl^-) 등의 이온은 그 보호막을 투과하여 알루미늄의 부식을 촉진하는데, 이는 염화이온이 알루미늄과 함께 수용성의 염화알루미늄 착물을 형성하여 계속 알루미늄을 용출시키고, 보호막을 투과하는 전류가 유지되게 하여 부식을 진행시키는 것으로 알려져 있다. 그러므로 알루미늄은 염분 농도가 높은 해수에서 사용하는 것은 적절하지 않으므로 공기 중에 소금기가 많은 해변 도시의 가로등 전신주는 알루미늄으로 제작하지 않는 것이 원칙이다.

다른 금속들도 비활성 상태로 변화시킬 수 있는데, 강철에 12%의 크롬을 합금하면 크롬이 산소 환경하에서 산화물 보호막을 형성하여 강철을 비활성태로 만든다.

(2) 코팅(coating)

페인트, 시멘트, 아스팔트 등의 물질들은 양극과 음극을 분리시켜 부식을 방지하는 역할을 한다. 부식 방지를 위해서는 우선 금속 표면의 부식 산물을 제거한 다음, 크롬산아연과 같은 부식 방지제를 함유하는 초벌약품을 바르고 난 후, 금속 표면에 습기가 접근하지 못하도록 두텁게 방수 처리한다. 방수 처리를 하면 전지의 구성 원소 중 하나인 전해질에 의한 내부회로를 차단하는 것이다. 마지막으로 대기에 저항성이 강하고 색깔이 좋은 페인트를 칠한다.

양극 부분과 음극 부분을 연결하는 관로를 매설할 경우, 부식 환경으로부터 금속을 차단하기 위하여 코팅 과정을 수행하는 2가지 경우를 생각해 보자.

만약 음극을 코팅하면 음극의 코팅에 작은 흠집(scratch)이 생기더라도 양극의 부식 속도는 매우 느리다. 왜냐하면, 양극의 넓은 면적에서 생성된 전자가 음극의 좁은 흠집을 통하여 산소와 같은 산화제에 방출되어야 하므로 부식속도가 느릴 수밖에 없다.

양극을 코팅하면, 코팅에 흠집이 생길 경우, 좁은 양극에서 생성된 전자가 넓은 음극을 향해 쉽게 방출되므로 양극의 부식은 좁은 흠집에서 집중적으로 발생하게 되어 양극은 쉽게 구멍이 나게 된다.

(3) 절연(insulation)

전기 또는 열을 통하지 않게 하는 것으로 이때 사용하는 부도체를 절연체 또는 절연물이라고 한다. 가열부가 구리관인 온수 보일러와 아연도금 수도관을 연결하면 그림 5.7과 같은 부식전지가 형성된다. 성질이 서로 다른 관의 연결 부위에 유리, 에보나이트, 다이아몬드, 고무 등과 같은 전기 절연체를 삽입하면 전지의 구성 원소 중 하나인 외부회로를 차단하는 효과를 얻을 수 있다. 그러나 실제로는 관을 연결하는 조임쇠들이 절연체가 아닌 경우가 많아 이 방법은 실효성은 떨어진다.

(4) 화학적 처리

부식을 억제하는 화학약품을 사용하는 방법으로서, 양극의 표면에 불투과성 금속 수산화물 막의 형성을 촉진하여 부식을 억제한다. 이러한 화학약품으로는 알칼리 금속 수산화물, 탄산염, 규산염, 붕산염, 인산염, 크롬산염, 아질산염 등이 있다. 전해질에 이런 화학약품들이 있으면 산화물의 막 또는 금속 표면의 흠집들도 수리될 수 있으나, 약품 농도가 지나치게 낮으면, 오히려 양극 표면의 보호막에 흠집이 생기고, 이 흠집을 통하여 밀도 높은 전류가 흘러 부식이 촉진될 수 있다.

황산아연($ZnSO_4$)은 음극 반응 억제제로 사용되는데, 용액 중의 아연이온(Zn^{2+})은 탄산염 또는 음극 반응으로 생긴 수산이온(OH^-)과 반응하여 불용성의 아연침전물을 형성함으로써 음극 반응 억제제로 사용된다.

또한, 용존산소는 산소압차 부식 및 수소이온(H^+)과 반응하여 H_2O를 생성하는 음극 반응에 관여하므로 전해질에서 산소를 제거하면 이들 음극 반응이 억제된다. 그러므로 냉각수 또는 보일러 용수는 흔히 탈기 후 사용한다. 탈기시키는 방법으로는 히드라진(hydrazine, N_2H_4)을 사용하거나, 코발트(cobalt)를 촉매로 한 이산화황(SO_2) 또는 아황산나트륨($NaHSO_3$)을 이용할 수도 있고, 물리적 탈기법도 있다.

(5) 음극화 보호

음극화 보호란 보호되어야 할 물질을 음극으로 변화시키는 것으로, 다음과 같은 2가지 방법이 있다.

첫 번째 방법은 보호될 물질에 '희생 전극'을 연결한다. 양극으로 사용되는 물질은 시스템 전체에서 가장 산화전위가 높은 물질이어야 하므로 흔히 마그네슘이 때로는 희생 전극으로 사용되며, 그로 인하여 시스템의 다른 부분은 음극화되어 보호된다.

두 번째 방법은 부식 전지에 직류 전원을 연결하여 전지의 전류와 반대 방향으로 강압 전류가 흐르게 하는 방법으로, 이 경우는 희생 양극 물질로 철이나 흑연을 쓸 수 있다.

Chapter 5 연습문제

문제 5.1. 다음 분자와 이온에서 모든 원소의 산화수를 구하시오.

(1) $S_4O_6^{2-}$ (2) $Ca(H_2PO_4)_2$ (3) $LiAlH_4$ (4) AgN_3 (5) NH_3OH^+
(6) $SnCl_4$ (7) ICl (8) $Hg(CN)_4^{2-}$ (9) AsH_3

문제 5.2. 다음 반응에서 산화와 환원 과정을 표시하시오.

$$2FeCl_3 + SnCl_2 \rightarrow 2FeCl_2 + SnCl_4$$

문제 5.3. 산화수법에 의해 다음 산화-환원 반응식을 완성하시오.

$$S_2O_3^{2-} + I_2 \rightarrow I^- + S_4O_6^{2-}$$

문제 5.4. 산화수법에 의해 다음 산화-환원 반응식을 완성하시오.

$$HNO_3 + NO \rightarrow NO_2 + H_2O$$

문제 5.5. 산화수법에 의해 다음 산화-환원 반응식을 완성하시오.

$$Cu_2S + HNO_3 \rightarrow Cu(NO_3)_2 + NO + S + H_2O$$

문제 5.6. 산화수법에 의해 다음 산화-환원 반응식을 완성하시오.

$$CrI_3 + Cl_2 \rightarrow CrO_4^{2-} + IO_3^- + Cl^- \text{ (염기성 용액)}$$

문제 5.7. 산화수법에 의해 다음 산화-환원 반응식을 완성하시오.

$$U(SO_4)_2 + KMnO_4 + H_2O \rightarrow KHSO_4 + MnSO_4 + (UO_2)SO_4 + H_2SO_4$$

문제 5.8. 산화수법에 의해 다음 산화-환원 반응식을 완성하시오.

$$Sn^{2+} + MnO_4^- \rightarrow Sn^{4+} + Mn^{2+} \text{ (산성 용액)}$$

문제 5.9. 반쪽반응법에 의해 다음 산화-환원 반응식을 완성하시오.

$$Bi(OH)_3 + SnO_2^{2-} \rightarrow SnO_3^{2-} + Bi + H_2O$$

문제 5.10. 공인 수질분석법에 따르면 강산화제인 0.025 N 과망간산칼륨($KMnO_4$)으로 COD 분석을 한다. 이 용액 2 L를 만들려면 몇 g의 과망간산칼륨이 필요한가? 이 산화 반응은 산성 용액에서 발생하며, 과망간산칼륨은 산화제로 작용한 후 Mn^{2+}로 환원된다. 또한, 산화 반응이 알칼리성 용액에서 발생하여 과망간산칼륨이 MnO_2로 환원된다면 이때 필요한 과망간산칼륨의 양(g)은? 단, 과망간산칼륨의 분자량은 158 g/mol으로 한다.

문제 5.11. 이산화염소(ClO_2)와 차아염소산(HOCl)의 유효염소%는? 단, 이 반응은 염기성 반응이다.

문제 5.12. 반쪽반응법에 의해 다음 산화-환원 반응식을 완성하시오.

$$Mn^{2+} + Br^- + PbO_2 + H^+ \rightarrow MnO_4^- + Br_2 + Pb^{2+} + H_2O$$

문제 5.13. 반쪽반응법에 의해 다음 산화-환원 반응식을 완성하시오.

$$CH_3COOH + I^- + IO_3^- \rightarrow CH_3COO^- + I_2 + H_2O$$

문제 5.14. 반쪽반응법에 의해 다음 산화-환원 반응식을 완성하시오.

$$PH_3 + MnO_4^- + H^+ \rightarrow H_3PO_4 + Mn^{2+} + H_2O$$

문제 5.15. 반쪽반응법에 의해 다음 산화-환원 반응식을 완성하시오.

$$Mn^{2+} + BiO_3^- \rightarrow MnO_4^- + Bi^{3+} \text{ (산성 용액)}$$

문제 5.16. 반쪽반응법에 의해 다음 산화-환원 반응식을 완성하시오.

$$BiO^+ + NO_3^- + Al \rightarrow Bi + NH_3 + AlO_2^- \text{ (염기성 용액)}$$

문제 5.17. 산화수법과 반쪽반응법에 의해 다음 산화-환원 반응식을 완성하시오.

$$MnO_4^{2-} + H^+ \rightarrow MnO_2 + MnO_4^- + H_2O$$

문제 5.18. 산화수법과 반쪽반응법에 의해 다음 산화-환원 반응식을 완성하시오.

$$K_2Cr_2O_7 + HCl \rightarrow KCl + CrCl_3 + Cl_2 + H_2O$$

또한, 실제 산화-환원 공정에 관여하는 이온들을 중심으로 한 이온반응식을 완성하시오.

문제 5.19. 반응조 내에서 양극과 음극을 구분하고 전체 반응을 기술하시오.

$$Pt \mid Fe^{2+},\ Fe^{3+} \parallel Br_{2(l)} \mid Br^- \mid Pt$$

문제 5.20. 5 M의 $AgNO_3$ 용액 500 mL를 10 A의 전류에서 6시간 동안 전기분해하였을 때, 축적되는 Ag의 질량(g)과 최종 용액 중 Ag^+ 농도(M)는? 단, 전기분해 전과 후 부피변화는 없다고 가정하고, 은의 원자량은 107.868 g/mol이다.

문제 5.21. 주어진 전류에서 16분 동안 2.5 g의 산소가 방출되었다. 만약 동일한 전류가 흘렀을 때, $CuSO_4$ 용액을 이용하여 70 g Cu를 침전시키는 데 필요한 시간(min)은? 단, Cu의 원자량은 63.546 g/mol이다.

문제 5.22. 전극에 4800 C의 전기가 흘렀을 때 음극에서 미지의 M 금속이 3.95 g 축적되었다. 만약 전해질 용액이 MF_3라면 M 금속의 원자량은?

문제 5.23. 황산 용액에서 1시간 동안 5 A의 전류가 흐르는 경우, 표준상태(1 atm, 25℃)에서 방출되는 혼합 기체의 용량(L)은? 단, 이상기체상수 $R = 0.082$ L · atm/mol · K이다.

문제 5.24. 전극 간 간격이 25 cm, 전극 1개의 면적이 500 cm^2이고 전해액이 $CuSO_4$ 용액(비저항 20 Ω · cm)인 전해조에서 전극간 저항(Ω)은? 또한, 5 A의 전류를 유지하는 데 필요한 전압(V)은? 이 전류에서 5 mol의 Cu가 축적되는 데 필요한 시간(h)은?

문제 5.25. 제시된 표준전위를 참조하여 아래 반응의 표준전위를 구하고 진행 방향(정반응 혹은 역반응)을 결정하시오.

$Ag(NH_3)_2^+ + e^- \rightarrow Ag^+ + 2NH_3$ $E^o = +0.373$ volt

$Fe^{3+} + e^- \rightarrow Fe^{2+}$ $E^o = +0.771$ volt

$Cu^{2+} + 2e^- \rightarrow Cu$ $E^o = +0.337$ volt

$ClO_4^- + 2H^+ + 2e^- \rightarrow ClO_3^- + H_2O$ $E^o = +1.201$ volt

$CH_3OH_{(aq)} + 2H^+ + 2e^- \rightarrow CH_{4(g)} + H_2O$ $E^o = +0.588$ volt

$2HClO_{(aq)} + 2H^+ + 2e^- \rightarrow Cl_{2(g)} + 2H_2O$ $E^o = +1.630$ volt

(1) $Ag(NH_3)_2^+ + Fe^{2+} \rightleftarrows Ag^+ + 2NH_3 + Fe^{3+}$

(2) $Cu + ClO_4^- + 2H^+ \rightleftarrows Cu^{2+} + ClO_3^- + H_2O$

(3) $CH_3OH_{(aq)} + Cl_{2(g)} + H_2O \rightleftarrows CH_{4(g)} + 2HClO_{(aq)}$

문제 5.26. 다음 각 반응의 E^o를 계산하고 진행 방향(정반응 혹은 역반응)을 결정하시오. 필요한 자료는 부록을 참조하시오.

(1) $2I^- + MnO_2 + 4H^+ \rightleftarrows Mn^{2+} + I_2 + 2H_2O$

(2) $Ni + Cr_2O_7^{2-} + 14H^+ \rightleftarrows 2Cr^{3+} + Ni^{2+} + 7H_2O$

문제 5.27. 다음 반응을 진행하려고 할 때, 필요한 최소 전압(volt)은 얼마인가? 단, 부록의 표준전위 자료를 이용하시오.

(1) $2Mn^{2+} + Sn^{4+} \rightarrow 2Mn^{3+} + Sn^{2+}$

(2) $2H_2O + 2CO_2 \rightarrow O_2 + 2HCOOH_{(aq)}$

문제 5.28. 25℃에서 전기화학적 자료를 이용하여 아래 요구하는 값을 구하시오.

(1) $Hg_2Cl_{2(s)}$의 용해도곱, K_{sp}

(2) AuCN의 용해도곱($K_{sp} = 6.04 \times 10^{-32}$)을 이용하여 AuCN의 환원 반반응,

즉 $AuCN + e^- \rightarrow Au + CN^-$의 표준환원전위 E^o

문제 5.29. 비이커 2개를 염다리로 연결하고 백금전극을 설치하였다. 하나의 비이커에 $FeSO_4$를, 또 다른 비이커에는 $KMnO_4$를 채웠을 때, 이 전지의 표준전위와 전자의 이동방향은? 또한 전지의 반응은? 단, $KMnO_4$를 채운 비이커에서 MnO_4^-에서 Mn^{2+}로 환원되는 반반응을 이용한다.

문제 5.30. 부록의 표준환원전위 값을 이용하여 다음의 값을 계산하시오.

(1) $[Fe^{2+}]=0.20$ M, $[Fe^{3+}]=0.001$ M인 수용액에 담근 Pt 전극의 전위(volt)는?

(2) $[Fe^{2+}]=0.20$ M, $[Cl^-]=1.0$ M일 때, $2Ag_{(s)} + 2Cl^- + Fe^{2+} \rightarrow 2AgCl_{(s)} + Fe_{(s)}$의 전기분해 반응에 필요한 최소전압

문제 5.31. 초기농도가 $[Zn^{2+}]=[Cu^{2+}]=1.0$ M인 구리 - 아연 전지의 기전력이 방전에 의해 1.040 volt까지 내려갔을 때, $[Zn^{2+}]$와 $[Cu^{2+}]$는 각각 얼마인가?

문제 5.32. $CuCl_2$ 용액에 담근 음극의 표면에 구리를 전기적으로 흡착시키고 있다. 음극의 전위를 +0.20 volt로 잠시 유지하고, 흡착이 더 이상 진행되지 않게 되었을 때, 전해액 안의 $[Cu^{2+}]$는?

문제 5.33. 양극은 아연전극, 음극은 은전극을 사용하는 다니엘 전지를 사용하였다. 이때 $[Zn^{2+}]=2$ M, $[Ag^+]=0.01$ M일 때 기전력 E는? 이 전지 반응의 평형상수는?

문제 5.34. 다음과 같은 경우에 전지 반응을 기술하고, 25℃에서의 E는? 또한 자발적인 전지 반응의 방향은?

(1) $Ag \mid AgCl_{(s)} \mid KCl(0.01\text{ M}) \mid Cl_{2(g)}(0.5\text{ atm}) \mid Pt$

(2) $Pt \mid Fe^{3+}(0.5\text{ M}),\ Fe^{2+}(0.001\text{ M}) \parallel Cu^{2+}(0.02\text{ M}) \mid Cu^{+}(4.0\text{ M}) \mid Pt$

문제 5.35. 25℃에서 다음 반응의 Gibbs 자유에너지 변화를 계산하시오. 단, $FeCl_2$와 $ZnCl_2$는 각각 1 M이다.

$$Zn + FeCl_2 \rightleftarrows Fe + ZnCl_2$$

문제 5.36. 25℃의 다음 반응에서 부록의 전기화학적 자료를 이용하여 평형상수를 구하시오.

(1) $H_{2(g)} + Sn^{4+} \rightleftarrows Sn^{2+} + 2H^+$

(2) $4Fe(CN)_6^{4-} + 2H_2O + O_{2(g)} \rightleftarrows 4Fe(CN)_6^{3-} + 4OH^-$

문제 5.37. Ag | AgCl과 Ag | Ag^+의 표준전위로부터 25℃의 염화은($AgCl_{(s)}$)의 용해도곱을 구하시오.

문제 5.38. 은이온(Ag^+)이 다음과 같이 환원될 때의 ΔG^o(cal/mol)는?

$$Ag^+ + e^- \rightarrow Ag$$

문제 5.39. 호기 상태에서 채취한 물 시료의 pH가 7이었다. 이 시료를 오랫동안 방치하였더니 혐기화되었는데 이 상태에서도 pH는 7로 유지되었다. 혐기 상태에서 미생물에 의해 CO_2는 환원되어 CH_4가 된다고 할 때, 혐기 상태에서의 산소 압력(atm)은? 또한, 호기 상태와 혐기 상태에서의 각 $p\epsilon$는? 단, 혐기 상태에서 CO_2의 분압과 CH_4의 분압은 동일한 것으로 가정한다.

6

착물 화학

착물 화학(coordination chemistry)은 용액 중의 여러 가지 금속이온의 농도 변화와 밀접한 관계가 있으므로 천연수 및 폐수의 분석에 많이 이용된다. 착물 화학이 이용되는 대표적인 분석 항목은 경도 측정, COD 측정, 수은법에 의한 염소 분석 등이 있다.

(1) 경도 측정시, Ca^{2+}과 Mg^{2+} 농도의 측정은 Ca^{2+}과 Mg^{2+}이 대표적인 킬레이트제(chelating agent)인 EDTA(ethylenediamine tetraacetic acid)와 착물(complex)을 형성하는 성질을 이용하고 있다.

(2) COD_{Cr} 측정 시, COD 시험의 적정 종말점은 킬레이트제(chelating agent)인 1,10-phenanthroline이 2가 철(Fe^{2+})과 착물을 형성하는 성질을 이용한다.

(3) 수은법에 의한 염소 분석에서 수은이온(Hg^{2+})이 염소이온(Cl^{-})과 착물을 형성하는 성질을 이용한다.

6.1 착물의 정의

착물(complex)은 다른 표현으로 배위화합물이라고도 한다. 그러므로 배위화합물의 정의에 대해서 먼저 이해할 필요가 있다. 배위화합물은 배위결합을 한 화합물로서 배위결합을 알기 위해서는 여러 가지 화학결합을 알아야 한다.

화학결합(chemical bond)에 의한 화합물의 형성은 원소 내 전자들의 재배열에 의해 낮은 에너지로 유지될 때 발생한다. 화학결합의 대표적인 종류에는 이온결합과 공유결합이 있다(그림 6.1).

이온결합		공유결합	배위결합
$A \rightarrow A^{+}$ $B \rightarrow B^{-}$	$A^{+}B^{-}$	A × + • B → A ×• B	A ×× + B → A ×× B

그림 6.1. 이온결합, 공유결합, 배위결합의 차이

이온결합(ionic bond)은 어떤 원자가 가지고 있는 전자 중의 하나 또는 그 이상의 전자를 다른 원자에 완전히 제공하는 방식의 결합이다. 만약 A라는 원자가 전자를 주면 A^{+}로 변화하고, 이 전자를 B 원자가 받으면 B^{-}로 변화한다. 그런 다음 +, − 반대 전하간의 정전기적 인력에 의해 밀착되어 AB라는 결합을 형성하게 된다.

이온결합은 전자를 잃기 쉬운 금속 원소인 양이온과 전자를 얻음으로써 안정되는 비금속원소인 음이온 사이의 결합을 말한다. 그러므로 이온결합에는 양이온과 음이온의 정전기적 인력이 작용함으로써, 그 결합의 강도가 모든 종류의 결합 중에서 가장 강하므로 녹는점이나 끓는점이 매우 높다. 이온결합도 공유결합과 마찬가지로 한쪽은 전자를 내놓고 한쪽은 전자를 받아들인다는 점에서는 동일하지만, 전자들을 공유하지 않는다는 점에서 큰 차이가 있다. 전기를 끌어당기는 힘을 전기음성도라고 하는데, 결합하는 두 원자의 전기음성도 차이가 클수록 이온결합을 하고 그 차이가 작으면 공유결합을 하게 된다.

이온결합의 대표적인 예에는 NaCl과 $CaCl_2$가 있다. $CaCl_2$은 제습제와 제설제로 많이 이용되는데, 겨울철에 눈 위에 염화칼슘을 뿌리면 제습제로서 그 주변의 습기를 흡수하여 녹게 되고, 녹으면서 발열반응을 하여 내놓는 열이 주변의 눈을 다시 녹임으로써 제설작용을 하게 된다.

이러한 이온결합 화합물은 물에 잘 녹는 성질이 있는데, 이들은 물에 녹으면 분자 상태로 존재하지 않고 이온결합이 끊어져 각 이온으로 해리된다. 즉 NaCl는 이온화하여 Na^+와 Cl^-로, 그리고 $CaCl_2$는 Ca^{2+}와 $2Cl^-$로 이온화된다. 그러므로 이온결합 화합물이 용해된 물에는 이온이 풍부하게 존재하여 전기가 잘 통하게 된다. 그러나 공유결합 화합물은 물이나 다른 용매에서도 그 결합이 끊어지지 않는다.

이온결합에 비해 공유결합(covalent bond)은 A와 B 각 원자가 전자 하나씩을 제공하여 전자쌍을 공유하여 형성하는 결합이다. 둘 이상의 원자가 공유결합을 하면 분자가 된다. 공유결합의 대표적인 예들은 수소분자, 탄소동소체, 유기화합물, DNA 등으로 매우 다양하다.

하나의 원자는 양전하를 띤 원자핵과 음전하를 띤 전자로 구성되어 있는데, 양전하의 원자핵과 음전하의 전자가 다른 원자의 원자핵과 전자들과 정전기적 인력에 의해 상호작용한다. 이때 같은 양전하나 음전하끼리는 서로 밀어내고 다른 전하끼리는 끌어당기게 된다. H－H 결합을 예로 들면, 전자끼리는 서로 밀어내지만, 원자핵은 다른 원자의 전자를 끌어당기게 되어 전체적으로 어느 정도의 인력으로 가깝게 유지된다. 그러나 원자핵들은 서로 밀어내는 반발력이 작용하기 때문에 더 이상 가까워지지는 않는데, 이 인력과 반발력이 균형을 이루는 거리를 핵간 거리 또는 결합길이라고 한다. 수소원자는 각각 하나의 전자를 내놓아 2개의 전자(전자쌍)를 다른 원자와 공유하기에 단일결합(H－H)을 한다. 수소분자에 비해 산소분자(O_2)는 각 산소원자가 2개의 전자를 내놓아 산소원자 사이에 전자가 4개 공유하는, 즉 2개의 결합 전자쌍을 가지는 이중결합(O＝O)을 한다. 질소분자(N_2)는 각 질소원자가 3개의 전자를 내놓아 총 6개의 전자를 공유하는, 즉 3개의 결합 전자쌍을 가지는 삼중결합(N≡N)을 한다.

C－C와 H－H와 같이 전기적으로 중성을 띠면 비극성 공유결합, H－Cl과 같이 하나의 원자로부터 다른 원자로 전자가 편재되어 극성을 띠면 극성 공유결합이라고 한다.

이온결합은 이러한 전자의 편재도가 극심한 극성 공유결합이라고 할 수 있다.

배위결합(coordinate bond)은 한쪽 원자의 고립 전자쌍이 상대 원자와 공유되어 생성되는 공유결합의 일종이다. 즉 두 원자가 결합할 때 각 원자가 전자를 사이좋게 내놓아 공유하게 되면 공유결합이고, 한쪽 원자에서 전자쌍 한 쌍을 모두 내놓고 다른 원자는 받기만 하는 상태에서 이 전자쌍을 공유한다면 배위결합이라고 한다.

배위결합은 전이금속원소와 고립전자쌍을 가지는 비금속원소나 비금속원소를 가진 분자와 결합할 때 보통 나타난다. 예를 들면, 그림 6.2와 같이 전위 금속원소인 은(Ag)과 암모니아(NH_3) 분자 2개는 착이온을 만든다. 이때 암모니아 분자의 질소에 있는 고립전자쌍(비공유전자쌍)을 은(Ag) 원자에 제공하여 결합이 이루어지는데, 이 결합을 배위결합이라고 한다.

그러므로 착물(complex)은 배위결합을 한 화합물이라고 할 수 있다. 특히, 착물 중 이온의 형태로 구성될 때, 착이온(complex ion)이라고 하는데, 어떤 금속이온에 이온이 배위결합을 하여 생성되는 새로운 이온을 말한다.

예를 들면, NaCl과 $AgNO_3$가 결합하면 AgCl과 같은 흰색 침전물을 형성한다.

$$NaCl + AgNO_3 \rightarrow AgCl_{(s)}\downarrow + NaNO_3$$

이 흰색 침전물에 암모니아수를 첨가하면 침전이 용해되어 다시 무색의 용액을 형성한다. 이는 그림 6.2와 같이 NH_3에 의해 Ag^+가 다시 이온화되어 다음과 같이 NH_3와 배위결합 하기 때문이다.

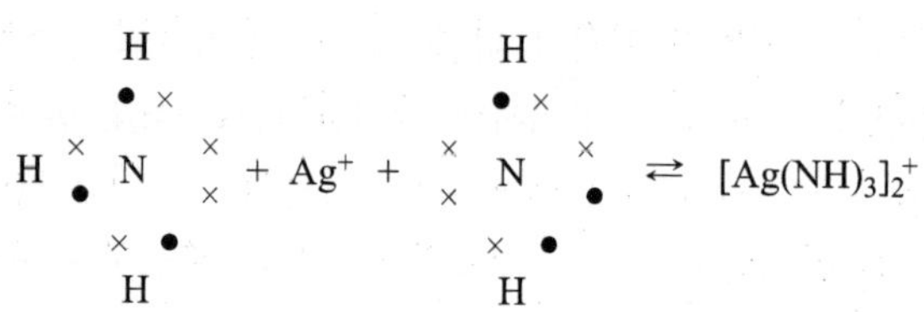

그림 6.2. Ag^+와 NH_3의 배위결합에 의한 착이온 형성

또한, 황산구리($CuSO_4$) 수용액에 암모니아수를 조금 가하면 $Cu(OH)_2$ 침전물이 생성되나, 계속 암모니아수를 가하면 진한 푸른색 용액이 형성되는데, 이는 Cu^{2+}와 NH_3가 배위결합하여 다음과 같은 착이온을 형성하기 때문이다(그림 6.3).

$$CuSO_4 \rightleftarrows Cu^{2+} + SO_4^{2-}$$
$$Cu^{2+} + 2NH_3 + 2H_2O \rightleftarrows Cu(OH)_2\downarrow + 2NH_4^+$$
$$Cu(OH)_2 + 4NH_3 \rightleftarrows [Cu(NH_3)_4]^{2+} + 2OH^-$$

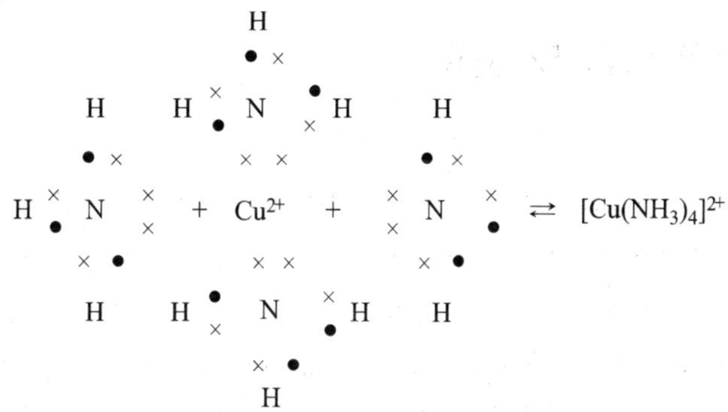

그림 6.3. Cu^{2+}와 NH_3의 배위결합에 의한 착이온 형성

참조 암모니아수?

NH_3의 수용액으로 암모니아를 물에 녹여 제조한다. 주반응은 다음과 같다.

$$NH_3 + H_2O \rightleftarrows NH_4OH$$
$$NH_3 + H_2O \rightleftarrows NH_3 \cdot H_2O$$

그러므로 각종 실험 결과를 보면, $NH_3 \cdot H_2O$와 NH_4OH의 중간 상태에 있는 것으로 보고 있다.

착화합물 또는 착물에서 중심 금속 원자에 비공유 전자쌍을 제공하여 배위결합을 형성하는 분자나 이온을 리간드(ligand) 또는 배위자라고 하고, 중심 금속에 붙어있는 리간드의 수를 배위수(coordination number)라고 한다. 예를 들면, 착이온 $[Ag(NH_3)_2]^+$에서 중심 금속은 Ag^+, 리간드는 NH_3이고 배위수는 2이다. 또한, $[Cu(NH_3)_4]^{2+}$에서 중심금속은 Cu^{2+}, 리간드는 NH_3이고 배위수는 4이다.

중심 금속 또는 화학종은 전자받개(electron acceptor, Lewis 산)이고, 배위자는 전자주개(electron donor, Lewis 염기)이다. 모든 금속이온은 전자 친화력이 있으므로 착물을 형성하는 중심 화학종으로 작용할 수 있으며, 금속이온의 전자 친화력이 클수록 착물을 잘 형성한다.

그럼 어떤 분자나 이온이 배위자로 작용할 수 있을까?

비공유 전자쌍을 가지고 있는 분자나 이온만이 배위자로 작용할 수 있다. 배위자로 작용할 수 있는 대표적인 분자로는 NH_3, H_2O, NO 등이 있고, 배위자로 작용할 수 있는 대표적인 이온은 Cl^-, CN^-, Br^-, $S_2O_3^{2-}$ 등이 있다.

6.2 착물의 명명 및 종류

착물의 명명법은 다소 복잡하다. 배위자를 먼저 쓰고 나중에 중심 금속이온을 사용한다. 배위자가 중성이면 분자라 하고 분자 그대로 쓰고, 양전하를 띠면 접미어 '－ium'을 붙이고, 음전하를 띠면 접미어 'o'를 붙인다. 단, 배위자 H_2O에 대해서는 접두어 'aquo'를 붙이고, NH_3에 대해서는 접두어 'ammine'을 붙인다. 접두어 di, tri, tetra 등을 이용하여 배위수를 나타낸다. 전체적으로 음이온의 착물에는 접미어 '－ate'를 붙이나, 양이온이나 중성 착물에는 접미어를 붙이지 않는다. 중심 금속이온의 산화 상태는 일반적으로 착물의 이름 다음에 괄호 안에 로마자(Ⅰ, Ⅱ 등)를 기입하여 표시한다. 예를 들면 다음 표 6.1과 같다.

표 6.1. 여러 가지 착물의 특성과 명명

	중심 금속	배위자	배위수	명칭
$[Fe(CN)_6]^{4-}$	Fe^{2+}	CN^-	6	hexacyano ferrate(Ⅱ) ion
$[Al(H_2O)_6]^{3+}$	Al^{3+}	H_2O	6	hexaaquo aluminum(Ⅲ) ion
$[Cu(NH_3)_4]^{2+}$	Cu^{2+}	NH_3	4	tetraammine copper(Ⅱ) ion
$MgCO_3^o$	Mg^{2+}	CO_3^{2-}	2	carbonato magnesium(Ⅱ)
$CaSO_4^o$	Ca^{2+}	SO_4^{2-}	2	sulfato calcium(Ⅱ)

$[Fe(CN)_6]^{4-}$는 배위자로 음이온인 CN^-가 6개 있으므로 hexacyano, 전체적으로 음이온이므로 ferrous에서 －ate를 붙여 ferrate가 되고 전하를 띠고 있으므로 ion이 된다.

$[Al(H_2O)_6]^{3+}$는 배위자로 H_2O가 6개 있으므로 hexaaquo, 전체적으로 양이온이므로 접미어 없이 aluminum(Ⅲ)을 사용하고 전하를 띠고 있으므로 ion이 된다.

$[Cu(NH_3)_4]^{2+}$는 배위자로 NH_3가 4개 있으므로 tetraammine, 전체적으로 양이온이므로 접미어 없이 copper(Ⅱ)를 사용하고 전하를 띠고 있으므로 ion이 된다.

$MgCO_3^o$는 배위자로 CO_3^{2-}가 1개 있으나, 그림 6.4와 같이 CO_3^{2-} 1개가 2개의 배위수를 제공하므로 전체적으로 2개의 배위수가 있다. 배위자가 음이온을 띠고 있으므로 carbonate는 carbonato로 바뀐다. 전체적으로 이온이 없이 분자이므로 접미어 없이 magnesium(Ⅱ)을 사용한다.

$CaSO_4^o$는 $MgCO_3^o$와 마찬가지로 배위자로 SO_4^o가 1개 있으나, 그림 6.4와 같이 SO_4^o 1개가 2개의 배위수를 제공하므로 전체적으로 2개의 배위수가 있다. 배위자가 음이온을 띠고 있으므로 sulfate는 sulfato로 바뀐다. 전체적으로 이온이 없이 분자이므로

접미어 없이 calcium(Ⅱ)을 사용한다. 상첨자 'o'는 착물이 중성임을 의미한다.

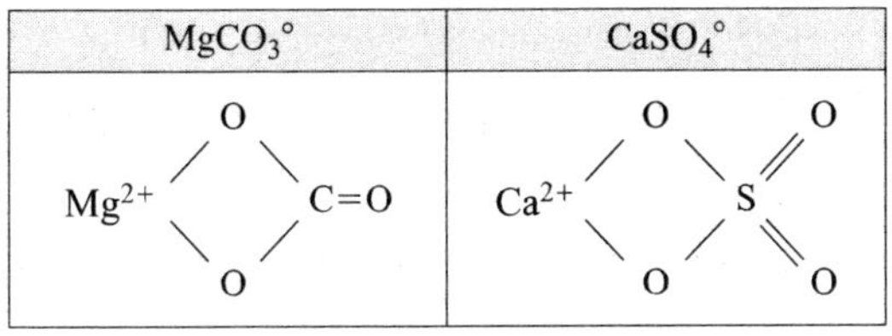

그림 6.4. $MgCO_3^{\circ}$와 $CaSO_4^{\circ}$의 착물 구조

착물의 배위수는 중심 금속이온의 종류에 따라 달라지는 것이 아니라 배위자의 종류에 따라 달라진다.

예를 들면, Ni(Ⅱ)은 배위자 carbonyl(CO)과 착물을 형성하면 $[Ni(CO)_4]^{2+}$로 배위수가 4이지만, 대표적인 킬레이트제인 1,10-phenanthroline과 착물을 형성하면 $[Ni(phenanthrolin)_3]^{2+}$로 배위수가 6이다. 참고로 1개의 phenanthrolin은 2개의 배위수를 가지고 있다. 또한, 3가 철인 Fe(Ⅲ)은 배위자가 물(H_2O)과 사이안이온(CN^-)에 대해서는 $[Fe(H_2O)_6]^{3+}$와 $[Fe(CN)_6]^{3-}$로 배위수가 6으로 나타나나, 염화이온(Cl^-)과 착물을 형성하면 $FeCl_4$가 되어 배위수가 4가 된다.

예제 6.1 Q&A

다음 착물들의 명칭을 영어로 쓰시오.

(1) $Ni(NH_3)_6^{2+}$ (2) $PtCl_4^{2-}$ (3) $Hg(CN)_4^{2-}$

Solution

(1) hexaamminenickel(Ⅱ) ion

(2) tetrachloroplatiumate(Ⅱ) ion

(3) tetracyanomercurate(Ⅱ) ion

CN^-, H_2O, NH_3, Cl^- 등의 배위자는 중심 금속이온과 착물을 형성할 때, 하나의 배위자에서 하나의 결합자리(ligand)를 제공하므로 한자리 리간드(monodendate)라고 한다. 이에 비해 CO_3^{2-}와 SO_4^{2-}는 하나의 배위자에서 2개의 결합자리를 제공하므로 두 자리 리간드(bidendate)라고 한다. 대표적인 두 자리 리간드는 에틸렌다이아민(ethylen-diamine, $H_2NCH_2NH_2$), 다이메틸글리옥심(dimethylglyoxime), 8-하이드록시퀴놀린(8-hydroxyquinolinate), 아세틸아세톤(acetylacetonate), 글리신(glycinate) 등이 있다. 또한,

하나의 배위자가 3개 이상의 여러 개의 결합자리를 제공하면 여러 자리 리간드(multidendate, polydentate) 또는 킬레이트제(chelating ligand)라고 한다. 대표적인 킬레이트제인 아데노신삼인산(adenosine triphosphate, ATP)은 2가 금속이온과 결합할 때 금속이온의 6개 배위 위치 중 4개를 차지하여 4자리 리간드라고 한다. 에틸렌디아민테트라아세트산(ethylenediaminetetraacetic acid, EDTA), 니트로트리아세트산(nitrilotriacetic acid, NTA), 트랜스-1,2-디아미노사이클로핵산테트라아세트산(trans-1,2-diaminocyclohexanetetraacetic acid, DCTA) 등이 여러 자리 리간드의 대표적인 예로 꼽힌다.

킬레이트는 착물의 한 종류로서, 대표적인 킬레이트제로는 에틸렌디아민테트라아세트 산(ethylenediaminetetraacetic acid, EDTA)가 있다. EDTA는 그림 6.5와 같이 4개의 아세트산기와 2개의 질소원자에서 결합자리를 제공하여 배위수가 6개인 배위결합을 한다. 물의 경도를 측정하고자 할 때 Ca^{2+}와 착물을 잘 형성하는 EDTA의 특성을 이용한다.

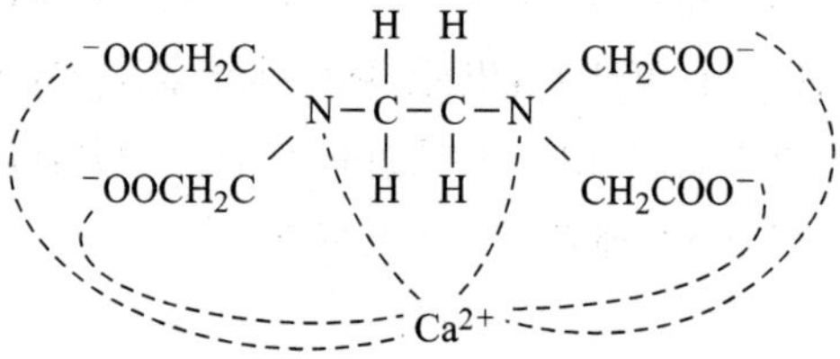

그림 6.5. Ca^{2+}와 착물을 형성한 EDTA의 구조

또 하나의 대표적인 킬레이트제는 1,10-phenanthroline으로, COD_{Cr} 측정법에서 많이 사용된다. 1,10-phenanthroline은 하나의 분자마다 2개의 배위수를 제공하고, 3분자의 1,10-phenanthroline에 의해 Fe^{2+}은 그림 6.6과 같이 적색 착물을 형성한다. 이 경우 Fe^{2+}의 배위수는 6개가 된다.

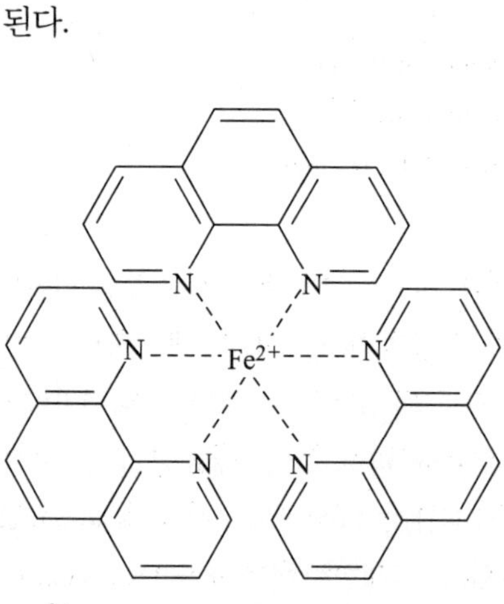

그림 6.6. Fe^{2+}와 착물을 형성한 1,10-phenanthroline의 구조

중심이온 또는 중심 분자를 착물의 핵(nuclear)이라고 하고, 이 핵이 1개이면 이 착물은 단핵(mononuclear) 착물이라 하고, 핵이 2개 이상이면 다핵(polynuclear) 착물이라 한다.

그림 6.7은 대표적인 다핵 착물을 나타내고 있다.

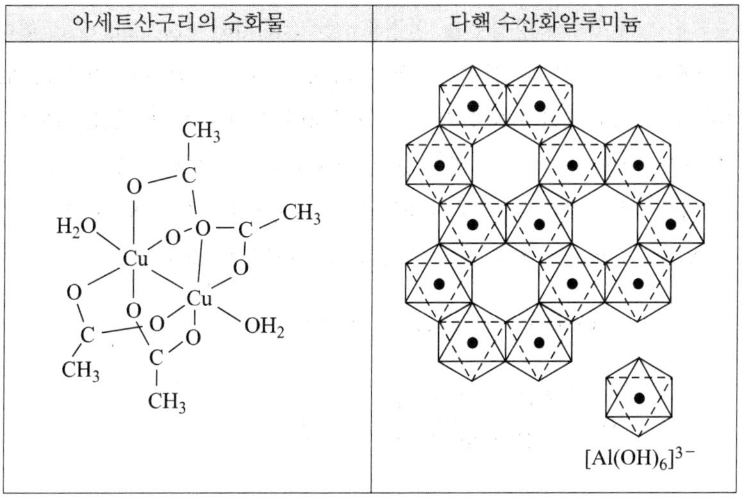

그림 6.7. 대표적인 다핵 착물

금속이온과 배위자 간의 결합 강도는 매우 다양한데, 대체로 배위자와 중심이온 사이에 한 개 이상의 물 분자층이 존재하면 결합 강도가 약하다.

6.3 착물의 반응속도, 안정도, 평형

일반적으로 화학반응의 반응속도와 화합물의 안정도는 무관하다. 즉 반응속도가 빠르게 형성된 화합물이 더 이상 반응이 일어나지 않는 안정한 화합물이라고 말할 수는 없다는 것이다. 반응속도는 반응속도상수와 농도의 함수이고, 안정도는 평형상수에 의해 결정되기 때문이다.

이와 마찬가지로 착물에서도 반응속도와 안정도는 무관하다.

착물의 평형상수는 착물의 생성반응을 정반응으로 하여 기술한다. 예를 들면, 착물 ammine copper(Ⅱ) ion의 평형상수는 다음과 같이 기술한다.

$$NH_{3(aq)} + Cu^{2+}{}_{(aq)} \rightleftarrows Cu(NH_3)^{2+}$$

$$K = \frac{\{Cu(NH_3)^{2+}\}}{\{NH_{3(aq)}\}\{Cu^{2+}{}_{(aq)}\}} = 10^{-4}$$

이 반응에서 정반응은 착물 생성반응이고 역반응은 착물 해리반응이다. 착물이 생성되는 반응에서의 평형상수를 안정도 상수(stability constant)라고 한다. 즉, 착물이 용액 속에서 어느 정도로 안정한지를 나타내는 상수를 말하는 것으로, 보통 용액 속에 존재하는 착물의 해리상수의 역수로 나타내며, 금속이온과 리간드와의 착물생성 정도를 나타내는 것이다. 다른 말로 착물 생성상수라고도 한다. 그러므로 착물의 안정도 상수가 크다는 것은 생성된 착물이 해리되기 어렵다는 것을 의미한다.

만약 역반응을 기준으로 평형을 형성하면 다음과 같다.

$$Cu(NH_3)^{2+} \rightleftarrows NH_{3(aq)} + Cu^{2+}{}_{(aq)}$$

$$K = \frac{\{NH_{3(aq)}\}\{Cu^{2+}{}_{(aq)}\}}{\{Cu(NH_3)^{2+}\}} = 10^{+4}$$

이때의 평형상수는 안정도 상수가 아니라 불안정도 상수(instability constant, K_{inst})로서 안정도 상수의 역수이다.

염소이온(Cl^-)은 다양한 비율로 수은이온(Hg^{2+})과 결합하여 여러 종류의 착물을 형성한다.

$$Hg^{2+} + Cl^- \rightleftarrows HgCl^+$$

$$HgCl^+ + Cl^- \rightleftarrows HgCl_2$$

$$HgCl_2 + Cl^- \rightleftarrows HgCl_3^-$$

$$HgCl_3^- + Cl^- \rightleftarrows HgCl_4^{2-}$$

이 단계적 반응에 대한 평형상수는 다음과 같다. 만약, 이온세기의 영향을 무시한다면 활동도 대신 몰농도를 사용할 수 있으므로,

$$K_1 = \frac{\{HgCl^+\}}{\{Hg^{2+}\}\{Cl^-\}} = \frac{[HgCl^+]}{[Hg^{2+}][Cl^-]} = 5.25\times10^6$$

$$K_2 = \frac{\{HgCl_2\}}{\{HgCl^+\}\{Cl^-\}} = \frac{[HgCl_2]}{[HgCl^+][Cl^-]} = 3.24\times10^6$$

$$K_3 = \frac{\{HgCl_3^-\}}{\{HgCl_2\}\{Cl^-\}} = \frac{[HgCl_3^-]}{[HgCl_2][Cl^-]} = 10$$

$$K_4 = \frac{\{HgCl_4^{2-}\}}{\{HgCl_3^-\}\{Cl^-\}} = \frac{[HgCl_4^{2-}]}{[HgCl_3^-][Cl^-]} = 9.33$$

착물반응은 위와 같은 단계적 반응 대신에 다음과 같은 총괄반응으로 표현하는 경우가 많으며, 이때의 평형상수를 안정도 상수(stability constant)라고 부르기도 한다. 또한, 평형상수 K 대신에 안정도 상수라는 의미로 β라는 기호를 사용한다.

$$Hg^{2+} + Cl^- \rightleftarrows HgCl^+$$
$$Hg^{2+} + 2Cl^- \rightleftarrows HgCl_2$$
$$Hg^{2+} + 3Cl^- \rightleftarrows HgCl_3^-$$
$$Hg^{2+} + 4Cl^- \rightleftarrows HgCl_4^{2-}$$

$$\beta_1 = \frac{\{HgCl^+\}}{\{Hg^{2+}\}\{Cl^-\}} = \frac{[HgCl^+]}{[Hg^{2+}][Cl^-]}$$

$$\beta_2 = \frac{\{HgCl_2\}}{\{Hg^{2+}\}\{Cl^-\}^2} = \frac{[HgCl_2]}{[Hg^{2+}][Cl^-]^2}$$

$$\beta_3 = \frac{\{HgCl_3^-\}}{\{Hg^{2+}\}\{Cl^-\}^3} = \frac{[HgCl_3^-]}{[Hg^{2+}][Cl^-]^3}$$

$$\beta_4 = \frac{\{HgCl_4^{2-}\}}{\{Hg^{2+}\}\{Cl^-\}^4} = \frac{[HgCl_4^{2-}]}{[Hg^{2+}][Cl^-]^4}$$

단계적 평형상수와 안정도 상수는 다음과 같은 관계가 있다.

$$\beta_1 = K_1, \quad \beta_2 = K_1 \times K_2, \quad \beta_3 = K_1 \times K_2 \times K_3, \quad \beta_4 = K_1 \times K_2 \times K_3 \times K_4$$

또한, 가장 높은 단계에 있는 착물의 총괄생성반응의 안정도 상수, 즉 β_4의 역수를 그 반응의 불안정도 상수(instability constant)라고 한다. 그러므로 불안정도 상수는

$$HgCl_4^{2-} \rightleftarrows Hg^{2+} + 4Cl^-$$

$$K_{inst} = \frac{\{Hg^{2+}\}\{Cl^-\}^4}{\{HgCl_4^{2-}\}} = \frac{[Hg^{2+}][Cl^-]^4}{[HgCl_4^{2-}]}$$

금속과 배위자간의 착물 생성 안정도는 다음과 같은 관계가 있다.

A-금속 양이온들, 즉 알칼리 금속(Na^+, K^+ 등)과 알칼리 토금속(Mg^{2+}, Ca^{2+} 등) 및 Al^{3+}, Si^{4+} 등은 전자주개 원자로 산소를 함유하는 리간드와 잘 결합한다. 산소를 함유하는 리간드에는 탄산이온(CO_3^{2-}), 수산이온(OH^-), 붕산이온(BO_3^{3-}) 등이 있다.

다른 금속이온, 즉 B-금속 양이온들(Ag^+, Zn^{2+}, Hg^{2+}, Pb^{2+}, Sn^{2+} 등)은 전자주개 원자로 S, P, N을 함유한 리간드와 잘 결합한다. 이러한 리간드로는 암모니아(NH_3), 황화이온(S^{2-}), 인산이온(PO_4^{3-}) 등이 있다.

A-금속과 B-금속들이 만드는 착물의 안정도는 금속이온의 전하에 비례한다. 즉 금속의 양전하가 클수록 안정적인 착물을 형성하는 경향이 크다. 그러므로 전하가 작은 알칼리 금속은 불안정한 착물을 형성한다. 그러나 Cr^{3+}, Fe^{3+}, Ni^{2+} 등의 전이금속이온은 전하가 상대적으로 커서 안정적인 착물을 만든다.

착물의 안정도는 금속의 종류뿐만 아니라 리간드의 종류에 따라서도 달라진다.

인산이온(PO_4^{3-}), 탄산이온(CO_3^{2-}), 수산이온(OH^-) 등의 리간드는 착물을 형성하는 경향이 강하므로 안정적인 착물을 형성하나, 과염소산이온(ClO_4^-)이나 질산이온(NO_3^-) 등은 착물을 형성하는 경향이 약하다. 그러므로 실험실에서 이온세기를 일정하게 유지할 필요가 있을 때는 착물을 잘 형성하지 않는 경향이 있는 질산이온이나 과염소산이온이 포함된 시약을 시용한다. 예를 들면, $NaNO_3$나 $NaClO_4$과 같은 시약이 이용된다.

또한, 착물은 5～6개의 구성 환(cycle)을 갖는 것이 가장 안정적인 것으로 알려져 있다. 대표적인 5개 환을 갖는 착물에는 $EDTA^{4-}$ 및 1,10-phenanthroline 착물이 있다. 이에 비해 탄산이온(CO_3^{2-})이나 황산이온(SO_4^{2-})과 결합한 착물은 4개의 환을 갖는 경우가 많다. 그러므로 5개 환을 가진 $EDTA^{4-}$ 및 1,10-phenanthroline 착물이 탄산이온이나 황산이온과 결합한 착물보다 안정적인 착물을 형성하는 것으로 알려져 있다.

일반적으로 착물(킬레이트)의 안정도는 리간드와 중심 금속이온 간의 결합점의 수에 비례한다. 즉 결합점의 수가 증가할수록 착물의 안정도는 증가하는데, 이러한 현상을 킬레이트 효과(chelate effect)라고 한다.

중심 금속이온들 사이에는 리간드에 대한 경쟁 관계가 존재한다. 이 경우 리간드는 더욱 큰 생성상수를 형성하는 중심 금속이온과 먼저 착물을 형성한다. 이러한 경쟁 관계를 이용한 것이 EDTA - 경도 적정법이다.

대략적인 EDTA - 경도 적정법의 실험 순서는 다음과 같다.

(1) 검수 25 mL를 2배 희석하여 50 mL로 만든 다음, 200 mL 삼각 플라스크에 넣는다. 이때 하수나 토양 중의 유기물은 방해 효과가 있으므로, 유기물을 분해하거나 여과 후 시료로 사용한다.

(2) 1～2 mL의 buffer 용액을 가하여 시료의 pH를 10 정도로 올린다.

(3) 1~2방울의 지시약(EBT, Eriochrome Black T나 Calmagite 등)을 투입한다. 이때 전체 시료는 적자색을 띤다.

(4) 교반상태에서 표준 EDTA 적정용액을 천천히 주입한다. 적자색에서 청색으로 변할 때까지 주입한다.

킬레이트제인 $EDTA^{4-}$는 물속의 경도 성분인 Ca^{2+}나 Mg^{2+}와 만나면 다음과 같은 착물반응을 형성하고, 그때의 평형상수인 생성상수는 다음과 같다.

$$EDTA^{4-} + Ca^{2+} \rightarrow (EDTA\text{-}Ca)^{2-} \qquad K = 10^{+10.7}$$

$$EDTA^{4-} + Mg^{2+} \rightarrow (EDTA\text{-}Mg)^{2-} \qquad K = 10^{+8.7}$$

$(EDTA\text{-}Ca)^{2-}$의 생성상수가 $(EDTA\text{-}Mg)^{2-}$의 생성상수보다 100배 정도 크므로, $EDTA^{4-}$는 Mg^{2+}보다는 Ca^{2+}과 쉽게 착물을 형성한다는 것을 알 수 있다.

리간드에 대한 중심 금속이온 간의 경쟁뿐만 아니라 중심 금속이온에 대한 리간드들 간의 경쟁 관계도 일어날 수 있는데, 이때에도 생성상수가 큰 반응이 주로 일어나고 생성상수가 낮은 반응은 거의 일어나지 않는다.

또한, 이미 착물이 형성되었다 하더라도 안정도가 높은 착물과 안정도가 낮은 착물이 만나면, 안정도가 낮은 착물은 분해되어 안정도가 높은 착물을 생성하는 반응을 하게 된다. 만약 안정한 착물을 형성하는 리간드가, 그보다 덜 안정된 착물을 형성하는 리간드의 착물 용액에 첨가되면, 기존의 덜 안정된 착물은 분해된다. 분해된 착물에서 나온 중심 금속이온은 안정된 착물을 형성하는 리간드와 결합하여 더 안정한 착물을 형성하게 된다. 이러한 현상은 불안정한 착물의 분해반응이 적당히 빨라야 이루어질 수 있다. 이에 대한 대표적인 예는 위에서 언급한 EDTA - 경도 적정법에서 볼 수 있다.

EDTA - 경도 적정법 (3)번에서 지시약이자 킬레이트제인 EBT(Eriochrome Black T)는 Ca^{2+}보다는 Mg^{2+}과 착물을 이루고자 하는 성향이 크다(그림 6.8). 형성된 EBT-Mg 착물의 색은 적자색이고 생성상수는 $10^{+7.0}$으로 비교적 불안정한 편이다.

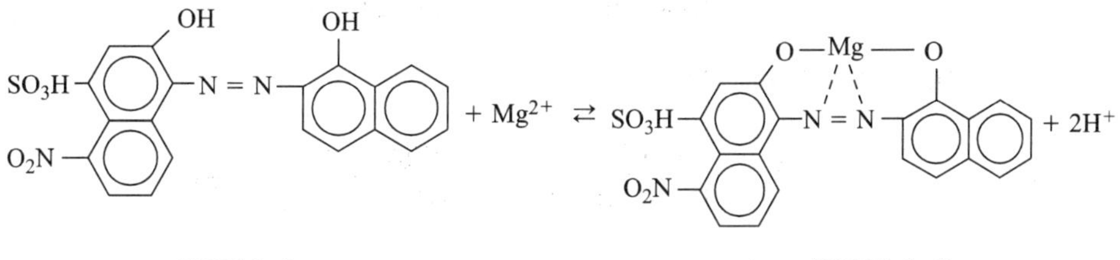

그림 6.8. EBT와 EBT-Mg 착물

이때 EDTA - 경도 적정법 (4)번에서 강력한 킬레이트제인 EDTA가 투입되면 EBT-Mg 착물(적자색)이 파괴되고 유리 EBT(청색)로 분해된다. EDTA-Mg의 생성상수($10^{+8.7}$)는 EBT-Mg의 생성상수($10^{+7.0}$)보다 훨씬 크므로 EBT-Mg의 분해가 일어난다. 적자색에서 청색으로의 색변화로 EBT-Mg 착물이 모두 파괴되는 종말점을 알 수 있다.

총 경도 분석 시, 킬레이트제인 EDTA가 Ca^{2+}와 EBT-Mg 착물에 적정용액으로 투입되면, EDTA가 Mg^{2+}보다는 Ca^{2+}와 착물을 이루려는 경향이 매우 강하므로, 대부분 EDTA-Ca 착물이 생성된다. EDTA-Ca 착물의 생성이 완료된 후, EDTA 용액이 계속 투입되면 EDTA는 EBT-Mg 착물의 결합을 분해하기 시작한다. EDTA-Mg 착물 생성의 진행은 용액의 색이 적자색(EBT-Mg)에서 청색(유리 EBT)으로 변하는 것을 보면 알 수 있다. 총 경도 성분의 Ca^{2+}과 Mg^{2+}이 모두 킬레이트제인 EDTA와 결합하여 착물을 형성했을 때가 적정의 종말점이다.

예제 6.2

수중의 염소이온 농도가 10^{-3} M이고 $HgCl_{2(aq)}$ 농도가 10^{-8} M이라면, Hg^{2+}, $HgCl^{+}$, $HgCl_3^{-}$, $HgCl_4^{2-}$의 농도(M)는 각각 얼마인가? 그리고 수은의 분포 형태에 대해 설명하라. 단, 앞에서 제시된 각 반응의 단계적 평형상수를 이용하라.

Solution

각 반응의 단계적 평형상수로부터 Hg^{2+}, $HgCl^{+}$, $HgCl_3^{-}$, $HgCl_4^{2-}$의 농도를 구할 수 있다.

$$K_2 = \frac{[HgCl_2]}{[HgCl^+][Cl^-]} = \frac{(10^{-8})}{[HgCl^+](10^{-3})} = 3.24\times10^6$$

$[HgCl^+] = 3.09\times10^{-12}$ M

$$K_3 = \frac{[HgCl_3^-]}{[HgCl_2][Cl^-]} = \frac{[HgCl_3^-]}{(10^{-8})(10^{-3})} = 10$$

$[HgCl_3^-] = 1.0\times10^{-10}$ M

$$K_4 = \frac{[HgCl_4^{2-}]}{[HgCl_3^-][Cl^-]} = \frac{[HgCl_4^{2-}]}{(1.0\times10^{-10})(10^{-3})} = 9.33$$

$[HgCl_4^{2-}] = 9.33\times10^{-13}$ M

$$K_1 = \frac{[HgCl^+]}{[Hg^{2+}][Cl^-]} = \frac{(3.09\times10^{-12})}{[Hg^{2+}](10^{-3})} = 5.25\times10^6$$

$[Hg^{2+}] = 5.89\times10^{-16}$ M

수은의 형태는 Hg^{2+}, $HgCl^+$, $HgCl_{2(aq)}$, $HgCl_3^-$, $HgCl_4^{2-}$의 5가지 형태인데, 이 중 가장 높은 농도를 차지하고 있는 것은 $HgCl_{2(aq)}$로서 대부분의 수은은 이온 형태가 아닌 중성 형태로 존재한다는 것을 알 수 있다.

예제 6.3

Q&A

은(Ag^+)은 아래 반응과 같이 수중의 암모니아(NH_3)와 반응하여 은－암모니아 착이온을 형성한다. pH를 높이거나 낮추어 은－암모니아 착이온 형성을 방해할 수 있는 방법에 대해 설명하라.

$$Ag^+ + 2NH_3 \rightleftarrows Ag(NH_3)_2^+$$

Solution

암모니아는 암모늄이온과 다음과 같은 관계를 가진다.

$$NH_3 + H^+ \rightleftarrows NH_4^+$$

위 평형 관계에서 pH를 낮추면, 즉 H^+를 증가시키면 르 샤틀리에의 원리에 의해 NH_4^+가 생성되는 방향으로 진행되고, 은 - 암모니아 착물의 분해가 형성된다.

만약 pH를 증가시키면, H^+가 감소되고 르 샤틀리에의 원리에 의해 기체 상태의 NH_3가 생성되는 방향으로 진행된다. 이때 가열하게 되면 $NH_{3(aq)}$가 $NH_{3(g)}$로 증발하여 평형이 파괴됨으로써 착이온의 형성을 방해할 수 있다.

예제 6.4

Q&A

알칼리도 100 mg/L(as $CaCO_3$)인 폐수를 효과적으로 응집처리하기 위해 폐수 중 농도가 30 mg/L의 황산알루미늄(alum, $Al_2(SO_4)_3\cdot18H_2O$)이 되도록 투입하였다. 응집처리 과정 동안 폐수의 알칼리도를 100 mg/L(as $CaCO_3$)로 계속 유지하기 위해서는 필요한 폐수 중 NaOH의 농도(mg/L)는? 단, 응집 침전물로는 착물 $Al(OH)_{3(s)}$만 형성되는 것으로 가정하고, $Al_2(SO_4)_3\cdot18H_2O$과 NaOH의 분자량은 각각 666과 40 g/mol이다.

$$Al_2(SO_4)_3\cdot18H_2O + 6NaOH \rightarrow 2Al(OH)_{3(s)} + 6Na^+ + 3SO_4^{2-} + 18H_2O$$

Solution

폐수의 알칼리도는 그대로 유지되어야 하므로 투입된 NaOH에 의해 착물($Al(OH)_{3(s)}$)이 형성되는 것으로 생각할 수 있다.

$$\frac{30\text{ mg alum}}{\text{L}}\left|\frac{1\text{ mmol alum}}{666\text{ mg alum}}\right|\frac{6\text{ mmol NaOH}}{1\text{ mmol alum}}\left|\frac{40\text{ mg NaOH}}{1\text{ mmol NaOH}}\right. = 10.8\text{ mg NaOH/L}$$

예제 6.5

pH = 5이고 $C_{T,CO_3^{2-}} = 10^{-4}$ M인 물에 황산알루미늄(alum, $Al_2(SO_4)_3 \cdot 18H_2O$)을 80 mg/L가 되도록 투입하였다. 응집과정에서 pH가 변하지 않게 하려면 소석회($Ca(OH)_2$)를 얼마나(mg/L) 투입해야 하는가? 또한, 응집 후 pH가 8이 되게 하려면, 소석회를 얼마나(mg/L) 더 투입해야 하는가? 단, 황산알루미늄과 소석회의 분자량은 각각 666과 74 g/mol이고, 소석회는 수중에서 완전히 이온화된다고 가정한다.

Solution

응집반응은 알칼리도의 소모가 필요하다. 그러나 수중의 알칼리도가 그대로 유지된다는 것은 외부에서 알칼리도를 계속 주입한다는 것을 의미한다. 여기서 주입하는 알칼리도는 소석회이다. 주입된 소석회와 황산알루미늄이 반응하여 착물($Al(OH)_{3(s)}$)이 형성하는 반응을 생각할 수 있다.

$$Al_2(SO_4)_3 \cdot 18H_2O + 3Ca(OH)_2 \rightleftarrows 2Al(OH)_{3(s)} + 3Ca^{2+} + 3SO_4^{2-} + 18H_2O$$

$$\frac{80\text{ mg alum}}{\text{L}}\left|\frac{1\text{ mmol alum}}{666\text{ mg alum}}\right|\frac{3\text{ mmol Ca(OH)}_2}{1\text{ mmol alum}}\left|\frac{74\text{ mg Ca(OH)}_2}{1\text{ mmol Ca(OH)}_2}\right. = 26.7\text{ mg Ca(OH)}_2\text{/L}$$

pH 5의 $[H^+] = 10^{-5}$ mol/L

pH 8은 pOH 값이 6이므로 $[OH^-] = 10^{-6}$ mol/L

$H^+ + OH^- = H_2O$에서 10^{-5} mol/L의 $[H^+]$를 중화시키기 위해서는 10^{-5} mol/L의 $[OH^-]$가 필요하다. 또한 pH가 8이 되기 위해서는 10^{-6} mol/L의 $[OH^-]$가 필요하다. 그러므로 전체적으로 필요한 $[OH^-]$는

$$[OH^-] = 10^{-5}\text{ mol/L} + 10^{-6}\text{ mol/L} = 1.1\times10^{-5}\text{ mol/L}$$

소석회가 완전히 이온화된다고 가정할 때, 1 mol $Ca(OH)_2$는 $[OH^-]$를 2 mol 가지고 있으므로,

$$Ca(OH)_2 \rightleftarrows Ca^{2+} + 2OH^-$$

$$\frac{1.1\times10^{-5}\text{ mol OH}^-}{\text{L}}\left|\frac{1\text{ mol Ca(OH)}_2}{2\text{ mol OH}^-}\right|\frac{74\text{ g Ca(OH)}_2}{1\text{ mol Ca(OH)}_2}\left|\frac{1000\text{ mg}}{1\text{ g}}\right. = 0.407\text{ mg Ca(OH)}_2\text{/L}$$

예제 6.6

금속 사이안화물 용액은 여러 가지 금속의 마무리 공정에서 사용되고 있어, 중금속과 사이안이온(CN^-)을 동시에 배출하는 폐수가 있다. 이 경우 대부분의 중금속은 다음과 같이 사이안이온과 착물을 형성한다.

$$HCN \rightleftarrows H^+ + CN^- \qquad K_a = 6.17 \times 10^{-10}$$

$$Ni^{2+} + 4CN^- \rightleftarrows Ni(CN)_4^{2-} \qquad \beta_4 = 10^{30}$$

만약, 평형상태에서 pH = 8.5, $[Ni^{2+}] = 10^{-5}$ M, $[HCN] = 1.25 \times 10^{-4}$ M이라면, $C_{T,\mathrm{Ni}}$ 중 $Ni(CN)_4^{2-}$의 백분율은?

Solution

HCN의 산-염기 반응에서 pH = 8.5이므로 $[H^+] = 10^{-8.5}$ M

$$K_a = \frac{[H^+][CN^-]}{[HCN]} = \frac{(10^{-8.5})[CN^-]}{(1.25\times10^{-4})} = 6.17\times10^{-10}$$

$[CN^-] = 2.44\times10^{-5}$ M

또한, Ni^{2+}과 $4CN^-$의 착물 반응식에서

$$\beta_4 = \frac{[Ni(CN)_4^{2-}]}{[Ni^{2+}][CN^-]^4} = \frac{[Ni(CN)_4^{2-}]}{(10^{-5})(2.44\times10^{-5})^4} = 10^{30}$$

$[Ni(CN)_4^{2-}] = 3.54\times10^{+6}$ M

$C_{T,\mathrm{Ni}} = [Ni^{2+}] + [Ni(CN)_4^{2-}]$

그러므로 $C_{T,\mathrm{Ni}}$ 중 $Ni(CN)_4^{2-}$의 백분율은

$$\frac{[Ni(CN)_4^{2-}]}{[Ni^{2+}] + [Ni(CN)_4^{2-}]} \times 100 = \frac{(3.54\times10^{+6})}{(10^{-5}) + (3.54\times10^{+6})} \times 100 \fallingdotseq 100\%$$

그러므로 이 경우 Ni은 이온 상태보다는 대부분 착물 형태로 존재한다는 것을 알 수 있다.

Chapter 6 연습문제

문제 6.1. 다음 착물들의 명칭을 영어로 쓰시오.

(1) $CaHCO_3^{+}$　(2) $Fe(PO_4)_2^{3-}$　(3) $Co(NH_3)_5(H_2O)^{3+}$

문제 6.2. 50 mL 지하수에 Erichrome Black T(EBT)를 소량 첨가한 후 0.01 M EDTA를 이용하여 경도를 측정하였더니 100 mg/L(as $CaCO_3$)로 나타났다. 이때 총 투입된 EDTA의 양(mL)은?

문제 6.3. pH = 5이고 $C_{T,CO_3^{2-}} = 10^{-4}$ M인 물에 황산알루미늄(alum, $Al_2(SO_4)_3 \cdot 18H_2O$)을 80 mg/L 투입하였다. 생성되는 착물($Al(OH)_{3(s)}$)의 양(mg/L)은? 자연 상태에서 생성되는 응집반응은 아래와 같다. 단, 황산알루미늄과 $Al(OH)_{3(s)}$의 분자량은 각각 666과 78 g/mol이다.

$$3Ca(HCO_3)_2 + Al_2(SO_4)_3 \cdot 18H_2O \rightleftarrows 2Al(OH)_{3(s)} + 3CaSO_4 + 6CO_2 + 18H_2O$$

문제 6.4. 수중의 유기물 측정방법 중 하나인 COD_{Cr}법은 $K_2Cr_2O_7$이라는 강산화제를 사용한다. 바닷물과 같이 물속에 Cl^-이 존재하면 $K_2Cr_2O_7$이 Cl^-을 $Cl_{2(aq)}$로 산화시키는 데 사용되기 때문에 측정시 오류가 있을 수 있다. 그러므로 $HgSO_4$를 사용하면 수은이온(Hg^{2+})이 Cl^-와 착물을 형성하여 $K_2Cr_2O_7$의 불필요한 소모를 억제할 수 있다. 검수에 $HgSO_4$를 다른 시약과 함께 첨가하여 COD_{Cr} 분석을 하였을 때, $[Hg^{2+}] = 10^{-2}$ M, $[Cl^-] = 10^{-8}$ M이었다면 chloromercury(Ⅱ) 착물들의 농도는 각각 얼마인가? 단, pH는 1 이하로 매우 낮으며, hydroxomercury(Ⅱ) 착물의 생성은 무시한다. 또한, 이온세기의 영향은 무시하고 온도는 25℃로 한다. Hg^{2+}와 Cl^-의 각 단계적 평형상수는 $K_1 = 5.25 \times 10^6$, $K_2 = 3.24 \times 10^6$, $K_3 = 10$, $K_4 = 9.33$

문제 6.5. 100 mL 지하수에 Erichrome Black T(EBT)를 소량 첨가한 후 0.02 M EDTA 10 mL를 적정하여 하수의 경도를 측정하였다. EDTA의 투입에 따라 초기 적자색에서 최종 종말점인 청색으로 변화되었을 때, 이 지하수의 경도(mg/L as $CaCO_3$)는?

문제 6.6. 경도가 300 mg/L(as $CaCO_3$)인 지하수가 있다. 경도는 세탁을 방해하므로, 경도를 제거하기 위해 nitrilotriacetic acid(NTA^{-3})를 함유한 세제를 사용하고자 한다. 이 세제의 NTA 함량은 3 w/w%이다. 만약, 세탁용량이 40 L인 세탁기에서 이 세제를 이용해서 경도를 25 mg/L(as $CaCO_3$)로 낮추려면 사용해야 되는 세제의 양(g)은? 단, 경도는 모두 Ca^{2+}이고, $CaCO_3$와 NTA의 분자량은 각각 100과 188 g/mol이다.

7

수질관리와 환경화학

환경화학은 환경과학 또는 환경공학의 많은 분야에서 중요하게 다루어지고 있다. 특히, 수질 분야에서 더 폭넓게 이용되고 있다. 수질 분야에서도 환경화학이 가장 많이 이용되는 분야는 수처리, 그중에서도 화학적 수처리 또는 화학적 처리라고 할 수 있다.

7.1 화학적 처리

화학적 처리(chemical treatment)는 사전적으로 "화학약품을 사용하여 물을 처리하는 것"으로 정의된다.

화학적 처리의 대표적인 예로는 중화, 산화 - 환원 반응, 응집 · 침전, 흡착, 이온교환, 화학적 살균 등이 있다. 중화는 3장 산 - 염기 화학에서 자세하게 다루고 있고, 산화 - 환원 반응은 5장 산화 - 환원 화학에서 언급되어 있다. 응집 · 침전은 4장 침전 - 용해 화학과 밀접한 관계가 있다. 흡착과 이온교환을 이해하기 위해서는 2장 화학평형론이 절대적으로 필요하고, 화학적 살균에서는 1장 반응속도론이 많은 도움이 된다.

화학적 처리는 물리적 처리나 생물학적 처리에 비해 다음과 같은 장점들이 있다.

① 생물학적으로 분해 불가능하거나 유해한 유기물도 처리할 수 있다.

② Cr, Cu, Hg, Ni, Pb, Zn 등의 유해 중금속들을 적절하게 처리할 수 있다.

③ 유량 변동 또는 농도 변동, 즉 충격 부하에 대한 대처가 쉽다.

그러나 화학 처리가 가지고 있는 단점들도 있다.

① 슬러지(sludge)와 같은 고형물의 생성이 많아 2차 처리 비용이 발생한다.

② 약품 사용량이 많아 관리 비용이 많이 든다.

③ 관리가 소홀할 경우 또 다른 수질 오염 문제를 발생시킬 수 있다.

7.2 산 – 염기 반응의 적용

7.2.1. 산

산은 물속에서 이온화하여 수소이온(H^+)과 수산이온(OH^-)으로 나누어지는데, 수소이온은 한 분자의 물과 배위결합을 하여 $(H_2O)H^+$ 또는 H_3O^+으로 존재한다. 대표적인 강산인 질산과 염산은 물과 다음과 같은 산 - 염기 반응을 한다.

$$\underset{\text{산}}{HNO_3} + \underset{\text{염기}}{H_2O} \rightleftarrows \underset{\text{공액산}}{(H_2O)H^+} + \underset{\text{공액염기}}{NO_3^-}$$

$$\underset{\text{산}}{HCl} + \underset{\text{염기}}{H_2O} \rightleftarrows \underset{\text{공액산}}{(H_2O)H^+} + \underset{\text{공액염기}}{Cl^-}$$

(1) 산의 성질

산은 일반적으로 다음과 같은 성질을 가진다.

① 산 수용액은 신맛이 있다.

② 푸른색 리트머스 시험지를 붉은색으로 변화시킨다.

③ 많은 금속과 잘 반응하여 수소(H_2)를 발생한다.

④ 염기와 반응하여 염과 물을 생성한다.

(2) 산의 분류

산은 크게 전리도에 의한 분류와 산의 염기도에 의한 분류로 나눌 수 있다. 전리도(degree of ionization)는 물에서 이온화되는 정도를 나타내는 값으로, 전리도가 크다는 것은 수소이온(H^+)을 내놓는 성질이 크다는 것을 말한다. 산의 종류에 따른 대표적인 전리도 값은 아래 표와 같다.

표 7.1. 대표적인 산의 전리도

산의 종류		전리도
질산(HNO_3)	강산 (strong acid)	0.82
염산(HCl)		0.784
황산(H_2SO_4)		0.510
초산(CH_3COOH)	약산 (weak acid)	0.004
탄산(H_2CO_3)		0.0017
붕산(H_2BO_3)		0.001

또한, 산 1분자 중에 포함되어 있는 수소 원자 중에서 이온이 될 수 있는 수소 원자의 수를 그 산의 염기도라고 하는데, 이 염기도에 따라 분류하는 것을 산의 염기도(basicity)에 의한 분류라고 한다. 예를 들면 염산 HCl은 염기도 1, 황산 H_2SO_4는 염기도 2이다. 염기도가 1인 산을 1염기 산 또는 1가 산, 2인 산을 2염기 산 또는 2가 산,

두 개 이상은 다염기산 또는 다가 산으로 정의한다. 염기도에 따라 산을 분류하면 표 7.2와 같다.

표 7.2. 산의 염기도에 따른 분류

염기도에 따른 분류	예
1염기 산(1가 산)	염산(HCl), 질산(HNO_3), 초산(CH_3COOH)
2염기 산(2가 산)	황산(H_2SO_4), 탄산(H_2CO_3), 황화수소(H_2S)
3염기 산(3가 산)	인산(H_3PO_4), 붕산(H_2BO_3)

2염기 산의 한 예로 황산은 다음과 같은 단계를 거쳐 이온화된다.

$$H_2SO_4 + H_2O \rightleftarrows (H_2O)H^+ + HSO_4^- \quad \text{(1단계)}$$
$$HSO_4^- + H_2O \rightleftarrows (H_2O)H^+ + SO_4^{2-} \quad \text{(2단계)}$$

7.2.2. 염기

Brønsted-Lowry 정의에 의해 H^+(양성자, proton)를 받는 물질을 양성자 받개(proton acceptor) 또는 염기(base)라고 한다. 우리가 대부분 강염기라고 알고 있는 수산화나트륨(가성소다, $NaOH$)이나 수산화칼슘(소석회, $Ca(OH)_2$) 등은 산-염기 반응으로 생각할 수도 있고 수용액 속에서 이온화하여 OH^-를 내는 이온화반응으로 생각해 볼 수도 있다. 산-염기 반응에서 H_2O는 산으로 작용한다.

$$\underset{\text{염기}}{NaOH} + \underset{\text{산}}{H_2O} \rightleftarrows OH^- + Na^+ + H_2O \quad \text{(산-염기 반응)}$$

$$NaOH \rightleftarrows Na^+ + OH^- \quad \text{(이온화반응)}$$

$$\underset{\text{염기}}{Ca(OH)_2} + \underset{\text{산}}{2H_2O} \rightleftarrows 2OH^- + Ca^{2+} + 2H_2O \quad \text{(산-염기 반응)}$$

$$Ca(OH)_2 \rightleftarrows Ca^{2+} + 2OH^- \quad \text{(이온화반응)}$$

특히, 암모니아(NH_3)는 수산화물이 아니지만, 수용액 상에서 염기로 작용하는 좋은 예이다.

$$\underset{\text{염기}}{NH_3} + \underset{\text{산}}{H_2O} \rightleftarrows OH^- + NH_4^+ \quad \text{(산-염기 반응)}$$

그리고 OH가 있는 수산화물은 무조건 염기라고 오해하는 경우가 많은데, 에틸알코올(C_2H_5OH)과 같은 알코올류나 페놀(C_6H_5OH)과 같은 수산화물은 수산이온을 낼 수 없어 염기가 아니다.

(1) 염기의 성질

① 쓴맛이 있고, 수용액은 미끈미끈하다.
② 붉은색 리트머스 시험지를 푸르게 변화시킨다.
③ 산과 반응하여 염과 물을 생성한다.
④ 많은 금속과 반응하여 침전물을 형성한다.

(2) 염기의 분류

염기도 산과 마찬가지로 전리도에 의한 분류와 염기의 산도에 의한 분류로 나눌 수 있다. 염기에서 전리도가 크다는 것은 수산이온(OH^-)을 내놓는 성질이 크다는 것을 말한다. 염기의 종류에 따른 대표적인 전리도 값은 아래 표와 같다.

표 7.3. 대표적인 염기의 전리도

염기의 종류		전리도
수산화나트륨(NaOH)	강염기 (strong base)	0.79
수산화칼륨(KOH)		0.77
수산화바륨($Ba(OH)_2$)		0.69
수산화리튬(LiOH)		0.63
수산화암모늄(NH_4OH)	약염기 (weak base)	0.004

또한, 염기의 1분자 중에 포함되어 있는 수산이온(OH^-)의 몰수로서 중화반응 시 산의 필요량을 그 염기의 산도(acidity)라고 하는데, 이 산도에 따라 분류하는 것을 염기의 산도에 의한 분류라고 한다. 산도가 1인 염기를 1산 염기 또는 1가 염기, 2인 염기를 2산 염기 또는 2가 염기, 두 개 이상은 다산 염기 또는 다가 염기로 정의한다. 산도에 따라 염기를 분류하면 표 7.4와 같다.

표 7.4. 염기의 산도에 따른 분류

산도에 따른 분류	예
1산 염기(1가 염기)	수산화나트륨(NaOH), 수산화칼륨(KOH), 수산화암모늄(NH_4OH)
2산 염기(2가 염기)	수산화칼슘($Ca(OH)_2$), 수산화바륨($Ba(OH)_2$), 수산화마그네슘($Mg(OH)_2$)
3산 염기(3가 염기)	수산화철($Fe(OH)_3$), 수산화알루미늄($Al(OH)_3$)

예제 7.1

만약 $[H^+]=10^{-5}$ M인 물이 있을 때, 25℃에서 이 물의 pH와 pOH는?

Solution

$pH=-\log\{H^+\}=-\log[H^+]=-\log[10^{-5}]=5$

$K_W=\{H^+\}\{OH^-\}=[H^+][OH^-]$이므로

$$[OH^-]=\frac{K_W}{[H^+]}=\frac{10^{-14}}{10^{-5}}=10^{-9}\text{ M}$$

$pOH=-\log\{OH^-\}=-\log[OH^-]=-\log[10^{-9}]=9$

다른 방법을 사용하면,

$pH+pOH=pK_W=14$

$pH=5$이면 $pOH=9$

예제 7.2

pH 7의 평형상태에서 질산(HNO_3)의 이온화 분율은? 또한, 동일한 조건에서 염산(HCl)의 이온화 분율은?

Solution

$pH=7$이므로

$pH=-\log[H^+]=7$

$[H^+]=10^{-7}$ M

질산(HNO_3)의 산 - 염기 반응은 다음과 같다.

$$HNO_3 + H_2O \rightleftarrows NO_3^- + (H_2O)H^+$$

HNO_3의 K_a는 부록에서 찾으면 1

$$K_a = \frac{\{(H_2O)H^+\}\{NO_3^-\}}{\{HNO_3\}\{H_2O\}} = \frac{[H^+][NO_3^-]}{[HNO_3]} = 1$$

$$\frac{[HNO_3]}{[NO_3^-]} = \frac{[H^+]}{1} = \frac{10^{-7}}{1} = 10^{-7}$$

평형상태에서 질산(HNO_3)의 이온화 분율(F)은 다음과 같이 정의된다.

$$F = \frac{[NO_3^-]}{[HNO_3] + [NO_3^-]} = \frac{1}{[HNO_3]/[NO_3^-] + 1} = \frac{1}{10^{-7} + 1} \cong 1$$

마찬가지로 염산(HCl)의 산 - 염기 반응은 다음과 같다.

$$HCl + H_2O \rightleftarrows (H_2O)H^+ + Cl^-$$

HCl의 K_a는 부록에서 찾으면 1000

$$K_a = \frac{\{(H_2O)H^+\}\{Cl^-\}}{\{HCl\}\{H_2O\}} = \frac{[H^+][Cl^-]}{[HCl]} = 1000$$

$$\frac{[HCl]}{[Cl^-]} = \frac{[H^+]}{1000} = \frac{10^{-7}}{1000} = 10^{-10}$$

평형상태에서 질산(HCl)의 이온화 분율(F)은 다음과 같이 정의된다.

$$F = \frac{[Cl^-]}{[HCl] + [Cl^-]} = \frac{1}{[HCl]/[Cl^-] + 1} = \frac{1}{10^{-10} + 1} \cong 1$$

그러므로 강산인 질산과 염산의 평형상태에서의 이온화 분율은 1로 나타났다. 이온화 분율이 1이라는 것은 대부분이 이온 상태인 NO_3^-와 Cl^-로 존재한다는 것을 의미한다.

7.2.3. 이산화탄소, 탄산염, 알칼리도

이산화탄소(CO_2)는 수중에 녹아 산성을 띠고 탄산이온(CO_3^{2-})을 형성하는 등의 다양한 역할을 하여 환경 분야에서 매우 중요하게 인식되고 있다.

① 이산화탄소는 물에 녹아 산성을 띤다.

$$CO_2 + H_2O \rightleftarrows HCO_3^- + H^+$$

$$HCO_3^- + H_2O \rightleftarrows CO_3^{2-} + (H_2O)H^+$$

② 물속에 있는 조류(algae)는 생체 합성을 위한 탄소원으로 이산화탄소(CO_2)를 이용한다.

③ 탄산이온(CO_3^{2-})과 중탄산이온(HCO_3^-)은 수중의 pH를 유지하여 주는 중요한 완충작용을 한다.

$$HCO_3^- + H^+ \rightleftarrows H_2CO_3$$
$$CO_3^{2-} + 2H^+ \rightleftarrows H_2CO_3$$

④ 이산화탄소는 수중에서 녹아 알칼리도를 생성한다. 알칼리도는 화학적 척도로서 산(acid)을 중화(neutralize)시키는 능력 또는 수소이온을 중화시킬 수 있는 이온량(염기, base)으로 정의되며 완충용량(buffer capacity)이라고도 한다. 일반적으로 자연수에서 알칼리도의 구성 성분은 중탄산이온(HCO_3^-, bicarbonate ion), 수산이온(OH^-, hydroxide ion), 탄산이온(CO_3^{2-}, carbonate ion)이며, 중탄산이온 형태가 가장 많이 나타난다. 알칼리도는 중탄산이온, 탄산이온, 수산이온의 농도를 $CaCO_3$의 농도(mg/L)로 표시한 것이다. 이산화탄소는 수산이온을 제외한 중탄산이온과 탄산이온의 주요 공급처가 된다.
물속의 중탄산이온과 탄산이온 농도가 높으면 ①에서 르 샤틀리에의 원리에 의해 역반응이 발생하므로 CO_2를 공급하여 수중의 CO_2 용해도를 높일 수 있다.

⑤ 수중의 CO_2 농도가 높으면 수중 생물의 호흡과 가스교환에 문제가 발생한다. 그러므로 수중의 CO_2 농도가 25 mg/L를 초과해서는 안 된다.

⑥ 수중에 존재하는 CO_2의 대부분은 박테리아에 의해 유기물이 분해될 때 발생한 것이다.

$$C_6H_{12}O_6 + 6O_2 \rightarrow 6CO_2 + 6H_2O$$

⑦ CO_2가 생성되어 물속에 녹으면 수중의 pH는 감소하여 산성이 되고, 이는 석회암($CaCO_3$)을 녹이게 된다.

⑧ 알칼리도가 높은 물은 pH가 높으며, 일반적으로 많은 양의 고체물질이 용해되어 있다.

⑨ 화학적 수처리 공정 중 응집 과정에서 알칼리도는 매우 중요한 역할을 한다.

$$Al_2(SO_4)_3 \cdot 14H_2O + 3Ca(HCO_3)_2 \rightarrow 2Al(OH)_3\downarrow + 3CaSO_4 + 14H_2O + 6CO_2$$
(알루미늄 응집제)

$$Fe_2(SO_4)_3 + 3Ca(HCO_3)_2 \rightarrow 2Fe(OH)_3\downarrow + 3CaSO_4 + 6CO_2$$
(철 응집제)

$$2Fe(SO_4) \cdot 7H_2O + 2Ca(OH)_2 + 1/2\ O_2 \rightarrow 2Fe(OH)_3\downarrow + 3CaSO_4 + 13H_2O$$

(철 응집제)

⑩ 광합성을 할 수 있는 미생물은 CO_2를 탄소원으로 이용하여 생체합성을 한다. 이를 Hill 반응이라고 한다.

$$CO_2 + H_2O \xrightarrow[\uparrow \text{빛}]{} \underset{\text{생체}}{\{CH_2O\}_n} + O_2$$

$$HCO_3^- + H_2O \xrightarrow[\uparrow \text{빛}]{} \underset{\text{생체}}{\{CH_2O\}_n} + O_2 + OH^-$$

예제 7.3

알칼리도가 30 mg/L인 물에 응집제로 황산알루미늄을 주입하였더니 25 mg/L의 알칼리도가 소모되었다. 알칼리도를 보충하기 위해 소석회($Ca(OH)_2$)를 주입하여 알칼리도를 15 mg/L로 유지하였다. 이때 주입한 소석회의 양(mg/L)은? 단, $Ca(OH)_2$의 분자량은 74 g/mol이고, $CaCO_3$의 분자량은 100 g/mol이다.

Solution

알칼리도를 15 mg/L로 유지하기 위해서는 공급해야 할 알칼리도는

$$15\ \text{mg/L} - (30\ \text{mg/L} - 25\ \text{mg/L}) = 10\ \text{mg/L as } CaCO_3$$

$$\frac{10\ \text{mg}\ CaCO_3}{\text{L}} \cdot \frac{1\ \text{mmol}\ CaCO_3}{100\ \text{mg}\ CaCO_3} \cdot \frac{2\ \text{meq}\ CaCO_3}{1\ \text{mmol}\ CaCO_3} \cdot \frac{1\ \text{meq}\ Ca(OH)_2}{1\ \text{meq}\ CaCO_3} \cdot \frac{1\ \text{mmol}\ Ca(OH)_2}{2\ \text{meq}\ Ca(OH)_2} \cdot \frac{74\ \text{mg}\ Ca(OH)_2}{1\ \text{mmol}\ Ca(OH)_2} = 7.4\ \text{mg/L as } CaCO_3$$

쉼터 알칼리도 종류

1. *P* 알칼리도(Phenolphthalein alkalinity)

알칼리 상태의 물에 산을 주입하면 pH가 낮아져 pH 8.3까지 되는데, 이때 주입된 산의 양을 $CaCO_3$로 환산한 값이다.

2. *M* 알칼리도(Methyl orange alkalinity)

pH를 계속해서 4.5까지 낮추는 데 소요된 산의 양을 $CaCO_3$로 환산한 값이다. 이를 총

알칼리도 또는 T 알칼리도(Total alkalinity)라고 한다. T 알칼리도에서 P 알칼리도를 뺀 것이 M 알칼리도이다.

$$P = OH^- + 1/2\ CO_3^{2-}$$
$$T = OH^- + CO_3^{2-} + HCO_3^-$$

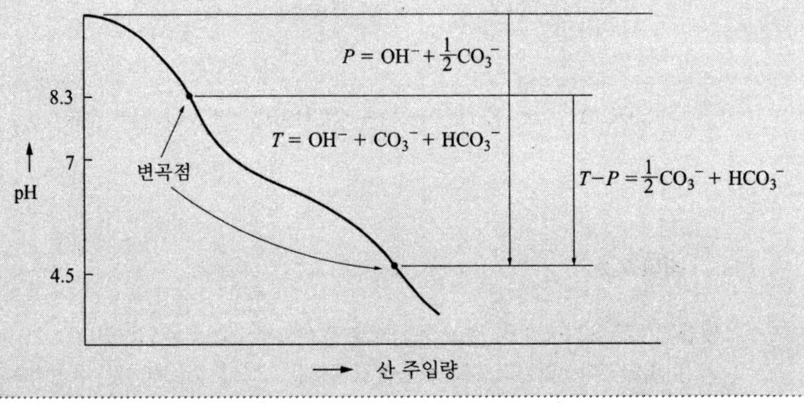

7.2.4. 산성 폐수 및 염기성 폐수의 중화

산성 폐수를 중화시키기 위해서는 표 7.5와 같은 중화제를 사용한다.

표 7.5. 산성 폐수를 중화시키는 중화제의 종류와 특징

구 분	중화제 종류	특 징	
알칼리 금속염	가성소다(NaOH) 소다회(Na_2CO_3)	장점	• 높은 용해도로 용액 주입 용이성 • 높은 반응성 • 빠른 반응과 정확한 pH 조정 • 반응생성물의 가용성
		단점	• 비싼 가격
알칼리 토금속염	소석회($Ca(OH)_2$) 생석회(CaO)	장점	• 저렴한 가격
		단점	• 용해도가 낮아 미분말 또는 슬러리 상태로 주입 • 불용성 반응생성물 생성으로 많은 슬러지 발생
탄산염	석회석($CaCO_3$) 돌로마이트 (dolomite, $CaMg(CO_3)_2$)	장점	• 저렴한 가격
		단점	• 긴 반응소요시간

염기성 폐수를 중화시키는 중화제는 표 7.6과 같은 특징을 가진다.

표 7.6. **염기성 폐수를 중화시키는 중화제의 종류와 특징**

중화제 종류	특 징
황산(H_2SO_4)	• 높은 부식성 • 주입시 안전에 유의
염산(HCl)	• 황산에 비해 높은 휘발성과 부식성
탄산가스(CO_2)	• 연돌(굴뚝) 가스 • 많이 가해도 강산성이 될 우려 없음

7.3 착물 화학의 적용

착물 화학은 수질분석 분야에서 특히 많이 이용되고 있으며, 수질 분야에서 다음과 같은 특징 및 중요성을 가진다.

① 물속에 있는 금속은 착물 또는 배위화합물을 만들기 위해서 전자주개와 결합을 하고, 킬레이트제는 금속이온을 중심으로 고리를 형성하며 결합할 수 있는 원자가 적어도 2개 있다.

② 자연수와 폐수에서 쉽게 발견할 수 있는 배위자들은 금속이온과 결합할 때 전자를 쉽게 줄 수 있는 유기성 작용기를 가지고 있는데, 그 종류는 카르복실기, 방향성 아미노기, 페놀산화물, 인산염 등이다.

③ 착물화는 산화, 환원, 탈카르복실화, 가수분해 등 배위자와 금속의 여러 반응을 통하여 이루어진다.

④ 착물화가 되면 금속의 산화 상태가 변화하기도 한다. 불용성 금속이 수용성으로 변화하기도 하며 불용성 착화물을 형성하여 용액에서 금속을 제거할 수 있도록 하기도 한다.

⑤ 물과 토양에는 부식질과 아미노산 같은 자연 발생 킬레이트제가 있고, 바다에는 염소가 높은 농도로 존재하여 염소착물을 형성한다.

⑥ 삼중합 인산나트륨, EDTA, NTA, 시트르산 나트륨 등의 합성 킬레이트제가 도금공장의 용제 제조나 폐수처리 등에서 다량 사용되고 있으며, 폐수에 사용되는 착물화제는 금속이온이 함유된 퇴적물과 배관 등에서 중금속을 용출한다.

⑦ 생물학적 폐수처리에서 발생되는 슬러지는 착물화에 의해 중금속이 잘 제거되지 않는다.
⑧ 3가 철을 비롯한 몇몇 종류의 미량 금속들은 수중에서 킬레이트화되어 조류(algae) 생장에 중요한 역할을 한다.
⑨ 물이 색깔을 띠고 있는 것도 철이 킬레이트화되어 나타난 현상이다.

7.3.1. 착물 형성물질

(1) 착양이온 형성물질

양이온인 Ag^+, Cd^{2+}, Cu^{2+}, Zn^{2+}, Ni^{2+}, Co^{2+} 등은 과량의 수산화암모늄(NH_4OH)과 반응하여 각각 $Ag(NH_3)_2{}^+$, $Cd(NH_3)_4{}^{2+}$, $Cu(NH_3)_4{}^{2+}$, $Zn(NH_3)_4{}^{2+}$, $Ni(NH_3)_6{}^{2+}$, $Co(NH_3)_6{}^{2+}$를 형성한다.

(2) 착음이온 형성물질

양이온인 Ag^+, Hg^{2+}, Fe^{2+}, Fe^{3+}, Zn^{2+}, Ni^{2+} 등은 여분의 음이온(CN^-)과 반응하여 각각 $Ag(CN)_2{}^-$, $Hg(CN)_4{}^{2-}$, $Fe(CN)_6{}^{4-}$, $Fe(CN)_6{}^{3-}$, $Zn(CN)_4{}^{2-}$, $Ni(CN)_4{}^{2-}$를 형성한다. 또한, 양이온인 Ag^+, Hg^{2+}, Pb^{2+}, Cu^{2+}, Sn^{4+} 등은 과량의 음이온(Cl^-, I^-)과 반응하여 각각 $AgI_2{}^-$, $HgCl_4{}^{2-}$, $PbCl_3{}^-$, $CuCl_4{}^{2-}$, $SnCl_6{}^{2-}$를 형성한다.

7.3.2. 착화제

착화제(complex agent)는 물속에서 오염원으로 작용하는 경우가 많다.

강력한 킬레이트제인 EDTA는 방사능 물질인 Co^{60} 제거에 사용되기도 하지만, EDTA는 생물학적 분해를 아주 천천히 진행되게 하여 생물학적 처리를 방해하는 역할을 하기도 한다.

EDTA와 강력하게 킬레이트화하는 금속은 Co, Pt, Am(Americium), Cm(Curium), Th(Thorium) 등의 방사성 동위원소인데, 킬레이트화된 금속은 넓은 지역으로 이동하여 오염시키는 경향이 있다.

사상성 남세균인 *Anabaena* 종은 선택적으로 철을 킬레이트화 할 수 있는 킬레이트제를 발생하여 생장에 유리하나, 다른 녹조류들은 그런 기능이 없어 생장에 불리한 것으로 알려져 있다.

자연 상태에서 생성되는 가장 좋은 착화제는 부식질(humus)이다. 이러한 부식질은 다음과 같은 특징이 있다.

부식질은 고분자 전해질이며, 부식질을 강염기로 용출시키면 추출된 용액은 산성이 된다. 추출되지 않는 흑갈색의 잔류물질을 휴민(humin)이라 한다. 추출된 용액을 산처리하여 침전되는 물질은 휴민산(humic acid)이라 하고, 추출된 산성 용액 속에 있는 유기물질은 펄빅산(fulvic acid)이라고 한다. 휴민산과 펄빅산의 구조를 그림 7.1에 나타내었다.

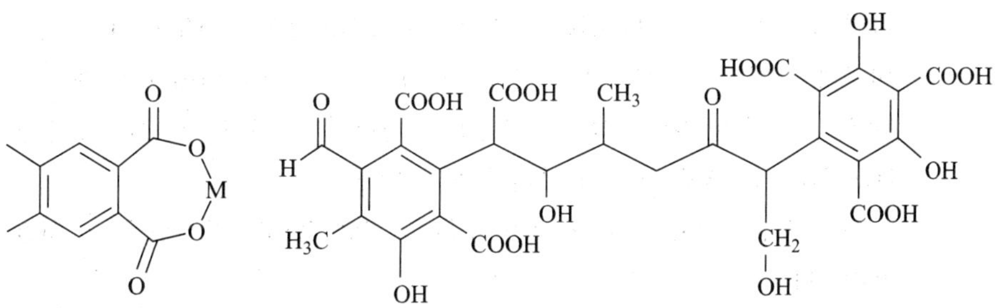

(a) 휴민산이 금속(M)과 결합한 모양 (b) 펄빅산

그림 7.1. 휴민산과 펄빅산의 구조

펄빅산은 휴민산에 비해 분자 크기가 작아서 수용성이고 수계에 많은 영향을 미치게 된다. 펄빅산은 철이온과 결합하여 용해성으로 변화 시켜 이동성을 증가시키는 역할을 하고, 펄빅산 형태의 화합물은 물속에서 노란색의 Gelbstoffe라는 물질을 형성하여 물 색깔을 노랗게 변화시키기도 한다. Gelbstoffe는 부패하는 쓰레기나 유기물질로부터 먼저 추출되는 독특한 유기분자로서, 색을 띤 용해 유기물질(chromophoric dissolved organic matter, CDOM)로 알려져 있다.

불용성의 휴민과 휴민산은 입자 상태로 존재하면서 수중의 이온이나 유기물과의 상호작용으로 수질에 영향을 미친다. 참고로 펄빅산의 분자크기는 100단위이고 휴민과 휴민산은 10,000단위의 분자량을 가진다. 불용성의 휴민과 휴믹산은 수중의 양이온을 교환하여 많은 양의 금속을 축적할 수 있는데, 이 기능을 이용하여 휴민산이 주성분인 갈탄을 이용하여 물속에 있는 금속들을 제거할 수 있다.

부식질이 환경에서 중요한 이유는 금속이온들과 결합할 수 있는 착화제로서의 능력이 높기 때문이지만, 금속에 따라 결합능은 다르게 나타난다. 예를 들면, 철과 알루미늄은 부식질과 강하게 결합하는 경향이 큰 반면, 마그네슘은 비교적 약하며, 니켈, 납, 칼슘, 아연 등과 같은 금속은 결합 강도가 중간 정도이다.

폐수 속에 있는 착화제나 킬레이트제는 금속 배수관을 계속 부식시켜 배출수에 오히려 중금속의 양이 증가하는 결과를 초래할 수도 있다. 금속 표면을 깨끗하게 닦는데 사용하는 킬레이트제도 이러한 부식현상을 이용한 것이다.

착화제의 종류에 따라 크게 암모니아 착물, 사이안 착물, 티오 착물, 할로겐 착물로 나눌 수 있다.

암모니아 착물로는 $Ag(NH_3)_2^+$와 $Ag(NH_3)_4^{2+}$가 대표적이다.

사이안 착물로는 $Ag(CN)_2^-$, $Hg(CN)_4^{2-}$, $Cu(CN)_3^{2-}$, $Cd(CN)_4^{2-}$, $Zn(CN)_4^{2-}$, $Ni(CN)_4^{2-}$, $Mn(CN)_6^{4-}$, $Ni(CN)_4^{2-}$, $Co(CN)_6^{4-}$, $Fe(CN)_6^{4-}$, $Fe(CN)_6^{3-}$ 등이 대표적이다. 동일한 사이안을 착화제로 이용하더라도 중심 금속의 종류에 따라 결합강도가 달라질 수 있다. 이중 $Ag(CN)_2^-$, $Zn(CN)_4^{2-}$, $Ni(CN)_4^{2-}$, $Mn(CN)_6^{4-}$ 등은 결합강도가 비교적 약해 잘 분해되는 특징을 가지고 있다. 이에 비해 $Cu(CN)_3^{2-}$, $Co(CN)_6^{4-}$, $Fe(CN)_6^{4-}$, $Fe(CN)_6^{3-}$ 등은 결합강도가 강하여 잘 분해되지 않는 안정한 화합물이다. $Hg(CN)_4^{2-}$는 중간 정도의 분해 특성이 있다.

티오 착물은 As_2S_3, As_2S_5, Sb_2S_3, SnS_2, HgS 등이 대표적인데, 이 화합물은 Na_2S에 용해된다.

할로겐 착물은 할로겐이온의 농도에 따라 $AgCl_2^-$, $AgCl_3^{2-}$, CdI_4^{2-}, $SbCl_6^{3-}$, AlF_6^{3-}, SnF_6^{2-}, BF_4^- 등의 다양한 형태의 착이온이 형성된다.

7.4 침전 – 용해 반응의 적용

용해도(solubility)는 용질이 용매에 녹아 용액을 형성할 때 용질의 특성을 나타내는 것이다. 즉 용해도란 해당 온도 및 압력 상태에서 용매의 일정한 양에 포화 용해된 용질의 양을 말한다. 예를 들면 용매 100 g에 녹아 있는 용질의 g으로 표시한다.

7.4.1. 액체에 용해되는 기체의 용해도

온도가 올라가면 기체의 용해도는 감소하고 온도가 내려가면 기체의 용해도는 증가한다. 또한, 해당 기체의 부분압에 따라 기체의 용해도는 비례한다. 이는 다음과 같은 헨리 법칙으로 표현된다.

$$C = K_H \cdot P$$

여기서, C는 용해도(mol/L), K_H는 헨리상수(mol/L · atm), P는 압력(atm)이다.

용해도는 환경 분야에서는 물속에 녹아 있는 기체의 제거에 많이 이용된다. 대표적인 것은 물리학적 고도처리로서, 탈기법은 물속의 암모니아(NH_3)와 황화수소(H_2S)를 제거하는 공정이다. 액체화된 암모니아나 황화수소를 제거하기 위해서는 암모니아와 황화수소의 용해도를 감소시켜야 한다. 기체의 용해도를 감소시키기 위해서는 온도를 증가시키거나 압력을 감소시켜야 하나, 수처리 공정상 이러한 방법을 사용하기는 어렵다. 그러므로 가장 많이 사용하는 방법은 pH를 변화시켜 르 샤틀리에(Le Chatelier)의 원리에 따라 기체 상태로 전환한 다음 공기를 불어 넣어 제거하는 탈기법(air stripping)이다. 그림 7.2는 전형적인 탈기탑으로 BTEX(benzene, toluene, ethylbenzene, xylene)과 같은 휘발성 유기화합물이나 암모니아, 황화수소 등을 처리하기 위한 목적으로 사용된다.

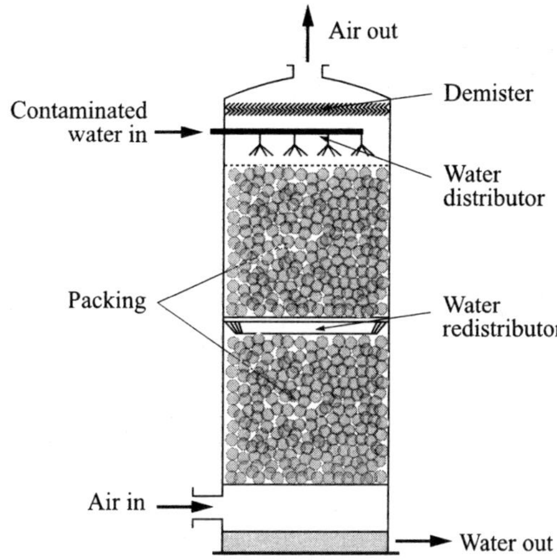

그림 7.2. 탈기탑

헨리의 법칙에 의해 탈기 공정에서는 온도가 증가할수록 탈기 효과가 좋아진다.

독특한 자극적인 냄새가 나는 무색 기체인 암모니아는 음식과 비료의 전구체로써 육상 생물에게 필요한 영양소를 제공한다. 대기 중에도 소량 포함되어있으며, 하천이나 토양의 세균이 질소 함유 유기물을 분해하는 과정에서도 생성되므로 미량 존재할 수 있다.

pH 7 부근에서 폐수 속에 존재하는 암모니아는 대부분 NH_4^+이므로, pH를 조절하여 $NH_{3(g)}$로 전환하는 것이 필요하다. 암모니아 기체가 물에 녹는 반응에서 암모니아는 염기로 작용하고 물은 산으로 작용한다.

$$NH_{3(g)}\uparrow + H_2O_{(l)} \rightleftarrows NH_4{}^+{}_{(aq)} + OH^-{}_{(aq)}$$

염기　　　산

이 평형관계식에서 pH를 증가시키면, 즉 $OH^-{}_{(aq)}$를 공급하면 르 샤틀리에의 원리에 의해 반응은 왼쪽으로 진행하고, $NH_4^+{}_{(aq)}$는 $NH_{3(g)}$로 전환되어 공기 중으로 방출된다.

위 반응에서 $NH_{3(g)}$는 염기로 작용하므로 이때의 평형상수는 K_b로 쓸 수 있다. 여기서 $\{H_2O\} = 1$이므로,

$$K_b = \frac{\{NH_4^+{}_{(aq)}\}\{OH^-\}}{\{NH_{3(g)}\}\{H_2O\}} = \frac{[NH_4^+{}_{(aq)}][OH^-]}{[NH_{3(g)}]} = 10^{-4.7}$$

위 식을 $[OH^-]$에 대해 정리하면,

$$[OH^-] = \frac{K_b}{[NH_4^+{}_{(aq)}]/[NH_{3(g)}]}$$

또는

$$\frac{[NH_4^+{}_{(aq)}]}{[NH_{3(g)}]} = \frac{K_b}{[OH^-]}$$

물의 이온화 평형식에서 $[H^+][OH^-] = K_W$

$[OH^-] = K_W/[H^+]$이므로 이를 대입하여 정리하면,

$$\frac{[NH_4^+{}_{(aq)}]}{[NH_{3(g)}]} = \frac{K_b}{[OH^-]} = \frac{K_b \cdot [H^+]}{K_W}$$

25℃에서 $K_b = 10^{-4.7}$, $K_W = 10^{-14}$이므로

$$\frac{[NH_4^+{}_{(aq)}]}{[NH_{3(g)}]} = \frac{K_b \cdot [H^+]}{K_W} = \frac{(10^{-4.7})[H^+]}{10^{-14}} = 10^{9.3}[H^+]$$

$pH = -\log[H^+]$의 관계에서

$[H^+] = 10^{-pH}$이므로

$$\frac{[NH_4^+{}_{(aq)}]}{[NH_{3(g)}]} = 10^{9.3}[H^+] = 10^{9.3}10^{-pH} = 10^{(9.3-pH)}$$

이 반응에서 $NH_{3(g)}$의 비율은 다음과 같이 정의된다.

$$[NH_{3(g)}] \text{ 분율} = \frac{[NH_{3(g)}]}{[NH_{3(g)}] + [NH_4{}^+{}_{(aq)}]} = \frac{1}{1 + [NH_4{}^+{}_{(aq)}] / [NH_{3(g)}]}$$

$$= \frac{1}{1 + 10^{(9.3 - \mathrm{pH})}}$$

위 식에서 pH 변화에 따른 $[NH_{3(g)}]$ 분율을 그림으로 표현하면 그림 7.3과 같다.

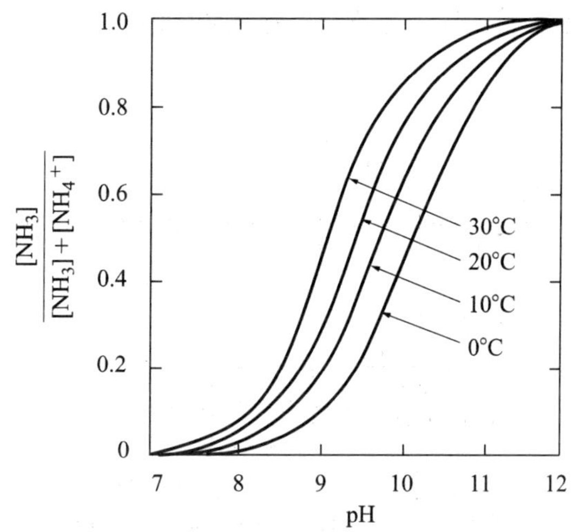

그림 7.3. pH와 온도 변화에 따른 $[NH_{3(g)}]$ 분율

온도를 증가시키면 K_b와 K_W가 변화하므로 $[NH_{3(g)}]$ 분율도 증가한다. pH 7 부근에서는 $[NH_{3(g)}]$ 분율은 0이므로, pH 7 부근에서는 $[NH_{3(g)}]$는 0 mol/L에 가깝고 대부분 $[NH_4{}^+{}_{(aq)}]$이라는 것을 알 수 있다. pH가 증가할수록 $[NH_{3(g)}]$ 분율이 증가하여 $[NH_{3(g)}]$가 증가하고, pH 12 이상에서는 99% 이상이 $[NH_{3(g)}]$라는 것을 알 수 있다. 그러므로 효과적인 암모니아 탈기를 위해서는 pH를 12 이상으로 올려야 한다. 또한, 동일한 pH에서 온도가 높을수록 $[NH_{3(g)}]$ 분율이 높아 암모니아 탈기에 효과적이다.

경제성을 고려할 때, 탈기 공정에서 pH를 높이기 위해서는 소석회($Ca(OH)_2$)를 가장 많이 사용한다. 처리수 중에 잔존하는 소석회는 이산화탄소(CO_2)를 주입하여 탄산칼슘($CaCO_3$)으로 침전시키는 재탄산화 공정을 거친다.

$$Ca(OH)_2 \ + \ CO_2 \ \rightarrow \ CaCO_{3(s)}\downarrow \ + \ H_2O$$

생성된 탄산칼슘은 탈수 공정을 거친 후 석회재생 공정으로 들어간다. 500℃ 이상의 높은 온도로 가열하면 $CO_{2(g)}$가 발생하고 생석회(산화칼슘, CaO)가 만들어진다. 이 과정에서 발생한 $CO_{2(g)}$는 재탄산화 공정으로 다시 투입된다.

$$CaCO_{3(s)} \xrightarrow[\text{열}]{} CaO_{(s)} + CO_{2(g)}\uparrow$$

생석회는 수분을 흡수하여 쉽게 소석회로 변하고, 소석회는 pH를 증가시키기 위해 다시 이용된다.

$$CaO_{(s)} + H_2O \rightarrow Ca(OH)_{2(s)}$$

이 과정을 간단히 표현하면 그림 7.4와 같다.

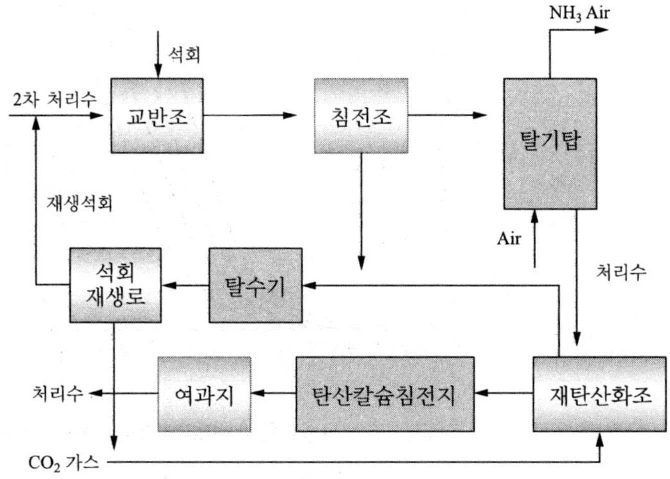

그림 7.4. 탈기 공정과 재탄산화 공정

탈기 공정으로 처리하는 오염물 중의 하나는 황화수소(H_2S)이다. 황화수소는 자연상태에서는 하수구나 습지와 같이 산소가 부족한 장소에서 유기물이 미생물에 의해 분해될 때 주로 생성되는 물질로서 달걀 썩는 냄새가 나는 악취 유발물질이고 무색의 기체이다. 또한, 황화수소는 화산가스, 천연가스, 우물물 등에서도 발생하며, 비록 소량이지만 인간의 방귀에서도 생산된다.

황화수소는 수중에서 약산으로 작용하며, 그 반응은 다음과 같다.

$$\underset{\text{산}}{H_2S_{(g)}\uparrow} + \underset{\text{염기}}{H_2O_{(l)}} \rightleftarrows HS^-_{(aq)} + (H_2O)H^+_{(aq)}$$

이 평형관계식에서 pH를 감소시키면, 즉 $H^+_{(aq)}$를 공급하면 르 샤틀리에의 원리에 의해 반응은 왼쪽으로 진행하고, $HS^-_{(aq)}$는 $H_2S_{(g)}$로 전환되어 공기 중으로 방출된다. 이 반응에서 $H_2S_{(g)}$는 산으로 작용하므로 이때의 평형상수는 K_a를 사용한다. 여기서 $\{H_2O\}=1$이므로,

$$K_a=\frac{\{HS^-{}_{(aq)}\}\{(H_2O)H^+\}}{\{H_2S_{(g)}\}\{H_2O\}}=\frac{[HS^-{}_{(aq)}][H^+]}{[H_2S_{(g)}]}=10^{-7.1}$$

위 식을 $[H^+]$에 대해 정리하면,

$$[H^+]=\frac{K_a}{[HS^-{}_{(aq)}]/[H_2S_{(g)}]}$$

또는

$$\frac{[HS^-{}_{(aq)}]}{[H_2S_{(g)}]}=\frac{K_a}{[H^+]}$$

물의 이온화 평형식에서 $[H^+][OH^-]=K_W$

$[H^+]=K_W/[OH^-]$이므로 이를 대입하여 정리하면,

$$\frac{[HS^-{}_{(aq)}]}{[H_2S_{(g)}]}=\frac{K_a}{[H^+]}=\frac{K_a\cdot[OH^-]}{K_W}$$

25℃에서 $K_a=10^{-7.1}$, $K_W=10^{-14}$이므로

$$\frac{[HS^-{}_{(aq)}]}{[H_2S_{(g)}]}=\frac{K_a\cdot[OH^-]}{K_W}=\frac{(10^{-7.1})[OH^-]}{[H^+][OH^-]}=\frac{(10^{-7.1})}{[H^+]}$$

$pH=-\log[H^+]$의 관계에서

$[H^+]=10^{-pH}$이므로

$$\frac{[HS^-{}_{(aq)}]}{[H_2S_{(g)}]}=\frac{(10^{-7.1})}{10^{-pH}}=10^{(pH-7.1)}$$

이 반응에서 $([H_2S_{(g)}]+[HS^-{}_{(aq)}])$에 대한 $H_2S_{(g)}$의 분율은 다음과 같이 정의된다.

$$[H_2S_{(g)}]\ 분율=\frac{[H_2S_{(g)}]}{[H_2S_{(g)}]+[HS^-{}_{(aq)}]}=\frac{1}{1+[HS^-{}_{(aq)}]/[H_2S_{(g)}]}$$

$$= \frac{1}{1+10^{(pH-7.1)}}$$

위 식에서 pH 변화에 따른 $[H_2S_{(g)}]$ 분율을 그림으로 표현하면 그림 7.5와 같다.

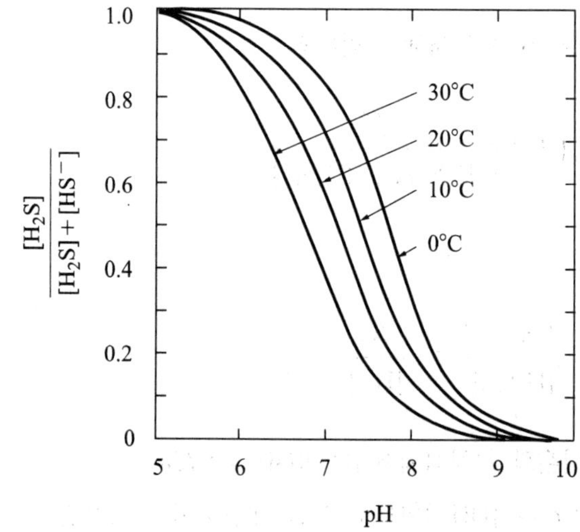

그림 7.5. pH와 온도 변화에 따른 $[H_2S_{(g)}]$ 분율

온도를 증가시키면 K_b와 K_W가 변화하므로 $[H_2S_{(g)}]$ 분율도 증가한다. pH 9 부근에서는 $[H_2S_{(g)}]$ 분율은 0에 가까우므로, pH 9 근처에서는 $[H_2S_{(g)}]$는 0 mol/L에 가깝고 대부분 $[HS^-_{(aq)}]$이라는 것을 알 수 있다. pH가 감소할수록 $[H_2S_{(g)}]$ 분율이 증가하여 $[H_2S_{(g)}]$가 증가하고, pH 5 이하에서는 99% 이상이 $[H_2S_{(g)}]$라는 것을 알 수 있다. 그러므로 효과적인 황화수소 탈기를 위해서는 pH를 5 이하로 낮춰야 한다. 또한, 동일한 pH에서는 온도가 낮을수록 $[H_2S_{(g)}]$ 분율이 증가하여 탈기에 유리하다는 것을 알 수 있다.

예제 7.4

Q&A

지표수 중 녹아 있는 이산화탄소(CO_2)를 제거하기 위해 탈기탑을 설치하였다. 만약 탈기탑이 이산화탄소 평형 농도의 절반 정도로 낮춰준다면, 탈기 처리 후 물에 남아 있는 이산화탄소의 농도(mg/L)는? 대기 중에서 이산화탄소의 부분압은 $10^{-3.5}$ atm이고, 헨리 상수는 부록의 값을 이용할 수 있다.

Solution

이산화탄소가 물속으로 용해되는 반응은 다음과 같다.

$$CO_{2(g)} \rightleftarrows CO_{2(aq)}$$

이 경우에 사용되는 평형상수는 Henry 상수이고, 부록에서 $K_H = 10^{-1.47}$이다. 헨리의 법칙을 사용하면, 평형상태에서 $CO_{2(aq)}$ 농도는

$$C_{CO_2} = K_{H,CO_2} \times P_{CO_2}$$
$$= (10^{-1.47}\ \text{mol/L} \cdot \text{atm}) \times (10^{-3.5}\ \text{atm}) = 10^{-4.97}\ \text{mol}\ CO_2/\text{L}$$

이를 mg/L 단위로 환산하면,

$$\frac{10^{-4.97}\ \text{mol}\ CO_{2(aq)}}{\text{L}} \left| \frac{44\ \text{g}}{1\ \text{mol}} \right| \frac{1000\ \text{mg}}{1\ \text{g}} = 0.47\ \text{mg}\ CO_{2(aq)}/\text{L}$$

그러므로 탈기 처리 후 물에 남아 있는 이산화탄소의 농도(mg/L)는

$$0.47\ \text{mg}\ CO_{2(aq)}/\text{L} \times 1/2 = 0.236\ \text{mg}\ CO_{2(aq)}/\text{L}$$

7.4.2. 액체에 용해되는 고체의 용해도

온도가 올라가면 고체의 용해도는 증가하고 온도가 내려가면 고체의 용해도는 감소한다. 환경 분야에서는 물속에 존재하는 부유물질을 응집 공정에 의해 제거할 때 고체의 용해도를 많이 이용된다.

응집 공정이 주로 이용되는 분야는 하수 처리공정보다는 상수 처리공정이다. 하수처리공정의 주 공정은 생물학적 처리공정이므로 화학적 처리공정인 응집 공정이 적용되면 문제점이 발생할 수 있다.

상수 처리에서 응집 공정은 콜로이드 물질과 같은 부유물질 또는 입자상 물질을 침전시켜 제거하기 위해 이용된다.

(1) 콜로이드 특성

콜로이드 물질의 특성을 알아보면 다음과 같다.

콜로이드는 침전 가능한 고형물 입자보다 매우 작으며, 1 mm ~ 수 μm 정도의 크기를 갖는 분산 상태의 입자로서, 물과의 친화도에 따라 친수성 콜로이드와 소수성 콜로이드로 구분하는데, 문제가 되는 것은 음(−)으로 하전된 소수성 콜로이드다. 그림 7.6에서 제시된 Stern의 이중층 이론에 따르면 콜로이드 입자 표면은 고정층과 확산층이

라고 하는 2개의 층이 존재한다. 음으로 하전된 입자는 전기적으로 중화되려고 하므로 입자 표면의 음(−) 전하는 반대 전하인 양(+) 전하를 끌어당기고, 이 양전하는 입자 표면에서 밀집된 층을 이룬다. 이 층을 고정층(fixed layer 또는 Stern layer)이라고 한다. 고정층 외부에는 음이온이 다소 많으나 거리가 멀어질수록 양이온과 음이온이 모두 골고루 존재하는 결합이 약한 층이 형성된다. 이 층을 확산층(diffused layer 또는 Gouy layer)이라고 한다.

그림 7.6에서 보는 바와 같이, 입자 표면과 고정층 및 확산층 사이에는 전위(potential)가 존재하는데, 이 전위는 입자 표면에서 최댓값을 가지며 입자 표면에서 멀어질수록 감소한다. 같은 (−)전하를 가진 두 입자가 접근하게 되면 정전기적 반발력에 의해 서로 밀어내게 되는데, 이 반발력은 입자 사이에 작용하는 끌어당기는 힘, 즉 인력인 반데르발스 힘(van der Waals force)를 감소시켜 콜로이드가 서로 엉겨 붙지 않는 안정한 상태를 유지하게 한다. 즉 그림 7.7에 표현된 반발력과 인력의 상관관계에 의해 거리가 가까워질수록 인력보다는 반발력이 강하여 입자들은 안정한 상태를 유지한다. 거리가 더 가까워지면 반발력보다 인력이 커져 입자들이 불안정해져서 입자 간의 엉김 현상이 발생한다.

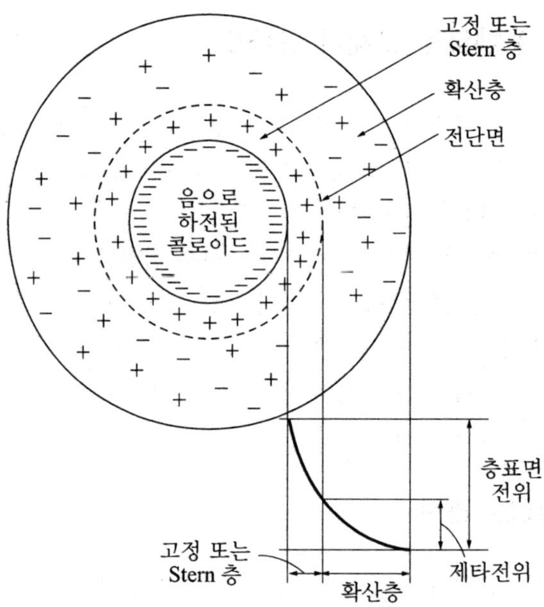

그림 7.6. 콜로이드 입자 내 고정층과 확산층

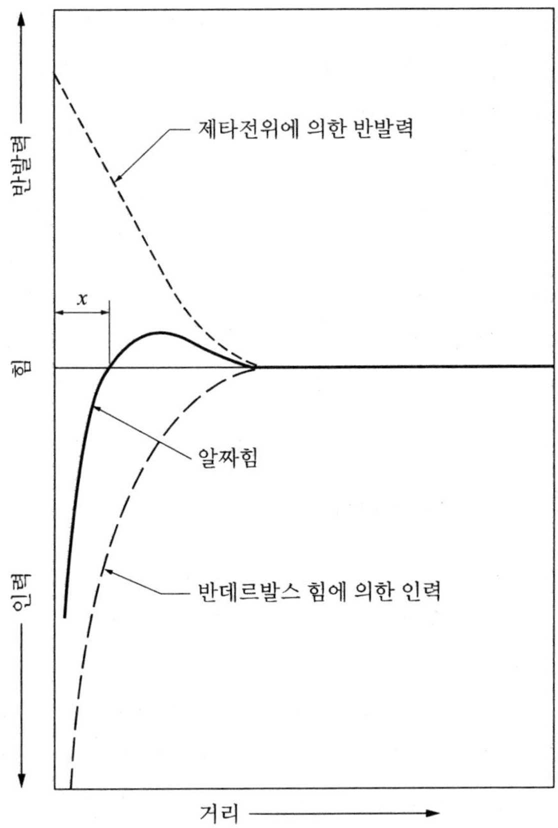

그림 7.7. 콜로이드 입자간 거리에 따른 인력과 반발력의 관계

그러므로 입자의 표면전하는 콜로이드 입자의 안정성의 척도가 된다. 입자 표면의 전하가 가지는 전기적 위치에너지, 즉 전위(potential)를 직접 측정할 수는 없지만, 입자가 이동할 때 주변을 감싸고 있는 전단면에서의 전위를 측정함으로써 어느 정도 파악할 수 있으며, 이 전단면(shear surface)에서의 전위를 제타전위(zeta potential)라고 한다. 제타전위는 표면전위 값보다 항상 낮다. 제타전위는 다양한 제타전위 측정기를 이용하여 측정할 수 있다.

제타전위(ξ)는 다음과 같이 정의된다.

$$\xi = \frac{4\pi\delta q}{D}$$

여기서, q : 입자의 전하

δ : 확산층의 두께

D : 용액의 유전상수(dielectric constant)

유전상수는 상대 유전율로 전기장이 주어졌을 때 물질이 전하를 상대적으로 어느 정도 저장할 수 있는가를 나타내는 척도로서, 25℃ 물의 유전상수는 약 78.4이다. 그러므로 입자를 응집시키기 위해서는 입자 간의 인력을 증진하기는 곤란하고 입자 간의 반발력을 감소시켜야 한다. 입자 간의 반발력은 제타전위를 감소시켜 줄일 수 있는데, 위 식에서 보는 바와 같이 입자의 전하와 확산층의 두께를 감소시키면 제타전위는 줄어든다.

영전하는 표면전하가 0인 것을 말하며, 등전점은 양전하 수와 음전하 수가 같아져서 전체 전하의 합이 0이 되는, 즉 영전하에서의 pH 값을 등전점(isoelectric point)이라고 하고 pH_{pzc}로 표시한다. 대부분의 콜로이드는 등전점에서 가장 불안정하며 서로 잘 뭉치는 성질을 가지고 있다.

(2) 응집의 원리와 응집제

응집(agglomeration 또는 coagulation)은 용액 중에 분산되어 있는 콜로이드 입자들의 인력으로 인해 용액상에서 비분산성 형태로 상분리(phase separation)된 단계, 즉 콜로이드 입자가 서로 엉겨 붙은 상태를 말한다. 엉겨 붙은 입자들이 점점 성장하여 커지는 단계를 플록화(flocculation)라고 한다. 때에 따라서는 coagulation과 flocculation을 통칭하여 응집 과정이라고 하기도 한다. 응집된 입자들은 침전(precipitation), 부상(flotation) 또는 여과(screening) 공정 등을 거쳐 물과 완전히 분리된다.

응집 메커니즘은 다음 4가지로 구분할 수 있다.

1) 이중층의 압축

이는 제타전위식($\xi = 4\pi\delta q / D$)에 표현되어있는 확산층의 두께를 감소시키는 것과 동일한 것으로 높은 농도의 전해질(electrolyte)을 가해주는 방법이다. 높은 농도의 전해질을 가하면 전기 이중층 내의 이온 농도는 증가하고 확산층의 두께는 감소할 것이다. 마치 만원 버스 내에서는 사람들 간의 간격이 줄어들 수밖에 없는 것과 같다(그림 7.8). 확산층의 감소는 제타전위의 감소를 초래하여 응집을 촉진한다. 이온의 농도를 높이는 대신 다원자가의 이온을 사용하여도 비슷한 효과를 얻을 수 있다.

Schulze-Hardy 법칙에 따르면 이온의 농도가 높을수록 또는 이온의 원자가가 클수록 이중층이 더 많이 압축되어 응집 효과가 증가한다. 이는 그림 7.9와 같이 이중층의 압축에 따른 에너지 장벽이 줄어든 것으로 이해할 수도 있다. Schulze-Hardy 법칙은 다음과 같은 식으로 표현된다.

$$C \propto \frac{1}{N^6}$$

여기서, C는 응결가 또는 응결값, N은 이온가수이다.

응결가는 일정 시간 동안 콜로이드를 응결시키는 데 필요한 전해질의 농도로서, 응결가가 높다는 것은 응집시키는데 전해질이 많이 필요하다는 의미이다. 그러므로 응결가가 낮을수록 응집에 유리하다. 1가, 2가, 3가의 이온 응결가는 각각 $1/1^6 = 1$, $1/2^6 = 0.0156$, $1/3^6 = 0.00137$로 3가의 응결가가 가장 낮게 나타나 응집에 유리하다는 것을 알 수 있다. 또한, 응결력은 응결가의 역수로서, 원자가가 클수록 응결가는 낮아지고 응결력은 강해진다.

원자가가 클수록 응집에 유리하므로 응집제로 Al^{3+}와 Fe^{3+}와 같이 이온가가 높은 이온들이 많이 이용되며, Al^{3+}와 Fe^{3+}를 가진 응집제로는 황산알루미늄($Al_2(SO_4)_3 \cdot nH_2O$)와 황산제2철($Fe_2(SO_4)_3$) 등이 대표적이다.

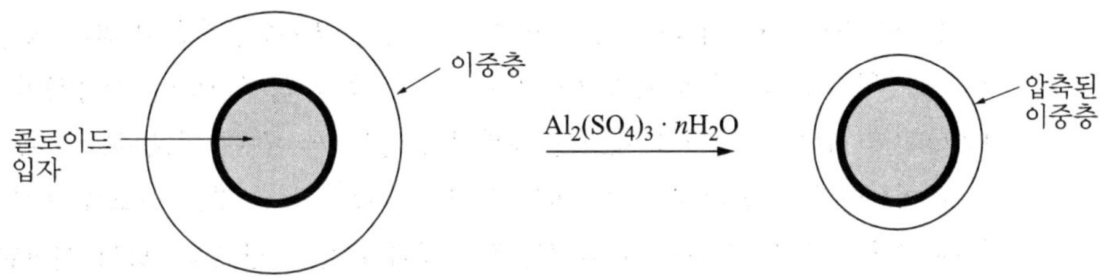

그림 7.8. 이중층의 압축

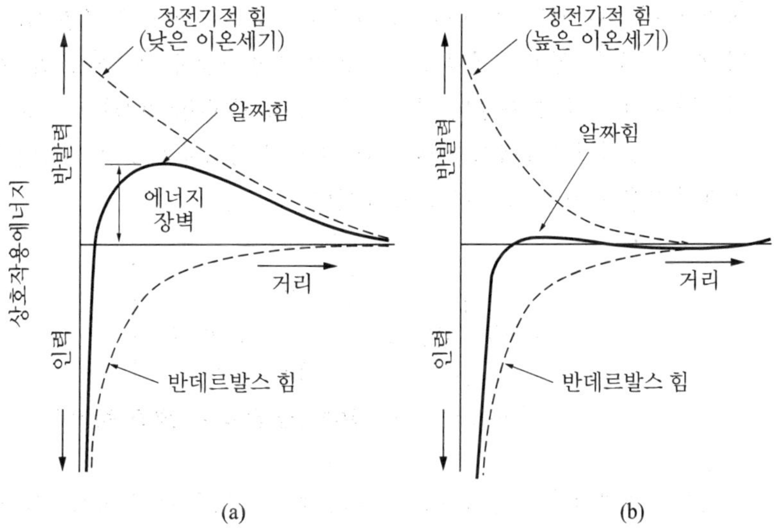

그림 7.9. 이온세기에 따른 인력과 반발력 변화

2) 전하의 중화

콜로이드의 전하는 콜로이드에 흡착될 수 있는 반대 전하를 가진 분자를 첨가하여 중화시킬 수 있다. 예를 들면, 도데실암모늄이온($CH_3(CH_2)_{10}CH_2(NH_4)^+$)과 같은 양(+)으로 하전된 유기물은 음(−)으로 하전된 콜로이드 입자에 쉽게 흡착되는 성질이 있다. 유기물과 콜로이드의 반대되는 전하는 서로 상쇄되어 응집이 쉽게 일어나게 된다. 이러한 이유로 Al^{3+}와 Fe^{3+}의 다가 양이온을 가진 응집제가 사용될 때, 이러한 전하의 중화 효과도 얻을 수 있다. 그러나 과도한 양이온이 투입되는 경우에는 전하가 역전되어 양으로 하전된 입자가 생성되어 응집이 잘 일어나지 않을 수도 있다.

3) 침전물에 의한 포획

충분한 양의 Al^{3+}와 Fe^{3+}가 있으면, 양이온의 금속수산화물 착염을 형성한다. 과잉의 Al^{3+}와 Fe^{3+}가 투입되면 이 이온들은 수중의 알칼리도와 반응하여 $Al(OH)_3$와 $Fe(OH)_3$와 같은 침전물을 형성할 때까지 중합을 계속하여 과포화된 금속수산화물 용액을 형성한다. 고형의 금속수산화물이 서로 결합하여 실 같은 구조를 형성하여 침전하는데, 콜로이드 입자들은 이 침전물에 포획되어 같이 침전함으로써 제거된다. 이러한 현상을 체거름(enmeshment) 효과라고 한다. 과량으로 주입된 $Al_2(SO_4)_3 \cdot nH_2O$가 수중에서 $Al(H_2O)_4(OH)_2^{4+}$와 같은 금속수산화 착물이온의 형태로서 존재하게 되는데, 이 착물이온들 사이에서 결합이 계속 일어나 그림 7.10과 같은 중합체(polymer)가 형성된다. 이 중합체는 엉켜진 망과 같은 구조적 특성 때문에 콜로이드 입자들이 이 중합체에 잘 포획된다. 이렇게 형성된 커다란 응집물을 플록(floc)이라고 하고, 커지고 무거워진 플록은 침전하면서 부유하는 콜로이드나 다른 응집물을 잘 포획하면서 침전하므로, 이러한 플록을 sweep floc이라고도 부른다.

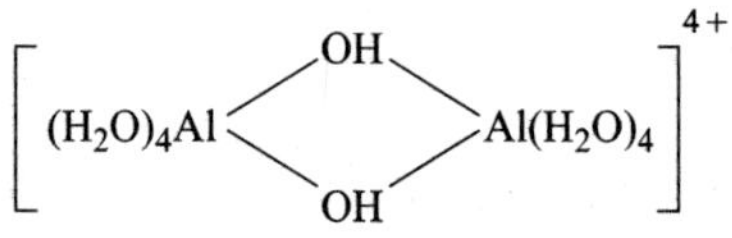

그림 7.10. 알루미늄 금속 수산화물 중합체

체거름 효과에 의한 콜로이드 입자의 제거 과정은 응집 과정에서 가장 중요한 과정으로 인식되고 있다. 응집 과정에서 사용되는 대표적인 응집제는 알루미늄염과 철염이 있다. 여기서 중요한 역할을 하는 것은 염 자체가 아니라 염들이 해리되어 생성되는 Al^{3+}와 Fe^{3+}이다.

① **황산알루미늄(aluminum sulfate, $Al_2(SO_4)_3 \cdot nH_2O$)**

황산알루미늄은 황산반토, 황산알루미나 또는 명반(alum)이라고도 불리며, 무색의 결정으로서 물, 산, 알칼리에 녹는다. 매염제, 포말소화제, 의약품, 응집제 등으로 쓰인다. 환경 분야에서는 응집제로 주로 사용된다.

수중에 충분한 알칼리도가 존재한다는 것은 대부분 수중의 pH가 7인 조건에서 알칼리도는 대부분 중탄산이온(HCO_3^-)의 형태로 존재하므로('참조'를 볼 것) 다음과 같은 반응식으로 나타난다.

알칼리도가 충분한 경우

$$Al_2(SO_4)_3 \cdot 18H_2O + 3Ca(HCO_3)_2 \rightarrow 2Al(OH)_{3(s)}\downarrow + 3CaSO_4 + 18H_2O + CO_2$$

이 경우 $Al(OH)_{3(s)}$는 침전물을 형성하나 $CaSO_4$는 대부분 침전물을 형성하지 않는 것으로 간주한다. 그 이유는 "부록 5"에 제시된 용해도곱을 보면 알 수 있다. 여기서 $Al(OH)_{3(s)}$의 용해도곱 $K_{sp} = 1.9 \times 10^{-33}$이고, $CaSO_4$의 용해도곱 $K_{sp} = 2.4 \times 10^{-5}$이다. 용해도곱이 매우 낮다는 것은 평형상태에서 용해도가 매우 낮다는 것을 의미하므로, $Al(OH)_{3(s)}$는 잘 용해되지 않고 침전물로 존재하고 $CaSO_4$는 상대적으로 용해도가 높아 용해되어 있을 가능성이 크다. 그러나 $CaSO_4$도 때로는 pH에 따라 침전물로 생성된다고 계산할 수도 있다.

참조 알칼리도(alkalinity)

산을 중화시키는 능력을 나타내는 것으로, 수중에 존재하는 OH^-(수산이온), CO_3^{2-}(탄산이온), HCO_3^-(중탄산이온)의 양을 나타내는 것으로 각각의 농도로 별도로 표현하면 복잡하므로 이를 일원화하여 $CaCO_3$의 양으로 환산하여 표시한다. 알칼리도를 나타내는 3가지 물질은 아래 반응식과 같이 쉽게 수중의 H^+를 제거하는 능력이 있다. 붕산이온, 인산이온, 규산이온도 알칼리도로 작용할 수 있으나 자연계에 존재하는 양이 상대적으로 적어 그 영향을 무시할 수 있다. 알칼리도를 나타내는 물질 중 자연 상태에서 양이 가장 많은 것은 HCO_3^-(중탄산이온)이라고 할 수 있다. 그 이유는 (2)번 식에서 pH가 증가하면, 즉 OH^-의 양이 증가하면 르 샤틀리에의 원리에 의해 반응은 왼쪽으로 진행하여 CO_3^{2-}(탄산이온)이 많아지게 된다. 그러므로 pH가 높아질수록 CO_3^{2-}(탄산이온), OH^-(수산이온) 순으로 많은 양을 차지하게 된다. 또한, 알칼리도가 높은 물은 산에 대해 완충(buffer) 능력이 크다고도 할 수 있다.

$$OH^- + H^+ \rightleftarrows H_2O \quad (1)$$

$$CO_3^{2-} + H^+ \rightleftarrows HCO_3^- \quad (2)$$

$$HCO_3^- + H^+ \rightleftarrows H_2CO_3 \quad (3)$$

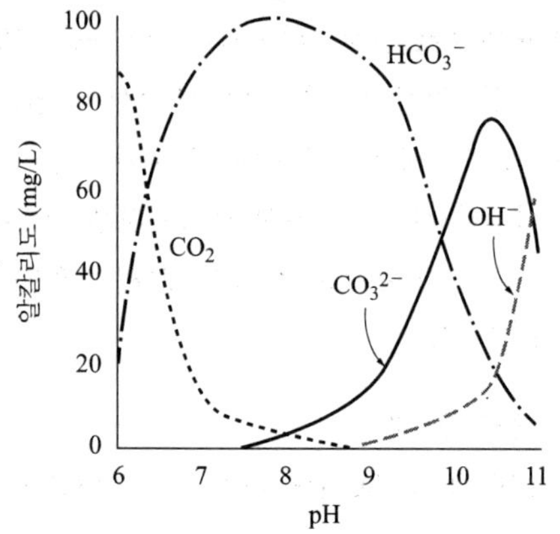

pH와 알칼리도 관계

자연 상태의 수중에서 알칼리도가 부족하면 응집반응이 잘 일어날 수 없다. 그러므로 인위적으로 알칼리도를 공급해 주어야 하는데, 이때 가장 많이 사용되는 것이 경제적인 측면에서 유리한 소석회($Ca(OH)_2$)이다. 황산알루미늄과 소석회의 응집반응은 다음과 같다.

알칼리도가 불충분한 경우

$$Al_2(SO_4)_3 \cdot 18H_2O \ + \ 3Ca(OH)_2 \ \rightarrow \ 2Al(OH)_{3(s)}\downarrow \ + \ 3CaSO_4 \ + \ 18H_2O$$

자연적인 알칼리도가 충분할 때와 마찬가지로 $Al(OH)_{3(s)}$ 침전물이 생성된다. 차이점은 자연상태의 알칼리도에서는 CO_2가 생성되지만, 소석회 주입 시에는 CO_2가 생성되지 않는다는 것이다.

예제 7.5

60 mg/L의 부유 고형물을 함유한 50,000 m^3/day 유량의 원수에 50 mg/L의 alum을 투입하였다. (1) 만약 원수 중 알칼리도가 충분하게 존재한다고 가정하면, 하루에 생성되어 침전조에서 제거되는 슬러지의 양(kg/day)은 얼마인가? 슬러지의 함수율은 95%라고 가정한다. (2) 슬러지의 비중을 1.04라고 가정할 때, 하루에 생성되는 슬러지의 양(m^3/day)은? 침전조의 제거효율은 65%라고 가정하라. 단, $Al_2(SO_4)_3 \cdot 14H_2O$의 분자량은 600 g/mol이다.

Solution

(1) $Al_2(SO_4)_3 \cdot 14H_2O + 3Ca(HCO_3)_2 \rightarrow 2Al(OH)_3\downarrow + 3CaSO_4 + 14H_2O + 6CO_2$

60 mg SS	50,000 m^3	1000 L	1 kg SS	= 3000 kg SS/day
L	day	1 m^3	10^6 mg SS	

50 mg $Al_2(SO_4)_3 \cdot 14H_2O$	50,000 m^3	1000 L	1 mmol $Al_2(SO_4)_3 \cdot 14H_2O$	2 gmol $Al(OH)_3$
L	day	1 m^3	600 mg $Al_2(SO_4)_3 \cdot 14H_2O$	1 mol $Al_2(SO_4)_3 \cdot 14H_2O$

78 mg $Al(OH)_3$	1 kg	= 650 kg $Al(OH)_3$/day
1 mmol $Al(OH)_3$	10^6 mg	

침전조에서 전체 SS 생성량은 (3000 + 650) kg SS/day

650 kg SS	100 kg 슬러지	65 kg 제거 슬러지	= 8450 kg 슬러지/day
day	5 kg SS	100 kg 생성 슬러지	

여기서 주의해야 할 것은 슬러지는 수분을 함유한 상태이고 SS는 부유고형물으로서 수분이 없는 순수 고형물만을 의미한다는 것으로 그 차이점을 명확히 인식해야 한다.

(2) 슬러지의 비중이 1.04이면 밀도는 1.04 g/cm^3

8450 kg 슬러지	1 cm^3	1000 g	1 m^3	= 8.13 m^3 슬러지/day
day	1.04 g	1 kg	$(100\ cm)^3$	

---

② 황산제2철(ferric sulfate, $Fe_2(SO_4)_3 \cdot nH_2O$), 염화제2철(ferric chloride, $FeCl_3$)

황산알루미늄을 응집제로 사용하였을 때와 같이 알칼리도가 충분한 경우와 그렇지 않은 경우로 나누어 생각해 볼 수 있다. 두 경우 모두 3가 철(Fe^{3+})이다.

알칼리도가 충분한 경우

$Fe_2(SO_4)_3 + 3Ca(HCO_3)_2 \rightarrow 2Fe(OH)_3\downarrow + 3CaSO_4 + 6CO_2$

염화염으로 $FeCl_3$가 사용되어도 결과는 동일하다.

$2FeCl_3 + 3Ca(HCO_3)_2 \rightarrow 2Fe(OH)_3\downarrow + 3CaCl_2 + 6CO_2$

알칼리도가 불충분한 경우

$Fe_2(SO_4)_3 + 3Ca(OH)_2 \rightarrow 2Fe(OH)_3\downarrow + 3CaSO_4$

$2FeCl_3 + 3Ca(OH)_2 \rightarrow 2Fe(OH)_3\downarrow + 3CaCl_2$

"부록 5"에 제시된 $Fe(OH)_{3(s)}$의 용해도곱을 보면 $K_{sp} = 1.1\times10^{-36}$으로, $Al(OH)_{3(s)}$의 용해도곱과 마찬가지로 매우 낮다는 것을 알 수 있다. 그러므로 $Fe(OH)_{3(s)}$도 침전물을 매우 잘 형성한다는 것을 알 수 있다.

예제 7.6

유량이 6000 m^3/d, SS가 55 mg/L인 폐수에 황산제2철($Fe_2(SO_4)_3$) 100 mg/L를 응집제로 주입하였다. 폐수에 알칼리도가 없는 경우 매일 첨가해야 하는 석회의 양(kg/d)은? (단, 원자량 Fe = 56, S = 32, Ca = 40 g/mol)

Solution

황산제2철과 석회의 반응식은 다음과 같다.

$$Fe_2(SO_4)_3 + 3Ca(OH)_2 \rightleftarrows 2Fe(OH)_3 + 3CaSO_4$$

$Ca(OH)_2$ (kg/d) =

100 mg $Fe_2(SO_4)_3$	6000 m^3	1000 L	1 kg	1 kmol $Fe_2(SO_4)_3$	3 kmol $Ca(OH)_2$	74 kg $Ca(OH)_2$	= 333 kg/d
L	d	1 m^3	10^6 mg	400 kg	1 kmol $Fe_2(SO_4)_3$	1 kmol $Ca(OH)_2$	

③ 황산제1철(ferrous sulfate, $Fe(SO_4)\cdot nH_2O$)

녹반이라고 불리는 황산제1철은 Fe^{2+}(2가 철)로 형성된 응집제로서, 다음과 같은 응집반응을 보이는데, 황산제2철과는 다른 응집반응을 나타낸다.

$$Fe(SO_4)\cdot 7H_2O + Ca(HCO_3)_2 \rightarrow Fe(HCO_3)_2 + CaSO_4 + 7H_2O$$
$$Fe(HCO_3)_2 + 2Ca(OH)_2 \rightarrow Fe(OH)_2\downarrow + 2CaCO_3\downarrow + 2H_2O$$

이때 생성되는 $CaCO_3$의 용해도곱은 $K_{sp} = 5\times10^{-9}$으로 매우 높아 불안정한 침전물을 형성한다는 것을 알 수 있다. 또한, 수산화제1철($Fe(OH)_2$)의 용해도곱은 $K_{sp} = 7.9\times10^{-15}$로 수산화제2철($Fe(OH)_{3(s)}$)의 용해도곱($K_{sp} = 1.1\times10^{-36}$)이나 수산화알루미늄($Al(OH)_{3(s)}$)의 용해도곱($K_{sp} = 1.9\times10^{-33}$)에 비해 매우 높다는 것을 알 수 있다. 그러므로 수산화제1철($Fe(OH)_2$)의 침전물 상태는 불안정하여 용해될 가능성이 크므로 반드시 산소를 공급하여 Fe^{2+}를 Fe^{3+}로 산화시켜야 안정한 침전물($Fe(OH)_{3(s)}$)을 형성할 수 있다. 산소를 동반한 산화 반응은 다음과 같다.

$$4Fe(OH)_2 + O_2 + 2H_2O \rightarrow 4Fe(OH)_3$$

황산제1철의 응집반응을 전체적으로 표시하면 다음과 같다.

$$2Fe(SO_4) \cdot 7H_2O + 2Ca(OH)_2 + 1/2\ O_2 \rightarrow 2Fe(OH)_3\downarrow + 3CaSO_4 + 13H_2O$$

예제 7.7

Q&A

$FeSO_4 \cdot 7H_2O$(녹반)를 응집제로 사용하여 30 g/m^{3}의 농도로 원수에 주입하였을 때, (1) 반응하는 데 필요한 최소 천연 알칼리도를 $CaCO_3$의 양(mg/L)으로 계산하고, (2) $Fe(OH)_2$이라는 초기 생성물을 형성하는 데 필요한 생석회(70% 이용가능한 CaO)의 양(mg/L)은 얼마인가? (3) $Fe(OH)_2$가 3가 철 형태로 전환하기 위해서는 얼마의 용존산소 농도(mg/L)가 필요한가? (단, 원자량 Fe = 56, S = 32, Ca = 40 g/mol)

Solution

(1) $Fe(SO_4) \cdot 7H_2O + Ca(HCO_3)_2 \rightarrow Fe(HCO_3)_2 + CaSO_4 + 7H_2O$

$Fe(SO_4) \cdot 7H_2O$의 분자량 = 278 g/mol

30 g $Fe(SO_4) \cdot 7H_2O$	1 gmol	1 gmol $Ca(HCO_3)_2$	2 eq $Ca(HCO_3)_2$	1 eq $CaCO_3$
m^3	278 g	1 gmol $Fe(SO_4) \cdot 7H_2O$	1 mol $Ca(HCO_3)_2$	1 eq $Ca(HCO_3)_2$

1 mol $CaCO_3$	100 g $CaCO_3$	1 m^3	1000 mg	
2 eq $CaCO_3$	1 mol $CaCO_3$	1000 L	1 g	= 10.8 mg/L as $CaCO_3$

(2) $Fe(HCO_3)_2 + 2Ca(OH)_2 \rightarrow Fe(OH)_2\downarrow + 2CaCO_3\downarrow + 2H_2O$

$2CaO + 2H_2O \rightarrow 2Ca(OH)_2$

30 g $Fe(SO_4) \cdot 7H_2O$	1 gmol $Fe(SO_4) \cdot 7H_2O$	1 gmol $Fe(HCO_3)_2$	2 gmol $Ca(OH)_2$	2 gmol CaO
m^3	278 g $Fe(SO_4) \cdot 7H_2O$	1 gmol $Fe(SO_4) \cdot 7H_2O$	1 gmol $Fe(HCO_3)_2$	2 gmol $Ca(OH)_2$

100 gmol 실제 CaO	56 g CaO	1 m^3	1000 mg	
70 gmol 반응 CaO	1 mol CaO	1000 L	1 g	= 17.3 mg/L as CaO

(3) $4Fe(OH)_2 + O_2 + 2H_2O \rightarrow 4Fe(OH)_3$

30 g $Fe(SO_4) \cdot 7H_2O$	1 gmol	1 gmol $Fe(HCO_3)_2$	1 gmol $Fe(OH)_2$	1 gmol O_2
m^3	278 g	1 gmol $Fe(SO_4) \cdot 7H_2O$	1 gmol $Fe(HCO_3)_2$	4 gmol $Fe(OH)_2$

32 g O_2	1 m^3	1000 mg	
1 gmol O_2	1000 L	1 g	$= 0.86$ mg/L O_2

④ **석회(slaked lime, $Ca(OH)_2$)**

일반적으로 환경 분야에서 석회라고 하면 소석회를 의미한다. 석회는 크게 생석회(CaO)와 소석회($Ca(OH)_2$)를 말하는데, 소석회는 생석회가 수화된 것을 말하며 수산화칼슘이라고도 한다. 앞의 응집반응에서 석회는 인위적인 알칼리도 공급의 역할을 했지만, 석회는 단독으로 수중의 알칼리도와 반응하여 다음과 같은 응집반응을 일으키기도 한다.

$$Ca(OH)_2 + Ca(HCO_3)_2 \rightarrow 2CaCO_3\downarrow + 2H_2O$$

여기서 형성된 $CaCO_3$는 앞에서 언급한 바와 같이 용해도곱이 매우 높아 불안정한 침전물을 형성한다.

⑤ **응집보조제(coagulant aids)**

응집보조제는 플록의 형성을 빠르게 하고 침강성이 양호한 플록을 만들기 위해 사용하는 약품을 말한다. 예를 들면, 황산알루미늄을 응집제로 사용할 경우, 활성규산(active silica)을 응집보조제로 첨가하면 단단하고 침전하기 쉬운 플록이 생성된다. 응집보조제로는 소다회(Na_2CO_3), 소석회($Ca(OH)_2$), 생석회(CaO), 가성소다($NaOH$), 석회석($CaCO_3$) 등과 같은 산 또는 알칼리제, 점토(clay)나 벤토나이트(bentonite)와 같은 탁도 첨가제, 고분자 전해질 등이 있다.

4) 입자간 가교작용(interparticle bridging)

긴 사슬의 하전된 합성 또는 천연 고분자 전해질(polyelectrolyte)은 그림 7.11과 같이 콜로이드 입자들 사이에 가교(bridge)를 형성하여 콜로이드를 불안정화하는 역할을 할 수 있다. 고분자 상 한 개의 전하 부위는 콜로이드 입자의 한 부위에 부착되거나 흡착되며, 고분자의 나머지 부분은 다른 콜로이드에 부착되어 효과적으로 결합하게 된다. 일반적으로 음전하의 콜로이드의 가교에는 음으로 하전된 고분자가 효과적이다. 이는 콜로이드 입자 전체가 음으로 하전되어 있어도 일부 부위가 양으로 하전되어 있기 때문이다. 대표적으로 사용되는 고분자 응집제는 폴리염화알루미늄(polyaluminium chloride, PAC, $[Al(OH)_mCl_{6-m}]_n$)이다.

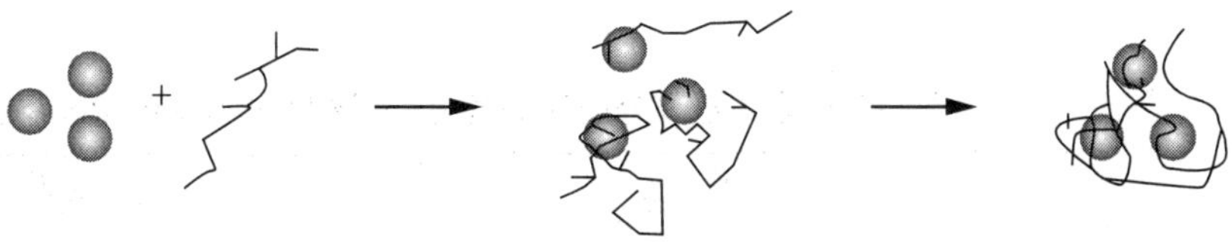

그림 7.11. PAC의 가교 역할

(3) 인 제거를 위한 화학적 침전

인의 화학적 침전은 다가의 금속이온을 첨가하여 형성된다. 이용되는 금속이온은 응집 과정에서 사용되는 금속이온과 동일한 것으로, Ca^{2+}, Al^{3+}, Fe^{3+} 등이 이용된다.

소석회($Ca(OH)_2$)를 첨가하면 수중의 알칼리도인 중탄산이온(HCO_3^-)과 반응하여 석회석($CaCO_3$)을 형성한다.

$$Ca(OH)_2 + Ca(HCO_3)_2 \rightarrow 2CaCO_{3(s)}\downarrow + 2H_2O$$

pH가 10 이상으로 증가하면 과잉 공급된 Ca^{2+}는 수중의 인과 반응하여 수산화인회석(hydroxyapatite, $Ca_{10}(PO_4)_6(OH)_2$)이라는 염기성 인산칼슘 침전물을 형성한다.

$$10Ca^{2+} + 6PO_4^{3-} + 2OH^- \rightleftharpoons Ca_{10}(PO_4)_6(OH)_{2(s)}\downarrow$$

소석회는 알칼리도와 반응하여 석회석을 먼저 형성하기 때문에 필요한 소석회 양은 존재하는 인산의 양과는 무관하고 수중의 알칼리도에 의존한다. 수중에서 인을 침전시키는 데 필요한 소석회의 양은 총 알칼리도의 1.4~1.5배이다. 또한, 반응에서 보는 바와 같이 수산화인회석을 형성하기 위해서는 높은 pH가 필요하다. 처리수는 당연히 pH가 높으므로 배출하기 위해서는 CO_2로 재탄산화시켜 pH를 낮추어야 한다.

Al^{3+}과 Fe^{3+}을 이용한 인 침전반응은 다음과 같다.

$$Al^{3+} + H_nPO_4^{3-n} + \rightleftharpoons AlPO_{4(s)}\downarrow + nH^+$$
$$Fe^{3+} + H_nPO_4^{3-n} + \rightleftharpoons FePO_{4(s)}\downarrow + nH^+$$

$AlPO_{4(s)}$와 $FePO_{4(s)}$의 용해도곱은 각각 1.0×10^{-21}과 7.94×10^{-18}으로 낮아서 비교적 안정한 침전물을 형성한다. 알루미늄과 철의 경우, 1몰이 반응하여 1몰의 인산염을 형성하여 침전시킨다. 이들 반응은 단순하지만, 실제 반응에서는 많은 경쟁반응과 관련된 평형상수, 알칼리도, pH, 미량물질과 리간드의 영향을 고려해야 할 정도로 복잡하므로, 실제 침전실험을 통해 약품 투입량을 결정해야 한다.

표 7.7. 석회, alum과 철을 이용하여 인을 침전시키는 과정에서 생성되는 반응식

반 응	슬러지 형태
석회	
1. $10Ca^{2+} + 6PO_4^{3-} + 2OH^- \rightleftarrows Ca_{10}(PO_4)_6(OH)_2$	$Ca_{10}(PO_4)_6(OH)_2$
2. $Mg^{2+} + 2OH^- \rightleftarrows Mg(OH)_2$	$Mg(OH)_2$
3. $Ca^{2+} + CO_3^{2-} \rightleftarrows CaCO_3$	$CaCO_3$
Alum (Al^{3+})	
1. $Al^{3+} + PO_4^{3-} \rightleftarrows AlPO_4$	$AlPO_4$
2. $2Al^{3+} + 3OH^- \rightleftarrows Al(OH)_3$	$Al(OH)_3$
철 (Fe^{3+})	
1. $Fe^{3+} + PO_4^{3-} \rightleftarrows FePO_4$	$FePO_4$
2. $Fe^{3+} + 3OH^- \rightleftarrows Fe(OH)_3$	$Fe(OH)_3$

예제 7.8 Q&A

SS와 PO_4^{3-}를 90% 제거하고자 $Ca(OH)_2$를 120 kg/d로 주입하였다. 유량이 1000 m^3/d인 폐수를 분석한 결과 SS 200 mg/L, PO_4^{3-} 10 mg/L, 경도 100 mg/L이었으며, 처리수의 경도는 150 mg/L로 증가되었다. 단, Ca과 P의 원자량은 각각 40과 31 g/mol이고, 석회석과 수산화인회석 생성반응은 다음과 같다.

$$Ca(OH)_2 + Ca(HCO_3)_2 \rightarrow 2CaCO_{3(s)}\downarrow + 2H_2O$$
$$5Ca^{2+} + 3PO_4^{3-} + OH^- \rightarrow Ca_5(PO_4)_3OH_{(s)}\downarrow$$

(1) 슬러지로 생성된 SS(kg/d)는?
(2) 슬러지로 생성된 $Ca_5(PO_4)_3OH$(kg/d)는?
(3) 슬러지로 생성된 $CaCO_3$(kg/d)는?
(4) 이 공정에서 생성되는 총 슬러지(m^3/d)는? (단, 함수율 93%, 슬러지 비중 1.03)

Solution

(1) 제거된 SS의 90%는 슬러지로 생성된다.
슬러지로 생성된 SS(kg/d) =

200 mg SS	1,000 m^3	1,000 L	1 kg	생성 0.9 kg SS	= 180 kg SS/d
L	d	1 m^3	10^6 mg	유입 1 kg SS	

(2) 3몰의 인산이온이 제거되어 1몰의 $Ca_5(PO_4)_3OH$가 생성된다.

슬러지로 된 $Ca_5(PO_4)_3OH$(kg/d) =

10 mg PO_4^{3-}	1000 m^3	1000 L	1 kg	생성 0.9 kg PO_4^{3-}	1 kmol PO_4^{3-}
L	d	1 m^3	10^6 mg	유입 1 kg PO_4^{3-}	95 kg PO_4^{3-}

1 kmol $Ca_5(PO_4)_3OH$	502 kg $Ca_5(PO_4)_3OH$	= 15.85 kg/d
3 kmol PO_4^{3-}	1 kmol $Ca_5(PO_4)_3OH$	

(3) 생성된 $CaCO_3$ = ① − ② − ③

① $Ca(OH)_2$ 첨가로 인해 생성되는 $CaCO_3$ 총량

$CaCO_{3(s)}$(kg/d) =

120 kg $Ca(OH)_2$	1 kmol $Ca(OH)_2$	2 kmol $CaCO_3$	100 kg $CaCO_3$
d	74 kg $Ca(OH)_2$	1 kmol $Ca(OH)_2$	1 kmol $CaCO_3$

= 324.3 kg $CaCO_3$/d

이 양은 투입된 소석회의 전량이 석회석으로 전환된 경우를 가정한 것이다.

② 경도(as $CaCO_3$) 증가로 소모되는 $CaCO_3$

$CaCO_3$(kg/d) =

(150 − 100) mg Hardness	1 kg	1000 L	= 50 kg $CaCO_3$/d
L	1000 mg	1 m^3	

소석회를 투입하여 50 kg $CaCO_3$/d 정도의 경도가 증가하였다.

③ $Ca_5(PO_4)_3OH$ 생성에 소모되는 $CaCO_3$

$CaCO_3$(kg/d) =

15.85 kg $Ca_5(PO_4)_3OH$	1 kmol $Ca_5(PO_4)_3OH$	5 kmol Ca^{2+}
d	502 kg $Ca_5(PO_4)_3OH$	1 kmol $Ca_5(PO_4)_3OH$

1 kmol $CaCO_3$	100 kg $CaCO_3$	= 15.79 kg/d
1 kmol Ca^{2+}	1 kmol $CaCO_3$	

생성된 $CaCO_3$ = (324.3 − 50 − 15.79) kg/d = 258.51 kg $CaCO_3$/d

(4) 슬러지(m^3/d) =

(180 + 15.85 + 258.51) kg SS	100 kg 슬러지	1 cm^3 슬러지	1000 g	1 m^3
d	7 kg SS	1.03 g 슬러지	1 kg	10^6 cm^3

= 6.3 m^3 슬러지/d

예제 7.9

Q&A

15 mg/L의 총 인을 함유한 가정하수가 20,000 m^3/day 유량으로 하수처리장으로 유입되고 있다. (1) 75% VSS를 포함하고 있는 생물학적 슬러지 고형물이 6,000 kg/day로 폐기될 때, 유출수 중의 총 인 농도(mg/L)는? 미생물의 분자식은 $C_5H_7O_2NP_{0.074}$이고 슬러지는 2.0%의 고형물을 포함하고 물의 밀도는 1,000 kg/m^3이라고 가정한다. (2) 만약 유출수 중 총 인 농도가 1.0 mg/L가 될 정도로 슬러지 내에 인이 과잉 섭취되었다면 슬러지 중 총 인의 양(kg/day)은 얼마가 되겠는가?

Solution

(1) 총 인의 유입량=

$$\frac{15\ \text{mg P}}{\text{L}}\left|\frac{20{,}000\ \text{m}^3}{\text{day}}\right|\frac{1\ \text{kg P}}{10^6\ \text{mg P}}\left|\frac{1{,}000\ \text{L}}{1\ \text{m}^3}\right. = 300\ \text{kg P/day}$$

생물학적 슬러지 중 미생물의 분자식은

$C_5H_7O_2NP_{0.074}$의 분자량은 $5(12)+7(1)+2(16)+14+0.074(31)=115.3$

폐기되는 건조 슬러지 중 인의 양은

$$\frac{6{,}000\ \text{kg 건조 슬러지 고형물}}{\text{day}}\left|\frac{0.75\ \text{kg 미생물}}{1\ \text{kg 건조 슬러지 고형물}}\right|\frac{0.074(31)\ \text{kg P}}{115.3\ \text{kg 미생물}} = 89.53\ \text{kg P/day}$$

폐기되는 슬러지의 양은

$$\frac{6{,}000\ \text{kg 건조 슬러지 고형물}}{\text{day}}\left|\frac{100\ \text{kg 슬러지}}{2\ \text{kg 건조 슬러지 고형물}}\right. = 300{,}000\ \text{kg 슬러지/day}$$

슬러지 중 수분만의 양은

300,000 kg 슬러지/day − 6,000 kg 건조 슬러지/day = 294,000 kg 물/day

이를 부피로 환산하면

$$\frac{294{,}000\ \text{kg 물}}{\text{day}}\left|\frac{1\ \text{m}^3\ \text{물}}{1{,}000\ \text{kg 물}}\right. = 294\ \text{m}^3\ \text{물/day}$$

그러므로 유출수 중의 인 농도는

$$\frac{(300-89.49)\text{ kg P/day}}{(20{,}000-294)\text{ m}^3\text{ 물/day}}\left|\frac{10^6\text{ mg}}{1\text{ kg}}\right|\frac{1\text{ m}^3}{1{,}000\text{ L}} = 10.7\text{ mg P/L}$$

(2) 유출수 농도가 1.0 mg/L라면 유출수 중 총 인의 양은

$$\frac{(20{,}000-294)\text{ m}^3\text{ 물}}{\text{day}}\left|\frac{1.0\text{ mg P}}{1\text{ L}}\right|\frac{1{,}000\text{ L}}{1\text{ m}^3}\left|\frac{1\text{ kg}}{10^6\text{ mg}}\right. = 19.71\text{ kg P/day}$$

폐기되는 슬러지 중 인의 양은

$$300\text{ kg/day} - 19.71\text{ kg/day} = 280.29\text{ kg P/day}$$

예제 7.10

예제 7.9의 경우에서 유출수 중의 총 인의 농도를 2.0 mg/L 수준으로 줄이기 위해서는 몇 kg/day의 알루미늄이 필요한가? 단, Al의 원자량은 27 g/mol이다.

Solution

유출되는 인의 양은

$$\frac{2.0\text{ mg P}}{\text{L}}\left|\frac{(20{,}000-294)\text{ m}^3}{\text{day}}\right|\frac{1{,}000\text{ L}}{1\text{ m}^3}\left|\frac{1\text{ kg}}{10^6\text{ mg}}\right. = 39.41\text{ kg P/day}$$

제거해야 할 인의 양은

$$300\text{ kg/day} - 39.41\text{ kg/day} = 260.59\text{ kg P/day}$$

$$\frac{260.59\text{ kg P}}{\text{day}}\left|\frac{1\text{ kmol P}}{31\text{ kg P}}\right. = 8.41\text{ kmol P/day}$$

$$\%\text{ removal} = \frac{260.59}{300} \times 100 = 86.86\%$$

반응식에서

$$\frac{8.41\text{ kmol P}}{\text{day}}\left|\frac{2\text{ kmol Al}^{3+}}{1\text{ kmol P}}\right|\frac{27\text{ kg Al}^{3+}}{1\text{ kmol Al}^{3+}} = 454\text{ kg Al}^{3+}\text{/day}$$

예제 7.11

1차 침전지에서 석회를 이용한 인의 화학적 침전으로부터 발생하는 슬러지량(m^3/day)은?

석회를 이용하지 않을 경우 TSS의 60%가 제거되고, 400 mg/L의 소석회($Ca(OH)_2$)가 첨가됨에 따라 TSS 제거효율은 85%로 향상되었다고 가정하자. 이 경우 기본적인 자료는 다음과 같다.

1. 하수량(m^3/day)	1000
2. 하수의 TSS(mg/L)	220
3. 하수의 휘발성 TSS(mg/L)	150
4. 하수의 PO_4^{3-}(mg/L)	10
5. 하수의 총 경도(mg/L as $CaCO_3$)	241.3
6. 하수의 Ca^{2+}(mg/L)	80
7. 하수의 Mg^{2+}(mg/L)	10
8. 유출수의 PO_4^{3-}(mg/L as P)	0.5
9. 유출수의 Ca^{2+}(mg/L)	60
10. 유출수의 Mg^{2+}(mg/L)	0
11. 석회 처리 슬러지의 화학적 특성	
비중	1.07
함수율(%)	92.5
12. 원 슬러지의 화학적 특성	
비중	1.03
함수율(%)	94.0

Solution

(1) TSS 제거량(kg/day)은 다음과 같다.

220 mg TSS	1,000 m^3	1 kg TSS	1,000 L	60 kg TSS 제거
L	day	10^6 mg TSS	1 m^3	100 kg TSS

= 132 kg TSS 제거/day

생성되는 슬러지 부피(m^3/day)는 함수율이 94%이고 비중이 1.03이므로

132 kg TSS	100 kg 슬러지	cm^3	1,000 g	1 m^3
day	6 kg TSS	1.03 g	1 kg	10^6 cm^3

= 2.14 m^3 슬러지/day

(2) 400 mg/L의 석회가 첨가되었을 때 생성되는 $Ca_5(PO_4)_3(OH)$, $Mg(OH)_2$, $CaCO_3$ 양을 결정하면,

① 생성되는 $Ca_5(PO_4)_3(OH)$ 양은 제거된 P의 몰수에 의해 결정되므로, 먼저 제거된 P의 몰수를 계산한다.

(10 − 0.5) mg P	1 mmol P	1 mol
L	31 mg P	1,000 mmol

$= 3.07 \times 10^{-4}$ mol P/L

형성된 $Ca_5(PO_4)_3(OH)$ 양은

$$\frac{3.07\times10^{-4}\text{ mol P}}{\text{L}}\left|\frac{1\text{ mol }Ca_5(PO_4)_3(OH)}{3\text{ mol P}}\right|\frac{502\text{ g}}{1\text{ mol}}\left|\frac{1{,}000\text{ mg}}{1\text{ g}}\right.=51.4\text{ mg/L}$$

② 생성되는 $Mg(OH)_2$ 양

㈀ 제거된 Mg^{2+}의 몰

$$\frac{(10-0)\text{ mg }Mg^{2+}}{\text{L}}\left|\frac{1\text{ mmol}}{24.31\text{ mg}}\right|\frac{1\text{ mol}}{1{,}000\text{ mmol}}=4.11\times10^{-4}\text{ mol }Mg^{2+}/\text{L}$$

㈁ 형성된 $Mg(OH)_2$ 양은

$$\frac{4.11\times10^{-4}\text{ mol }Mg^{2+}}{\text{L}}\left|\frac{1\text{ mol }Mg(OH)_2}{1\text{ mol }Mg^{2+}}\right|\frac{58.3\text{ g}}{1\text{ mol }Mg(OH)_2}\left|\frac{1{,}000\text{ mg}}{1\text{ g}}\right.$$

$=24.0$ mg/L

③ 생성되는 $CaCO_3$ 양

㈀ 형성된 $Ca_5(PO_4)_3(OH)$ 속의 Ca^{2+}의 양

$$\frac{51.4\text{ mg }Ca_5(PO_4)_3(OH)}{\text{L}}\left|\frac{1\text{ mmol}}{502\text{ mg}}\right|\frac{5\text{ mmol }Ca^{2+}}{1\text{ mmol}}\left|\frac{40\text{ mg }Ca^{2+}}{1\text{ mmol }Ca^{2+}}\right.=20.5\text{ mg/L}$$

㈁ 초기에 투입된 Ca^{2+}의 양

$$\frac{400\text{ mg }Ca(OH)_2}{\text{L}}\left|\frac{1\text{ mmol}}{74\text{ mg}}\right|\frac{1\text{ mmol }Ca^{2+}}{1\text{ mmol }Ca(OH)_2}\left|\frac{40\text{ mg }Ca^{2+}}{1\text{ mmol }Ca^{2+}}\right.=216.2\text{ mg/L}$$

㈂ $CaCO_3$로 존재하게 된 Ca^{2+}의 양

$CaCO_3$의 Ca^{2+} = $Ca(OH)_2$의 Ca^{2+} + 유입수의 Ca^{2+}

− $Ca_5(PO_4)_3(OH)$ 속의 Ca^{2+} − 유출수의 Ca^{2+}

$=216.2+80-20.5-60=215.7$ mg Ca^{2+}/L

㈃ $CaCO_3$의 양

$$\frac{215.7\text{ mg }Ca^{2+}}{\text{L}}\left|\frac{1\text{ mmol }Ca^{2+}}{40\text{ mg }Ca^{2+}}\right|\frac{1\text{ mmol }CaCO_3}{1\text{ mmol }Ca^{2+}}\left|\frac{100\text{ mg }CaCO_3}{1\text{ mmol }CaCO_3}\right.=540\text{ mg/L}$$

(3) 석회 주입으로 인하여 제거되는 총 고형물질의 양

① 원수의 TSS 양

$$\frac{220\text{ mg TSS}}{\text{L}}\left|\frac{1{,}000\text{ m}^3}{\text{day}}\right|\frac{1\text{ kg TSS}}{10^6\text{ mg TSS}}\left|\frac{1{,}000\text{ L}}{1\text{ m}^3}\right|\frac{85\text{ kg TSS 제거}}{100\text{ kg TSS}}$$

$=187$ kg TSS/day

② 화학적 고형물 양

$$Ca_5(PO_4)_3(OH) = \frac{51.4\ mg}{L}\left|\frac{1{,}000\ m^3}{day}\right|\frac{1\ kg\ TSS}{10^6\ mg\ TSS}\left|\frac{1{,}000\ L}{1\ m^3}\right. = 51.4\ kg/day$$

$$Mg(OH)_2 = \frac{24.0\ mg}{L}\left|\frac{1{,}000\ m^3}{day}\right|\frac{1\ kg\ TSS}{10^6\ mg\ TSS}\left|\frac{1{,}000\ L}{1\ m^3}\right. = 24\ kg/day$$

$$CaCO_3 = \frac{540\ mg}{L}\left|\frac{1{,}000\ m^3}{day}\right|\frac{1\ kg\ TSS}{10^6\ mg\ TSS}\left|\frac{1{,}000\ L}{1\ m^3}\right. = 540\ kg/day$$

③ 제거된 총 고형물의 양

$$M_T = (187 + 51.4 + 24 + 540)\ kg/day = 802.4\ kg/day$$

(4) 제거되는 화학적 슬러지의 양(m^3/day)은 함수율이 92.5%이고 비중이 1.07이므로

$$\frac{802.4\ kg\ \text{고형물}}{day}\left|\frac{100\ kg\ \text{슬러지}}{7.5\ kg\ \text{고형물}}\right|\frac{cm^3}{1.07\ g}\left|\frac{1{,}000\ g}{1\ kg}\right|\frac{1\ m^3}{10^6\ cm^3}$$

$= 10\ m^3$ 슬러지/day

(5) 화학적 침전을 한 경우와 그렇지 않은 경우의 슬러지 발생량 비교

처리	슬러지 발생량	
	kg/day	m^3/day
화학적 침전을 하지 않은 경우	132.0	2.14
화학적 침전을 한 경우	802.4	10.0

7.5 산화 – 환원 반응의 적용

산화란 산소와의 결합, 수소의 분리, 산화수의 증가(전자의 수가 줄어듦)의 경우를 말하며, 환원은 산소와의 분리, 수소와의 결합, 산화수의 감소(전자의 수가 늘어남)의 경우를 말한다. 한 원소가 산화하면 다른 원소는 환원되기 때문에 산화와 환원은 항상 동반되어 발생한다고 볼 수 있다. 산화 - 환원 반응이 적용되는 대표적인 수처리 공정으로는 페놀과 같은 난분해성 물질, 사이안(CN)과 독성 물질 및 일반 유기화합물의 산화처리로서, 환원처리보다는 산화처리가 대부분이다.

7.5.1. 산화의 정의와 예

(1) 산화의 정의

산화의 정의는 크게 네 가지로 나눌 수 있다.

① 어떤 물질이 산소와 결합할 때 산화라고 표현한다.

$$C + O_2 \rightarrow CO_2$$

② 어떤 물질이 수소를 잃었을 때

$$2H_2S + O_2 \rightarrow 2S + 2H_2O$$

황화수소의 입장에서 수소를 잃어서 산화되었다고 정의된다.

③ 어떤 물질의 산화수가 증가하였을 때 산화라고 한다. 이때 산화수(oxidation number)란 화합물을 구성하는 각 원자에 전체 전자를 일정한 방법으로 배분하였을 때, 그 원자가 가진 전하의 수이다. 즉 산화수는 하나의 물질(홑원소 물질, 분자, 이온 화합물 등)에서 전자의 교환이 완전히 일어났다고 가정하였을 때 물질을 이루는 특정 원자가 갖는 전하수를 말하며 산화 상태(oxidation state)라고도 한다. 산화수에 관한 자세한 내용은 다음 페이지에 기술하였다.

$$\underset{+2}{2FeCl_2} + Cl_2 \rightarrow \underset{+3}{2FeCl_3}$$

여기서 Cl = −1이므로 $FeCl_2$에서 Fe는 +2의 산화수를 가지고 $FeCl_3$에서 Fe는 +3이라는 산화수를 가진다. 그러므로 +2에서 +3으로의 산화수 증가가 발생했으므로 산화라 한다.

④ 전자를 잃을 때

$$Na \rightarrow Na^+ + e^-$$

역반응의 경우, 즉 $Na \leftarrow Na^+ + e^-$에서 Na^+는 전자를 받았다 또는 얻었다고 표현할 수 있다.

(2) 산화수

다음과 같은 관계를 기억하면 산화수 계산에 도움이 된다.

① 단체 중의 원자의 산화수는 0이다. 예를 들면, I_2, O_2, Zn, Cu의 산화수는 모두

0이다.

② 1원자 이온의 산화수는 그 이온의 전하수와 같다. 예를 들면, Cu^{2+}의 산화수는 +2, Cl^-는 −1, Cr^{3+}는 +3이다.

③ 공유결합을 하고 있는 수소의 산화수는 +1이다. 예외로써 금속과 이온 화합물을 이룰 때 수소의 산화수는 −1이다.

④ 수소를 제외한 1족 원소들(알칼리금속)의 산화수는 +1이며, 2족 원소들(알칼리토금속)의 산화수는 +2이다.

⑤ 화합물에 있는 산소는 보통 산화수가 −2이다. 예외로써 O_2^{2-}를 포함하는 과산화물에 있는 산소의 산화수는 −1이다.

⑥ 화합물에 있는 불소는 산화수가 −1이다. 다른 할로젠 원소들은 대부분 이성분 화합물에서 산화수가 −1이지만, 산소와 결합할 때는 산화상태가 +이다.

⑦ 중성 화합물 및 분자의 경우 원자들의 산화수 총합은 0이다. 예를 들면, HNO_3에서 N의 산화수는 $(+1)+x+(-2\times3)=0$이므로, 산화수 $x=+5$. Fe_3O_4에서 Fe의 산화수는 $3x+(-2\times4)=0$이므로, 산화수 $x=+8/3$이다.

⑧ 수소, 산소 이외의 원자들의 산화수는 공유결합에서는 결합원자 중 전기음성도가 큰 것이 −1이다. 예를 들면, CCl_4에서 Cl의 전기음성도가 크므로 $C+(-1\times4)=0$, $C=+4$. $CHCl_3$에서 $C+(+1\times1)+(-1\times3)=0$, $C=+2$.

⑨ 수소와 산소는 대부분의 화합물을 만들 때 각각 +1과 −2의 산화수를 나타내나, 약간의 예외가 있다. BaO_2, H_2O_2, Na_2O_2와 같은 과산화물에서 산소의 산화수는 −2가 아니라 −1이다. NaH나 CaH_2와 같은 금속의 수소화합물에서 수소의 산화수는 +1이 아니라 −1이다.

예제 7.12 Q&A

다음 산화−환원 반응 중 S와 Cl의 산화수는?

$$H_2S + Cl_2 \rightleftarrows 2HCl + S$$

Solution

	H_2S	+	Cl_2	⇄	2HCl	+	S
산화수	−2		0		−1		0

Cl은 산화수가 0에서 −1로 감소하여 환원
S는 산화수가 −2에서 0으로 증가하여 산화

예제 7.13 Q&A

다음 화합물에서 구성 원자의 산화수는?
(1) 정인산(H_3PO_4)에서 P (2) 과망간산칼륨($KMnO_4$)에서 Mn

Solution

(1) H_3PO_4에서 산화수를 계산하면,
$+1\times3 + P + (-2)\times4 = 0$
$P = +5$
(2) $+1 + Mn + (-2)\times4 = 0$
$Mn = +7$

7.5.2. 환원의 정의와 예

산화의 정의와 마찬가지로 환원의 정의도 크게 네 가지로 나눌 수 있다.
① 어떤 물질이 산소를 잃었을 때 환원이라고 표현한다.

$$2CuO + H_2 \rightarrow Cu_2O + H_2O$$

② 어떤 물질이 수소를 얻었을 때

$$N_2 + 3H_2 \rightarrow 2NH_3$$

질소의 입장에서는 수소를 얻었다고 볼 수 있다.
③ 어떤 물질의 산화수가 감소하였을 때

$$\underset{+3}{2FeCl_3} + \underset{+4}{SO_2} + 2H_2O \rightarrow \underset{+2}{2FeCl_2} + 2HCl + \underset{+6}{H_2SO_4}$$

Fe의 입장에서는 산화수가 +3에서 +2로 감소하여 환원되었다고 말할 수 있다. 그러나 S의 입장에서는 산화수가 +4에서 +6으로 증가하여 산화되었다고 한다. 그러므로 이 반응에서 보여주는 것과 같이, 항상 산화와 환원은 항상 함께 이루어진다. 마치 야구에서 투수가 있으면 포수가 있는 것과 같다.
④ 전자를 얻을 때

$$Na^+ + e^- \rightarrow Na$$

7.5.3. 산화 - 환원 반응

산화 - 환원 반응은 산화제와 환원제 사이에서 전자의 교환에 의해 발생한다. 서로 교환되는 전자들은 반응에 관련된 물질의 산화상태에 따라 결정된다. 예를 들면,

$$\begin{array}{lcccccccc} & Cu^{2+} & + & Zn & \rightleftarrows & Cu & + & Zn^{2+} \\ \text{산화수} & +2 & & 0 & & 0 & & +2 \end{array}$$

정반응을 기준으로 할 때, 구리(Cu)는 산화수가 +2에서 0으로 감소하여 환원된다. 이에 비해 아연(Zn)은 0에서 +2로 산화수가 증가하여 산화된다. 즉 아연은 전자를 잃지만, 구리는 전자를 얻는다. 이를 각각의 반반응(half reaction)으로 표현하면 다음과 같다.

$$Zn - 2e^- \rightarrow Zn^{2+} \quad \text{또는} \quad Zn \rightarrow Zn^{2+} + 2e^-$$
$$Cu^{2+} + 2e^- \rightarrow Cu$$

표준상태에서 산 - 염기 반응, 이온화반응, 침전 - 용해 반응 등 여러 반응에서는 평형상수가 제시되어 있으나, 산화 - 환원 반응에서는 무수히 많은 반응으로 인하여 평형상수를 제시하기 어렵다. 대신 산화 - 환원 반응에서는 다음과 같은 반반응의 특성을 제시한다.

$$Cu^{2+} + 2e^- \rightleftarrows Cu \qquad E^o = 0.34 \text{ volt}$$
$$Zn^{2+} + 2e^- \rightleftarrows Zn \qquad E^o = -0.763 \text{ volt}$$

여기서, E^o는 표준전위(volt)이다.

만약 E^o가 매우 큰 양의 값을 가진다면 정반응이 진행되려고 하는 경향이 크다는 것이고, 반대로 E^o가 음의 값을 가진다면 역반응이 진행될 가능성이 크다. 그러므로 구리의 경우, E^o가 양의 값을 가지므로 정반응이 진행되고 환원된다. 이에 비해 아연은 E^o가 음의 값이므로 역반응이므로 산화된다.

살균이나 소독에 사용되는 약품은 대부분 산화제로서 표 7.8과 같은 반반응을 가진다. 이 표를 보면 소독제는 모두 산화제로서 반반응이 모두 양의 E^o 값을 가져 자신은 환원된다는 것을 알 수 있다.

표 7.8. 산화소독제의 반반응과 표준전위

산화소독제	반반응	표준전위, V
오존(O_3)	$O_3 + 2e^- \rightarrow O_2 + H_2O$	+2.07
과산화수소(H_2O_2)	$H_2O_2 + 2H^+ + 2e^- \rightarrow 2H_2O$	+1.78
과망간산(MnO_4^-)	$MnO_4^- + 2H^+ + 2e^- \rightarrow MnO_2^- + 2H_2O$	+1.67
이산화염소(ClO_2)	$ClO_2 + e^- \rightarrow ClO_2^-$	+1.50
차아염소산(HOCl)	$HOCl + H^+ + 2e^- \rightarrow Cl^- + H_2O$	+1.49
차아요오드산(HOI)	$HOI + H^+ + e^- \rightarrow 1/2\ I_2 + H_2O$	+1.45
염소가스(Cl_2)	$Cl_2 + 2e^- \rightarrow 2Cl^-$	+1.36
산소(O_2)	$O_2 + 4H^+ + 4e^- \rightarrow 2H_2O$	+1.23
브롬(Br_2)	$Br_2 + 2e^- \rightarrow 2Br^-$	+1.09
차아염소이온(OCl^-)	$OCl^- + H_2O + 2e^- \rightarrow Cl^- + 2OH^-$	+0.90
아염소산이온(OCl_2^-)	$OCl_2^- + 2H_2O + 4e^- \rightarrow Cl^- + 4OH^-$	+0.76
요오드(I_2)	$I_2 + 2e^- \rightarrow 2I^-$	+0.54

출처 : 폐수처리공학, 고광백 외 9인 공역, p560, 2004.

(1) 반응 전위

반응 전위는 2개의 반반응으로 구성된 반응이 주어진 대로 진행 여부를 판단하는 데 이용된다. 반응 전위는 다음과 같이 정의된다.

$$E^o_{reaction} = E^o_{reduction} - E^o_{oxidation}$$

여기서, $E^o_{reaction}$는 전체 반응의 전위차, $E^o_{reduction}$는 환원 반반응의 전위차, $E^o_{oxidation}$는 산화 반반응의 전위차이다.

$$Cu^{2+} + Zn \rightleftarrows Cu + Zn^{2+}$$

위의 구리와 아연의 산화 - 환원 반응에서 반반응의 표준전위(부록 참조)를 살펴보면, 구리는 환원 반응, 아연은 산화 반응을 보이므로

$$E^o_{reaction} = E^o_{Cu^{2+},\ Cu} - E^o_{Zn^{2+},\ Zn}$$

$$E^o_{reaction} = (0.34) - (-0.763) = +1.103\ \text{volt}$$

그러므로 전체 반응 값이 +1.103 volt로서 양의 값을 나타내므로 정반응으로 진행된다는 것을 알 수 있다.

$$Cu + Zn^{2+} \rightleftarrows Cu^{2+} + Zn$$

이 반응의 경우에는 구리가 산화 반응이고 아연은 환원 반응이므로,

$$E^o_{reaction} = E^o_{Zn^{2+},\,Zn} - E^o_{Cu^{2+},\,Cu}$$

$$E^o_{reaction} = (-0.763) - (0.34) = -1.103 \text{ volt}$$

그러므로 전체 반응 값이 -1.103 volt로서 음의 값을 나타내므로 역반응으로 진행된다는 것을 알 수 있다.

예제 7.14

황화수소(H_2S)가 과산화수소(H_2O_2)에 의해 산화 가능한지 판단하라. 각 반반응의 표준전위는 다음과 같다.

$$S + 2H^+ + 2e^- \rightarrow H_2S \qquad E^o = -0.14 \text{ volt}$$

$$H_2O_2 + 2H^+ + 2e^- \rightarrow 2H_2O \qquad E^o = +1.776 \text{ volt}$$

Solution

위 두 개의 반반응을 더하면

$$\begin{array}{rl} & H_2S \rightarrow S + 2H^+ + 2e^- \\ + & H_2O_2 + 2H^+ + 2e^- \rightarrow 2H_2O \\ \hline & H_2S + H_2O_2 \rightleftarrows S + 2H_2O \end{array}$$

이 반응에서 황화수소는 산화 반응, 과산화수소는 환원 반응을 보인다.

$$E^o_{reaction} = E^o_{reduction} - E^o_{oxidation}$$

$$E^o_{reaction} = (+1.776) - (-0.14) = +1.916 \text{ volt}$$

$E^o_{reaction}$가 양의 값을 가지므로 $H_2S + H_2O_2 \rightleftarrows S + 2H_2O$에서 정반응이 진행된다.

예제 7.15

니켈(Ni)이 철이온(Fe^{3+})에 의해 산화 가능한지 판단하라. 각 반반응의 표준전위는 다음과 같다.

$$Ni^{2+} + 2e^- \rightarrow Ni \qquad E^o = -0.250 \text{ volt}$$

$$Fe^{3+} + e^- \rightarrow Fe^{2+} \qquad E^o = +0.771 \text{ volt}$$

Solution

위 두 개의 반반응을 더하면

$$\begin{array}{rl} & Ni \rightarrow Ni^{2+} + 2e^- \\ + & \times 2\ Fe^{3+} + e^- \rightarrow Fe^{2+} \\ \hline & 2Fe^{3+} + Ni \rightleftarrows Ni^{2+} + 2Fe^{2+} \end{array}$$

이 반응에서 니켈은 산화 반응, 철이온은 환원 반응을 보인다. 여기서, 표준전위는 반응식에 2를 곱해도 일정하다.

$$E^o_{reaction} = E^o_{reduction} - E^o_{oxidation}$$

$$E^o_{reaction} = (+0.771) - (-0.250) = +1.021 \text{ volt}$$

$E^o_{reaction}$가 양의 값을 가지므로 $2Fe^{3+} + Ni \rightleftarrows Ni^{2+} + 2Fe^{2+}$에서 정반응이 진행된다.

예제 7.16

Q&A

수중에 암모니아(NH_3)가 존재할 경우 염소(Cl_2)를 주입하여 암모니아를 질소로 산화시킬 수 있는가? 산화 – 환원 반반응 자료는 다음과 같다.

$$HOCl + H^+ + 2e^- \rightarrow Cl^- + H_2O \qquad E^o = +1.49 \text{ volt}$$

$$N_2 + 8H^+ + 6e^- \rightarrow 2NH_4^+ \qquad E^o = +0.28 \text{ volt}$$

Solution

수중에 암모니아는 용해되어 NH_4^+로 존재하고 염소는 HOCl로 존재한다. 그러므로 HOCl이 NH_4^+와 반응하는 것을 반응식을 완성해야 한다. 그러기 위해서는 위 식을 약간 변형해야 한다.

$$2NH_4^+ \rightarrow N_2 + 8H^+ + 6e^-$$

이제 두 식을 더한다.

$$2NH_4^+ \rightarrow N_2 + 8H^+ + 6e^-$$

$$HOCl + H^+ + 2e^- \rightarrow Cl^- + H_2O$$

전자수를 일치시키기 위해 아래 반응식에 3을 곱한다.

$$
\begin{array}{rl}
 & 2NH_4^+ \rightleftarrows N_2 + 8H^+ + 6e^- \\
+ & \times 3\ HOCl + H^+ + 2e^- \rightleftarrows Cl^- + H_2O \\
\hline
 & 3HOCl + 2NH_4^+ \rightleftarrows N_2 + 3Cl^- + 5H^+ + 3H_2O
\end{array}
$$

전체 반응의 $E^o_{reaction}$ 는

$$E^o_{reaction} = E^o_{reduction} - E^o_{oxidation}$$

여기서 환원되는 것은 HOCl, 산화되는 것은 NH_4^+이므로

$$E^o_{reaction} = E^o_{HOCl,\,Cl^-} - E^o_{NH_4^+,\,N_2}$$

$$E^o_{reaction} = (+1.49) - (+0.28) = +1.21 \text{ volt}$$

여기서, 표준전위는 반응식에 3을 곱해도 일정하다.

$E^o_{reaction}$ 가 양의 값을 가지므로 $3HOCl + 2NH_4^+ \rightleftarrows N_2 + 3Cl^- + 5H^+ + 3H_2O$에서 정반응이 진행되고, 암모니아는 염소에 의해 산화된다.

예제 7.17

Q&A

부록에 주어진 반반응 자료를 이용할 때, 과산화수소(H_2O_2)를 이용한 2가 철이온(Fe^{2+})의 산화가 가능한가?

$$2Fe^{2+} + H_2O_2 + 2H^+ \rightleftarrows 2Fe^{3+} + 2H_2O$$

Solution

$$Fe^{3+} + e^- \rightleftarrows Fe^{2+} \qquad E^o = +0.771 \text{ volt}$$

$$H_2O_2 + 2H^+ + 2e^- \rightleftarrows 2H_2O \qquad E^o = +1.776 \text{ volt}$$

두 반응식을 변형시킨다.

$$Fe^{2+} \rightleftarrows Fe^{3+} + e^- \qquad E^o = -0.771 \text{ volt}$$

$$H_2O_2 + 2H^+ + 2e^- \rightleftarrows 2H_2O \qquad E^o = +1.776 \text{ volt}$$

전자수를 일치시키기 위해 다음과 같이 한다.

$$
\begin{array}{rl}
 & \times 2\ Fe^{2+} \rightleftarrows Fe^{3+} + e^- \\
+ & H_2O_2 + 2H^+ + 2e^- \rightleftarrows 2H_2O \\
\hline
 & 2Fe^{2+} + H_2O_2 + 2H^+ \rightleftarrows 2Fe^{3+} + 2H_2O
\end{array}
$$

전체 반응의 $E^o_{reaction}$ 는

$$E^o_{reaction} = E^o_{reduction} - E^o_{oxidation}$$

여기서 환원되는 것은 H_2O_2, 산화되는 것은 Fe^{2+}이므로

$$E^o_{reaction} = E^o_{H_2O_2,\,H_2O} - E^o_{Fe^{2+},\,Fe^{3+}}$$

$$E^o_{reaction} = (+1.776) - (+0.771) = +1.005 \text{ volt}$$

$E^o_{reaction}$ 가 양의 값을 가지므로 $2Fe^{2+} + H_2O_2 + 2H^+ \rightleftarrows 2Fe^{3+} + 2H_2O$에서 정반응이 진행되고, 과산화수소($H_2O_2$)를 이용한 2가 철이온($Fe^{2+}$)의 산화는 가능하다.

예제 7.18

Q&A

부록에 주어진 반반응 자료를 이용할 때, 염소가스($Cl_{2(g)}$)를 이용하여 황화수소(H_2S)의 산화가 가능한가?

$$H_2S + Cl_{2(g)} \rightleftarrows S + 2HCl$$

Solution

$$Cl_{2(g)} + 2e^- \rightarrow 2Cl^- \qquad E^o = +1.360 \text{ volt}$$

$$S + 2H^+ + 2e^- \rightarrow H_2S \qquad E^o = -0.14 \text{ volt}$$

두 반응식을 변형시킨다.

$$Cl_{2(g)} + 2e^- \rightarrow 2Cl^- \qquad E^o = +1.360 \text{ volt}$$

$$H_2S \rightarrow S + 2H^+ + 2e^- \qquad E^o = +0.14 \text{ volt}$$

두 식을 더하면,

$$\begin{array}{rl} & Cl_{2(g)} + 2e^- \rightleftarrows 2Cl^- \\ + & H_2S \rightleftarrows S + 2H^+ + 2e^- \\ \hline & H_2S + Cl_{2(g)} \rightleftarrows S + 2HCl \end{array}$$

전체 반응의 $E^o_{reaction}$ 는

$$E^o_{reaction} = E^o_{reduction} - E^o_{oxidation}$$

여기서 환원되는 것은 $Cl_{2(g)}$, 산화되는 것은 H_2S이므로

$$E^o_{reaction} = E^o_{Cl_2,\,Cl^-} - E^o_{H_2S,\,S}$$

$$E^o_{reaction} = (+1.360) - (-0.14) = +1.5 \text{ volt}$$

$E^o_{reaction}$ 가 양의 값을 가지므로 $H_2S + Cl_{2(g)} \rightleftarrows S + 2HCl$에서 정반응이 진행되고, 염소가스($Cl_{2(g)}$)를 이용한 황화수소($H_2S$)의 산화는 가능하다.

(2) 산화 – 환원 반응의 평형상수

산화 - 환원 반응의 평형상수는 네른스트(Nernst) 식으로 계산할 수 있다. 이 식은 표준 Gibbs 자유에너지의 식에서 정의된다.

$$\Delta G = \Delta G^o + RT \ln Q$$

$\Delta G = -nFE$이고 $\Delta G^o = -nFE^o$이므로

$$-nFE = -nFE^o + RT \ln Q$$

E에 대해서 정리하면

$$E = E^o - \frac{RT}{nF} \ln Q$$

그러므로 평형상수로 표시하면

$$\Delta G^o = -RT \ln K$$

$$-nFE^o = -RT \ln K$$

$$\ln K = \frac{nFE^o}{RT}$$

여기서, E^o는 표준상태에서의 전위(V), n은 반응에 관여하는 전자수, F는 Faraday 상수(96,485 Coulomb(C)/mol), R은 이상기체상수(0.08205 atm · L/K · mol = 8.314 J/K · mol), T는 절대온도(K).

이 식에서 ln = 2.3log이고 표준상태의 값을 대입하면, 평형상수를 계산할 수 있다.

$$\log K = \frac{nFE^o}{(2.3)RT} = \frac{n(96{,}485\ \text{C/mol})E^o}{(2.3)(8.314\ \text{J/mol}\cdot\text{K})(273+25\ \text{K})} = \frac{nE^o}{0.0592}$$

예제 7.19 Q&A

다음과 같은 산화 – 환원 반응에서 표준상태에서 각 평형상수의 값은? 단, 부록에 있는 반반응의 표준전위를 이용하시오.

$$Cu^{2+} + Zn \rightleftarrows Cu + Zn^{2+}$$

$$H_2S + H_2O_2 \rightleftarrows S + 2H_2O$$

Solution

$Cu^{2+} + Zn \rightleftarrows Cu + Zn^{2+}$에서 반반응의 표준전위에서 전체 반응의 표준전위를 계산하면,

$$E^o_{reaction} = (0.34) - (-0.763) = +1.103 \text{ volt}$$

2개의 전자가 반응에 관여하므로 $n=2$

$$\log K = \frac{nE^o}{0.0592} = \frac{(2)(+1.103)}{0.0592} = 37.3$$

$$K = 10^{37.3} = 2.0 \times 10^{37}$$

또한, $H_2S + H_2O_2 \rightleftarrows S + 2H_2O$에 같은 방법으로 구하면,

$$E^o_{reaction} = (+1.776) - (-0.14) = +1.916 \text{ volt}$$

2개의 전자가 반응에 관여하므로 $n=2$

$$\log K = \frac{nE^o}{0.0592} = \frac{(2)(+1.916)}{0.0592} = 64.73$$

$$K = 10^{64.73} = 5.37 \times 10^{64}$$

예제 7.20

Q&A

부록에 있는 다음 2개의 반반응의 전위를 이용하여 물의 이온화에 대한 평형상수를 구하라.

$$2H_2O + 2e^- \rightarrow H_2 + 2OH^-$$
$$2H^+ + 2e^- \rightarrow H_2$$

Solution

부록을 보면,

$$2H_2O + 2e^- \rightarrow H_2 + 2OH^- \qquad E^o = -0.828 \text{ volt}$$
$$2H^+ + 2e^- \rightarrow H_2 \qquad E^o = 0 \text{ volt}$$

물의 이온화반응은

$$H_2O \rightleftarrows H^+ + OH^-$$
$$E^o_{reaction} = (-0.828) - (0) = -0.828 \text{ volt}$$

H_2O 1몰의 이온화에서 1개의 전자가 반응에 관여하므로 $n=1$

$$\log K = \frac{nE^o}{0.0592} = \frac{(1)(-0.828)}{0.0592} = -13.99$$

$$K = 10^{-13.99} \fallingdotseq 10^{-14}$$

(3) 산화환원전위(oxidation reduction potential, ORP)

산환환원전위는 어떤 물질이 산화되거나 환원되려는 경향의 세기를 나타내는 것으로 측정은 ORP meter를 사용한다. 즉 산화제와 환원제가 존재하는 용액 속에, 그 용액에 침식되지 않는 전극(백금 등)을 담갔을 때, 그 전극과 용액 사이에 생기는 전위를 말한다. 실제 전위를 바로 측정할 수는 없으므로, 또 하나의 전극인 표준 수소전극을 넣어, 두 전극의 전위차를 재어서 구한다. 물의 종류에 따른 ORP 범위는 표 7.9와 같다. ORP 값이 양의 값으로 클수록 산화성이 크다는 의미이며 산화제로 작용할 수 있으며, ORP 값이 음의 값으로 클수록 환원성이 크며 환원제로 작용할 가능성이 크다.

표 7.9. 물의 종류에 따른 ORP 값

물의 종류	OPR(mV)
비	+400 ~ +600
담수(호수/하천)	+300 ~ +500
지하수	−200 ~ +100
염수	−300 ~ −600
바닷물	+300 ~ +500
배립시 침출수	변수
산성 광산 배수	+600 ~ +800
습지/늪	−100 ~ +100

출처 : [네이버 지식백과] 산화환원전위[Oxidation reduction potential] (지질학 백과)

산화환원전위는 다르게 표현하면 다음과 같다.

$$E = E^o + \frac{RT}{nF}\ln\frac{Ox}{Re} \quad \text{또는} \quad E = E^o - \frac{RT}{nF}\ln\frac{Re}{Ox}$$

여기서, Ox는 산화제 몰농도, Re는 환원제 몰농도

7.5.4. 산화제와 환원제

산화제(oxidant)는 다른 물질을 산화시킬 수 있는, 혹은 상대 물질의 전자를 잃게 하는 능력을 갖춘 물질로서 자신은 환원된다. 또한 환원제(reductant)는 자신은 산화되면서 같은 반응 내 다른 물질을 환원시켜주는 물질이다. 환경 분야에서 많이 사용되는 산화제와 환원제는 다음 표 7.10과 같다.

표 7.10. 대표적인 산화제와 환원제

산화제의 종류		환원제의 종류	
차아염소산 나트륨(NaOCl)	염소가스(Cl_2)	수소 기체(H_2)	이산화황(SO_2)
염산(HCl)	차아염소산칼슘($Ca(OCl)_2$)	황화수소(H_2S)	
염소화석회($CaOCl_2$)	오존(O_3)		
과망간산 칼륨($KMnO_4$)	중크롬산 칼륨($K_2Cr_2O_7$)		

산화제는 다음과 같은 특징을 가지고 있다.

① 산소를 내기 쉬운 물질로서 오존(O_3), 이산화망간(MnO_2), 황산(H_2SO_4) 등
② 전기음성도가 큰 비금속 단체
③ 전자를 얻기 쉬운 물질
④ 수소와 화합하기 쉬운 물질

환원제는 다음과 같은 특징이 있다.

① 수소를 내기 쉬운 물질로서, 황화수소(H_2S)
② 이온화 경향이 큰 금속 단체
③ 전자를 잃기 쉬운 물질
④ 산소와 화합하기 쉬운 물질

7.5.5. 산화처리법과 환원처리법

(1) 산화처리법

산화처리법(oxidation process)은 수중의 유해 유기물을 산화시켜 무해물로 변화시키거나 수용성 금속이온을 산화시켜 불용성으로 전환하여 제거한다. 대표적인 방법으로는 오존 처리와 알칼리성 염소처리가 있다.

오존(O_3) 처리는 오존을 이용하여 산화 처리하는 방법이다. 오존은 불소(F) 다음으로

산화력이 강하여 소독뿐만 아니라 탈색, 탈취, 탈미, 철이나 망간의 제거, 유해-유독 물질의 제거 등에 이용된다.

사이안(CN) 화합물 중 하나인 사이안화칼륨(KCN)이 물에 녹으면 양이온인 칼륨이온(K^+)과 음이온인 사이안이온(CN^-)으로 해리되고, 해리된 사이안이온이 우리 몸에 있는 효소와 결합하면 생명 활동에 심각한 문제가 생긴다. 이런 사이안이온은 다음과 같이 오존에 의해 산화 처리된다.

$$6CN^- + 4O_3 \rightarrow 3N_2 + 6CO_2 + 6e^-$$

페놀과 같은 난분해성 물질도 오존에 의해 산화 처리된다. 이 경우 염소에 의한 산화 처리법보다 폐수 온도에 무관하고 pH 조정이 불필요할 뿐만 아니라 클로로페놀과 같은 불쾌한 냄새를 유발하는 중간 생성물이 형성되지 않고 NH_3의 영향도 받지 않아 효과적이다.

이에 비해 알칼리성 염소주입법은 사이안폐수를 가성소다(NaOH) 등으로 알칼리성으로 전환한 다음, 염소를 주입하여 산화 처리하는 방법으로 반응식은 다음과 같다.

$$\begin{array}{lll} & 2NaCN + 2NaOCl \rightarrow 2NaCNO + 2NaCl & (1\text{단계}) \\ + & 2NaCNO + 3NaOCl + H_2O \rightarrow N_2\uparrow + 2CO_2\uparrow + 2NaOH + 3NaCl & (2\text{단계}) \\ \hline & 2NaCN + 5NaOCl + H_2O \rightarrow N_2\uparrow + 2CO_2\uparrow + 2NaOH + 5NaCl & (\text{총괄}) \end{array}$$

알칼리인 가성소다를 첨가하면,

$$\begin{array}{lll} & 2NaCN + 4NaOH + 2Cl_2 \rightarrow 2NaCNO + 4NaCl + 4H_2O & (1\text{단계}) \\ + & 2NaCNO + 4NaOH + 3Cl_2 \rightarrow N_2\uparrow + 2CO_2\uparrow + 6NaCl + 2H_2O & (2\text{단계}) \\ \hline & 2NaCN + 8NaOH + 5Cl_2 \rightarrow N_2\uparrow + 2CO_2\uparrow + 10NaCl + 6H_2O & (\text{총괄}) \end{array}$$

또한, 강산화제인 과망간산칼륨($KMnO_4$)을 이용하여 철이온(Fe^{2+})이나 망간이온(Mn^{2+})을 산화시켜 침전물을 형성하여 처리할 수 있으나, 슬러지 량이 증가하여 폐기물 처리 비용이 증가하므로 경제적인 처리법이라고 할 수 없다. 이외에도 중크롬산칼륨($K_2Cr_2O_7$)이나 과산화수소(H_2O_2)를 이용하는 방법이 있고 전기분해를 이용하는 전해산화(electrolytic oxidation)법도 사용할 수 있다.

(2) 환원처리법

환원처리법은 수중에 용해된 유해물질을 환원시켜 무해한 상태로 전환하거나 응집시켜 침전 처리하는 방법으로, 단독으로 사용되는 경우는 거의 없다. 수처리 공정에서 환원처리법보다는 산화처리법이 많이 이용되는 편이다. 대표적으로 환원처리법을 이용하는 폐수는 크롬이온 폐수와 구리이온 폐수이고, 환원제로는 $FeSO_4$, $NaHSO_3$, Na_2SO_3, $Na_2S_2O_5$, SO_2, Fe 등이 많이 사용된다.

무수크롬산(CrO_3)를 물에 녹이면 중성과 알칼리성에서는 물과 반응하여 크롬산(H_2CrO_4)이 되고 크롬산이온(CrO_4^{2-})은 황색을 띤다.

$$CrO_3 + H_2O \rightarrow H_2CrO_4$$

무수크롬산(CrO_3)은 산성에서는 물과 반응하여 붉은 오렌지색의 중크롬산이온($Cr_2O_7^{2-}$)을 형성한다.

$$2CrO_3 + H_2O \rightarrow H_2Cr_2O_7$$

무수크롬산은 크롬도금액의 주성분으로써 사용되며, 일반적으로 무수크롬산을 크롬산이라고 말한다. 고농도의 액에서는 $H_2Cr_2O_7$, $H_2Cr_3O_{10}$, $H_2Cr_4O_{13}$ 등도 공존한다.

크롬은 2가, 3가 및 6가의 세 가지 원자가를 가지는데, 특히 6가 크롬의 화합물은 황색에서 적색이며 강한 산화작용을 하며 독성이 강하다. 6가 크롬은 주로 환원처리법으로 제거되는데, 6가 크롬(Cr^{6+})을 환원시켜 3가 크롬(Cr^{3+})으로 전환한 다음 알칼리에 의해 $Cr(OH)_3$ 침전물을 형성하여 제거한다.

$$4H_2CrO_4 + 6NaHSO_3 + 3H_2SO_4 \rightleftarrows 2Cr_2(SO_4)_3 + 3Na_2SO_4 + 10H_2O$$

위 식은 H_2SO_4을 이용하여 pH 3 이하에서 신속하게 반응하여 H_2CrO_4의 6가 크롬이 $Cr_2(SO_4)_3$의 3가 크롬으로 환원되는 반응을 보여주고 있다. 이때 환원제로는 $NaHSO_3$가 사용된다.

마찬가지로 환원제로 $FeSO_4$가 사용되면 다음과 같은 반응에 의해 환원된 상태인 $Cr_2(SO_4)_3$가 형성된다.

$$2H_2CrO_4 + 6FeSO_4 + 6H_2SO_4 \rightleftarrows Cr_2(SO_4)_3 + 3Fe_2(SO_4)_3 + 8H_2O$$

환원된 $Cr_2(SO_4)_3$은 pH 8～9에서 반응하여 $Cr(OH)_{3(s)}$ 침전물을 형성한다. $Cr(OH)_{3(s)}$의 용해도곱은 $K_{sp} = 6.7 \times 10^{-31}$(부록 5)로 매우 낮아 안정한 침전물을 형성한다.

$$Cr_2(SO_4)_3 + 6NaOH \rightleftarrows 2Cr(OH)_{3(s)}\downarrow + 3Na_2SO_4$$

광산폐수에 많이 함유된 구리이온(Cu^{2+})의 처리는 철과 구리의 이온화 경향 차이를 이용하여 제거한다.

$$Cu^{2+} + Fe_{(s)} \rightleftarrows Fe^{2+} + Cu_{(s)}$$

이 반응의 진행 여부를 알기 위해 반반응을 살펴보면 다음과 같다.

$$Fe^{2+} + 2e^- \rightarrow Fe_{(s)} \qquad E^o = -0.44 \text{ volt}$$
$$Cu^{2+} + 2e^- \rightarrow Cu_{(s)} \qquad E^o = +0.34 \text{ volt}$$

$$\begin{array}{rl} & Cu^{2+} + 2e^- \rightarrow Cu_{(s)} \\ + & Fe_{(s)} \rightarrow Fe^{2+} + 2e^- \\ \hline & Cu^{2+} + Fe_{(s)} \rightarrow Fe^{2+} + Cu_{(s)} \end{array}$$

전체 반응의 $E^o_{reaction}$는

$$E^o_{reaction} = E^o_{reduction} - E^o_{oxidation}$$

여기서 환원되는 것은 Cu^{2+}, 산화되는 것은 $Fe_{(s)}$이므로

$$E^o_{reaction} = E^o_{Cu^{2+}, Cu} - E^o_{Fe, Fe^{2+}}$$
$$E^o_{reaction} = (+0.34) - (-0.44) = +0.78 \text{ volt}$$

$E^o_{reaction}$가 양의 값을 가지므로 $Cu^{2+} + Fe_{(s)} \rightleftarrows Fe^{2+} + Cu_{(s)}$에서 정반응이 진행된다는 것을 알 수 있다.

이때 최적의 pH는 3.0 정도이며, 중화 후 응집 침전시켜 제거할 수 있다.

7.5.6. 수질 환경에서 사용되는 산화 - 환원 반응의 예

(1) 자연수와 폐수에서 산화 – 환원 반응의 중요성

① 폐수처리장에서 제2철(Fe^{3+})은 불용성이라 제거하기 쉬운데 용해성의 제1철(Fe^{2+})로 환원되면 제거하기 어렵다.

② 대부분의 산화 - 환원 반응은 미생물에 의해 빨라진다. 즉 미생물에 의해 산화 - 환원 속도가 빨라진다. 그러나 미생물이 일어나지 못하는 반응을 만들어내는 능력을 갖추고 있는 것은 아니다. 단지 미생물은 산화 - 환원 반응의 속도만 빠르게 한다는 것이다.

생체 내에서 산화 - 환원 과정이 필요한 이유는 에너지의 전달에 있고, 생물체가 호흡 과정에서 산소가 있어야 하는 이유도 산화 - 환원 과정에서 산화제가 필요하기 때문이다.

생물학적 산화 - 환원 과정의 한 예가 질산화(nitrification) 과정이다. 물론 수처리의 관점에서는 환원보다는 산화에 더 많은 관심이 있으나, 산화와 환원은 동시에 발생하기 때문에 하나만 관심을 둘 수는 없다.

생물학적 질산화(nitrification)는 다음과 같은 두 단계의 과정으로 이루어진다.

$$NH_4^+ \xrightarrow[\text{(아질산화 박테리아)}]{\textit{Nitrosomonas}} NO_2^- \xrightarrow[\text{(질산화 박테리아)}]{\textit{Nitrobacter}} NO_3^-$$

암모니아성 질소(NH_4^+-N)는 토양이나 수중에서 질산성 질소(NO_3^--N)으로 산화되어 식물이 생체로 합성하는 동화작용에 필요한 질소로 이용될 수 있다.

Nitrosomonas 속의 구체적인 아질산화(nitritation) 반응은 다음과 같다.

에너지원 전자공여체 / 전자수용체

$$2NH_4^+ + 3O_2 \xrightarrow{\textit{Nitrosomonas}} 2NO_2^- + 2H_2O + 4H^+$$

산화 / 환원

NH_4^+가 전자공여체(electron donor)이면서 에너지원(energy source)으로 이용되고 있고 화학적으로 환원제가 되고, O_2는 전자수용체(electron acceptor)로 산화제의 역할을 한다. 즉 NH_4^+가 에너지를 가지고 있고 O_2가 산화시켜 에너지를 빼내는 역할을 한다. 이때 빠져나온 에너지를 미생물은 생존하는 데 이용한다. 물론 이 과정이 산화 - 환원 반응을 통해 가능하므로 이루어지고, 미생물은 단지 이 반응을 촉매하여 빠르게 할 뿐이다.

Nitrobacter 속에 의한 질산화(nitratation) 반응은 다음과 같다.

에너지원 전자공여체 / 전자수용체

$$2NO_2^- + O_2 \xrightarrow{\textit{Nitrobacter}} 2NO_3^-$$

이와 반대로 질소의 환원 반응을 이용하는 과정이 생물학적 탈질화(denitrification) 과정이다. 이는 생체 합성하는 동화작용에 의한 질산성 질소 제거가 아니라 이화작용에 의한 질산성 질소의 제거를 말한다. 산소가 없는 상태에서 이화작용에 의한 질산성 질소의 제거를 수행하는 미생물을 탈질화 미생물이라고 하며, 탈질화 미생물은 대부분 산소가 없는 상태에서 잘 생장하는 통성 혐기성 균(facultative anaerobes)이다. 이 균은 무산소(anoxic) 상태에서 산소(O_2) 대신 NO_2^-나 NO_3^-를 전자수용체로 이용하여 에너지를 획득하는 무산소 호흡(anoxic respiration)을 한다.

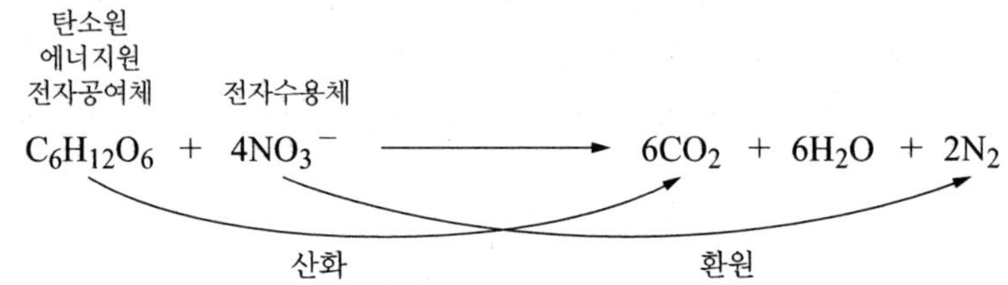

생물학적 탈질화는 $NO_3^- \rightarrow NO_2^- \rightarrow NO \rightarrow N_2$의 환원(reduction) 과정으로 이루어지며, 최종 단계는 N_2로 형성된다.

이 반응에서 포도당($C_6H_{12}O_6$)은 산화되어 CO_2가 되고 NO_3^-는 환원되어 N_2가 된다. 산소가 없어서 산소 대신에 산화제로서 NO_3^-가 이용되고, 포도당에 있는 에너지를 산화-환원 과정을 통해 획득하게 된다.

③ 혐기성 하수처리 공정과 같이 혐기 상태에서는 전자활동력이 높고 물은 환원되어 있으며, 염소소독을 한 물은 산화된 상태이고 전자 활동력도 낮은 상태이다.

④ 수중에서 산화-환원 반응과 산-염기 반응은 유사하다. 예를 들면, 중탄산이온(HCO_3^-)은 미생물의 촉매 작용에 의해 전자와 반응하면 환원되어 메테인(CH_4) 가스를 발생한다. 또한, 수화된 철이온은 양성자(H^+)를 잃으면 산으로 작용하고, 전자를 잃으면 환원제로 작용한다.

⑤ 성층화된 호소의 수중 반응은 산화-환원 반응과 밀접한 관계가 있다. 호소의 밑바닥은 혐기화되어 있고 혐기화된 침전층에서는 환원 반응이 발생하여 탄소가 -4의 산화수를 가지는 메테인(CH_4)을 생성하고, 질소는 NH_4^+, 황은 H_2S, 철은 용해성 Fe^{2+} 등의 환원 상태로 존재하게 된다. 공기와 접하고 있는 수면층은 대기 중의 산소로 포화되어 있으므로 산화 반응과 관계가 있다. 봄과 가을에 수온의 역전에 의해 전도(turnover) 현상이 발생하면, 침전층에 있던 환원 상태의 물질들이 산화 상태의 수표면으로 떠오르게 되고, CH_4은 산화되어 CO_2, NH_4^+은 NO_3^-, H_2S은 SO_4^{2-}, 용해성인 Fe^{2+}는 불용성인 Fe^{3+}로 바뀐다.

수중에 있는 미량 금속화합물의 산화-환원 상태는 표 7.11과 같다.

표 7.11. 수중 미량 금속화합물의 산화 – 환원 상태

미량 금속	산화 상태	환원 상태
Cd	$CdCO_3$	CdS
Cu	$Cu_3(OH)_2CO_3$	CuS
Fe	$Fe_2O_3 \cdot nH_2O$	FeS
Hg	HgO	HgS
Mn	$MnO_2 \cdot nH_2O$	MnS, $MnCO_3$
Ni	$Ni(OH)_2$, $NiCO_3$	NiS
Pb	$2PbCO_3$, $Pb(OH)_2$, $PbCO_3$	PbS
Zn	$ZnCO_3$, $ZnSiO_3$	ZnS

7.5.7. 물의 $p\varepsilon$ 관계

$p\epsilon$는 전자활동도의 대수의 부(−)값으로 $p\epsilon = -\log\{e^-\}$로 정의되며, 산화 - 환원 전위의 무차원 지표값이다. $p\epsilon$ 값이 낮으면 e^-의 활동도가 높고 환원 조건이며, $p\epsilon$ 값이 높으면 e^- 활동도가 낮고 산화 조건이다. 25℃에서 $p\epsilon = 16.9 E_H$ volt이며, 여기서 E_H는 표준수소전극 반응을 기준으로 측정한 환원전위(volt)이다(5.6절 참조).

물은 다음 반응식과 같이 산화되기도 하고 환원되기도 한다.

$$2H_2O \rightarrow O_2 + 4H^+ + 4e^- \qquad \text{(산화)}$$

$$2H_2O + 4e^- \rightarrow H_2 + 2OH^- \qquad \text{(환원)}$$

그러므로 산화가 일어나고 있을 때, $p\epsilon$ 값은 물의 산화 반응에 의해 제한되고, 환원이 일어나고 있을 때는 수소를 발생하므로 제한된다. 또한 이 반응들은 수소이온(H^+)과 수산이온(OH^-) 등을 포함하고 있어 pH에 의해 영향을 크게 받는다. pH 7인 자연수의 경우, 물의 $p\epsilon$ 범위는 −7.00∼13.8이 된다.

물속에 있는 철에 대한 $p\epsilon$와 pH는 밀접한 관계가 있다. 비교적 수소이온 활동도가 높고 전자활동도가 높으면, 즉 산성이고 $p\epsilon$가 낮은 환원 상태면 수용성의 제1철(Fe^{2+})이 많이 존재한다. 그러나 수소이온 활동도가 매우 높고 전자활동도가 낮으면, 즉 극산성이고 $p\epsilon$ 값이 높은 산화 상태면 제2철(Fe^{3+})이 많이 존재한다. pH 5∼9의 자연수에서 $Fe(OH)_3$와 Fe^{2+}가 가장 안정한 철 형태이고, 실제로 용존산소가 많고 비교적 $p\epsilon$ 값이 높은 물속에서 $Fe(OH)_3$는 흔히 발견된다. $p\epsilon$ 값이 낮고 혐기 상태가 심한 물에서 수용성 Fe^{2+}가 다소 존재하기도 하나, 이 물이 대기 중으로 노출되거나 산소를 공급하는 포기 공정을 거치면 $p\epsilon$ 값이 높아져 $Fe(OH)_{3(s)}$ 침전물이 형성된다. 예를 들면, 혐기

상태로 존재하는 깊은 우물물을 지표로 끌어 올리는 펌프와 우물 주위가 붉게 변하는 것을 발견할 수 있는데, 이는 환원 상태의 제1철(Fe^{2+})이 산화 상태의 붉은 산화철인 제2철(Fe^{3+})로 산화된 것에 기인한다. 대표적으로 경상북도 청송에 있는 달기 약수를 떠서 하루 정도 그대로 놔두거나 그 물로 밥을 하면 붉은색으로 변하는데, 이 또한 같은 이유이다.

7.6 살균

미생물의 제어(control)는 질병을 유발하는 미생물의 활동을 억제시키는 위생적인 관점에서 매우 중요하다. 환경 분야에서는 하수처리의 마지막 단계인 소독처리가 중요한 부분으로 인식되고 있다. 하수처리 분야에서 질병을 유발하는 미생물은 세균, 원생동물, 기생충, 바이러스 등이 있다.

미생물의 제어에서는 일반적인 용어의 정의가 매우 중요하다. 미생물의 제어는 살균이라고 할 수 있다. 살균은 크게 멸균(sterilization)과 소독(disinfection)으로 구분할 수 있다. 멸균은 실험실과 같은 폐쇄계(closed system)의 소규모 시설이나 실험 기구에 도입되며 살아있는 미생물의 완전한 파괴와 제거를 의미하나, 소독은 물질의 이동이 원활한 개방계(open system)에서 사용되는 공정으로서 미생물의 완전한 파괴보다는 개체수의 감소나 불활성화에 중점을 두고 있다.

멸균(sterilization)은 살아있는 세포, 포자, 바이러스 등을 완전히 파괴하여 제거하는 과정으로 환경 분야는 대부분 개방계를 다루는 경우가 많으므로 멸균 공성을 적용하는 경우는 드물다. 미생물은 여과와 같이 물리적인 방법에 의해 제어되거나, 가열 또는 특정 화학약품과 방사선 조사 등의 화학적인 방법에 의해 불활성화되는 것으로 분류할 수 있는데, 우리가 관심을 두는 것은 화학적 처리공정이다. 화학적 처리로는 오존 처리와 염소 처리가 대부분을 차지한다.

7.6.1. 오존 처리

(1) 오존의 특성

오존(O_3)은 산소 분자(O_2)가 산소 원자(O)로 해리될 때 생산되는 불안정 가스이므로 반응성이 매우 크다. 오존은 주로 전기분해, 광화학적 반응, 전기 방출에 의한 방사화학

(radiochemical) 반응에 의해 생산되며, 자외선과 번개에 의해서도 생성된다. 오존은 푸른색의 가스이고 두드러진 비릿한 냄새를 가지고 있어 쉽게 감지되는 특징들을 가지고 있다.

오존의 반감기는 20℃에서 약 20～30분 정도로 매우 짧고, 난분해성 유기화합물을 파괴하여 이분해성 유기화합물로 전환하는 역할을 효과적으로 수행한다. 수온, 노르말헥산, 암모니아의 영향을 받지 않으나, pH의 영향은 받는데 pH 11～12가 적정범위이다. 사이안이온(CN^-)을 효과적으로 분해할 수 있으며, 이때 구리(Cu)는 촉매로 이용되어 사이안이온의 분해시간을 단축한다. 오존은 살균, 탈색, 탈취, 유기물 제거 등 광범위하게 이용된다.

(2) 오존의 화학적 특성

오존의 화학적 특성은 다음과 같은 연속적인 분해반응에 의해 나타난다.

$$O_3 + H_2O \rightarrow HO_3^+ + OH^- \tag{7.1}$$

$$HO_3^+ + OH^- \rightarrow 2HO_2^\bullet \tag{7.2}$$

$$O_3 + 2HO_2^\bullet \rightarrow OH^\bullet + 2O_2 \tag{7.3}$$

$$OH^\bullet + HO_2^\bullet \rightarrow H_2O + O_2 \tag{7.4}$$

반응식 (7.1)에서 오존은 강한 에너지로 물을 H^+와 OH^-로 분해하고 H^+와 반응하여 HO_3^+를 생성하고 pH는 증가한다. 반응식 (7.2)의 경우, 생성된 HO_3^+와 OH^-는 반응하여 $HO_2^\bullet$를 생성한다. 여기서 $HO_2^\bullet$는 자유라디칼(free radical)이며, 자유라디칼의 표시는 $^\bullet$로 한다. 자유라디칼이란 비공유 전자를 갖는 원자, 분자, 이온을 말하며, 몇 가지 예외를 제외하고 이런 비공유 전자는 짝을 짓지 않은 활성 전자로서 높은 산화력을 가지고 있어 화학 반응성이 매우 크다. 자유라디칼의 종류는 매우 다양하며, 많은 자유라디칼은 순간적으로 이합체를 형성하고, 지속 기간이 매우 짧은 편이며 화학 반응에서 중간체로 존재하는 특징을 가지고 있다.

$HO_2^\bullet$는 반응식 (7.3)에서 O_3과 반응하여 대표적인 자유라디칼이라고 할 수 있는 $OH^\bullet$(OH 라디칼)을 생성한다. 반응식 (7.4)에서 자유라디칼들은 반응성이 매우 크고 지속시간이 짧으므로 서로 반응하여 소멸하고 H_2O와 O_2를 생성한다. 결국 오존은 분해되어 산소가 된다.

(3) 사이안이온(CN^-)의 분해

오존에 의한 사이안이온(CN^-)의 분해 과정은 다음과 같다.

$$CN^- + O_3 \rightarrow CNO^- + O_2 \quad (7.5)$$

$$CNO^- + 2H^+ + H_2O \rightarrow NH_4^+ + CO_2\uparrow \quad (7.6)$$

$$CNO^- + NH_4^+ \rightarrow NH_2CONH_2 \quad (7.7)$$

$$NH_2CONH_2 + O_3 \rightarrow N_2\uparrow + CO_2\uparrow + 2H_2O \quad (7.8)$$

최종 반응식은 다음과 같다.

$$CN^- + 2O_3 + CNO^- + 2H^+ \rightarrow N_2\uparrow + 2CO_2\uparrow + O_2 + H_2O \quad (7.9)$$

그러므로 CN^-는 오존에 의해 분해되어 최종적으로 N_2와 CO_2의 무해한 형태로 방출된다. 그러나 오존에 의한 완전한 분해에는 많은 에너지가 필요로 하므로 중간 단계에서 생물학적 수처리 공정과 연계하기도 한다.

(4) 오존처리 공정의 특징

오존처리 공정은 박테리아나 바이러스의 살균에 많이 이용되는데, 그 과정에서 THMs(trihalomethanes)와 같은 염소화된 소독부산물(disinfection by-products, DBPs)을 생성하지 않는다는 장점이 있다. 그러나 오존처리는 소독부산물을 전혀 생성하지 않는 것이 아니라, 브롬화물이 존재하지 않을 때 알데하이드, 다양한 산, 케토산을 포함하는 다른 소독부산물을 생성할 수 있다. 또 다른 오존처리의 특징은 수중의 암모니아나 pH의 영향을 받지 않고 효과적인 살균 효과를 거둘 수 있다는 것이다.

7.6.2. 염소 처리

모든 화학 소독제 중에서 염소는 세계적으로 가장 많이 사용되는 소독제 중의 하나다.

(1) 염소화합물의 특성

수처리장에서 주로 사용되는 염소화합물은 염소가스(Cl_2), 차아염소산 나트륨(NaOCl), 차아염소산 칼슘($Ca(OCl)_2$), 이산화염소(ClO_2) 등이다. 대규모 처리장에서는 안전상의 문제로 염소를 장기적으로 보관하지 않으며, 염소가스를 많이 사용한다.

염소는 기체나 액체 상태로 존재하며, 기체 염소는 녹황색을 띠며 공기보다 2.48배 무겁다. 액체 염소는 갈색이며 물보다 1.44배 무겁다.

(2) 살균 메커니즘과 영향인자

염소는 미생물의 세포벽을 손상시키고, 세포투과성을 변화시켜 영양원의 흡수를 방해한다. 또한 세포질의 콜로이드 특성을 변화시킬 뿐만 아니라 효소활성의 억제를 통해 미생물을 불활성화하는 살균 메커니즘을 가지고 있다.

이에 대한 영향인자는 크게 접촉시간, 농도와 종류, 온도, 미생물 수와 종류, 현탁액의 성질 등이 있다.

소독공정에서 접촉시간은 가장 중요한 영향인자 중의 하나로서, 소독제 농도가 일정하다고 가정하면 접촉시간이 길어질수록 소독 효과는 커진다. 이를 Chick의 법칙이라고 하고 다음과 같이 표현한다.

$$\frac{dN_t}{dt} = -kN_t \tag{7.10}$$

여기서, dN_t/dt는 시간에 따른 미생물 농도 변화율이고, k는 상수로서 반응속도상수와 동일하게 생각할 수 있다. N_t는 시간 t에서의 미생물 개체수, t는 접촉시간이다.

이 표현은 "1장 반응속도론"에서 다루었던 1차 반응속도식과 동일하다. 다만, 반응에 의해 생성되는 것이 아니라 사멸되어 미생물 개체수가 감소하는 것이므로 상수 k 앞에 "−"를 부가한다. 이 식을 적분하여 정리하면 다음과 같다.

$$\frac{N_t}{N_o} = e^{-kt} \quad \text{또는} \quad \ln\frac{N_t}{N_o} = -kt \tag{7.11}$$

여기서, N_o는 초기 미생물 개체수

예제 7.21

염소에 의한 박테리아 사멸속도가 Chick의 법칙에 따른다고 할 때, 염소 농도 0.5 mg/L에서 5분 이내에 90%의 박테리아가 사멸되었다면, 99.9%의 사멸효과를 얻기 위해서는 몇 분의 시간이 필요한가?

Solution

Chick의 법칙에 따르므로,

$$\ln\frac{N_t}{N_o} = -kt$$

5분만에 90%의 박테리아가 사멸되었다는 것은 5분만에 $N_t = 0.1N_o$가 되었다는 것과 동일하므로, 이를 식 (7.11)에 대입하여 사멸속도상수를 구한다.

$$\ln\frac{0.1N_o}{N_o} = -k(5\ \text{min})$$

$$k = 0.46\ \text{min}^{-1}$$

99.9%의 사멸은 $N_t = 0.001N_o$이므로, 이를 위 식에 다시 대입하여 접촉시간을 구한다.

$$\ln\frac{0.001N_o}{N_o} = -(0.46\ \text{min}^{-1})(t\ \text{min})$$

$$t = 15\ \text{min}$$

소독제 농도의 영향은 다음과 같다.

$$C^n t_p = \text{constant(일정)}$$

여기서, C는 소독제 농도, n은 희석배수이다. t_p는 미생물을 p% 사멸시키는데 필요한 접촉시간이다. 예를 들면, t_{99}는 미생물을 99% 사멸시키는데 필요한 접촉시간을 말한다. $n>1$의 조건에서는 희석이 많이 된 상태이므로 접촉시간이 농도보다 중요하며, $n=1$에서는 접촉시간과 농도가 동일한 효과를 가진다.

화학적 소독제 사용시 사멸률에 대한 온도의 영향은 Arrhenius 경험식을 통해 알 수 있다. 이 Arrhenius 식은 온도에 대한 반응속도상수의 변화를 나타내는 경험식으로서 "1장 반응속도론"에서 다룬 van't Hoff 식에서 유도된다.

$$k = Ae^{\left(-\frac{E_a}{RT}\right)} \tag{7.12}$$

여기서, k : 반응속도상수
A : 빈도인자로서 온도와 무관한 상수
E_a : 활성화에너지, J/mol
R : 이상기체상수, 8.314 J/mol·K
T : 절대온도, K

소독에서는 반응속도상수(k) 대신 사멸률상수(k_d)를 사용하면 된다.

양변에 ln을 취하면

$$\ln k_d = \ln A - \frac{E_a}{RT} \tag{7.13}$$

만약, 온도 T_1에서 사멸률상수가 k_{d1}이고, 온도 T_2에서 사멸률상수가 k_{d2}라면,

$$\ln k_{d1} = \ln A - \frac{E_a}{RT_1} \tag{7.14}$$

$$\ln k_{d2} = \ln A - \frac{E_a}{RT_2} \tag{7.15}$$

식 (7.14)에서 식 (7.15)를 빼서 정리하면,

$$\ln k_{d1} - \ln k_{d2} = -\frac{E_a}{R}\left(\frac{1}{T_1} - \frac{1}{T_2}\right) \tag{7.16}$$

$$\ln\left(\frac{k_{d1}}{k_{d2}}\right) = -\frac{E_a}{R}\left(\frac{1}{T_1} - \frac{1}{T_2}\right) \tag{7.17}$$

식 (7.11)에서 일정 사멸률을 가정하면 사멸률 상수와 접촉시간은 반비례하므로,

$$\ln\left(\frac{k_{d1}}{k_{d2}}\right) = \ln\left(\frac{t_2}{t_1}\right) = -\ln\left(\frac{t_1}{t_2}\right) = -\frac{E_a}{R}\left(\frac{1}{T_1} - \frac{1}{T_2}\right) \tag{7.18}$$

$$\ln\frac{t_1}{t_2} = \frac{E_a}{R}\left(\frac{1}{T_1} - \frac{1}{T_2}\right) = \frac{E_a(T_2 - T_1)}{RT_1T_2} \tag{7.19}$$

위 식 (7.19)를 van't Hoff-Arrehenius 식이라고 한다. 여기서, t_1, t_2는 각각 절대온도 T_1(K)과 T_2(K)에서 주어진 사멸률을 얻는데 필요한 접촉시간이다.

예제 7.22

Q&A

10℃에서 구한 Chick-Watson 식이 다음과 같을 때, 20℃의 조건에서 0.08 mg/L의 염소 주입을 통해 99%의 사멸 효과를 얻을 수 있는 접촉시간(min)은? 단, 이때 활성화 에너지는 26,800 J/mol이고 이상기체 상수는 8.314 J/mol·K다.

$\frac{N_t}{N_o} = e^{-12.95C^{1.29}t}$, 여기서 t는 접촉시간(min)

Solution

먼저 10℃에서 0.08 mg/L의 염소 주입을 통해 99%의 사멸 효과를 얻을 수 있는 접촉시간을 계산한다.

$$\frac{N_t}{N_o} = e^{-12.95C^{1.29}t}$$

양변에 ln을 취하고 $N_t = 0.01N_o$, $C = 0.08$를 대입하면,

$$\ln\frac{0.01N_o}{N_o} = -12.95(0.08)^{1.29}t$$

$$t = 9.25 \text{ min}$$

식 (7.19)에 10℃의 결과를 대입하여 20℃의 결과를 구하면 다음과 같다.

$$\ln\frac{t_1}{t_2} = \frac{E_a(T_2 - T_1)}{RT_1T_2}$$

$$\ln\frac{t_1}{9.25 \text{ min}} = \frac{(26{,}800 \text{ J/mol})(283 \text{ K} - 293 \text{ K})}{(8.314 \text{ J/mol}\cdot\text{K})(283 \text{ K})(293 \text{ K})}$$

$$\ln\frac{t_1}{9.25 \text{ min}} = -0.389$$

$$t_1 = 6.27 \text{ min}$$

예제 7.23

기존 5℃ 소독식을 이용하여 20℃, pH 8.5의 조건에서 0.05 mg/L의 염소 주입을 통해 99.9% 사멸시키기 위한 소요시간(min)을 계산하라. 단, 활성화 에너지는 26,800 J/mol. 기존 소독식은

$$\ln\frac{N_t}{N_o} = -10.48C^{1.20}t$$

Solution

1. 5℃에서 소요시간 계산

$$\ln\frac{N_t}{N_o} = -10.48C^{1.20}t$$

$$\ln\frac{0.10}{100} = -10.48(0.05)^{1.20}t$$

$$t = 24.24 \text{ min at } 5℃$$

2. 20℃에서 소요시간 계산

$$\ln\frac{t_1}{t_2} = \frac{E(T_1 - T_2)}{RT_1T_2}$$

$$\ln\frac{t_1}{24.2} = \frac{26{,}800\ \mathrm{J/mol}(278\ \mathrm{K} - 293\ \mathrm{K})}{8.314\ \mathrm{J/mol\cdot K}(293\ \mathrm{K} \times 278\ \mathrm{K})}$$

$$t_1 = 13.4\ \mathrm{min}$$

미생물 수의 영향은 다음과 같으며, 소독제 농도의 영향과 비슷한 형태로 나타난다.

$$C^n N_p = \text{constant(일정)}$$

여기서, C는 소독제 농도, n은 희석배수이다. N_p는 일정 시간에 일정 비율로 감소되는 미생물 농도이다.

(3) 염소화합물의 화학평형

염소화합물에는 염소가스(Cl_2), 차아염소산 나트륨(NaOCl), 차아염소산 칼슘($Ca(OCl)_2$), 이산화염소(ClO_2) 등이 있으며, 염소가스를 대표적인 예로 든다.

① 염소가스로 주입할 경우

염소가스를 물에 가할 경우 가수분해반응과 이온화반응이 연속적으로 일어난다. 가수분해반응은 다음과 같이 염소가스가 물과 반응하여 차아염소산을 생성하는 반응이다.

$$Cl_{2(g)} + H_2O \rightleftarrows HOCl + H^+ + Cl^-$$

이 반응은 기체가 물에 녹는 경우이므로, 평형상수로는 헨리상수 K_H를 사용한다.

$$K_H = \frac{\{HOCl\}\{H^+\}\{Cl^-\}}{\{Cl_{2(g)}\}\{H_2O\}} = \frac{[HOCl][H^+][Cl^-]}{[Cl_{2(g)}]} = 4.5\times10^{-4}\ (25℃)$$

이때의 헨리상수는 비교적 큰 값으로, 염소가스가 물에 잘 녹는다는 것을 의미한다. 가수분해반응 다음에 이온화반응이 발생한다. 생성된 차아염소산은 차아염소산이온(OCl^-)으로 이온화된다. 이는 산-염기 반응으로 표현할 수도 있다.

$$HOCl \rightleftarrows H^+ + OCl^- \qquad \text{(이온화반응)}$$

$$HOCl + H_2O \rightleftarrows (H_2O)H^+ + OCl^- \qquad \text{(산-염기 반응)}$$

산-염기 반응에서는 HOCl은 산, 물은 염기로 작용한다는 것을 알 수 있다. 이온화반응 또는 산-염기 반응의 평형상수는 다음과 같다.

이온화반응의 경우, 평형상수는 이온화상수 K_i를 사용한다.

$$K_i = \frac{\{H^+\}\{OCl^-\}}{\{HOCl\}} = \frac{[H^+][OCl^-]}{[HOCl]} = 3\times10^{-8}\ \text{mol/L}\ (25℃)$$

산 - 염기 반응의 경우, HOCl은 산으로 작용하므로 평형상수는 산의 평형상수 K_a를 사용한다. 결과는 이온화반응의 경우와 동일하다.

$$K_a = \frac{\{H_2O\}\{H^+\}\{OCl^-\}}{\{HOCl\}\{H_2O\}} = \frac{[H^+][OCl^-]}{[HOCl]} = 2.9\times10^{-8}\ \text{mol/L}\ (25℃)$$

온도의 변화에 따른 이온화상수 K_i의 변화는 표 7.12와 같다.

표 7.12. 온도에 따른 차아염소산의 이온화상수 K_i의 변화

온도(℃)	K_i(mol/L)
0	1.5×10^{-8}
5	1.7×10^{-8}
10	2.0×10^{-8}
15	2.3×10^{-8}
20	2.6×10^{-8}
25	2.9×10^{-8}

물속에 존재하는 HOCl과 OCl^-를 유리염소(free available chlorine)라고 한다. HOCl의 소독력이 OCl^-의 소독력보다 약 40～80배 정도 높으므로, 가능한 HOCl을 많이 유지하는 것이 소독에 유리하고 두 종류의 분포를 아는 것이 중요하다. HOCl의 분포 비율은 그림 7.12와 같이 표현할 수 있다.

이온화상수 K_i에서 다음과 같은 관계가 있고,

$$\frac{[OCl^-]}{[HOCl]} = \frac{K_i}{[H^+]}$$

$pH = -\log[H^+]$이므로 $[H^+] = 10^{-pH}$

$$\frac{[HOCl]}{[HOCl]+[OCl^-]} = \frac{1}{1+[OCl^-]/[HOCl]} = \frac{1}{1+K_i/[H^+]} = \frac{1}{1+K_i10^{pH}}$$

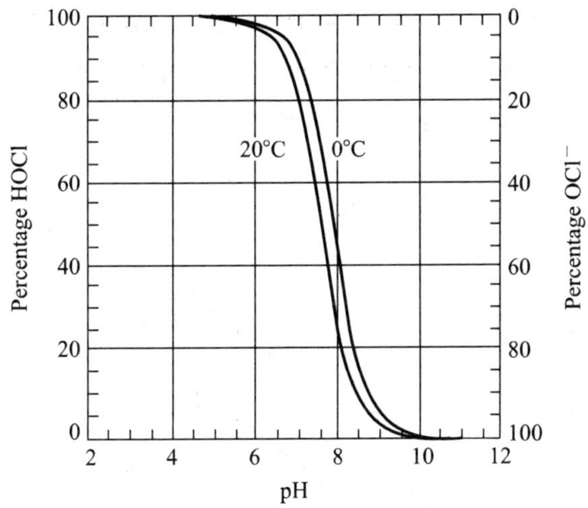

그림 7.12. 0℃와 20℃에서 pH에 따른 HOCl과 OCl^-의 분포비율

② 차아염소산염으로 주입할 경우

차아염소산염은 크게 차아염소산칼슘($Ca(OCl)_2$)과 차아염소산나트륨(NaOCl)으로 나눌 수 있고, 다음과 같은 가수분해반응을 하여 차아염소산을 생성한다. 생성된 차아염소산은 위에서 기술한 이온화반응을 거쳐 차아염소산이온을 형성한다.

$$Ca(OCl)_2 + 2H_2O \rightarrow 2HOCl + Ca(OH)_2$$
$$NaOCl + H_2O \rightarrow HOCl + NaOH$$

(4) 암모니아와의 반응

미처리된 하수 중에는 암모니아를 비롯한 여러 결합유기물이 존재한다. 차아염소산은 반응성이 강한 산화제이므로 수중에 존재하는 암모니아와 연쇄 반응하여 3가지 클로라민을 생성한다.

$NH_3 + HOCl \rightarrow NH_2Cl$(monochloramine) $+ H_2O$ (pH 8.5 이상)
$NH_2Cl + HOCl \rightarrow NHCl_2$(dichloramine) $+ H_2O$ (pH 4.5～8.4)
$NHCl_2 + HOCl \rightarrow NCl_3$(trichloramine, nitrogen trichloride) $+ H_2O$ (pH 4.4 이하)

이 반응에 영향을 미치는 환경인자는 pH, 접촉시간, 온도, 초기 염소와 암모니아의 비이다. 이렇게 생성된 3가지 클로라민을 결합염소(combined available chlorine) 또는 복합염소라고 한다.

복합염소는 유리염소에 비해 반응속도가 느리지만, 소독제로서의 역할은 충분히 수행한다. 그러나 실제 소독 현장에서는 소독능력뿐만 아니라 소독속도가 매우 중요하므로 그림 7.13과 같이 가능한 유리염소가 많이 발생하도록 파과점(break-through point) 이상으로 염소를 주입할 필요가 있다.

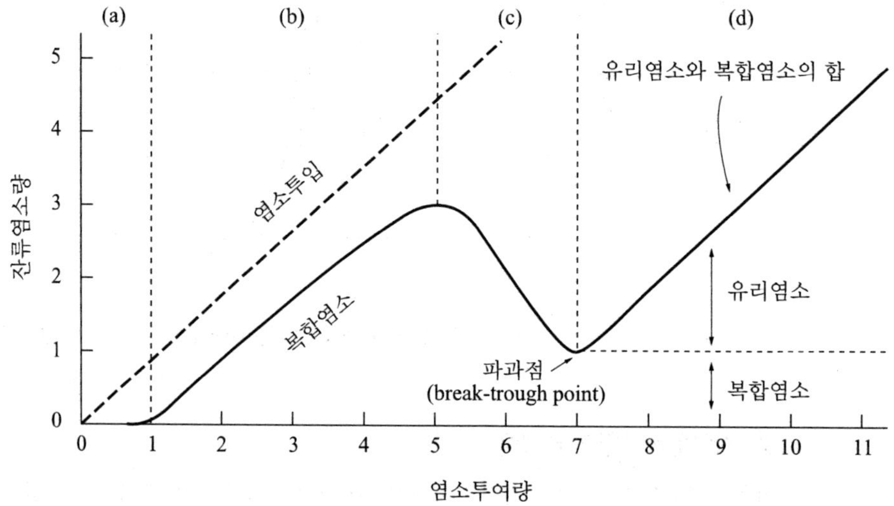

그림 7.13. 하수의 염소소독에서 파과점 운전

위 그림 7.13은 하수의 염소소독과정에서 생성되는 복합염소와 유리염소를 나타낸 것으로 각 구간이 의미하는 것은 다음과 같다.

(a) 하수 중에 존재하는 여러 환원 화합물들을 산화제인 염소가 산화시키는 데 소모되어 잔류염소량이 나타나지 않는 단계
(b) 물속에 존재하는 유기물이나 질소 화합물과 결합하여 복합염소가 형성되는 단계
(c) 복합염소가 투입되는 염소에 의해 파괴되는 단계로서 마지막에 유리염소가 생성되는 파과점이 형성되는 단계
(d) 유리염소가 본격적으로 형성되는 단계로서 항상 복합염소는 일정량 존재

그러므로 염소 주입으로 인해 질소 화합물이 산화되어 완전히 제거되는 반응은 다음과 같다. 이 반응은 파과점까지 이루어지는 구간에 해당한다.

$$
\begin{array}{lllllll}
 & 2NH_4^+ + 2HOCl & \rightarrow & 2NH_2Cl & + 2H_2O & + 2H^+ & \\
+ & 2NH_2Cl + HOCl & \rightarrow & N_2 & + H_2O & + 3H^+ & + 3Cl^- \\
\hline
 & 2NH_4^+ + 3HOCl & \rightarrow & N_2 & + 3H_2O & + 5H^+ & + 3Cl^-
\end{array}
$$

예제 7.24

암모니아성 질소($NH_4^+ - N$) 5 mg/L가 존재하는 상태에서 파과점까지 염소를 주입할 경우, 이론적으로 필요한 염소량(mg/L)은? 단, Cl의 원자량은 35.5 g/mol이다. 1몰의 염소기체는 1몰의 차아염소산을 생산하는 것으로 간주한다.

Solution

유리염소 생성식을 보면 다음과 같다.

$$Cl_2 + H_2O \rightleftarrows HOCl + H^+ + Cl^-$$

그러므로 Cl_2 1몰이 반응하여 HOCl 1몰이 생성된다.
암모니아성 질소와 유리염소의 반응식을 알아야 한다.

$$\begin{array}{rl} & 2NH_4^+ + 2HOCl \rightarrow 2NH_2Cl + 2H_2O + 2H^+ \\ + & 2NH_2Cl + HOCl \rightarrow N_2 + H_2O + 3H^+ + 3Cl^- \\ \hline & 2NH_4^+ + 3HOCl \rightarrow N_2 + 3H_2O + 5H^+ + 3Cl^- \end{array}$$

최종 식을 보면 암모니아성 질소는 유리염소와 2 : 3으로 반응한다는 것을 알 수 있다. 또 $Cl_{2(g)}$ 1몰이 물에 녹아 1몰의 HOCl이 생성된다는 것을 알 수 있다.

$$Cl_{2(g)} + H_2O \rightleftarrows HOCl + H^+ + Cl^-$$

$$\frac{5\text{ mg } NH_4^+\text{-N}}{L} \times \frac{1\text{ mmol } NH_4^+\text{-N}}{14\text{ mg } NH_4^+\text{-N}} \times \frac{1\text{ mmol } NH_4^+}{1\text{ mmol } NH_4^+\text{-N}} \times \frac{3\text{ mmol HOCl}}{2\text{ mmol } NH_4^+} \times \frac{1\text{ mmol } Cl_2}{1\text{ mmol HOCl}} \times \frac{71\text{ mg } Cl_2}{1\text{ mmol } Cl_2} = 38.0\text{ mg } Cl_2/L$$

예제 7.25

박테리아가 염소소독으로 불활성화되는 속도가 1차 반응속도인 Chick의 법칙을 따른다고 할 때, 잔류염소 농도 0.3 mg/L에서 3분만에 90%의 박테리아가 살균되었다면 99.99%가 살균되기 위해서는 동일한 잔류염소 농도에서 몇 분의 시간이 필요한가?

Solution

Chick의 법칙에서

$$\ln\frac{N}{N_o} = -kt$$

살균효율 90%이므로, 초기 미생물 수가 N_o라면, 잔존하는 미생물 수 N_t는 N_o의 10%이므

로 $0.1N_o$

$$k = -(1/t)\times\ln(N_t/N_o) = -(1/3\ \text{min})\times\ln(0.1N_o/N_o) = 0.7675/\text{min}$$

그러므로 99.99%의 사멸효율을 얻을 수 있는 시간을 구하기 위해서는, 초기 미생물 수가 N_o라면, 잔존하는 미생물 수 N_t는 N_o의 0.01%이므로 $0.0001N_o$

$$t\,(\text{min}) = -(1/k)\times\ln(N_t/N_o) = -(\text{min}/0.7675)\times\ln(0.0001N_o/N_o) = 12\ \text{min}$$

예제 7.26

유량 1000 m^3/day의 하수처리장 처리수에 50 kg/day로 염소를 주입하였더니 잔류염소 농도가 1.8 mg/L가 되었다. 이 처리수의 염소 요구량은?

Solution

"염소 요구량 = 염소 주입량 − 염소 잔류량"이므로 염소 주입량을 먼저 구한다. 동일한 유량이 적용되므로 질량 단위가 아닌 농도 단위의 계산도 무방하다.

50 kg	day	10^6 mg	1 m^3	
day	10,000 m^3	1 kg	1,000 L	= 5.0 mg/L

그러므로 염소 요구량은

5.0 mg/L − 1.8 mg/L = 3.2 mg/L

즉 처리수 1 L당 3.2 mg의 염소를 요구한다는 것을 알 수 있다.

예제 7.27

유효염소(순도)가 10%인 NaOCl을 이용하여 1,000 m^3/day의 하수 처리수를 소독하기 위해 주입 염소농도가 2 mg/L로 되도록 하고자 할 때, NaOCl 주입량(kg/day)은?

Solution

주입 염소농도가 2 mg/L라고 하는 것은 유효염소의 농도가 2 mg/L라는 의미이다.

2 mg	1,000 m^3	1,000 L	1 kg	실제 100 kg	
L	day	1 m^3	10^6 mg	유효 10 kg	= 20 kg NaOCl/day

예제 7.28

유량 100,000 m^3/d인 하수를 살균하기 위한 염소 접촉조를 설계하고자 한다. 다음 물음에 답하시오.

(1) 살균효율 99%, $k = 0.1$/min일 때의 접촉시간(min)은?

(2) 유효염소 25%(무게기준, 순도)를 함유한 $Ca(OCl)_2 \cdot 2H_2O$를 2차 처리수에 6 mg/L 투입한 결과 잔류염소가 0.5 mg/L가 되었다. 2차 처리수의 잔류염소 농도를 0.2 mg/L로 유지하기 위한 염소 주입량(mg/L)은?

Solution

(1) 살균효율 99%이므로, 초기 미생물 수가 N_o라면, 잔존하는 미생물 수 N_t는 $0.01N_o$

$$\ln\frac{N}{N_o} = -kt$$

$$t\,(\text{min}) = -(1/k)\times\ln(N_t/N_o) = -(\text{min}/0.1)\times\ln(0.01N_o/N_o) = 46.05\ \text{min}$$

(2) 유효염소 주입 농도(mg/L) =

$$\frac{6\ \text{mg}\ CaOCl_2\cdot 2H_2O}{\text{L}}\ \Bigg|\ \frac{25\ \text{mg 유효염소}}{100\ \text{mg}\ Ca(OCl)_2\cdot 2H_2O} = 1.5\ \text{mg/L}$$

염소 요구량 = 염소 주입량 − 염소 잔류량
= (1.5 − 0.5) mg/L = 1 mg/L

염소 잔류량 0.2 mg/L로 유지하기 위한 염소 주입량은

염소 주입량(mg/L) = 염소 요구량 + 염소 잔류량
= (1 + 0.2) mg/L = 1.2 mg/L

(5) 이산화염소와 브로민화염소

이산화염소(ClO_2)는 공기보다 밀도가 큰 불안정한 기체로서 자극적인 냄새를 가진 황색의 가스이다. 이산화염소는 염소와 비슷한 소독력을 가진 소독제로서, 바이러스를 비활성화시키는 데 더 효과적인 것으로 알려져 있다. 또한, 매우 불안정하고 쉽게 분해되는 특성이 있으므로 현장에서 생산하여 사용한다.

이산화염소는 나트륨 클로라이트, 즉 아염소산나트륨($NaClO_2$)의 용액에 염소 용액을 반응시켜 만드는데, 반응식은 다음과 같다.

$$2NaClO_2 + Cl_2 \rightarrow 2ClO_2 + 2NaCl$$

이산화염소의 산화력은 다음의 '유용 가능한 염소'에서 다루겠지만, 동량의 유효염소 정의는 이산화염소에 대한 다음의 산화 반반응에 근거하고 있다.

$$ClO_2 + 2H_2O + 5e^- \rightleftarrows Cl^- + 4OH^-$$

이산화염소에서 염소이온으로 환원될 때 전자수 5개의 변화가 발생한다. 유효염소(유용가능 염소)의 함량은 염소 기체와 비교할 때 263%이다. 즉 이산화염소는 염소 기체보다 2.63배의 산화력을 가진다는 것을 알 수 있다. 그러므로 소독력도 매우 높다.

일반적으로 박테리아에 대한 이산화염소의 소독 효능은 복합염소의 효능과 비슷하다. 그러나 바이러스에 대한 소독 효능은 매우 높아서 유리염소의 효능과 비슷하다.

하수 소독제로서 이산화염소의 이용이 환경에 미치는 영향은 잘 알려져 있지 않으나, 염소처리에 따른 영향보다는 덜 해로운 것으로 알려져 있다.

BrCl은 브로민화염소 또는 염화브롬이라고 한다. 브로민화염소 가스가 물에 녹으면 브롬의 화합물 중에서 가장 강력한 살균제인 차아브롬산(HOBr)을 생성한다.

$$BrCl + H_2O \rightleftarrows HOBr + H^+ + Cl^-$$

이 가수분해반응에 대한 평형상수는 다음과 같다.

$$K = \frac{\{HOBr\}\{H^+\}\{Cl^-\}}{\{BrCl\}\{H_2O\}} = \frac{[HOBr][H^+][Cl^-]}{[BrCl]} = 2.97 \times 10^{-4}\ (mol/L)^2\ (25℃)$$

차아브롬산은 수중의 암모니아와 반응하여 브롬화아민을 생성한다.

$$HOBr + NH_3 \rightarrow NH_2Br + H_2O$$
$$HOBr + NH_2Br \rightarrow NHBr_2 + H_2O$$
$$HOBr + NHBr_2 \rightarrow NBr_3 + H_2O$$

브로민화아민은 클로라민보다 덜 안정적이기 때문에 쉽게 분해되는 경향이 있다.

(6) 유용 가능한 염소

다양한 염소화합물이 존재하므로 염소화합물의 실제 소독 효과를 비교하기 위해서는 유용 가능한 염소 비율을 파악하는 것이 중요하다. 유용 가능한 염소 비율은 다음과 같이 표현된다.

유용 가능한 염소 비율(%) = (Cl^- 대응치) × (실제 염소 백분율 %)

$$\text{실제 염소 백분율(\%)} = \frac{\text{화합물 중의 염소 질량}}{\text{화합물의 분자량}} \times 100$$

유용 가능한 염소는 염소화합물의 산화력을 비교할 때 사용되는 것으로, 염소의 산화력은 -1가(Cl^-)로 환원되는 화합물에서 염소이온이 몇 개의 전자와 교환함으로써 생성되는가에 따라 결정된다.

예를 들어 차아염소산의 반쪽반응을 보면 다음과 같다.

$$HOCl + H^+ + 2e^- \rightarrow Cl^- + H_2O$$

그러므로 차아염소산은 1개의 염소이온과 2개의 전자교환이 발생한다는 것을 알 수 있다. 그러므로 Cl^- 대응치는 2이다. 이 경우 차아염소산의 실제 염소 백분율을 계산해 보면 다음과 같다.

$$\text{HOCl 실제 염소 백분율(\%)} = \frac{\text{화합물 중의 염소 질량(35.5)}}{\text{HOCl 분자량(52.5)}} \times 100 = 67.6\%$$

그러므로 유용 가능한 염소는

$$\begin{aligned}\text{유용 가능한 염소 비율(\%)} &= (Cl^- \text{ 대응치}) \times (\text{실제 염소 백분율 \%}) \\ &= 2 \times 67.6\% = 135.2\%\end{aligned}$$

참고로 다양한 염소화합물의 반쪽반응을 살펴보면 표 7.13과 같다.

표 7.13. 염소화합물의 반쪽반응, Cl^- 대응치, 실제 염소(%), 유용 가능 염소(%)

염소화합물	반쪽반응	Cl^- 대응치	실제 염소(%)	유용 가능 염소(%)
이산화염소	$ClO_2 + 2H_2O + 5e^- \rightleftarrows Cl^- + 4OH^-$	5	52.5	262.5
차아염소산	$HOCl + H^+ + 2e^- \rightleftarrows Cl^- + H_2O$	2	67.7	135.4
염소 기체	$Cl_2 + 2e^- \rightleftarrows 2Cl^-$	1	100	100
차아염소산이온	$OCl^- + H_2O + 2e^- \rightleftarrows Cl^- + 2OH^-$	2	68.9	137.8
아염소산이온	$ClO_2^- + 2H_2O + 4e^- \rightleftarrows Cl^- + 4OH^-$	4	94.7	378.8

예제 7.29

Cl_2O와 NH_2Cl 및 $NHCl_2$의 반쪽반응식을 완성하고 Cl^- 대응치, 실제 염소(%), 유용 가능 염소(%)를 계산하시오. 단, Cl의 원자량은 35.5 g/mol.

Solution

$Cl_2O + H_2O + 4e^- \rightleftarrows 2Cl^- + 2OH^-$

Cl^- 대응치 = 4/2 = 2

$$Cl_2O\ 실제\ 염소\ 백분율(\%) = \frac{화합물\ 중의\ 염소\ 질량(71)}{Cl_2O\ 분자량(87)} \times 100 = 81.6\%$$

$$유용\ 가능한\ 염소\ 비율(\%) = (Cl^-\ 대응치) \times (실제\ 염소\ 백분율\ \%)$$
$$= 2 \times 81.6\% = 163.2\%$$

$NH_2Cl + H^+ + 2e^- \rightleftarrows Cl^- + NH_3$

Cl^- 대응치 = 2

$$NH_2Cl\ 실제\ 염소\ 백분율(\%) = \frac{화합물\ 중의\ 염소\ 질량(35.5)}{NH_2Cl\ 분자량(51.5)} \times 100 = 68.9\%$$

$$유용\ 가능한\ 염소\ 비율(\%) = (Cl^-\ 대응치) \times (실제\ 염소\ 백분율\ \%)$$
$$= 2 \times 68.9\% = 137.8\%$$

$NHCl_2 + 2H^+ + 4e^- \rightleftarrows 2Cl^- + NH_3$

Cl^- 대응치 = 4/2 = 2

$$NHCl_2\ 실제\ 염소\ 백분율(\%) = \frac{화합물\ 중의\ 염소\ 질량(71)}{NHCl_2\ 분자량(86)} \times 100 = 82.6\%$$

$$유용\ 가능한\ 염소\ 비율(\%) = (Cl^-\ 대응치) \times (실제\ 염소\ 백분율\ \%)$$
$$= 2 \times 82.6\% = 165.2\%$$

(7) 염소 소독에 미치는 영향인자와 살균력

염소 소독에 영향을 미치는 인자는 크게 염소의 살균 능력, 초기 혼합의 중요성, 파과점, 접촉 시간, 하·폐수 특성, 미생물 특성 등이 있다.

염소의 살균력 크기는 HOCl > OCl^- > 복합염소의 순서이다.

또한, 온도가 높고, 반응시간이 길고, 염소 주입 농도가 높고, pH가 낮을 때 살균력이 높다.

염소 주입시 생기는 차아염소산은 수중의 알칼리도와 반응하여 알칼리도를 감소시키고 결과적으로 pH를 낮춘다. 수중에 염소를 1 mg/L 주입할 때, BOD는 2 mg/L 감소하고 알칼리도는 0.7～1.4 mg/L, Fe이나 Mn은 1.5 mg/L 감소하는 효과가 있다.

(8) 탈염소화

상수나 하수 처리시 소독 공정에서 대부분 염소 처리를 하는데 과량의 염소 주입 시 유기염소 화합물과 같은 소독부산물(DBPs)을 생성한다. 이러한 소독부산물은 소수성, 독성, 돌연변이성, 발암성, 난분해성 등을 가지며 환경에 오래 잔류하면서 생물체에 농축되어 악영향을 미친다. 그러므로 잔류염소를 적절하게 제거하는 과정이 필요한데, 이러한 과정을 탈염소화(dechlorination)라 한다.

탈염소화에 가장 많이 이용하는 것은 이산화황(SO_2)으로, 다음과 같은 반응을 통해 이루어진다.

$$SO_2 + H_2O \rightarrow HSO_3^- + H^+$$
$$HSO_3^- + HOCl \rightarrow Cl^- + SO_4^{2-} + 2H^+$$

이산화황이 가수분해되어 생성된 HSO_3^-는 환원제로 작용하여 HOCl(산화수 +1)를 Cl^-로 환원시켜 탈염소화한다.

그러므로 전체적으로는 다음과 같다.

$$SO_2 + HOCl + H_2O \rightarrow Cl^- + SO_4^{2-} + 3H^+$$

이산화황과 복합염소와의 반응은 다음과 같다.

$$SO_2 + NH_2Cl + 2H_2O \rightarrow Cl^- + SO_4^{2-} + NH_4^+ + 2H^+$$
$$SO_2 + NHCl_2 + 2H_2O \rightarrow 2Cl^- + SO_4^{2-} + NH_4^+ + H^+$$
$$SO_2 + NCl_3 + 3H_2O \rightarrow 3Cl^- + SO_4^{2-} + NH_4^+ + 2H^+$$

과다한 이산화염소도 유해하므로 적절하게 탈염소화할 필요가 있다. 이산화염소의 탈염소화에 사용되는 것은 이산화황으로, 다음 반응식과 같다.

$$SO_2 + H_2O \rightarrow H_2SO_3$$
$$5H_2SO_3 + 2ClO_2 + H_2O \rightarrow 5H_2SO_4 + 2HCl$$

이산화황의 가수분해반응으로 생성된 H_2SO_3는 환원제로 작용하여 ClO_2를 HCl로 환원시킨다.

이산화황 외에도 아황산나트륨(Na_2SO_3)이나 중아황산나트륨($NaHSO_3$), 메타중아황산나트륨($Na_2S_2O_5$)도 탈염소화에 이용된다.

$$Na_2SO_3 + Cl_2 + H_2O \rightarrow Na_2SO_4 + 2HCl$$

Na_2SO_3는 환원제로서 산화수 0인 Cl_2를 산화수 －1인 HCl로 환원시킨다.
복합염소와의 반응은 다음과 같다.

$$Na_2SO_3 + NH_2Cl + 2H_2O \rightarrow Na_2SO_4 + Cl^- + NH_4^+$$

중아황산나트륨의 유리염소나 복합염소와의 반응은 다음과 같다.

$$NaHSO_3 + Cl_2 + H_2O \rightarrow NaHSO_4 + 2HCl$$
$$NaHSO_3 + NH_2Cl + H_2O \rightarrow Na_2SO_4 + Cl^- + NH_4^+$$

메타중아황산나트륨을 이용한 탈염소화 반응은 다음과 같다.

$$Na_2S_2O_5 + 2Cl_2 + 3H_2O \rightarrow 2NaHSO_4 + 4HCl$$
$$Na_2S_2O_5 + 2NH_2Cl + 3H_2O \rightarrow Na_2SO_4 + 2Cl^- + 2NH_4^+$$

황화합물 외에도 활성탄에 의한 탈염소화도 가능한데, 활성탄의 유리염소나 복합염소와의 반응은 다음과 같다.

$$C + 2Cl_2 + 2H_2O \rightarrow 4HCl + CO_2$$
$$C + 2NH_2Cl + 2H_2O \rightarrow CO_2 + 2NH_4^+ + 2Cl^-$$
$$C + 4NHCl_2 + 2H_2O \rightarrow CO_2 + 2N_2 + 8H^+ + 2Cl^-$$

여기서, C는 활성탄의 탄소를 의미한다.

활성탄 사용은 비용이 많이 소요되므로, 탈염소화만을 위해 활성탄을 단독으로 사용하기보다는 난분해성 유기물의 고도처리를 위한 목적과 함께 사용하는 것이 경제적이다.

7.7 이온교환

무기물 제거에 주로 이용되는 이온교환(ion exchange) 공정은 그림 7.14와 같이 비용해성의 교환물질(이온교환수지)로부터 분리된 이온과 수중에 용해 상태에 있는 다른 물질과의 자리바꿈을 하는 공정이다.

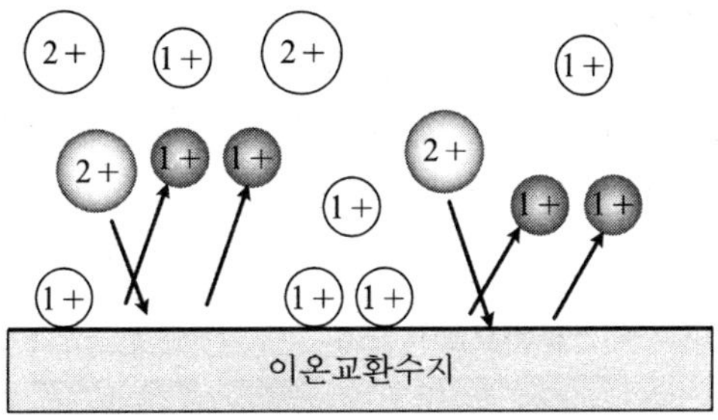

그림 7.14. 이온교환 공정

이온교환은 상수처리 공정과 하수처리 공정 모두에서 이용할 수 있는데, 상수처리에서는 수중의 칼슘과 마그네슘을 양이온 이온교환수지의 나트륨이온과 교환하여 수중의 경도(hardness)를 낮추는 연수화(softening) 공정이 대표적이다. 하수처리에서는 질소(NH_4^+, NO_3^-, NO_2^- 등), 중금속(Pb^{2+}, Cu^{2+}, Cd^{2+} 등), 용해성 고형물질의 제거에 이온교환 공정이 이용된다.

이온교환 공정은 회분식(batch) 또는 연속식(continuous) 공정으로 운전되며, 그림 7.15와 같이 재생하여 재사용이 가능하다.

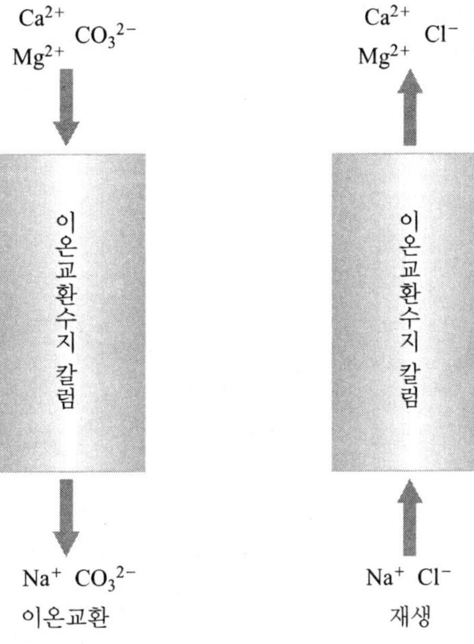

그림 7.15. 이온교환 공정과 재생 공정

(1) 이온교환물질

비용해성의 교환물질을 이온교환물질 또는 이온교환체라고 부른다. 이온교환물질은 표 7.14와 같이 분류할 수 있다.

표 7.14. 이온교환물질의 분류

이온교환물질	
유기 이온교환물질	무기 이온교환물질
강산성 양이온 교환수지 약산성 양이온 교환수지 킬레이트 이온교환수지 강염기성 음이온 교환수지 약염기성 음이온 교환수지 유기물 흡착수지	천연 제올라이트 합성 제올라이트

제올라이트(zeolite)는 3～10 Å 정도의 크기를 가지는 공동(tunnel 또는 open channel)이 규칙적으로 배열되어있는 천연 및 합성 규산염광물질을 통칭한다. 끓는 돌이라는 의미의 zeo(끓는)와 lite(광물, 돌)을 합성하여 제올라이트(zeolite)라고 명명하였고, 한글명으로 불석이라 한다. 약 46종의 천연 제올라이트와 200여 종의 합성 제올라이트가 알려져 있다.

제올라이트는 4면체의 4정점에 위치한 산소 원자가 Si, Al로 공유되어 3차원 적으로 연결된 구조이다(그림 7.16).

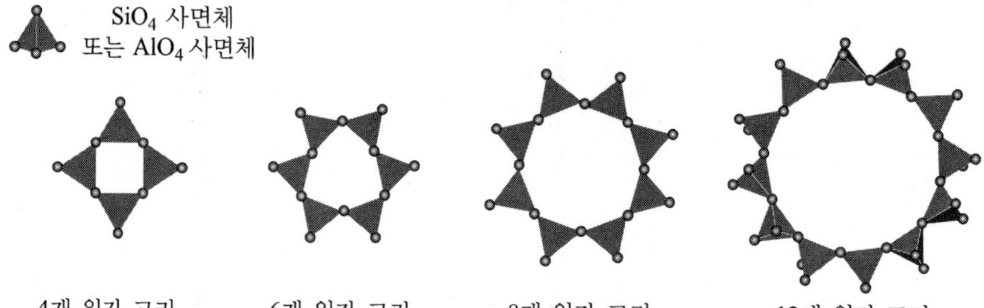

그림 7.16. 제올라이트 결정을 구성하는 고리들

참조 / 네이버 지식백과(2020)

제올라이트는 싼값으로 구할 수 있고, 고온에서 사용할 수 있다는 장점이 있다. 천연 제올라이트(zeolite)에는 방불석(analcite), 소다불석(sodalite), 맥불석(gmelinite), 소다비석(natrolite), 휼란다이트(heulandite), 캐버자이트(chabazite), 스틸바이트(stilbite), 이네사이트(inesite), 로몬타이트(laumontite) 등이 있다.

(2) 유기합성 이온교환물질

대부분의 인공 이온교환물질들은 수지나 페놀계 고분자로서, 스타이렌(styrene)과 디비닐벤젠(divinylbenzene, DVB)의 축중합 과정에서 만들어진다. 스타이렌은 수지의 기본 골격으로 작용하며, 디비닐벤젠은 불용해성의 강한 수지를 만들기 위해 상호결합된 고분자를 만드는 데 이용된다.

저가 수지는 스타이렌 모노머(monomer)에 대한 디비닐벤젠 첨가량을 7～9%보다 낮게 하고, 고가 수지는 첨가량이 10%를 초과한다.

1) 강산성 양이온 교환수지

스타이렌과 디비닐벤젠을 공중합시켜 조성한 구형 수지에 황산을 첨가하여 설폰화(sulfonation)시킨 수지로서, 이온교환용량은 보통 2 keq/m^{3}이고, 이온교환반응을 하는 것은 SO_3H 부분이다. 강산성 수지는 강산처럼 작용하며, 전 pH에 걸쳐 산($R-SO_3H$)과 염($R-SO_3Na$) 형태로 강하게 이온화된다.

또한, 이 수지는 재생효율이 높고 다가 금속이온에 대한 선택성이 크며 이온교환용량이 크고 체적변화가 크다는 특징을 가지고 있다.

2) 약산성 양이온 교환수지

약산성 양이온 교환수지는 카르복실기 약산성 작용기($-COOH$)처럼 작용한다. 이들 수지는 약하게 해리되어 약 유기산처럼 작용한다.

3) 강염기성 음이온 교환수지

수지 모체를 chloromethyl화 한 후에 methylamine, dimethylamine 등을 사용하여 아미노화하면 강염기성 음이온 교환수지가 얻어진다. 이 수지는 매우 잘 해리되어 OH^-와 같은 강염기성 작용기를 가지며, 전체 pH에 걸쳐 작용할 수 있으나 염기성 수용액에서는 이온교환이 적고 산성과 중성 수용액에서는 이온교환이 크다. 이 수지는 물의 탈이온화를 위하여 수산화기(OH^-)를 이용한다. 체적변화는 강산성 수지 다음으로 크고, 교환용량은 1.2～1.5 keq/m^{3}이다.

4) 약염기성 음이온 교환수지

pH에 따라 약염기성 그룹으로 작용한다.

5) 킬레이트 수지

해수의 염분을 함유한 배수에서 미량의 중금속이온을 흡착 제거하기 위해 개발된 수지로서, 약산성 양이온처럼 작용하지만, 중금속 양이온에 대하여 높은 선택성을 가진다. 대부분의 작용기 그룹은 EDTA이며, 나트륨 형태 수지의 구조는 R−EDTA−Na다.

(3) 이온교환반응

천연 제올라이트(Z)에서 이온교환반응은 다음과 같다.

$$ZNa_2 + Ca^{2+} \rightleftarrows ZCa + 2Na^+$$

합성수지(R)에서 이온교환반응은 다음과 같다.
강산성 양이온 교환수지

$$RSO_3H + Na^+ \rightleftarrows RSO_3Na + H^+$$
$$2RSO_3Na + Ca^{2+} \rightleftarrows (RSO_3)_2Ca + 2Na^+$$

약산성 양이온 교환수지

$$RCOOH + Na^+ \rightleftarrows RCOONa + H^+$$
$$RCOONa + Ca^{2+} \rightleftarrows (RCOO)_2Ca + 2Na^+$$

강염기성 음이온 교환수지

$$RR'_3NOH + Cl^- \rightleftarrows RR'_3NCl + OH^-$$

약염기성 음이온 교환수지

$$RNH_3OH + Cl^- \rightleftarrows RNH_3Cl + OH^-$$
$$2RNH_3Cl + SO_4^{2-} \rightleftarrows (RNH_3)_2SO_4 + 2Cl^-$$

(4) 이온교환용량

이온교환용량은 keq/m^3(수지), eq/kg(수지), kg as $CaCO_3/m^3$(수지) 등으로 표시한다. 일반적인 합성 이온교환수지의 용량은 2~10 eq/kg이며, 제올라이트 양이온 교환수지는 0.05~0.1 eq/kg의 용량을 갖고 있다.

양이온 교환수지는 강산으로 세척하여 교환부위를 H^+의 형태로 치환하거나, 강한

NaCl로 세척하여 교환부위를 Na^+의 형태로 바꾼다. Ca^{2+}이나 Mg^{2+}과 같이 교환되는 이온의 농도를 알고 교환이 완전히 일어날 때까지 이온교환용량을 측정하거나, 산의 경우에는 강염기를 가지고 적정함으로써 이온교환용량을 결정할 수 있다.

예제 7.30 Q&A

이온교환용량이 200 meq/kg인 이온교환수지를 이용한 이온수지 칼럼에서 암모늄이온(NH_4^+) 농도 36 mg/L인 상수 5000 m³을 처리하는 데 필요한 수지의 부피(m³)는? 단, 수지의 밀도는 700 kg/m³으로 가정한다.

Solution

이온교환은 당량에 따라 이루어지므로 먼저 NH_4^+의 당량을 결정한다.

36 mg NH_4^+	1 mmol NH_4^+	1 meq NH_4^+	
L	18 mg NH_4^+	1 mmol NH_4^+	= 2 meq NH_4^+/L

필요한 이온교환용량은 다음과 같다.

2 meq NH_4^+	4000 m³	1000 L	1 keq	
L		1 m³	10^6 meq	= 8 keq

필요한 이온교환수지의 질량은

8 keq	kg	10^6 meq	
	200 meq	1 keq	= 40000 kg

이 수지의 질량을 밀도로 나누면 수지의 전체 부피를 계산할 수 있다.

40000 kg	m³	
	700 kg	= 57.14 m³

(5) 이온교환의 화학

양이온 교환수지의 구성물질 A와 용액상의 물질 B의 이온교환반응은 다음과 같이 표현할 수 있다.

$$nR^-A^+ + B^{n+} \rightleftarrows R^{n-}B^{n+} + nA^+$$

여기서, R^-는 이온교환수지에 있는 음이온 그룹이다.

이 반응에서 이온교환수지상에 있는 A^+와 용액 중에 있는 B^+가 같은 당량수(eq)의 이온교환이 일어난다는 것을 알 수 있다.

이 반응에 대한 평형상수는 다음과 같이 표현된다.

$$K = \frac{[R^{n-}B^{n+}]_R[A^+]_s^n}{[R^-A^+]_R^n[B^{n+}]_s} = K_{A^+ \to B^{n+}}$$

여기서, 하첨자 R과 s는 수지상과 용액상을 의미한다.

이 이온교환반응의 평형상수를 특별히 선택계수(selectivity coefficient)라고 하고, 이 반응에서는 $K_{A^+ \to B^{n+}}$ 또는 K_A^B로 표시한다. 이는 수지상의 A^+가 용액상의 B^{n+}와 이온교환반응을 한다는 의미다.

합성 강산성 양이온 교환수지 R을 이용하여 수중의 Na^+와 Ca^{2+}를 제거하는 반응과 이온교환 성능이 다한 수지를 HCl과 NaCl을 이용하여 재생하는 반응은 다음과 같이 표현할 수 있다.

이온제거 반응

$$R^-H^+ + Na^+ \rightleftarrows R^-Na^+ + H^+$$
$$2R^-Na^+ + Ca^{2+} \rightleftarrows R^{2-}Ca^{2+} + 2Na^+$$

이온교환수지 재생반응

$$R^-Na^+ + HCl \rightleftarrows R^-H^+ + NaCl$$
$$R^{2-}Ca^{2+} + 2NaCl \rightleftarrows 2R^-Na^+ + CaCl_2$$

수중의 Na^+를 이온교환하여 제거하는 반응의 선택계수는 다음과 같다.

$$K = \frac{[R^-Na^+]_R[H^+]_s}{[R^-H^+]_R[Na^+]_s} = K_{H^+ \to Na^+}$$

또한, 수중의 Ca^{2+}를 이온교환하여 제거하는 반응의 선택계수는 다음과 같다.

$$K = \frac{[R^{2-}Ca^{2+}]_R[Na^+]_s^2}{[R^-Na^+]_R^2[Ca^{2+}]_s} = K_{Na^+ \to Ca^{2+}}$$

선택계수는 이온의 특성과 원자가, 수지의 형태와 포화 등에 따라 결정되며, 좁은 pH 범위에서 유효하다.

1가 양이온에 대한 선택계수 순서는 다음과 같다.

$$Li^+ < H^+ < Na^+ < NH_4^+ < K^+ < Rb^+ < Ag^+$$

한편, 2가 양이온에 대한 선택계수 순서는

$$Mg^{2+} < Zn^{2+} < Co^{2+} < Cu^{2+} < Ca^{2+} < Sr^{2+} < Ba^{2+}$$

1가 음이온의 선택계수 순서는 다음과 같다.

$$OH^- < F^- < HCO_3^- < Cl^- < Br^- < NO_3^- < ClO_4^-$$

(6) 이온교환의 적용

하수처리에서는 주로 질소, 중금속, 용해성 물질의 제거에 적용된다.

1) 질소 제거

하수처리공정에서 일반적으로 존재하는 질소이온의 형태는 양이온은 암모늄이온(NH_4^+), 음이온은 질산이온(NO_3^-)이다.

암모늄이온(NH_4^+)을 제거하기 위해서는 천연 또는 합성 이온교환수지가 모두 이용되지만, 내구성 문제로 합성 이온교환수지가 많이 이용된다.

질산이온(NO_3^-)을 제거할 때, 대부분의 이온교환수지들은 염소이온(Cl^-)이나 중탄산이온(HCO_3^-)보다 질산이온에 대한 친밀도가 크지만, 황산이온(SO_4^{2-})에 비교해서는 친밀도가 낮다. 이는 염소이온과 중탄산이온과 혼재되어 있으면 질산이온의 제거는 문제가 없지만, 황산이온과 함께 있으면 황산이온이 먼저 이온교환되어 질산이온의 제거에 문제가 있을 수 있다는 것이다.

2) 중금속 제거

이온교환 공정은 수중의 중금속을 제거하기 위해 사용되는 가장 일반적인 방법의 하나다. 고농도의 금속 폐수를 배출하는 산업은 금속처리산업, 전기산업, 금속도금업, 의약산업, 자동차 서비스업 등이다. 이러한 금속의 이온교환에 이용되는 물질들은 제올라이트, 강한 음이온 및 양이온 수지, 킬레이트 수지, 미생물과 식물의 바이오매스 등이다.

이온교환 공정은 pH에 대한 의존성이 매우 높은데, pH는 존재하고 있는 금속과 수지상의 이온 모두에 영향을 미친다. 대부분의 금속은 높은 pH에서 결합력이 높다.

3) 용해성 물질의 제거

총 용해성 물질을 제거하기 위해서는 음이온계와 양이온계 이온교환수지를 모두 이용해야 한다. 우선 양이온계 수지를 통과시켜 수중의 양이온을 수소이온(H^+)으로 치환한다. 양이온계 수지의 배출수는 음이온계 수지를 통과하여 수중의 음이온을 수산이온(OH^-)으로 치환한다.

예제 7.31

Q&A

36 mg/L의 암모늄이온(NH_4^+)을 함유한 폐수 2,000 m^{3}을 이온교환수지를 이용하여 처리하고자 한다. 이온교환수지의 소요 부피(m^3)를 산정하시오. (단, 수지의 이온교환용량은 100,000 g $CaCO_3$/m^3)

Solution

이온교환수지(m^3)

$$= \frac{36\text{ mg }NH_4^+}{\text{L}} \left| \frac{1\text{ g}}{1000\text{ mg}} \right| \frac{1000\text{ L}}{1\text{ m}^3} \left| 2{,}000\text{ m}^3 \right| \frac{1\text{ mol }NH_4^+}{18\text{ g }NH_4^+} \left| \frac{1\text{ eq }NH_4^+}{1\text{ mol }NH_4^+} \right|$$

$$\left| \frac{1\text{ eq }CaCO_3}{1\text{ eq }NH_4^+} \right| \frac{1\text{ mol }CaCO_3}{2\text{ eq }CaCO_3} \left| \frac{100\text{ g }CaCO_3}{1\text{ mol }CaCO_3} \right| \frac{1\text{ m}^3}{100{,}000\text{ g }CaCO_3}$$

$= 2\text{ m}^3$

Chapter 7 연습문제

문제 7.1. pH 7의 평형상태에서 초산(CH_3COOH)의 이온화 분율은? 또한, 동일한 조건에서 차아염소산(HOCl)의 이온화 분율은?

문제 7.2. 어느 공장의 폐수를 응집처리하기 위하여 Jar test를 실시하였다. Jar test 결과는 다음 표와 같으며, 응집처리를 위한 응집제를 선정하고 선정된 응집제로 처리할 경우 한 달간 소요되는 약품비(원)을 구하시오. (폐수의 유량 12,000 m^3/d, 황산알루미늄 150원/kg, 염화제2철 200원/kg)

	황산알루미늄 용액	염화제2철 용액
응집제 농도	0.1%	0.5%
응집제 첨가량	10 mL	15 mL
폐수 시료량	200 mL	200 mL

문제 7.3. Jar test로 SS 110 mg/L, 유량 2,500 m^3/d인 폐수를 SS 10 mg/L 이하로 방출하기 위하여 pH 6.7로 하여 실험하여 다음과 같은 결과를 얻었다. 아래 물음에 답하시오.

(1) alum의 필요량(kg/d)은?

(2) SS 제거효율(%)은?

주입 alum 농도 (mg/L)	처리수 SS 농도 (mg/L)
10	13.2
20	11.5
30	9.6
40	9.0

문제 7.4. 응집제로서 황산알루미늄 또는 수산화칼슘을 사용할 때 원수 중의 알칼리도 성분이 소비되지 않기 위해서는 황산알루미늄 200 mg/L이 되도록 주입하여야 할 때 다음 물음에 답하시오. (단, 원수 중의 알칼리도는 고려하지 않으며, 황산알루미늄과 수산화칼슘의 반응은 다음 식으로 표시된다. 유량(Q) = 2,000 m^3/d) (원자량 Al = 27, S = 32, Ca = 40 g/mol)

$$Al_2(SO_4)_3 \cdot 18H_2O + 3Ca(OH)_2 \rightarrow 2Al(OH)_3\downarrow + 3CaSO_4\downarrow + 18H_2O$$

(1) 주입해야 하는 황산알루미늄의 양은 몇 kg/d인가?

(2) 이때 수산화칼슘은 얼마나(kg/d) 필요한가? (단, 순도는 80%)

(3) 생성되는 슬러지는 몇 kg/d인가?

문제 7.5. 유량이 2,000 m^3/d인 폐수 내의 P를 제거하기 위해 소석회($Ca(OH)_2$)를 투입하여 화학침전법으로 응집 처리하고자 한다. 다음 물음에 답하라. 단, Ca과 P의 원자량은 각각 40과 31 g/mol, 유입수와 유출수의 PO_4^{3-} 농도는 각각 20 mg/L과 0.1 mg/L이고 반응식은 아래와 같다.

$$5Ca^{2+} + 3PO_4^{3-} + OH^- \rightarrow Ca_5(PO_4)_3OH_{(s)}$$

(1) 제거된 P의 양(mol/L)을 구하시오.

(2) 발생되는 $Ca_5(PO_4)_3OH$ 슬러지는 얼마(kg/d)인가?

(3) 슬러지의 함수율 98%, 비중이 1.3인 경우, 슬러지의 발생량(m^3/d)은?

문제 7.6. 가정하수가 113,400 m^3/day의 유량으로 하수처리장에 유입되고 있다. 하수 중 8 mg/L의 인을 제거하는 데 필요한 $FeCl_3$의 연간 필요량을 계산하라. 단, 50%의 과잉 $FeCl_3$가 필요하다고 가정한다.

문제 7.7. 8 mg/L의 인을 포함하고 있는 하수에서 인을 침전 처리하기 위해 필요한 액상 alum의 양(L/day)은 얼마인가? 30일분의 alum 공급을 위해 처리장에 보관할 저장용량(m^3)은? 단, 실험 결과 1몰의 P를 침전시키기 위해 1.5몰의 Al이 필요하였고 처리유량은 12,000 m^3/day이다. Al과 P의 원자량은 각각 27과 31 g/mol이다. 액상 alum 공급을 위한 기초 자료는 다음과 같다.

액상 alum의 분자식과 분자량은 각각 $Al_2(SO_4)_3 \cdot 18H_2O$과 666 g/mol

액상 Alum 농도 48%

액상 alum 용액의 밀도 1.2 kg/L

문제 7.8. 다음 산화-환원 반응 중 Fe와 Sn의 산화수와 산화-환원 여부는?

$$2FeCl_3 + SnCl_2 \rightleftarrows 2FeCl_2 + SnCl_4$$

문제 7.9. 다음 화합물에서 구성 원자의 산화수는?

(1) 중크롬산칼륨($K_2Cr_2O_7$)에서 Cr (2) 적혈염($K_3[Fe(CN)_6]$)에서 Fe

문제 7.10. 부록에 주어진 반반응 자료를 이용할 때, 염소 가스($Cl_{2(g)}$)를 이용한 2가 철이온(Fe^{2+})의 산화가 가능한가?

$$2Fe^{2+} + Cl_{2(g)} \rightleftarrows 2Fe^{3+} + 2Cl^-$$

문제 7.11. 부록에 주어진 반반응 자료를 이용할 때, 오존(O_3)을 이용하여 황화수소(H_2S)의 산화가 가능한가?

$$O_3 + H_2S \rightleftarrows S + O_2 + H_2O$$

문제 7.12. 대장균 사멸속도는 $(N_t / N_o) = (1 + 0.23 \times C_t \times t)^{-3}$이다. 체류시간 $t = 15$ min일 때, 초기 대장균군수 10^8/mL가 10^2/mL가 되기 위한 염소의 잔량(mg/L)은? 여기서, C_t와 t의 단위는 각각 mg/L과 min이다.

문제 7.13. 대장균의 사멸률은 염소와의 접촉시간(min)과 염소주입량(mg/L)에 의존하며 다음 식과 같이 나타났다. 접촉시간 30분에서, 대장균수를 99% 사멸시키기 위한 주입염소농도(mg/L)는?

$$\frac{N_t}{N_o} = (1 + 0.3C \cdot t)^{-2}$$

문제 7.14. NH_4Cl 3.569 g을 증류수에 녹여 500 mL로 만든 용액이 있다. 이 용액을 증류수 100 mL당 1.2 mL를 주입하여 시료를 만들었다. 이 제조된 시료에 파과점 염소 주입을 할 때, 파과점까지 도달하는데 이론적으로 필요한 염소 주입량(mg/L)은?

문제 7.15. 염소 요구량이 6 mg/L인 하수에 잔류염소 농도가 0.6 mg/L 되도록 염소를 주입하고자 할 때, 염소 주입량(mg/)은?

문제 7.16. 하수처리장의 유량이 1,000 m^3/day일 때, $Ca(OCl)_2 \cdot 2H_2O$(유효염소 50 wt%)를 이용하여 하수 처리수를 소독처리 하고자 할 경우, $Ca(OCl)_2 \cdot 2H_2O$ 7 mg/L를 투입하니 잔류염소 농도가 0.6 mg/L가 되었다. 잔류염소 농도를 0.2 mg/L로 유지하기 위해서 투입해야 하는 $Ca(OCl)_2 \cdot 2H_2O$의 양(kg/day)은?

문제 7.17. 유효염소가 10%인 $Ca(OCl)_2$를 유량 1000 m^3/d의 하수에 주입하여 수중 유효염소 농도를 2 mg/L로 만들고자 한다. 필요한 $Ca(OCl)_2$의 양은 몇 kg/d인가?

문제 7.18. 소독조 하나당 체류시간 15분인 소독접촉조를 이용하여 박테리아를 10^6/mL에서 15/mL 이하로 유지하고자 한다. 박테리아 제거는 Chick의 법칙에 따르며 사멸속도는 1차 반응이고 사멸속도상수 $k = 7.0$/h(밑수 10)일 때 필요한 소독조의 개수는?

문제 7.19. $Ca(OCl)_2$와 NaOCl 및 $Na(ClO_2)$의 염소(Cl^-) 대응값, 실제 염소(%), 유용가능 염소(%)를 계산하라.

문제 7.20. 강산성 양이온 교환수지의 이온교환용량이 2.5 eq/m^3인 경우, 수은(Hg^{2+}) 농도 50 mg/L의 폐수 10 m^3 중의 수은(Hg^{2+})을 전부 이온교환으로 흡착 제거하는데 필요한 이온교환수지의 체적은 몇 m^3인가? (단, Hg의 원자량은 200 g/mol)

문제 7.21. 도금공장 폐수의 유량이 5,000 m^3/d이고, $Cu^{2+} = 30$ mg/L, $Zn^{2+} = 15$ mg/L, $Ni^{2+} = 20$ mg/L의 농도를 함유한 폐수를 이온수지 칼럼탑으로 이온교환하여 처리하고자 한다. 이 이온교환수지의 이온교환용량은 10^5 g $CaCO_3/m^3$으로 10일 주기로 교체한다고 할 때, 필요한 수지량(m^3/cycle)을 계산하시오. 단, 각 원자량은 Cu 63.5, Zn 65.4, Ni 58.7 g/mol이다.

8

폐기물관리와 환경화학

폐기물 분야 중 환경화학이 많이 이용되는 분야는 고형 폐기물처리, 액상 폐기물처리, 유해 폐기물처리로 구분할 수 있다. 고형 폐기물처리에서는 고형 폐기물의 열분해와 퇴비화가 대표적이며, 액상 폐기물처리에서는 슬러지의 혐기성 소화에 많이 적용되고 있다. 또한, 전체적인 폐기물 처리로서 연소과정에 적용되는 경우가 많다.

8.1 유기성 폐기물의 열분해

열분해(pyrolysis)는 공기가 부족한 상태에서 폐기물에 열을 가해 가스, 액체 및 고체 상태의 연료를 생산하는 공정을 말한다. 대부분의 유기물은 열적으로 불안정하기 때문에 산소가 없는 상태에서 열을 가하여 열파괴(thermal cracking)와 응축작용을 통하여 가스, 액체, 고체로 열분해된다. 그러므로 산소가 있는 상태에서 열을 가하면 연소과정으로서 발열(exothermic)과정이며, 산소가 없는 상태에서 열을 가하면 열분해과정으로서 흡열(endothermic)과정이다.

열분해 방법은 저온법과 고온법이 있는데, 통상적으로는 저온법과 고온법을 모두 열분해라고 부르나, 엄격하게는 저온법을 열분해라고 하고 고온법은 가스화라고 구분한다.

저온법은 500～900℃의 온도에서 이루어지고, tar, char 및 액체상태의 연료가 많이 생성된다. 대표적인 고형 유기물로서 셀룰로오스(cellulose)의 저온법에 의한 열분해 반응식은 다음과 같다.

$$\underset{}{6C_6H_{10}O_5} \rightarrow \underset{(\text{기체})}{7CO} + \underset{(\text{기체})}{5CO_2} + \underset{(\text{기체})}{3H_2} + \underset{(\text{기체})}{CH_4} + \underset{(\text{액체})}{6H_2O} + \underset{(\text{char, 고체})}{3C_4H_9O_3} + \underset{(\text{재, 고체})}{8C} \tag{8.1}$$

이에 비해 고온법은 1,100～1,500℃의 높은 온도에서 이루어지고, 가스 상태의 연료가 많이 생성되어 가스화(gasification)라고 부른다. 고온법에 의한 셀룰로오스(cellulose)의 열분해 반응식은 다음과 같다.

$$6C_6H_{10}O_5 \rightarrow \underset{(\text{기체})}{11CO} + \underset{(\text{기체})}{10CO_2} + \underset{(\text{기체})}{6H_2} + \underset{(\text{기체})}{CH_4} + \underset{(\text{기체})}{H_2O} + \underset{(\text{액체})}{H_2O} + \underset{(\text{char, 고체})}{0.5C_4H_9O_3} \tag{8.2}$$

위 반응식을 보면 고온법에서는 동일한 셀룰로오스를 열분해할 경우 기체 성분의 양이 많고 액체와 고체 성분의 양이 적다는 것을 알 수 있다.

열분해에 영향을 미치는 운전요소는 운전온도, 가열속도, 폐기물의 성질 등이 있다. 여기서 가열속도는 어느 정해진 온도까지 올리는데 걸리는 소요시간을 의미한다. 열분해 과정에 영향을 주는 다른 요소로는 수분이 있는데, 수분함량이 많을수록 운전온도까지 올리는 소요시간이 많이 걸리며, 예열을 통하여 폐기물을 미리 건조할 때에는 소요비용이 증가한다.

또한, 열분해 과정에서 가스의 생산을 높이고 char의 생성을 감소시키기 위해 스팀(steam)을 주입하는 경우가 있는데, 운전온도가 높을수록 스팀이 많이 소요된다.

8.2 유기성 폐기물의 퇴비화

퇴비화(composting)는 호기성 조건에서 유기물을 생물학적인 방법으로 분해하여 안정한 상태의 유기물, 즉 부식질(humus)로 안정화시키는 폐기물 자원화 방법이다. 주로 음식 찌꺼기, 축산 폐기물, 낙엽, 하수처리장 슬러지와 같은 복잡한 유기물을 퇴비화 대상 물질로 이용한다. 퇴비화 과정에서 생산되는 퇴비는 분해가 완전히 끝난 상태는 아니므로 자연 상태에서 매우 느린 속도로 계속 분해가 일어난다.

퇴비화 반응은 다음과 같이 표현할 수 있다.

$$\text{복잡한 유기물} + O_2 \rightarrow \text{부식질(humus)} + CO_2 + H_2O + NH_3 + \text{열} \quad (8.3)$$

그러므로 퇴비화 과정은 유기물의 완전한 산화 반응이 아니라 분해가 쉽게 발생할 수 있는 유기물을 산화시켜 유기물을 안정화하는 과정이다. 여기서 안정화란 유기물의 급격한 산화 또는 분해가 일어나지 않는 상태를 의미한다.

위 반응식에서 복잡한 유기물의 탄소 성분 중 분해되기 쉬운 탄소 성분은 CO_2로 전환되고 분해되기 어려운 탄소 성분은 부식질로 남아 있게 된다. 복잡한 유기물 중 질소 성분(유기질소)은 유기물의 분해 과정을 통해 암모니아(무기질소)로 전환된다. 또한, 이 과정은 열이 방출되는 발열(exothermic) 과정이라는 것을 알 수 있다.

8.2.1. 부식질의 특징

퇴비화 과정 중 생성된 부식질은 다음과 같은 특징이 있다.

① 흙냄새는 나지만 악취는 없는 안정한 유기물이다.

② 발열반응으로 생성된 열에 의해 병원균은 사멸된다.

③ 뛰어난 토양개량제(soil conditioner)로 이용된다.
④ 수분보유력과 양이온 교환능력이 좋다.
⑤ C/N비가 10～20 정도로 낮아서 질소 비료로 적합하다.
⑥ 짙은 갈색이나 검은색을 가지고 있다.

8.2.2. 퇴비화 단계

퇴비화 과정은 약 3～4주 정도 소요되며, 이 과정은 호기성이므로 적절한 퇴비의 혼합을 통해 공기가 공급되어야 한다. 이 과정 중 생물학적 분해가 활발히 일어나고 식(8.3)에 보는 바와 같이 발열반응이 발생하여 55℃ 이상으로 유지하여 병원균을 사멸시킬 수 있는데, 퇴비화 과정을 잘못 방치하면 70℃를 넘는 경우도 있다. 퇴비화 단계는 3단계로 구분된다(그림 8.1).

(1) 초기 단계

퇴비화 과정의 초기 단계는 중온성 균류(fungi)와 세균(bacteria)이 관여하여 폐기물 중의 분해하기 쉬운 유기물을 분해하는 단계이다. 이 미생물들의 활동으로 퇴비 더미의 온도가 40℃ 이상으로 상승하고, 온도가 상승함에 따라 미생물 종도 고온성 미생물로 대체되기 시작한다.

(2) 고온 단계

고온성 미생물에 의해 분해되기 어려운 셀룰로오스와 같은 유기물을 분해하는 단계이다. 고온 단계에서 퇴비 온도는 50～60℃로 유지되지만, 65℃ 이상으로 온도가 상승하게 되면 미생물들이 사멸하여 퇴비화 효율이 급격하게 떨어진다.

(3) 숙성 단계

고온 단계를 거치면서 대부분의 분해가능한 유기물은 모두 분해되었기 때문에 유기물의 분해 속도가 급격히 느려지고 퇴비 온도도 40℃ 이하로 떨어진다. 온도가 떨어지면 다시 미생물종이 중온성 미생물로 교체되나, 초기 단계의 미생물과는 종과 밀도에 있어 상당한 차이가 있다.

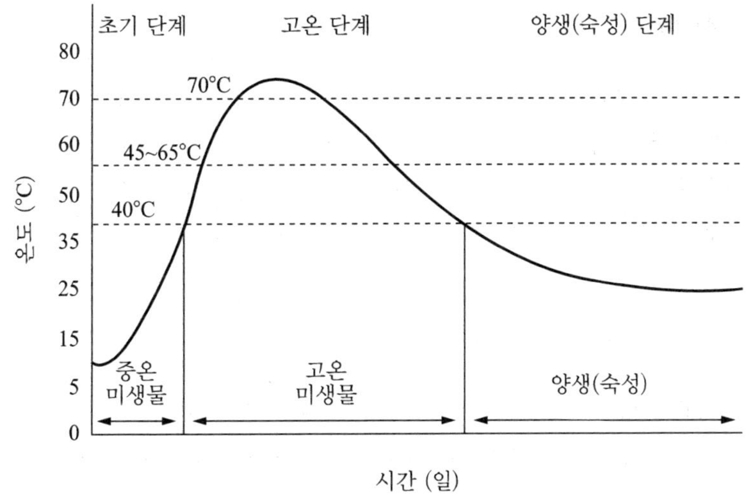

그림 8.1. 퇴비화 경과 일수에 따른 온도 변화

8.2.3. 퇴비화 요구조건

퇴비화를 위해 요구되는 조건은 크게 입자크기, 수분함유량, 영양소의 함량(C/N비), 온도, pH, 산소 농도 등이 있다.

(1) 입자크기

최적의 퇴비화를 위해서는 고형폐기물을 2.5～7.5 cm의 크기로 미세하게 빻아야 한다.

(2) 수분함유량

퇴비화 기간 수분함유량은 50～60% 범위로 유지해야 한다. 적정 수분함량은 55%이다.

(3) 영양소의 함량(C/N비)

호기성 퇴비화 과정에서 초기 C/N비는 무게비로 35～50이다. 이보다 낮은 비는 질소 과잉상태로서 유기물 중 질소 성분은 분해되어 암모니아로 방출된다. 또한 낮은 C/N비에서는 미생물의 활동이 방해를 받을 수 있고, C/N비가 50 이상으로 높으면 질소 성분이 미생물의 생장을 제한하는 제한인자(limiting factor)로 작용하여 퇴비화 속도가 느려질 수 있다. 퇴비화가 완료된 퇴비의 C/N비는 보통 10～20이다.

(4) pH

적절한 퇴비화를 위해서는 pH 7~7.5 범위를 유지해야 한다. pH가 지나치게 올라가면 퇴비 중의 질소 성분이 암모니아로 전환되어 기체화되어 질소 성분의 손실이 발생할 수 있으므로 pH가 8.5 이상으로 올라가지 않도록 주의한다. 암모늄이온(NH_4^+)과 암모니아($NH_{3(g)}$)의 관계는 산 - 염기 반응으로 쉽게 이해할 수 있다.

$$\underset{\text{산}}{NH_4^+} + \underset{\text{염기}}{H_2O} \rightleftarrows NH_{3(g)} + (H_2O)H^+$$

pH가 증가하게 되면 수중의 H^+가 중화되어 감소하고 르-샤틀리에의 원리에 의해 오른쪽으로 반응이 진행되어 $NH_{3(g)}$가 생성된다는 것은 쉽게 알 수 있다.

그림 8.2는 퇴비화 경과 일수에 따른 C/N비와 pH 변화를 나타낸 것이다.

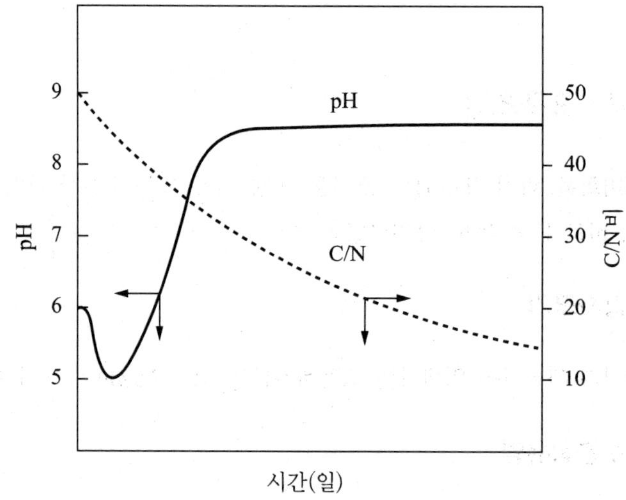

그림 8.2. 퇴비화 경과 일수에 따른 C/N비와 pH 변화

(5) 온도

퇴비화의 최적 온도는 45~55℃이다. 초기 퇴비화 며칠간은 50~55℃, 나머지 활발한 퇴비화 기간에는 55~60℃를 유지해야 한다. 온도가 65℃ 이상으로 상승하면 미생물 활동이 현저히 감소한다.

(6) 산소 농도

퇴비화 과정에서 요구되는 산소량은 다음 반응식에 의해 계산할 수 있다.

$$C_aH_bO_cN_d + 0.5(ny+2s+r-c)O_2 \rightarrow nC_wH_xO_yN_z + sCO_2 + rH_2O + (d-nz)NH_3 \tag{8.4}$$

여기서, $r = 0.5[b - nx - 3(d - nz)]$

$s = a - nw$

완전한 산화가 일어난다고 가정하면,

$$C_aH_bO_cN_d + xO_2 \rightarrow yCO_2 + zH_2O + \alpha NH_3 \tag{8.5}$$

탄소(C)에 대해 수지를 세우면, $a = y$

수소(H)에 대해 수지를 세우면, $b = 2z + 3d$

산소(O)에 대해 수지를 세우면, $c + 2x = 2y + z$

질소(N)에 대해 수지를 세우면, $d = \alpha$

$$x = \left(\frac{4a + b - 2c - 3d}{4}\right)$$

$$y = a$$

$$z = \left(\frac{b - 3d}{2}\right)$$

$$\alpha = d$$

그러므로 각 값을 식 (8.5)에 대입하여 완성하면 식 (8.6)과 같다.

$$C_aH_bO_cN_d + \left(\frac{4a + b - 2c - 3d}{4}\right)O_2 \rightarrow aCO_2 + \left(\frac{b - 3d}{2}\right)H_2O + dNH_3 \tag{8.6}$$

암모니아(NH_3)는 계속된 산소의 공급에 의해 다음과 같은 단계적인 질산화 반응이 발생할 수 있다.

$$NH_3 + (3/2)O_2 \rightarrow HNO_2 + H_2O \tag{8.7}$$

$$HNO_2 + (1/2)O_2 \rightarrow HNO_3 \tag{8.8}$$

전체적인 질산화 반응은 다음과 같다.

$$NH_3 + 2O_2 \rightarrow HNO_3 + H_2O \tag{8.9}$$

예제 8.1

유기성 고형폐기물 972 kg을 퇴비화시키는 데 필요한 산소량(kg)은? 또한 생성되는 이산화탄소와 물의 양(kg)은? 단, 퇴비화될 물질의 초기 구성 성분은 $[C_6H_7O_2(OH)_3]_5$이고 퇴비화 후 남는 물질의 구성 성분은 $[C_6H_7O_2(OH)_3]_2$이고 양은 389 kg이다.

Solution

퇴비화 후 잔존물이 존재하므로 식 (8.4)를 사용하여 필요한 산소량을 구한다. 모든 반응은 몰 비로 발생하므로, 퇴비화 전후 고형폐기물의 몰수를 결정한다.

$[C_6H_7O_2(OH)_3]_5$의 분자량은 810 kg/kmol
$[C_6H_7O_2(OH)_3]_2$의 분자량은 324 kg/kmol

퇴비화 전 고형폐기물의 몰수는

$$\frac{972\ \text{kg}\ [C_6H_7O_2(OH)_3]_5 \;\Big|\; 1\ \text{kmol}\ [C_6H_7O_2(OH)_3]_5}{\Big|\; 810\ \text{kg}\ [C_6H_7O_2(OH)_3]_5} = 1.2$$

퇴비화 후 고형폐기물의 몰수는

$$\frac{389\ \text{kg}\ [C_6H_7O_2(OH)_3]_2 \;\Big|\; 1\ \text{kmol}\ [C_6H_7O_2(OH)_3]_2}{\Big|\; 324\ \text{kg}\ [C_6H_7O_2(OH)_3]_2} = 1.2$$

유입량의 몰수와 유출량의 몰수비는 $1.2/1.2 = 1$이므로 식 (8.4)에서 $n = 1$이 된다.
퇴비화 전 고형폐기물의 구성 성분이 $[C_6H_7O_2(OH)_3]_5$이므로 $C_{30}H_{50}O_{25}$이 된다. 그러므로 $C_aH_bO_cN_d$와 비교하면, $a = 30,\ b = 50,\ c = 25,\ d = 0$가 된다.
또한, 퇴비화 후 고형폐기물의 구성 성분이 $[C_6H_7O_2(OH)_3]_2$이므로 $C_{12}H_{20}O_{10}$이 된다. $C_wH_xO_yN_z$와 비교하면, $w = 12,\ x = 20,\ y = 10,\ z = 0$가 된다.
$r = 0.5[b - nx - 3(d - nz)],\ s = a - nw$이므로

$$r = 0.5[50 - (1)(20) - 3(0 - (1)(0))] = 15$$
$$s = 30 - (1)(12) = 18$$

그러므로 필요한 산소량은

$$0.5(ny + 2s + r - c) = 0.5((1)(10) + 2(18) + 15 - 25) = 18$$

식 (8.4)에서

$$\frac{972\ \text{kg}\ [C_6H_7O_2(OH)_3]_5 \;\Big|\; 1\ \text{kmol}\ [C_6H_7O_2(OH)_3]_5 \;\Big|\; 18\ \text{kmol}\ O_2 \;\Big|\; 32\ \text{kg}\ O_2}{\Big|\; 810\ \text{kg}\ [C_6H_7O_2(OH)_3]_5 \;\Big|\; 1\ \text{kmol}\ [C_6H_7O_2(OH)_3]_5 \;\Big|\; 1\ \text{kmol}\ O_2} = 691\ \text{kg}\ O_2$$

691 kg의 산소가 필요하다.

$s=18$, $r=15$이므로

$$\frac{972\text{ kg }[C_6H_7O_2(OH)_3]_5}{} \left| \frac{1\text{ kmol }[C_6H_7O_2(OH)_3]_5}{810\text{ kg }[C_6H_7O_2(OH)_3]_5} \right| \frac{18\text{ kmol }CO_2}{1\text{ kmol }[C_6H_7O_2(OH)_3]_5} \left| \frac{44\text{ kg }CO_2}{1\text{ kmol }CO_2} \right. = 950.4\text{ kg }CO_2$$

$$\frac{972\text{ kg }[C_6H_7O_2(OH)_3]_5}{} \left| \frac{1\text{ kmol }[C_6H_7O_2(OH)_3]_5}{810\text{ kg }[C_6H_7O_2(OH)_3]_5} \right| \frac{15\text{ kmol }H_2O}{1\text{ kmol }[C_6H_7O_2(OH)_3]_5} \left| \frac{18\text{ kg }H_2O}{1\text{ kmol }H_2O} \right. = 324\text{ kg }H_2O$$

퇴비화 전후의 질량균형식을 작성해보면 다음과 같다.

	종류	질량(kg)
퇴비화 전	유기성 폐기물	972
	산소	691
	합계	1,663
퇴비화 후	폐기물	389
	이산화탄소	950.4
	물	324
	합계	1,663

퇴비화 전후의 전체 질량은 1,663 kg로 일치한다는 것을 알 수 있다.

예제 8.2

유기성 고형폐기물 $[C_6H_7O_2(OH)_3N]_5$ 1000 kg을 완전 퇴비화시키는 데 필요한 산소량(kg)은? 또한 생성되는 이산화탄소, 물 및 암모니아의 양(kg)은?

Solution

퇴비화 후 잔존물이 존재하지 않으므로 식 (8.5)를 사용하여 필요한 산소량을 구한다.

$[C_6H_7O_2(OH)_3N]_5$ $1000 = C_{30}H_{50}O_{25}N_5$이므로 $C_aH_bO_cN_d$에서

$a=30$, $b=50$, $c=25$, $d=5$

$$\left(\frac{4a+b-2c-3d}{4}\right) = \left(\frac{4(30)+50-2(25)-3(5)}{4}\right) = 26.25$$

$$\left(\frac{b-3d}{2}\right) = \left(\frac{50-3(5)}{2}\right) = 17.5$$

그러므로 필요한 산소량은 식 (8.5)에서

$$1000\ \text{kg}\ [C_6H_7O_2(OH)_3N]_5 \times \frac{1\ \text{kmol}\ [C_6H_7O_2(OH)_3N]_5}{880\ \text{kg}\ [C_6H_7O_2(OH)_3N]_5} \times \frac{26.25\ \text{kmol}\ O_2}{1\ \text{kmol}\ [C_6H_7O_2(OH)_3N]_5} \times \frac{32\ \text{kg}\ O_2}{1\ \text{kmol}\ O_2} = 955\ \text{kg}\ O_2$$

955 kg의 산소가 필요하다.

$a=30$, $\left(\dfrac{b-3d}{2}\right)=17.5$, $d=5$이므로

$$1000\ \text{kg}\ [C_6H_7O_2(OH)_3N]_5 \times \frac{1\ \text{kmol}\ [C_6H_7O_2(OH)_3N]_5}{880\ \text{kg}\ [C_6H_7O_2(OH)_3N]_5} \times \frac{30\ \text{kmol}\ CO_2}{1\ \text{kmol}\ [C_6H_7O_2(OH)_3N]_5} \times \frac{44\ \text{kg}\ CO_2}{1\ \text{kmol}\ CO_2} = 1500\ \text{kg}\ CO_2$$

$$1000\ \text{kg}\ [C_6H_7O_2(OH)_3N]_5 \times \frac{1\ \text{kmol}\ [C_6H_7O_2(OH)_3N]_5}{880\ \text{kg}\ [C_6H_7O_2(OH)_3N]_5} \times \frac{17.5\ \text{kmol}\ H_2O}{1\ \text{kmol}\ [C_6H_7O_2(OH)_3N]_5} \times \frac{18\ \text{kg}\ H_2O}{1\ \text{kmol}\ H_2O} = 358\ \text{kg}\ H_2O$$

$$1000\ \text{kg}\ [C_6H_7O_2(OH)_3N]_5 \times \frac{1\ \text{kmol}\ [C_6H_7O_2(OH)_3N]_5}{880\ \text{kg}\ [C_6H_7O_2(OH)_3N]_5} \times \frac{5\ \text{kmol}\ NH_3}{1\ \text{kmol}\ [C_6H_7O_2(OH)_3N]_5} \times \frac{17\ \text{kg}\ NH_3}{1\ \text{kmol}\ NH_3} = 97\ \text{kg}\ NH_3$$

퇴비화 전후의 질량균형식을 작성해보면 다음과 같다.

	종류	질량(kg)
퇴비화 전	유기성 폐기물	1,000
	산소	955
	합계	1,955
퇴비화 후	이산화탄소	1,500
	물	358
	암모니아	97
	합계	1,955

퇴비화 전후의 전체 질량은 1,955 kg로 일치한다.

슬러지를 퇴비화시킬 때 슬러지의 체적당 5～15%의 산소를 공급하는 것이 좋다. 15% 이상으로 지나치게 많은 산소를 공급하면 냉각효과에 의해 퇴비 온도가 저하되어

퇴비화 속도가 느려질 가능성이 있으며, 0.5% 이하로 산소 농도가 저하되면 혐기성 상태가 되어 퇴비화의 진행이 이루어지지 않으므로 최소한 5% 이상의 공기 공급이 필요하다.

분해가능한 탄소는 산소와 반응하여 이산화탄소를 생성하는 것으로 볼 수 있으므로 퇴비화에 필요한 산소의 양(O_m)은 다음 식과 같다.

$$C + O_2 \rightarrow CO_2$$

$$O_m(\text{kg}) = \frac{\text{분해가능한 C kg}}{} \left| \frac{1\ \text{kmol C}}{12\ \text{kg C}} \right| \frac{1\ \text{kmol } O_2}{1\ \text{kmol C}} \left| \frac{32\ \text{kg } O_2}{1\ \text{kmol } O_2} \right.$$

분해가능한 탄소(C)의 질량은 다음 식에 의해 계산된다.

$$\text{분해가능한 탄소(kg)} = W_T \times P_c \times P_{vs} \times B_{vs} \times (C/VS)$$

여기서, W_T : 퇴비화 대상 폐기물 중 수분을 포함한 총중량(kg)

P_c : 폐기물 총중량에 대한 건조폐기물 중량비(kg/kg)

P_{vs} : 건조폐기물 중 가연분의 중량비(kg/kg)

B_{vs} : 가연분 중 분해가능물질의 중량비(kg/kg)

(C/VS) : 분해가능물질 중 탄소의 중량비(kg/kg)

퇴비화에 필요한 공기의 양(A_m)은 다음 식과 같다.

$$A_m(\text{kg}) = \frac{O_m\ \text{kg}}{} \left| \frac{100\ \text{kg 공기}}{23.2\ \text{kg } O_2} \right.$$

이를 공기의 부피(A_v)로 환산하면

$$A_v(\text{Nm}^3) = \frac{O_m\ \text{kg}}{} \left| \frac{1\ \text{kmol } O_2}{32\ \text{kg } O_2} \right| \frac{100\ \text{kmol 공기}}{21\ \text{kmol } O_2} \left| \frac{22.4\ \text{NkL 공기}}{1\ \text{kmol 공기}} \right| \frac{1\ \text{Nm}^3}{1000\ \text{NkL}}$$

여기서 Nm^3은 표준상태(25℃, 1기압)의 부피를 의미한다.

예제 8.3

Q&A

유기성 고형폐기물을 성분 분석한 결과, 수분 함량 55%, 회분 함량 20%, 유기물 중 분해

가능 유기물 함량 45%, 유기물 중 탄소의 함량은 70%로 나타났다. 이 폐기물 1000 kg을 퇴비화시키는 데 필요한 공기량(m^3)은? 단, 이때의 공기량은 표준상태라고 가정하라.

Solution

폐기물 중 수분 함량이 55%이고 회분 함량이 20%이므로, 순수 가연분의 함량은 100−(55+20)=25%이다. 건조 가연분의 질량은 다음과 같다.

$$\frac{1000\text{ kg 폐기물} \mid 25\text{ kg 건조 가연분}}{\mid 100\text{ kg 폐기물}} = 250\text{ kg 건조 가연분}$$

건조 가연분은 순수 유기물이고 이 중 분해가능 유기물 함량이 45%이므로 분해가능 유기물 질량은 다음과 같다.

$$\frac{250\text{ kg 건조 가연분} \mid 45\text{ kg 분해가능 유기물}}{\mid 100\text{ kg 건조 가연분}} = 112.5\text{ kg 분해가능 유기물}$$

이 중 탄소 함량이 70%이므로 탄소의 질량은 다음과 같다.

$$\frac{112.5\text{ kg 분해가능 유기물} \mid 70\text{ kg 탄소}}{\mid 100\text{ kg 분해가능 유기물}} = 78.75\text{ kg 탄소}$$

분해가능한 탄소는 산소와 반응하여 이산화탄소를 생성하므로 퇴비화에 필요한 산소량(O_m)은

$$C + O_2 \rightarrow CO_2$$

$$O_m(\text{kg}) = \frac{78.75\text{ kg C} \mid 1\text{ kmol C} \mid 1\text{ kmol } O_2 \mid 32\text{ kg } O_2}{\mid 12\text{ kg C} \mid 1\text{ kmol C} \mid 1\text{ kmol } O_2} = 210\text{ kg } O_2$$

이를 공기량(m^3)으로 계산하면,

$$A_v(\text{Nm}^3) = \frac{210\text{ kg } O_2 \mid 1\text{ kmol } O_2 \mid 100\text{ kmol 공기} \mid 22.4\text{ NkL 공기} \mid 1\text{ Nm}^3}{\mid 32\text{ kg } O_2 \mid 21\text{ kmol } O_2 \mid 1\text{ kmol 공기} \mid 1000\text{ NkL}} = 0.7\text{ Nm}^3\text{ 공기}$$

(7) 식종과 혼합

일부 분해가 진행된 폐기물을 혼합하면, 폐기물 중 미생물이 식종되어 총 퇴비화 시간을 단축할 수 있다. 이 경우 무게비로 1∼5% 정도 혼합하는 것이 적절하다.

(8) 분해 정도

분해 정도는 온도의 감소, 발열능력의 감소, 퇴비 내 분해가능한 유기물량, 산화환원 전위의 증가, 산소이용률 감소, 균류의 성장 등을 통해 알 수 있다.

(9) 병원균의 통제

정상적인 퇴비화 과정 후 60~70℃의 온도로 24시간 유지하면 대부분의 병원균, 잡초, 씨앗 등을 사멸시킬 수 있다.

8.3 혐기성 소화

슬러지는 하·폐수 처리공정에서 발생하는 폐기물로써 다량의 수분을 함유하고 있어 액상 폐기물로 분류할 수 있다. 슬러지는 주로 수처리 공정에서 발생하지만 슬러지의 처리는 폐기물 처리 영역에 포함된다.

수처리 공정에서 발생하는 슬러지는 크게 네 가지이다. 첫째는 그릿(grit)으로, 하·폐수 처리공정의 전처리 공정에서 발생하는 모래나 유리 등과 같은 거칠고 단단한 물질을 말하며, 주로 침사지에서 분리된 후 매립 처리된다. 둘째는 1차 슬러지(primary sludge)로서, 하·폐수 처리공정의 1차 물리화학적 처리공정에서 발생하여, 1차 침전조에서 분리되며 3~8%의 고형물질이 포함되어 있다. 셋째는 2차 슬러지(secondary sludge)로서, 2차 생물학적 처리공정에서 발생하여 2차 침전조에서 분리되며, 고형물질은 대부분 유기물질로 구성되어 있으며 0.5~2%의 고형물질을 포함하고 있다. 넷째는 3차 슬러지(tertiary sludge)로서, 3차 또는 고차 처리과정에서 발생하는 슬러지로 고형물질의 양이 매우 다양하다.

이 장에서 관심이 있는 슬러지는 대표적인 1차 슬러지와 2차 슬러지이다.

대표적인 슬러지 처리 공정은 그림 8.3과 같다.

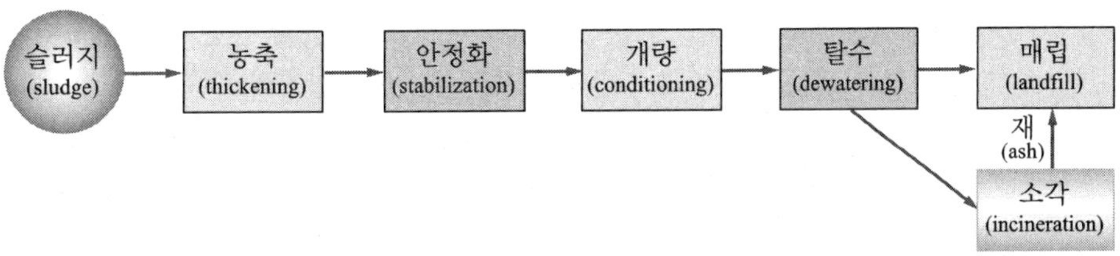

그림 8.3. 대표적인 슬러지 처리 공정

농축(thickening)은 슬러지의 수분함량을 줄이고 고형물 농도를 증가시키기 위해 실시하는 공정으로, 침전, 부상 또는 원심분리 시키거나 필요에 따라 침전성을 좋게 하기 위해 화학약품을 첨가하기도 한다. 슬러지의 농도를 12%(120,000 mg/L)까지 농축시킬 수 있으므로 폐기물 처리 비용을 감소시킬 수 있다.

안정화(stabilization)는 슬러지 안에 잔존하는 유기물을 잘게 분쇄하여 슬러지의 부피를 줄일 뿐만 아니라 악취를 감소시키고 위생 면에서 좀 더 안전한 슬러지를 만드는 공정이다. 대표적인 공정에는 혐기성 소화(anaerobic digestion), 호기성 소화(aerobic digestion), 퇴비화(composting), 석회 안정화(lime stabilization), 열처리(heat treatment) 등이 있으며, 본 교재에서는 혐기성 소화와 퇴비화에 중점을 두고 있으며, 퇴비화에 대해서는 이미 언급한 바 있다.

개량(conditioning)은 고형물질의 분리를 원활하게 하기 위해 슬러지의 성질을 개량(변화)하는 것을 말하며, 주로 화학약품처리와 열처리 방법이 있다. 특히, 1,000～2,000 kPa(10～20기압)의 압력 아래에서 175～230℃의 온도로 가열 처리할 경우, 슬러지는 물에 대한 친화력이 감소하여 물과의 분리가 쉬워지는 것으로 알려져 있다.

탈수(dewatering)는 슬러지로부터 물을 분리하는 과정으로서, 여과 또는 건조 여상을 이용한다. 여과는 가압 또는 진공에 의해 이루어진다.

소각(incineration)은 폐기물을 충분한 산소와 접촉하여 완전히 산화시켜 폐기물의 부피를 감소시키는 과정이다. 소각과정을 거치면 폐기물의 무게는 13～20%, 부피는 5～6%로 감소하여 매립에 소요되는 넓이가 크게 감소한다.

매립(landfill)은 폐기물의 최종 처분(final disposal)과정이다.

8.3.1. 혐기성 소화의 원리

혐기성 소화는 산소가 없는 상태에서 미생물에 의해 생분해될 수 있는 고형물질을 파괴하여 액상화하는 공정으로서, 슬러지의 양을 줄이고 침전성을 개량하는 공정이다.

혐기성 소화는 혐기성 상태에서 공정을 운영한다는 공통점으로 인해, 혐기성 처리 공정과 혼동되어 사용되거나 혼용하고 있는 경우가 많다. 그러나 엄격하게 구분하면, 혐기성 소화는 슬러지 처리에 적용하는 공정이고 혐기성 처리는 수처리에 적용하는 공정이다. 그러므로 혐기성 소화는 계속된 기질(유기물)의 공급이 없이 슬러지의 공급이 이루어져 미생물의 내생 호흡단계에서 운영되어 슬러지의 부피 감량 및 개량을 목적으로 하고 있다. 그에 비해 혐기성 처리는 폐수가 연속적으로 공급되어 기질의 공급이 계속되므로, 혐기성 미생물의 동화 및 이화 작용에 의한 하·폐수 중 유기물 제거를 목적으로 하고 있다.

혐기성 소화는 그림 8.4와 같이 가수분해, 산 발효, 메테인(메탄) 생성의 3단계로 구분하는 것이 일반적이나, 산 발효와 메테인 생성의 2단계로 구분하기도 한다. 메테인 생성 단계를 가스화(gasification)라고도 한다.

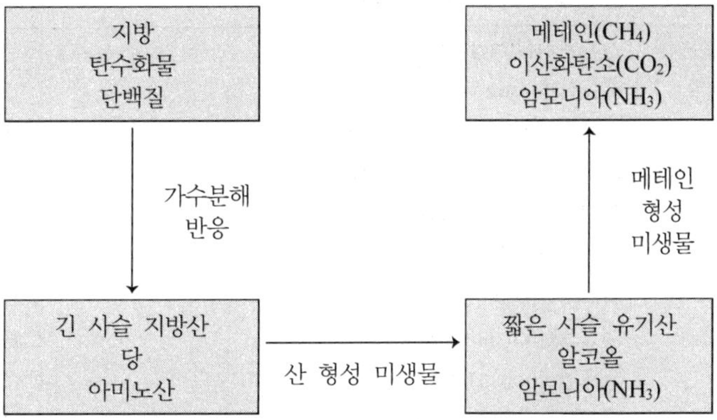

그림 8.4. 혐기성 소화의 단계 반응

가수분해 단계는 거대 복합유기물질(단백질, 셀룰로오스, 리그닌, 지방 등)을 가수분해 과정을 통해 수용성 단량체로 분해하는 단계이다. 가수분해 세균의 세포외 효소에 의해 이루어지며, 이 단계가 혐기성 소화 3단계 중 가장 속도가 느려 전체 반응을 지배하는 율속단계(rate limiting step)가 될 가능성이 가장 크다.

산 생성 단계는 가수분해 세균에 의해 생성된 아미노산, 포도당, 지방산, 글리세롤 등을 유기산(초산, 프로피온산, 포름산, 젖산, 부틸산, 숙신산 등), 알코올, 케톤 등으로 분해하는 단계이다. 동일한 유기산을 이용하더라도 배양 조건(pH, 온도, 산화-환원 전위차 등)이나 세균 종류에 따라 생성되는 산물은 다양하다. 대표적인 발효성 산 생성 세균은 *Clostridium* 속이다. 산 생성 단계를 세분화하면 일반적인 산 생성 단계 후 초산생성 단계가 있는데, 이 단계에서는 프로피온산, 부틸산과 같은 지방산을 초산, 수소, 이산화탄소로 전환한다. 이 단계에서는 지방산의 분해를 위해 낮은 수소 분압이 필요하므로 운전에 주의가 필요하다. 상대적으로 높은 수소 분압에서는 초산 생성이 감소하는 대신, 역반응(생산물 저해, product inhibition)이 발생하여 프로피온산, 부틸산, 알코올(에탄올)이 생산된다. 프로피온산, 부틸산, 에탄올의 초산 전환 반응은 다음과 같다.

$$\underset{\text{프로피온산}}{CH_3CH_2COOH} + 2H_2O \rightarrow \underset{\text{초산}}{CH_3COOH} + CO_2 + 3H_2 \tag{8.10}$$

$$\underset{\text{부틸산}}{CH_3CH_2CH_2COOH} + 2H_2O \rightarrow \underset{\text{초산}}{2CH_3COOH} + 2H_2 \tag{8.11}$$

$$CH_3CH_2OH + H_2O \rightarrow CH_3COOH + 2H_2 \qquad (8.12)$$

에탄올 초산

표 8.1. 혐기성 소화시 생성되는 유기산

유기산(organic acid)	분자식
포름산(formic acid)	$HCOOH$
아세트산(acetic acid, 초산)	CH_3COOH
프로피온산(propionic acid)	C_2H_5COOH
부틸산(butyric acid)	C_3H_7COOH
발레르산(valeric acid, 길초산)	C_4H_9COOH
카프로산(caproic acid)	$C_5H_{11}COOH$
에난트산(enanthic acid)	$C_6H_{13}COOH$
카프릴산(caprylic acid)	$C_7H_{15}COOH$
펠라르곤산(pelargonic acid)	$C_8H_{17}COOH$
카프르산(capric acid)	$C_9H_{19}COOH$
팔미트산(palmitic acid)	$C_{15}H_{31}COOH$
스테아르산(stearic acid)	$C_{17}H_{35}COOH$

일반적으로 혐기성 소화과정에서 발견되는 유기산은 카프르산까지이며, 초산이나 프로피온산이 유기산의 대부분을 차지한다. 혐기성 소화과정에서 생성되는 유기산을 휘발산(volatile acid)이라고 한다.

메테인 생성 단계는 초산이나 수소를 이용하여 메테인을 생성하는 단계로서, 메테인을 생성하는 미생물은 생장 속도가 매우 느리고 세대시간(generation time)이 짧게는 3일에서 길게는 50일 정도로 소요된다. 메테인생성균은 초산을 이용하는 메테인생성균과 수소를 이용하는 메테인생성균으로 나눌 수 있다.

초산을 이용하는 메테인생성균은 초산을 탄소원과 에너지원으로 이용하여 메테인을 생성하는 종속영양체(heterotroph)로서 아세티크라스틱 메테인생성균(aceticlastic methanogenes)이라고 하고, 초산이 없을 때는 포름산(formic acid, HCOOH)이나 메탄올(methanol, CH_3OH)을 이용하기도 한다.

$$CH_3COOH \rightarrow CH_4 + CO_2 \qquad (8.13)$$

수소이용 메테인생성균은 수소를 전자공여체와 에너지원으로 이용하고 이산화탄소를 전자수용체와 탄소원으로 이용하는 미생물이므로, 수소이용 메테인생성균은 영양학적으로 화학무기 독립영양체(chemolithoautotroph)이다.

$$4H_2 + CO_2 \rightarrow CH_4 + 2H_2O \quad (8.14)$$

혐기성 소화과정 중 생성되는 메테인의 72%는 초산이용 메테인생성균에 의해 생성된 것이고, 나머지 28%는 수소이용 메테인생성균에 의해 생성된 것이다.

유기물질이 혐기성 소화되어 메테인이 형성되는 과정은 그림 8.5와 같으며, 앞에서 설명한 바와 같이 유기물질은 초산, 프로피온산, 또는 다른 중간 대사산물로 변화하고, 그중 초산에 의해 메테인으로 생성되는 부분이 72%다.

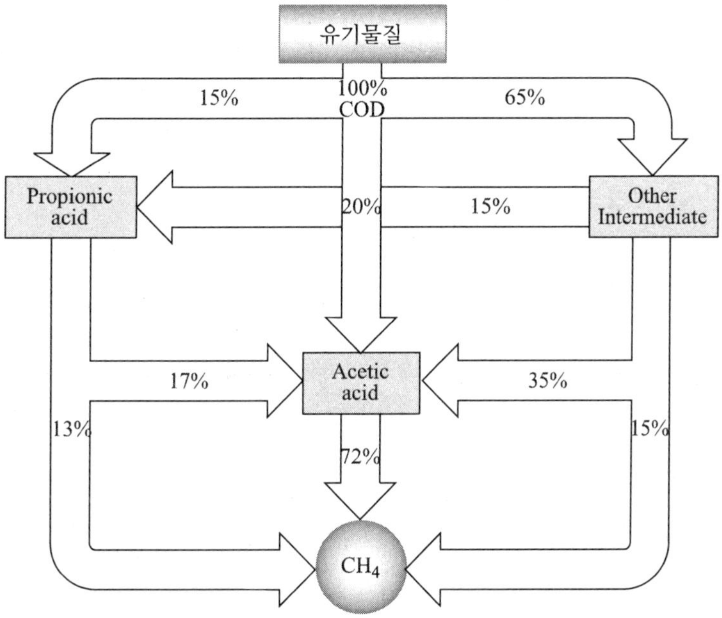

그림 8.5. 유기물질이 혐기성 분해되어 메테인을 생성하는 과정

그림 8.5에서 보는 바와 같이 유기물질의 종류에 따라 메테인을 생성하는 과정이 상이하다. 대표적으로 글루코오스(glucose, 포도당), 글루탐산(glutamic acid), 부틸산(butyric acid)산의 경우를 살펴보면 다음과 같다.

① 글루코오스($C_6H_{12}O_6$)

$$C_6H_{12}O_6 \rightarrow 3CO_2 + 3CH_4$$

이 반응에서 몰 비로 이산화탄소와 메테인이 동일하므로, 이산화탄소와 메테인이 동일하게 생성된다는 것을 알 수 있다.

글루코오스를 유기물로 하는 혐기성 소화가 발생할 경우, 위 반응과 같이 CO_3^{2-}나

HCO_3^-와 같은 알칼리도가 생성되지 않으므로 pH가 급격하게 저하될 수 있으며, pH의 급격한 저하가 발생하면 메테인 생성이 저해될 수 있다. 그러므로 pH의 급격한 저하를 막기 위해 소석회($Ca(OH)_2$)와 같은 적절한 인위적 알칼리도의 주입이 필요하다.

② **글루탐산**($C_5H_9NO_4$)

$$C_5H_9NO_4Na + 3\frac{1}{2}H_2O \rightarrow \frac{3}{4}CO_2 + 2\frac{1}{4}CH_4 + NH_4HCO_3 + NaHCO_3$$

위 반응의 몰 비로 볼 때, 생성되는 기체 중 25%는 이산화탄소 그리고 75%는 메테인이다. 또한, NH_4HCO_3와 $NaHCO_3$이 생성됨으로써 알칼리도를 나타내는 2몰의 중탄산이온(HCO_3^-)이 생성되어 pH 저하를 일부 막아 메테인 생성이 비교적 원활하다는 것을 알 수 있다.

③ **부틸산**($C_5H_9NO_4$)

$$C_4H_8O_2Na + 2H_2O \rightarrow \frac{1}{2}CO_2 + 2\frac{1}{2}CH_4 + NaHCO_3$$

이 경우에는 생성되는 가스 중 메테인이 차지하는 비율이 83% 정도이며, $NaHCO_3$이 생성되고 1몰의 중탄산이온(HCO_3^-)이 생성됨으로써 pH 저하를 어느 정도 막을 수 있으나, 글루탐산보다는 생성되는 알칼리도가 적다.

위의 대표적인 유기물질을 볼 때 글루코오스와 같은 탄수화물의 경우에는 생산되는 CH_4/CO_2는 50/50으로 동일하며, 글루탐산과 같은 단백질의 경우는 75/25, 부틸산과 같은 지방은 83/13으로 나타나 지방을 혐기성 소화할 때 가장 많은 메테인이 생성된다는 것을 알 수 있다.

전체적인 혐기성 소화과정의 반응식은 다음과 같다.

$$C_aH_bO_cN_d \rightarrow nC_wH_xO_yN_z + mCH_4 + sCO_2 + rH_2O + dNH_3 \quad (8.15)$$

여기서, s는 탄소(C)에 대한 수지를 세우고, r은 산소(O)에 대한 수지를 세워서 구한다.

$$s = a - nw - m$$
$$r = c - ny - 2s$$

유기성 폐기물이 완전히 안정화되어 잔류 폐기물이 없다고 가정하면,

$$C_aH_bO_cN_d + xH_2O \rightarrow yCH_4 + zCO_2 + \alpha NH_3 \quad (8.16)$$

탄소(C)에 대해 수지를 세우면, $a=y+z$
수소(H)에 대해 수지를 세우면, $b+2x=4y+3d$
산소(O)에 대해 수지를 세우면, $c+x=2z$
질소(N)에 대해 수지를 세우면, $d=\alpha$
위 세 식을 x, y, z에 대해 정리하면,

$$x=\frac{4a-b-2c+3d}{4}$$

$$y=\frac{4a+b-2c-3d}{8}$$

$$z=\frac{4a-b+2c+3d}{8}$$

$$\alpha=d$$

그러므로 각 값을 식 (8.16)에 대입하여 완성하면 식 (8.17)과 같다.

$$C_aH_bO_cN_d + \left(\frac{4a-b-2c+3d}{4}\right)H_2O$$
$$\rightarrow \left(\frac{4a+b-2c-3d}{8}\right)CH_4 + \left(\frac{4a-b+2c+3d}{8}\right)CO_2 + dNH_3 \quad (8.17)$$

예제 8.4 Q&A

가장 간단한 아미노산 중 하나인 글리신($C_2H_5O_2N$) 150 g이 혐기성 소화에 의해 완전 소화될 때 이론적으로 발생하는 메테인의 양(m^3)은? 또한, 메테인과 이산화탄소 발생량의 비는? 단, 이때 표준상태라고 가정한다.

Solution

먼저 글리신($C_2H_5O_2N$) 150 g을 몰로 환산해야 한다.

$$\frac{150\text{ g } C_2H_5O_2N \mid 1\text{ mol } C_2H_5O_2N}{\mid 75\text{ g } C_2H_5O_2N}=2\text{ mol } C_2H_5O_2N$$

글리신이 혐기성 소화에 의해 완전히 분해되면 다음과 같은 반응식을 거친다.

$$C_aH_bO_cN_d + xH_2O \rightarrow yCH_4 + zCO_2 + \alpha NH_3$$

식 (8.17)에서 1몰의 $C_aH_bO_cN_d$에 대해 발생되는 CH_4의 몰은 $\left(\frac{4a+b-2c-3d}{8}\right)$이므로

$$2\times\left(\frac{4a+b-2c-3d}{8}\right)=2\times\left(\frac{4\times2+5-2\times2-3\times1}{8}\right)$$
$$=2\times0.75=1.5\ \text{mol}\ CH_4$$

$$\frac{1.5\ \text{mol}\ CH_4}{} \bigg| \frac{22.4\ \text{L}\ CH_4}{1\ \text{mol}\ CH_4} \bigg| \frac{1\ \text{m}^3}{1000\ \text{L}} = 0.0336\ \text{m}^3\ CH_4$$

또한, 1몰의 $C_aH_bO_cN_d$에 대해 발생되는 CO_2의 몰은 $\left(\frac{4a-b+2c+3d}{8}\right)$이므로

$$2\times\left(\frac{4a-b+2c+3d}{8}\right)=2\times\left(\frac{4\times2-5+2\times2+3\times1}{8}\right)$$
$$=2\times1.25=2.5\ \text{mol}\ CO_2$$

표준상태 1 mol에서 발생하는 가스량은 22.4 L로 동일하므로 몰수를 비교하면 발생하는 가스량의 비교와 동일하다.

$$CH_4/CO_2=1.5\ \text{mol}/2.5\ \text{mol}=0.6$$

즉 발생하는 메테인 양은 이산화탄소 양의 60%이다.

예제 8.5

분해가능한 유기 고형물($C_5H_{11}O_2N$)이 혐기성 소화과정에서 완전분해 되었다. 이때 발생한 전체 가스 중 메테인이 차지하는 비율(%)은? 단, 표준상태라고 가정한다.

Solution

유기 고형물($C_5H_{11}O_2N$) 1몰이라고 가정한다.

$$C_aH_bO_cN_d + xH_2O \rightarrow yCH_4 + zCO_2 + \alpha NH_3$$

제시한 유기 고형물이 혐기성 소화에 의해 완전히 분해되면 CH_4, CO_2, NH_3가 생성된다.

$$C_5H_{11}O_2N + xH_2O \rightarrow yCH_4 + zCO_2 + \alpha NH_3$$

1몰의 $C_aH_bO_cN_d$에 대해 발생하는 CH_4의 몰은 $\left(\frac{4a+b-2c-3d}{8}\right)$이므로

$$1\times\left(\frac{4a+b-2c-3d}{8}\right)=1\times\left(\frac{4\times5+11-2\times2-3\times1}{8}\right)=1\times3=3\ \text{mol}\ CH_4$$

1몰의 $C_aH_bO_cN_d$에 대해 발생하는 CO_2의 몰은 $\left(\frac{4a-b+2c+3d}{8}\right)$이므로

$$1\times\left(\frac{4a-b+2c+3d}{8}\right)=1\times\left(\frac{4\times5-11+2\times2+3\times1}{8}\right)=1\times2=2\text{ mol }CO_2$$

1몰의 $C_aH_bO_cN_d$에 대해 발생하는 NH_3의 몰은 d이므로, 1몰의 NH_3가 발생한다.

또한, 1몰의 $C_aH_bO_cN_d$에 대해 이용되는 H_2O의 몰은 $\left(\frac{4a-b-2c+3d}{4}\right)$이므로

$$1\times\left(\frac{4a-b-2c+3d}{4}\right)=1\times\left(\frac{4\times5-11-2\times2+3\times1}{8}\right)=1\times1=1\text{ mol }H_2O$$

그러므로 전체 반응식을 쓰면,

$$C_5H_{11}O_2N\ +\ (1)H_2O\ \rightarrow\ (3)CH_4\ +\ (2)CO_2\ +\ (1)NH_3$$

표준상태 1 mol에서 발생하는 가스량은 22.4 L로 동일하므로, 몰수를 비교하면 발생하는 가스량을 비교하는 것과 동일하다.
그러므로 전체 발생하는 가스의 몰수는

$$3+2+1=6\text{ mol}$$

발생한 전체 가스 중 메테인이 차지하는 비율(%)은

$$\frac{3\text{ mol }CH_4}{6\text{ mol 전체}}\times100=50\%$$

예제 8.6

Q&A

유기 고형물 $C_4H_9O_3N$ 357 g이 혐기성으로 완전 소화될 때 이론적으로 발생하는 메테인과 이산화탄소의 비는? 단, 표준상태라고 가정한다.

Solution

유기 고형물 $C_4H_9O_3N$ 357 g을 몰로 먼저 환산해야 한다.

$$\frac{357\text{ g }C_4H_9O_3N}{}\left|\frac{1\text{ mol }C_4H_9O_3N}{119\text{ g }C_4H_9O_3N}\right.=3\text{ mol }C_4H_9O_3N$$

유기 고형물이 혐기성 소화에 의해 완전히 분해되면,

$$C_aH_bO_cN_d\ +\ xH_2O\ \rightarrow\ yCH_4\ +\ zCO_2\ +\ \alpha NH_3$$

1몰의 $C_aH_bO_cN_d$에 대해 발생되는 CH_4의 몰은 $\left(\frac{4a+b-2c-3d}{8}\right)$이므로

$$3\times\left(\frac{4a+b-2c-3d}{8}\right)=3\times\left(\frac{4\times4+9-2\times3-3\times1}{8}\right)=3\times2=6\text{ mol }CH_4$$

또한, 1몰의 $C_aH_bO_cN_d$에 대해 발생되는 CO_2의 몰은 $\left(\frac{4a-b+2c+3d}{8}\right)$이므로

$$3\times\left(\frac{4a-b+2c+3d}{8}\right)=3\times\left(\frac{4\times4-9+2\times3+3\times1}{8}\right)=3\times2=6\text{ mol }CO_2$$

표준상태 1 mol에서 발생하는 가스량은 22.4 L로 동일하므로 몰수를 비교하면 발생하는 가스의 양이 동일하다.

$$CH_4/CO_2=6\text{ mol}/6\text{ mol}=1$$

그러므로 이 경우 메테인과 이산화탄소 발생량은 동일하다.

예제 8.7

유기 고형물 $C_{68}H_{111}O_{50}N$ 100 kg을 혐기성으로 완전 소화할 때 이론적으로 필요한 물의 양(kg)은? 단, 표준상태라고 가정한다.

Solution

유기 고형물 $C_{68}H_{111}O_{50}N$ 100 kg을 몰로 먼저 환산한다.

$$\frac{100\text{ kg }C_{68}H_{111}O_{50}N}{} \left|\frac{1\text{ kmol }C_{68}H_{111}O_{50}N}{1{,}741\text{ kg }C_{68}H_{111}O_{50}N}\right|\frac{1{,}000\text{ mol}}{1\text{ kmol}}=57.4\text{ mol }C_{68}H_{111}O_{50}N$$

유기 고형물이 혐기성 소화에 의해 완전히 분해되면,

$$C_aH_bO_cN_d\ +\ xH_2O\ \rightarrow\ yCH_4\ +\ zCO_2\ +\ \alpha NH_3$$

1몰의 $C_aH_bO_cN_d$에 대해 필요한 H_2O의 몰은 $\left(\frac{4a-b-2c+3d}{4}\right)$이므로

$$57.4\times\left(\frac{4a-b-2c+3d}{4}\right)=57.4\times\left(\frac{4\times68-111-2\times50+3\times1}{4}\right)$$
$$=57.4\times16=918.4\text{ mol }H_2O$$

$$\frac{918.4\text{ mol }H_2O}{}\left|\frac{18\text{ g }H_2O}{1\text{ mol }H_2O}\right|\frac{1\text{ kg}}{1{,}000\text{ g}}=16.5\text{ kg }H_2O$$

고형폐기물이 하수 슬러지와 혼합된 경우, 혐기성 소화조로부터 수집된 소화가스에는 50~60%의 메테인가스가 포함되어 있다. 또한 1 kg의 휘발성 고형물에서 0.66 m^3의 소화가스가 발생하며, 1 kg의 전체 유기성 고형물 소화과정에서 발생하는 소화가스의 양은 0.44 m^3다.

예제 8.8

유량 100 m^3/day이고 유기물 농도 20,000 ppm인 슬러지를 혐기성 소화 처리한다. 슬러지 내 유기물의 60%가 소화되었을 때 발생하는 소화가스발생량(m^3/day)은? 단, 유기물 소화에 따른 가스발생량은 500 L/kg 유기물이고, 슬러지의 비중은 1.05로 가정한다.

Solution

유기성 액상폐기물인 슬러지의 발생량을 질량유량으로 계산한다. 슬러지 비중 1.05이므로 밀도는 1.05 g/cm^3이다.

$$\frac{100\ \text{m}^3}{\text{day}} \left| \frac{1.05\ \text{g}}{\text{cm}^3} \right| \frac{10^6\ \text{cm}^3}{1\ \text{m}^3} \left| \frac{1\ \text{kg}}{1{,}000\ \text{g}} \right. = 105{,}000\ \text{kg/day}$$

슬러지 내 유기물의 60%가 소화되므로 소화되는 유기물의 질량은

$$\frac{105{,}000\ \text{kg 슬러지}}{\text{day}} \left| \frac{20{,}000\ \text{kg 유기물}}{10^6\ \text{kg 슬러지}} \right| 0.6 = 1{,}260\ \text{kg 유기물/day}$$

유기물 소화에 따른 가스발생량은 500 L/kg 유기물이므로

$$\frac{1{,}260\ \text{kg 유기물}}{\text{day}} \left| \frac{500\ \text{L 가스}}{\text{kg 유기물}} \right| \frac{1\ \text{m}^3}{1{,}000\ \text{L}} = 630\ \text{m}^3\ \text{가스/day}$$

8.3.2. 혐기성 소화의 특징

호기성 소화와 비교한 혐기성 소화의 특징을 간단히 살펴보면 다음과 같다.

(1) 혐기성 소화의 장점

① 소화슬러지는 화학적으로 안정화되어 있으므로 농축성과 탈리성이 좋다. 즉 슬러지의 탈수와 건조가 용이하다.

② 소화과정에서 획득한 에너지 대부분을 발효를 위한 에너지나 생존에 필요한 에너지로 사용하기 때문에 생장에 사용되는 에너지가 적어 세균의 증식량이 매우 적어 매우 유리하다.

③ 혐기성 소화가 잘 일어나기 위해서는 메테인생성균이 생장하기 적절한 온도로 소화조 내를 유지하여야 하는데, 이에 필요한 열원은 생성된 메테인가스를 이용할 수 있어 효과적이다. 이로 인하여 혐기성 소화조의 소요 에너지는 호기성 소화조

에 비해 적다.

④ 포기 장치와 같은 동력시설이 필요하지 않으므로 운전비용이 적다.

⑤ 열이 발생하여 기생충 알이나 전염병 유발 세균을 사멸할 수 있다.

(2) 혐기성 소화의 단점

① 소화과정을 거친 소화슬러지는 탈수 과정을 거치는데, 이 과정에서 발생되는 물이 탈리액이다. 탈리액의 BOD 농도는 소화과정에서 상당히 낮아졌으나, 여전히 BOD 농도가 높으므로 바로 방류할 수는 없고 적절한 호기성 처리과정을 거쳐야 한다. 통상 탈리액은 1차 침전지로 다시 반송하여 재처리해야 한다.

② 반응 단계가 매우 느리므로 소화기간이 비교적 오래 걸린다.

③ 혐기성 세균, 특히 메테인생성세균은 온도, pH 및 여러 화학물질의 영향에 민감하다.

④ 소화과정에서 발생하는 가스(소화 가스)는 냄새가 심하며 부식성이 높은 편이다. 예를 들면 황화수소(H_2S)는 우유나 달걀의 부패취를 내고, 암모니아(NH_3)는 육류 부패취, 메틸메르캅탄(CH_3SH, methyl mercaptan)은 채소 부패취, 트리메틸아민($(CH_3)_3N$, trimethyl amine)는 어패류 부패취를 내는 것으로 알려져 있다.

예제 8.9 Q&A

슬러지 300 m^3/day를 중온소화할 때 얻을 수 있는 소화가스의 열량(kcal/day)은? 단, 소화가스는 전량 메테인으로 가정하고 메테인의 발열량은 9,000 kcal/m^3이고 발생가스량은 슬러지 투입량의 6배로 한다.

Solution

발생 소화가스량은 슬러지 투입량의 6배로 하고, 소화가스는 전량 메테인으로 가정하므로

$$300\ m^3/day \times 6 = 1{,}800\ m^3\ CH_4/day$$

$$\frac{1{,}800\ m^3\ CH_4}{day}\left|\frac{9{,}000\ kcal}{m^3}\right. = 1.62\times10^7\ kcal/day$$

8.3.3. 혐기성 소화의 영향인자

혐기성 소화는 온도, 체류시간, pH, 황산염 환원세균과 메테인생성균의 경쟁, 독성물

질의 존재 여부 등에 의해 영향을 받는다.

(1) 온도

중온성 소화조의 경우 25～40℃의 범위에서 운전되고, 고온성 소화조는 50～65℃의 범위에서 운전된다. 고온성 소화조는 높은 슬러지 부하에서 운전가능하고 소화조 내의 병원성 미생물을 사멸시킨다는 장점이 있으나, 독성물질에 대한 민감도가 높다는 단점도 있다. 또한, 고온으로 유지할 수 있는 열원이 있는 경우를 제외하고는 고온 소화는 경제적이 아니므로 일반적으로 중온성 소화로 운전하는 것이 적절하다. 중온성 소화조의 경우, 최적의 운전범위는 30～35℃이다.

(2) 체류시간

중온과 고온 혐기성 소화조의 체류시간은 대개 25～35일이지만 좀 더 단기간으로 운전할 수도 있다.

(3) pH

메테인생성균은 pH 6.7～7.4 범위에서 생장하나, 최적 pH는 7.0～7.2이다. pH가 6.0 이하로 떨어지면 메테인생성균의 생장이 저해되어 혐기성 소화 운전이 실패할 수 있다. 혐기성 소화과정에서 산생성균에 의해 유기산이 생성되어 소화조의 pH는 감소하나, 메테인생성균이 생성하는 알칼리도(alkalinity) 물질인 중탄산이온(bicarbonate, HCO_3^-)에 의해 중화되어 pH의 감소를 억제할 수 있다. 소화조 내 자체 알칼리도가 부족한 경우에는 pH가 떨어지는 것을 막기 위해 인위적으로 소석회($Ca(OH)_2$), 가성소다(NaOH), 중탄산나트륨($Na(HCO_3)$) 등을 적절하게 투입해 주어야 한다.

(4) 독성물질의 존재

혐기성 소화조의 실패 원인 중 하나는 독성물질의 유입이다. 메테인생성균에게 생장억제효과를 유발하는 독성물질은 산소(O_2), 암모니아(NH_3), 염화탄화수소(chlorinated hydrocarbon), 벤젠고리 화합물(benzene ring compound), 포름알데히드(formaldehyde, HCHO), 휘발성 산(volatile acid), 긴사슬 지방산(long chain fatty acid), 중금속(heavy metals), 사이안화물(cyanide), 황화물(sulfide), 탄닌(tannins), 염분(salinity) 등이 있다. 메테인생성균에게 독성을 주는 이온을 정리하면 표 8.2와 같다.

표 8.2. 메테인생성균에 독성 영향을 미치는 양이온

양이온	독성을 감소시키는 양이온 (길항작용)	독성을 증가시키는 양이온 (상승작용)
Na^+	K^+	
Na^+		NH_4^+
Na^+		Ca^{2+}
Na^+		Mg^{2+}
NH_4^+	Na^+	
NH_4^+		K^+
NH_4^+		Ca^{2+}
NH_4^+		Mg^{2+}
K^+	Na^+	
K^+	Ca^{2+}	
K^+	Mg^{2+}	
K^+	NH_4^+	
Mg^{2+}	Na^+	
Mg^{2+}	K^+	
Mg^{2+}		NH_4^+
Mg^{2+}		Ca^{2+}
Ca^{2+}	Na^+	
Ca^{2+}	K^+	
Ca^{2+}		NH_4^+
Ca^{2+}		Mg^{2+}

8.3.4. 혐기성 소화공정

혐기성 소화공정은 크게 1단 소화(single stage digester)와 2단 소화(two stage digester)로 나눌 수 있다.

1단 소화공정은 그림 8.6과 같이 하나의 반응조 안에서 기계적 교반, 가열, 가스 포집, 슬러지 유입/유출, 상징액 배출 등의 기능을 모두 수행하는 공정으로서, 슬러지 소화 속도가 느리다는 의미에서 저속 혐기성 소화공정이라고도 한다.

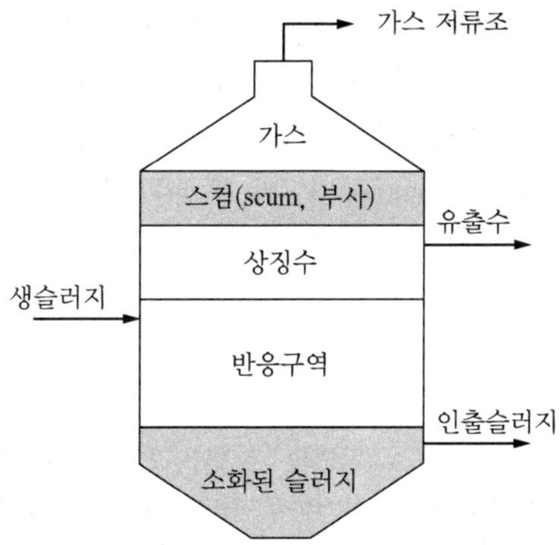

그림 8.6. 1단 소화공정

슬러지의 소화와 침전은 소화탱크 내부에서 발생하며, 탱크 하부로부터 상부로 소화슬러지, 소화(반응)중인 슬러지, 상징액, 스컴층, 가스층으로 형성되어 있다. 슬러지가 계속 혼합, 가열되는 상태에서는 높은 슬러지 부하율(sludge loading rate)로 운전할 수 있다. 유효 반응용적이 전체의 절반밖에 되지 않으며 체류시간도 30~60일 정도로 길게 유지해야 한다. 이러한 단점으로 인하여 소규모 슬러지 처리에만 주로 사용된다.

2단 소화공정은 그림 8.7과 같이 반응조와 고액분리조로 구성되어 있는 소화공정이다.

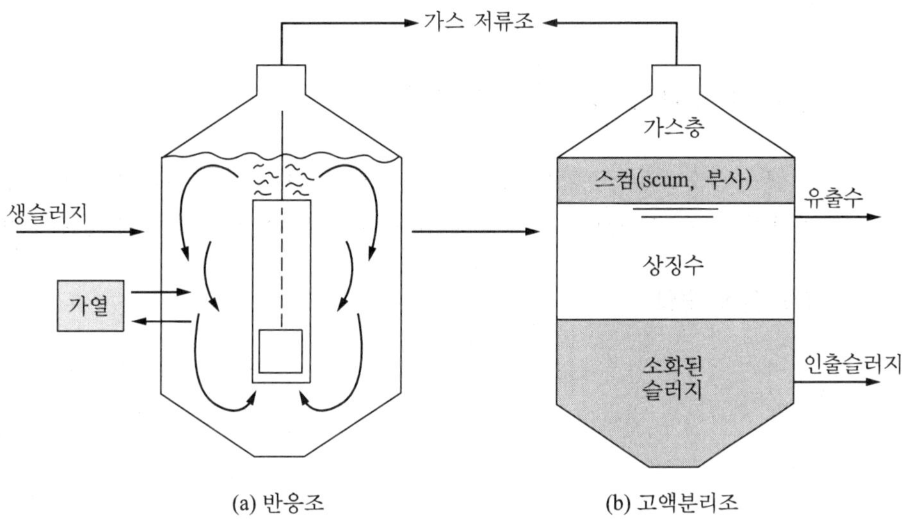

그림 8.7. 2단 소화공정

첫 번째 조는 반응조로서 슬러지의 안정화를 위해 계속 혼합, 가열되어 소화반응이 계속되는 조로서 전체 유효용적이 유효 반응용적이 되도록 운전한다. 두 번째 조는 전체 슬러지가 소화슬러지와 상징액, 스컴(scum)층, 가스층으로 구분되는 고액분리조로, 슬러지의 농축(thickening)과 저장이 이루어진다. 2단 소화는 높은 슬러지 부하와 짧은 체류시간의 조건으로 운전할 수 있다.

예제 8.10

TSS 30,000 mg/L이고 VSS는 TSS의 60%인 슬러지를 60 kL/day의 유량으로 혐기성 소화 처리할 때, 발생되는 소화가스발생량(m^3/day)은? 단, 슬러지 소화에 따른 가스발생량은 500 L/kg VSS이고, VSS는 완전소화되는 것으로 가정한다.

Solution

유기성 액상폐기물인 슬러지의 발생량을 VSS의 질량유량으로 계산한다.

60 kL 슬러지	30,000 mg TSS	60 mg VSS	1000 L	1 kg	
day	L 슬러지	100 mg TSS	1 kL	10^6 mg	= 1,080 kg VSS/day

유기물 소화에 따른 가스발생량은 500 L/kg VSS이므로

1,080 kg VSS	500 L 가스	1 m^3	
day	kg VSS	1,000 L	= 540 m^3 가스/day

8.3.5. 혐기성 소화조 발생가스의 탈황

혐기성 소화조에서 발생하는 가스는 악취를 유발하는 물질이 많아서 도시지역에서는 문제가 될 수 있으므로, 악취 유발 물질 중 황화수소를 적절하게 제거할 필요가 있다.

(1) 건식 탈황

이 방법에는 산화제를 사용하는 방법과 수산화제2철을 사용하는 방법이 있다. 산화제를 사용하는 방법은 황화수소(H_2S)를 산화시켜 제거하는 방법으로서, 다음 반응을 거친다.

$$Fe_2O_3 \cdot 2H_2O + 2H_2S \rightarrow 2FeS + S + 6H_2O$$

이 반응은 산화 - 환원 반응으로서 산화 상태의 3가의 산화철($Fe_2O_3 \cdot 2H_2O$)를 이용하여 환원 상태의 $H_2S(S^{2-})$를 산화 상태의 $S(S^0)$로 전환시킨다.

수산화제2철을 사용하는 방법은 다음과 같다.

$$2Fe(OH)_3 + 3H_2S \rightarrow Fe_2S_3 + 6H_2O + 14.79\ kcal$$

이 방법은 황을 산화시키지는 않으나, H_2S를 Fe_2S_3로 변화시키는 발열반응이다. Fe_2S_3는 산소를 이용한 산화 반응에 의해 재생되어 탈황제로 재사용할 수 있다.

$$2Fe_2S_3 + 3O_2 + 6H_2O \rightarrow 4Fe(OH)_3 + 3S_2 + 288\ kcal$$

(2) 습식 탈황

수세식 탈황을 의미하며, 수세만으로 90% 이상 탈황할 수 있다.

흡수탑 상부에서 떨어뜨리는 2～3%의 탄산나트륨(Na_2CO_3)용액에 황화수소를 흡수시켜 제거한다.

$$Na_2CO_3 + H_2S \rightarrow NaHS + NaHCO_3$$

이는 탄산나트륨의 산 - 염기 반응에 따른 것으로, 탄산나트륨은 물과 반응하며 가성소다(NaOH)와 같은 강한 알칼리성을 나타낸다.

$$Na_2CO_3 + H_2O \rightarrow NaOH + NaHCO_3$$

여기서 생성된 가성소다(NaOH)는 황화수소와 산 - 염기 반응을 통해 황화수소를 황화수소나트륨(NaHS)으로 전환한다.

$$\underset{\text{염기}}{NaOH} + \underset{\text{산}}{H_2S} \rightleftarrows Na^+ + H_2O + HS^- \rightarrow NaHS + H_2O$$

8.4 폐기물의 연소

연소는 빛과 열이 있는 급격한 산화 화학반응으로, 고형폐기물의 연소는 폐기물의 양과 부패성을 줄이기 위해 사용된다. 고형폐기물의 주요 원소는 탄소, 수소, 산소, 질소, 황 등이고, 고형폐기물의 이상적인 연소로부터 발생하는 가스는 탄산가스(CO_2), 수

증기(H_2O), 산소(O_2), 질소(N_2), 아황산가스(SO_2) 등이 대부분이다.

순수한 유기물의 완전연소는 다음과 같이 CO_2와 H_2O가 생성되며 열이 생성되는 발열반응으로 이루어진다.

$$(HC)_n + O_2 \rightarrow CO_2 + H_2O + \text{열}$$

실제 과정에서는 유황화합물이나 질소화합물과 같은 오염물이 포함되는 경우가 많다. 질소가 포함되어 있으면 다음과 같은 반응이 일어난다.

$$N_2 + O_2 \rightarrow 2NO$$

위 반응은 1,500℃ 이상의 높은 온도에서 일어나는 반응으로, 이때 생성된 질소산화물은 광화학 스모그의 생성과 관련된 주요 화합물의 하나인 이산화질소(NO_2)로 산화된다.

황은 연소 장비에서 부식을 일으키고, 대기오염의 주요 원인 물질이 된다.

황화합물은 연소과정에서 다음과 같이 이산화황(SO_2)이나 삼산화황(SO_3)으로 산화되고, 이 화합물들은 물에 쉽게 용해되어 황산을 형성하게 되어, 강한 산으로 인해 부식성을 가지게 된다.

$$S + O_2 \rightarrow SO_2$$
$$2SO_2 + O_2 \rightarrow 2SO_3$$
$$SO_3 + H_2O \rightarrow H_2SO_4$$

연소에는 절대적으로 산소가 필요하며, 필요한 산소는 대부분 공기에서 공급된다. 공기는 체적으로 21%의 산소를 가지고 있으므로 연소에 필요한 화학양론적 공기는 산소요구량을 알면 계산 가능하다.

예제 8.11

메테인가스 1 kg을 완전연소하는 데 필요한 공기량(kg)은?

Solution

먼저 메테인의 연소반응을 구해야 한다. 탄화수소를 연소하면 이산화탄소와 물이 생성된다.

$$CH_4 + 2O_2 \rightarrow CO_2 + 2H_2O$$

모든 반응은 몰 비에 따른 반응이므로, 메테인의 몰수를 계산해야 한다. 그리고 반응식에서 메테인 1몰은 2몰의 산소와 반응하므로 필요한 산소의 몰수를 계산할 수 있다.

$$\frac{1\ \text{kg CH}_4}{} \left| \frac{1\ \text{kmol CH}_4}{16\ \text{kg CH}_4} \right| \frac{2\ \text{kmol O}_2}{1\ \text{kmol CH}_4} = 0.125\ \text{kmol O}_2$$

공기는 체적으로 21%의 산소를 가지고 있고 기체에서 몰 비와 부피 비는 동일한 것으로 생각할 수 있으므로, 공기 1몰에는 0.21몰의 산소가 있는 것으로 생각할 수 있다. 또한, 공기의 평균분자량은 28.84 g/mol이므로,

$$\frac{0.125\ \text{kmol O}_2}{} \left| \frac{1\ \text{kmol 공기}}{0.21\ \text{kmol O}_2} \right| \frac{28.84\ \text{kg 공기}}{1\ \text{kmol 공기}} = 17.17\ \text{kg 공기}$$

8.4.1. 연소 화학

연소에서 많이 사용되는 용어는 연료에 관한 것으로, 연료는 연소시에 발생하는 열을 경제적으로 이용할 수 있는 가연물질로서, 종류는 크게 고체연료, 액체연료, 기체연료로 구분한다.

고체연료에는 석탄, 코크스, 목탄, 장작 등이 있으며, 액체연료는 중유(heavy oil), 가솔린(gasoline) 등이 대표적이다. 기체연료는 석탄가스(coal gas), 발생로 가스(producer gas), 수성가스(water gas), 천연가스(natural gas) 등이 있다.

여기서, 발생로 가스는 발생로에서 석탄, 코크스, 목탄 따위를 가열하면서 적당량의 공기를 불어 넣어 얻는 연료용 가스로서 발열량은 적으나 만들기가 쉬운 특징이 있다. 발생로 가스는 불완전연소에 의한 일산화탄소와 질소를 주성분으로 하며, 약간의 수소, 메테인, 이산화탄소를 포함한다. 수성가스는 고온으로 가열한 코크스에 수증기를 작용시키면 생기는 가스로서, 수소와 일산화탄소가 주성분이다. 천연가스는 탄화수소 가스가 대부분이며, 메테인(methane, CH_4), 에테인(ethane, C_2H_6), 프로페인(propane, C_3H_8), 뷰테인(butane, C_4H_{10}), 펜테인(pentane, C_5H_{12}) 등이 있다.

(1) 열량

열량은 물체가 주거나 받는 열의 양, 즉 에너지의 양이다. 물체에 열을 가하면 온도가 올라간다. 이때 가해진 열의 양이 열량이고 열량의 단위로는 보통 칼로리(calorie, cal)를 사용한다. 1 cal는 1 g의 물을 1℃ 올리는데 필요한 열량이다. 열은 에너지이고 국제단위계에서 에너지의 단위는 줄(J)을 사용한다.

$$1\ \text{cal} = 4.184\ \text{J} \fallingdotseq 4.2\ \text{J}$$

(2) 발열량

단위 질량의 물질이 완전히 연소할 때 발생하는 열량을 말하며, 주로 연료에 대해 사용되는 연소열과 같은 동일하다. 질량 1 kg의 고체나 액체연료 또는 부피 1 m^3의 기체연료가 완전연소했을 때 발생하는 열량을 kcal로 나타낸 것으로, 단위는 kcal/kg 또는 kcal/m^3을 사용한다. 연료의 성능을 나타내는 가장 중요한 기준이므로, 발열량이 클수록 연료 효율이 좋다.

발열량은 크게 고발열량과 저발열량으로 나눈다. 발열량의 표시에는 총발열량과 순발열량의 두 종류가 있다. 일정 부피를 가진 열량계 봄베 내의 연소과정에서 생성된 수증기는 다량의 잠열(숨은 열)을 가지고 있으며, 수증기를 응축 액화할 때 잠열을 방산한다. 그러므로 총발열량은 연소열과 잠열을 포함한 것이고, 순발열량은 잠열을 제외한 순수 연소열만을 의미한다. 따라서 총발열량량을 고발열량(higher calorific power, H_h), 순발열량을 저발열량(lower calorific power, H_l) 또는 진발열량이라고도 한다. 발열량계에서 측정하는 것은 총발열량이고, 연료의 원소분석과 공업분석 또는 완전연소에 필요한 산소량 등 계산적인 방법으로 구하는 것은 순발열량이다.

고발열량과 저발열량의 관계를 식으로 표현하면 다음과 같다.

$$H_h = H_l + H_s$$

여기서, H_s는 폐기물의 잠열으로서, 물의 잠열을 계산하여 구할 수 있다. 물의 잠열은 0°C에서 약 597.3 kcal/kg H_2O ≒ 600 kcal/kg H_2O이다.

그러므로 위 식은 다음과 같이 정의된다.

$$H_h = H_l + H_s = H_l + 600\left(\frac{18}{2}h + W\right) = H_l + 600(9h + W)$$

여기서, h : 연료 중 수소(H_2)의 함량(kg/kg)
W : 연료 중 수분(H_2O)의 함량(kg/kg)

연료 중 수소가 있으면 연소과정에서 물이 형성되고 이는 잠열로 작용할 수 있으므로 다음과 같이 계산된다.

h H_2 kg	1 kmol H_2	1 kmol H_2O	18 kg H_2O
연료 kg	2 kg H_2	1 kmol H_2	1 kmol H_2O

이 식은 고체와 액체연료의 경우에 사용될 수 있다.

예제 8.12

수소 함량이 15%, 수분 함량이 0.5%인 중유의 고발열량이 10,500 kcal/kg일 때, 저발열량(kcal/kg)은?

Solution

$$H_l = H_h - 600(9h + W)$$
$$= 10{,}500 - 600(9\times0.15 + 0.005) = 9{,}687 \text{ kcal/kg}$$

(3) 비열

비열(specific heat)은 단위질량에 가해진 열량과 이에 따른 온도 변화의 비, 즉 단위 질량의 물질을 1℃ 상승시키는데 필요한 열량을 말한다. 표준 단위는 J/g·K이고, cal/g·℃를 사용하기도 한다.

(4) 열용량

열용량(heat capacity)이란 어떤 계의 온도 상승(또는 하강)에 대한 그 계가 흡수한(또는 방출한) 에너지 또는 엔탈피의 비로써, 어떤 물질의 온도를 1℃ 높이는데 필요한 열량을 의미한다. 표준 단위는 J/K이고, cal/℃를 사용하기도 한다.

예제 8.13

다음 공정에서, 물질의 열용량(cal/℃)과 비열(cal/g·℃)을 계산하라.

$$H_2O_{(l)}(0℃) \rightarrow H_2O_{(l)}(25℃), \qquad \Delta H = 450 \text{ cal/mol}$$

Solution

열용량과 비열은 각각 다음과 같다.

450 cal	1 mol		
mol		25℃	= 18 cal/℃

18 cal		1 mol H_2O	
℃	1 mol H_2O	18 g H_2O	= 1 cal/g·℃

(5) 잠열

잠열(latent heat)은 숨은 열로서 물질의 상태가 기체와 액체, 또는 액체와 고체 사이에서 변화할 때 흡수 또는 방출하는 열로 계의 상태가 변화할 때 출입하는 열을 총칭한다. 열의 출입이 있어도 온도는 변하지 않으므로 이 열을 잠열이라 부른다. 온도를 올렸을 때 생기는 변화에서는 잠열의 흡수가, 그 반대의 변화에서는 잠열의 방출이 일어난다. 잠열에는 고체가 액체로 변할 때는 융해열, 액체가 고체로 변할 때는 응고열, 액체가 기체로 변할 때는 기화열(증발열), 기체가 액체로 바뀔 때는 액화열, 고체가 기체로 바뀔 때는 승화열이 있다(그림 8.8). 단위는 cal/g 또는 cal/mol이 있다.

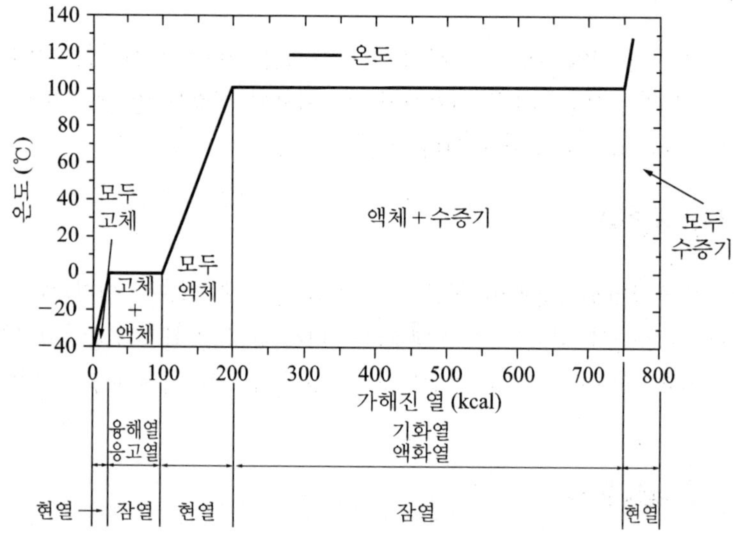

그림 8.8. 잠열의 의미

물의 온도에 따른 잠열은 표 8.3과 같다. 온도가 증가할수록 잠열은 감소한다.

표 8.3. 물의 잠열(kcal/kg)

물의 온도	물의 잠열
0℃	597
10℃	592
15℃	589
20℃	586
25℃	583
100℃	539

(6) 포화온도, 포화증기, 과열증기

그림 8.9에서 보는 바와 같이 액체를 가열하면 온도는 차차 상승하고 액체의 종류와 액체에 가해지는 압력에 의해 결정되는 어떤 온도에 달하면, 증기를 발생시키고 비등이 시작될 때의 온도를 말한다. 또한, 포화온도에서 증발한 증기는 포화증기(saturated vapor), 포화온도 이상으로 가열하여 생성된 증기는 과열증기(superheated vapor)로서 열량이 높은 증기이다.

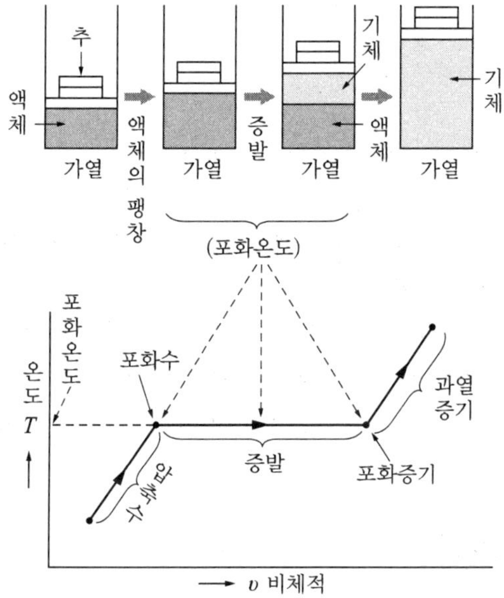

그림 8.9. 포화온도, 포화증기, 과열증기

(7) 인화점, 연소점, 착화온도, 착화열

인화점(flash point) 또는 인화온도는 일정 조건으로 시료를 가열하였을 때 기체 또는 휘발성 액체에서 발생하는 증기가 공기와 가연성 혼합 기체를 형성하고 여기에 불꽃을 가까이하면 순간적으로 빛을 내면서 연소하는 시료의 온도를 말한다.

인화점을 넘어 다시 가열을 계속하면 화염을 가까이하였을 때 연속하여 연소하는 온도에 이르는데, 이 온도를 연소점(fire point)이라고 한다.

착화온도(ignition temperature)는 연료가 공기의 존재하에서 연소를 일으킬 수 있는 온도의 하한값으로, 가연물이 공기 속에서 가열되고 열이 축적되어 외부로부터 점화되지 않아도 스스로 연소를 개시하는 온도를 의미한다. 착화점, 발화점 또는 발화온도라고도 한다. 착화온도는 고체연료에 주로 사용되고, 액체 및 기체연료에서는 발화온도 또는 점화온도라고 하는 경우가 많다. 착화온도의 일례는 다음 표 8.4와 같다.

표 8.4. 고체연료에 따른 착화온도

종 류	착화온도
장작	250～300℃
목탄	320～400℃
갈탄	250～450℃
역청탄	320～400℃
무연탄	400～500℃
코크스	500～600℃
황	630℃
중유	530～580℃

또한, 연료를 최초의 온도에서 착화온도까지 가열하는 데 필요한 열량을 착화열(ignition heat)이라고 한다.

낮은 착화온도를 가지는 물질의 특징을 살펴보면 다음과 같다. 화합물의 분자구조가 복잡할수록, 화학결합의 활성도가 커서 화학반응성이 클수록, 발열량이 클수록, 공기 중 산소농도와 압력이 클수록, 석탄의 탄화도가 작을수록, 고체연료의 비표면적이 클수록 착화온도는 낮아진다.

(8) 표준생성열

연소열을 이해하기 위해서는 기본적으로 표준생성열과 반응열을 알아야 한다.

생성반응이란 구성원소로부터 단일 화합물이 생성되는 반응이다. 그러므로 어떤 화합물 1 mole이 그 성분의 구성 원소로부터 생성될 때, 흡수 또는 방출되는 열량을 그 물질의 생성열이라고 하며, 25℃, 1기압에서의 생성열을 표준생성열(standard heat of formation)이라고 한다. 표준생성열의 기호는 $\Delta \hat{H}_f^o$로 표시한다. 여기서, Δ는 엔탈피의 변화를 나타내고, 하첨자 f는 formation이라는 뜻으로 생성열을 의미하고, 상첨자 o는 표준상태(25℃, 1기압)의 조건을 말하며, ^ 표시는 mol당 에너지 즉, cal/mol을 의미한다.

탄산칼슘(석회석)의 생성반응은 다음과 같다.

$$Ca + C + 3/2\, O_2 \rightarrow CaCO_3$$

그러나 다음 반응은 구성원소로부터 단일 화합물이 생성되는 생성반응이 아니라 화합물들에서 화합물이 합성되는 합성반응이라 할 수 있다.

$$Ca^{2+} + HCO_3^- \rightarrow CaCO_3^+ + H^+$$

생성반응은 항상 1 mole의 화합물이 생성되는 반응을 의미하며, 생성열은 생성화합물 1 mole당 반응열이다. 어느 한 온도의 반응열을 알면 다른 온도에서의 반응열을 계산할 수 있다. 그러므로 표준상태에서의 표준생성열을 계산할 수 있으면, 임의의 다른 온도에서의 생성열을 계산할 수 있다.

생성열의 단위는 cal/mol로 표시된다.

어느 원소의 고유한 표준엔탈피($\hat{H}_i^o$)는 측정할 수 없다. 그러나 표준상태(25℃, 1기압)에서 모든 원소의 가장 안정한 형태의 표준엔탈피($\hat{H}_i^o$)를 0으로 정하여 기준으로 삼으면, 이를 기준으로 각종 화학종의 엔탈피 값을 결정할 수 있다. 이를 표준생성엔탈피($\Delta\hat{H}_f^o$)라 한다.

만약, 수소가스의 전환 반응을 생각해 보면,

$$CO_{2(g)} + H_{2(g)} \rightarrow CO_{(g)} + H_2O_{(g)}$$

위 반응은 25℃ 보다 높은 온도에서 일어나는 반응이다. 그러나 우리가 구할 수 있는 자료는 표준상태(25℃, 1기압)의 것이고, 일단 표준생성열을 먼저 계산하고 이를 이용하여 표준반응열을 계산할 수 있다. 표준반응열을 구한 다음 실제 온도에서의 반응열을 계산할 수 있다.

위 반응에 관여하는 $CO_{2(g)}$, $H_{2(g)}$, $CO_{(g)}$, $H_2O_{(g)}$의 표준생성엔탈피(열)를 먼저 구한다.

(1) $CO_{2(g)}$: $C_{(s)} + O_{2(g)} \rightarrow CO_{2(g)}$ $\Delta\hat{H}_f^o = -94{,}051$ cal/mol

(2) $H_{2(g)}$: $\Delta\hat{H}_f^o = 0$ cal/mol

(3) $CO_{(g)}$: $C_{(s)} + 1/2\ O_{2(g)} \rightarrow CO_{(g)}$ $\Delta\hat{H}_f^o = -26{,}416$ cal/mol

(4) $H_2O_{(g)}$: $H_{2(g)} + 1/2\ O_{2(g)} \rightarrow H_2O_{(g)}$ $\Delta\hat{H}_f^o = -57{,}798$ cal/mol

위의 표준생성엔탈피는 여러 책에 있는 자료를 이용할 수 있다. 앞에서 언급한 바와 같이 수소는 모든 원소의 가장 안정한 형태의 표준엔탈피($\hat{H}_i^o$)를 0으로 정하여 기준으로 삼았기 때문에 수소의 표준생성엔탈피도 0 cal/mol이다. 마찬가지로 산소와 순수탄소의 표준생성엔탈피도 0 cal/mol이다.

위 반응식의 (1) 반응에서 $CO_{2(g)}$는 실제 반응에서 생성물로 작용하는 것이 아니라 반응물로 작용하고 있으므로 위 생성반응의 역반응을 기술해야 한다. 그러므로 표준생성엔탈피의 값도 −94,051 cal/mol가 아닌 +94,051 cal/mol가 되어야 한다. 또한 실제 반응에서 1몰이 반응에 관여하므로 $\Delta \hat{H}_f^o$가 아닌 ΔH_f^o는 (94,051 cal/mol) × 1 mol = 94,051 cal가 된다. 여기서, $\Delta \hat{H}_f^o$는 표준생성엔탈피(cal/mol)라고 하고, ΔH_r^o는 표준반응열(cal)이라 한다.

	$CO_{2(g)} \rightarrow \cancel{C}_{(s)} + \cancel{O}_{2(g)}$	$\Delta H_f^o = +94{,}051$ cal
	$H_{2(g)} \rightarrow \cancel{H}_{2(g)}$	$\Delta H_f^o = 0$ cal
	$\cancel{C}_{(s)} + 1/\cancel{2}O_{2(g)} \rightarrow CO_{(g)}$	$\Delta H_f^o = -26{,}416$ cal
+	$H_2O_{(g)} : \cancel{H}_{2(g)} + 1/\cancel{2}O_{2(g)} \rightarrow H_2O_{(g)}$	$\Delta H_f^o = -57{,}798$ cal
	$CO_{2(g)} + H_{2(g)} \rightarrow CO_{(g)} + H_2O_{(g)}$	$\Delta H_r^o = 9{,}837$ cal

예제 8.14

다음 실험 결과를 이용하여 CO의 표준생성열을 계산하라.

(1) $C_{(s)} + O_{2(g)} \rightarrow CO_{2(g)}$ $\quad Q = -393.51$ kJ/mol

(2) $CO_{(g)} + 1/2\ O_{2(g)} \rightarrow CO_{2(g)}$ $\quad Q = -282.99$ kJ/mol

Solution

CO의 표준생성반응식은 다음과 같다.

$$C + 1/2\ O_2 \rightarrow CO$$

(1)번 식에서 (2)번 식을 빼면 CO의 표준생성반응식이 만들어진다.

$$\Delta \hat{H}_f^o = -393.51 \text{ kJ/mol} - (-282.99 \text{ kJ/mol}) = -110.52 \text{ kJ/mol}$$

(9) 반응열

반응열(heat of reaction, 반응엔탈피)은 반응물이 반응하여 생성물이 될 때의 엔탈피 변화이다. 또한, 표준상태(25℃, 1기압)에서 이론량의 반응물이 완전히 반응하여 이론량의 생성물이 될 때의 반응열을 표준반응열(ΔH_r^o)이라 한다.

예를 들어, 아래와 같은 반응의 표준반응열은 다음과 같은 방식으로 계산한다.

$$C_6H_{6(g)} + 3H_{2(g)} \rightarrow C_6H_{12(g)}$$

각 화합물의 표준생성반응과 표준생성엔탈피는 다음과 같다.

$$6C + 3H_{2(g)} \rightarrow C_6H_{6(g)} \qquad \Delta\hat{H}_f^o = 82.927 \text{ kJ/mol}$$

$$H_{2(g)} \rightarrow H_{2(g)} \qquad \Delta\hat{H}_f^o = 0 \text{ kJ/mol}$$

$$6C + 6H_{2(g)} \rightarrow C_6H_{12(g)} \qquad \Delta\hat{H}_f^o = -123.1 \text{ kJ/mol}$$

그러므로 표준반응열은 다음과 같이 계산한다.

$$(-123.1 \text{ kJ/mol})\times 1 \text{ mol} - (82.927 \text{ kJ/gmol})\times 1 \text{ mol} - (0 \text{ kJ/mol})\times 1 \text{ mol}$$
$$= -206.027 \text{ kJ}$$

표준반응열을 일반식으로 표현하면

$$\Delta H_r^o = \left(\sum_i^{\text{생성물}} \nu_i \Delta\hat{H}_{f,i}^o - \sum_i^{\text{반응물}} \nu_i \Delta\hat{H}_{f,i}^o \right)$$

여기서, ν_i는 반응식의 양론계수이다.

예제 8.15

다음 표준생성엔탈피 자료로부터 액상과 기체상 cyclohexane(C_6H_{12})의 연소열(kcal)을 각각 계산하시오.

화합물의 종류	$\Delta\hat{H}_f^o$ (kcal/gmol)
$C_6H_{12(l)}$	−37.340
$C_6H_{12(g)}$	−29.430
CO_2	−94.052
$H_2O_{(l)}$	−68.317

Solution

Cyclohexane의 연소반응은 다음과 같다.
액상 cyclohexane(C_6H_{12})의 경우

$$C_6H_{12(l)} + 9O_2 \rightarrow 6CO_2 + 6H_2O_{(l)}$$

$$\Delta H_r^o = \Delta\hat{H}_{f,CO_2}^o \times 6 \text{ mol} + \Delta\hat{H}_{f,H_2O_{(l)}}^o \times 6 \text{ mol} - \Delta\hat{H}_{f,C_6H_{12(l)}}^o \times 1 \text{ mol} - \Delta\hat{H}_{f,O_{2(g)}}^o \times 9 \text{ mol}$$
$$= (-94.052 \text{ kcal/gmol})\times 6 \text{ mol} + (-68.317 \text{ kcal/gmol})\times 6 \text{ mol}$$
$$-(-37.340 \text{ kcal/gmol})\times 1 \text{ mol} - (0 \text{ kcal/gmol})\times 9 \text{ mol}$$

$= -936.874$ kcal

기상 cyclohexane(C_6H_{12})의 경우

$$C_6H_{12(g)} + 9O_2 \rightarrow 6CO_2 + 6H_2O_{(l)}$$

$$\Delta H_r^o = \Delta \hat{H}^o_{f,CO_2} \times 6\text{ mol} + \Delta \hat{H}^o_{f,H_2O_{(l)}} \times 6\text{ mol} - \Delta \hat{H}^o_{f,C_6H_{12(g)}} \times 1\text{ mol} - \Delta \hat{H}^o_{f,O_{2(g)}} \times 9\text{ mol}$$
$$= (-94.052\text{ kcal/gmol}) \times 6\text{ mol} + (-68.317\text{ kcal/gmol}) \times 6\text{ mol}$$
$$-(-29.430\text{ kcal/gmol}) \times 1\text{ mol} - (0\text{ kcal/gmol}) \times 9\text{ mol}$$
$$= -944.784\text{ kcal}$$

표 8.5. 여러 가지 물질의 표준생성엔탈피

물질	$\Delta \hat{H}^o_f$ (kcal/mol)	물질	$\Delta \hat{H}^o_f$ (kcal/mol)
Al_2O_3	−399.00	$CH_3OH_{(l)}$	−57.02
C(diamond)	0.453	$CaO_{(s)}$	−151.9
C(graphite)	0	$CaCO_{3(s)}$	−288.4
$C_{(g)}$	171.3	$Fe_2O_{3(s)}$	−196.5
$CO_{(g)}$	−26.42	$Fe_3O_{4(s)}$	−267.0
$CO_{2(g)}$	−94.05	$H_2O_{(l)}$	−68.32
$CH_{4(g)}$	−17.89	$H_2O_{(g)}$	−57.80
$C_2H_{4(g)}$	12.50	$HCl_{(g)}$	−22.06
$C_2H_{6(g)}$	−20.24	$MgO_{(s)}$	−143.8
$C_6H_{6(l)}$	11.72	$NH_{3(g)}$	−11.07
$HCOOH_{(l)}$	−9.78	NO	21.6
$O_{2(g)}$	0	$P_2O_{5(s)}$	−360.0
$H_{2(g)}$	0		

예제 8.16

Q&A

다음 공정들에 대한 표준반응열(ΔH_r^o)을 계산하시오.

(1) 2C(diamond) + $O_{2(g)} \rightarrow 2CO_{(g)}$

(2) $C_2H_{4(g)} + H_{2(g)} \rightarrow C_2H_{6(g)}$

Solution

표 8.5에 있는 표준생성엔탈피 자료를 이용하면,

(1) $\Delta H_r^o = \Delta \hat{H}^o_{f,CO_{(g)}} \times 2\text{ mol} - \Delta \hat{H}^o_{f,C(dia)} \times 2\text{ mol} - \Delta \hat{H}^o_{f,O_{2(g)}} \times 1\text{ mol}$

$$= (-26.42\text{ kcal/mol}) \times 2\text{ mol} - (0.453\text{ kcal/mol}) \times 2\text{ mol} - (0\text{ kcal/mol}) \times 1\text{ mol}$$

$= -53.746\ \text{kcal}$

(2) $\Delta H_r^o = \Delta \hat{H}^o_{f,C_2H_{6(g)}} \times 1\ \text{mol} - \Delta \hat{H}^o_{f,C_2H_{4(g)}} \times 1\ \text{mol} - \Delta \hat{H}^o_{f,H_{2(g)}} \times 1\ \text{mol}$

$= (-20.24\ \text{kcal/mol}) \times 1\ \text{mol} - (12.5\ \text{kcal/mol}) \times 1\ \text{mol} - (0\ \text{kcal/mol}) \times 1\ \text{mol}$

$= -32.74\ \text{kcal}$

예제 8.17

Q&A

$H_2O_{(l)}$의 표준생성열은 -285.838 kJ/mol이고 표준상태에서 기화열은 44.012 kJ/mol이다. $H_2O_{(g)}$의 표준생성열을 구하라.

Solution

$$H_{2(g)} + 1/2\ O_2 \rightarrow H_2O_{(l)} \qquad \Delta \hat{H}^o_f = -285.838\ \text{kJ/mol} \qquad (1)$$

$$H_2O_{(l)} \rightarrow H_2O_{(g)} \qquad \Delta \hat{H}^o_v = 44.012\ \text{kJ/mol} \qquad (2)$$

식 (1)과 식 (2)을 합치면 $H_2O_{(g)}$의 생성반응이 된다.

$$H_{2(g)} + 1/2\ O_2 \rightarrow H_2O_{(g)}$$

그러므로 $\Delta \hat{H}^o_f = -285.838\ \text{kJ/mol} + 44.012\ \text{kJ/mol} = -241.826\ \text{kJ/mol}$

예제 8.18

Q&A

다음 반응의 표준반응열(kcal/mol)을 계산하라.

$$CO_{(g)} + 1/2\ O_{2(g)} \rightarrow CO_{2(g)}$$

Solution

먼저 CO와 CO_2에 대한 반응식과 표준생성열(표 8.5)을 구하면,

$$C + 1/2\ O_{2(g)} \rightarrow CO \qquad \Delta \hat{H}^o_{f,CO_{(g)}} = -26.42\ \text{kcal/mol} \qquad (1)$$

$$C + O_{2(g)} \rightarrow CO_2 \qquad \Delta \hat{H}^o_{f,CO_{2(g)}} = -94.05\ \text{kcal/mol} \qquad (2)$$

식 (2) − 식 (1)

$$CO_{(g)} + 1/2\ O_{2(g)} \rightarrow CO_{2(g)}$$

$$\Delta \hat{H}^o_r = \Delta \hat{H}^o_{f,CO_{2(g)}} - \Delta \hat{H}^o_{f,CO_{(g)}} = -67.63\ \text{kcal/mol}$$

(10) 연소열

연소열(heat of combustion)이란 어떤 물질 1몰 또는 1 g이 완전히 연소할 때 발생하는 열량 또는 발열량이다. 반드시 발열이며, 이 값이 클수록 효과적인 연료라고 할 수 있다. 석탄, 석유, 프로페인 등의 연료가 공기 속에서 연소하면 이 물질의 성분이 공기 속의 산소와 반응하여 반응열을 발생하는데, 이때 어떤 물질 1몰 또는 1 g이 완전히 연소할 때의 반응을 연소열이라 한다. 이때의 발열량은 고체나 액체연료는 1 kg, 기체연료는 0℃, 1기압의 건조 상태에서 1 m^3가 완전연소 하였을 때 발생하는 열량을 kcal 단위로 나타낸 것이다. 연소열은 생성열·중화열·수화열·용해열·증발열과 더불어 반응열에 포함된다.

연소열은 유해폐기물의 소각 특성을 정하는 지표의 하나로서, 화합물의 연소열이 크면 연소 중 많은 에너지를 방출하므로 소각하기 쉽다.

표준연소열(standard heat of combustion, $\Delta\hat{H}_c^o$)은 표준상태(25℃, 1기압)에서 물질이 연소할 때 생성되는 열을 말한다. 표준생성열은 열량계로 측정한 표준연소열로부터 계산할 수 있고, 표준생성열과 표준연소열을 부록에 있는 표와 같이 표시할 수 있다. 그러나 표에서 보는 바와 같이 모든 물질의 연소열을 계산할 수 있는 것은 아니며, 연소열 자료가 없는 경우가 많다.

표준연소열에 대한 약속은 다음과 같다.

① 탄소, 수소, 산소만으로 구성된 유기화합물을 연소시킬 때 발생하는 생성물은 CO_2와 H_2O이다.

② 연소과정에서 모든 연료 중 탄소는 $CO_{2(g)}$, 수소는 $H_2O_{(l)}$, 황은 $SO_{2(g)}$, 질소는 $N_{2(g)}$로 전환된다.

③ 표준상태는 25℃, 1기압이다.

④ $CO_{2(g)}$, $H_2O_{(l)}$, $HCl_{(aq)}$ 등의 산화 생성물과 $O_{2(g)}$ 자체의 $\Delta\hat{H}_c^o$는 0으로 한다.

⑤ S, N_2, Cl_2 같은 산화물질이 존재하면 생성물의 상태를 분명히 규정하고 표준상태의 조건을 명시해야 한다.

⑥ 이론량은 완전히 반응하는 것으로 본다.

예제 8.19 Q&A

다음의 연소열 자료를 이용하여 acetylene($C_2H_{2(g)}$)의 표준생성열($\Delta\hat{H}_f^o$)을 구하시오. 또한, 이 생성반응은 흡열반응인가 발열반응인가?

(1) $C_{(s)}$ + $O_{2(g)}$ → $CO_{2(g)}$ $\Delta\hat{H}_c^o = -393.51$ kJ/mol

(2) $H_{2(g)}$ + 1/2 $O_{2(g)}$ → $H_2O_{(l)}$ $\Delta\hat{H}_c^o = -285.84$ kJ/mol

(3) $C_2H_{2(g)}$ + 5/2 $O_{2(g)}$ → $2CO_2$ + $H_2O_{(l)}$ $\Delta\hat{H}_c^o = -1299.61$ kJ/mol

Solution

$C_2H_{2(g)}$의 표준생성열($\Delta\hat{H}_f^o$)을 구하기 위해 생성 반응식을 쓰면 다음과 같다.

$$2C_{(s)} + H_{2(g)} \rightarrow C_2H_{2(g)}$$

위 연소식에서 반응식을 완성하기 위해서는

식 (1)×2 + 식 (2) − 식 (3)

	반응식	$\Delta\hat{H}_c^o$
	$2C_{(s)} + 2O_{2(g)} \rightarrow 2CO_{2(g)}$	(−393.51 kJ/mol)×2
+	$H_{2(g)} + 1/2\ O_{2(g)} \rightarrow H_2O_{(l)}$	(−285.84 kJ/mol)×1
−	$C_2H_{2(g)} + 5/2\ O_{2(g)} \rightarrow 2CO_2 + H_2O_{(l)}$	(−1299.61 kJ/mol)×1
=	$2C_{(s)} + H_{2(g)} \rightarrow C_2H_{2(g)}$	$\Delta\hat{H}_f^o = 226.75$ kJ/mol

그러므로 $\Delta\hat{H}_f^o$가 (+)의 값이므로 흡열반응이다. 또는

$$\Delta\hat{H}_f^o = \sum\left(n\Delta\hat{H}_c^o\right)_{\text{반응물}} - \sum\left(n\Delta\hat{H}_c^o\right)_{\text{생성물}}$$
$$= (-393.51\ \text{kJ/mol})\times 2\ \text{mol} + (-285.84\ \text{kJ/mol})\times 1\ \text{mol} - (-1299.61\ \text{kJ/mol})\times 1\ \text{mol}$$
$$= 226.75\ \text{kJ}$$

그러므로 $C_2H_{2(g)}$ 1 mol이 생성되는 데에는 226.75 kJ의 흡열이 필요하다.

위의 (예제 8.19)에서 보는 바와 같이 표준반응열과 표준연소열과의 관계는 다음과 같다.

$$\Delta\hat{H}_r^o = \sum\left(n\Delta\hat{H}_c^o\right)_{\text{반응물}} - \sum\left(n\Delta\hat{H}_c^o\right)_{\text{생성물}}$$

이를 Hess의 법칙이라고 한다.

Hess의 법칙은 화학반응에서 반응열은 그 반응의 시작과 끝 상태만으로 결정되며, 도중의 경로에는 관계하지 않는다는 법칙이다.

기체 상태의 수소와 산소가 반응하여 수증기가 될 때 내놓는 에너지는 57.8 kcal이지만, 물이 될 때 내놓는 에너지는 68.3 kcal이다. 이렇게 10.5 kcal만큼 차이나는 것은 물이 수증기로 기화할 때 필요한 열인 기화열 또는 증발열 때문이며, 전체 반응에서 수소

와 산소가 어떤 경로를 거치든 반응에 따르는 총열량은 변함이 없다. 이 법칙은 나중에 에너지 보존법칙의 한 형태인 것으로 알려져 총열량보존법칙이라고도 한다.

이 Hess의 법칙을 이용하면 실제 일어나지 않는 반응에 대해서도 관여하는 에너지가 얼마인지를 계산할 수 있다. 또한 반응열을 직접 측정하는 것이 곤란한 경우라도, 다른 화학반응식의 조합을 이용하여 그 반응열을 산출할 수 있다.

예컨대, $CH_{4(g)}$가 $C_{(s)} + 2H_{2(g)} \rightarrow CH_{4(g)}$에 의하여 생성되었을 때의 생성열은 다음 3가지 연소 반응식에 의하여 구할 수 있다.

$$2H_{2(g)} + O_{2(g)} \rightarrow 2H_2O_{(l)} \qquad (1)$$

$$C_{(s)} + O_{2(g)} \rightarrow CO_{2(g)} \qquad (2)$$

$$CH_{4(g)} + 2O_{2(g)} \rightarrow CO_{2(g)} + 2H_2O_{(l)} \qquad (3)$$

즉, (1)+(2)−(3)에 의하여 $C_{(s)} + 2H_{2(g)} \rightarrow CH_{4(g)}$의 반응식을 구할 수 있으며, 동시에 반응열도 구할 수 있다.

예제 8.20 Q&A

다음의 조건에서 CH_4의 표준분해열은 얼마인가?

$CO_{2(g)}$의 $\Delta\hat{H}_f^o = -94$ kcal/gmol (1)

$H_2O_{(l)}$의 $\Delta\hat{H}_f^o = -68.3$ kcal/gmol (2)

$CH_{4(g)}$의 $\Delta\hat{H}_c^o = -212.8$ kcal/gmol (3)

Solution

CH_4의 분해반응은 생성반응의 역으로 다음과 같다.

$$CH_{4(g)} \rightarrow C_{(s)} + 2H_{2(g)} \qquad (4)$$

식 (1)에서 $CO_{2(g)}$의 생성반응은 다음과 같다.

$$C_{(s)} + O_{2(g)} \rightarrow CO_{2(g)} \qquad \Delta\hat{H}_f^o = -94 \text{ kcal/gmol} \qquad (1)'$$

식 (2)에서 $H_2O_{(l)}$의 생성반응은 다음과 같다.

$$H_{2(g)} + 1/2\ O_{2(g)} \rightarrow H_2O_{(l)} \qquad \Delta\hat{H}_f^o = -68.3 \text{ kcal/gmol} \qquad (2)'$$

식 (3)에서 $CH_{4(g)}$의 연소반응은 다음과 같다.

$$CH_{4(g)} + 2O_{2(g)} \rightarrow CO_{2(g)} + 2H_2O_{(l)} \qquad \Delta\hat{H}_c^o = -212.8 \text{ kcal/gmol} \qquad (3)'$$

식 (1)′, (2)′, (3)′을 적절히 조합하여 식 (4)을 만들어야 한다.
식 (1)′ + 식 (2)′×2

$$
\begin{array}{lll}
 & C_{(s)} + O_{2(g)} \rightarrow CO_{2(g)} & \Delta\hat{H}_f^o = -94 \text{ kcal/gmol} \\
+ & 2H_{2(g)} + O_{2(g)} \rightarrow 2H_2O_{(l)} & \Delta\hat{H}_f^o = -68.3 \text{ kcal/gmol} \times 2 \\
\hline
 & 2H_{2(g)} + 2O_{2(g)} + C_{(s)} \rightarrow CO_{2(g)} + 2H_2O_{(l)} & -230.6 \text{ kcal} \qquad (5)
\end{array}
$$

식 (3)′ − 식 (5)

$$
\begin{array}{lll}
 & CH_{4(g)} + 2O_{2(g)} \rightarrow CO_{2(g)} + 2H_2O_{(l)} & \Delta\hat{H}_f^o = -212.8 \text{ kcal/gmol} \qquad (3)' \\
- & 2H_{2(g)} + 2O_{2(g)} + C_{(s)} \rightarrow CO_{2(g)} + 2H_2O_{(l)} & -230.6 \text{ kcal} \qquad (5) \\
\hline
 & CH_{4(g)} \rightarrow C_{(s)} + 2H_{2(g)} & +17.8 \text{ kcal} \qquad (6)
\end{array}
$$

그러므로 표준분해열은 +17.8 kcal이고 표준생성열은 역으로 −17.8 kcal가 된다.

예제 8.21

Q&A

0.6 g의 나프탈렌($C_{10}H_8$)이 봄베 열량계에서 연소하였고, 이때 온도는 2.5℃ 증가하였다. 미지시료 1 g이 동일한 열량계에서 연소하였을 때, 온도 증가는 2℃였다. 나프탈렌의 연소열이 1,228 kcal/mol이라고 할 때, 이 열량계의 열용량(cal/℃)를 계산하고, 미지시료의 연소열(kcal/g)을 계산하라.

Solution

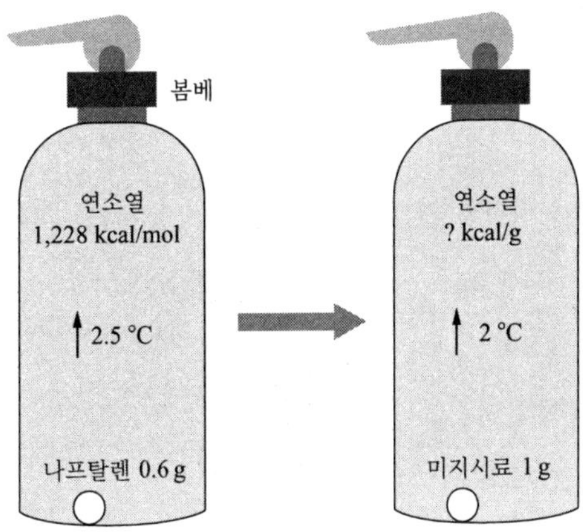

나프탈렌에서 방출된 열은

1,228 kcal	0.6 g $C_{10}H_8$	1 mol $C_{10}H_8$	= 5.75 kcal
mol $C_{10}H_8$		128 g $C_{10}H_8$	

그러므로 이 열량계의 열용량은 다음과 같다.

5.75 kcal/2.5℃ = 2.3 kcal/℃

또한 미지시료의 연소열은 다음과 같다.

2.3 kcal	2℃	= 4.6 kcal/g
℃	1 g	

예제 8.22

Q&A

90%의 탄소와 10%의 불연소 물질을 함유한 석탄 5 g을 태워서 물 2 L의 온도를 15℃ 증가시켰다. 탄소의 연소열(kcal/mol)을 구하라. 단, 물의 밀도는 1 g/cm^{3}이고, 비열은 1 cal/g·℃이다.

Solution

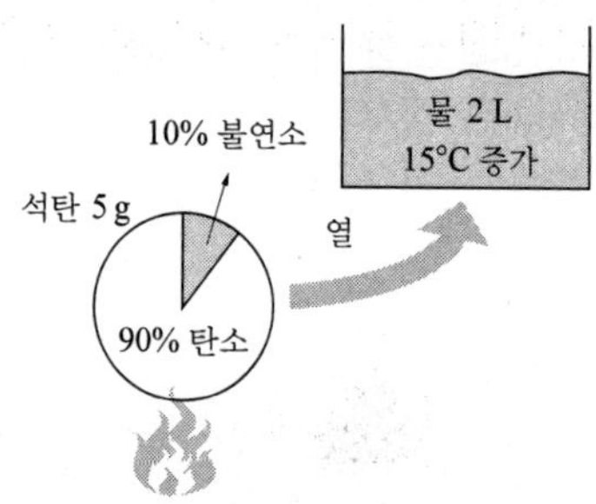

연소과정에서 방출된 열은 다음과 같다.

1 cal	2 L 물	1 g	1,000 cm^3	15℃	1 kcal	= 30 kcal
g·℃		cm^3	1 L		1,000 cal	

30 kcal	1 g 석탄	12 g C	= 80 kcal/mol
5 g 석탄	0.9 g C	1 mol C	

(11) 연소효율, 열효율

가연성 물질을 연소할 때 완전연소량에 대한 실제 연소량의 비율을 연소효율(combustion efficiency)이라고 한다. 강열감량(ignition loss)이 크면, 즉 소각재 잔사에 포함된 미연분량이 크면 연소효율이 저하되고, 연소효율이 낮으면 보조연료가 많이 요구되는 특징이 있다.

$$연소효율(\eta) = \frac{H}{H_l} = \frac{H_l - (L_1 + L_2)}{H_l} \times 100(\%)$$

여기서, H_l은 저발열량(kcal/kg), H는 실제 연소량 또는 발열량(kcal/kg), L_1은 미연손실(kcal/kg), L_2은 불완전연소손실(kcal/kg)을 나타낸다.

예제 8.23

저발열량이 5,000 kcal/kg인 플라스틱이 있다. 이 플라스틱 소각시 발생하는 미연손실은 저발열량의 10%이고, 불완전연소 때문에 발생하는 손실은 400 kcal/kg으로 나타났다. 이 플라스틱의 연소효율(%)은?

Solution

$$연소효율(\eta) = \frac{H}{H_l} = \frac{H_l - (L_1 + L_2)}{H_l} \times 100$$

미연손실은 저발열량의 10%이므로

$$5,000 \text{ kcal/kg} \times 0.1 = 500 \text{ kcal/kg}$$

$$연소효율(\eta) = \frac{5,000 \text{ kcal/kg} - (500 \text{ kcal/kg} + 400 \text{ kcal/kg})}{5,000 \text{ kcal/kg}} \times 100$$

$$= 82\%$$

열효율(heat efficiency)은 다음 식과 같이 공급입열에 대한 유효열의 백분율로 나타낸다.

$$열효율 = \frac{유효열}{공급입열} \times 100$$

여기서, 공급입열은 소각로에 공급되는 열로서 저발열량과 보조열량이고, 유효열은 폐기물의 수분 증발 후 가연분의 완전연소에 필요한 열량이다.

열효율을 증가시키기 위해서는 다음과 같은 조건으로 운전하는 것이 좋다.

폐기물의 강열감량을 최소화하고 완전연소를 유도해야 한다. 연소에 의한 생성열량이 폐기물에 최대한 유효하게 전달되고 배기가스에 의한 열손실을 줄여야 한다. 또한, 연소 잔사에 의한 현열손실과 복사전열에 의한 방열손실을 최대한 줄이고 간헐운전 시 승온시간 감축과 배기가스의 재순환으로 열효율을 증가시킬 수 있다.

8.4.2. 연소계산

연소계산은 화학반응의 원리에 따라 연소 반응계와 생성계 사이에 존재하는 양적 관계를 계산하는 것을 의미한다. 폐기물의 연소는 가연물을 구성하는 원소(탄소, 수소, 황)에 의한 연소이며, 이들 원소의 연소반응에서 가연물의 연소를 위한 공기량, 연소생성가스량을 구할 수 있다.

(1) 발열량 계산

폐기물의 연소과정에서 발열량은 매우 중요하므로 발열량을 정확하게 계산하는 것 또한 매우 중요한 작업이다. 발열량을 결정하는 방법은 크게 고체·액체의 발열량, 물리적 조성 분석 결과에 따른 발열량, 기체의 발열량, 표준생성열을 이용한 발열량 등 4가지로 구분할 수 있다.

1) 고체·액체의 발열량

고체·액체의 발열량을 결정하는 방법은 원소분석(ultimate analysis)에 의한 방법, 공업분석(approximate analysis)에 의한 방법, 열량계의 측정(calorimetry)에 의한 방법이 있다.

① 원소분석에 의한 방법

원소분석은 항습 또는 건조시료를 사용하며, 건조시료를 사용할 경우 건조 전 수분량을 측정할 필요가 있다.

원소분석 결과 회분(A), 탄소(C), 수소(H), 황(S), 질소(N) 그리고 나머지는 산소(O)로 하여 6가지 성분에 대한 조성비율을 비수분 기준으로 표시한다. 폐기물의 단위 중량당 탄소, 수소, 황, 수분, 산소로 하는 항습 조건을 기준으로 하여 다음 연소반응식에 의해 발열량을 산출한다. 항습 조건에서의 산소 함량(%)은 다음 식과 같다.

$$\text{산소 함량(\%)} = 100 - [(C) + (H) + (S) + (A)] \times \frac{100}{100 - X_W}$$

여기서, X_W는 수분의 함량(wt%)

고체 및 액체의 연소반응은 다음과 같다.

탄소 : C + O_2 → CO_2 + 97,200 kcal/kmol 또는 8,100 kcal/kg

97,200 kcal	1 kmol C
kmol C	12 kg C

= 8,100 kcal/kg

수소 : $2H_2$ + O_2 → $2H_2O$ + 68,000 kcal/kmol 또는 34,000 kcal/kg

68,000 kcal	1 kmol H_2
kmol H_2	2 kg H_2

= 34,000 kcal/kg

황 : S + O_2 → SO_2 + 80,000 kcal/kmol 또는 2,500 kcal/kg

80,000 kcal	1 kmol S
kmol S	32 kg S

= 2,500 kcal/kg

위 자료를 이용해서 원소분석에 의한 발열량 계산이 가능하다.

먼저 고발열량 계산식은 다음과 같다.

$$
\begin{aligned}
H_h &= 8{,}100(\mathrm{C}) + 34{,}000(\mathrm{H} - \mathrm{O}/8) + 2{,}500(\mathrm{S}) \\
&= 8{,}100(\mathrm{C}) + 34{,}000(\mathrm{H}) - 4{,}300(\mathrm{O}) + 2{,}500(\mathrm{S})
\end{aligned}
$$

여기서, C, H, O, S는 폐기물 중 각 원소의 중량비이다. 식의 8,100, 34,000, 2,500은 각 원소 C, H, S의 고발열량을 의미하고, O/8는 폐기물 원소분석 시 나타나는 산소로 수소와 연소하지 않은 상태에서 물의 형태로 존재하는 것을 의미하므로 빼준다.

1 kg O	1 kmol O	1 kmol H
	16 kg O	0.5 kmol O

저발열량 계산식은 다음과 같다.

$$
\begin{aligned}
H_l &= 8{,}100(\mathrm{C}) + 29{,}000(\mathrm{H} - \mathrm{O}/8) + 2{,}500(\mathrm{S}) - 600[9(\mathrm{O}/8) + W] \\
&= 8{,}100(\mathrm{C}) + 29{,}000(\mathrm{H}) - 4{,}300(\mathrm{O}) + 2{,}500(\mathrm{S}) - 600(W)
\end{aligned}
$$

여기서, W는 수분의 함량(분율)이다. 결과적으로 고발열량식과 동일하나, 잠열에 해당하는 600(W)를 빼준다는 것에서 차이가 있다.

또한 경험식으로 고체와 액체의 원소분석에 따른 발열량을 표시할 수 있는데, 대표적으로 듀롱(Dulong) 식, 쉴러 - 케스트너(Scheurer-Kestner) 식, 스튜어(Steuer) 식이 있다.

- 듀롱(Dulong) 식

$$H_h(\text{kcal/kg}) = 8{,}100(\text{C}) + 34{,}450(\text{H} - \frac{\text{O}}{8}) + 2{,}240(\text{S})$$

- 쉴러 - 케스트너(Scheurer-Kestner) 식

$$H_h(\text{kcal/kg}) = 8{,}100(\text{C} - \frac{3\text{O}}{4}) + 34{,}250(\text{H}) + 2{,}240(\text{S}) + 5{,}700 \times \frac{3\text{O}}{4}$$

- 스튜어(Steuer) 식

$$H_h(\text{kcal/kg}) = 8{,}100(\text{C}) + 34{,}000(\text{H} - \frac{\text{O}}{8}) + 2{,}500(\text{S})$$

예제 8.24

Q&A

어느 도시 폐기물을 원소분석한 결과는 다음과 같다. 이 폐기물의 고발열량(kcal/kg)은? 기본식과 듀롱식의 결과를 비교하시오.

원소분석 결과 : 탄소 35%, 수소 25%, 황 10%, 산소 30%

Solution

기본식

$$\begin{aligned} H_h &= 8{,}100(\text{C}) + 34{,}000(\text{H}) - 4{,}300(\text{O}) + 2{,}500(\text{S}) \\ &= 8{,}100 \times 0.35 + 34{,}000 \times 0.25 - 4{,}300 \times 0.3 + 2{,}500 \times 0.1 \\ &= 10{,}295 \text{ kcal/kg} \end{aligned}$$

듀롱식

$$\begin{aligned} H_h &= 8{,}100(\text{C}) + 34{,}450(\text{H} - \frac{\text{O}}{8}) + 2{,}240(\text{S}) \\ &= 8{,}100 \times 0.35 + 34{,}450 \times (0.25 - 0.3/8) + 2{,}240 \times 0.1 \\ &= 10{,}380 \text{ kcal/kg} \end{aligned}$$

② 공업분석에 의한 방법

이 방법은 용어 그대로 공업분석(proximate analysis)에 의한 방법으로서, 수분, 가연성 물질, 비가연성 물질의 3성분을 분석하여 발열량을 계산하는 방법이다. 이 방법은 원소분석 방법에 비해 매우 간단하고 시간과 비용이 적게 드는 장점이 있다.

공업분석은 폐기물을 휘발분, 수분, 회분(재), 고정탄소의 함량을 측정한 다음, 고정탄소와 휘발분은 가연성 성분으로 분류하고, 수분과 회분은 불연성 성분으로 분류하기도 한다.

가연분의 함량에 따른 고발열량은 다음과 같다.

$$H_h = 5{,}400\ VS\ \ (\text{kcal/kg})$$

여기서, VS는 습윤폐기물 기준 가연분 함량(kg/kg)이다.

저발열량은 다음과 같은 경험식들에 의해 계산할 수 있다.

$$H_l = 4{,}500(\ VS\ ) - 600(\ W\ )\ \ (\text{kcal/kg})$$

$$H_l = 4{,}800(\ VS\ ) - 600(\ W\ )\ \ (\text{kcal/kg})$$

$$H_l = 4{,}591(\ VS\ ) - 600(\ W\ )\ \ (\text{kcal/kg})$$

$$H_l = 6{,}185(\ VS\ ) - 600(\ W\ )\ \ (\text{kcal/kg})$$

예제 8.25

어느 도시 폐기물을 공업분석한 결과, 수분 35%, 가연분 40%, 회분 25%이었다. 이 폐기물의 고발열량(kcal/kg)과 저발열량(kcal/kg)은?

Solution

$$H_h = 5{,}400\ VS = 5{,}400 \times 0.40 = 2{,}160\ \text{kcal/kg}$$

가장 일반적인 저발열량 식을 도입하면,

$$\begin{aligned} H_l &= 4{,}500(\ VS\ ) - 600(\ W\ ) \\ &= 4{,}500 \times 0.40 - 600 \times 0.35 \\ &= 1{,}590\ \text{kcal/kg} \end{aligned}$$

③ 열량계의 측정(calorimetry)에 의한 방법

분쇄한 시료 1 g을 분취하여 열량계의 봄베에 도입한 후, 약 25 kg_f/cm^2의 압축산소로 연소하였다. 이 연소과정에서 상승한 물의 온도를 측정하고 시료 1 g에 대한 열량수를 구하여 습윤 기초(wet base) 총열량(H_h)을 산출한다.

$$총열량(H_h) = \frac{상승온도 \times [내통수량(g) + 물당량(g)] - 발열보정(cal)}{시료(g)}$$

$$H_l = H_h - 600\left(\frac{18}{2}\mathrm{H} + W\right) = H_h - 600(9\mathrm{H} + W)$$

여기서, H와 W는 각각 폐기물 중의 수소와 수분의 중량 분율(kg/kg)이다.

예제 8.26

폐기물을 건조시켜 단열 열량계로 측정한 결과, 발열량이 5,000 kcal/kg이었다. 이 폐기물 중 수분함량이 30%, 가연분 함량이 45%, 회분 함량이 25%라면, 습윤 상태 폐기물의 저발열량은? 단, 수분의 증발잠열은 600 kcal/kg으로 가정한다.

Solution

$H_h = H_l + 600\left(\frac{18}{2}\mathrm{H} + W\right) = H_l + 600(9\mathrm{H} + W)$ 에서

$$H_l = H_h - 600(9\mathrm{H} + W)$$

폐기물 중 수소의 함량이 없으므로 무시하고, 고발열량을 먼저 계산하면,

$$H_h = \frac{5{,}000\ \mathrm{kcal}}{건조\ 폐기물\ \mathrm{kg}} \left| \frac{(100-30)\ \mathrm{kg}\ 건조\ 폐기물}{100\ \mathrm{kg}\ 폐기물} \right. = 3{,}500\ \mathrm{kcal/kg}\ 폐기물$$

폐기물 중 수분 함량이 30%이므로 잠열 H_s는

$$\frac{600\ \mathrm{kcal}}{\mathrm{kg}\ H_2O} \left| \frac{30\ \mathrm{kg}\ H_2O}{100\ \mathrm{kg}\ 폐기물} \right. = 180\ \mathrm{kcal/kg}\ 폐기물$$

$$H_l = H_h - H_s = 3{,}500\ \mathrm{kcal/kg}\ 폐기물 - 180\ \mathrm{kcal/kg}\ 폐기물 = 3{,}320\ \mathrm{kcal/kg}$$

2) 물리적 조성 분석 결과에 따른 발열량

주로 도시폐기물의 발열량을 산정할 때 많이 사용하는 방법으로서, 폐기물의 물리적 조성을 분석하여, 건조 폐기물 중 플라스틱 함유량(R, kg/kg), 주방 쓰레기 함유량(G, kg/kg), 건조 폐기물 중 종이 함유량(P, kg/kg), 전체 폐기물 중 수분 함유량(W, kg/kg) 등으로 구분하여 고발열량(H_h)과 저발열량(H_l)을 구한다.

$$H_h = 882R + 4{,}050(G + P)\ \text{(kcal/kg)}$$

$$H_l = H_h - 600\,W\ \text{(kcal/kg)}$$

예제 8.27

다음 폐기물의 평균 저발열량(kcal/kg)은? 단, 수분의 증발잠열은 600 kcal/kg으로 가정한다.

구분	중량 백분율(%)	수분함량(%)	고발열량(kcal/kg)
종이	30	10	9,000
목재	40	10	10,000
음식류	10	40	8,500
플라스틱	10	5	5,000

Solution

$H_l = H_h - 600\,W$에서

$$H_l = (9{,}000 - 600\times0.1)\times0.3 + (10{,}000 - 600\times0.1)\times0.4 + (8{,}500 - 600\times0.4)\times0.1 + (5{,}000 - 600\times0.05)\times0.1 = 7{,}981\ \text{kcal/kg}$$

3) 기체의 발열량

기체연료의 경우에는 질량 단위보다는 부피 단위로 표시하는 것이 적절하므로, 물의 잠열을 계산할 때 kcal/kg이 아니라 kcal/Sm^3으로 표시해야 한다. 그러므로 물의 잠열 597.3 kcal/kg를 480 kcal/Sm^3로 전환한다.

$$\frac{597.3\ \text{kcal}}{\text{kg}\ H_2O}\left|\frac{18\ \text{kg}\ H_2O}{1\ \text{kmol}\ H_2O}\right|\frac{1\ \text{kmol}\ H_2O}{22.4\ \text{kL}\ H_2O}\left|\frac{1\ \text{kL}}{1\ Sm^3}\right. = 480\ \text{kcal}/Sm^3$$

$$H_h = H_l + H_s = H_l + 480\,[(H_2) + 2(CH_4) + \cdots + \left(\frac{n}{2}\right)(C_mH_n)]$$

여기서, (H_2), $2(CH_4)$, ⋯, $\left(\frac{n}{2}\right)(C_mH_n)$는 각각의 연소에 의해 생성되는 H_2O의 부피비를 의미한다.

각각의 부피관계를 보면 다음과 같다.

$$\underset{1\text{부피}}{H_2} + 0.5O_2 \rightarrow \underset{1\text{부피}}{H_2O}$$

이 반응에서 H_2 1몰이 연소되어 1몰의 H_2O를 형성하므로 동일한 부피의 H_2 연소에 의해 동일한 부피의 H_2O가 생성되는 것을 알 수 있다. 마찬가지로 보면,

$$\underset{1\text{부피}}{CH_4} + 2O_2 \rightarrow CO_2 + \underset{2\text{부피}}{2H_2O}$$

$$\underset{1\text{부피}}{C_2H_4} + 3O_2 \rightarrow 2CO_2 + \underset{2\text{부피}}{2H_2O}$$

$$\underset{1\text{부피}}{(C_mH_n)} + \left(m+\frac{n}{4}\right)O_2 \rightarrow mCO_2 + \underset{\frac{n}{2}\text{부피}}{\left(\frac{n}{2}\right)H_2O}$$

예제 8.28 Q&A

메테인(CH_4)의 고발열량이 9,530 kcal/Sm^{3}이면, 저발열량(kcal/Sm^3)은?

Solution

$$H_h = H_l + H_s = H_l + 480[(H_2) + 2(CH_4) + \cdots + \left(\frac{n}{2}\right)(C_mH_n)]\text{에서}$$

$$H_l = H_h - 480[2(CH_4)] = 9{,}530 - 480(2\times1) = 8{,}570 \text{ kcal/Sm}^3$$

각 기체의 연소반응과 발열량은 다음과 같다.

$$H_2 + 0.5O_2 \rightarrow H_2O + 3{,}050 \text{ kcal/Sm}^3$$
$$CO + 0.5O_2 \rightarrow CO_2 + 3{,}035 \text{ kcal/Sm}^3$$
$$CH_4 + 2O_2 \rightarrow CO_2 + 2H_2O + 9{,}530 \text{ kcal/Sm}^3$$
$$2C_2H_6 + 7O_2 \rightarrow 4CO_2 + 6H_2O + 16{,}820 \text{ kcal/Sm}^3$$
$$C_3H_8 + 5O_2 \rightarrow 3CO_2 + 4H_2O + 24{,}370 \text{ kcal/Sm}^3$$
$$2C_4H_{10} + 13O_2 \rightarrow 8CO_2 + 10H_2O + 32{,}010 \text{ kcal/Sm}^3$$
$$2C_2H_2 + 5O_2 \rightarrow 4CO_2 + 2H_2O + 14{,}080 \text{ kcal/Sm}^3$$
$$C_2H_4 + 3O_2 \rightarrow 2CO_2 + 2H_2O + 15{,}280 \text{ kcal/Sm}^3$$

$$2C_3H_6 + 9O_2 \rightarrow 6CO_2 + 6H_2O + 22{,}540\ \text{kcal/Sm}^3$$
$$C_4H_8 + 6O_2 \rightarrow 4CO_2 + 4H_2O + 29{,}110\ \text{kcal/Sm}^3$$

각 연료의 연소과정에서 생성되는 발열량을 정리하면 표 8.6과 같다.

표 8.6. 완전연소에 따른 가연분 발열량

가연분	조성	발열량(kcal/kg)		발열량(kcal/Sm^3)	
		고발열량(H_h)	저발열량(H_l)	고발열량(H_h)	저발열량(H_l)
탄소	C	8,100	8,100	-	-
수소	H	3,400	2,800	3,050	2,570
황	S	2,500	2,500	-	-
일산화탄소	CO	2,430	2,430	3,035	3,035
메테인	CH_4	13,320	11,970	9,530	8,570
에테인	C_2H_6	12,410	11,330	16,820	15,380
프로페인	C_3H_8	12,040	11,070	24,370	22,350
뷰테인	C_4H_{10}	11,840	10,920	32,010	29,610
아세틸렌	C_2H_2	12,030	11,620	14,080	13,600
에틸렌	C_2H_4	12,130	11,360	15,280	14,320
프로필렌	C_3H_6	11,770	11,000	22,540	21,070
부틸렌	C_4H_8	11,630	10,800	29,110	27,190
벤졸 증기	C_6H_6	10,030	9,620	34,960	33,520

기체의 고발열량(kcal/Sm^3)을 일반식으로 표현하면 다음과 같다.

$$H_h = (H_h)_{CO} \times X_{CO} + (H_h)_{H_2} \times X_{H_2} + (H_h)_{CH_4} \times X_{CH_4} + \sum (H_h)_{C_mH_n} \times X_{C_mH_n}$$
$$= 3{,}035(X_{CO}) + 3{,}050(X_{H_2}) + 9{,}530(X_{CH_4}) + \cdots + \sum (H_h)_{C_mH_n} \times X_{C_mH_n}$$

기체의 저발열량(kcal/Sm^3)을 계산하면,

$$H_l = H_h - H_s = H_h - 480[(H_2) + 2(CH_4) + \cdots + \left(\frac{n}{2}\right)(C_mH_n)]$$
$$= 3{,}035(X_{CO}) + 2{,}570(X_{H_2}) + 8{,}570(X_{CH_4}) + \cdots + \sum (H_l)_{C_mH_n} \times X_{C_mH_n}$$

여기서, $(H_h)_{CO}$, $(H_h)_{H_2}$, $(H_h)_{CH_4}$, $(H_h)_{C_mH_n}$는 각각 일산화탄소(CO), 수소(H_2), 메테인(CH_4), 탄화수소(C_mH_n)의 고발열량(kcal/Sm^3)

X_{CO}, X_{H_2}, X_{CH_4}, $X_{C_mH_n}$ 혼합기체 중 각각 CO, H_2, CH_4, C_mH_n의 부피분율 (−)

예제 8.29

부피 기준으로 메테인(CH_4) 70%, 에테인(C_2H_6) 10%, 프로페인(C_3H_8) 5%, 뷰테인(C_4H_{10}) 15%로 구성된 혼합기체의 고발열량이 9,000 kcal/Sm^{3}이다. 이 혼합기체의 저발열량(kcal/Sm^3)은?

Solution

$H_h = H_l + H_s$

$= H_l + 480[2(CH_4) + 3(C_2H_6) + 4(C_3H_8) + 5(C_4H_{10})]$에서

$H_l = H_h - 480[2(CH_4) + 3(C_2H_6) + 4(C_3H_8) + 5(C_4H_{10})]$

$= 9{,}000 - 480(2\times0.7 + 3\times0.1 + 4\times0.05 + 5\times0.15)$

$= 7{,}728$ kcal/Sm^3

---

4) 표준생성열을 이용한 발열량

표준생성열을 이용한 표준반응열은 다음과 같다.

$$\Delta H_r^o = \left(\sum_i^{\text{생성물}} \nu_i \Delta \hat{H}_{f,i}^o - \sum_i^{\text{반응물}} \nu_i \Delta \hat{H}_{f,i}^o\right)$$

여기서, ν_i는 반응식의 양론계수, ΔH_r^o는 표준반응열, $\Delta \hat{H}_{f,i}^o$는 표준생성열

연소반응에서는 반응열이 연소열이므로

$$\Delta H_c^o = \left(\sum_i^{\text{생성물}} \nu_i \Delta \hat{H}_{f,i}^o - \sum_i^{\text{반응물}} \nu_i \Delta \hat{H}_{f,i}^o\right)$$

여기서, ΔH_c^o는 표준연소열

표준생성열, 반응열, 연소열에 대해서는 전반부에 자세한 설명과 예제를 기술하였다.

(2) 이론산소량 계산

이론산소량(theoretical oxygen, O_o)은 연료를 완전연소 시키는 데 필요한 최소한의 산소량으로, 연료의 가연 성분량을 알면 화학반응식으로부터 계산할 수 있다.

① 고체 및 액체연료

고체 및 액체연료 1 kg의 연소시 이론산소량은 다음과 같다.

$$O_o = \frac{32}{12}C + \frac{16}{2}(H - O/8) + \frac{32}{32}S$$
$$= 2.667C + 8H - O + S \ \ (kg/kg)$$

여기서, C, H, O, S는 고체 및 액체연료 1 kg 중에 포함된 탄소, 수소, 산소, 황의 중량 분율이다.

만약, C 1 kg이 완전연소될 때 필요한 이론적인 산소량은

$$C + O_2 \rightarrow CO_2$$

1 kg C	1 kmol C	1 kmol O_2	32 kg O_2
	12 kg C	1 kmol C	1 kmol O_2

$$= \frac{32\ kg\ O_2}{12\ kg\ C}\ C = 2.667C$$

H_2 1 kg이 완전연소될 때 필요한 이론적인 산소량은

$$H_2 + 1/2\ O_2 \rightarrow H_2O$$

1 kg H_2	1 kmol H_2	1/2 kmol O_2	32 kg O_2
	2 kg H_2	1 kmol H_2	1 kmol O_2

$$= \frac{16\ kg\ O_2}{2\ kg\ H_2}\ H = 8H$$

O/8는 폐기물 원소분석시 나타나는 산소로 수소와 연소되지 않은 상태에서 물의 형태로 존재하는 것을 의미하므로 빼준다.

1 kg O	1 kmol O	1 kmol H
	16 kg O	0.5 kmol O

그러므로 (H − O/8)은 유효 수소량로서 전체 수소량에서 산소와 결합된 수소량을 제외한 수소량을 의미한다.

만약, S 1 kg이 완전연소 될 때 필요한 이론적인 산소량은

$$S + O_2 \rightarrow SO_2$$

1 kg S	1 kmol S	1 kmol O_2	32 kg O_2
	32 kg S	1 kmol S	1 kmol O_2

$$= \frac{32\ kg\ O_2}{32\ kg\ S}\ S = S$$

고체 및 액체연료 1 kg의 연소시 이론산소량을 부피 단위로 표시하면 다음과 같다.

$$O_o = \frac{22.4}{12}C + \frac{11.2}{2}(H - O/8) + \frac{22.4}{32}S$$
$$= 1.867C + 5.6H - 0.7O + 0.7S \ \ (Sm^3/kg)$$

1 kg 탄소의 연소에 따른 산소의 양을 부피(Sm^3/kg)로 표시하면 다음과 같다.

$$\frac{1\ kg\ C}{} \left| \frac{1\ kmol\ C}{12\ kg\ C} \right| \frac{1\ kmol\ O_2}{1\ kmol\ C} \left| \frac{22.4\ Sm^3\ O_2}{1\ kmol\ O_2} \right. = \frac{22.4\ Sm^3\ O_2}{12\ kg\ C}\ C = 1.867C$$

H_2 1 kg이 완전연소될 때 필요한 이론적인 산소량은

$$H_2 + 1/2\ O_2 \rightarrow H_2O$$

$$\frac{1\ kg\ H_2}{} \left| \frac{1\ kmol\ H_2}{2\ kg\ H_2} \right| \frac{1/2\ kmol\ O_2}{1\ kmol\ H_2} \left| \frac{22.4\ Sm^3\ O_2}{1\ kmol\ O_2} \right. = \frac{11.2\ Sm^3\ O_2}{2\ kg\ H}\ H = 5.6H$$

S 1 kg이 완전연소될 때 필요한 이론적인 산소량은

$$S + O_2 \rightarrow SO_2$$

$$\frac{1\ kg\ S}{} \left| \frac{1\ kmol\ S}{32\ kg\ S} \right| \frac{1\ kmol\ O_2}{1\ kmol\ S} \left| \frac{22.4\ Sm^3\ O_2}{1\ kmol\ O_2} \right. = \frac{22.4\ Sm^3\ O_2}{32\ kg\ S}\ S = 0.7S$$

② 기체연료

기체연료에 대한 이론적인 산소량은 다음과 같다.

$$O_o = 0.5H_2 + 0.5CO + 2CH_4 + \cdots + \left(m + \frac{n}{4}\right) C_mH_n$$

$$= 0.5H_2 + 0.5CO + 2CH_4 + 2.5C_2H_2 + 3C_2H_4 + 5C_3H_8 + 6.5C_4H_{10} + 1.5H_2S$$

기체 H_2 1 kmol이 완전연소될 때 필요한 이론적인 산소량은

$$H_2 + 1/2\ O_2 \rightarrow H_2O$$

$$\frac{1\ kmol\ H_2}{22.4\ Sm^3\ H_2} \left| \frac{1/2\ kmol\ O_2}{1\ kmol\ H_2} \right| \frac{22.4\ Sm^3\ O_2}{1\ kmol\ O_2} = \frac{11.2\ Sm^3\ O_2}{22.4\ Sm^3\ H_2}\ H = 0.5H$$

$$CO + 1/2\ O_2 \rightarrow CO_2$$

$$\frac{1\ kmol\ CO}{22.4\ Sm^3\ CO} \left| \frac{1/2\ kmol\ O_2}{1\ kmol\ CO} \right| \frac{22.4\ Sm^3\ O_2}{1\ kmol\ O_2} = \frac{11.2\ Sm^3\ O_2}{22.4\ Sm^3\ CO}\ CO = 0.5CO$$

$$CH_4 + 2O_2 \rightarrow CO_2 + 2H_2O$$

$$\frac{1\ kmol\ CH_4}{22.4\ Sm^3\ CH_4} \left| \frac{2\ kmol\ O_2}{1\ kmol\ CH_4} \right| \frac{22.4\ Sm^3\ O_2}{1\ kmol\ O_2} = \frac{44.8\ Sm^3\ O_2}{22.4\ Sm^3\ CH_4}\ CH_4 = 2CH_4$$

탄화수소의 연소반응식을 일반화하면 다음과 같다.

$$(C_mH_n) + \left(m + \frac{n}{4}\right)O_2 \rightarrow mCO_2 + \left(\frac{n}{2}\right)H_2O$$

그러므로 대표적인 기체연료인 C_2H_2, C_2H_4, C_3H_8, C_4H_{10} 각 1부피에 대한 이론적인 산소량은 각 $2+2/4=2.5$, $2+4/4=3$, $3+8/4=5$, $4+10/4=6.5$부피이다.

H_2S 1 kmol이 완전연소될 때 필요한 이론적인 산소량은 1.5 kmol O_2

$$H_2S + 3/2\,O_2 \rightarrow H_2O + SO_2$$

예제 8.30

어느 도시 폐기물을 원소 분석한 결과 질량비 기준으로 C 68%, H 5%, O 20%, N 5%, S 2%이었다. 이 폐기물 50 kg을 완전연소하는 데 필요한 이론적인 산소량(kg)과 부피(Sm^3)는?

Solution

고체 및 액체연료 1 kg의 연소시 이론산소량은 다음과 같으므로

$$O_o = 2.667C + 8H - O + S \text{ (kg/kg)}$$
$$= 2.667(0.68) + 8(0.05) - (0.2) + (0.02) = 2.03 \text{ kg/kg}$$

그러므로 필요한 산소량은

$$2.03 \text{ kg/kg} \times 50 \text{ kg} = 101.5 \text{ kg } O_2$$

이를 표준상태의 부피로 환산하면

$$\frac{101.5 \text{ kg } O_2}{} \Bigg| \frac{1 \text{ kmol } O_2}{32 \text{ kg } O_2} \Bigg| \frac{22.4 \text{ Sm}^3 \; O_2}{1 \text{ kmol } O_2} = 71.05 \text{ Sm}^3 \; O_2$$

예제 8.31

벤젠(C_6H_6) 156 g을 완전연소 시켰을 때 발생하는 CO_2 발생량(kg)은? 또한, 필요한 이론적인 산소량(Sm^3)은?

Solution

벤젠(C_6H_6)의 완전연소 반응은 다음과 같으므로

$$C_6H_6 + (15/2)\,O_2 \rightarrow 6CO_2 + 3H_2O$$

156 g C_6H_6	1 mol C_6H_6	6 mol CO_2	44 g CO_2	1 kg	= 0.528 kg CO_2
	78 g C_6H_6	1 mol C_6H_6	1 mol CO_2	1,000 g	

필요한 이론적인 산소량(Sm^3)은

156 g C_6H_6	1 mol C_6H_6	15/2 mol O_2	22.4 L O_2	1 Sm^3	= 0.336 Sm^3 O_2
	78 g C_6H_6	1 mol C_6H_6	1 mol O_2	1,000 L	

(3) 이론공기량 계산

이론공기량(A_o)은 연료를 완전연소 시키는 데 필요한 최소한의 공기량을 말하며, 이론공기량은 공기의 성분이 알려져 있으므로 이론산소량과 같으며, 연료의 가연성 분량을 알면 이론적으로 계산가능하다.

① 고체 및 액체연료

공기 1 kg 속에는 중량비로 볼 때 0.232 kg의 산소가 존재하므로, 고체 및 액체연료 1 kg의 연소시 이론공기량은 다음과 같다.

$$A_o = O_o \times \frac{1\ \text{kg air}}{0.232\ \text{kg } O_2}$$

$O_o = 2.667C + 8H - O + S$ (kg/kg)이므로

$$A_o = 11.5C + 34.63H - 4.31O + 4.31S \ \text{(kg/kg)}$$

공기 1 Sm^3 속에는 부피비로 볼 때 0.21 Sm^3의 산소가 존재하므로, 고체 및 액체연료 1 kg의 연소시 이론공기량을 부피 단위로 표시하면 다음과 같다.

$$A_o = O_o \times \frac{1\ Sm^3\ \text{공기}}{0.21\ Sm^3\ O_2}$$

$O_o = 1.867C + 5.6H - 0.7O + 0.7S$ (Sm^3/kg)이므로

$$A_o = 8.89C + 26.67H - 3.33O + 3.33S \ (Sm^3/\text{kg})$$

② 기체연료

기체연료에 대한 이론적인 산소량은 다음과 같으므로,

$$O_o = 0.5H_2 + 0.5CO + 2CH_4 + \cdots + \left(m + \frac{n}{4}\right)C_mH_n$$

$$= 0.5H_2 + 0.5CO + 2CH_4 + 2.5C_2H_2 + 3C_2H_4 + 5C_3H_8 + 6.5C_4H_{10} + 1.5H_2S \ (Sm^3/kg)$$

$$A_o = O_o \times \frac{1\ Sm^3\ 공기}{0.21\ Sm^3\ O_2}$$

$$= [0.5H_2 + 0.5CO + 2CH_4 + \cdots + \left(m + \frac{n}{4}\right)C_mH_n] \times (1/0.21)$$

$$= [0.5H_2 + 0.5CO + 2CH_4 + 2.5C_2H_2 + 3C_2H_4 + 5C_3H_8 + 6.5C_4H_{10} + 1.5H_2S] \times (1/0.21)$$

$$= 2.38H_2 + 2.38CO + 9.52CH_4 + 11.9C_2H_2 + 14.29C_2H_4 + 23.8C_3H_8 + 30.95C_4H_{10} + 7.14H_2S \ (Sm^3/kg)$$

예제 8.32 Q&A

C_2H_2 탄화수소 기체 2 Sm^3의 완전연소에 필요한 이론공기량(Sm^3)은?

Solution

C_2H_2의 완전연소 반응식은 다음과 같다.

$$C_2H_2 + (5/2)\,O_2 \rightarrow 2CO_2 + H_2O$$

이론산소량(O_o)은

$$\frac{2\ Sm^3\ C_2H_2}{} \left| \frac{1\ kmol\ C_2H_2}{22.4\ Sm^3\ C_2H_2} \right| \frac{(5/2)\ kmol\ O_2}{1\ kmol\ C_2H_2} \left| \frac{22.4\ Sm^3\ O_2}{1\ kmol\ O_2} \right. = 5.0\ Sm^3\ O_2$$

$$A_o = O_o \times \frac{1\ Sm^3\ 공기}{0.21\ Sm^3\ O_2} = (5.0)\times(1/0.21) = 23.8\ Sm^3\ 공기$$

예제 8.33

탄소 75%, 수소 15%, 산소 7%, 황 3%로 조성된 액체연료의 완전연소에 필요한 이론산소량(Sm^3/kg)과 이론공기량(Sm^3/kg)은?

Solution

먼저 이론산소량을 구하면,

$$O_o = \frac{22.4}{12}C + \frac{11.2}{2}(H - O/8) + \frac{22.4}{32}S$$
$$= 1.867C + 5.6H - 0.7O + 0.7S$$
$$= 1.867(0.75) + 5.6(0.15) - 0.7(0.07) + 0.7(0.03) = 2.21\ Sm^3/kg$$

$$A_o = O_o \times \frac{1\ Sm^3\ 공기}{0.21\ Sm^3\ O_2} = (2.21)\times(1/0.21) = 10.5\ Sm^3/kg$$

예제 8.34

탄소 82%, 수소 13%, 산소 4%, 황 1%로 조성된 폐유 4 L의 완전연소에 필요한 이론산소량(Sm^3/kg)과 이론공기량(Sm^3/kg)은? 단, 폐유의 비중은 0.95이다.

Solution

폐유의 비중이 0.95이므로 밀도는 0.95 g/cm^3

$$\frac{0.95\ g}{cm^3}\left|\frac{1\ kg}{1{,}000\ g}\right|\frac{10^6\ cm^3}{1\ m^3}\left|\frac{1\ m^3}{1{,}000\ L}\right. = 0.95\ kg/L$$

폐수 4 L의 질량은

$$4\ L \times (0.95\ kg/L) = 3.8\ kg\ 폐유$$

이론산소량을 구하면,

$$O_o = \frac{22.4}{12}C + \frac{11.2}{2}(H - O/8) + \frac{22.4}{32}S$$
$$= 1.867C + 5.6H - 0.7O + 0.7S$$
$$= 1.867(0.82) + 5.6(0.13) - 0.7(0.04) + 0.7(0.01) = 2.24\ Sm^3/kg$$

$$\frac{2.24\ Sm^3\ O_2}{kg\ 폐유}\left|\frac{3.8\ kg\ 폐유}{}\right. = 8.5\ Sm^3\ O_2$$

$$A_o = O_o \times \frac{1\ \text{Sm}^3\ \text{공기}}{0.21\ \text{Sm}^3\ \text{O}_2} = (8.5)\times(1/0.21) = 40.5\ \text{Sm}^3\ \text{공기}$$

예제 8.35

에탄올(C_2H_5OH) 2 L를 완전연소 하는 데 필요한 이론공기량(Sm^3)은? 단, C_2H_5OH의 비중은 0.8이고, 원소분석 방법과 연소반응식을 이용한 2가지 방법으로 구하시오.

Solution

먼저 에탄올의 중량을 구해야 한다. 에탄올의 비중이 0.8이므로 밀도는 0.8 g/cm^3

$$\frac{0.8\ \text{g}}{\text{cm}^3}\cdot\frac{1\ \text{kg}}{1{,}000\ \text{g}}\cdot\frac{10^6\ \text{cm}^3}{1\ \text{m}^3}\cdot\frac{1\ \text{m}^3}{1{,}000\ \text{L}} = 0.8\ \text{kg/L}$$

에탄올 2 L의 질량은

$$2\ \text{L} \times (0.8\ \text{kg/L}) = 1.6\ \text{kg 에탄올}$$

① 원소분석 방법에 의해 이론산소량을 구하기 위해 각 성분의 질량분율을 구해야 한다.

C_2H_5OH = C 2, H 6, O 1

전체 분자량은 46이므로 각 성분의 구성비는 다음과 같다.

C : 24/46 = 0.52
H : 6/46 = 0.13
O : 16/46 = 0.35

각 성분의 성분비로부터 이론산소량을 구하면 다음과 같다.

$$\begin{aligned} O_o &= \frac{22.4}{12}\text{C} + \frac{11.2}{2}(\text{H} - \text{O}/8) \\ &= 1.867\text{C} + 5.6\text{H} - 0.7\text{O} \\ &= 1.867(0.52) + 5.6(0.13) - 0.7(0.35) = 1.454\ \text{Sm}^3/\text{kg} \end{aligned}$$

전체 에탄올 1.6 kg을 적용하면,

$$\frac{1.454\ \text{Sm}^3\ \text{O}_2}{\text{kg 에탄올}}\cdot 1.6\ \text{kg 에탄올} = 2.33\ \text{Sm}^3\ \text{O}_2$$

$$A_o = O_o \times \frac{1\ \text{Sm}^3\ \text{공기}}{0.21\ \text{Sm}^3\ \text{O}_2} = (2.33)\times(1/0.21) = 11.1\ \text{Sm}^3\ \text{공기}$$

② 연소반응식에 의해 이론산소량을 구하는 방법

먼저 연소반응식을 완성해야 한다.

$$C_2H_5OH + 3O_2 \rightarrow 2CO_2 + 3H_2O$$

1.6 kg 에탄올의 완전연소에 필요한 산소량을 연소반응식에서 구한다.

$$\frac{1.6\ \text{kg}\ C_2H_5OH}{} \left| \frac{1\ \text{kmol}\ C_2H_5OH}{46\ \text{kg}\ C_2H_5OH} \right| \frac{3\ \text{kmol}\ O_2}{1\ \text{kmol}\ C_2H_5OH} \left| \frac{22.4\ \text{Sm}^3}{1\ \text{kmol}\ O_2} \right. = 2.34\ \text{Sm}^3\ O_2$$

$$A_o = O_o \times \frac{1\ \text{Sm}^3\ \text{공기}}{0.21\ \text{Sm}^3\ O_2} = (2.34)\times(1/0.21) = 11.14\ \text{Sm}^3\ \text{공기}$$

2가지 방법에서 약간의 오차가 발생하나 무시할 수 있을 정도이다.

예제 8.36

Q&A

폐지 1톤을 소각할 때 필요한 이론공기량은? 단, 폐지는 100% 셀룰로오스($C_6H_{10}O_5$)로 구성되었다고 가정하고 원소분석 방법을 이용하여 구하시오.

Solution

원소분석 방법에 의해 이론산소량을 구하기 위해 각 성분의 질량분율을 구해야 한다. $C_6H_{10}O_5$의 전체 분자량은 162이므로 각 성분의 구성비는 다음과 같다.

C : 72/162 = 0.45

H : 10/162 = 0.06

O : 80/162 = 0.49

각 성분의 성분비로부터 이론산소량을 구하면 다음과 같다.

$$\begin{aligned} O_o &= \frac{22.4}{12}\text{C} + \frac{11.2}{2}(\text{H} - \text{O}/8) \\ &= 1.867\text{C} + 5.6\text{H} - 0.7\text{O} \\ &= 1.867(0.45) + 5.6(0.06) - 0.7(0.49) = 0.833\ \text{Sm}^3/\text{kg} \end{aligned}$$

전체 셀룰로오스 1톤 = 1,000 kg을 적용하면,

$$\frac{0.83\ \text{Sm}^3\ O_2}{\text{kg 셀룰로오스}} \left| \frac{1{,}000\ \text{kg 셀룰로오스}}{} \right. = 833\ \text{Sm}^3\ O_2$$

$$A_o = O_o \times \frac{1\ \text{Sm}^3\ \text{air}}{0.21\ \text{Sm}^3\ O_2} = (833)\times(1/0.21) = 3{,}967\ \text{Sm}^3\ \text{공기}$$

예제 8.37

프로페인(C_3H_8)과 아세틸렌(C_2H_2) 각 1 kg을 완전연소 시키는 데 필요한 이론산소량(kg)의 비(C_2H_2/C_3H_8)는?

Solution

연소반응식을 완성해야 한다.

$$C_3H_8 + 5O_2 \rightarrow 3CO_2 + 4H_2O$$

$$C_2H_2 + (5/2)\,O_2 \rightarrow 2CO_2 + H_2O$$

1 kg 프로페인의 완전연소에 필요한 산소량을 연소반응식에서 구한다.

1 kg C_3H_8	1 kmol C_3H_8	5 kmol O_2	32 kg O_2
	44 kg C_3H_8	1 kmol C_3H_8	1 kmol O_2

$= 3.64$ kg O_2

1 kg 아세틸렌의 완전연소에 필요한 산소량을 연소반응식에서 구한다.

1 kg C_2H_2	1 kmol C_2H_2	5/2 kmol O_2	32 kg O_2
	26 kg C_2H_2	1 kmol C_2H_2	1 kmol O_2

$= 3.08$ kg O_2

$$\frac{3.08 \text{ kg } O_2}{3.64 \text{ kg } O_2} = 0.85$$

예제 8.38

황화수소(H_2S) 500 L를 완전연소시키는 데 필요한 이론공기량(Sm^3)은? 단, 황화수소는 완전히 연소하여 이산화황을 생성하는 것으로 한다.

Solution

연소반응식을 완성해야 한다.

$$H_2S + (3/2)\,O_2 \rightarrow SO_2 + H_2O$$

500 L 황화수소의 완전연소에 필요한 산소량을 연소반응식에서 구한다.

500 L H_2S	1 mol H_2S	3/2 mol O_2	22.4 L O_2	1 Sm^3
	22.4 L H_2S	1 mol H_2S	1 mol O_2	1,000 L

$= 0.75\ Sm^3\ O_2$

$$A_o = O_o \times \frac{1\ Sm^3 \text{ air}}{0.21\ Sm^3\ O_2} = (0.75)\times(1/0.21) = 3.57\ Sm^3 \text{ 공기}$$

(4) 공기비

공기비(x)는 실제 공기량(A)의 이론공기량(A_o)에 대한 비로서, 다음과 같이 계산된다.

$$x = \frac{A}{A_o} = \frac{A}{A - A'}$$

여기서, A'는 과잉공기량

과잉공기량은 다음과 같다.

$$A_o = A - A'$$
$$A' = A - A_o = xA_o - A_o = A_o(x-1)$$

과잉공기율(%)은 이론공기량(A_o)에 대한 과잉공기량(A')의 비로서 다음과 같이 정의된다.

$$\text{과잉공기율(\%)} = \frac{A'}{A_o} \times 100 = \frac{A - A_o}{A_o} \times 100 = \frac{A_o(x-1)}{A_o} \times 100 = (x-1) \times 100$$

공기비는 완전연소와 불완전연소로 구분할 수 있다.

① **완전연소**

실제 공기량을 100으로 가정하고, 분자와 분모에 0.21을 곱하면 21은 산소 백분율이 되고 $0.21A'$는 과잉공기 중의 산소 백분율(O_2')이 된다. 과잉산소는 완전연소 되지 않고 배기가스 중에 남아 있으므로 O_2'는 배기가스 중의 산소 백분율로 볼 수 있다.

$$x = \frac{100}{100 - A'} = \frac{21}{21 - 0.21A'} = \frac{21}{21 - O_2'}$$

이를 질소량으로 환산하면 공기 중 질소의 부피백분율이 79%이므로 21 대신 79를 사용한다.

$$x = \frac{100}{100 - A'} = \frac{79}{79 - 0.79A'} = \frac{79}{79 - 0.79(O_2'/0.21)} = \frac{N_2}{N_2 - 3.76O_2'}$$

② **불완전연소**

C가 불완전연소 되어 CO가 발생한다면, 배기가스 중의 산소는 과잉공기 중의 산소

와 CO로 연소 되어 존재하는 산소(0.5CO)를 합한 값이므로, 과잉공기 중의 산소를 구하기 위해서는 배기가스 중의 산소에서 0.5CO를 뺀 값으로 계산한다.

$$C + (1/2)\,O_2 \rightarrow CO$$

$$x = \frac{N_2}{N_2 - 3.76(O_2' - 0.5CO)}$$

공기비는 CO_{2max}(최대 이산화탄소율)을 이용하여 구할 수도 있다.

$$x = \frac{CO_{2max}\%}{CO_2\%}$$

여기서, $CO_2\%$는 배기가스 중 CO_2 부피백분율

$CO_{2max}\%$는 연소가스 중의 CO_2 비율이 최대인 경우

CO_{2max}는 다음과 같이 정의된다.

$$CO_{2max} = \frac{CO_{2max}\ \text{발생량}}{\text{이론건조연소가스량}}$$

공기비가 큰 경우에는 연소실 내에서 연소온도가 낮아지고, 통풍력이 증대되어 배기가스에 의한 열손실이 커지고, 배기가스 중 질소산화물과 황산화물의 함량이 증가하여 연소장치가 부식될 가능성이 커진다.

이에 비해 공기비가 작은 경우에는 불완전연소로 인해 매연 발생이 크고 연소가스의 폭발 위험성이 있으며, 열손실에 큰 영향을 주고, 일산화탄소와 탄화수소 오염물질의 농도가 증가한다.

예제 8.39 Q&A

완전연소 후 배기가스 중 4%의 산소가 함유되어 있다면, 공기비는? 단, 소수 둘째 자리까지만 구하시오.

Solution

$$x = \frac{100}{100 - A'} = \frac{21}{21 - 0.21A'} = \frac{21}{21 - O_2'} = \frac{21}{21 - 4} = 1.24$$

예제 8.40

폐기물을 성분분석 및 원소분석한 결과는 다음과 같다. 실제 공기량이 6 Sm^3이라면 공기비는? 단, 소수 둘째 자리까지만 구하시오.

가연분 55%(C 50%, H 15%, O 30%, S 5%), 수분 25%, 회분 10%

Solution

이론공기량은 분석 결과로부터 알 수 있다. 전체 폐기물 중 원소분석 결과를 알아야 하므로

$C = 0.55 \times 50 = 27.5\%$

$H = 0.55 \times 15 = 8.25\%$

$O = 0.55 \times 30 = 16.5\%$

$S = 0.55 \times 5 = 2.75\%$

$$O_o = \frac{22.4}{12}\mathrm{C} + \frac{11.2}{2}(\mathrm{H} - \mathrm{O}/8) + \frac{22.4}{32}\mathrm{S}$$
$$= 1.867\mathrm{C} + 5.6\mathrm{H} - 0.7\mathrm{O} + 0.7\mathrm{S}$$
$$= 1.867(0.275) + 5.6(0.0825) - 0.7(0.165) + 0.7(0.0275) = 0.879\ \mathrm{Sm^3}$$

$$A_o = O_o \times \frac{1\ \mathrm{Sm^3}\ \text{공기}}{0.21\ \mathrm{Sm^3}\ \mathrm{O_2}} = (0.879) \times (1/0.21) = 4.19\ \mathrm{Sm^3}$$

$$x = \frac{A}{A_o} = \frac{6}{4.19} = 1.43$$

예제 8.41

CH_4 70%, CO_2 5%, N_2 10%, O_2 15%의 부피백분율로 구성된 혼합기체연료 2 Sm^3를 15 Sm^3의 공기로 완전연소하였을 때, 공기비는? 단, 소수 둘째 자리까지만 구하시오.

Solution

혼합기체 중 연소하는 기체연료는 CH_4 뿐이므로, CH_4의 완전연소시 필요한 연소반응식으로부터 이론공기량을 구할 수 있다.

$$CH_4 + 2O_2 = CO_2 + 2H_2O$$

2 Sm^3 혼합기체	0.7 Sm^3 CH_4	2 Sm^3 O_2	= 2.8 Sm^3 O_2
	1 Sm^3 혼합기체	1 Sm^3 CH_4	

또한, 혼합기체 중에 산소가 있는데, 이 양은

$$\frac{2\ Sm^3\ 혼합기체 \mid 0.15\ Sm^3\ O_2}{\mid 1\ Sm^3\ 혼합기체} = 0.3\ Sm^3\ O_2$$

그러므로 순수하게 필요한 이론산소량과 이론공기량은 다음과 같다.

$$2.8\ Sm^3\ O_2 - 0.3\ Sm^3\ O_2 = 2.5\ Sm^3\ O_2$$

$$A_o = O_o \times \frac{1\ Sm^3\ air}{0.21\ Sm^3\ O_2} = (2.5)\times(1/0.21) = 11.9\ Sm^3\ 공기$$

$$x = \frac{A}{A_o} = \frac{15}{11.9} = 1.26$$

---

(5) 최대 이산화탄소량

최대 이산화탄소량(CO_{2max})은 이론공기량(A_o)으로 완전연소할 경우, 이론건조연소가스(G_{od}) 중 이산화탄소의 백분율을 의미한다. 연소가스 중 이산화탄소의 농도가 최대값을 갖는 것이 연소에 있어 가장 이상적이라고 할 수 있다. 또한, CO_{2max}는 배기가스 중 CO_2의 최대치로서, 이론공기량으로 연소시 그 값이 가장 크다.

$$CO_{2max}(\%) = \frac{단위\ 연료당\ CO_2\ 발생량}{이론건조연소가스량} \times 100 = \frac{CO_2}{G_{od}} \times 100 = \frac{1.867C}{G_{od}} \times 100$$

여기서, G_{od}는 이론건조연소가스량(Sm^3/Sm^3)

또는

$$CO_{2max}(\%) = \frac{CO_2}{CO_2 + N_2} \times 100$$

① 고체 및 액체연료

$$CO_{2max}(\%) = \frac{1.867C}{G_{od}} \times 100 = \frac{186.7C}{G_{od}}$$

여기서, C는 연료 내 탄소량

② **기체연료**

$$CO_{2max}(\%) = \frac{(CO)+(CO_2)+(CH_4)+2(C_2O_4)+m(C_mO_n)}{G_{od}} \times 100$$

탄소의 몰수에 따라 연소되어 CO_2가 생성되므로 $m(C_mO_n)$로 표시한다.

$$C_mO_n + (m+n/4)\,O_2 \rightarrow mCO_2 + nH_2O$$

$$CO_{2max}(\%) = \frac{\sum(CO_2)\text{량}}{G_{od}} \times 100$$

여기서, $\sum(CO_2)$량은 배기가스 중 총 CO_2 량

- 완전연소의 경우
  완전연소에서는 일산화탄소(CO)가 없고 CO_2만 존재하는 것으로 볼 수 있다.

$$CO_{2max}(\%) = \frac{(CO_2)}{100-(O_2/0.21)} \times 100 = \frac{21}{21-O_2} \times CO_2 = x \times CO_2$$

  여기서, x는 공기비

- 불완전연소의 경우
  불완전연소에서는 CO_2 뿐만 아니라 일산화탄소(CO)도 존재하는 것으로 볼 수 있다.

$$CO_{2max}(\%) = \frac{21(CO_2+CO)}{(21-O_2+0.395CO)}$$

  여기서, CO는 배기가스 중 일산화탄소의 양(Sm^3/Sm^3)
  CO_2는 배기가스 중 이산화탄소의 양(Sm^3/Sm^3)

공기비(x)와 $CO_{2max}(\%)$는 다음과 같은 관계를 가진다.

- 완전연소의 경우
  $CO_{2max}(\%) = x \times CO_2$

$$x = \frac{CO_{2max}(\%)}{CO_2} = \frac{21(N_2)}{21(N_2)-79(N_2)} = \frac{(N_2)}{(N_2)-3.76(N_2)}$$

- 불완전연소의 경우

$$x = \frac{21(N_2)}{21(N_2)-79[(N_2)-0.5(CO)]} = \frac{(N_2)}{(N_2)-3.76[(N_2)-0.5(CO)]}$$

예제 8.42

이론공기량을 사용하여 뷰테인(C_4H_{10})을 완전연소시킬 때, 건조가스 중의 CO_{2max}(%)는? 단, 이론건조가스량을 계산하여 구하라.

Solution

$$CO_{2max}(\%) = \frac{\text{단위 연료당 } CO_2 \text{ 발생량}}{\text{이론건조연소가스량}} \times 100 = \frac{CO_2}{G_{od}} \times 100 = \frac{1.867C}{G_{od}} \times 100$$

먼저 1 Sm^3 뷰테인(C_4H_{10})의 완전연소에 의해 발생되는 CO_2 량을 계산해야 한다.

$$C_4H_{10} + (13/2)\,O_2 = 4CO_2 + 5H_2O$$

$$\frac{1\ Sm^3\ C_4H_{10} \,\Big|\, 4\ Sm^3\ CO_2}{\Big|\, 1\ Sm^3\ C_4H_{10}} = 4\ Sm^3\ CO_2$$

그러므로 CO_2 발생량은 4 Sm^3/Sm^3
이론건조연소가스량(G_{od})은 $A_o(1-0.21)+CO_2$이므로

$$G_{od} = A_o(1-0.21)+CO_2$$

여기서, $A_o = O_o/0.21 = (13/2)/0.21 = 30.95\ Sm^3/Sm^3$

$$G_{od} = A_o(1-0.21)+CO_2 = 30.95(1-0.21)+4 = 28.45\ Sm^3/Sm^3$$

$$CO_{2max}(\%) = \frac{CO_2}{G_{od}} \times 100 = \frac{4}{28.45} \times 100 = 14.06\%$$

예제 8.43

이론공기량을 사용하여 메테인(CH_4)을 완전연소시킬 때, 건조가스 중의 CO_{2max}(%)는? 단, 실제반응식을 이용하여 공기 중의 질소량을 계산하여 구하라.

Solution

먼저, 메테인의 공기 중 연소반응식을 완성해야 한다.

$$CH_4 + 2O_2 + aN_2 \rightarrow CO_2 + 2H_2O + aN_2$$

공기 중 산소는 메테인과 완전연소되나, 질소는 그대로 방출된다는 것이 핵심이다. 질소는 공기 중에 존재하므로 질소 방출량은 연소에 사용된 산소의 양에 비례한다.
메테인을 연소하여 생성되는 건조가스는 CO_2와 N_2이므로 H_2O는 고려하지 않는다.

$$CO_{2max}(\%) = \frac{\text{단위 연료당 } CO_2 \text{ 발생량}}{\text{이론건조연소가스량}} \times 100 = \frac{CO_2}{CO_2 + N_2} \times 100$$

위 연소반응식을 보면, CH_4 1 Sm^3당 방출되는 CO_2는 1 Sm^3이고 소모되는 산소는 2 Sm^3이다. 그러므로 생성되는 질소량을 구하면,

$$\frac{2\ Sm^3\ O_2 \,\big|\, 1\ Sm^3 \text{ 공기} \,\big|\, 0.79\ Sm^3\ N_2}{\big|\, 0.21\ Sm^3\ O_2 \,\big|\, 1\ Sm^3 \text{ 공기}} = 7.52\ Sm^3\ N_2$$

발생하는 $CO_2 = 1\ Sm^3/Sm^3$
발생하는 $N_2 = 7.52\ Sm^3/Sm^3$

$$CO_{2max}(\%) = \frac{CO_2}{CO_2 + N_2} \times 100 = \frac{1}{1 + 7.52} \times 100 = 11.74\%$$

예제 8.44

이론공기량을 사용하여 일산화탄소(CO)를 완전연소시킬 때, 건조가스 중의 $CO_{2max}(\%)$는? 단, 이론건조연소가스량을 계산하여 구하라.

Solution

일산화탄소의 공기 중 연소반응식을 완성해야 한다.

$$2CO + O_2 \rightarrow 2CO_2$$

$$CO_{2max}(\%) = \frac{\text{단위 연료당 } CO_2 \text{ 발생량}}{\text{이론건조연소가스량}} \times 100 = \frac{CO_2}{G_{od}} \times 100 = \frac{1.867C}{G_{od}} \times 100$$

1 Sm^3 일산화탄소의 완전연소에 의해 발생되는 CO_2 량을 계산해야 한다.

$$\frac{1\ Sm^3\ CO \,\big|\, 2\ Sm^3\ CO_2}{\big|\, 2\ Sm^3\ CO} = 1\ Sm^3\ CO_2$$

그러므로 CO_2 발생량은 $1\ Sm^3/Sm^3$
이론건조연소가스량(G_{od})은 $A_o(1-0.21)+CO_2$이므로

$$G_{od} = A_o(1-0.21) + CO_2$$

여기서 $A_o = O_o/0.21 = (1/2)/0.21 = 2.38\ Sm^3/Sm^3$

$$G_{od} = A_o(1-0.21) + CO_2 = 2.38(1-0.21) + 1 = 2.88\ Sm^3/Sm^3$$

$$CO_{2max}(\%) = \frac{CO_2}{G_{od}} \times 100 = \frac{1}{2.88} \times 100 = 34.72\%$$

예제 8.45

프로페인(C_3H_8)과 뷰테인(C_4H_{10})이 4 : 6의 용적비로 존재하는 혼합가스가 있다. 이 혼합가스를 완전연소시킬 때, CO_2 발생량(Sm^3/Sm^3)은? 단, 이론건조연소가스량을 계산하여 구하라.

Solution

각 연료의 연소반응식을 완성하여 CO_2 발생량을 구해야 한다.

$$C_3H_8 + 7O_2 = 3CO_2 + 4H_2O$$
$$C_4H_{10} + (13/2)\,O_2 = 4CO_2 + 5H_2O$$

C_3H_8의 CO_2 발생량은 3 Sm^3/Sm^3
C_4H_{10}의 CO_2 발생량은 4 Sm^3/Sm^3
프로페인(C_3H_8)과 뷰테인(C_4H_{10})이 4 : 6의 용적비로 혼합가스가 존재하므로 혼합가스의 완전연소에 의한 CO_2 발생량(Sm^3/Sm^3)은

$$\frac{3\ Sm^3\ CO_2}{1\ Sm^3\ C_3H_8}\left|\frac{4\ Sm^3\ C_3H_8}{10\ Sm^3\ \text{혼합가스}}\right. + \frac{4\ Sm^3\ CO_2}{1\ Sm^3\ C_4H_{10}}\left|\frac{6\ Sm^3\ C_4H_{10}}{10\ Sm^3\ \text{혼합가스}}\right. = 3.6\ Sm^3/Sm^3$$

예제 8.46

탄소 70%, 수소 30%인 폐기물을 완전연소시켰을 때 $CO_{2max}(\%)$는? 단, 표준상태이고 이론건조가스를 기준으로 계산하라.

Solution

$$CO_{2max}(\%) = \frac{\text{단위 연료당 } CO_2 \text{ 발생량}}{\text{이론건조연소가스량}} \times 100 = \frac{CO_2}{G_{od}} \times 100 = \frac{1.867C}{G_{od}} \times 100$$

$G_{od} = 1.867C + 0.7S + 0.8N + 0.79A_o$에서 G_{od}를 계산하기 위해 이론공기량을 구해야 하고, 이론공기량을 구하기 위해 이론산소량을 계산해야 한다.

$O_o = 1.867C + 5.6H - 0.7O + 0.7S = 1.867(0.7) + 5.6(0.3) = 2.99\ Sm^3/kg$

$$A_o = O_o \times \frac{1\ \text{Sm}^3\ \text{공기}}{0.21\ \text{Sm}^3\ \text{O}_2} = 2.99 \times \frac{1}{0.21} = 14.23\ \text{Sm}^3/\text{kg}$$

$$G_{od} = 1.867\text{C} + 0.7\text{S} + 0.8\text{N} + 0.79A_o$$

$$= 1.867\text{C} + 0.79A_o = 1.867(0.7) + 0.79(14.23) = 12.55\ \text{Sm}^3/\text{kg}$$

$$\text{CO}_{2\text{max}}(\%) = \frac{1.867\text{C}}{G_{od}} \times 100 = \frac{1.867(0.7)}{12.55} \times 100 = 10.41\%$$

---

(6) 이론연소가스량

이론연소가스량은 연료가 이론공기량으로 완전히 연소했다고 가정했을 때 생성되는 연소가스량이다.

① 고체 및 액체연료

- 이론건연소가스량(G_{od})

  이론건연소가스량은 배기가스 중 수증기가 포함되지 않은 상태의 이론공기량으로 연소시 C, H, S 성분의 연소생성물 및 공기 내 질소의 양을 계산하여 다음 식에 의해 이론건연소가스량을 구한다.

$$G_{od} = A_o \times 0.79 + \frac{22.4}{12}\text{C} + \frac{22.4}{32}\text{S} + \frac{22.4}{28}\text{N}$$

($A_o \times 0.79$)는 이론공기량 중 79%는 질소로서 연소에 관여하지 않으므로 그대로 연소가스량으로 배출된다.
연료 중의 질소는 다음과 같은 연소가스를 형성하는 것으로 계산된다.

$$\text{N}_2 + \text{O}_2 \rightarrow \text{NO}$$

$$\frac{1\ \text{kg N}_2 \mid 1\ \text{kmol N}_2 \mid 1\ \text{kmol NO} \mid 22.4\ \text{Sm}^3\ \text{NO}}{\mid 28\ \text{kg N}_2 \mid 1\ \text{kmol N}_2 \mid 1\ \text{kmol NO}} = \frac{22.4}{28}\text{N}$$

위 식을 다시 정리하면

$$G_{od} = A_o \times (1 - 0.21) + 1.867\text{C} + 0.7\text{S} + 0.8\text{N}$$

$$= A_o - 0.21A_o + 1.867\text{C} + 0.7\text{S} + 0.8\text{N}$$

$$A_o = O_o \times \frac{1\ \text{Sm}^3\ 공기}{0.21\ \text{Sm}^3\ \text{O}_2}$$ 에서 $O_o = 1.867\text{C} + 5.6\text{H} - 0.7\text{O} + 0.7\text{S}$이므로

$A_o = (1.867\text{C} + 5.6\text{H} - 0.7\text{O} + 0.7\text{S})/0.21$를 위 식에 대입하면

$$\begin{aligned} G_{od} &= A_o - 0.21[(1.867\text{C} + 5.6\text{H} - 0.7\text{O} + 0.7\text{S})/0.21] + 1.867\text{C} + 0.7\text{S} + 0.8\text{N} \\ &= A_o - 5.6\text{H} + 0.7\text{O} + 0.8\text{N}\ (\text{Sm}^3/\text{kg}) \end{aligned}$$

만약, 연료 중 O와 N가 포함되지 않으면 다음과 같이 간단하게 된다.

$$G_{od} = A_o - 5.6\text{H}$$

- 이론습연소가스량(G_{ow})

이론건연소가스량에 수증기가 포함된 상태이다. 연소용 공기 중의 수분은 연료 중의 수분이나 연소시 생성되는 수분량에 비해 매우 적으므로 무시할 수 있다.

$$G_{ow} = G_{od} + 11.2\text{H} + 1.244\text{W}$$

11.2H는 다음 식과 같이 연소에 의해 생성되는 수증기량을 의미하고, 1.244W는 연료 중의 수분량을 의미한다.

$$\text{H}_2 + (1/2)\,\text{O}_2 \rightarrow \text{H}_2\text{O}$$

$$\frac{1\ \text{kg H}_2}{} \left| \frac{1\ \text{kmol H}_2}{2\ \text{kg H}_2} \right| \frac{1\ \text{kmol H}_2\text{O}}{1\ \text{kmol H}_2} \left| \frac{22.4\ \text{Sm}^3\ \text{H}_2\text{O}}{1\ \text{kmol H}_2\text{O}} \right. = \frac{22.4}{2}\text{H} = 11.2\text{H}$$

G_{ow}에 G_{od}를 대입하여 정리하면 다음과 같다.

$$\begin{aligned} G_{ow} &= (A_o - 5.6\text{H} + 0.7\text{O} + 0.8\text{N}) + 11.2\text{H} + 1.244\text{W} \\ &= A_o + 5.6\text{H} + 0.7\text{O} + 0.8\text{N} + 1.244\text{W} \end{aligned}$$

만약, 연료 중 O, N, 수분이 포함되어 있지 않으면,

$$G_{ow} = A_o + 5.6\text{H}$$

② 기체연료

기체연료에서 이론건연소가스량(G_{od})은 다음과 같다.

$$G_{od} = A_o(1 - 0.21) + \sum 연소생성물\ (\text{Sm}^3/\text{kg})$$

여기서, 연소생성물은 주로 N_2, CO_2, H_2O

한편, 이론습연소가스량(G_{ow})은 이론건연소가스량에 수증기를 더한 것과 같다.

$$G_{ow} = G_{od} + H_2O \ (Sm^3/kg)$$

대부분의 기체연료는 탄화수소(C_mH_n)이므로 건연소가스량에는 탄화수소의 연소에 의해 CO_2가 첨가되고, 습연소가스량에는 수증기가 추가로 첨가된다.

$$G_{od} = 0.79A_o + (m) \ (Sm^3/kg)$$

$$G_{ow} = 0.79A_o + (m + n/2) \ (Sm^3/kg)$$

③ 발열량을 이용한 개략적인 계산방법

이론공기량과 이론연소가스량은 연료의 종류에 따라 특유한 값을 가진다. 연료 중의 탄소분은 저발열량에 대체적으로 비례하고 수소와 수분은 연료에 특유한 값을 가지므로 다음과 같은 관계가 성립한다고 생각할 수 있다.

$$A_o = aH_l + b$$

$$G_o = a'H_l + b'$$

여기서, A_o는 이론공기량, G_o는 이론연소가스량, H_l는 저발열량, a, a', b, b'는 연료 중의 탄소와 수소에 대한 정수이다. 그러므로 이들 정수값과 저발열량을 알면 연료 조성 또는 원소분석 결과를 모르더라도 이론공기량과 이론연소가스량을 대략적으로 알 수 있다.

고체연료에 대해서는 다음과 같다.

$$A_o = 1.01\frac{H_l}{1,000} + 0.5 \ (Sm^3/kg)$$

$$G_o = 0.89\frac{H_l}{1,000} + 1.65 \ (Sm^3/kg)$$

액체연료에 대해서는 다음과 같다.

$$A_o = 0.85\frac{H_l}{1,000} + 2 \ (Sm^3/kg)$$

$$G_o = 1.11\frac{H_l}{1,000} + 0 \ (Sm^3/kg)$$

예제 8.47 Q&A

저발열량이 10,000 kcal/kg인 중유를 연소시키는 데 필요한 이론공기량(Sm^3/kg)과 완전연소시 발생되는 이론연소가스량(Sm^3/kg)은?

Solution

중유는 액체연료이므로

$$A_o = 0.85\frac{H_l}{1,000} + 2.0$$
$$= 0.85(10,000/1,000) + 2.0 = 10.5\ Sm^3/kg$$
$$G_o = 1.11\frac{H_l}{1,000} + 0$$
$$= 1.11(10,000/1000) + 0 = 11.1\ Sm^3/kg$$

(7) 실제연소가스량 계산

실제연소가스량은 이론연소가스량과 과잉공기량의 합으로 계산된다.

① 고체 및 액체연료

- 실제건연소가스량(G_d)

  실제건연소가스량은 배기가스 중 수증기가 포함되지 않은 상태로서 이론건연소가스량(G_{od})과 과잉공기량(A_{ov})을 합한 것이다.

$$G_d = G_{od} + A_{ov}$$
$$= G_{od} + (x-1)A_o$$

  여기서, x은 공기비로서 실제공기량/이론공기량

$$G_d = (A_o - 5.6H + 0.7O + 0.8N) + (x-1)A_o$$
$$= xA_o - 5.6H + 0.7O + 0.8N\ (Sm^3/kg)$$

- 실제습연소가스량(G_w)

  실제습연소가스량은 실제건연소가스량에 수증기가 포함된 상태로서 이론습연소가스량(G_{od})과 과잉공기량(A_{ov})을 합한 것이다.

$$G_w = G_{ow} + A_{ov}$$

$$= G_{ow} + (x-1)A_o$$

$$G_d = (A_o + 5.6\text{H} + 0.7\text{O} + 0.8\text{N}) + 1.244\text{W} + (x-1)A_o$$
$$= xA_o + 5.6\text{H} + 0.7\text{O} + 0.8\text{N} + 1.244\text{W} \ \ (\text{Sm}^3/\text{kg})$$

예제 8.48

Q&A

폐기물 소각에 필요한 이론공기량이 2.0 Sm^3/kg이고, 공기비는 1.50이었다. 하루 폐기물 소각량이 100 ton일 때, 필요한 공기량(Sm^3/h)은?

Solution

공기비는 (실제공기량/이론공기량)이므로

$$\frac{100\text{ ton}}{\text{day}}\left|\frac{1{,}000\text{ kg}}{1\text{ ton}}\right|\frac{2.0\text{ Sm}^3\text{ 공기}}{1\text{ kg 폐기물}}\left|\frac{1.5\text{ Sm}^3\text{ 공기}}{1\text{ Sm}^3\text{ 공기}}\right|\frac{1\text{ day}}{24\text{ h}} = 12{,}500\text{ Sm}^3\text{ 공기/h}$$

② **기체연료**

대부분의 기체연료는 탄화수소(C_mH_n)이므로 탄화수소의 일반적인 연소반응식은 다음과 같다.

$$(C_mH_n) + \left(m+\frac{n}{4}\right)O_2 \rightarrow mCO_2 + \left(\frac{n}{2}\right)H_2O$$

이 경우 실제건연소가스량(G_d)은

$$G_d = (x-1)A_o + G_{od}$$
$$= (x-0.21)A_o + \sum \text{연소생성물} \ \ (\text{Sm}^3/\text{Sm}^3)$$

여기서, 연소생성물은 CO_2로서 그 양은 m

실제습연소가스량(G_w)은

$$G_w = (x-1)A_o + G_{ow}$$
$$= (x-0.21)A_o + \sum \text{연소생성물}$$
$$= G_d + H_2O \ \ (\text{Sm}^3/\text{Sm}^3)$$

여기서, 연소생성물은 CO_2와 H_2O로서 그 양은 $\left(m+\frac{n}{2}\right)$

예제 8.49

메테인(CH_4) 2 Sm^3을 공기비 1.5로 연소시킬 경우, 실제건연소가스량(Sm^3)과 실제습연소가스량(Sm^3)은?

Solution

연소반응식을 완성해야 한다.

$$CH_4 + 2O_2 \rightarrow CO_2 + 2H_2O$$

1 Sm^3 메테인의 완전연소에 필요한 산소량(O_o)을 연소반응식에서 구한다.

$$\frac{1\ Sm^3\ CH_4 \mid 1\ kmol\ CH_4 \mid 2\ kmol\ O_2 \mid 22.4\ Sm^3\ O_2}{\mid 22.4\ Sm^3\ CH_4 \mid 1\ kmol\ CH_4 \mid 1\ kmol\ O_2} = 2\ Sm^3\ O_2/Sm^3\ CH_4$$

또는 연소반응식을 모르더라도 $\left(m + \frac{n}{4}\right) = 1 + (4/4) = 2$로 계산할 수 있다.

$$A_o = O_o/0.21 = 2/0.21 = 9.52\ Sm^3\ 공기/Sm^3\ CH_4$$

$$G_d = (x-1)A_o + G_{od}$$
$$= (x-0.21)A_o + \sum 연소생성물 = (x-0.21)A_o + m$$

$$G_d = (1.5-0.21)(9.52) + 1 = 13.3\ Sm^3/Sm^3$$

메테인(CH_4) 2 Sm^3에 대해서는

$$(13.3\ Sm^3/Sm^3) \times 2\ Sm^3\ CH_4 = 26.6\ Sm^3$$

실제습연소가스량(Sm^3)은

$$G_w = (x-1)A_o + G_{ow}$$
$$= (x-0.21)A_o + \sum 연소생성물 = (x-0.21)A_o + \left(m + \frac{n}{2}\right)$$
$$= (1.5-0.21)(9.52) + (1 + 4/2) = 15.3\ Sm^3/Sm^3$$

메테인(CH_4) 2 Sm^3에 대해서는

$$(15.3\ Sm^3/Sm^3) \times 2\ Sm^3\ CH_4 = 30.6\ Sm^3$$

예제 8.50

뷰테인(C_4H_{10})과 아세틸렌(C_2H_2)을 각각 1 kg씩 완전연소시킬 때 발생하는 CO_2 량(kg)의 비(뷰테인 연소/아세틸렌 연소)는?

Solution

연소반응식을 완성해야 한다.

$$C_4H_{10} + (13/2)\,O_2 \rightarrow 4CO_2 + 5H_2O$$
$$C_2H_2 + (5/2)\,O_2 \rightarrow 2CO_2 + H_2O$$

1 kg 뷰테인의 완전연소에 필요한 CO_2 량(kg)을 연소반응식에서 구한다.

$$\frac{1\ \text{kg}\ C_4H_{10}}{} \left| \frac{1\ \text{kmol}\ C_4H_{10}}{58\ \text{kg}\ C_4H_{10}} \right| \frac{4\ \text{kmol}\ CO_2}{1\ \text{kmol}\ C_4H_{10}} \left| \frac{44\ \text{kg}\ CO_2}{1\ \text{kmol}\ CO_2} \right. = 3.03\ \text{kg}\ CO_2$$

1 kg 아세틸렌의 완전연소에 필요한 CO_2 량(kg)을 연소반응식에서 구한다.

$$\frac{1\ \text{kg}\ C_2H_2}{} \left| \frac{1\ \text{kmol}\ C_2H_2}{26\ \text{kg}\ C_2H_2} \right| \frac{2\ \text{kmol}\ CO_2}{1\ \text{kmol}\ C_2H_2} \left| \frac{44\ \text{kg}\ CO_2}{1\ \text{kmol}\ CO_2} \right. = 3.38\ \text{kg}\ CO_2$$

$$CO_2\ \text{량(kg)의 비} = \frac{3.03\ \text{kg}\ CO_2}{3.38\ \text{kg}\ CO_2} = 0.90$$

예제 8.51

Q&A

황 함유량이 2%이고 탄소 함유량이 50%인 연료 100 kg을 완전연소시킬 때 발생하는 이산화황(SO_2)의 양(Sm^3)과 이산화탄소(CO_2)의 양(Sm^3)은? 단, 황과 탄소는 완전연소되어 각각 이산화황과 이산화탄소로 모두 전환된다고 가정한다.

Solution

황과 탄소의 연소반응식을 완성한다.

$$S + O_2 \rightarrow SO_2$$
$$C + O_2 \rightarrow CO_2$$

100 kg 연료의 완전연소시 발생하는 이산화황과 이산화탄소를 연소반응식에서 구한다.

$$\frac{100\ \text{kg 연료}}{} \left| \frac{2\ \text{kg S}}{100\ \text{kg 연료}} \right| \frac{1\ \text{kmol S}}{32\ \text{kg S}} \left| \frac{1\ \text{kmol}\ SO_2}{1\ \text{kmol S}} \right| \frac{22.4\ Sm^3\ SO_2}{1\ \text{kmol}\ SO_2} = 1.4\ Sm^3\ SO_2$$

$$\frac{100\ \text{kg 연료}}{} \left| \frac{50\ \text{kg C}}{100\ \text{kg 연료}} \right| \frac{1\ \text{kmol C}}{12\ \text{kg C}} \left| \frac{1\ \text{kmol}\ CO_2}{1\ \text{kmol C}} \right| \frac{22.4\ Sm^3\ CO_2}{1\ \text{kmol}\ CO_2} = 93.3\ Sm^3\ CO_2$$

예제 8.52

C, H, S의 중량비가 각각 85%, 13%, 2%인 연료를 공기비 1.5로 연소시켰다. 이때 발생되는 배기가스를 탈황시킨 후, 건조연소가스 중의 이산화황(SO_2) 농도를 측정하였더니 150 ppm이었다. 이 배기가스 탈황장치의 탈황률(%)은? 단, 연료 중 S는 전량 SO_2로 연소된다고 가정한다.

Solution

실제 건연소발생량은 다음과 같다.

$$\begin{aligned} G_d &= G_{od} + (x-1)A_o \\ &= 0.79A_o + 1.867\text{C} + 0.7\text{S} + 0.8\text{N} + (x-1)A_o \\ &= (x-0.21)A_o + 1.867\text{C} + 0.7\text{S} + 0.8\text{N} \end{aligned}$$

이 식에서 공기요구량(A_o)을 먼저 구해야 한다.

$$\begin{aligned} A_o &= 8.89\text{C} + 26.67\text{H} - 3.33\text{O} + 3.33\text{S} \\ &= 8.89(0.85) + 26.67(0.13) + 3.33(0.02) = 11.09\ \text{Sm}^3/\text{kg} \end{aligned}$$

실제 건연소발생량은

$$\begin{aligned} G_d &= (x-0.21)A_o + 1.867\text{C} + 0.7\text{S} + 0.8\text{N} \\ &= (1.5-0.21)(11.09) + 1.867(0.85) + 0.7(0.02) = 15.9\ \text{Sm}^3/\text{kg} \end{aligned}$$

여기서 이산화황발생량은 $0.7\text{S} = 0.7(0.02) = 0.014\ \text{Sm}^3/\text{kg}$

그러므로 실제건연소발생량에 대한 이산화황발생량의 분율은

$$\frac{0.014\ \text{Sm}^3/\text{kg}}{15.9\ \text{Sm}^3/\text{kg}} = 8.80\times10^{-4}$$

이 백만분율인 ppm 단위로 나타내면

$$8.80\times10^{-4}\times10^{6} = 880\ \text{ppm}$$

그러므로 실제 황함유량이 880 ppm이어야 하는데, 탈황장치를 거친 후 150 ppm이므로, 황 제거효율 즉 탈황률은

$$\frac{880\ \text{ppm} - 150\ \text{ppm}}{880\ \text{ppm}} \times 100 = 85.9\%$$

(8) 공기연료비

공기연료비(공연비, air/fuel ratio, AFR)는 연료에 대한 공기비로서, 공기는 건조한

공기를 기준으로 한다. 건조공기는 부피 백분율로 질소 79%와 산소 21%로 구성되어 있고 질량 백분율은 질소 76.8%와 산소 23.2%로 구성된 것으로 한다. 그러므로 부피기준과 질량기준의 공기연료비는 다음과 같이 정의된다.

① **부피기준 공기연료비**

$$\text{AFR} = \frac{\text{공기의 부피}}{\text{연료의 부피}} = \frac{\text{공기의 mole 수}}{\text{연료의 mole 수}} = \frac{\text{산소의 mole 수}/0.21}{\text{연료의 mole 수}}$$

② **질량기준 공기연료비**

$$\text{AFR} = \frac{\text{공기의 질량}}{\text{연료의 질량}}$$

예제 8.53

뷰테인(C_4H_{10})을 완전연소시킬 때 부피기준 공기연료비와 질량기준 공기연료비를 각각 구하라.

Solution

뷰테인(C_4H_{10})의 연소반응식은

$$C_4H_{10} + (13/2)\,O_2 \rightarrow 4CO_2 + 5H_2O$$

부피기준 공기연료비는 1 kg에 관계없이 연소반응식에서 몰 비로 표현된다.

$$\text{AFR} = \frac{(13/2)\text{ mol } O_2}{1\text{ mol } C_4H_{10}} \left| \frac{1\text{ mol 공기}}{0.21\text{ mol } O_2} \right. = 30.95$$

질량기준 공기연료비는 부피기준 공기연료비에서 환산하여 구한다. 여기서 공기의 평균분자량은 28.84이다.

$$\text{AFR} = \frac{(13/2)\text{ mol } O_2}{1\text{ mol } C_4H_{10}} \left| \frac{1\text{ mol } C_4H_{10}}{58\text{ g } C_4H_{10}} \right| \frac{1\text{ mol 공기}}{0.21\text{ mol } O_2} \left| \frac{28.84\text{ g 공기}}{1\text{ mol 공기}} \right. = 15.39$$

(9) 연소온도

연소온도(combustion temperature)는 단위 연료를 이론공기량으로 연소시 이론상 최

고온도로서 연소시 발생하는 화염온도를 말한다. 이 연소온도는 이론연소온도와 실제연소온도로 구분한다. 일반적으로 실제연소온도는 이론연소온도의 60~80% 정도이다.

표 8.7. 각종 연료의 이론연소온도 및 실제연소온도

연료의 종류	이론연소온도(℃)	실제연소온도(℃)
수소(H_2)	2,250	평균 1,700
일산화탄소(CO)	2,390	
메테인(CH_4)	2,050	
프로페인(C_3H_8)	2,150	
뷰테인(C_4H_{10})	2,205	
중유(heavy oil)	2,100	1,400~1,600

* 네이버 지식백과 참조

저발열량은 이론연소가스량과 다음과 같은 관계를 가진다.

$$H_l = G_o C_P (t_2 - t_1)$$

여기서, H_l : 저발열량(kcal/Sm^3)
G_o : 이론연소가스량(Sm^3/Sm^3)
C_P : 연소가스의 평균정압비열(kcal/Sm^3℃)
t_2 : 이론연소온도(℃)
t_1 : 기준온도(℃)

위 식을 이론연소온도에 대해 정리하면 다음과 같다.

$$t_2 = \frac{H_l}{G_o C_P} + t_1$$

이 이론연소온도는 단열상태의 이론연소온도를 뜻한다. 만약, 연소 전후의 제반조건을 고려하는 경우의 이론연소온도는 다음과 같다.

$$t_2 = \frac{H_l \times \eta - Q_P + A \times C_{Pa}(t_3 - t_1)}{G_o C_P} + t_1$$

여기서, η : 연소효율
Q_P : 방열손실(kcal/Sm^3)
A : 소요공기량(Sm^3/Sm^3)

C_{Pa} : 공급공기의 평균정압비열(kcal/Sm^3 · ℃)

t_3 : 공기의 예열온도(℃)

예제 8.54

저발열량이 6,000 kcal/Sm^{3}인 기체연료의 이론연소온도(℃)는? 이때, 이론연소가스량은 10 Sm^3/Sm^3, 연소가스의 평균정압비열은 0.4 kcal/Sm^3℃, 기준온도는 20℃이다. 단, 연소는 단열상태에서 이루어지고, 공기는 예열되지 않으며, 연소가스는 해리되지 않는 것으로 간주한다.

Solution

단열상태의 이론연소온도는 다음 식에 의해 구할 수 있다.

$$t_2 = \frac{H_l}{G_o C_P} + t_1$$

$$= \frac{6{,}000\ \text{kcal/Sm}^3}{(10\ \text{Sm}^3/\text{Sm}^3)(0.4\ \text{kcal/Sm}^3\cdot ℃)} + 20℃$$

$$= 1{,}520℃$$

예제 8.55

저발열량이 12,000 kcal/kg인 프로페인(C_3H_8)의 이론연소온도(℃)는? 연소시 프로페인과 공기는 15℃에서 공급되며, $CO_{2(g)}$, $H_2O_{(g)}$, $N_{2(g)}$의 평균정압몰비열은 각각 13, 10.5, 8.0 kcal/kmol · ℃이다. 단, 연소는 단열상태에서 이루어지고, 공기는 예열되지 않으며, 연소가스는 해리되지 않는 것으로 간주한다.

Solution

프로페인의 저발열량을 전환하면,

$$\frac{12{,}000\ \text{kcal}}{\text{kg}\ C_3H_8}\left|\frac{44\ \text{kg}\ C_3H_8}{1\ \text{kmol}\ C_3H_8}\right|\frac{1\ \text{kmol}\ C_3H_8}{22.4\ \text{Sm}^3\ C_3H_8} = 23{,}571\ \text{kcal/Sm}^3$$

정압비열의 단위를 kcal/kmol · ℃에서 kcal/Sm^3 · ℃로 바꾸면,

$$CO_{2(g)}\quad \frac{13\ \text{kcal}}{\text{kmol}\cdot ℃}\left|\frac{1\ \text{kmol}}{22.4\ \text{Sm}^3}\right. = 0.58\ \text{kcal/Sm}^3\cdot ℃$$

$$H_2O_{(g)}\quad \frac{10.5\ \text{kcal}}{\text{kmol}\cdot ℃}\left|\frac{1\ \text{kmol}}{22.4\ \text{Sm}^3}\right. = 0.47\ \text{kcal/Sm}^3\cdot ℃$$

$N_{2(g)}$	8.0 kcal	1 kmol	= 0.36 kcal/Sm³ · ℃
	kmol · ℃	22.4 Sm³	

이론연소가스량 G_o를 구하기 위해서는 프로페인의 연소반응식을 구해야 한다.

$$C_3H_8 + 5O_2 \rightarrow 3CO_2 + 4H_2O$$

프로페인의 1 mol(Sm³)의 완전연소로 인해 3 mol(Sm³)의 CO_2와 4 mol(Sm³)의 H_2O가 생성되므로

$$G_{o(CO_2)} = 3\ Sm^3/Sm^3, \qquad G_{o(H_2O)} = 4\ Sm^3/Sm^3$$

질소는 1 mol(Sm³)의 완전연소로 인해 5 mol(Sm³)의 산소가 필요하므로 이를 질소의 양으로 계산하면,

5 Sm³ O_2	1 Sm³ 공기	0.79 Sm³ N_2	= 18.8 Sm³/Sm³
1 Sm³ C_3H_8	0.21 Sm³ O_2	1 Sm³ 공기	

단열상태의 이론연소온도는

$$t_2 = \frac{H_l}{G_o C_P} + t_1$$

$$= \frac{23{,}571\ \text{kcal/Sm}^3}{(3)(0.58)+(4)(0.47)+(18.8)(0.36)} + 15℃$$

$$= 2{,}284℃$$

예제 8.56

고발열량이 13,320 kcal/kg인 메테인(CH_4)의 이론연소온도(℃)는? 단, 연소시 메테인과 공기는 15℃에서 공급되며, 이론연소가스량과 연소가스의 정압비열은 각각 10.0 Sm³/Sm³, 0.60 kcal/Sm³ · ℃이다. 또한, 공기는 예열되지 않으며, 연소가스는 해리되지 않는 것으로 간주한다.

Solution

고발열량을 단위를 kcal/Sm³로 전환하고, 이론연소온도는 저발열량과 관계가 있으므로, 고발열량을 저발열량으로 전환한다.

13,320 kcal	16 kg CH_4	1 kmol CH_4	= 9,514 kcal/Sm³
kg CH_4	1 kmol CH_4	22.4 Sm³ CH_4	

$$H_l = H_h - 480[(n/2)(C_mH_n)] = H_h - 480[2(CH_4)]$$

$$= 9{,}514\ \text{kcal/Sm}^3 - 480(2\times1) = 8{,}554\ \text{kcal/Sm}^3$$

단열상태의 이론연소온도는

$$t_2 = \frac{H_l}{G_o C_P} + t_1$$

$$= \frac{8{,}554\ \text{kcal/Sm}^3}{(10.0\ \text{Sm}^3/\text{Sm}^3)(0.60\ \text{kcal/Sm}^3\cdot℃)} + 15℃$$

$$= 1{,}440℃$$

예제 8.57

소각로에서 발생하는 고온의 배기가스 열을 회수하여 급수 예열에 활용하고자 열교환기를 이용하였다. 배기가스와 물의 유량은 각각 500 kg/h와 1,000 kg/h이고, 급수의 입구 온도는 15℃, 배기가스의 입구 온도와 출구 온도는 각각 800℃와 300℃이다. 급수의 출구 온도는? 단, 열교환 중 열의 손실은 없다고 가정하고, 물과 배기가스의 정압비열은 각각 1.0 kcal/kg · ℃와 0.25 kcal/kg · ℃이다.

Solution

열교환기에 의해 열교환된 열량은 동일하다는 것이 핵심이다.

열 교환에 의해 물이 받은 열량 $= 1{,}000\ \text{kg/h} \times 1.0\ \text{kcal/kg}\cdot℃ \times (t℃ - 15℃)$

열 교환에 의해 배기가스가 배출한 열량 $= 500\ \text{kg/h} \times 0.25\ \text{kcal/kg}\cdot℃ \times (800℃ - 300℃)$

$= 62{,}500\ \text{kcal/h}$

$\therefore\ 1{,}000\ \text{kg/h} \times 1.0\ \text{kcal/kg}\cdot℃ \times (t℃ - 15℃) = 62{,}500\ \text{kcal/h}$

급수의 출구 온도, $t = 77.5℃$

예제 8.58

뷰테인(C_4H_{10}) 유량 200 kg/h를 과잉공기계수 1.2로 연속적으로 연소시킬 때, 소각로 연소실로 주입되는 공기온도를 15℃에서 150℃로 높이는 데 필요한 열량(kcal/h)은? 단, 중유의 저발열량은 10,920 kcal/kg, 이론공기량은 10 Sm^3/kg, 공기의 비열은 0.24 kcal/kg · ℃이다.

Solution

시간당 공기량은 다음과 같다.

200 kg 연료	10 Sm^3 공기	1 kmol 공기	28.84 kg 공기	= 2,575 kg/h
h	1 kg 연료	22.4 Sm^3 공기	1 kmol 공기	

열량 = 1.2 × 2,575 kg/h × 0.24 kcal/kg · ℃ × (150 − 15)℃ = 100,116 kcal/h

예제 8.59

Q&A

쓰레기 소각장을 다음과 같이 운영할 때 쓰레기 1 kg당 전체 발열량(kcal/kg)은? 단, 이론 공기량 2.0 Sm^3/kg, 공기 예열온도 150℃, 유입 공기온도 15℃, 공기 정압비열 0.31 kcal/Sm^3 · ℃, 쓰레기 저발열량 1,500 kcal/kg, 과잉 공기비 1.5

Solution

전체 발열량 = 단위 열량 + 쓰레기 저발열량

단위 열량 = (과잉공기계수×이론공기량) × 비열 × 온도차이

= (1.5×10 Sm^3/kg) × 0.31 kcal/Sm^3 · ℃ × (150 − 15)℃

= 627.75 kcal/kg

전체 발열량 = 627.75 kcal/kg + 1,500 kcal/kg = 2,127.75 kcal/kg

예제 8.60

Q&A

평균 발열량이 5,000 kcal/kg인 폐기물을 소각하여 지역난방에 필요한 열에너지를 얻고자 한다. 이 경우 하루 동안 지역난방 온수 100 ton을 만드는 데 필요한 폐기물의 양(kg/day)은? 단, 보일러의 열효율은 65%, 보일러 유입수 온도 15℃, 배출수 온도 90℃, 물의 비열 1 cal/g · ℃

Solution

물의 비열 1 cal/g · ℃ = 1 kcal/kg · ℃

하루 동안 필요한 열량은

100 ton 물	1,000 kg	1 kcal	(90℃ − 15℃)	실제 100	= 11,538,462 kcal/day
day	1 ton	kg · ℃		이론 65	

그러므로 필요한 폐기물 양은

11,538,462 kcal	kg	= 2,308 kg/day
day	5,000 kcal	

Chapter 8 연습문제

문제 8.1. 유기성 고형폐기물을 성분 분석한 결과, 수분 함량 60%, 회분 함량 20%, 유기물 중 분해가능 유기물 함량 55%, 유기물 중 탄소의 함량은 70%로 나타났다. 이 폐기물을 퇴비화하는데 필요한 1 Nm^3의 공기가 이용되었다면, 퇴비화에 사용된 유기성 고형 폐기물량(kg)은? 단, 이때의 공기량은 표준상태라고 가정하라.

문제 8.2. $C_4H_9O_3N$으로 표현되는 유기성 액상폐기물 1 kg이 완전히 소화될 때 발생하는 메테인의 양(m^3)은? 단, 표준상태라고 가정한다.

문제 8.3. 유기 고형물 $C_{68}H_{111}O_{50}N$ 200 kg을 혐기성 완전 소화할 때 생성되는 기체들과 전체 기체의 발생량(Nm^3)은? 단, 표준상태라고 가정한다.

문제 8.4. 분해가능한 유기 고형물($C_5H_{11}O_2N$)이 혐기성 소화과정에서 완전분해되었다. 이 때 발생한 메테인의 양이 0.672 Nm^3였다면, 투입된 유기 고형물($C_5H_{11}O_2N$)의 양(kg)은? 표준상태라고 가정한다.

문제 8.5. $C_4H_9O_3N$으로 표현되는 유기성 액상폐기물이 완전히 소화될 때 발생하는 가스(메테인과 이산화탄소) 중 메테인의 부피백분율은?

문제 8.6. 다음 공정에서, 물질의 열용량(cal/℃)과 비열(cal/g · ℃)을 계산하라.

$H_2O_{(g)}(110℃) \rightarrow H_2O_{(g)}(150℃)$, $\Delta H = 270$ cal/mol

문제 8.7. 다음 공정들에 대한 표준반응열(ΔH_r^o)을 계산하시오.

$CaO_{(s)} + CO_{2(g)} \rightarrow CaCO_{3(s)}$

문제 8.8. 다음 반응의 표준반응열($\Delta \hat{H}_r^o$)을 구하시오.

$CH_3COOH_{(l)} + C_2H_5OH_{(l)} \rightarrow C_2H_5COOCH_{3(l)} + H_2O_{(l)}$

각 물질의 표준연소열($\Delta \hat{H}_c^o$)은 다음과 같다.

$CH_3COOH_{(l)}$의 $\Delta \hat{H}_c^o = -203.34$ kcal/mol

$C_2H_5OH_{(l)}$의 $\Delta \hat{H}_c^o = -326.7$ kcal/mol

$C_2H_5COOCH_{3(l)}$의 $\Delta \hat{H}_c^o = -538.76$ kcal/mol

문제 8.9. 에틸렌(C_2H_4) 가스의 저발열량이 14,320 kcal/Sm^3이면, 고발열량(kcal/Sm^3)은?

문제 8.10. 부피 기준으로 메테인(CH_4) 60%, 에테인(C_2H_6) 20%, 프로페인(C_3H_8) 5%, 부테인(C_4H_{10}) 15%로 구성된 혼합기체의 저발열량이 8,000 kcal/Sm^3이다. 이 혼합기체의 고발열량(kcal/Sm^3)은?

문제 8.11. 일반적인 탄화수소 기체 C_mH_n 1 Sm^3의 완전연소에 필요한 이론공기량(Sm^3)은?

문제 8.12. 탄소 80%, 수소 13%, 황 7%로 조성된 액체연료의 완전연소에 필요한 이론산소량(Sm^3/kg)과 이론공기량(Sm^3/kg)은?

문제 8.13. 부탄올(C_4H_9OH) 2 kg을 완전연소하는 데 필요한 이론공기량(Sm^3)은? 단, 연소반응식을 이용하여 구하시오.

문제 8.14. 프로페인(C_3H_8)과 아세틸렌(C_2H_2) 각 1 Sm^3을 완전연소시키는 데 필요한 이론산소량(kg)의 비(C_2H_2/C_3H_8)는?

문제 8.15. 하수처리장의 건조슬러지를 원소 분석한 결과 주로 미생물의 분자식과 유사한 $C_5H_7O_2N$으로 나타났다. 이 슬러지 10톤을 완전연소시키기 위해 필요한 이론산소량과 이론공기량(kg)은?

문제 8.16. 완전연소 후 배기가스 성분을 검사해 보니 산소 부피 백분율이 10%였다. 이때 공기비는? 단, 소수 둘째 자리까지만 구하시오.

문제 8.17. 완전연소 후 배기가스 분석결과가 CO_2 10%, O_2 10%, N_2 80%로 나타났을 때, 완전연소 공기비는? 단, 소수 둘째 자리까지만 구하시오.

문제 8.18. 이론공기량으로 프로페인(C_3H_8)을 완전연소시킬 때, 건조가스 중의 CO_{2max}(%)는?

단, 실제 반응식을 이용하여 공기 중의 질소량을 계산하여 구하시오.

문제 8.19. 이론공기량을 사용하여 에테인(C_2H_6)을 완전연소시킬 때, 건조가스 중의 CO_2(v/v %)는? 이때 공기비는 1.3이다.

문제 8.20. 중량백분율로 C 85%, H 15%인 액체연료를 10 kg 완전연소하였을 때, 배기가스는 부피백분율로 CO_2 10%, O_2 5%, N_2 85%로 나타났다. 이 액체연료의 완전연소시 필요한 실제공기량(Sm^3)은?

문제 8.21. 부테인(C_4H_{10}) 3 Sm^3을 공기비 1.3으로 연소시킬 경우, 실제건연소가스량(Sm^3)과 실제습연소가스량(Sm^3)은?

문제 8.22. LPG의 주성분 중 하나인 액화 프로페인(C_3H_8) 50 kg을 기화시켜 2 Sm^3/h의 유량으로 연소시킬 때, 모든 액화 프로페인을 연소시키는 데 필요한 산소량(kg)과 연소시간(h)은? 단, 표준상태라고 가정한다.

문제 8.23. 옥테인(C_8H_{18})을 완전연소시킬 때 부피기준 공기연료비와 질량기준 공기연료비를 각각 구하라.

문제 8.24. 저발열량이 13,000 kcal/Sm^3인 기체연료를 연소할 경우, 이론연소가스량은 10 Sm^3/Sm^3이고 이론연소온도가 2,400℃이었다. 이 연료연소가스의 평균정압비열(kcal/Sm^3·℃)은? 단, 기준온도는 20℃, 연소는 단열상태에서 이루어지고, 공기는 예열되지 않으며, 연소가스는 해리되지 않는 것으로 간주한다.

문제 8.25. 저발열량이 8,600 kcal/Sm^3인 메테인(CH_4)의 이론연소온도(℃)는? 연소시 메테인과 공기는 20℃에서 공급되며, $CO_{2(g)}$, $H_2O_{(g)}$, $N_{2(g)}$의 평균정압 몰비열은 각각 0.58, 0.47, 0.36 kcal/Sm^3·℃이다. 단, 연소는 단열상태에서 이루어지고, 공기는 예열되지 않으며, 연소가스는 해리되지 않는 것으로 간주한다.

문제 8.26. 산소 5 Sm^3과 질소 6 Sm^3이 혼합된 혼합기체의 정압비열(kcal/kg·℃)은? 단, 표준상태이고, 산소와 질소의 정압비열은 각각 0.22과 0.25 kcal/kg·℃

참고문헌

Himmelblau, D. D. and Riggs, J. B., Basic principles and calculations in chemical engineering, Pearson, 2012.

http://www.wikipedia.com, 2015.

http://www.wikipedia.com, 2016.

Kunz, R. G., Environmental calculations : a multimedia approach, John Wiley & Sons, 2009

Perry, R. H., Perry's Chemical Engineer's Handbook, Perry, 8th ed., R. H. and Green, D. W. (Eds), McGraw Hill, 2008.

연습문제 풀이

Chapter 1. 연습문제 풀이

문제 1.1. H_2O_2의 분해속도 $r_{H_2O_2} = -\dfrac{d[H_2O_2]}{dt} = k_1[H_2O_2]^2$

H_2O의 생성속도 $r_{H_2O} = \dfrac{d[H_2O]}{dt} = k_2[H_2O_2]^2$

O_2의 생성속도 $r_{O_2} = \dfrac{d[O_2]}{dt} = k_3[H_2O_2]^2$

$k_1 = k_2 = 2k_3$

문제 1.2. $k = 0.0371\ \text{min}^{-1}$

문제 1.3. $t = 118\ \text{min}$

문제 1.4. 0차 반응, $k = 0.25\ \text{mg/L}\cdot\text{s}$

문제 1.5. $t = 24{,}000\ \text{s} = 6.67\ \text{h}$

문제 1.6. 1차 반응에서 1시간 후의 BOD 농도는

$[A]_t = [A]_o e^{-kt} = (200\ \text{mg/L}) \times e^{-(0.436\ \text{h}^{-1})(1\ \text{h})} = 129\ \text{mg/L}$

2차 반응에서 1시간 후의 BOD 농도는

$\dfrac{1}{[A]_t} = \dfrac{1}{[A]_o} + kt = \dfrac{1}{200\ \text{mg/L}} + (0.00589\ \text{L/mg}\cdot\text{h})(1\ \text{h}) = 0.01089\ \text{L/mg}$

$[A]_t = 91.83\ \text{mg/L}$

문제 1.7. $t = 8.85\ \text{h}$

문제 1.8. $t = 70\ \text{min}$

문제 1.9. $t = 8{,}571\ \text{s} = 2.38\ \text{h}$

문제 1.10. (1) $[A] = [A]_o - x = 0.05\ \text{mol/L} - 5.08\times10^{-3}\ \text{mol/L} = 0.045\ \text{mol/L}$

$[B] = [B]_o - x = 0.1\ \text{mol/L} - 5.08\times10^{-3}\ \text{mol/L} = 0.095\ \text{mol/L}$

(2) $[A] = [A]_o - x = 0.05\ \text{mol/L} - 0.049\ \text{mol/L} = 0.001\ \text{mol/L}$

$[B] = [B]_o - x = 0.1\ \text{mol/L} - 0.049\ \text{mol/L} = 0.051\ \text{mol/L}$

문제 1.11. $[S] = K_m$

문제 1.12. $K_m = \dfrac{k_{-1} + k_2}{k_1} = \dfrac{1.0\times10^2\ \text{s}^{-1} + 3.0\times10^2\ \text{s}^{-1}}{1.0\times10^7\ \text{M}^{-1}\text{s}^{-1}} = 4\times10^{-5}\ \text{M}$

문제 1.13. $\text{pH} = -\log[\text{H}^+] = -\log(0.0106\ \text{M}) = 1.975 \fallingdotseq 2$

문제 1.14. $\dfrac{d[\text{Cr}^{6+}]}{dt} = \dfrac{k_1 k_2}{k_{-1}} \dfrac{[\text{Ce}^{4+}]^2[\text{Cr}^{3+}]}{[\text{Ce}^{3+}]}$

문제 1.15. $E_a = (21.868\times10^3\ \text{K})\times(1.987\ \text{cal/K}\cdot\text{mol}) = 43.45\times10^3\ \text{cal/mol} = 43.45\ \text{kcal/mol}$

$A = 7.89\times10^{13}\ \text{mL/mol}\cdot\text{s}$

문제 1.16. $t = 21{,}928\ \text{s} = 6.1\ \text{h}$

문제 1.17. $E_a = 69{,}541\ \text{cal/mol} = 69.5\ \text{kcal/mol}$

문제 1.18. $E_a = 12.6\ \text{kcal/mol}$

$E_a = 1\ \text{kcal/mol}$라고 고정하고 25℃에서 35℃로 증가시켰다면,

$\dfrac{k_2}{k_1} = 1.056$이므로 증가된 비율은 $\dfrac{k_2 - k_1}{k_1}\times 100 = \dfrac{1.056k_1 - k_1}{k_1}\times 100 = 5.6\%$

마찬가지로, 10, 20, 50 kcal/mol에 대해 계산하면, 각각 73%, 199%, 1,449%

Chapter 2. 연습문제 풀이

문제 2.1. 아질산이온(NO_2^-)과 수소이온(H^+) 농도는 = 0.0065 M

아질산(HNO_2)의 농도 = 0.0935 M

문제 2.2. H_2O와 $CH_3COOC_2H_5$는 $x = 1.71$ mol

C_2H_5OH는 $(5.0 - x) = 5.0 - 1.71 = 3.29$ mol

CH_3COOH는 $(2.0 - x) = 2.0 - 1.71 = 0.29$ mol

문제 2.3. $x = 0.0613 = 6.13\%$

6.13%의 이온화 비율을 가진다.

문제 2.4. $K_i = \dfrac{[\text{CH}_3\text{COO}^-][\text{H}^+]}{[\text{CH}_3\text{COOH}]} = \dfrac{(0.02)^2}{0.08} = 5.0\times10^{-3}$

문제 2.5. $x = [\text{H}^+] = [\text{F}^-] = 0.008\ \text{M}$

$[\text{HF}] = (0.1 - x) = 0.1 - 0.008 = 0.092\ \text{M}$

문제 2.6. $K_i = \dfrac{[CNO^-][H^+]}{[HCNO]} = \dfrac{(2.0\times10^{-4})(0.323)}{0.5} = 1.3\times10^{-4}$

문제 2.7. 17 mL의 0.1 M 수산화암모늄(NH_4OH)과 483 mL 물을 혼합해야 한다.

문제 2.8. (1) $4HCl_{(g)} + O_{2(g)} \rightleftarrows 2H_2O_{(g)} + 2Cl_{2(g)}$, $\Delta H^o = -28$ kcal/mol

① $\Delta H^o < 0$이므로 이 정반응은 발열반응이다. 발열반응에서 온도를 증가시키면 르 샤틀리에의 원리에 의해 역반응이 촉진되므로 반응은 **왼쪽**으로 진행된다.

② 반응물은 5 mol이고 생성물은 4 mol로 반응물의 mol 수가 높은 상태이다. 르 샤틀리에의 원리에 의해 압력을 높이면 기체의 몰수가 큰 쪽에서 작은 쪽으로 반응이 진행되므로 반응은 **오른쪽**으로 진행된다.

(2) $N_{2(g)} + O_{2(g)} \rightleftarrows 2NO_{(g)}$, $\Delta H^o = 44$ kcal/mol

① $\Delta H^o > 0$이므로 이 정반응은 흡열반응이라는 것을 알 수 있다. 흡열반응에서 온도를 증가시키면 르 샤틀리에의 원리에 의해 정반응이 촉진되므로 반응은 **오른쪽**으로 진행된다.

② 반응물은 2 mol이고 생성물도 2 mol로 동일하다. 그러므로 압력을 증가해도 **변화 없다.**

(3) $C_2H_{4(g)} + 3O_{2(g)} \rightleftarrows 2CO_{2(g)} + 2H_2O_{(g)}$, $\Delta H^o = 332$ kcal/mol

① $\Delta H^o > 0$이므로 이 정반응은 흡열반응이라는 것을 알 수 있다. 흡열반응에서 온도를 증가시키면 르 샤틀리에의 원리에 의해 정반응이 촉진되므로 반응은 **오른쪽**으로 진행된다.

② 반응물은 4 mol이고 생성물도 4 mol로 동일하다. 그러므로 압력을 증가해도 **변화 없다.**

(4) $2NO_{(g)} + O_{2(g)} \rightleftarrows 2NO_{2(g)}$, $\Delta H^o = -28.1$ kcal/mol

① $\Delta H^o < 0$이므로 이 정반응은 발열반응이다. 발열반응에서 온도를 증가시키면 르 샤틀리에의 원리에 의해 역반응이 촉진되므로 반응은 **왼쪽**으로 진행된다.

② 반응물은 3 mol이고 생성물은 2 mol로 반응물의 mol 수가 높은 상태이다. 르 샤틀리에의 원리에 의해 압력을 높이면 기체의 몰수가 큰 쪽에서 작은 쪽으로 반응이 진행되므로 반응은 **오른쪽**으로 진행된다.

문제 2.9. $\dfrac{0.225\text{ mol } NH_4^+}{1\text{ L}} \left| \dfrac{1\text{ mol } NH_4Cl}{1\text{ mol } NH_4^+} \right| \dfrac{53.45\text{ g } NH_4Cl}{1\text{ mol } NH_4Cl} = 12.03\text{ g } NH_4Cl$

문제 2.10. $[H^+] = 5.0\times10^{-6}$ M

문제 2.11. $[H^+] = 9.0\times10^{-4}$ M

문제 2.12. $K = 9.72\times10^{-15} \approx 1\times10^{-14}$

물은 이온 상태로 존재하는 것이 아니라 물 분자 상태로 진행한다는 것을 알 수 있다.

문제 2.13. $K = 6.8\times10^5 = 10^{5.83}$

문제 2.14. ΔG는 -108.08 kcal로 음의 값을 가지므로 이 반응은 표시된 정반응 방향으로 자발적으로 진행한다.

문제 2.15. $K_P = 0.097$ atm

문제 2.16. $\Delta G^o = -RT\ln K_P = -(1.987\times10^{-3}\ \text{kcal/mol}\cdot\text{K})(600\ \text{K})\cdot\ln(326)$
$= -6.9$ kcal/mol

문제 2.17. $\Delta S^o = \dfrac{\Delta H^o - \Delta G^o}{T} = \dfrac{-44.12\ \text{kcal} - (-45.58\ \text{kcal})}{298\ \text{K}} = 4.89$ cal/K

문제 2.18. $[O_{2(aq)}] = \dfrac{2.73\times10^{-4}\ \text{mol}\ O_2}{\text{L}}\left|\dfrac{32\ \text{g}\ O_2}{1\ \text{mol}\ O_2}\right|\dfrac{1000\ \text{mg}\ O_2}{1\ \text{g}\ O_2} = 8.74\ \text{mg}\ O_2/\text{L}$

25℃에서 문헌상의 포화 용존산소 농도는 $[O_{2(aq)}] = 8.3$ mg/L로 계산치와 비슷하다.

문제 2.19. $\Delta G^o = -RT\ln K_{sp3}$에서
$= -(1.987\times10^{-3}\ \text{kcal/mol}\cdot\text{K})(291\ \text{K})\cdot\ln(1.82) = -0.346$ kcal/mol

문제 2.20. $Q/K = (10^{-4})/(10^{-6.3}) = 10^{2.3} > 1$

그러므로 이 반응은 왼쪽으로 일어난다.

문제 2.21. $\Delta G^o = [(1\ \text{mol})\times(-140.31\ \text{kcal/mol}) + (1\ \text{mol})\times(-92.31\ \text{kcal/mol}) + (1\ \text{mol})\times(-56.69\ \text{kcal/mol})] - [(1\ \text{mol})\times(-89\ \text{kcal/mol}) + (2\ \text{mol})\times(+3.93\ \text{kcal/mol})]$
$= -208.17$ kcal

문제 2.22. $K = \dfrac{\{Mg(OH)_{2(s)}\}}{\{Mg^{2+}\}\{OH^-\}^2} = \dfrac{(1)}{[Mg^{2+}][OH^-]^2} = \dfrac{(1)}{[Mg^{2+}][10^{-4}]^2} = 1.16\times10^{11}$

$[Mg^{2+}] = 8.62\times10^{-4}$ M

문제 2.23. $\Delta H^o = -45.04$ kcal/mol

$\Delta S^o = \dfrac{\Delta H^o - \Delta G^o}{T} = \dfrac{-45.04 - (-2.47)}{1000} = -0.0426$ kcal/mol·K

ΔG^o는 온도에 따라 변화하나, ΔH^o와 ΔS^o는 온도와 관계없이 일정한 값을 나타낸다.

문제 2.24. $K_{343} = 23.08 < K_{298} = 97.42 < K_{288} = 142.6$

$K_{343} = 23.01 < K_{298} = 97.19 < K_{288} = 142.6$

25℃에서 탄산칼슘($CaCO_{3(s)}$)이 포화 상태, 즉 평형상태라면, 15℃에서는 25℃의 경우보다 평형상수 값이 크므로 반응식에서 더 오른쪽으로 진행(용해)되어 평형에 도달한다는 것을 알 수 있다. 그러므로 불포화상태라는 것을 알 수 있다. 70℃에서는 25℃의 경우보다 평형상수 값이 작으므로 반응식에서 더 왼쪽으로 진행(용해)되어 평형에 도달한다는 것을 알 수 있다. 그러므로 과포화상태라는 것을 알 수 있다.

문제 2.25. $K_{P,\,223} = 7.1\times10^{-5}$ atm

$$\begin{aligned}\Delta G^o &= -RT\ln K_{P,\,223}\\ &= -(1.987\times10^{-3}\ \text{kcal/mol}\cdot\text{K})(223\ \text{K})\cdot\ln(7.1\times10^{-5}\ \text{atm})\\ &= 4.23\ \text{kcal/mol}\end{aligned}$$

문제 2.26. $\Delta H^o = 13.36\ \text{kcal} > 0$이므로 흡열 반응이다.

온도가 증가할수록 물의 이온화상수가 증가하여 물의 이온화가 잘된다는 것을 알 수 있다.

문제 2.27. $I = \frac{1}{2}$(Na^+ 몰농도 × Na^+ 전하수 + Cl^- 몰농도 × Cl^- 전하수 + Mg^{2+} 몰농도 × Mg^{2+} 전하수 + SO_4^{2-} 몰농도 × SO_4^{2-} 전하수)

$$= \frac{1}{2}(1.71\ \text{mM}\times(+1)^2 + 1.71\ \text{mM}\times(-1)^2 + 1.67\ \text{mM}\times(+2)^2 + 1.67\ \text{mM}\times(-2)^2)$$

$$= 8.39\ \text{mM}$$

문제 2.28. $-\log\gamma_{Na^+} = -\log\gamma_{Cl^-} = 0.5(1)^2(0.001)^{1/2} = 0.0158$

$$\gamma_{Na^+} = \gamma_{Cl^-} = 0.964$$

문제 2.29. $K = 2.17\times10^{10} = \dfrac{\gamma_{HCO_3^-}[HCO_3^-]}{\gamma_{CO_3^{2-}}[CO_3^{2-}]\gamma_{H^+}[H^+]} = \dfrac{(0.988)[HCO_3^-]}{(0.955)[CO_3^{2-}]\times(0.955)[10^{-9}]}$

$$\frac{[HCO_3^-]}{[CO_3^{2-}]} = 20$$

$$pH = -\log\{H^+\} = -\log(\gamma_{H^+}[H^+]) = -\log(0.988\times10^{-9}) \fallingdotseq 9.0$$

문제 2.30. ${}^cK = \dfrac{\gamma_{HCO_3^-}}{\gamma_{H^+}\gamma_{CO_3^{2-}}}K$

$${}^cK = \frac{(0.89)}{(0.89)(0.63)}10^{-10.3} = 7.9\times10^{-11} = 10^{-10.1}$$

문제 2.31. (1) $\Delta\overline{H}^o_{f(O_{2(aq)})} = -3.9$ kcal

(2) $K_{H,\,333} = 6.46\times10^{-4}$ mol/L · atm

(3) 25℃, $[O_{2(aq)}] = 2.62\times10^{-4}$ mol/L = 8.38 mg O_2/L

50℃, $[O_{2(aq)}] = 2.38\times10^{-4}$ mol/L = 7.62 mg O_2/L

100℃, $[O_{2(aq)}] = 0$ mol/L = 0 mg/L

Chapter 3. 연습문제 풀이

문제 3.1. 공액염기는 HPO_4^{2-}이다. $pK_b = 6.8$

공액염기의 반응식은 $HPO_4^{2-} + H_2O \rightleftarrows H_2PO_4^- + OH^-$

문제 3.2. $K_a = 9.76\times10^{-15} \approx 1.0\times10^{-14}$

공액염기인 S^{2-}의 K_b는 $K_a \times K_b = K_W$의 관계에서

$(1.0\times10^{-14})\times K_b = (1.0\times10^{-14})$, $K_b = 1$

문제 3.3. 물의 이온화반응은 흡열반응이다.

문제 3.4. 15℃에서 중성의 pH는 $(1/2)pK_{W,\,288} = 7.17$

35℃에서 중성의 pH는 $(1/2)pK_{W,\,308} = 6.84$

그러므로 중성의 pH는 7로 고정된 것이 아니라 온도에 따라 변화한다는 것을 알 수 있다. 온도가 25℃보다 감소하면 중성의 pH는 증가하고, 온도가 증가하면 중성의 pH는 감소한다.

문제 3.5. H_2SO_4의 이온화 분율, F는

$$F = \frac{[HSO_4^-]}{[H_2SO_4] + [HSO_4^-]} = \frac{[HSO_4^-]}{10^{-10}[HSO_4^-] + [HSO_4^-]} \cong 1$$

황산의 일양성자산의 경우 대부분 완전히 이온화된다는 것을 알 수 있다.

HSO_4^-의 이온화 분율, F는

$$F = \frac{[SO_4^{2-}]}{[HSO_4^-] + [SO_4^{2-}]} = \frac{[SO_4^{2-}]}{10^{-5}[SO_4^{2-}] + [SO_4^{2-}]} \cong 1$$

그러므로 황산은 전체적으로 대부분 완전히 이온화된다.

차아염소산의 경우, 이온화 분율, F는

$$F = \frac{[OCl^-]}{[HOCl] + [OCl^-]} = \frac{[Cl^-]}{10^{0.5}[Cl^-] + [Cl^-]} \cong 0.24$$

차아염소산의 경우, 24%만 이온화되므로 약산이라는 것을 알 수 있다.

문제 3.6. $[H_2PO_4^-] + 2[HPO_4^{2-}] + 3[PO_4^{3-}] + [OH^-] = [Na^+] + [H^+]$

문제 3.7. 양전하 규정농도의 합 = 4 + 3 + 1 + 2 = 10 meq/L

음전하 규정농도의 합 = 2 + 4 + 4 + 2 = 12 meq/L

음전하 규정농도의 합이 양전하 규정농도의 합보다 20% 이상 크므로 분석이 정확하게 되었다고 할 수 없다. 2 meq/L 정도의 양전하 추가 분석이 필요할 것으로 판단된다.

문제 3.8. 산의 경우와 마찬가지로 수용액 중에 존재하는 화학종의 종류를 파악해야 한다. 이를 위해 산 - 염기 반응식과 물의 이온화반응식을 모두 기술해야 한다.

$$MOH + H_2O \rightleftarrows OH^- + (H_2O)M^+$$

$$H_2O \rightleftarrows H^+ + OH^-$$

MOH 수용액에서 존재하는 화학종은 MOH, M^+, H^+, OH^- 4종류다. 그러므로 4개의 방정식을 세워야 한다.

1. M에 대한 질량균형식을 세우면,

   $C_{T,\mathrm{M}} = [MOH] + [M^+] = 10^{-3}$ M

2. 위의 산 - 염기 반응식에서 $\{H_2O\} = 1$, 묽은 용액으로 간주하면,

$$K_b = \frac{\{H_2O(M^+)\}\{OH^-\}}{\{MOH\}\{H_2O\}} = \frac{\{M^+\}\{OH^-\}}{\{MOH\}} = \frac{[M^+][OH^-]}{[MOH]} = 10^{-4}$$

3. 물의 이온화반응식에서, $\{H_2O\} = 1$, 묽은 용액으로 간주하면,

$$K_W = \frac{\{H^+\}\{OH^-\}}{\{H_2O\}} = [H^+][OH^-] = 10^{-14}$$

4. 염기의 경우, 전하균형식을 세우면

   $[OH^-] = [M^+] + [H^+]$

이와 같은 방법으로 4개의 식이 완성되었으므로 각 [MOH], $[M^+]$, $[H^+]$, $[OH^-]$를 계산할 수 있다.

문제 3.9. $pH = -\log(1.05 \times 10^{-7}) = 6.98$

문제 3.10. $[Ac^-] = 4.47 \times 10^{-4}$ M, $[HAc] = 10^{-2}$ M,

$[H^+] = 4.47 \times 10^{-4}$ M, $[OH^-] = 2.24 \times 10^{-11}$ M

$pH = -\log[H^+] = -\log(4.47 \times 10^{-4}) = 3.35$

문제 3.11. $pH = 14 - pOH = 14 - 3.7 = 10.3$

문제 3.12. $[H^+] = -\log(-pH) = -\log(-9.25) = 10^{(-9.25)} = 5.6 \times 10^{-10}$ M

$K_W = [H^+][OH^-] = (5.6 \times 10^{-10})[OH^-] = 10^{-14}$

$[OH^-] = 1.79 \times 10^{-5}$ M

문제 3.13. $[CN^-] = 2.24\times10^{-7}$ M, $[HCN] = 10^{-4}$ M,
$[H^+] = 2.24\times10^{-7}$ M, $[OH^-] = 4.5\times10^{-8}$ M
$pH = -\log[H^+] = -\log(2.24\times10^{-7}) = 6.65$

문제 3.14. $pOH = -\log[OH^-] = -\log(2.99\times10^{-3}) = 2.52$
$pH = 14 - pOH = 14 - 2.52 = 11.48$

문제 3.15. $K_{i1} = 1.1\times10^{-7}$, $K_{i2} = 1.1\times10^{-14}$

문제 3.16. $pH = -\log[H^+] = -\log(0.0477) = 1.32$, $[H_3PO_4] = 0.35$ M

문제 3.17. $[HCl] = 0.0057$ M

문제 3.18. $pH = -\log[H^+] = -\log(2.2\times10^{-5}) = 4.66$

문제 3.19. 9.0 g의 NH_4Cl을 투입하여야 한다.
NaOH 0.246 g을 투입하면 pH를 0.1 증가시킬 수 있다.
NaOH 1.62 g을 투입하면 pH를 0.5 증가시킬 수 있다.

문제 3.20. pH = 9.26

문제 3.21. $pH = 14 - pOH = 14 - 5.90 - 4.9 = 8.10$
$[C_6H_5COOH] \approx [OH^-] = 1.24\times10^{-6}$ M
$[C_6H_5COO^-] = 0.01$ M
$[Na^+] = 0.01$ M

문제 3.22. $[H^+] = 0.0022$ M, $[HSO_3^-] = 0.6222$ M, $[H_2SO_3] = 0.1098$ M
$[Na^+] = 0.620$ M, $[OH^-] = 4.54\times10^{-12}$ M

문제 3.23. $pH = -\log[H^+] = -\log(2.55\times10^{-5}) = 4.59$

Chapter 4. 연습문제 풀이

문제 4.1. $K_{sp} = [Ag^+][Cl^-] = (1.29\times10^{-5})(1.29\times10^{-5}) = 1.66\times10^{-10}$

문제 4.2. 18.1 mg CaF_2/L

문제 4.3. 1 L에 0.269 g의 Pb^{2+}가 용해되어 있으므로, 100 mL에는 0.0269 g의 Pb^{2+}가 용해되어 있다. 1 L에 0.60 g PbI_2가 용해되므로, 100 mL에는 0.06 g의 PbI_2가 용해된다.

문제 4.4. $[Cd^{2+}] = 8.24\times10^{-7}$ M, $[Mn^{2+}] = 3.3\times10^{6}$ M
실제로 $[Cd^{2+}] = 8.24\times10^{-7}$ M는 가능하나, $[Mn^{2+}] = 3.3\times10^{6}$ M가 되도록 녹이는 것은 불가능하므로 현 상태에서는 MnS의 침전물이 만들어지지 않는다는 것을 알 수 있다.

문제 4.5. Ag_2CrO_4가 AgCl보다 17배 이상의 높은 Ag^+ 이온 농도를 갖는다.

문제 4.6. $SnF_{2(s)}$의 용해도는 1.76×10^{-7} M

문제 4.7. 0.0087 g $Mg(OH)_2$/L

문제 4.8. $Mn(OH)_2$ 수용액의 용해도는 1.2×10^{-5} M에서 6.9×10^{-11} M으로 감소한다.

문제 4.9. $K_{sp}=[Pb^{2+}][Br^-]^2=(5.45\times10^{-5})(0.2)^2=2.18\times10^{-6}$

문제 4.10. $K_{sp,\,60℃}=4.63\times10^{-20}$

문제 4.11. $[Ca^{2+}][OH^-]^2$는 용해도곱에 미치지 못하므로 침전물은 형성되지 못한다. 수용액 중 각 물질의 농도는 $[Ca^{2+}]=0.01$ M, $[OH^-]=0.015$ M

문제 4.12. $[Na^+]=0.618$ M, $[Cl^-]=0.48$ M, $[Ba^{2+}]=2.9\times10^{-9}$ M, $[CrO_4^{2-}]=0.069$ M

문제 4.13. $[Cu^{2+}]=5.8\times10^{-12}$ M

문제 4.14. $[Sr^{2+}]=5.1\times10^{-4}$ M, $[Pb^{2+}]=3.3\times10^{-5}$ M, $[SO_4^{2-}]=5.43\times10^{-4}$ M

문제 4.15. Na_2SO_4 1.21 g을 투입해야 한다.

전체 침전물 중 $CaSO_4$ 침전물은 9.48%의 질량 백분율을 차지한다.

문제 4.16. 용해된 칼슘이온 $[Ca^{2+}]=4.8\times10^{-6}$ M $=0.48$ mg/L as $CaCO_3$

나머지 칼슘착물이온($[CaCO_3^o]+[CaOH^+]+[CaHCO_3^+]$) $=9.4\times10^{-6}$ M $=0.94$ mg/L as $CaCO_3$

그러므로 현재 착물로 존재하는 양은 단독으로 존재하는 양의 2배에 가깝다.

Chapter 5. **연습문제 풀이**

문제 5.1. (1) $N_S=+5/2$, (2) $N_P=+5$, (3) $N_{Al}=+3$, (4) $N_N=-1/3$, (5) $N_N=-1$ (6) $N_{Sn}=4$, (7) $N_I=+1$, (8) $N_{Hg}=+2$, (9) $N_{As}=-3$

문제 5.2.

$$2FeCl_3 + SnCl_2 \rightarrow 2FeCl_2 + SnCl_4$$

Fe +3 → +2

Sn +2 → +4

그러므로 Sn은 산화되고, Fe는 환원된다.

문제 5.3.

손실 : $\frac{1}{2}e^-/S=2e^-/S_4O_6^{2-}(2S_2O_3^{2-})$

$$S_2O_3^{2-} + I_2 \longrightarrow I^- + S_4O_6^{2-}$$

+2　　0　　　　−1　　$+2\frac{1}{2}$

이득 : $1e^-/I=2e^-/I_2(2I^-)$

$$2S_2O_3^{2-} + I_2 \rightarrow 2I^- + S_4O_6^{2-}$$

전체 원소가 모두 맞아서 O와 H에 대해 맞출 필요가 없다.

문제 5.4.

손실 : $2e^-/NO$

$$\underset{+5}{HNO_3} + \underset{+2}{NO} \longrightarrow \underset{+4}{NO_2} + H_2O$$

이득 : $1e^-/HNO_3 = 2e^-/2HNO_3$

NO가 NO_2로 산화됨에 따라 2개의 전자 손실이 발생하고, HNO_3가 NO_2로 환원됨에 따라 2개의 전자 이득이 발생한다. 전자수를 맞추기 위해 2몰의 HNO_3가 되어야 하고 그에 따라 2몰의 NO_2가 된다. 그러므로 1몰의 NO 산화에 따른 NO_2, 2몰의 HNO_3 환원에 따른 2몰의 NO_2가 되므로, 총 3몰의 NO_2가 된다.

$2HNO_3 + 1NO \rightarrow 3NO_2 + ?H_2O$

$2HNO_3 + 1NO \rightarrow 3NO_2 + 1H_2O$

문제 5.5.

전체손실 : $4e^-/Cu_2S = 12e^-/3Cu_2S(6Cu, 3S)$

손실 : $1e^-/Cu$

손실 : $2e^-/S$

$$\underset{+1\,-2}{Cu_2S} + \underset{+5}{HNO_3} \longrightarrow \underset{+2\ \ +5}{Cu(NO_3)_2} + \underset{+2}{NO} + \underset{0}{S} + H_2O$$

이득 : $3e^-/HNO_3 = 12e^-/4HNO_3$

$3Cu_2S + (4+?)HNO_3 \rightarrow 6Cu(NO_3)_2 + 4NO + 3S + ?H_2O$

$3Cu_2S + 16HNO_3 \rightarrow 6Cu(NO_3)_2 + 4NO + 3S + 8H_2O$

문제 5.6.

전체손실 : $21e^-/CrI_3 = 42e^-/2CrI_3(2Cr, 6I)$

손실 : $3e^-/Cr$

손실 : $6e^-/I$

$$\underset{+3\,-1}{CrI_3} + \underset{0}{Cl_2} \longrightarrow \underset{+6}{CrO_4^{2-}} + \underset{+5}{IO_3^-} + \underset{-1}{Cl^-}$$

이득 : $1e^-/Cl = 2e^-/Cl_2 = 42e^-/21Cl_2$

동일한 전자의 교환이 발생하도록 조정하면,

$2CrI_3 + 21Cl_2 \rightarrow 2CrO_4^{2-} + 6IO_3^- + 42Cl^-$ (염기성 용액)

오른쪽 항은 O가 26가 있고, H는 양쪽 항 모두에 없다. 그러므로 염기성 용액이므로 O가 많이 생성될 수 있도록 H^+가 아닌 OH^-를 왼쪽 항에 위치시키고 H_2O는 오른쪽 항으로 위치시킨다.

$2CrI_3 + 21Cl_2 + ?OH^- \rightarrow 2CrO_4^{2-} + 6IO_3^- + 42Cl^- + ?H_2O$

하나의 H_2O에 $2OH^-$를 더하면 된다.

$2CrI_3 + 21Cl_2 + 52OH^- \rightarrow 2CrO_4^{2-} + 6IO_3^- + 42Cl^- + 26H_2O$

문제 5.7.

손실 : $2e^-/U(SO_4)_2 = 10e^-/5U(SO_4)_2$

$$\underset{+4}{U(SO_4)_2} + \underset{+7}{KMnO_4} + H_2O \longrightarrow KHSO_4 + \underset{+2}{MnSO_4} + \underset{+6}{(UO_2)SO_4} + H_2SO_4$$

이득 : $5e^-/KMnO_4 = 10e^-/2KMnO_4$

$5U(SO_4)_2 + 2KMnO_4 + ?H_2O \rightarrow ?KHSO_4 + 2MnSO_4 + 5(UO_2)SO_4 + ?H_2SO_4$

K에 대해 맞추면,

$5U(SO_4)_2 + 2KMnO_4 + ?H_2O \rightarrow 2KHSO_4 + 2MnSO_4 + 5(UO_2)SO_4 + ?H_2SO_4$

S에 대해 맞추면,

$5U(SO_4)_2 + 2KMnO_4 + ?H_2O \rightarrow 2KHSO_4 + 2MnSO_4 + 5(UO_2)SO_4 + 1H_2SO_4$

H에 대해 맞추면,

$5U(SO_4)_2 + 2KMnO_4 + 2H_2O \rightarrow 2KHSO_4 + 2MnSO_4 + 5(UO_2)SO_4 + 1H_2SO_4$

문제 5.8.

손실 : $2e^-/Sn^{2+} = 10e^-/5Sn^{2+}$

$$\underset{+2}{Sn^{2+}} + \underset{+7}{MnO_4^-} \longrightarrow \underset{+4}{Sn^{4+}} + \underset{+2}{Mn^{2+}}$$

이득 : $5e^-/MnO_4^- = 10e^-/2MnO_4^-$

동일한 전자의 교환이 발생하도록 조정하면,

$5Sn^{2+} + 2MnO_4^- \rightarrow 5Sn^{4+} + 2Mn^{2+}$ (산성 용액)

그러므로 산성 용액이므로

$5Sn^{2+} + 2MnO_4^- + ?H^+ \rightarrow 5Sn^{4+} + 2Mn^{2+} + ?H_2O$

O를 먼저 맞추고 H를 맞추면,

$5Sn^{2+} + 2MnO_4^- + 16H^+ \rightarrow 5Sn^{4+} + 2Mn^{2+} + 8H_2O$

문제 5.9. $2Bi(OH)_3 + 3SnO_2^{2-} \rightarrow 2Bi + 3SnO_3^{2-} + 3H_2O$

문제 5.10. 산성 용액 1.58 g $KMnO_4$

알칼리성 용액 2.63 g $KMnO_4$

문제 5.11. ClO_2의 산화력을 염소기체의 산화력과 비교하면, 263%

HOCl의 산화력을 염소 기체의 산화력과 비교하면, 135%

문제 5.12. $2Mn^{2+} + 4Br^- + 7PbO_2 + 12H^+ \rightarrow 2MnO_4^- + 2Br_2 + 7Pb^{2+} + 6H_2O$

문제 5.13. $2IO_3^- + 10I^- + 12H^+ \rightarrow 6I_2 + 6H_2O$

문제 5.14. $5PH_3 + 8MnO_4^- + 24H^+ \rightarrow 8Mn^{2+} + 5H_3PO_4 + 12H_2O$

문제 5.15. $2Mn^{2+} + 5BiO_3^- + 14H^+ \rightarrow 2MnO_4^- + 5Bi^{3+} + 7H_2O$

문제 5.16. $3BiO^+ + 3NO_3^- + 11Al + 11OH^- \rightarrow 3Bi + 11AlO_2^- + 3NH_3 + H_2O$

문제 5.17. (a) 산화수법 $3MnO_4^{2-} + 4H^+ \rightarrow 1MnO_2 + 2MnO_4^- + 2H_2O$

(b) 반쪽반응법 $3MnO_4^{2-} + 4H^+ \rightarrow MnO_2 + 2MnO_4^- + 2H_2O$

문제 5.18. (a) 산화수법 $K_2Cr_2O_7 + 14HCl \rightarrow 2KCl + 2CrCl_3 + 3Cl_2 + 7H_2O$

(b) 반쪽반응법 $K_2Cr_2O_7 + 14HCl \rightarrow 2KCl + 2CrCl_3 + 7H_2O$

(c) 실제 산화-환원 공정 $Cr_2O_7^{2-} + 14H^+ + 6Cl^- \rightarrow 2Cr^{3+} + 3Cl_2 + 7H_2O$

문제 5.19. 양극에서는 산화 반응이 발생하므로 $Fe^{2+} \rightarrow Fe^{3+} + e^-$

음극에서는 환원 반응이 발생하므로 $Br_{2(l)} + e^- \rightarrow Br^-$

$Fe^{2+} + Br_{2(l)} \rightleftarrows Fe^{3+} + Br^-$

문제 5.20. 축적되는 Ag의 질량(g) = 241.45 g Ag

최종 용액 중 Ag^+ 농도(M) = 0.52 M Ag^+

문제 5.21. 112.8 min

문제 5.22. 238 g M/mol M

그러므로 1 mol M의 원자량은 238 g으로 우라늄에 해당한다.

문제 5.23. 0.14 mol gas

그러므로 표준상태에서 이상기체 상태 방정식($PV = nRT$)에 따르면,

$(1\ \text{atm})(V) = (0.14\ \text{mol})(0.082\ \text{L}\cdot\text{atm/mol}\cdot\text{K})(298\ \text{K})$

$V = 3.42\ \text{L}$

문제 5.24. $R = (20\ \Omega\cdot\text{cm})(25\ \text{cm})/(500\ \text{cm}^2) = 1\ \Omega$

$V = IR = (5\ \text{A})(1\ \Omega) = 5\ \text{V}$

53.6 h

문제 5.25. (1) 이 반응은 역반응이 자발적으로 일어난다.

(2) 이 반응은 정반응이 자발적으로 일어난다.

(3) 이 반응은 역반응이 자발적으로 일어난다.

문제 5.26. (1) 이 반응은 정반응이 자발적으로 일어난다.

(2) 이 반응은 정반응이 자발적으로 일어난다.

문제 5.27. (1) +1.36 volt의 최소 전압을 공급해야 반응이 진행된다.

(2) +1.428 volt의 최소 전압을 공급해야 반응이 진행된다.

문제 5.28. (1) $K = K_{sp} = 1.9\times10^{-20}\ \text{M}^3$

(2) −0.01 volt

문제 5.29. $Pt \mid Fe^{2+},\ Fe^{3+} \parallel Mn^{2+},\ MnO_4^- \mid Pt$

전자의 흐름은 왼쪽(산화 반응)에서 오른쪽(환원 반응)으로 발생한다.

$5Fe^{2+}$ + MnO_4^- + $8H^+$ → $5Fe^{3+}$ + Mn^{2+} + $4H_2O$

문제 5.30. (1) $E = +0.634$ volt

(2) 현 상태에서 필요한 최소전압은 +0.683 volt이다.

문제 5.31. $[Cu^{2+}] = 0.018$ M, $[Zn^{2+}] = 1.982$ M

문제 5.32. $[Cu^{2+}] = 1.78 \times 10^{-5}$ M

문제 5.33. $E = +1.433$ volt, $K = 7.59 \times 10^{52} = 10^{52.88}$

문제 5.34. (1) +1.129 volt, $E > 0$이므로 자발적인 정반응이 발생한다.

(2) −0.912 volt, $E < 0$이므로 자발적인 정반응이 어렵다. 즉 자발적인 역반응이 발생한다.

문제 5.35. $\Delta G^o = -nFE^o = -14.7$ kcal/mol

문제 5.36. (1) $K = 1.21 \times 10^5$, (2) $K = 1122$

문제 5.37. $K = K_{sp} = 1.58 \times 10^{-10}$

문제 5.38. $\Delta G^o = -(1$ eq/mol)(23.053×10³ cal/volt · 당량)(0.80 volt) $= -18.44 \times 10^3$ cal/mol

문제 5.39. 호기상태 $p\epsilon = +13.63$, 혐기상태 $p\epsilon = -4.13$

혐기상태에서의 산소 압력(atm)

$P_{O_{2(g)}} = 1.9 \times 10^{-72}$ atm, 즉 산소의 분압은 0에 가깝다.

Chapter 6. 연습문제 풀이

문제 6.1. (1) bicarbonatocalcium(Ⅱ) ion

(2) diphosphatoferrate(Ⅲ) ion

(3) pentaammineaquocobalt(Ⅲ) ion

문제 6.2. 5 mL EDTA

문제 6.3. 2.6 mg $Al(OH)_{3(s)}$/L

문제 6.4. $[HgCl^+] = 5.25 \times 10^{-3}$ M

$[HgCl_2] = 1.7 \times 10^{-4}$ M

$[HgCl_3^-] = 1.7 \times 10^{-11}$ M

$[HgCl_4^{2-}] = 1.59 \times 10^{-18}$ M

문제 6.5. 200 mg/L (as $CaCO_3$)

문제 6.6. 689 g 세제

Chapter 7. 연습문제 풀이

문제 7.1. $F = \frac{[OCl^-]}{[HOCl]+[OCl^-]} = \frac{1}{[HOCl]/[OCl^-]+1} = \frac{1}{3.16+1} = 0.24$

문제 7.2. 황산알루미늄 한 달 약품비(원/월) = 2,700,000원/월

문제 7.3. (1) alum 필요량(kg/d) = 75 kg/d, (2) SS 제거효율(%) = 91.27%

문제 7.4. (1) 황산알루미늄(kg/d) = 500 kg alum/d

(2) 황산알루미늄 1몰당 3몰의 수산화칼슘 필요

수산화칼슘(kg/d) = 208.3 kg/d

(3) 황산알루미늄 1몰당 2몰의 $Al(OH)_3$과 3몰의 $CaSO_4$가 슬러지로 형성

생성되는 $Al(OH)_3$의 양(kg/d) = 117.1 kg/d

생성되는 $CaSO_4$의 양(kg/d) = 306.3 kg/d

그러므로 발생되는 슬러지의 양은 117.1 kg/d + 306.3 kg/d = 423.4 kg/d

문제 7.5. (1) 제거된 P(mol/L) = 2.1×10^{-4} mol P/L

(2) 발생되는 $Ca_5(PO_4)_3OH$(kg/d) = 70.28 kg/d

(3) 슬러지 발생량(m^3/d) = 2.7 m^3 슬러지/d

문제 7.6. 연간 필요량은 1.74×10^6 kg $FeCl_3$/yr × 2 = 3.48×10^6 kg $FeCl_3$/yr

문제 7.7. 1. 하루에 필요한 alum 용액의 양 = 2,686 L alum 용액/day

2. 30일분의 액상 alum을 저장할 수 있는 탱크 용량

2,686 L alum 용액/day × 30 days = 80,580 L = 80.6 m^3

문제 7.8.

	$2FeCl_3$	+	$SnCl_2$	$\rightleftarrows$	$2FeCl_2$	+	$SnCl_4$
산화수	+3		+2		+2		+4

Fe는 산화수가 +3에서 +2로 감소하여 환원

Sn은 산화수가 +2에서 +4로 증가하여 산화

문제 7.9. (1) Cr = +6, (2) Fe = +3

문제 7.10. $2Fe^{2+} + Cl_{2(g)} \rightleftarrows 2Fe^{3+} + 2Cl^-$에서 정반응이 진행되고, 염소 가스($Cl_{2(g)}$)를 이용한 2가 철이온($Fe^{2+}$)의 산화는 가능하다.

문제 7.11. $E^o_{reaction}$가 양의 값을 가지므로 $O_3 + H_2S \rightleftarrows S + O_2 + H_2O$에서 정반응이 진행되고, 오존($O_3$)을 이용한 황화수소($H_2S$)의 산화는 가능하다.

문제 7.12. C_t = 28.7 mg/L

문제 7.13. C_t = 1.00 mg/L

문제 7.14. 84.2 mg/L

문제 7.15. 염소 주입량(mg/L) = 6.6 mg/L

문제 7.16. 실제 투입해야 하는 $Ca(OCl)_2 \cdot 2H_2O$의 양(kg/day)은 6.2 kg/day

문제 7.17. 20 kg/d의 $Ca(OCl)_2$가 필요하다.

문제 7.18. 소독조의 개수는 3조가 필요하다.

문제 7.19. $Ca(OCl)_2$의 염소(Cl^-) 대응값 = 2
Ca(OCl)₂ 실제 염소 백분율(%) = 49.7%
유용 가능한 염소 비율(%) = 99.4%
NaOCl의 염소(Cl^-) 대응값 = 2
NaOCl 실제 염소 백분율(%) = 47.7%
유용 가능한 염소 비율(%) = 95.4%
$Na(ClO_2)$의 염소(Cl^-) 대응값 = 4
$Na(ClO_2)$ 실제 염소 백분율(%) = 39.2%
유용 가능한 염소 비율(%) = 156.8%

문제 7.20. 이온교환수지(m^3) = 2 m^3

문제 7.21. 필요한 수지량(m^3/cycle) = 52.13 m^3/cycle

Chapter 8. 연습문제 풀이

문제 8.1. 1,461 kg의 유기성 고형폐기물이 퇴비화되었다.

문제 8.2. 0.38 m^3 CH_4

문제 8.3. $C_{68}H_{111}O_{50}N$의 혐기성 소화에 의해 생성되는 가스는 CH_4, CO_2, NH_3이고, 전체 가스 발생량은 177.6 Nm^3이다.

문제 8.4. 1.17 kg $C_5H_{11}O_2N$

문제 8.5. 50%

문제 8.6. 열용량(cal/℃) = 6.75 cal/℃, 비열(cal/g℃) = 0.375 cal/g℃

문제 8.7. 표준반응열(ΔH_r^o) = −42.45 kcal

문제 8.8. 표준반응열($\Delta \hat{H}_r^o$) = 8.72 kcal

문제 8.9. H_h = 15,280 kcal/Sm^3

문제 8.10. 혼합기체의 고발열량(kcal/Sm^3) = 9,320 kcal/Sm^3

문제 8.11. 완전연소에 필요한 이론공기량(Sm^3) = $4.76m + 1.19n$ Sm^3 공기

문제 8.12. 이론산소량(Sm^3/kg) = 2.27 Sm^3/kg, 이론공기량(Sm^3/kg) = 10.8 Sm^3/kg

문제 8.13. 완전연소하는 데 필요한 이론공기량(Sm^3) = 17.29 Sm^3 공기

문제 8.14. 이론산소량(kg)의 비(C_2H_2/C_3H_8)는 0.5

문제 8.15. $O_o = 1.61$ kg/kg × 10,000 kg = 16,100 kg

S은 분자식에 없고, N은 무시한다.

$A_o = O_o/0.23 = 16,100/0.23 = 70,000$ kg

문제 8.16. 공기비는 1.91

문제 8.17. 완전연소 공기비는 1.89

문제 8.18. CO_{2max}(%)는 13.76%

문제 8.19. CO_2(v/v %)는 11.01%

문제 8.20. 액체연료의 완전연소시 필요한 실제 공기량(Sm^3)은 148.56 Sm^3

문제 8.21. 건연소가스량(Sm^3) = 82.08 Sm^3, 실제습연소가스량(Sm^3) = 97.08 Sm^3

문제 8.22. 필요한 산소량(kg)은 182 kg O_2, 연소시간(h)은 12.7 h

문제 8.23. 부피기준 공기연료비 = 59.5, 질량기준 공기연료비 = 15.06

문제 8.24. 연료연소가스의 평균정압비열(kcal/Sm^3℃)은 0.546 kcal/Sm^3℃

문제 8.25. 메테인(CH_4)의 이론연소온도(℃)는 2,054℃

문제 8.26. 혼합기체의 정압비열(kcal/kg · ℃)은 0.235 kcal/kg · ℃

부 록

부록 1. 화합물의 생성열과 연소열(@25℃)

화합물	화학식	분자량	상태	$-\Delta\hat{H}_f^o$ (kJ/mol)	$-\Delta\hat{H}_c^o$ (kJ/mol)
Acetic acid	CH_3COOH	60.05	*l*	486.2	871.69
			g		919.73
Acetaldethyde	CH_3CHO	40.052	*g*	166.4	1192.36
Acetone	C_3H_6O	58.08	*aq*, 200	410.03	
			g	216.69	1821.38
Acetylene	C_2H_2	26.04	*g*	−226.75	1299.61
Ammonia	NH_3	17.032	*l*	67.20	
			g	46.191	382.58
Ammonium carbonate	$(NH_4)_2CO_3$	96.09	*c*		
			aq	941.86	
Ammonium chloride	NH_4Cl	53.50	*c*	315.4	
Ammonium hydroxide	NH_4OH	35.05	*aq*	366.5	
Ammonium nitrate	NH_4NO_3	80.05	*c*	366.1	
			aq	339.4	
Ammonium sulfate	$(NH_4)SO_4$	132.15	*c*	1179.3	
			aq	1173.1	
Benzaldehyde	C_6H_5CHO	106.12	*l*	88.83	
			g	40.0	
Benzene	C_6H_6	78.11	*l*	−48.66	3267.6
			g	−82.927	3301.5
Boron oxide	B_2O_3	69.64	*c*	1263	
			l	1245.2	
Bromine	Br_2	159.832	*l*	0	
			g	−30.7	
n-Butane	C_4H_{10}	58.12	*l*	147.6	2855.6
			g	124.73	2878.52
Isobutane	C_4H_{10}	58.12	*l*	158.5	2849.0
			g	134.5	2868.8
Ethyl acetate	$CH_3CO_2C_2H_5$	88.10	*l*	442.92	2274.48

화합물	화학식	분자량	상태	$-\Delta\hat{H}_f^o$ (kJ/mol)	$-\Delta\hat{H}_c^o$ (kJ/mol)
Ethyl alcohol	C_2H_5OH	46.068	*l*	277.63	1366.91
			g	235.31	1409.25
Ethyl benzene	$C_6H_5 \cdot C_2H_5$	106.16	*l*	12.46	4564.87
			g	−29.79	4607.13
Ethyl chloride	C_2H_5Cl	64.52	*g*	105	
Ethylene	C_2H_4	28.052	*g*	−52.283	1410.99
Ethylene chloride	C_2H_3Cl	62.50	*g*	−31.38	1271.5
3-Ethyl hexane	C_8H_{18}	114.22	*l*	250.5	5470.12
			g	210.9	5509.78
Ferric chloride	$FeCl_3$		*c*	403.34	
Ferric oxide	Fe_2O_3	159.70	*c*	822.156	
Ferric sulfide	FeS_2	see Iron sulfide	see Iron sulfide		
Ferrosoferric oxide	Fe_3O_4	231.55	*c*	1116.7	
Ferrous chloride	$FeCl_2$		*c*	342.67	303.76
Ferrous oxide	FeO	71.85	*c*	267	
Ferrous sulfide	FeS	87.92	*c*	95.06	
Formaldehyde	H_2CO	30.026	*g*	115.86	563.46
n-Heptane	C_7H_{16}	100.20	*l*	224.4	4816.91
			g	187.8	4853.48
n-Hexane	C_6H_{14}	86.17	*l*	198.8	4163.1
			g	167.2	4194.753
Hydrogen	H_2	2.016	*g*	0	285.84
Hydrogen bromide	HBr	80.924	*g*	36.23	
Hydrogen chloride	HCl	36.465	*g*	92.311	
Hydrogen cyanide	HCN	27.026	*g*	−130.54	
Hydrogen sulfide	H_2S	34.082	*g*	20.15	562.589
Iron sulfide	FeS_2	119.98	*c*	177.9	
Lead oxide	PbO	223.21	*c*	219.2	
Magnesium chloride	$MgCl_2$	95.23	*c*	641.83	
Magnesium hydroxide	$Mg(OH)_2$	58.34	*c*	924.66	
Magnesium oxide	MgO	40.32	*c*	601.83	
Methane	CH_4	16.041	*g*	74.84	890.4
Methyl alcohol	CH_3OH	32.042	*l*	238.64	726.55
			g	201.25	763.96
Methyl chloride	CH_3Cl	50.49	*g*	81.923	766.63
Methyl cyclohexane	C_7H_{14}	98.182	*l*	190.2	4565.29
			g	154.8	4600.68
Methyl cyclopentane	C_6H_{12}	84.156	*l*	138.4	3937.7
			g	106.7	3969.4
Nitric acid	HNO_3	63.02	*l*	173.23	
			aq	206.57	
Nitric oxide	NO	30.01	*g*	−90.374	
Nitrogen dioxide	NO_2	46.01	*g*	−33.85	
Nitrous oxide	N_2O	44.02	*g*	−81.55	
n-Pentane	C_5H_{12}	72.15	*l*	173.1	3509.5
			g	146.4	3536.15

화합물	화학식	분자량	상태	$-\Delta\hat{H}_f^o$ (kJ/mol)	$-\Delta\hat{H}_c^o$ (kJ/mol)
Phosphoric acid	H_3PO_4	98.00	*c*	1281	
			aq	1278	
Phosphorus	P_4	123.90	*c*	0	
phosphorus pentoxide	P_2O_5	141.95	*c*	1506	
Propane	C_3H_8	44.09	*l*	119.84	2204.0
			g	103.85	2220.0
Propene	C_3H_6	42.078	*g*	−20.41	2058.47
n-Propyl alcohol	C_3H_8O	60.09	*g*	255	2068.6
n-Propylbenzene	$C_6H_5 \cdot CH_2 \cdot C_2H_5$	120.19	*l*	38.40	5218.2
			g	−7.824	5264.5
Silicon dioxide	SiO_2	60.09	*c*	851.0	
Sodium bicarbonate	$NaHCO_3$	84.01	*c*	945.6	
Sodium bisulfate	$NaHSO_4$	120.07	*c*	1126	
Sodium carbonate	Na_2CO_3	105.99	*c*	1130	
Sodium chloride	$NaCl$	58.45	*c*	411.00	
Sodium cyanide	$NaCN$	49.01	*c*	89.79	
Sodium nitrate	$NaNO_3$	85.00	*c*	466.68	
Sodium nitrite	$NaNO_2$	69.00	*c*	359	
Sodium sulfate	Na_2SO_4	142.05	*c*	1384.5	
Sodium sulfide	Na_2S	78.05	*c*	373	
Sodium sulfite	Na_2SO_3	126.05	*c*	1090	
Sodium thiosulfate	$Na_2S_2O_3$	158.11	*c*	1117	
Sulfur	S	32.07	*c* (rhombic)	0	
			c (monoclinic)	−0.297	
Sulfur chloride	S_2Cl_2	135.05	*l*	60.3	
Sulfur dioxide	SO_2	64.066	*g*	296.90	
Sulfur trioxide	SO_3	80.066	*g*	395.18	
Sulfuric acid	H_2SO_4	98.08	*l*	811.32	
			aq	907.51	
Toluene	$C_6H_5 \cdot CH_3$	92.13	*l*	−11.99	3909.9
			g	−50.000	3947.9
Water	H_2O	18.016	*l*	285.840	
			g	241.826	
m-Xylene	$C_6H_4(CH_3)_2$	106.16	*l*	25.42	4551.86
			g	−17.24	4594.53
o-Xylene	$C_6H_4(CH_3)_2$	106.16	*l*	24.44	4552.86
			g	−19.00	4596.29
p-Xylene	$C_6H_4(CH_3)_2$	106.16	*l*	24.43	4552.86
			g	−17.95	4595.25
Zinc sulfate	$ZnSO_4$	161.45	*c*	978.55	
			aq	1059.93	

* 연소열 $\Delta\hat{H}_c^o$의 표준상태는 $CO_{2(g)}$, $H_2O_{(l)}$, $N_{2(g)}$, $SO_{2(g)}$, $HCl_{(aq)}$이다.

부록 2. 주요 화학종들의 열역학적 상수

화학종	$\Delta\overline{H}_f^o$ (kcal/mol)	$\Delta\overline{G}_f^o$ (kcal/mol)
$Ba^{2+}{}_{(aq)}$	−128.31	−133.85
$BaSO_{4(s)}$	−351.62	−325.13
$Br^{-}{}_{(aq)}$	−29	−24.82
$C_{(s)}$, 흑연	0	0
$Ca(OH)_{2(s)}$	−235.48	−214.04
$Ca^{2+}{}_{(aq)}$	−129.7	−132.18
$CaCO_{3(s)}$, 석회석	−288.45	−269.78
$CaF_{2(s)}$	−293.1	−280.59
$CaO_{(s)}$	−151.9	−144.4
$CaSO_{4(s)}$	−342.39	−315.54
$CaSO_4 \cdot 2H_2O_{(s)}$	−482.4	−428.6
CH_3COO^{-}	−116.84	−89
$CH_{4(g)}$	−17.889	−12.14
$Cl^{-}{}_{(aq)}$	−39.91	−31.34
$Cl_{2(aq)}$	−5.59	1.65
$Cl_{2(g)}$	0	0
$ClO^{-}{}_{(aq)}$	−25.56	−8.78
$ClO_{2(aq)}$	17.88	28.07
$ClO_2^{-}{}_{(aq)}$	−15.87	4.08
$ClO_3^{-}{}_{(aq)}$	−23.68	−0.81
$ClO_4^{-}{}_{(aq)}$	−30.86	−2.05
$CO_{(g)}$	−26.38	−32.77
$CO_{2(aq)}$	−98.69	−92.31
$CO_{2(g)}$	−94.05	−94.26
$CO_3^{2-}{}_{(aq)}$	−161.63	−126.22
$Cr_2O_7^{2-}{}_{(aq)}$	−355.63	−310.52
$Cr^{3+}{}_{(aq)}$	−61.1	−51.44
$CrO_4^{2-}{}_{(aq)}$	−210.3	−173.74
$Cu^{2+}{}_{(aq)}$	15.47	15.63
$F^{-}{}_{(aq)}$	−79.39	−66.54
$Fe(OH)_{2(s)}$	−135.62	−115.41
$Fe(OH)_{3(s)}$	−197	−166
$Fe^{2+}{}_{(aq)}$	−21	−20.3
$Fe^{3+}{}_{(aq)}$	−11.4	−2.52
$FeS_{(s)}$	−23.87	−23.96
$FeS_{2(s)}$	−42.53	−39.84
$H^{+}(10^{-7})_{(aq)}$		−9.52
$H^{+}{}_{(aq)}$	0	0
$H_{2(aq)}$	−1	4.19
$H_{2(g)}$	0	0
$H_2CO_{3(aq)}$	−167	−149

화학종	$\Delta\overline{H}_f^o$ (kcal/mol)	$\Delta\overline{G}_f^o$ (kcal/mol)
$H_2O_{(aq)}$	−68.3174	−56.69
$H_2O_{(g)}$	−57.7979	−54.6357
$H_2O_{2(aq)}$	−45.62	−32.01
$H_2PO_4^-{}_{(aq)}$	−309.4	−269.8
$H_2S_{(aq)}$	−9.4	−6.54
$H_2S_{(g)}$	−4.815	−7.892
$H_2Se_{(aq)}$	18.07	18.38
$H_2SO_{4(l)}$	−194.29	−164.69
$H_3PO_{4(aq)}$	−307.49	−272.72
$HCO_3^-{}_{(aq)}$	−165.18	−140.31
$HCrO_4^-{}_{(aq)}$	−209.61	−182.54
$Hg^{2+}{}_{(aq)}$	41.15	36.66
$HNO_{2(aq)}$	−28.45	−10.26
$HNO_{3(aq)}$	−49.372	−26.41
$HPO_4^{2-}{}_{(aq)}$	−308.4	−259.99
$HS^-{}_{(aq)}$	−4.2	3.01
$I^-{}_{(aq)}$	−13.17	−12.31
$I_{2(s)}$	0	0
$IO_3^-{}_{(aq)}$	−52.82	−30.55
$Mg(OH)_{2(s)}$	−221	−199.27
$Mg^{2+}{}_{(aq)}$	−110.41	−108.99
$Mn^{2+}{}_{(aq)}$	−53.3	−54.4
$MnO_{2(s)}$	−124.2	−111.1
$Na^+{}_{(aq)}$	−57.31	−62.51
$NH_{3(aq)}$	−19.32	−6.37
$NH_{3(g)}$	−11.04	−3.976
$NH_4^+{}_{(aq)}$	−31.74	−19
$NO_2^-{}_{(aq)}$	−24.97	−8.88
$NO_3^-{}_{(aq)}$	−49.372	−26.43
$O_{2(aq)}$	−3.9	3.93
$O_{2(g)}$	0	0
$O_{3(g)}$	33.89	39.55
$OH^-{}_{(aq)}$	−54.957	−37.595
$PO_4^{3-}{}_{(aq)}$	−304.89	−243.14
$S_{(s)}$	0	0
$S^{2-}{}_{(aq)}$	7.18	22.11
$S_2O_3^{2-}{}_{(aq)}$	−155.69	−122.54
$Se_{(s)}$	0	0
$SeO_3^{2-}{}_{(aq)}$	−122.23	−89.22
$SeO_4^{2-}{}_{(aq)}$	−145.09	−105.28
$SO_3^{2-}{}_{(aq)}$	−151.68	−116.14
$SO_4^{2-}{}_{(aq)}$	−216.9	−177.34
$Zn^{2+}{}_{(aq)}$	−36.73	−35.11
$ZnS_{(s)}$	−49.17	−48.05

부록 3. 주요 산-염기 반응의 평형상수(@25℃)

반응	K_a	$pK_a = -\log K_a$
$HCl \rightleftarrows H^+ + Cl^-$	1000	−3
$H_2SO_4 \rightleftarrows H^+ + HSO_4^-$	1000	−3
$HNO_3 \rightleftarrows H^+ + NO_3^-$	≅ 1	≅ 0
$HSO_4^- \rightleftarrows H^+ + SO_4^{2-}$	1×10^{-2}	2
$H_3PO_4 \rightleftarrows H^+ + H_2PO_4^-$	7.94×10^{-3}	2.1
$HAc \rightleftarrows H^+ + Ac^-$	2.00×10^{-5}	4.7
$H_2CO_3 \rightleftarrows H^+ + HCO_3^-$	5.01×10^{-7}	6.3
$H_2S \rightleftarrows H^+ + HS^-$	7.94×10^{-8}	7.1
$H_2PO_4^- \rightleftarrows H^+ + HPO_4^{2-}$	6.31×10^{-8}	7.2
$HOCl \rightleftarrows H^+ + OCl^-$	3.16×10^{-8}	7.5
$NH_4^+ \rightleftarrows H^+ + NH_3$	5.01×10^{-10}	9.3
$HCO_3^- \rightleftarrows H^+ + CO_3^{2-}$	5.01×10^{-11}	10.3
$HPO_4^{2-} \rightleftarrows H^+ + PO_4^{3-}$	5.01×10^{-13}	12.3

부록 4. 주요 기체의 Henry 상수(@25℃)

반응	K_H (mol/L·atm)	$pK_H = -\log K_H$
$CO_{2(g)} \rightleftarrows CO_{2(aq)}$	3.41×10^{-2}	1.47
$NH_{3(g)} \rightleftarrows NH_{3(aq)}$	57.6	−1.76
$H_2S_{(g)} \rightleftarrows H_2S_{(aq)}$	1.02×10^{-1}	0.99
$CH_{4(g)} \rightleftarrows CH_{4(aq)}$	1.50×10^{-3}	2.82
$O_{2(g)} \rightleftarrows O_{2(aq)}$	1.26×10^{-3}	2.90

부록 5. 주요 용해도곱(@25℃)

용해반응	K_{sp}	$pK_{sp} = -\log K_{sp}$
$AgCl_{(s)} \rightleftarrows Ag^{+}_{(aq)} + Cl^{-}_{(aq)}$	1.8×10^{-10}	9.74
$Ag_2SO_{4(s)} \rightleftarrows 2Ag^{+}_{(aq)} + SO_4^{2-}{}_{(aq)}$	1.58×10^{-5}	4.8
$Al(OH)_{3(s)} \rightleftarrows Al^{3+}_{(aq)} + 3OH^{-}_{(aq)}$	1.9×10^{-33}	32.72
$AlPO_{4(s)} \rightleftarrows Al^{3+}_{(aq)} + PO_4^{3-}{}_{(aq)}$	1.0×10^{-21}	21.0
$BaSO_{4(s)} \rightleftarrows Ba^{2+}_{(aq)} + SO_4^{2-}{}_{(aq)}$	1×10^{-10}	10
$CaCO_{3(s)} \rightleftarrows Ca^{2+}_{(aq)} + CO_3^{2-}{}_{(aq)}$	5×10^{-9}	8.3
$CaF_{2(s)} \rightleftarrows Ca^{2+}_{(aq)} + 2F^{-}_{(aq)}$	3.9×10^{-11}	10.4
$Ca(OH)_{2(s)} \rightleftarrows Ca^{2+}_{(aq)} + 2OH^{-}_{(aq)}$	8.0×10^{-6}	5.1
$Ca_3(PO_4)_{2(s)} \rightleftarrows 3Ca^{2+}_{(aq)} + 2PO_4^{3-}{}_{(aq)}$	1.0×10^{-27}	27
$CaHPO_{4(s)} \rightleftarrows Ca^{2+}_{(aq)} + HPO_4^{2-}{}_{(aq)}$	5.0×10^{-6}	5.3
$CaSO_{4(s)} \rightleftarrows Ca^{2+}_{(aq)} + SO_4^{2-}{}_{(aq)}$	2.4×10^{-5}	4.62
$Cr(OH)_{3(s)} \rightleftarrows Cr^{3+}_{(aq)} + 3OH^{-}_{(aq)}$	6.7×10^{-31}	30.2
$Cu(OH)_{2(s)} \rightleftarrows Cu^{2+}_{(aq)} + 2OH^{-}_{(aq)}$	5.6×10^{-20}	19.25
$Fe(OH)_{2(s)} \rightleftarrows Fe^{2+}_{(aq)} + 2OH^{-}_{(aq)}$	7.9×10^{-15}	14.1
$Fe(OH)_{3(s)} \rightleftarrows Fe^{3+}_{(aq)} + 3OH^{-}_{(aq)}$	1.1×10^{-36}	35.94
$FePO_{4(s)} \rightleftarrows Fe^{3+}_{(aq)} + PO_4^{3-}{}_{(aq)}$	7.94×10^{-18}	17.9
$Fe_3(PO_4)_{2(s)} \rightleftarrows 3Fe^{2+}_{(aq)} + 2PO_4^{3-}{}_{(aq)}$	3.16×10^{-15}	14.5
$FeS_{(s)} \rightleftarrows Fe^{2+}_{(aq)} + S^{2-}_{(aq)}$	5.0×10^{-18}	17.3
$Fe_2S_{3(s)} \rightleftarrows 2Fe^{3+}_{(aq)} + 3S^{2-}_{(aq)}$	1.0×10^{-88}	88
$MgCO_{3(s)} \rightleftarrows Mg^{2+}_{(aq)} + CO_3^{2-}{}_{(aq)}$	4.0×10^{-5}	4.4
$MgOH_{2(s)} \rightleftarrows Mg^{2+}_{(aq)} + 2OH^{-}_{(aq)}$	1.5×10^{-11}	10.82
$MnOH_{2(s)} \rightleftarrows Mn^{2+}_{(aq)} + 2OH^{-}_{(aq)}$	4.5×10^{-14}	13.35
$Ni(OH)_{2(s)} \rightleftarrows Ni^{2+}_{(aq)} + 2OH^{-}_{(aq)}$	1.6×10^{-16}	15.8
$PbCl_{2(s)} \rightleftarrows Pb^{2+}_{(aq)} + 2Cl^{-}_{(aq)}$	1.58×10^{-5}	4.8
$PbOH_{2(s)} \rightleftarrows Pb^{2+}_{(aq)} + 2OH^{-}_{(aq)}$	5.0×10^{-15}	14.3
$PbSO_{4(s)} \rightleftarrows Pb^{2+}_{(aq)} + SO_4^{2-}{}_{(aq)}$	1.58×10^{-8}	7.8
$PbS_{(s)} \rightleftarrows Pb^{2+}_{(aq)} + S^{2-}_{(aq)}$	1.0×10^{-27}	27.0
$Zn(OH)_{2(s)} \rightleftarrows Zn^{2+}_{(aq)} + 2OH^{-}_{(aq)}$	4.5×10^{-17}	16.35
$ZnS_{(s)} \rightleftarrows Zn^{2+}_{(aq)} + S^{2-}_{(aq)}$	3.16×10^{-22}	21.5

부록 6. 수용액에서 산 - 염기의 K_a와 K_b

산	이름	pK_a	공액염기	이름	pK_b
$HClO_4$	Perchloric acid (과염소산)	−7	ClO_4^-	Perchlorate ion (과염소산)	21
HCl	Hydrochloric acid (염산)	~−3	Cl^-	Chloride ion (염화물이온)	17
H_2SO_4	Sulfuric acid (황산)	~−3	HSO_4^-	Bisulfate ion (중황산염이온)	17
HNO_3	Nitric acid (질산)	−0	NO_3^-	Nitrate ion (질산이온)	14
H_3O^+	Hydronium ion (하이드로늄이온)	0	H_2O	Water (물)	14
HIO_3	Iodic acid (요오드산)	0.8	IO_3^-	Iodate ion (요오드산이온)	13.2
HSO_4^-	Bisulfate ion (중황산이온)	2	SO_4^{2-}	Sulfate ion (황산이온)	12
H_3PO_4	Phosphoric acid (인산)	2.1	$H_2PO_4^-$	Dihydrogen phosphate ion (인산)	11.9
$Fe(H_2O)_6^{3+}$	Ferric ion (철이온)	2.2	$Fe(H_2O)_5OH^{2+}$	Hydroxo iron(Ⅲ) complex (수화철 착물)	11.8
HF	Hydrofluoric acid (불화수소산)	3.2	F^-	Fluoride ion (플루오르화이온)	10.8
HNO_2	Nitrous acid (아질산)	4.5	NO_2^-	Nitrite ion (아질산이온)	9.5
CH_3COOH	Acetic acid (아세트산)	4.7	CH_3COO^-	Acetate ion (아세트산이온)	9.3
$Al(H_2O)_6^{3+}$	Aluminum ion (알루미늄이온)	4.9	$Al(H_2O)_5OH^{2+}$	Hydroxo aluminum(Ⅲ) complex (수화알루미늄 착물)	9.1
H_2CO_3	Carbonic acid (탄산)	6.3	HCO_3^-	Bicarbonate ion (중탄산이온)	7.7
H_2S	Hydrogen sulfide (황화수소)	7.1	HS^-	Bisulfide ion (이황화이온)	6.9
$H_2PO_4^-$	Dihydrogen phosphate (인산)	7.2	HPO_4^{2-}	Monohydrogen Phosphate ion (인산수소이온)	6.8
$HOCl$	Hypochlorous acid (차아염소산)	7.5	OCl^-	Hypochlorite ion (차아염소산이온)	6.5
HCN	Hydrocyanic acid (사이안화수소산)	9.3	CN^-	Cyanide ion (사이안이온)	4.7
H_3BO_3	Boric acid (붕산)	9.3	$B(OH)_4^-$	Borate ion (붕산이온)	4.7

산	이름	pK_a	공액염기	이름	pK_b
NH_4^+	Ammonium ion (암모늄이온)	9.3	NH_3	Ammonia (암모니아)	4.7
H_4SiO_4	Orthosilicic acid (오쏘규산)	9.5	H_3SiO_4	Trihydrogen silicate ion (삼수소규산이온)	4.5
C_6H_5OH	Phenol (페놀)	9.9	$C_6H_5O^-$	phenolate ion (페놀레이트이온)	4.1
HCO_3^-	Bicarbonate ion (중탄산이온)	10.3	CO_3^{2-}	Carbonate ion (탄산이온)	3.7
HPO_4^{2-}	Monohydrogen phosphate ion (일수소인산이온)	12.3	PO_4^{3-}	Phosphate ion (인산이온)	1.7
$H_3SiO_4^-$	Trihydrogen silicate ion (삼수소규산이온)	12.6	$H_2SiO_4^{2-}$	Dihydrogen silicate ion (이수소규산이온)	1.4
HS^-	Bisulfide ion (이황화이온)	14	S^{2-}	Sulfide ion (황화이온)	0
H_2O	Water (물)	14	OH^-	Hydroxide ion (수산이온)	0
NH_3	Ammonia (암모니아)	~23	NH_2^-	Amide ion (아마이드이온)	−9
OH^-	Hydroxide ion (수산이온)	~24	O^{2-}	Oxide ion (산화이온)	−10

부록 7. 산화소독제의 반반응과 산화 전위

산화소독제	반반응	산화 전위(V)
오존(O_3)	$O_3 + 2e^- \rightarrow O_2 + H_2O$	+2.07
과산화수소(H_2O_2)	$H_2O_2 + 2H^+ + 2e^- \rightarrow 2H_2O$	+1.78
과망간산(MnO_4^-)	$MnO_4^- + 2H^+ + 2e^- \rightarrow MnO_2^- + 2H_2O$	+1.67
이산화염소(ClO_2)	$ClO_2 + e^- \rightarrow ClO_2^-$	+1.50
차아염소산(HOCl)	$HOCl + H^+ + 2e^- \rightarrow Cl^- + H_2O$	+1.49
차아요오드산(HOI)	$HOI + H^+ + e^- \rightarrow 1/2I_2 + H_2O$	+1.45
염소 가스(Cl_2)	$Cl_2 + 2e^- \rightarrow 2Cl^-$	+1.36
산소(O_2)	$O_2 + 4H^+ + 4e^- \rightarrow 2H_2O$	+1.23
브롬(Br_2)	$Br_2 + 2e^- \rightarrow 2Br^-$	+1.09
차아염소이온(OCl^-)	$OCl^- + H_2O + 2e^- \rightarrow Cl^- + 2OH^-$	+0.90
아염소산이온(OCl_2^-)	$OCl_2^- + 2H_2O + 4e^- \rightarrow Cl^- + 4OH^-$	+0.76
요오드(I_2)	$I_2 + 2e^- \rightarrow 2I^-$	+0.54

부록 8. 산화 - 환원 반반응과 표준(환원) 전위

반반응	E^o (volt)	$p\epsilon^o$ (= $\frac{1}{n}\log K$)
$Li^+ + e^- \rightarrow Li$	−3.03	−51.21
$K^+ + e^- \rightarrow K$	−2.92	−49.35
$Ba^{2+} + 2e^- \rightarrow Ba$	−2.90	−49.01
$Ca^{2+} + 2e^- \rightarrow Ca$	−2.87	−48.5
$Na^+ + e^- \rightarrow Na_{(s)}$	−2.72	−46.0
$Mg(OH)_2 + 2e^- \rightarrow Mg + 2OH^-$	−2.69	−45.46
$Mg^{2+} + 2e^- \rightarrow Mg_{(s)}$	−2.37	−40.0
$Al^{3+} + 3e^- \rightarrow Al_{(s)}$	−1.68	−28.4
$MnO_4^- + 8H^+ + 5e^- \rightarrow Mn^{2+} + 4H_2O$	−1.51	−25.52
$Mn^{2+} + 2e^- \rightarrow Mn$	−1.18	−19.94
$2H_2O + 2e^- \rightarrow H_2 + 2OH^-$	−0.828	−14
$2H_2O + O_{2(g)} + 4e^- \rightarrow 4OH^-$	+0.401	+6.79
$Zn^{2+} + 2e^- \rightarrow Zn_{(s)}$	−0.763	−12.8
$Fe^{2+} + 2e^- \rightarrow Fe_{(s)}$	−0.440	−7.4
$Cr^{3+} + e^- \rightarrow Cr^{2+}$	−0.41	−6.9
$Cr^{3+} + 3e^- \rightarrow Cr$	−0.744	−12.59
$Cd^{2+} + 2e^- \rightarrow Cd_{(s)}$	−0.403	−6.8
$CO_{2(g)} + H^+ + 2e^- \rightarrow HCOO^-$	−0.31	−5.23
$Ni^{2+} + 2e^- \rightarrow Ni$	−0.250	−4.23
$Sn^{2+} + 2e^- \rightarrow Sn_{(s)}$	−0.136	−2.37
$Sn^{4+} + 2e^- \rightarrow Sn^{2+}$	+0.150	+2.54
$S + 2H^+ + 2e^- \rightarrow H_2S$	−0.14	−2.37
$Pb^{2+} + 2e^- \rightarrow Pb_{(s)}$	−0.13	−2.2
$SO_4^{2-} + 2H^+ + 2e^- \rightarrow SO_3^{2-} + H_2O$	−0.04	−0.68
$6CO_{2(g)} + 24H^+ + 24e^- \rightarrow C_6H_{12}O_6 + 6H_2O$	−0.01	−0.2
$H^+ + e^- \rightarrow 1/2\ H_{2(g)}$	0	0
$Cu^{2+} + e^- \rightarrow Cu^+$	+0.153	+2.54
$Cu^+ + e^- \rightarrow Cu$	+0.521	+8.82
$CO_{2(g)} + 8H^+ + 8e^- \rightarrow CH_{4(g)} + 2H_2O$	+0.17	+2.87
$S_{(s)} + 2H^+ + 2e^- \rightarrow H_2S_{(g)}$	+0.17	+2.9
$S_4O_6^{2-} + 2e^- \rightarrow 2S_2O_3^{2-}$	+0.18	+3.0
$AgCl_{(s)} + e^- \rightarrow Ag_{(s)} + Cl^-$	+0.222	+3.72
$SO_4^{2-} + 9H^+ + 8e^- \rightarrow HS^- + 4H_2O$	+0.24	+4.13
$Hg_2Cl_{(s)} + 2e^- \rightarrow 2Hg_{(l)} + 2Cl^-$	+0.280	+4.56
$N_{2(g)} + 8H^+ + 6e^- \rightarrow 2NH_4^+$	+0.28	+4.68

반반응	E^o (volt)	$p\epsilon^o$ (= $\frac{1}{n}$ log$K$)
$Cu^{2+} + 2e^- \rightarrow Cu_{(s)}$	+0.34	+5.75
$SO_4^{2-} + 10H^+ + 8e^- \rightarrow H_2S_{(g)} + 4H_2O$	+0.34	+5.75
$SO_4^{2-} + 8H^+ + 6e^- \rightarrow S_{(s)} + 4H_2O$	+0.35	+6.0
$I_3^- + 2e^- \rightarrow 3I^-$	+0.54	+9.12
$I_2 + 2e^- \rightarrow 2I^-$	+0.536	+9.13
$MnO_4^- + 2H_2O + 3e^- \rightarrow MnO_{2(s)} + 4OH^-$	+0.59	+10.0
$I_{2(aq)} + 2e^- \rightarrow 2I^-$	+0.62	+10.48
$O_2 + 2H^+ + 2e^- \rightarrow H_2O_2$	+0.68	+11.49
$OCl_2^- + 2H_2O \leftrightarrow 4e^- \rightarrow Cl^- + 4OH^-$	+0.76	+12.84
$Fe^{3+} + e^- \rightarrow Fe^{2+}$	+0.771	+13.0
$Fe(CN)_6^{4-} + e^- \rightarrow Fe(CN)_6^{3-}$	+0.356	+6.02
$Ag^+ + e^- \rightarrow Ag_{(s)}$	+0.8	+13.5
$NO_3^- + 2H^+ + 2e^- \rightarrow NO_2^- + H_2O$	+0.84	+14.2
$NO_3^- + 10H^+ + 8e^- \rightarrow NH_4^+ + 3H_2O$	+0.88	+14.9
$NO_2^- + 8H^+ + 6e^- \rightarrow NH_4^+ + 2H_2O$	+0.89	+15.0
$OCl^- + H_2O + 2e^- \rightarrow Cl^- + 2OH^-$	+0.90	+15.21
$2Hg^{2+} + 2e^- \rightarrow Hg_2^{2+}$	+0.91	+15.4
$Hg_2^{2+} + 2e^- \rightarrow 2Hg_{(aq)}$	+0.789	+13.35
$Hg^{2+} + 2e^- \rightarrow Hg_{(aq)}$	+0.854	+14.45
$Fe(OH)_{3(s)} + 3H^+ + e^- \rightarrow Fe^{2+} + 3H_2O$	+1.06	+17.9
$Br_{2(aq)} + 2e^- \rightarrow 2Br^-$	+1.065	+18.42
$O_2 + 4H^+ + 4e^- \rightarrow 2H_2O$	+1.229	+20.8
$MnO_{2(s)} + 4H^+ + 2e^- \rightarrow Mn^{2+} + 2H_2O$	+1.23	+20.8
$2NO_3^- + 12H^+ + 10e^- \rightarrow N_{2(g)} + 6H_2O$	+1.24	+21.0
$O_{2(aq)} + 4H^+ + 4e^- \rightarrow 2H_2O$	+1.27	+21.5
$O_{2(g)} + 4H^+ + 4e^- \rightarrow 2H_2O$	+1.23	+20.8
$Cr_2O_7^{2-} + 14H^+ + 6e^- \rightarrow 2Cr^{3+} + 7H_2O$	+1.33	+22.5
$Cl_{2(g)} + 2e^- \rightarrow 2Cl^-$	+1.36	+23.0
$Cl_{2(aq)} + 2e^- \rightarrow 2Cl^-$	+1.39	+23.5
$F_{2(g)} + 2e^- \rightarrow 2F^-$	+2.87	+48.56
$HOI + H^+ + e^- \rightarrow 1/2\ I_2 + H_2O$	+1.45	+24.51
$HOCl + H^+ + 2e^- \rightarrow Cl^- + H_2O$	+1.49	+25.18
$Au^{3+} + 3e^- \rightarrow Au_{(s)}$	+1.50	+25.35
$ClO_2 + e^- \rightarrow ClO_2^-$	+1.50	+25.35
$MnO_4^- + 8H^+ + 5e^- \rightarrow Mn^{2+} + 4H_2O$	+1.51	+25.5
$2HOBr + 2H^+ + 2e^- \rightarrow Br_{2(l)} + 2H_2O$	+1.59	+26.9
$2HOCl + 2H^+ + 2e^- \rightarrow Cl_{2(aq)} + 2H_2O$	+1.60	+27.0
$Mn^{4+} + e^- \rightarrow Mn^{3+}$	+1.65	+27.9

반반응	E^o (volt)	$p\epsilon^o$ ($= \frac{1}{n} \log K$)
$MnO_4^- + 2H^+ + 2e^- \rightarrow MnO_2^- + 2H_2O$	+1.67	+28.22
$MnO_4^- + 4H^+ + 3e^- \rightarrow MnO_{2(s)} + 2H_2O$	+1.70	+28.76
$H_2O_2 + 2H^+ + 2e^- \rightarrow 2H_2O$	+1.776	+30.08
$Ag^{2+} + e^- \rightarrow Ag^+$	+2.0	+33.8
$O_{3(g)} + 2H^+ + 2e^- \rightarrow O_{2(g)} + H_2O$	+2.07	+35.0
$F_2 + 2H^+ + 2e^- \rightarrow 2HF$	+2.87	+48.5

참조 : 폐수처리공학, 고광백 외 9인 공역, p560, 2004.

찾아보기

김동석

부산에서 태어나 부산대학교 화학공학과를 졸업하였고 동대학원에서 석사와 박사학위를 받았다. 대학원 과정에서 생물학적 수처리로 연구 활동을 시작함으로써 환경 분야에 발을 딛게 되었다. 현재 대구가톨릭대학교 보건안전학과에 재직 중이다. 주요 연구 분야로 생물막 공정, 미생물을 이용한 N · P 처리, 생물흡착, 전기분해를 이용한 AOPs, 전기분해 소독 공정 등에 관한 연구를 수행한 바 있다. 저서로 2001년에 “Applied Microbiology”, 2017년에는 환경인에게 가장 기초가 되는 “환경양론”이라는 책을 내었고, 2019년에는 환경인이 쓴 미생물 도서인 “환경미생물학”을 출간한 바 있다.

박영식

부산대학교 화학공학과를 졸업하였고 동대학원에서 석사와 박사학위를 받았다. 저자 김동석과 공동 연구 및 공동 저술 활동을 수행하고 있다. 현재 대구대학교 자유전공학부에 재직 중이다.

환경화학 정가 32,000원

발 행 2022년 9월 10일 초판 1쇄
저 자 김동석 · 박영식
발행인 정우용
발행처 도서출판 동화기술
경기도 파주시 광인사길 201(문발동, 파주출판도시)
Tel (031)955-4211~6 donghwapub@nate.com
Fax (031)955-4217 www.donghwapub.co.kr
(등록) 1977년 12월 19일/9-16호

Printed in Korea
ISBN 978-89-425-9378-1